中国海洋浮游水母的物种多样性及其种类鉴定研究

上

Studies on the Species Diversity and Identification of the Pelagic Medusae from China Seas

许振祖　郑连明　陈小银
/
著

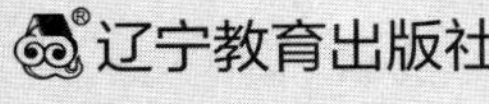
辽宁教育出版社
·沈阳·

图书在版编目（CIP）数据

中国海洋浮游水母的物种多样性及其种类鉴定研究/许振祖，郑连明，陈小银著. --沈阳：辽宁教育出版社，2023.12
ISBN 978-7-5549-4000-6

Ⅰ. ①中… Ⅱ. ①许… ②郑… ③陈… Ⅲ. ①水母—生物多样性—研究—中国 Ⅳ. ①Q959.132

中国国家版本馆CIP数据核字（2023）第200578号

中国海洋浮游水母的物种多样性及其种类鉴定研究
ZHONGGUO HAIYANG FUYOU SHUIMU DE WUZHONG DUOYANGXING JIQI ZHONGLEI JIANDING YANJIU

出品人：张　领
出版发行：辽宁教育出版社（地址：沈阳市和平区十一纬路25号　邮编：110003
电话：024-23284515　网址：http://www.lep.com.cn）
印　　刷：辽宁新华印务有限公司

责任编辑：严中联　赵　涛　葛　琪
封面设计：熊　飞
版式设计：熊　飞
责任校对：王　静　黄　鲲
技术编辑：王　俊
幅面尺寸：185mm × 260mm
印　　张：45
插　　页：4
字　　数：840千字
出版时间：2023年12月第1版
印刷时间：2023年12月第1次印刷

书　　号：ISBN 978-7-5549-4000-6
定　　价：150.00元（上、下册）

前 言

浮游水母属于刺胞动物门(或称腔肠动物门)，除了水螅属和桃花水母属生活于淡水之外，全部栖息于海洋，是一类具有水母型和水螅型世代交替、复杂多变的生活史的一类小型胶质水母。

海洋浮游水母种类多，数量大，广泛分布于各海域不同水层，是生态学关系较复杂的生物种群。虽然水母的个体小，但它们的食性较广，是海洋浮游生物中的主要捕食者，其摄食在海洋生态系统中发挥着独特的生态作用，既能影响渔业资源的波动（通过捕食鱼卵和仔稚鱼），也能影响浮游动物的种群数量及浮游生物食物网结构的变化（通过捕食植食性浮游动物和肉食性浮游动物）以及二次浮游植物水华和水母数量“暴发”现象的产生。水母营漂浮生活，有些水母种类可作海流和水团的指示种，还有一些水母种类，如多管水母，其发光蛋白可作为敏感的Ca^{2+}的生物学指示剂和发光检测的良好标签，在实践上具有重要意义。

总之，海洋浮游水母的种群结构和数量的时空分布的变化，不仅在海洋生态系统的能量流动和物质循环中扮演着重要的角色，而且当其数量“暴发”时，会造成近海甚至大洋生态系统的扰动和改变，对海洋渔业和水产养殖造成不利影响，甚至会堵塞核电站海水冷却系统，影响核电站的运转等。因此，在海洋生物学、生物海洋学和海洋生态学的研究以及海洋动物资源保护和综合利用的调查研究中，海洋浮游水母类是不可缺少的项目之一。

海洋浮游水母的物种多样性是生物多样性的基础之一，而生物多样性是生命科学最基础的领域，要使生物资源可持续开发利用，首先必须要了解生物的种类、形态特征、分布、数量以及生物学和生态特点，这样才能为有关的基础研究和应用研究以及生物多样性、生物资源的保护与利用提供参考资料和科学依据。随着全国性或区域性海洋综合调查的进行，我国海洋浮游水母物种多样性的研究获得迅速发展，在分类学、种群生态学和动物地理学等方面取得了丰硕研究成果。

为了适应全国性或区域性综合海洋调查和水产养殖、海洋渔场及海洋环境监测等调查研究工作的需要，本书收录了国内截至2022年年底发表或待刊的有关各类水母的论文或著作中的研究成果，收录的中国海洋浮游水母共2个纲、7个亚纲、69科、214属、641种，以种数而论，已较《海洋动物资源开发及可持续利用研究》（许振祖，2019）收录的种数（580种）多出了61种，而且本书首次发表10个新种：细单肢水母*Nubiela gracilis*、距单肢水母*Nubiela spura*、胃叶拟海帽水母*Halitiarella gastrolobus*、棒状似镰螅水母*Zancleopsis claviformis*、大室真囊水母*Euphysora macrochambera*、三沙外肋水母*Ectopleura sanshaensis*、宽肋无球水母*Rhabdon laticosta*、鸡屿和平水母*Eirene jiyuensis*、塔形真瘤水母*Eutima pyramidalis*以及短柄真瘤水母*Eutima brevistyla*；4个新组合：无手似单肢水母*Paranubiela atentaculata*（Xu & Huang，2004）comb.nov.，主辐拟特古水母*Tregouboviopsis peradialis*（Xu，Huang & Du，2012）comb.nov.，卵形单管水母*Monocana ovale*（Mayer，1900）comb.nov.，以及多囊柄胃水母*Stylogartria polycystis*（Xu，Huang&Guo，2019）comb.nov.；2个新改名：具芽枝管水母*Proboscidactyla gemmifera*（Fewkes，1882）non.nov.和柄胃水母属*Stylogastria*（Xu，Huang & Guo，2019）non.nov.；1个新修正：刺胞真囊水母*Euphysora knides*（Huang，1999）stat.rev.；1个新记录：东方梅利水母*Melicertisa orientalis*（Kramp，1961）。本书对它们均进行了详细描述。

为了帮助调查人员提高识别中国海洋浮游水母种类的能力，本书首次按Bouillon & Boero（2000）的分类系统，编制了中国海洋浮游水母种类的图像检索系统，收录了国内截至2022年年底发表或待刊的中国海洋浮游水母2个纲、7个亚纲、69科、214属、641种，并利用其图像序号，编制了中国海洋浮游水母科、属和种的分类检索表（共计2

个纲、7个亚纲、69科、214属、641种）。另外，本书还收录有水母鉴定形态特征术语图解以及海洋浮游水母繁殖和发育多样性的生活史图像——都是尽量采用直观图像与形态特征相结合的形式表达，以利于调查人员进行海洋浮游水母的种类鉴定。这是本书的一大特色。

本书首次总结了近百年来在中国海域发现的海洋浮游水母22个新属、250个新种的名录，对中国已记载的102种浮游水母的同物异名进行了修订，并列出了有效种的学名。这些成果可避免在今后的水母分类工作中出现混乱。

另外，本书还首次研究了水母文化的多样性，从衣、食、住、行、赏、育以及研7个方面阐释了水母与人类之间的密切关系，展望了今后水母文化的传承与创新——这将使人类不断从中受益。

本书分为6章：第1章，海洋水母类的繁殖和发育多样性；第2章，中国海洋浮游水母的种群生态；第3章，中国海域浮游水母的分类与区系；第4章，中国海洋浮游水母的分类检索；第5章，中国海洋浮游水母种类图像检索；第6章，水母鉴定形态特征术语图解。全书共辑录各领域有代表性论文18篇，其中有11篇为首次发表，而第4、第5、第6章的成果也都为我国首次发表。

在本书的成书过程中，笔者利用了众多同行的研究成果，选用了个别有代表性论文（其作者见相应脚注），厦门大学海洋与地球学院黄加祺教授为书中图像的描绘做了大量的工作；在本书的出版过程中，厦门大学环境与生态学院方志山高级工程师做了大量的联系工作，国家出版基金提供了资金资助，辽宁教育出版社提供了大力支持。笔者谨在此一并表示诚挚的感谢。

许振祖

2023年2月15日

目 录

第 4 章　中国海洋浮游水母的分类检索 /373

第 5 章　中国海洋浮游水母种类图像检索 /507

第 6 章　水母鉴定形态特征术语图解 /663

附录　海洋浮游水母拉丁文一中文学名检索表 /682

第 1 章

海洋水母类的繁殖和发育多样性

Chapter 1

Diversity of the Reproduction and Development of the Marine Medusae

1.1 海洋水母生活史的发生类型*

Developmental Types of the Life Cycles of the Marine Medusae

水母有数不清的繁殖方法，其目的是将遗传特征传递到新一代。一些物种将成千上万的卵子和精子释放到水中受精，亲体与它们的后代不发生进一步的联系，这种方式被称为散播式产卵。一些物种在体内受精，受精卵在母体发育，至浮浪幼虫阶段离开母体。一些物种有许多不同的幼体阶段。一些物种则直接从受精卵发育到成体。一些物种有有性的水母型世代和无性的水螅型世代交替产生新的水母体。一些物种无世代交替，只有水母型世代或水螅型世代。一些物种有寄生世代交替生活史。此外，一些物种还存在个体逆向发生的生活史。

从水母的整个发育过程来看，水母生活史的发生，可分为间接发生类型和直接发生类型两大类型。分别简述如下：

1.1.1 间接发生类型

该类型的生活史是指整个生活史中有附着的水螅体期。许多刺胞动物门水母的生活史属于有世代交替的间接发生类型，它们具有两种成体形态特征：一种是适应固着生活的水螅型（polyp），另一种是适应浮游生活的水母型（medusa）。水螅型成体呈圆筒状，背口端为固着的基盘，另一端为摄食的口，其周围有触手。水母型成体呈钟形、钵形或碟形，

---

* 许振祖。首次发表。

具有缘触手，口位于内伞的中央，从口直通胃循环腔。有些刺胞动物门水母有寄生世代交替生活史，如自育水母纲的筐水母亚纲水母。

1.1.1.1 典型世代交替生活史

该类型的生活史即固着生活的水螅体以无性出芽生殖的方式产生水母体，而浮游生活的水母体以有性生殖的方式产生水螅体。这种无性繁殖的水螅型世代和有性繁殖的水母型世代交替的繁殖循环的生活史，常见于整个刺胞动物门，如水螅水母、方水母和钵水母等，但各类水母的水螅体产生水母体的方式多种多样。例如，水螅水母的水螅群体是以无性出芽生殖的方式产生水母体（图1.1）；钵水母的螅状幼体是以无性横裂生殖的方式产生碟状幼体，然后每个碟状幼体发育成水母体（图1.2）；方水母是以小螅状幼体无性出芽生殖方式增添螅状幼体，然后螅状幼体从原亲体分离，变态成为幼水母（图1.3）。

（1）水螅水母类

水螅群体的生殖水螅体以无性出芽的生殖方式产生水母体，这些水母体产生卵子和精子，释放到水中受精，受精卵发育成浮浪幼虫，接着浮浪幼虫变态成幼水螅体，每个水螅体以无性出芽生殖方式不断产生新的水螅体，并保留彼此的联系，形成一个水螅群体（包括营养体和生殖体两种水螅体），然后生殖体以出芽生殖方式生产水母芽，这些水母芽长大后，脱离生殖体的子茎，发育生长为成熟水母体（图1.1）。

（2）钵水母类

成熟的水母体释放卵子和精子到水中受精，受精卵发育成浮浪幼虫，然后浮浪幼虫变态成小水螅，称螅状幼体；每个螅状幼体的口端，都经历横裂过程，这被称为横裂生殖。在螅状幼体的口端，碟状的碟子堆积在一起，此刻它被称为横裂体（strobila）；这些碟子从横裂体分离，每个碟子形成一个微小水母，它们被称为碟状幼体（ephyra）；以后每个碟状幼体发育成为成体水母（图1.2）。

（3）方水母类

成熟水母体释放卵子和精子到水中受精，受精卵发育成浮浪幼虫，然后浮浪幼虫转变成微小螅状幼体，以无性出芽生殖的方式增添螅状幼体；从原亲体分离的螅状幼体，最终变态成为幼水母；幼水母发育生长，成为能产生配子的成体水母（图 1.3）。

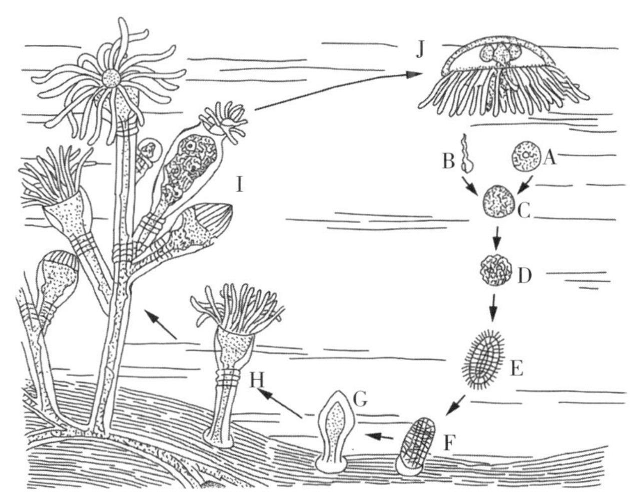

图 1.1　薮枝水母 ***Obelia*** 的生活史（示生殖水螅体出芽生殖）

（仿郑重等，1984，引自Buchsbaum，1938）
A.卵子；B.精子；C.受精卵；D.囊胚；E.浮浪幼虫；F.附着浮浪幼虫；
G.早期水螅体；H.水螅体；I.水螅群体；J.水母体

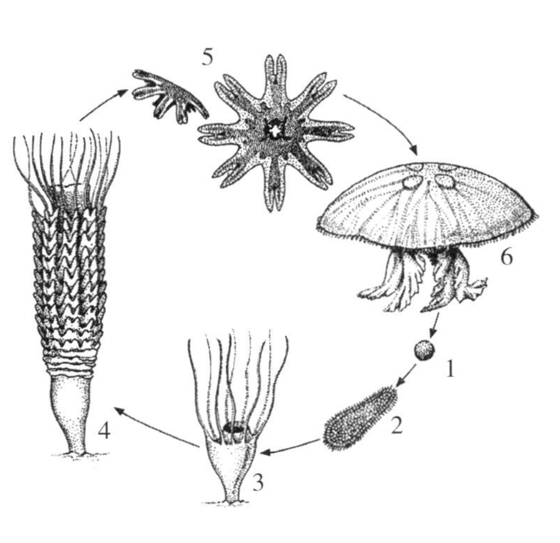

图 1.2　海月水母 ***Aurelia*** 的生活史（示横裂生殖）

（仿 Bouillon，1987）
1. 受精卵；2. 浮浪幼虫；3. 螅状幼体；
4. 横裂体；5. 碟状幼体；
6. 水母体

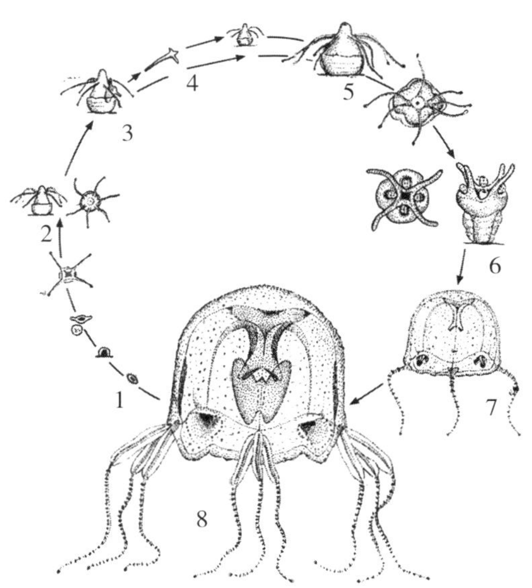

图 1.3　方水母的生活史（表示螅状幼体出芽生殖）

（仿 Martin & Ron Koss，2002）
1. 浮浪幼虫；2. 微小螅状幼体；3. 芽生螅状幼体；
4. 芽体；5. 螅状幼体；6. 变态螅状幼体；
7. 幼水母体；8. 成熟水母体

1.1.1.2 寄生的世代交替生活史

水母寄生的生活史属于有世代交替间接发生的另一种类型。这一类生活史大多出现在自育水母纲筐水母亚纲中的一些水母种类，其特点是其水母体营自由浮游生活，但其水螅世代是寄生在另一种宿主上通过无性生殖方式产生水母体的。

研究表明，在自育水母纲中只有筐水母亚纲有寄生现象，已知该亚纲的3个科——间囊水母科Aeginidae、太阳水母科Solmarisidae和主囊水母科Cuninidae均有营寄生生活的水母种类。Bouillon（1987）指出，有寄生现象的筐水母的生活史属于间接发育，即寄生在其他水螅水母宿主上的筐水母的拟螅体（polypoid）、水螅型（polyp）或生殖茎（stolon prolifera）（或称增殖茎）均以无性生殖方式产生水母芽，而小水母被释放以后，发育为成体水母进行有性生殖。例如主囊水母科的八囊摇篮水母*Cunina octonaria*的寄生生活史就属于具有一个寄生阶段的间接发育的有性世代类型：水母体产生的精子和卵子在其胃囊受精，受精卵发育成浮浪幼虫后，离开胃囊进入消循腔，经口浮游到海水中，附着在其他水母的内伞腔或垂管内，然后变态成早期水螅体，它较粗大的一端为反口端，其两侧有两条细长的附着触手；触手末端膨大，具有附着内伞腔壁功能。寄生的水螅在不同宿主上，其幼体的发育方式也有差异。八囊摇篮水母的寄生生活史可分为内寄生和外寄生两种类型：前者浮浪幼虫寄生于宿主，如内弯海帽水母*Halitiara inffexa*和波状感棒水母*Laodicea undulata*等（图1.4A，B）的垂管腔内或四叶小舌水母*Liriope tetraphylla*等的垂管末端（图1.4C，D），其幼体发育方式是由生殖茎（或称增殖茎）出芽产生许多处于不同发育期的幼体，这些幼体在生殖茎上发育成小水母体释放（Bouillon，1987）；后者浮浪幼虫寄生于宿主，如刺胞水母*Cytaeis tetrastyla*、灯塔水母*Turritopsis nutricula*和半球美螅水母*Clytia hemisphaerica*（图1.4E）的内伞腔上，其水母幼体发育是由拟螅体或水螅体释放离开宿主的，以后新的水螅体逐渐发育成水母体释放。

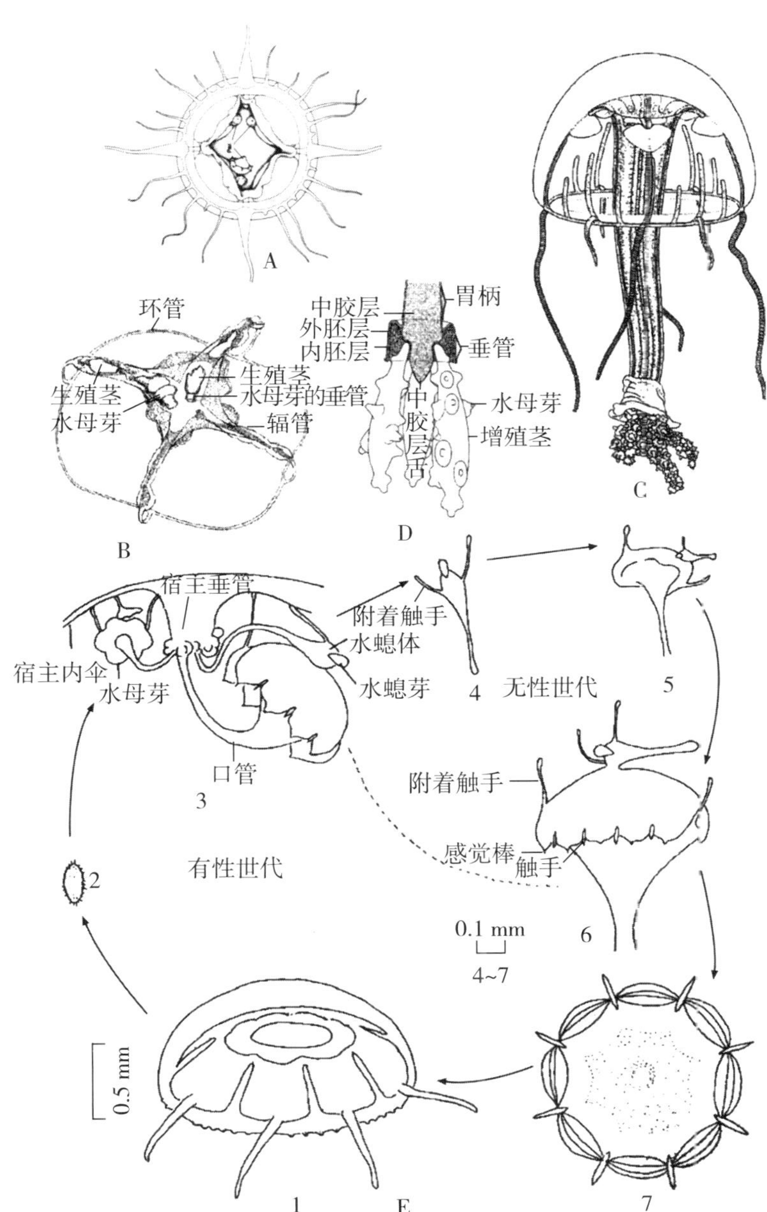

图 1.4　八囊摇篮水母 *Cunina octonaria*（McCrady，1859）

（A ~ D 仿 Bouillon，1987；E 仿许振祖、吴慧端，1994）
A. 浮浪幼虫寄生于内弯海帽水母垂管腔内；B. 浮浪幼虫寄生在波状感棒水母垂管腔内；
C，D. 浮浪幼虫寄生于四叶小舌水母垂管末端；E. 八囊摇篮水母外寄生生活史
（1. 八囊摇篮水母成体；2. 浮浪幼虫；3. 宿主半球美螅水母；
4. 水螅体；5. 水母芽；6. 水母幼体；7. 小水母体）

1.1.2 直接发生类型

这个类型的发育也要经过浮浪幼虫，而它与有世代交替生活史类型的区别是：从受精卵孵化出来的浮浪幼虫不经过固着的生活，直接通过或不经过浮游的辐射幼虫发育成水母体或水螅体。因此，这个类型的生活史只有一种世代，均缺乏附着生活的水螅体或螅状幼体的发育过程——这和它们的生活环境有关。

1.1.2.1 只有水母型世代生活史

（1）半口壮丽水母 *Aglaura hemistoma* 的生活史

该种水母属于自育水母纲硬水母亚纲。成体水母释放卵子和精子到水中，受精卵经过胚胎发育成浮浪幼虫，之后浮浪幼虫直接通过中间具触手的胚后期（post-embryonic stage）或称辐射幼虫（actinula）发育成稚水母体（young medusa），一直发育到成体水母，没有经过附着水螅体阶段（图1.5）

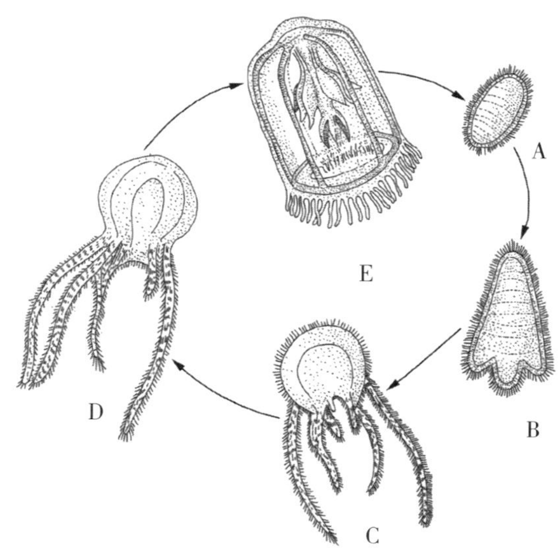

图 1.5　半口壮丽水母 ***Aglaura hemistoma*** 生活史

（仿 Bayer & Owre，1967）

A. 浮浪幼虫；B. 具触手芽和口锥的浮浪幼虫；C. 具触手芽的老浮浪幼虫产生胃腔和口；D. 具触手和垂管的胚后期或称辐射幼虫；E. 成熟水母体

（2）胞泳目水母生活史

成熟的生殖胞释放卵子和精子到水中，受精卵经过24~36小时发育成浮浪幼虫，之后浮浪幼虫沿内胚层——边和前端开始增厚，外胚层细胞也在前端增厚，然后内陷形成浮囊雏芽，称初生管胚期；一星期后发育成浮游管状幼体（siphonula），包括有浮囊体、触手和原生体；至三星期，管状幼体的浮囊体变得明显，触手伸长，胃腔有开口，初生芽殖区明显，此时它被称为初生营养个体；三星期以后逐渐发育成多营养体期，包括游泳部（有浮囊体、泳钟和保护叶等）和营养部［有生殖体（♀ ♂）、指状体、触手体和营养体］。胞泳目水母的各发育期均为浮游生活，无附着水螅体阶段（图1.6）。

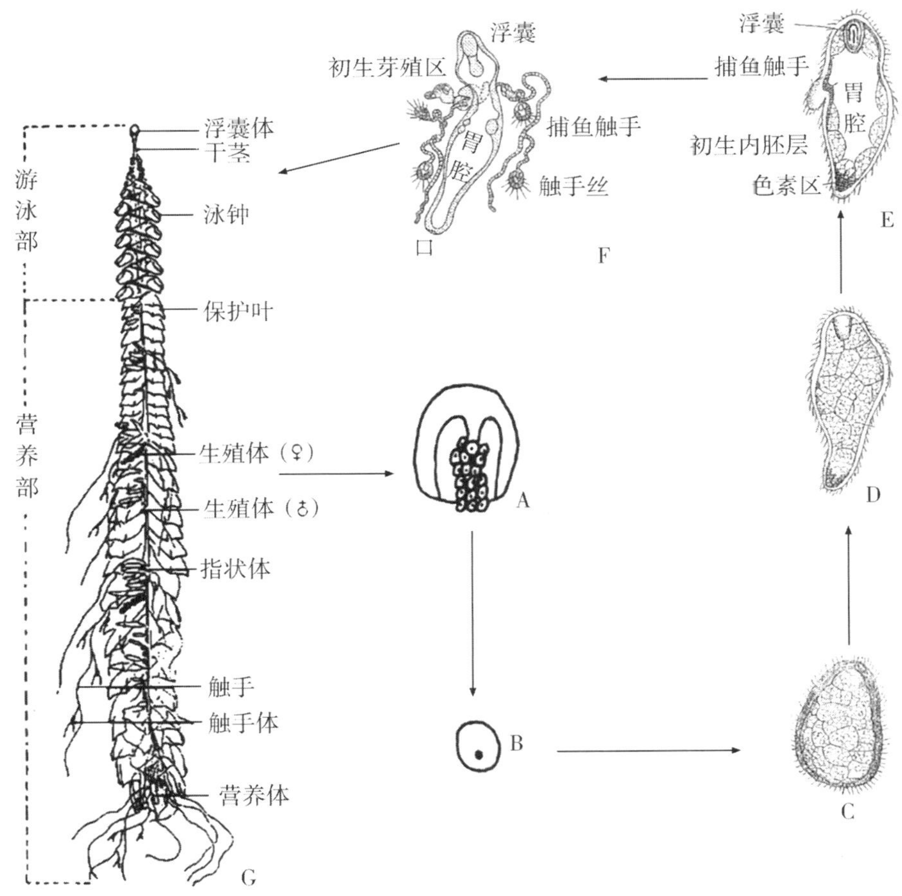

图1.6　胞泳目水母生活史

（A，B仿Mackie，1987；C～F仿Bouillon，et al.，2006；G.仿Totton，1965）

A.生殖胞；B.受精卵；C.浮浪幼虫；D.初生管胚期；E.管状幼体；F.初生营养个体；G.多营养体期

（3）钟泳目水母生活史

该目水母的生殖泳钟释放精子和卵子到水中受精，受精卵经卵裂发育成原肠胚，原肠胚经过一段时间发育成幼态泳钟芽体，之后幼态泳钟芽体发育成初生幼态群体，包括体囊、幼态泳钟体和原生个员。在充分生长的幼态群体中，钟泳目水母只保留一个泳钟体（如球水母），而在双生水母亚科水母（如五角水母、爪室水母）中，初生幼态群体继续发育成具口的幼态群体，包括体囊、泳钟体伞部、叶状体、触手体以及合体芽，这个幼态泳钟后来为1个或2个泳钟所取代，如有后泳钟存在的话，则它与前泳钟相连接，形成多营养体期。多营养体期的合体群释放单营养体的生殖泳钟（图1.7）。

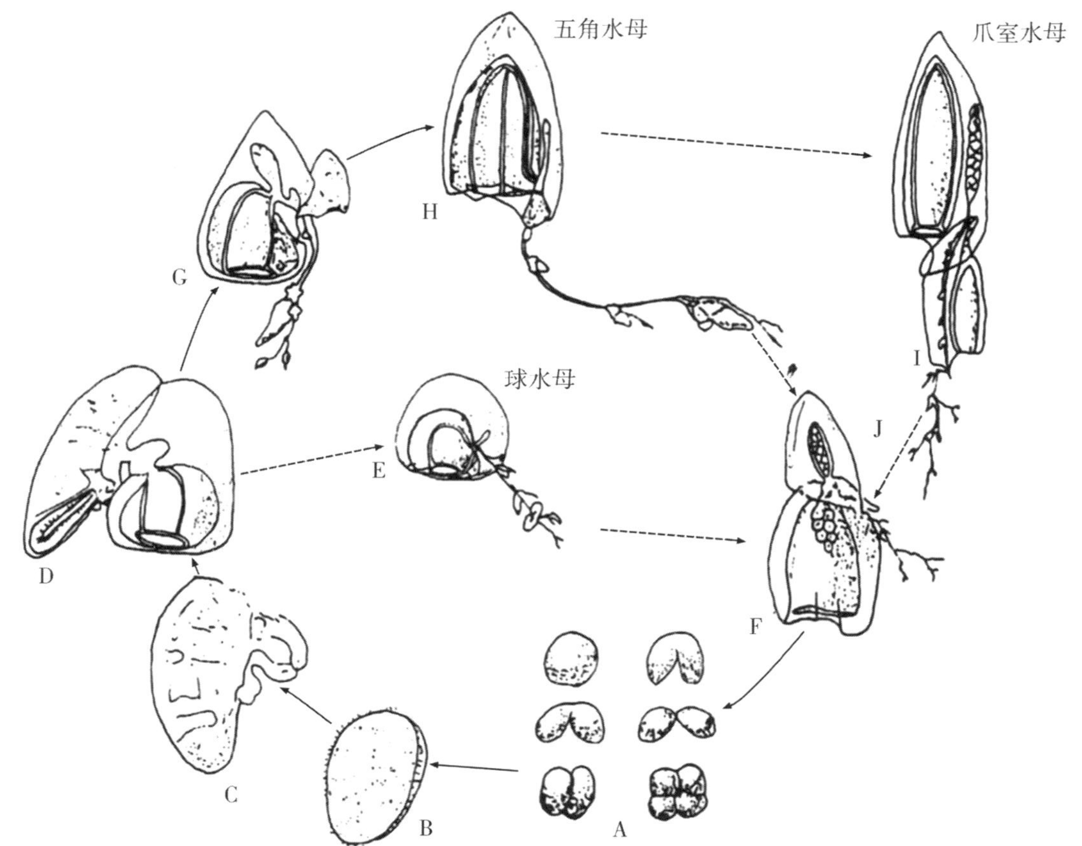

图 1.7　钟泳目球水母属 ***Sphaeronectes***、五角水母属 ***Muggiaea*** 和爪室水母属 ***Chelophyes*** 的水母生活周期

（仿 Mackie，1987）

A. 卵裂；B. 原肠胚；C. 幼态泳钟芽体；D. 初生幼态群体；E. 保留幼态泳钟；F. 单营养体期；G. 幼态群体；H. 幼态泳钟丢失；I. 前后泳钟体；J. 释放单营养体期末端干群

（4）夜光游水母 *Pelagia noctiluca* 的生活史

该种属于钵水母纲旗口水母目。从受精卵孵化出来的浮浪幼虫经过后期浮浪幼虫，发育成碟状幼体，之后碟状幼体直接发育成水母体，不经过固着的水螅型世代（图1.8）。

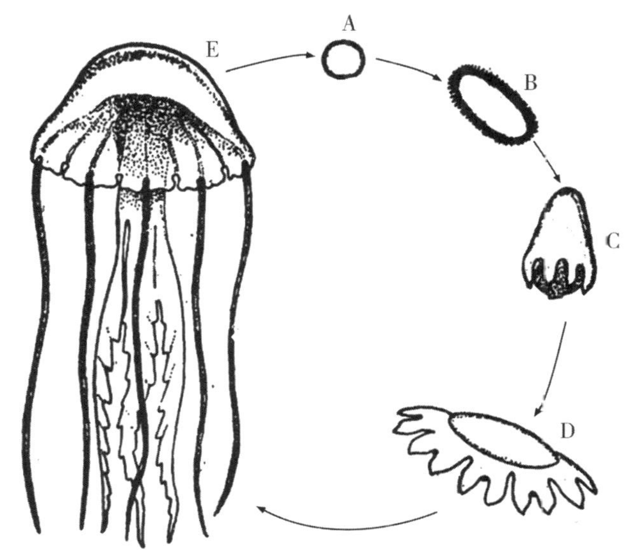

图 1.8　夜光游水母 ***Pelagia noctiluca*** 的生活史

（仿 Naumov，1960）

A. 受精卵；B. 浮浪幼虫；C. 后期浮浪幼虫；D. 碟状幼体；E. 成体水母

1.1.2.2 只有水螅型世代的生活史

（1）辐射幼虫（actinula larva）形成的生活史

花水母亚纲筒螅水母科中有些种类产生的水母是保留附着在亲体的水螅体中的，受精卵在附着水母体内形成浮浪幼虫，浮浪幼虫在亲体内转变成辐射幼虫，辐射幼虫水螅型具8条触手，以后从亲体释放到水中，最终附着在基质上，发育转变成小水螅体（图1.9）。

（2）矮小强叶螅 *Dymamena punila* 的生活史

该水螅属于软水母亚纲桧叶螅科，其生活史无水母型世代。水螅体的生殖体为固着孢子囊，它产生的浮浪幼虫常在外部的端囊孵化，然后释放到水中，最终浮浪幼虫下沉附着、变态成水螅群体（图1.10）。

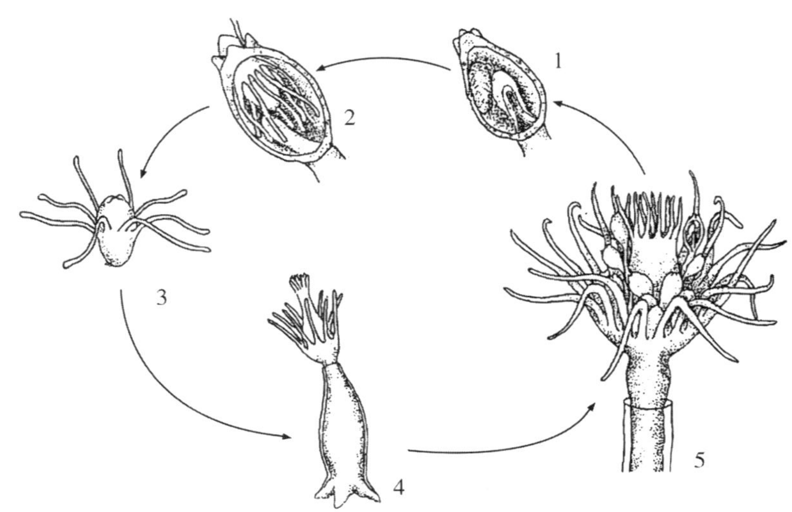

图 1.9　辐射幼虫形成的生活史

（仿 Martin & Koss，2002）

1. 带浮浪幼虫的附着水母体；2. 新兴辐射幼虫；3. 辐射幼虫；
4. 附着辐射幼虫；5. 水螅体

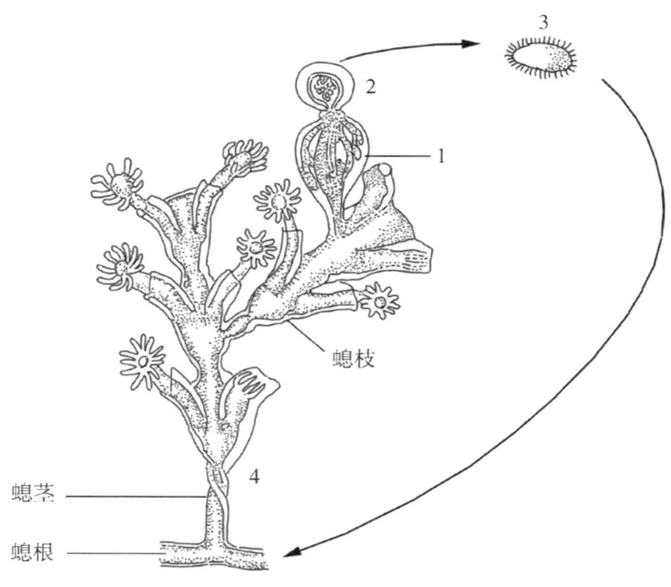

图 1.10　矮小强叶螅的生活史

（仿 Naumov，1969）

1. 生殖体（固着孢子囊）；2. 端囊；3. 浮浪幼虫；4. 水螅群体

1.1.2.3 漂浮水螅型世代生活史

该类型是指浮浪幼虫的发育不经过下沉附着，改为底栖生活，而是变态发育成漂浮的群体或单体水螅体，然后以无性生殖的方式发育成水母体。有的种类的浮浪幼虫的发育有附着于底层和漂浮在水层表面的水螅体。兹分别简述如下：

（1）群体漂浮水螅型世代生活史

该类型生活史是指群体漂浮水螅体干群中的生殖体，以无性出芽生殖方式产生水母体，以后水母体以有性生殖方式产生水螅体，如花水母亚纲银币水母科的银币水母*Porpita porpita*和帆水母就是典型例子。兹以银币水母为例阐明其生活史。

银币水母的生活史是典型的群体漂浮水螅型世代的生活史，其水螅体的干群复杂，由盘状浮器、套膜、盘缘的放射管以及腹面的营养体、生殖体和指状体等组成，其排列位置见图1.11。

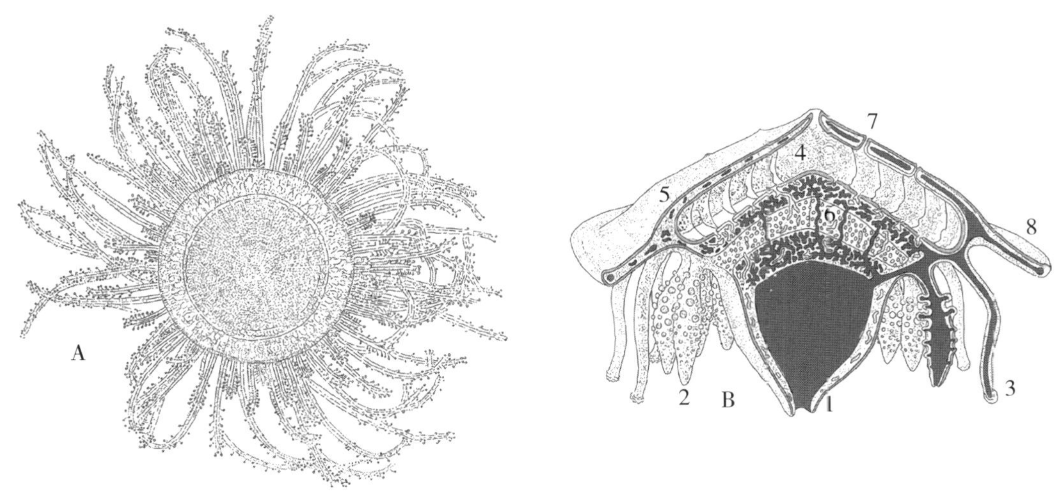

图 1.11　银币水母 ***Porpita porpita*** Linnaeus，1758

A. 水螅群体背面观（示背面放射隆起线、疣突、放射管以及体盘周围的指状体，仿 Schuchert，2010）；
B. 假设银币水母科水螅体模式图（1. 营养体；2. 生殖体；3. 指状体；4. 浮囊体或带气室的浮器；
5. 外套膜；6. 中央器官——上层称“肝”，中层称“刺胞胚”，下层称“肾”；
7. 气室排气孔；8. 外套膜部分。仿 Delage & Hérouard，1901）

群体水螅体中的生殖体以无性出芽的生殖方式产生幼水母体，它无触手，具4条辐管、4条纵列刺丝囊带，辐管口内有虫黄藻共生，之后发育成具8条纵列刺丝囊带、2条相对主辐位触手、8个主辐位生殖腺、8条辐管，辐管内有虫黄藻共生；成熟水母体以有性生殖方式，经浮浪幼虫变态发育成漂浮的早期水螅群体，它是一个空心球，顶部有一层内向凸出的锥体细胞；之后发育成晚期水螅群体，其营养体、指状体、生殖体以及盘状浮囊等显著发育，最终发育成典型的群体漂浮生活的水螅体（详见图1.12）。

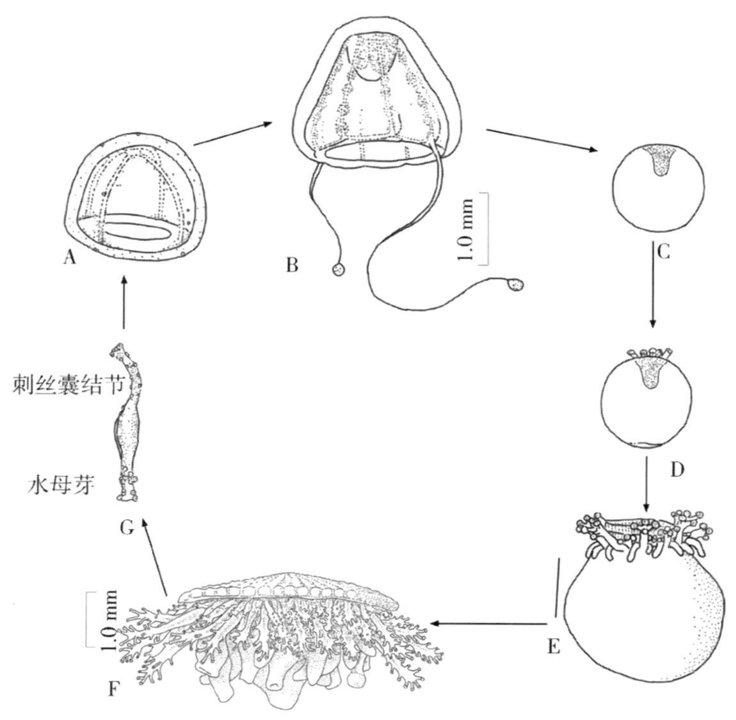

图 1.12 银币水母 ***Porpita porpita*** 的生活史

（A，C，D仿Delsman，1923；B仿Bouillon，1984；E仿Calder，1988；F仿Pagès et al.，1992；G仿丘书院，1957）
A.幼水母体（示外伞有4条纵列刺丝囊带、无触手，有4条辐管，管口内有虫黄藻共生）；B.成熟水母体（示外伞有8条纵列刺丝囊带，2条相对主辐位触手，8条辐管，8个主辐位生殖腺）；C.早期水螅群体［示初生营养体的空心球，球顶口侧有一层内向凸出的锥体细胞，该细胞是以后营养体表皮管、刺细胞胚盘和浮囊的原基（anlagen）］；D.晚期水螅群体（示营养体反口侧有一环初生生殖体、指状体及盘状浮囊产生）；E.幼水螅群体（示指状体、生殖体和盘状浮囊，明显趋向群体水螅体）；F.水螅群体侧面观（示营养体、指状体、生殖体及体盘等发达）；G.生殖体（示水母芽和刺丝囊结节）

（2）单体漂浮水螅世代生活史

该类型生活史是指单体水螅体以无性出芽的生殖方式产生水母体，之后水母体以有性生殖方式产生辐射幼虫或休眠孢囊，进而产生水螅体，如花水母亚纲玛吉水母科的3个属——玛吉水母属*Margelopsis*、顶手水母属*Climacocodon*和浮螅水母属*Pelagohydra*。兹简述前2个属的生活史。

①拟玛吉水母*Margelopsis haeckeli*（Hartlaub，1891）的生活史（图1.13A）

水螅体呈管状，有短的螅茎；口触手和反口触手硬直渐尖；水母芽发育在子茎上，位于口触手与反口触手之间。

②顶手水母*Climacocodon ikarii* Uchida，1924的生活史（图1.13B）

水螅体呈管状，无螅茎；口触手、轮和反口触手互相密集排列；水母芽位于短的子茎上。

③六辐和平水母*Eirene hexanemalis* Goette，1886的生活史（图1.14A）

水螅体为单个浮游个体，呈花瓶状，水螅体前半部呈圆柱状，后半部呈球形；水螅体以无性芽生的生殖方式，完全消溶原螅体发育成为单个水母体。

④美螅水母*Clytia viridicans* Leuckart，1856的生活史（图1.14B）

这种水母以有性生殖方式产生浮浪幼虫，但浮浪幼虫发育成水螅体包括单个水螅体附着于底层或单个水螅体漂浮在水表面这两个途径，之后水螅体以无性生殖方式产生水母体。

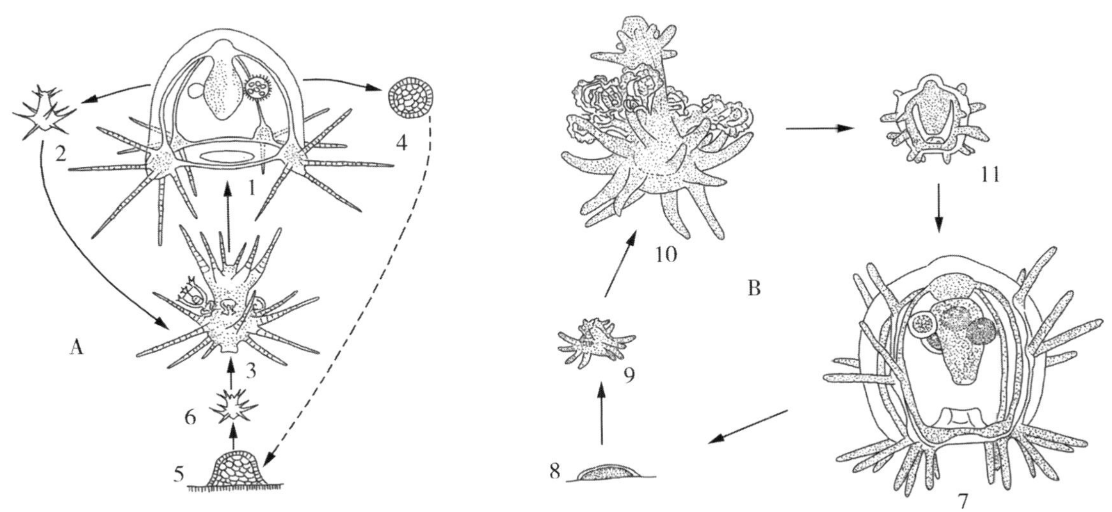

图1.13 花水母亚纲玛吉水母科（Anthomedusae，Margelopsidae）生活史

A. 拟玛吉水母 *Margelopsis haeckeli* 的生活史［1. 成熟水母体（示伞缘具4个主辐基球，每个基球具2 ~ 6条硬直触手；垂管上具不同大小的卵细胞）；2. 早期辐射幼虫（示来自小的夏卵）；3. 单体漂浮水螅体（示水螅体呈管状，有短的螅茎；口触手和反口触手硬直渐尖；水母芽位于口触手和反口触手之间）；4. 秋季大卵；5. 休眠期孢囊；6. 早期辐射幼虫。仿 Werner，1954］

B. 顶手水母 *Climacocodon ikarii* 的生活史［7. 成熟水母体（示触手成对，位于外伞不同平面上；孢囊在垂管上）；8. 休眠期孢囊；9. 初生水螅体；10. 单体漂浮水螅体（示许多水母芽位于子茎上）；11. 新释放的水母体（示外伞不同平面上具成对触手）。仿 Kubota，1993］

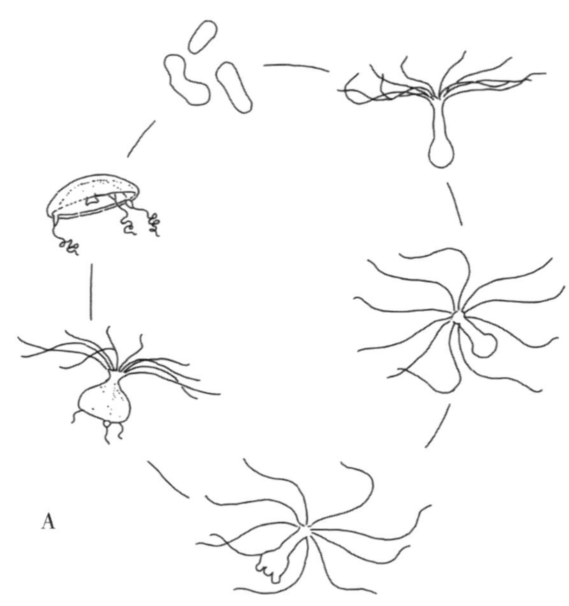

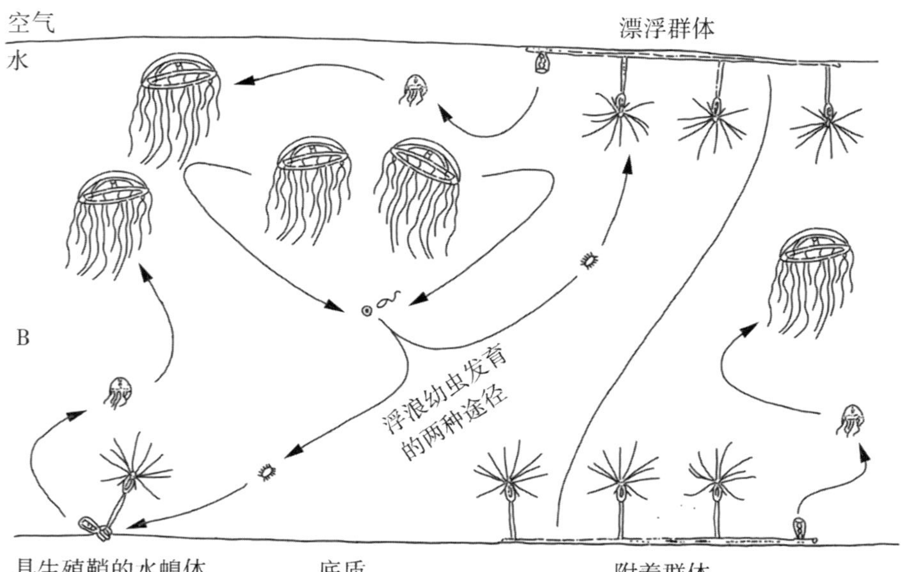

图 1.14 六辐和平水母 ***Eirene hexanemalis*** 和美螅水母 ***Clytia viridicans*** 的生活史

A. 六辐和平水母的生活史（示从浮浪幼虫发育成漂浮单体水螅体，然后以无性芽生方式生殖产生水母体；仿 Bouillon，1983）

B. 美螅水母的生活史（示浮浪幼虫的发育既有发育成附着于底层的单个水螅体，又有发育成漂浮在水表面的单个水螅体；仿 Pagliara et al.，2000）

1.1.2.4 个体逆向发育类型

个体逆向发育类型（ontogeny reversal type）是水螅水母纲中一种独特的生活史类型。该类型是指单个水母芽或水母体直接转化（transformation）成水螅体，如肉质介螅水母*Hydractinia carnea*、叉离生水母*Eleutheria dichotoma*和内田枝手水母*Cladonema uchidai*等（Muller，1913；Frey，1968；Schmid，1972；Hauenschild，1956；Kakinuma，1969）。这些种类的单个水母芽只能在早期发育阶段可逆向发育成水螅体构造，水母芽一旦释放游离水母体，其逆向发育能力就随即丧失。在水母体阶段具有逆向发育能力的水母种类，仅有灯塔水母*Turritopsis nutricula*和波状感棒水母*Laodicea undulata*两和（Bavestrello et al.，1992；Piraino et al.1996；De Vito et al.，2005；Kubota，2006）。

兹简述Piraino等（1996）研究地中海产的灯塔水母体逆向转化（regression and transformation）成生殖根和水螅群体的途径：取10个新释放的水母，分开进行单独培育和转化实验；以饥饿、水温突然上升和下降（从22℃到17℃或27℃）、降低盐度（海水90%，蒸馏水10%，*S*=33）和机械损伤水母伞部等胁迫因素，诱导水母整个发育过程，一直到水母性成熟。所有不成熟的水母（12条触手期），经历胁迫，在表达胞囊期之后，均逆向转化成生殖根和水螅体。如果培养在无胁迫条件下进行，水母绝不自发转化成胞囊、生殖根或水螅体。生殖腺成熟的水母体（13~15条触手期），无论用什么类型的诱导，其转化模式都是多变的，大约有20%~40%的水母不经过胞囊期而直接转化成生殖根和水螅体。相反，所有性成熟的水母体（16条触手期），在很好的培养条件下，自发地逆向和全部转化成生殖根和水螅体（图1.15）。

总之，不论是未成熟的还是成熟的灯塔水母，均能以细胞分化方式逆向转化成生殖根和水螅体。这在本种生活史中是已确立的一种独特生活史类型。

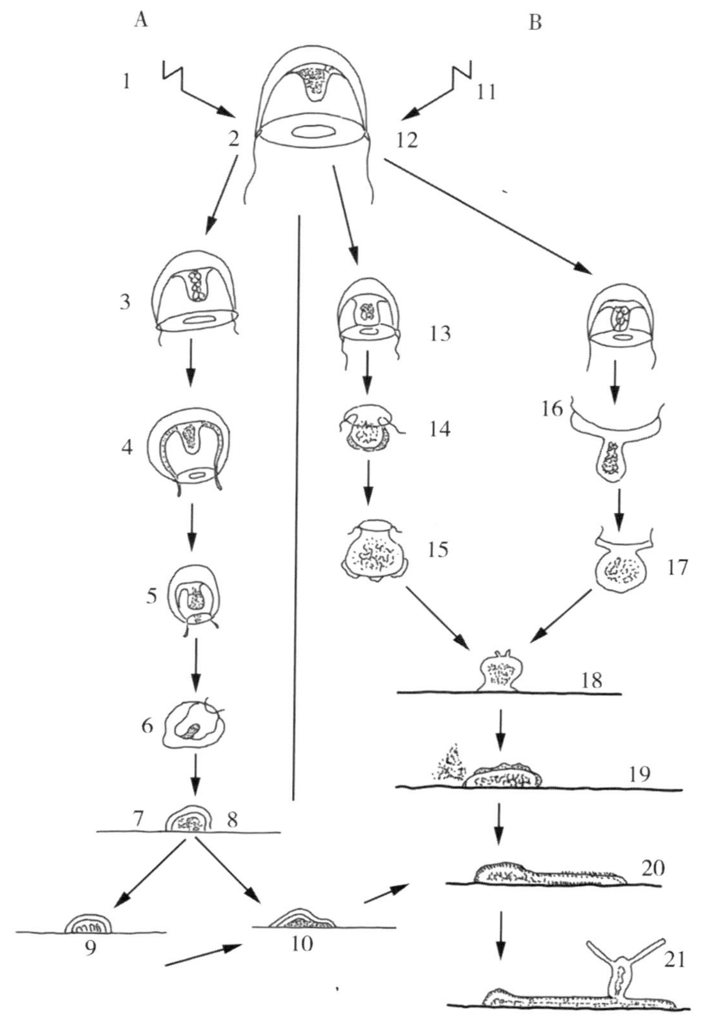

图 1.15 灯塔水母 *Turritopsis nutricula* 水母体逆向转化成水螅体的途径

（仿 Piraino et al.，1996）

A. 左侧图，为胁迫水母（12 条触手期）转化成水螅体的变化过程（1. 胁迫因素；2.12 条触手期；3. 触手萎缩；4. 体形缩小；5. 浮游能力减弱；6. 缘膜开孔关闭；7. 附着；8. 围鞘产生；9. 胞囊形成；10. 胞囊释放）

B. 右侧图，为胁迫水母（14 条触手期）和产卵水母（16 条触手期）交替转化成底栖水螅群体的变化过程［11. 胁迫因素（包括水母衰老）；12.14 条触手期和 16 条触手期；13. 选择途径；14. 中胶层内吸收；15. 产卵；16. 伞颠倒；17. 中胶层内吸收；18. 附着；19. 围鞘产生；20. 螅根产生；21. 水螅体形成］

上述A图和B图，最后均是直接或经胞囊休眠期产生水螅群体（底栖）。

参考文献

［1］丘书院. 中国沿海的银币水母［J］. 厦门大学科学进展，1957，1：85–90.

［2］许振祖，吴慧端. 厦门港八囊摇篮水母的寄生生活史研究［J］. 厦门大学学报（自然科学版），1994，33（增刊）：154–159.

［3］许振祖，吴慧端. 厦门港三叶坚固水母的寄生生活史研究［J］. 台湾海峡，1998，17（1）：82–86.

［4］郑重，李少菁，许振祖. 海洋浮游生物学［M］. 北京：海洋出版社，1984：246.

［5］BAVESTRELLO G，SUMMER C and SARA M. *Bi-directional Conversion in Turritopsis nutricula*（*Hyerozoa*）. In：*Aspects of Hydrozoan Biology*. BOUILLON J，BOERO F，CICOGNA F，GILI J M and HUGHES R G eds. Sci. Mar.，1992，56（2/3）：137–140.

［6］BAYER F M R，OWRE H B. *The Pre-living Lower Invertebrales*［M］. New York：Macmillan，1967：1–229.

［7］BOUILL J. *Sur la medusa de Porpita porpita*（*Linne*，1758）（*Velellidae*，*Hydrozoa*，*Cnidaria*）［J］. *Indo-Malayan Zoology*. 1984，1：249–254.

［8］BOUILLON J. *Consideration sur ic dévetoppement des Narcoméduses et sur leur Position phylogenelique*［J］. *Indo-Malayan Zoology*，1987，4（2）：189–278.

［9］BOUILLON J，GRAVILI C，PAGÉS F. et al.. *An Introduction to Hydrozoa*［J］. *Mémoirs du Muséum national d'Histoire naturelle*，2006，194：1–591.

［10］BOUILLON J. *Sur le cycle biologique de Eirenl hecanemalis*（*Goette*，*1886*）（*Eirenidae*，*Leptomedusae*，*Hydrozoa*，*Cnidaria*）［J］. *Cahiers de Biologie Marine*，1983，24（4）：421–427.

［11］CALDER D R. *Shallow-water Hydroids of Bermuda. The Athecate*［J］. *Royal Ontario Museum Life Sciences Contributions*，1988，148：1–107.

［12］DE VITO D，PIRAINO S，SCHMICH J et al. *Evidence of Reverse Development in Leptomedusae*（*Cnidaria*，*Hydrozoa*）：*the Case of Laodicea undulata*（*Forbes and Goodsir*

1851）［J］. *Marine Biology*，2005，149（2）：339–346.

［13］DELAGE Y & HÉROUARD E. *Traité de zoologie concrete. Tome II Les Coelentérés*［M］. Reinwald，Paris，1901：1–848.

［14］DELSMAN H C. *Beiträge zur Entwicklangsgeschichte von Porpita*［J］. *Treubia，a Journal of Zoology，Hydrobiology and Oceanography of the Indo-Australian Archipelago*，1923，3：1–28.

［15］FREY J. *Die Entwicklangsleistungen der Medusenkno-spen and medusen von Podocoryne carnea nach Islation and Diss-Oziation*［J］. *Wilhelm Rouxs Arch*，1968，160：428–464.

［16］HAUENSCHILD C. *Experimentelle Untersuchungen über die Enstehung asexueller Klone bei der Hydromeduse Eleutheria dichotoma*［J］. *Z. Naturforschg*，1956，11B：394–402.

［17］KAKIA Y. *On the Differentiation of the Isolated medusa buds of the Hydrozoan，Cladonema uchidai and Cladonema*［J］. *Sp. Bull Mar Biol. Ztal Asamushi*，1969，13（3）：169–172.

［18］KUBOTA S. *Life Cycle Reversion of Laodicea undulata（Hydrozoa，Leptomedusae）from Japan*［J］. *Bulletin of the Biogeographical Society of Japan*，2006，64：85–88.

［19］KUBOTA S. *Resting Stage and Newly Hatched Hydroid of a Cool Water Hydrozoa Species Climacocodon ikarii Uchida（Hydrozoa，Margelopsidae）*［J］. *Publications of the Seto Marine Biological Laboratory*，1993，36（1–2）：85–87.

［20］MACKIE G O，PUGH P R & PURCELI J E. *Siphonophores Biology Adv.*［J］. Mar. Biol.，1987，24：97–262.

［21］MARTIN V J and KOSS R. *Phylum.* In：*Atlas of Marine Invertebrate Larvae*（ed. Young C M Associate Ass ed. Sewell M A and Rice M E），2002：51–108. Academic Press，San Diego，San Francisco，New York，Boston，London，Sydney，Tokyo.

［22］MAYER A G. *Ctenophores of the Attantic Coast of North America*［M］. Carneige Inst. Publ.，1912：162.

［23］METSCHNIKOFF E. *Embryologische stadien an Medusen：Ein Beitrag zur*

Genealogie der Primitive-organe［M］. Wien：Alfred Hölder，1856.

［24］MULLER H C. *Die Regeneration der Gonophoren bei Hydroiden und anschiessende biologische Beobachtungen Wieheim Roux Arch*. Entwicklungsmech. Org.，1913，37：319–419.

［25］NAUMOV D V. *Hydroids and Hydromedusae of the USSR Keys to the Faune of the VSSR Zoological Institute of the Academy of Science of the USSR*，1960，70：6609.（Translated from Russian to English by Israel Program for Scientific Translations，1969）

［26］NAUMOV D V. *Hydroids and Hydromedusae of the USSR*［M］. Israel Program for Scientific Translation，Jerusalem，1969：PP. 463，30 plates.

［27］PAGÉS F，GILI J M & BOUILLON J. *Medusae（Hydrozoa，Scyphozoa，Cubozoa）of the Benguela Current（Southeastern Atlantic）*［J］. *Scientia Marina*，1992，56：1–64.

［28］PAGLIARA P，BOUILLON J，BOERO F. *Photosynthetic Planulae and Planktonic Hydroids：Contrasting Strategies of Propagule Survival*［J］. *Scientia Marina*，2000，64（Supl）：173–178.

［29］PIRAINO S，BOERO F，AESCHBACH B and SCHMID V. *Reversing the Life Cycle. Medusae Transforming into Polyps and Cell Transdifferentiation in Turritopsis nutricula（Cnidaria，Hydrozoa）*. Reprinted from the *Biolological Bulletin*，1996，vol. 190，No. 3：302–312.

［30］SCHMID V. *Untersuchungen über Dedifferenzierangs-vorgänge bei medusenknospen und medusen von Podocoryne carmea M. Sars. Wilhein Roux Archir*，1972，169：281–301.

［31］SCHUCHERT P. *The European athecate hydroids and their medusa（Hydrozoa，Cnidaria）：Capitata part 2*［J］. *Revue Suisse de Zoologe*，2010，117（3）：337–555.

［32］TOTTON A K and BARGMANN H E. *A Synopsis of the Siphonophora*［M］.Trustees British Museum（Natural History）London. 1965：1–230. 153 figs.，40 plates.

［33］WERNER B. *On the Development and Reproduction of the Anthomedusae，Margelopsis haeckeli Hartlaub*［J］. *Transactions of the New York Academy of Sciences*，1954（2），16（3）：143–146.

1.2 厦门港帽铃水母生活史的研究*

Study on the Life Cycles of the *Tiaricodon coeruleus* from Xiamen Harbour

腔肠动物的生活史是海洋动物中最复杂多变的，尤其是水螅水母，在它们的生活史中，交替出现着有性世代水母型和无性世代水螅型，构成水螅水母的世代交替，这成为其生活史的显著特点。水螅水母这两种世代型除了在繁殖方式上有差异外，它们的形态、行为、生境以及它们在生态系统中的地位也都显著不同，这造成了多年来水螅水母分类系统的割离。生活史的研究就是统一水螅水母分类系统的基础。同时，从水螅水母表现出多种生活史的类型和形成方式中，可追溯其种族演化及其与环境压力等的关系，因而，阐明它们的生活史是动物地理学和系统发育研究的主要研究内容，具有重要的理论意义。

帽铃水母*Tiaricodon coeruleus*属于花水母目的摩勒水母科Moerisiidae，该科共有4个属，其中摩勒水母属*Moerisia*和奥德水母属*Odessia*的水螅世代已被研究，而海蒙水母属*Halmomises*和帽铃水母属*Tiaricodon*的水螅体的研究在国内外尚未发现。本文首次研究了帽铃水母从胚囊期到水螅体的发育过程及其形态特征，可为该科或花水母目的演化以及系统发育提供科学依据。

1.2.1 材料与方法

材料系于1994年11月在厦门港海关码头用浮游生物定性大网（*d*=50 cm，GG36筛绢）

---

* 引自许振祖、陈渝萍，《台湾海峡》，1998 年，17（3）：129-133。

采集的。采样后立即将样品带回到实验室中挑选性腺饱满的个体，将其放入盛有过滤海水的250~500cm^{3}烧杯中（3~5个/杯）饲养，每天换水1~2次，投喂鲜活丰年虫的无节幼体，培养水温为15℃~18℃，盐度为27，自然光照。经一个月的饲养后产卵。实验观测仪为体视镜、Olympus-BH2相差显微镜和普通显微镜等。

1.2.2 结果与讨论

1.2.2.1 各发育期的形态特征

（1）受精卵

呈近球形，深橘红色，卵径为50~85μm，卵外覆盖着黏性的胶质膜（sticky jell coat），这样的卵可黏附于玻璃壁上（图1.16-1）。这与花笠水母科（Olindiidae）钩手水母*Gonionemus vertens*的受精卵一致。

（2）胚囊期

该期体型大而不规则，略呈方形，分层明显，长×宽为94μm×57μm（图1.16-2）。

（3）浮浪幼虫体

遍被纤毛，形状逐渐变成椭圆形，一端略钝圆，从胚囊开始经 2 h 发育，体长大小为 105μm×57μm（图 1.16-3），随后经过 48 h 发育，幼虫体形变得短小，体长大小为 54μm×42μm（图 1.16-4）。浮浪幼虫下沉时，纤毛消失，体形变小呈圆球形，体直径为 59μm，外被透明胶质膜显著（图 1.16-5）。

（4）水螅体

浮浪幼虫下沉后经过5~6 d的发育，长出小水螅，单生，矮小，体呈黑褐色，粗大的螅根呈梨形，外有一厚层透明的膜状胶质囊；螅茎无鞘，短小不分枝，初生时有一定的角度倾斜；螅体具钝圆的垂唇部，色深，垂唇周围具一轮4~5条头状触手，触手末端呈球状，具成堆刺胞（图1.16-6、图1.16-7）。水螅体各部位大小见表1-1。

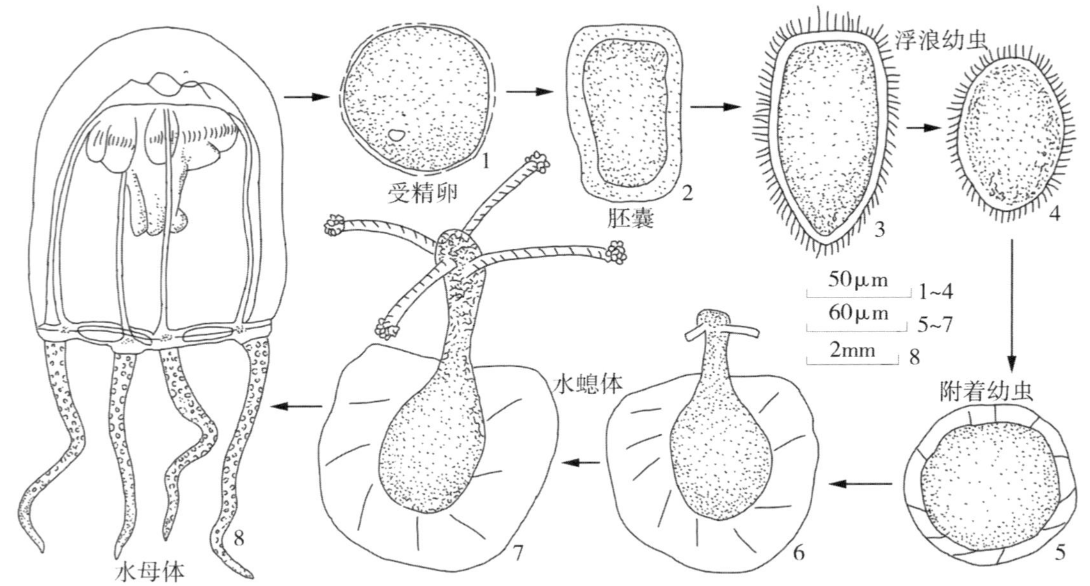

图 1.16　帽铃水母 ***Tiaricodon coeruleus*** 的生活史

表 1-1　帽铃水母水螅体不同部位测量

部位		大小（μm）	样品数
螅根	长	59.77（33.77~67.53）	*n*=10
	宽	50.82（42.27~54.03）	*n*=10
外膜囊直径		113.12（67.53~135.06）	*n*=10
螅茎	高	67.87（42.21~101.30）	*n*=10
	顶部宽	29.71（20.26~33.77）	*n*=10
触手	长	82.90（33.77~118.18）	*n*=10
	宽	7.649（7.345~8.112）	*n*=10
	数目	4~5（1~5）	*n*=10

过去，摩勒水母科的分类位置曾被放在淡水水母目Limnomedusae。但是，早在1951年Picard就指出，摩勒水母科同筒螅水母科Tubularidae和棍螅水母科Corynidae具有相似性，但他仍然把摩勒水母科保留在淡水水母目里，直至1958年Rees首次把摩勒水母科归入花水母亚纲的头螅水母目Capitata中。以后的学者也都赞同这个观点。Boero和Bouillon（1987）根据触手形态的演化，将摩勒水母科、球棍螅水母科Sphaerocorynidae和棍螅水母科三者联系起来，指明三者的亲缘关系。在摩勒水母科中奥德水母属水母的水螅体触手具一个末端

刺胞球，触手背轴也具刺胞堆，而水母体的触手末端不膨大，具横条成束的刺胞但不成环；摩勒水母属水母的水螅体具念珠状触手，水母体也具念珠状触手；本实验的帽铃水母的水螅体触手具头状触手，水母体触手具不规则成堆或横条成束的刺胞，其末端不膨大。可见，其水螅体触手特征与奥德水母较相似，而与摩勒水母属不同。从演化观点看，头状触手属于原始类型，而念珠状触手是从原始类型派生的。因此，帽铃水母在摩勒水母科是较原始的一属。

1.2.2.2 各发育期的发育时间与行为

（1）浮浪幼虫

从胚囊期发育到浮浪幼虫历时2 h，浮浪幼虫的浮游时间为2 d以上（表1–2）。幼虫运动以自转和大范围的整体游动为主，游动速度随幼虫发育和上浮能力增强而加快，运动范围也变大。在水表的幼虫的运动方式多为长距离的直线游动，并具有集中于水表中央和器皿壁的集群现象。幼虫经48 h发育以后，下沉到水底，先出现对底质上下运动的探察行为，其运动速度明显降低。

表 1–2　帽铃水母生活史各发育期的发育时间与个体大小

发育时期		时间	大小（μm）	备注
产卵		—	70.49（50.65~84.42）	n=37，测卵径
囊胚		0 h	94.31（75.79~109.74） 57.05（50.65~84.42）	n=14，测胚胎长、宽
浮浪幼虫		2 h	105.52（84.42~126.62） 57.69（42.21~67.53）	n=12，测幼虫体长、后端宽
		14 h	73.44（67.53~75.97） 50.65（33.77~59.09）	n=20，测幼虫体长、后端宽
		48 h	54.02（44.59~56.98） 42.21（40.53~47.61）	n=16，测幼虫体长、后端宽
附着	初期	60 h	59.09（33.77~75.97）	n=15，计直径
	稳定期	91 h	94.99（75.97~118.18）	n=12，计直径
小水螅	初生	5 d	107.61（75.97~145.20）	n=15，计螅体高度
	长成	6 d	128.48（75.95~165.46）	n=10，计螅体高度
死亡		14 d	—	—

（2）附着幼虫

浮游2 d以后，幼虫开始下沉附着。附着前期的幼虫以爬行为主，若此时摇动器皿，可使幼虫重新运动，历时1 d以上。幼虫停止爬行，可观察到幼虫后端有黏性物质附着在底物上。经过30 h发育，幼虫发育成为初生水螅体。

（3）初生水螅体

初生水螅体直立不动，触手水平伸展，几乎不发生自发性收缩。但笔者曾观察到水螅体的触手黏住一卤虫无节幼体的附肢不放，似乎以黏附饵料的方式进行摄食的现象。水螅体的存活时间为7~8 d（表1–2）。

1.2.2.3 浮浪幼虫的附着与变态过程

（1）附着基的选择

我们在实验中投入了牡蛎外壳碎片、沙粒、碎石、铜丝及玻片，发现幼虫对玻片及器皿底壁的附着有偏爱，表现出一定的选择附着基的能力。一般来说，幼虫对附着基的选择是其对来自底质的信息、水流及各种生物联系的反应，幼虫选择能力的高低影响着幼虫的扩散和种群分布；摩勒水母科其他属的浮浪幼虫可附着在海藻、沙粒上生长，而帽铃水母的浮浪幼虫不选择沙粒附着。

（2）变态过程

附着后的幼虫通过分泌黏液附着于玻片上，体形较圆，细胞分布均匀（图1.17–1）；以后幼虫外皮层向外分泌胶质物，形成一透明的胶质外膜囊，笔者由显微镜观察到，外膜囊有条状纹出现（图1.17–2）；随后，细胞向外生长，外膜囊随之向外扩展，细胞在靠近外膜囊内侧密集成一圈（图1.17–3）；以后，幼虫的外层细胞向内集中，先在中央形成一细胞团（图1.17–4），然后向外移动、突出，最后突出于外膜囊，外膜囊厚度变大（图1.17–5）；突出的细胞团随后长成螅茎，其顶端的周围长1~2条触手芽，触手芽最后发育成触手（图1.17–6）。整个过程历时3~4 d。

笔者还观察到一些推迟现象，在附着幼虫的变态过程中出现了一个短暂的“休眠期”。当正常变态进行到图1.17–2所示时期时，有些附着幼虫的变态却出现不同情况，即细胞浓集于幼体中央（图1.17–7），随后在外膜囊外缘长出一乳突状突起（图1.17–8）。幼虫可在这一时期停止发育，时间长达20余天，以后中央的细胞团开始拉长，向外膜囊的突起处移动，在此处突出膜囊内发育成螅茎，从而长出水螅体（图1.17–9）。这一过程可长达25 d，长出的水螅体触手数目少，一般只有1~3条。

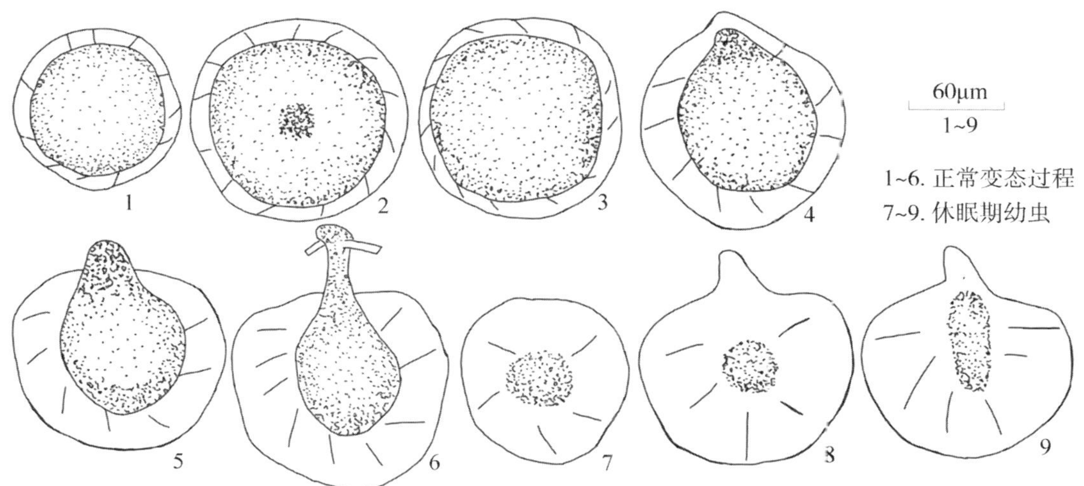

图 1.17　帽铃水母 *Tiaricodon coeruleus* 浮浪幼虫的附着变态过程

帽铃水母的变态过程类似于花水母亚纲的其他许多水母。花水母亚纲中水母的浮浪幼虫附着时，膜囊的形成被认为是幼虫对环境压力（如温度、盐度、波浪等）的一种适应，可维持幼虫处于圆盘状、时间达一个月或数个月之久的“休眠”状态，因此膜囊的存在具有保护作用。

帽铃水母在厦门港出现的时间为11月至翌年5月，其中以1—2月数量较多，特别是在半咸淡水水域的九龙江口更容易采到。其出现季节的水温为13℃~20℃，适应的年盐度为13.1~21.9，它是属于暖温性河口种类。因此，其浮浪幼虫附着变态膜囊的形成过程是对低温低盐环境的一种适应，具有保护螅根的作用，而休眠期幼虫变态过程的出现，可能与实验时水温偏高——达20℃有关。事实上，有人认为螅根可被看作所有水螅体的休眠期，膜囊的作用可被认为是属于螅根的作用范围。

刺胞动物的休眠不一定发生在附着变态期，如水螅在原肠期也发生休眠，这样的休眠胚胎可被带至其他地方，从而达到种群扩散的目的。海洋生物的这种“滞育”和“休眠”现象十分普遍，是当前研究的热点。

参考文献

［1］山田真弓 & 久保田信 . 日本近海ヒトロクテグとの生活史（4）淡水水母［J］. 海洋と生物，1981，14，3（3）：224–227.

［2］江静波 . 无脊椎动物学［M］. 北京：高等教育出版社，1987：74–199.

［3］许振祖，黄加祺 . 九龙江口水螅水母、管水母、钵水母和栉水母类的生态研究 . 厦门大学学报（自然科学版），1983 年，22（3）：366–374.

［4］BOERE F.*Zoogeography and Life Cycle Patterns of Mediterranean Hydromedusae*（*Cnidaria*）［J］.*Biol. J. Linnean Society*，1993，48：239–266.

［5］BOERO F & BOUILLON J.*Inconsistent Evolution and Paedomorphosis among the Hydroids and Medusae of the Athecatae / Anthomedusae and the Thecatae/Leptomedusae*.In：BOUILLON J，BOERO F，CICOGNA F et al.（eds.）：*Modern Trends in the Systematics*，*Ecology*，*and Evolution of Hydroida and Hydromedusae*.Oxford：Clarendon Press，1987，229–250.

［6］BOUILLON J.*Essai de classification des Hydropolypes-Hydromeduses*（*Hydrozoa-Cnidaria*）［J］.*Indo-Malayan Zool*，1985，2：29–243.

［7］BRINCKMANN–VOSS A.*Observations on the biology and development of Staurocladia portmanni sp.nov.*（*Anthomedusae*，*Eleutheridae*）［J］.*Can. J. Zool*，1964，42：693–705.

［8］CAIRNS S D.*Worldwide distribution of the Stylasteridae*（*Cnidaria*，*Hydrozoa*）. In：BOUILLON J，BIERO F，CICOGNA，F et al.（eds.）. *Aspects of Hydrozoan Biology. Scientia Marina*，1992，6（2/3）：125–130.

［9］KRAMP P L.*Synopsis of the medusae of the World.*［J］.*Mar. Biol. Ass. UK.*，1961，40：7–469.

［10］KRAMP P L.*The Hydromedusae of the Pacific and Indian Oceans*（Ⅱ & Ⅲ）［R］. *Dana Rep.*，1968，72：1–200.

［11］MILLS C E & STRATHMANN M E.*Phylum Cnidaria*，*Class Hydrozoa*.In：GIESE A G，REARSE J S AND PEARSE V B（eds.）. *Reproduction of marine invertebrates*.Blackwell & Boxwood Press，California，1987：44–71.

［12］YAMADA M & KUBOTA S.*Note on the morphology*，*ecology and life cycles of Fukaurahydra anthoformis and Hataia parva*（*Hydrozoa*，*Athecate*）［J］.*Hydrobiologia*，1991，216/217：159–164.

1.3 厦门港三叶坚固水母的寄生生活史研究*

Study on the Life Cycle of the Parasitic Species of *Pegantha triloba* from Xiamen Harbour

有关水母类生活史的研究一直受到动物学家的重视，其目的是通过对其生活史的研究，弄清各种水母的发育类型、同种不同世代的形态特征。这不仅有助于解决水母类的进化问题，消除在水母分类上的混乱状况，而且也可为一些有经济价值的水母的苗种增殖和一些有害水母的防治提供科学依据。

水母的寄生生活史属于有世代交替的类型，但其生活史的无性世代水螅体营寄生生活——这多数出现在筐水母亚纲。有关筐水母的寄生生活史的研究，早在100年前Müller，Uzamin，Brooks，Metschnikoff和Wilson等就对摇篮水母*Cunina*的寄生宿主进行了研究，报道了8种水母的宿主；随后，Bouillon（1987）较系统地阐述了筐水母的寄生现象和生活史类型。有关坚固水母*Pegantha*的寄生生活史的研究较少，主要有Bouillon（1987）在巴布亚新几内亚兰卡（Laing）岛研究了坚固水母寄生在不同宿主上的幼体发育方式与过程。在国内，仅笔者（1994）报道了八囊摇篮水母的寄生生活史。本文着重研究三叶坚固水母*Pegantha triloba*的水螅体寄生在半球美螅水母*Clytia hemisphaerica*宿主上各发育期的形态特征、发育过程、附着方式、营养来源等，同时还讨论了它寄生在不同宿主上的发育方式和生活史类型等。其结果可为今后水母的生活史和分类学的深入研究提供参考。本文研究的三叶坚固水母的水螅体寄生宿主半球美螅水母及其发育方式系首次报道。

---

* 引自许振祖、吴慧端，《台湾海峡》，1998，17（1）：82-86。

1.3.1 材料与方法

实验材料系于1990年5月在厦门港用大、中型浮游生物网采集的，每月采集4~8次，一般在傍晚或夜间于海水涨潮或退潮时的半潮面采集。把采集的标本带回实验室后，立刻挑出有寄生的水母放置于盛有0.45 μm滤膜抽滤海水的结晶皿中培养，喂以丰年虫的无节幼体，培养水温为20℃~22℃，盐度为26，每天换水一次。实验内容均在倒置显微镜和解剖镜下进行观察。

1.3.2 实验结果

1.3.2.1 三叶坚固水母各发育期的形态特征

（1）水螅体

口端呈细长的管状，末端开口，口管可伸缩扭转，常伸入宿主垂管口内吸收营养，反口端呈球状，周围伸出3条细长的附着触手，其末端膨大，附着在宿主内伞腔近垂管处；水螅体反口端分化出一条舌状生殖茎（proliferous）（图1.18–4）。

（2）水母芽

水螅体继续发育，反口端扩大，呈圆盘状伞部，其伞缘开始出现缘垂的雏形，仍具3条附着触手；口管粗而长，可伸缩扭转。由于附着触手可伸缩，因此水母芽可在一定范围内位移；水母芽外伞顶连着的生殖茎又长出一个新的水螅体（图1.18–5）。

（3）水母幼体

此期伞部有8个明显的缘垂，呈三角形，每个缘垂中央都长出一根黑色感觉棍；伞缘具3条细长附着触手和5条短小棍状触手，位于缘垂之间（图1.18–6）。

（4）小水母

此期缘垂和触手逐渐发育完整，但3条附着触手逐渐变短，口管也渐渐萎缩。当口管缩短到伞高的1/5时，水母体便开始收缩颤动，而附着触手进一步缩短，末端球渐渐变小，失去附着的作用，水母体从宿主的内伞腔壁松开。随着水母体与生殖茎连接部分断开，水母体从宿主上释放出来。此期水母的缘垂数与触手数相等，原附着触手缩短到几乎与普通触手等长；外伞表面密布疣突，胶质薄，有中央胃，无胃囊，缘垂表面无筋纹（图1.18–7）。

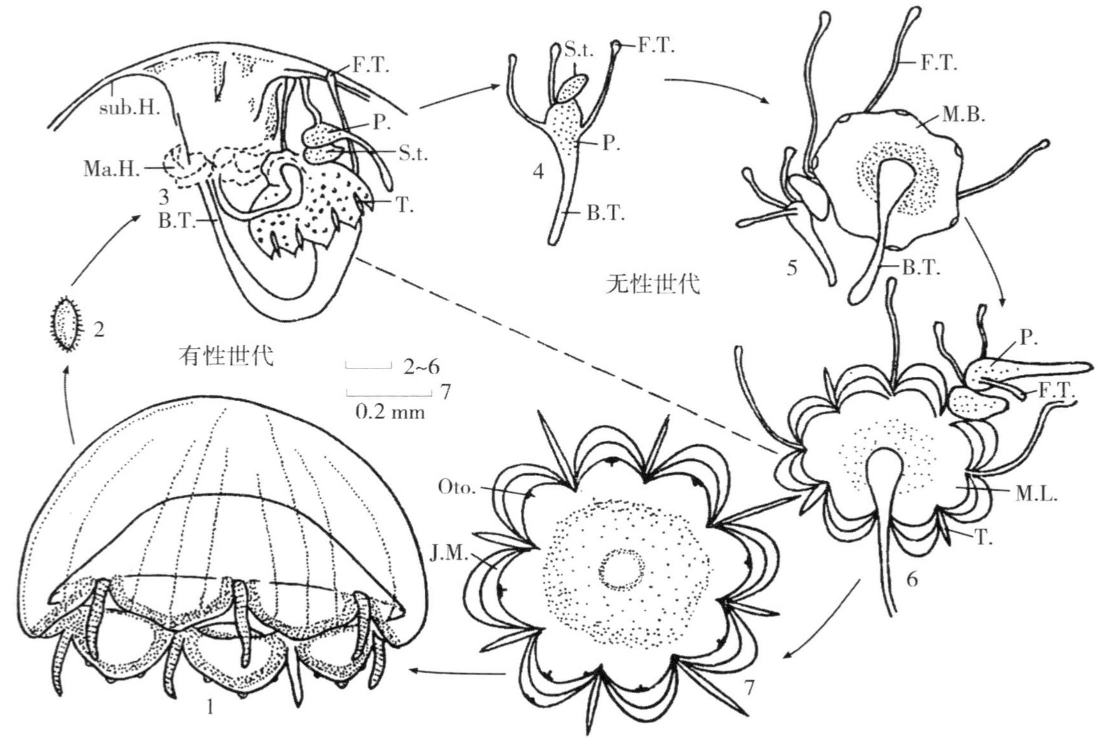

图 1.18　三叶坚固水母 *Pegantha triloba* 的寄生生活史

1. 三叶坚水母成体；2. 浮浪幼虫；3. 半球美螅水母宿主；4. 水螅体；
5. 水母芽；6. 水母幼体；7. 小水母
sub.H. 宿主内伞；Ma.H. 宿主垂管；P. 水螅体；B.T. 口管；F.T. 附着触手；
S.t. 生殖茎；T. 触手；M.B. 水母芽；M.L. 水母幼体；J.M. 缘垂；Oto. 感觉棍

1.3.2.2 三叶坚固水母寄生生活史各期发育的时间和大小

从表1–3看，三叶坚固水母寄生水螅体发育到小水母历时49~64 h，其中水母幼体发育到小水母的时间较短，仅11~17 h，释放两个小水母的间隔时间为45~46 h。各发育期的大小详见表1–3，其释放的水母大小在1.44~1.80 mm之间。

表 1-3 三叶坚固水母寄生生活史各发育期的时间和大小

序号	水螅体	→	水母芽	→	水母幼体	→	小水母	释放水母间隔时间（h）
	（mm）	（h）	（mm）	（h）	（mm）	（h）	（mm）	
1	0.35	20	0.67	18	0.88	11	1.80	—
2	0.16	27	0.39	20	0.78	17	1.45	46
3	0.15	28	0.37	19	0.77	16	1.44	45

注：该宿主于 1990 年 5 月 30 日采自厦门港，水温 20℃ ~22℃，盐度 26。

1.3.2.3 三叶坚固水母寄生体各期幼体的附着方式和营养方式

（1）附着方式

水螅体的反口端具3条附着触手，其末端明显膨大，像吸盘一样附着在宿主的内伞腔壁。当它发育到水母芽和水母幼体时，附着触手变得更细长，其长度为普通触手的7~9倍，可随意地伸缩，使水母位移，给口管伸入宿主垂管口内提供条件。

（2）营养方式

寄生体各期的营养来源主要依靠自身的口管伸入宿主垂管口内吸取营养。生殖茎或长在生殖茎上的小水螅体的营养由长口管的水螅体或水母芽通过生殖茎间接供给。

1.3.3 讨论

1.3.3.1 三叶坚固水母寄生在不同宿主上的发育方式

从表1-4看，三叶坚固水母寄生的宿主已知有两种——褐高手水母*Bougainvillia fulva*和热带伪帽水母*Pseudotiara tropica*，它们均属于花水母亚纲。本文记载的宿主半球美螅水母属于软水母亚纲。它们寄生的位置均在宿主的内伞腔壁，但它们在各种宿主上的发育方式有所不同：在褐高手水母宿主上的发育方式是由生殖茎产生2~7个水母芽；在热带伪帽水母宿主上，早期水螅体即分化出一个出芽区，从那里长出水母芽；而在本文研究的半球美螅水母宿主上，则是由生殖茎逐个产生水螅体，以后水螅体发育成水母体（表1-4）。可见，三叶坚固水母的寄生生活史属于一个有性世代的外寄生的间接发育类型，这种发育是通过早期水螅体分化出生殖茎，然后由生殖茎产生水螅体，原早期水螅体先发育成水母体，以后由生殖茎产生的水螅体再发育成水母体，而生殖茎本身不发育成水母体。因此，这个发育方式又补充了坚固水母的另一个新发育途径。

表 1–4　三叶坚固水母寄生在不同宿主上的发育方式

宿主	寄生位置	幼体发育方式	文献来源
褐高手水母	内伞腔壁	早期水螅体顶部分化出一个条状生殖茎，由此长出 2~7 个水母芽，各水母芽处在不同发育期，当这些水母芽发育成小水母释放后，水螅体本身也发育成小水母释放。	[3]
热带伪帽水母	内伞腔壁	早期水螅体触手下分化出一个出芽区，由此长出 3~4 个处于不同发育期的水母芽，随着水母芽的发育释放，水螅体也变态成水母体。	[3]
半球美螅水母	内伞腔壁	早期水螅体顶部分化出一个生殖茎，由此逐个长出水螅体，原早期水螅体发育成水母释放后，由生殖茎长出的水螅体逐个发育成水母体释放，生殖茎本身不变态。	本文

1.3.3.2 寄生在美螅水母宿主上的两种筐水母各发育期比较

经过2年的调查，发现厦门港三叶坚固水母和八囊摇篮水母都寄生在半球美螅水母宿主上，前者出现的时间在5—6月，后者出现在10—11月。由于这两种筐水母属于不同的科，因此，其各发育期的形态特征也有差异（表1–5）。

表 1–5　两种筐水母寄生在同种宿主上各发育期形态特征比较

各发育期	三叶坚固水母 *Pegantha triloba*	八囊摇篮水母 *Cunina octonaria* [1]
水螅体	3 条头状附着触手，反口端连着 1 个舌状生殖茎	2 条头状附着触手，反口端顶部长出 1 个三角形水螅芽
水母芽	8 个雏形缘垂，无中肋，生殖茎产出 1 个水螅体，具 3 条附着触手	8 个雏形缘垂，原水螅芽长出 2 条附着触手和 1 个口管，同时在这个水螅体反口端又长出 1 个新的水螅芽
水母幼体	8 条触手和 8 个缘垂，每个缘垂的外缘都具 1 根感觉棍，外伞表面散布疣突，伞径 1.4~1.8 mm	8 条触手，8 个缘垂，每个缘垂外缘都具 1 根感觉棍和 1 条刺胞纹，外伞光滑，伞径 0.8~1.0 mm
小水母	口管缩短呈圆口，有中央胃，无胃囊，8 条触手，8 个缘垂，外伞表面有疣突	口管缩短呈圆口，8 个主辐位胃囊出现，8 条触手，8 根感觉棍，8 条刺胞纹，8 个缘垂

1.3.3.3 寄生筐水母与其他水母的亲缘关系

在水螅虫总纲中只有筐水母亚纲有寄生现象，已知该亚纲的4个科——间囊水母科（Aeginidae）、太阳水母科（Solmarisidae）、主囊水母科（Cuninidae）和多柱水母科（Polyodiidae）均有营寄生生活的种类。Bouillon（1987）指出，有寄生现象的筐水母的生活史均是间接发育的，常可诱导世代交替，即寄生在其他水螅水母宿主上的筐水母的拟辐状幼体、水螅体或生殖茎均以无性生殖方式产生水母芽，而从小水母释放以后到它们发育成成体阶段进行有性生殖，这个变态过程与方水母（Cubzoa）相近似。由于筐水母的结构独特，1979年Petersen指出，筐水母亚纲是水螅虫总纲中最原始的，该亚纲的原始性表现是：幼体变态的结构简单，没有水母小节（medusa nudule）的参与；刺胞组成简单，形态上很少特殊性，仅有无刺等丝刺胞（atrechous isorhizas）和端刺等丝刺胞（apotrichous isorhizas）；直接发育和间接发育共存。因此，许多学者都认为筐水母和其他水螅水母不可能来自共同祖先（Mayer，1910；Russell，1953；Bouillon，1987）。为此，不能认为筐水母的世代更替是其他水螅水母世代更替的起源。

在水螅虫总纲中，筐水母亚纲与硬水母亚纲较接近，二者大多是大洋性分布的种类，水螅型不发达，水母型发达，主要营浮游生活。然而，除寄生筐水母有世代交替的间接发育之外，二者大多为直接发育。如与花水母亚纲和软水母亚纲相比，则花水母亚纲和软水母亚纲多数是近岸分布种，生活史大多有世代交替，水螅型发达，生活时间长，而水母型生活时间短，呈退化趋势。Boero & Bouillon（1987）认为，花水母亚纲的进化趋势是有性世代的水母越来越退化，而原先无性出芽的水螅体则进化或包含退化有性世代的水螅体［如原水母（medusoid）］、生殖体、子囊等。因此，软水母亚纲和花水母亚纲比筐水母亚纲更高等。值得提出的，Bouillon（1978）新发现一个兰卡水母科（Laingiidae），它属于兰卡水母亚纲（Laingiomedusae），它们的许多特征与筐水母亚纲相似，如触手的位置、环管的出现、伞缘分叶和触手球的特殊结构等；该科中的兰卡水母属*Laingia*有根间管，另一属康德水母（*Kantiella*）有间辐位的胃囊等。但是，该科也有些特征同其他水螅水母类似，如具有辐管和垂管。因此，兰卡水母科是筐水母和其他水螅水母的中介类型，也表明以前认为在结构特殊的筐水母亚纲与其他水螅水母之间存在一个相互接近的渐进过程是正确的，也让人确信了水螅虫总纲的同源性。

参考文献

[1]许振祖，吴慧端.厦门港八囊摇篮水母的寄生生活史研究[J].厦门大学学报(自然科学版)，1994年，33(增刊)：154–159.

[2] BOERO F & BOUILLON J. *Inconsistent evolution and Paedomorphosis among the hydroids and medusae of the Athecatae/Anthomedusae and the Thecatae/Leptomedusae*. In：*Modern trends in the Systematics*，*Ecology*，*and Evolution of Hydrodis and Hydromedusae*（eds. BOUILLION J，BOERO F，CICOGNA F et al.）. Oxford：Clarendon Press，Cairns，S. D. 1987，229–250.

[3] BOUILLON J. *Consideration sur le developppenent des Narcomeduses et sur leour position phylogenetigue* [J]. *Indo-Malagan Zool*，1987，4：189–278.

[4] BOUILLON J. *Hydromeduses de la mer de Bismarck*（*Papodasie Nourelle-Guinee* Ⅱ，*Limnomedusa*，*Narcomedusa*，*Trychymedusa et Laingiomedusa*（*Sous-classe nov.*）[J]. *Can. Biol. Mar*，1978，19：473–483.

[5] MAYER A G. *Medusa of the world* Ⅰ，Ⅱ [J]. *Carneg. Inst. Wash. Publ*，1910，10：1–498.

[6] PETERSEN K W. *Development of coloniality in Hydrozoa*. In：*Biology and systemation of colonial organisms*（eds. WOOD G L A & ROSEN B R）.Academic Press，1979：105–139.

[7] RUSSELL F S. *The medusae of the British Isles* [M] .Vol. 1. CUP Archive，1953：530.

1.4 中国海域水螅虫总纲生活史模式与动物地理学 *

Life Cycle Patterns and Zoogeography of the Hydrozoa from China Seas

生物地理学是生物科学的一个重要组成部分，其研究目的是描述和解释生物分布、迁移的规律。描述生物地理学注重生物分布资料的编录和地理区的划分，而解释生物地理学（interpretive biogeography）则是区别于描述生物地理学的新概念，主要是在综合生物分布资料的基础上去探讨生物分布的成因和规律。当前，生物地理学的研究已经从描述走向解释（陈宜瑜，1992）。一般关于生物地理学分析的理论框架（theoretical framework）可分成历史生物地理学和生态生物地理学两个框架：前者主要是研究物种以上的类元的时空分布规律及其反映的物种进化历史的关系，这样的分析与系统发育的分析是密切相关的；后者主要研究某一特定区域内的居群或个体的分布规律和迁移规律，它不需要与历史因素相联系，只注重物种在所在地的生态适应条件（Endler，1982；Davis，1982）。其实，无论是历史方法还是生态方法，研究生物地理学都离不开生态的因素。海洋动物地理学的历史方法和生态方法已尝试进行和解（Vermeij，1978）。因此，本文将以水母的生物学特点、生活史类型与扩散和水母种类分布区类型与迁移规律等方面，探讨和解释中国海域水母的动物地理学问题，其结果可为水母物种多样性的保护提供参考资料。

有关海洋动物地理区域的研究，脊椎动物的研究较多，而低等无脊椎动物如水螅虫总纲的研究是很不够的，因为水螅水母类具有海洋生物中最复杂多变的生活史，在它们的生活史中交替出现有性的水母型世代和无性的水螅型世代，构成水螅水母世代交替——这

---

* 许振祖、陈小银。首次发表。

成为其生活史的显著特点，致使综述水螅虫总纲动物的地理分布出现困难。尽管如此，最早是Kramp（1959，1968）对大西洋、太平洋和印度洋进行水螅水母动物地理学的研究；1971年，Alvariño研究了管水母类的地理分布；1977年，张金标、林茂进行了南海管水母类的生态地理学的研究；1979年，张金标进行了中国海域水螅水母类区系的初步研究；1980年，张金标、许振祖首次研究了中国管水母类的地理分布；1993年，Boero研究了地中海水螅水母的生活史模式与动物地理学；2004年，Bouillon J.，Medel M.D.，Pagès F. 等在研究地中海水螅虫总纲区系的专著中，分析与解释了地中海动物地理学分布类型的形成与演变；2012年，许振祖、黄加祺和林茂等研究了中国近海水螅虫总纲生态动物地理学；2014年，许振祖、黄加祺和林茂等在《中国刺胞动物门水螅虫总纲》一书中报道了“地理分布”；2019年，许振祖、黄加祺和郭东晖等报道了中国海域浮游水母物种多样性及其分布模式。上述研究的结果将为本文的研究提供重要参考资料。

1.4.1 水螅虫总纲水母的生物学特点对其扩散分布的影响

水螅水母类的生活史特点就是有底栖水螅体和浮游水母体两个世代交替。然而，有些水母的生活史是简单的，不经过底栖水螅体阶段，其浮浪幼虫直接发育成水母体或直接进入幼体阶段，尔后发育成水母体。例如自育水母纲中所有硬水母亚纲的水母和一些筐水母亚纲的水母都属于永久性浮游生物（holoplankton）（或称终生浮游生物），其整个一生在水中营漂浮生活——这有利于其扩大分布范围。这类水母主要分布于深海或大洋水域，例如中国近海（渤海除外）的优势种两手筐水母*Solmundella bitentaculata*、四叶小舌水母*Liriope tetraphylla*、半口壮丽水母*Aglaura hemistoma*，就来源于低纬度热带海区，由于其生活史没有附着的水螅体期，因此只要温度、盐度条件适宜，它们就将随着暖流往亚热带海区扩散分布。

在水螅水母纲中的花水母亚纲、软水母亚纲和淡水水母亚纲的水母，大多数具有明显的世代交替的生活史，仅有某一水母体阶段营浮游生活，经浮浪幼虫变态后，变为营底栖生活的水螅体。具有这种生活史过程的水母属于阶段性浮游生物（meroplankton），它们常常周期性地在一定季节（主要是在春、夏、秋三季）出现，所以它们又被称为季节性浮游生物。它们主要分布在近岸海区——这对于其水螅体的附着有利，它们的扩散主要依靠短时期浮游水母体和浮浪幼体，其扩散力受到限制。

还有管水母亚纲（除蕾薇科外）水母无底栖水螅体阶段和浮游水母体阶段交替的生活史，整个水母群体营终生浮游生活——这有利于它们的扩散分布，但它们的繁殖率较低，扩散分布的范围不广。

总之，水母的生物学特点对其扩散分布的影响，无论是哪个亚纲，其关键都是生活史中是否存在成熟的浮游水母体——它具有较高的散布力（vagility），对于水母的扩散分布起着重要作用。但是，有些水母亚纲浮游水母体的世代减少，其扩散策略多种多样（见下个问题说明）。

1.4.2 水螅虫总纲水母的生活史类型与扩散分布

水螅虫总纲除典型的生活史之外，还有多种多样的生活史类型，这可能与其扩散地理分布有关联（Boero & Bouillon，1993）（图1.19），兹将主要类型简述如下。

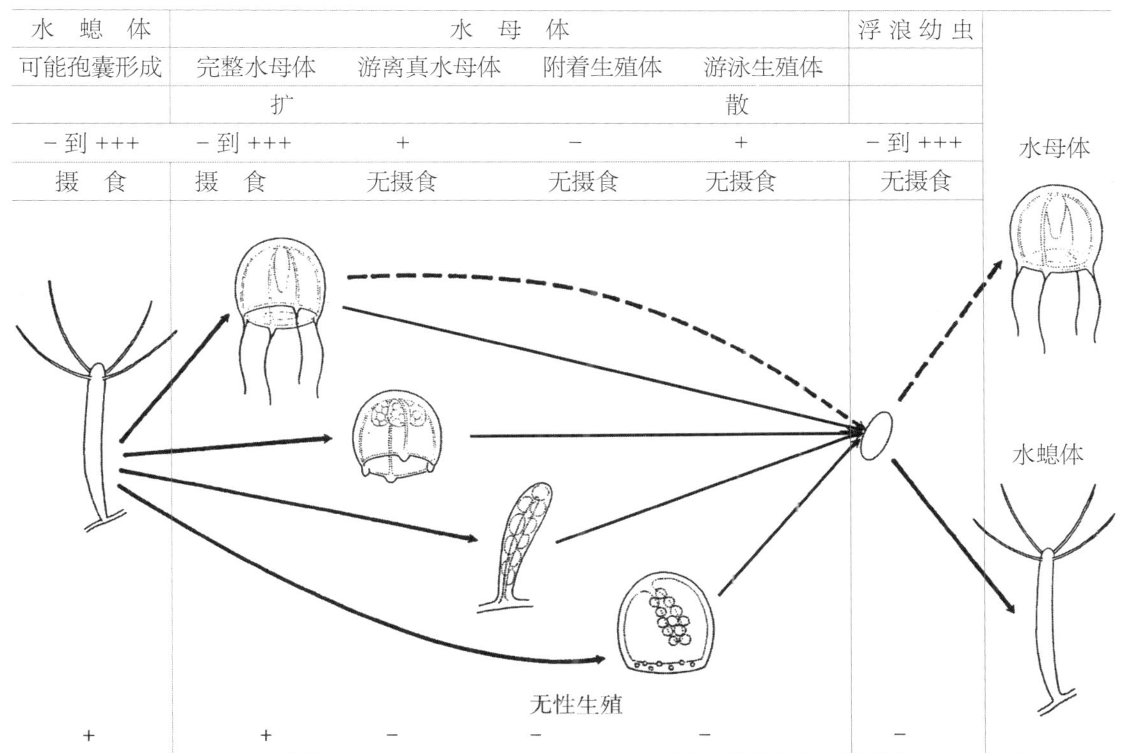

图 1.19 水螅虫总纲动物生活史的各种类型与它们的扩散情况

+代表具扩散的可能；－代表无扩散；虚线代表直接发育，没有水螅体期；实线代表间接发育，有水螅体期。

1.4.2.1 水母体—浮浪幼虫—底栖水螅体—水母体

具有该类型生活史的水母的扩散依赖于浮游水母浮游生活的持续时间（可生存几天到几个月）、有腔囊胚（coeloblastula）和浮浪幼虫漂浮的时间（最长可生存15天）以及水螅体通过附着在游泳生物或漂浮藻类上或寄生于筐水母等方式来进行扩散。

1.4.2.2 游离真水母体或游泳生殖体—浮浪幼虫—底栖水螅体—游离真水母体或游泳生殖体

具有该类型生活史的水母的水母体和生殖体均营浮游生活，体形似水母。游离真水母体（liberated eumedusoid）有辐管、垂管，无触手、感觉器和缘膜，无摄食。花水母亚纲水母的生殖腺位于垂管上，软水母亚纲水母的生殖腺位于辐管上。游泳生殖体（swimming gonoghore）也称游泳孢子囊，其形态与游离真水母体类似，但没有辐管，其生殖腺位于垂管上。具有本类型生活史的水母的真水母体和游泳生殖体的浮游时间仅有几个小时，这限制了它们的扩散分布范围。

1.4.2.3 底栖水螅体—浮浪幼虫—底栖水螅体

具有该类型生活史的水母的浮浪幼虫无桑葚期，常密集下沉附着，因此其扩散能力受到限制，但有些水母种类能产生无摄食的辐射幼虫（actimula），它可能会扩散，而其最重要的扩散方式是附着在船底的水螅体随船扩散到他处。

1.4.2.4 水母体—浮浪幼虫—浮游水螅体—水母体

具有该类型生活史的水母没有底栖生活，其水母体、浮浪幼虫和水螅体等均营浮游生活，例如拟玛吉水母*Margelopsis haeckeli*、顶手水母*Climacocodon ikarii*、六辐和平水母*Eirene hexanemalis*、银币水母*Porpita porpita*以及帆水母*Velella velella*。它们具有不同的扩散策略。

1.4.2.5 水母体—浮浪幼虫—水母体

该类型生活史为原始型，大多数筐水母亚纲和硬水母亚纲的水母种类的生活史都属于这一类型，除了皱胃水母*Ptychogastria*（触手近末有黏液盘）为底栖型外，所有种类均为终生浮游生活，只要环境条件适合，饵料充裕，就有利于其扩大扩散范围。

1.4.2.6 水母体无性生殖

具有该类型生活史的水母的水母体能进行无性生殖，这样的水母在中国近海就有23种，它们无性生殖的方式有：在水母垂管上产生水母芽，如羽叶高手水母*Bougainvillia frondosa*、扁胃高手水母*B. platygaster*、八斑唇腕水母*Rathkea octopuncata*、芽侧丝水母*Helgicirrha gemmifera*以及奇异真唇水母*Eucheilota paradoxica*；在水母触手基球上产生水母芽，如叶手水母*Niobia dendrotentaculata*；在水母体辐管上长出生殖体鞘，如埃利和平水母*Eirene elliceana*。

上述水母体的无性生殖方式可以弥补水母体短暂的生存时间对其扩散造成的不利，以新产生的后代不经过附着的底栖生活，继续营浮游生活，来达到扩大其扩散范围的目的。

1.4.2.7 孢囊形成

几乎所有水螅体都能从冬眠的螅根产生休眠期（Calder，1990），有的种类可产生浮浪的孢囊（planula encystment），这种现象可能比已知种的分布更为广泛。又如奇异真唇水母*Eucheilota paradoxica*能产生休眠硅藻细胞（resting frustules），它能长期存活，待条件适宜再恢复萌芽繁殖，再扩散分布（Carré & Carré，1990）。

总之，以上所述水母生活史类型的基本知识表明，在分析动物的地理分布时，要考虑其生活史类型和生活方式，因为它们与动物的地理分布和扩散有着密切关系。但是，由于浮游水母缺乏强有力的游泳器官，将海流作为它们扩散的动力，而在海流中能直接影响水母的生长和繁殖的主要因素是温度和盐度。因此，生活史类型、生活方式、海流及其温度和盐度等因素综合在一起，影响着水螅虫总纲种类的分布。

1.4.3 水螅虫总纲浮游水母种类的分布区类型差异与迁移规律

至2022年年底，中国海域已报道641种海洋浮游水母（见本书第3章表3–16）。从表1–6中可看出，中国各海区分布的浮游水母种类数差异显著，其中台湾海峡最多，其次是南海北部，而渤海、黄海的浮游水母种类数最少。

有关地理分布区类型的海洋浮游水母种类数，除中国特有种之外，是环热带种占优势，其次是印度—西太平洋种，而世界分布种最少。这些差异均与其生活史类型、环境适应性、生态类群有密切关联。兹分别简述如下：

1.4.3.1 环热带种

环热带种（circumtropical species，简称“CT”）是指普遍分布于东、西半球热带和全世界热带范围内有一个或数个分布中心的水母种类，但有一些环热带种可分布于亚热带甚至温带。

在中国海洋浮游水母中，该分布区类型的种类数最多（193种），占总种数的30.2%；其中南海中部和南部的该分布区类型种类数最多（128种），占该海区水母总种类数的66.6%，其次为台湾东岸（110种）、南海北部（107种）和台湾海峡（106种），分别占该海区水母总种类数的56.4%、55.4%和54.9%，往北逐渐递减（见表1–6）。

中国环热带水母种类数量在南海中部和南部以及台湾东岸较多的原因是终生浮游的热带大洋性种类为其主要类群，例如在南海中部和南部，管水母亚纲（88种）、筐水母亚纲（14种）和硬水母亚纲（18种）分别占该海区水母总种类数的35.3%、5.6%和7.2%；在台湾东岸，管水母亚纲（81种）、筐水母亚纲（9种）和硬水母亚纲（16种）分别占该海区水母总种类数的40.0%、4.4%、7.9%（本书第3章表3–15）。上述终生浮游水母没有附着水螅体期，这有利于来自大洋的热带性种类随着热带太平洋水团或黑潮暖流及其分支扩散到南海中部、南部和台湾东岸。这表明南海中部、南部及台湾东岸属于热带大洋性海区。

表 1-6　中国各海区水螅虫总纲浮游水母种类的分布区类型及生活史模式

海区		种数		分布区类型										生活史模式			
				E		NT		IP		CT		C		m		mg	
		T	%	T	%	T	%	T	%	T	%	T	%	T	%	T	%
渤海		49	7.6	7	2.8	16	40.0	13	9.1	8	4.1	5	25.0	30	65.2	16	34.7
黄海		71	11.1	5	2.0	15	37.5	18	12.6	25	12.9	8	40.0	38	53.5	33	46.4
东海	苏南及浙江	137	21.4	12	4.9	9	22.5	35	24.6	91	47.1	9	45.0	100	72.9	37	27.0
	台湾海峡	355	55.4	147	59.3	15	37.5	79	55.6	106	54.9	11	55.0	290	81.9	64	18.0
	台湾东岸	177	27.6	2	0.8	8	20.0	43	30.2	110	56.4	8	40.0	160	90.3	17	9.6
南海	北部	303	47.3	103	41.9	6	15.0	75	52.8	107	55.4	12	60.0	253	83.4	50	16.5
	中部及南部	242	37.8	37	15.0	5	12.5	64	45.0	128	66.6	8	40.0	211	87.1	31	12.8
合计		641		246	38.4	40	6.2	142	22.2	193	30.1	20	3.1				

注：E. 中国特有种；N. 北温带种；CT. 环热带种；IP. 印度—西太平洋；C. 世界种；m. 水母体；mg. 已知生活史；g. 附着水螅体

1.4.3.2 印度—西太平洋种

印度—西太平洋种（Indo-West Pacific species，简称“IP”）的分布区包括印度洋亚区、红海亚区、印度—马来亚亚区、南日本亚区、北澳大利亚亚区以及太平洋岛屿亚区等。

在中国海洋浮游水母中，该类分布区的种类数较多（142种），占总种类数的22.2%，其中台湾海峡（79种）和南海北部（75种）较多，分别占其海区水母总种类数的55.6%和52.8%，其他海区均在9.1%~45.0%之间（见表1-6）。

本分布区类型的水母种类组成是以沿岸暖水种为主体，例如台湾海峡的花水母亚纲（164种）和软水母亚纲（125种），分别占该海区水母总种类数的45.1%和34.4%；南海北部的花水母亚纲（130种）和软水母亚纲（103种），分别占该海区水母总种类数44.9%和35.6%。再加上高温高盐或广盐的大洋性终生浮游种类的增加，例如台湾海峡的管水母亚纲（41种）、筐水母亚纲（10种）和硬水母亚纲（17种），分别占该海区水母总种类数的11.2%、2.7%和4.6%；南海北部的管水母亚纲（56种）、筐水母亚纲（12种）和硬水母亚纲（10种），分别占该海区水母种总类数的19.3%、4.1%和3.9%。因此，台湾海峡和南海北部具有亚热带沿岸海域的属性。

1.4.3.3 北温带种

北温带种（North temperate species，简称“NT”）是指分布于欧洲、亚洲和北美洲温带海区的水母种类。由于地理和历史的原因，有些水母种类可向南延伸到热带、亚热带，甚至远达南半球温带，但其原始类型或分布中心仍在北温带。

中国北温带种（40种）占中国海洋浮游水母总种类数的6.2%，种类数较少，主要分布于渤海（16种）和黄海（15种），分别占其海区水母总种类数的40.0%和37.5%，往南逐渐递减（见表1-6）。

本分布区类型的水母种类以低温广盐为主要特征，其重要代表种有八斑唇腕水母*Rathkea octopuncata*、四枝管水母*Proboscidactyla flavicirrata*、日本横萨水母 *Stauridiosarsia nipponica*、嵊山秀氏水母*Sugiura chengshanense*、大西洋五角水母*Muggiaea atlantica*、比

鲁真水母*Eumedusa birulai*、短锥萨氏水母*Sarsia apicula*、梨形萨氏水母*S. piriforma*、条纹萨氏水母*S. striata*、管萨氏水母*S. tubulosa*、绿色萨氏水母*S. viridis*、印度强壮水母*Eutonina indicans*、球形美螅水母*Clytia globosa*、盾形高手水母*Bouigainvillia superciliaris*、囊状全水母*Catablema vesicarium*、多手帽形水母*Tiaropsis multicirrata*、三型侧管水母*Dipleurosoma typicum*以及烟管触丝水母*Lovenella clausa*等18种，其中前5种随着沿岸环流往南广泛分布于中国各海区，多数出现于冬、春季或深水区，中间8种仅分布于渤海海区，后5种仅分布于黄海海区。

渤海属于北温带近岸暖温性海区，常受大陆气候剧烈影响，水温年差较大，变幅为0~25℃，盐度一般低于30，故渤海海区的水母种类中，仅分布于渤海的近岸暖温性水母种类居多（8种）；而黄海受沿岸低盐水、中部低温高盐水团和东南部侵入的黄海暖流的影响，水文环境比渤海复杂，其海区的水母种类数（71种）比渤海（46种）多，但仅分布于黄海的近岸暖温性水母种类数（5种）略比渤海少，不过有首要高手水母*Bougainvillia principis*、异枝管水母*Proboscidactyla mutabilis*和钩手水母*Gonionemus vertens* 3种，是渤海和黄海共有的近岸暖温性水母种类，加上上述5种广泛分布于中国各海区的暖温性种类，北温带种在渤海和黄海占主导地位。渤海和黄海没有出现高温高盐狭布种水母，它们都具有北温带近岸暖温性海区的属性。

值得提出的是，台湾海峡也具有较多的北温带种水母（15种），它们的分布与闽浙沿岸海流有密切关系，主要出现于冬、春季，但红色双手水母*Amphinema rubrum*、黑圆口水母*Stomotoca atra*和珠手棒状水母*Corymorpha nutans*等仅分布于台湾海峡，其中第一种为近岸暖温性深水种，生活于250~500 m海区；后两种为近岸暖温上层种——这可能与台湾浅滩上升流区有关。然而，相比于台湾海峡水母的总种类数（354种），北温带种的种类数是很少的，台湾海峡为亚热带沿岸海区属性。

1.4.3.4 世界分布种

世界分布种（cosmopolitan species，简称“C”）指几乎遍及世界各大洋而没有特殊分布中心的水母种类。该类分布区的水母种类数（20种），占中国海洋浮游水母总种类数的3.1%，为所有分布区中种类数最少的。

从表1-6看，世界分布种以南海北部（12种）和台湾海峡（11种）居多，分别占其海区水母总种类数的60.0%和55.0%，大多数是中国常见种，例如筐水母亚纲的四手间囊水母*Aegina citrea*和两手筐水母*Solmundella bitentaculata*，花水母亚纲的不列颠高手水母*Bougainvillia britannia*、鳞茎高手水母*B. muscus*和耳状囊水母*Euphysa aurata*，软水母亚纲的曲膝薮枝螅水母*Obelia geniculata*和双叉薮枝螅水母*O. dichotoma*等，广泛分布于中国近海各海区；有些种类仅分布在台湾海峡或南海北部，或者两个海区共有，例如筐水母亚纲的八手拟间囊水母*Aeginura grimaldii*和坚固水母*Pegantha martagon*，硬水母亚纲的南极多手水母*Arctapodema antarctica*，花水母亚纲的八束水母*Koellikerina fasciculata*、深水拟单手水母*Paragotoea bathybia*和芽斜球水母*Hybocodon prolifer*等（见本书第3章表3–15）。

上述这些种类，除筐水母亚纲和硬水母亚纲的种类为终生浮游无附着水螅体期之外，花水母亚纲和软水母亚纲的种类具有附着水螅体期，其水螅体可以附着在游泳动物、漂浮海藻、船底等方式，扩散到全世界各海域，只要环境条件适宜就可就地生长发育。另外，终生浮游的水母种类可随着海流扩散。

1.4.3.5 中国特有种

中国特有种（endemic species to China，简称“E”）以中国整体海区为中心，而分布界限不超出国境很远，主要是指在中国近海发现的属或种。

从表1–6可看出，中国特有种共有242种，占中国海洋浮游水母总种类数的37.9%，其中以台湾海峡（146种）和南海北部（103种）居多，分别占其海区水母总种类数的60.3%和42.6%，其他海区的中国特有种较少。

从亚纲来看，中国特有种中花水母亚纲（164种）和软水母亚纳（76种）占主导地位，分别占该亚纲水母种类数的55.5%和39.5%，其他亚纲水母的种类数较少（1~2种）（见本书第3章表3–11）。这些中国特有种大多数为近岸暖水性类群。例如，具有4种以上中国特有种、具有重要地位的代表属，台湾海峡有高手水母属*Bougainvillia*（6种）、单肢水母属*Nubiella*（13种）、真囊水母属*Euphysora*（12种）、外肋水母属*Ectopleura*（11种）、隔膜水母属*Leuckartiara*（7种）、潜水母属*Merga*（5种）、和平水母属*Eirene*（5种）、十盘水母属*Staurodiscus*（5种）以及真唇水母属*Eucheilota*（4种），南海北部有单肢水母属*Nubiella*（13种）、介螅水母属*Hydractina*（6种）、隔膜水母属*Leuckartiara*（4种）、潜水母属*Merga*（7种）、外肋水母属*Ectopleura*（4种）、多管水母属*Aequorea*（4种）以及和平水母属*Eirene*（8种）（见本书第3章表3–16）。

由于台湾海峡和南海北部同具亚热带沿岸海区属性，海区水文环境错综复杂，有来自沿岸流和暖流的交错影响，混合水范围取决于沿岸流（盐度低于33）和暖流（盐度高于34）之间的消长程度（盐度为33~34）。生活在水文环境这样复杂、岛屿众多的海区以及大陆架海域的港湾中的水螅水母类，特别是花水母亚纲和软水母亚纲水母生活史的完成，为其繁殖提供了有利条件，故台湾海峡和南海北部海域出现的中国特有种的种类数，在中国近海各海区居于前列，大大丰富了中国海洋浮游生物特有种的多样性。

综上所述，中国各海区水螅虫总纲浮游水母种类的地理分布区类型差异显著，除中国特有种之外，环热带种占优势，其种类数为中国海洋浮游水母总种类数的30.2%，其中以南海中部、南部的种类数最多，往北逐渐递减；其次是印度—西太平洋分布种，占总种类数的22.2%，其中以台湾海峡最多，往北逐渐减少；北温带分布种较少，其种类数占中国海洋浮游水母总种类数的6.2%，其中以渤海的种类数较多，往南逐渐递减；世界分布种的种类数最少，占中国海洋浮游水母总种类数的3.1%，其中以南海北部和台湾海峡的种类数较多，渤海的种类数最少，其他海区没有特殊的差异；中国特有种的种类数最多，占中国海洋浮游水母总种类数的37.9%，其中以台湾海峡和南海北部的种类数居多，其他海区很少。可见，中国近海各海区水母种类分布区类型的分布规律是：北温带种由北向南逐渐递减，而环热带种和印度—西太平洋分布种由北往南逐渐增加，世界分布种没有特殊分布规律。上述各种分布区类型的水母地理分布状况，体现出水母在中国近海各种水系的分布与迁移以及生活史类型与扩散的状况。

参考文献

[1]许振祖，黄加祺，林茂，等.中国近海水螅虫总纲生态动物地理学研究[C]// 林茂，王春光，主编.第一届海峡两岸海洋生物多样性研讨会文集.北京：海洋出版社，2012：273–294.

[2]许振祖，黄加祺，林茂，等.中国刺胞动物水螅虫总纲（上册、下册）[M].北京：海洋出版社，2014.

[3]张金标，许振祖.福建沿海水母类的调查研究（四）：南海沿海浮游水母类的分布[J].海洋科技，1975年，5：1–14.

[4]张金标，许振祖.中国海管水母类的地理分布[J].厦门大学学报（自然科学版），1980，19（3）：100–109.

[5]张金标，林茂.南海管水母类的生态地理学研究[J].海洋学报，1997，19（4）：121–131.

[6]张金标.中国海域水螅水母类区系的初步分析[J].海洋学报，1979，1（1）：127–137.

[7]陈宜瑜.系统动物学和动物地理学的发展趋势及我国近期的发展战略[J].动物学杂志，1992，27（3）：50–56.

[8]ALVARIÑO A.*Siphonophores of the Pacific with a review of the world distribution*[J].*Bulletin of the Scripps Institution of Oceanography*，1971，16：1–432.

[9]BOERO F，BOUILLON J.*Zoogeography and life cycle patterns of Mediterranean hydromedusae*（*Cnidaria*）[J].*Biological Journal of the Linnean Society*，1993，48：239–266.

[10]BOUILLON J，BOERO F，SEGHERS G.*Notes additionnelles sur les méduses de Papouasie Nouvelle-Guinée*（*Hydrozoa*，*Cnidaria*）*III*[J].*Indo-Malayan Zoology*，1988，5：225–253.

[11]BOUILLON J，MEDEL M D，PAGÈS F，et al.*Fauna of the Mediterranean Hydrozoa*

［J］.*Scientia Marina*，2004，68（suppl.2）：5–438.

［12］CALDER D.*Seasonal cycle of activity and inactivity in some hydroids from Virginia and South Carolina*［J］.*Canadian Journal of Zoology*，1990，68：442–450.

［13］CARRÉ D，CARRÉ C.*Complex reproductive cycle in Eucheilota paradoxica*（*Hydrozoa*，*Leptomedusae*）：*Medusae*，*polyps and frustules produced from medusa stage*［J］.*Marine Biology*，1990，104：303–310.

［14］DAVIS G M.*Historical and ecological factors in the evolution*，*adaptative radiation and biogeography of freshwater mollusks*［J］.*American Zoologist*，1982，22：375–395.

［15］EKMAN S.*Zoogeography of the Sea*［M］.London：Sidgiwisk and Jackson，1953：417.

［16］ENDLER J A.*Problems in distinguishing historical from ecological factors in biogeography*［J］.*American Zoologist*，1982，22：441–452.

［17］KRAMP P L.*The Hydromedusae of the Atlantic Ocean and adjacent waters*［R］.*Dana Report*，1959b，46：1–283，pls.1–2.

［18］KRAMP P L.*The Hydromedusae of Pacific and Indian Oceans*［R］.*Dana Report*，1968，72：1–200.

［19］VERMEIJ G J.*Biogeography and adaptation*：*patterns of marine life*［M］.Cambridge：Harvard University Press，1978：332.

第 2 章

中国海洋浮游水母的种群生态

Chapter 2

Population Ecology of the Planktonic Medusae from Chinese Seas

2.1 中国海洋浮游水母的物种多样性

2.1.1 渤海水母类生态的初步研究——种类组成、数量分布与季节性变化*

The Ecology of Medusae in the Bohai Sea——Species Composition，Quantatity Distribution and Seasonal Variation

近年来，水母类在海洋生态系统中的作用越来越引起海洋生态学家的重视，有关水母类的研究迅速增加，特别是在一些近岸高生产力海湾或海区，水母类对浮游动物和鱼类以及生态系统的影响颇受关注。

渤海是一个半封闭型的内海，是我国北方重要的渔业场所，钵水母海蜇还是渤海的一个重要渔业对象。和振武于1964年报道了采自河北秦皇岛海域的5种水螅水母，这是研究渤海水母类最早的文献。张金标等曾记录并描述了部分渤海水母种类。此外，刘海映等曾作过对辽东湾海蜇数量变动的研究。但到目前为止，关于渤海水母类还没有比较系统的研究报告。

本文作为国家自然科学基金重大项目“渤海生态系统动力学及生物资源持续利用”的一个内容，旨在充分发掘历史资料的价值，查明渤海水母类的种类组成、数量分布和季节性变化规律及20世纪50年代以来种群结构可能发生的变化，为研究整个海洋生态系统提供资料。

---

* 引自马喜平、高尚武，《生态学报》，2000 年，20（4）：533-540。

2.1.1.1 材料与方法

（1）资料来源

①1959年1—12月全国海洋普查渤海调查资料。这是到目前为止有关渤海浮游动物最为全面的调查资料，其采样是逐月连续进行的。本文还计数了过去未曾计数过的中网采样标本。

②1984年4—11月山东省海岸带和海涂资源综合调查资料，调查的范围仅限于渤海湾和莱州湾。

③1992年8月—1993年5月渤海增殖生态基础调查资料，在4个季度月对全渤海范围进行了调查。

④1997年6—7月渤海生态系统动力学与生物资源持续利用调查资料，在全渤海共设5个站位，进行昼夜连续变化的研究。

（2）样品采集

水母类样品系用大型浮游动物网（网目505 μm，口径80 cm，网长270 cm，CQ14国产筛绢）和中型浮游动物网（网目156 μm，口径50 cm，网长270 cm，CB36国产筛绢）自底到表垂直采样。所用资料的调查范围都只限于渤海湾口诸岛以内。水母类计数采用个体计数法。

（3）数据分析

关于渤海水母类的种类组成是综合上述历次调查中大网与中网采样的计数结果。钵水母的记录除红斑游船水母是取自浮游动物大网采样结果外，另外3种都是在调查期间现场观察或捕获到的。

水母类密度单位全部使用“个/立方米”，水母类水平分布图全是密度水平分布图。

2.1.1.2 渤海水母类的种类组成

渤海的优势水母种类首推钵水母海蜇，该种是渤海重要的渔业对象，但所用浮游动物采样方法只限于研究小型水母类。共整理记录到水母类41种，其中水螅水母35种，钵水母4种，栉水母2种；其中22种属本文首次报道，种名录见表2–1。

表 2-1　渤海水母类种名表

腔肠动物门（Coclenterata）：水螅水母类	
日本萨氏水母 *Sarsia nipponica**	球形杯水母 *Phialidium globosum**
耳状囊水母 *Euphysa aurata*	半球杯水母 *Philidium hemisphearicum*
贝氏真囊水母 *Euphysora bigelowi*	四手触丝水母 *Lovenella assimilis*
杜氏外肋水母 *Ectopleura dumortieri*	卡拟杯水母 *Phialucium carolinae*
顶管外肋水母 *Ectopleura minerva*	带拟杯水母 *Phialucium taeniogonia*
灯塔水母 *Turritopsis nutricula*	真拟杯水母 *Phialucium mbenga**
嵴状镰螅水母 *Zanclea castata**	锡兰和平水母 *Eirene ceylonensis*
小介穗水母 *Podocoryne minima **	六辐和平水母 *Eirene hexanemalis**
八斑唇腕水母 *Rathkea octopunctata*	细颈和平水母 *Eirene menoni*
不列颠高手水母 *Bougainvillia britannica*	塔形和平水母 *Eirene pyramidalis**
首要高手水母 *Bougainvillia principis**	马来侧丝水母 *Helgicirrha malayensis**
束状高手水母 *Bougainvillia ramosa**	印度强壮水母 *Eutonina indicans**
贝氏拟线水母 *Nemopsis bachei*	异枝管水母 *Proboscidactyla mutabilis**
厦门隔膜水母 *Leuckartiara hoepplii*	四枝管水母 *Proboscidactyla flavicirrata**
薮枝螅水母 *Obelia* spp.	四叶小舌水母 *Liriope tetraphylla**
嵊山杯水母 *Phialidium chengshanensie*	双生水母 *Diphyes chamissonis**
盘形杯水母 *Phialidium discoidum**	大西洋五角水母 *Muggiaea atlantica*
单囊杯水母 *Phialidium folleatum**	
腔肠动物门（Coelenterata）：钵水母类	
红斑游船水母 *Nausithoe punctata**	海月水母 *Aurelia aurita*
白色霞水母 *Cyanea nozakii**	海蜇 *Rhopilema esculentum*
栉水母动物门（Ctenophora）	
球形侧腕水母 *Pleurobrachia globosa**	瓜水母 *Beroe cucumis**

“*”标记是指首次报道的种类，共 22 种。

2.1.1.3 渤海水母类种类组成的季节性变化

大多数水螅水母类是季节性浮游动物，其生活史要经过底栖的水螅体阶段，因此只在一年中某些时间出现在浮游动物采样中。历次调查结果表明，渤海水螅水母类的种类组成和数量变化具有一定的规律。

渤海水螅水母类优势种组成呈现明显的季节更替，但在不同的年度这种更替大体相同。常见的优势种是八斑唇腕水母、大西洋五角水母以及杯水母属与和平水母属的种类。从表2-2中可以看出，2月与5月的优势种都是八斑唇腕水母，其优势度在不同年度大体相同；8月的主要优势种是和平水母属的种类，但在1959年其优势度较1992年弱，1992年该属的优势度几乎等于1959年同期4个主要种类优势度的总和；10月最常见的水母类优势种是大西洋五角水母，但1992年10月和平水母属的种类优势度略高于大西洋五角水母。

渤海水母类的种类数量在夏、秋季最多，冬季最少（图2.1与图2.2）。1959年水母种类出现最多的是6月份，共记录到24种；最少为2月份，只有3种（图2.1）。从1959年与1992年渤海水母类种数变化的比较（图2.2）可以看出，1992年4个季度的月种类数比1959年同期都有不同程度的减少，尤其是在8月份相差最大，1992年的种类要少11种。这一趋势与胶州湾水母类从20世纪80年代到90年代的变化趋势基本一致，但是何原因还需进一步研究。

表 2-2　不同年度渤海水母类优势种组成比较

年度	2 月	5 月	8 月	10 月
1959	八斑唇腕水母（99.9%）*	八斑唇腕水母（80.8%）	和平水母属（35.4%）	大西洋五角水母（87.7%）
			薮枝螅水母（22.5%）	
		杯水母属（13.7%）	拟杯水母属（14.7%）	
			高手水母属（11.1%）	
1992—1993		八斑唇腕水母（81.7%）	和平水母属（80.9%）	和平水母属（47.6%）
	八斑唇腕水母（100%）			大西洋五角水母（35.4%）

* 括号内为该种类的优势度，为该种密度占当月水母类总密度的百分比，本文选用优势度超过 10% 的种类。

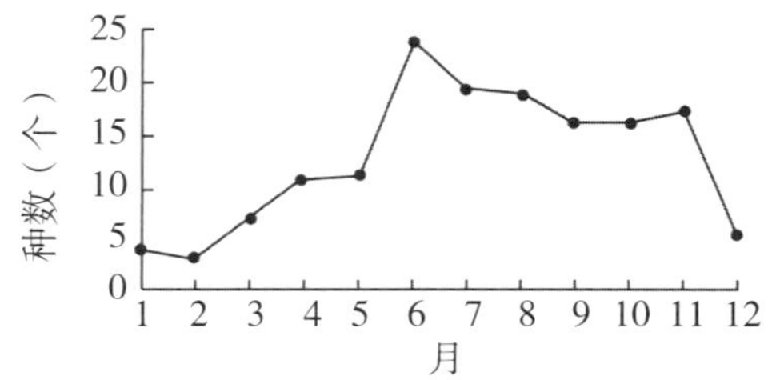

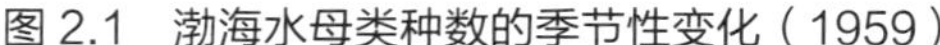
图 2.1　渤海水母类种数的季节性变化（1959）

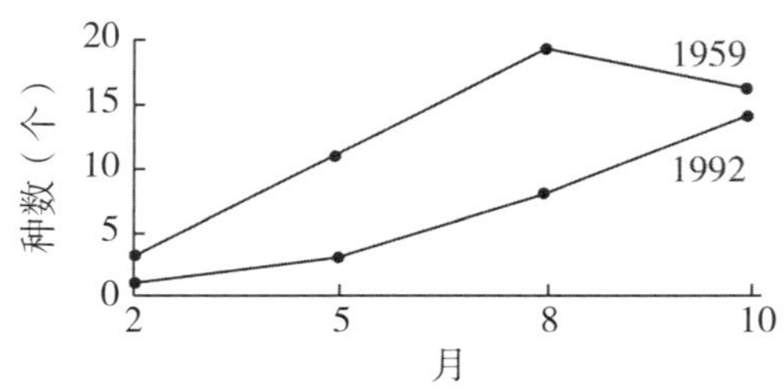

图 2.2　渤海水母类种数的年变化

2.1.1.4 渤海水母类的数量变化和分布情况

（1）水母类数量的季节性变化

渤海水母类的密度变化在1959年呈现3个高峰，分别出现在2月份、6月份和10—11月份，其中10—11月份的峰值相对较低，4月份为全年密度最低点，12月份次之（图2.3）。

与1992—1993年比较，冬季虽然水母种类数稀少，但都有一个密度峰值出现，而春季的水母密度都是全年最低点，夏、秋季的水母密度都较高，但变化趋势没有明显规律（图2.4）。

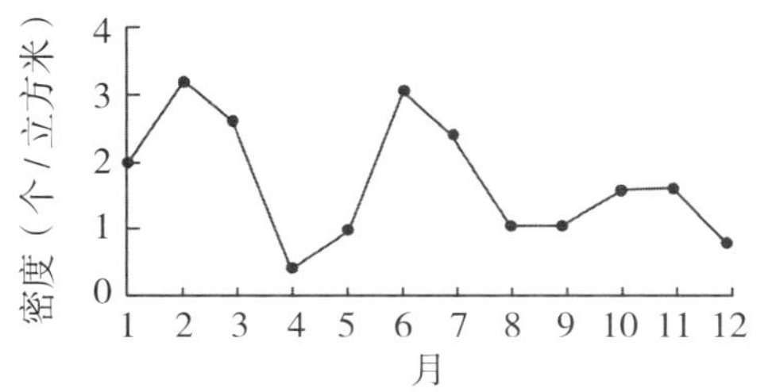

图 2.3　渤海水母类密度的季节性变化（1959）

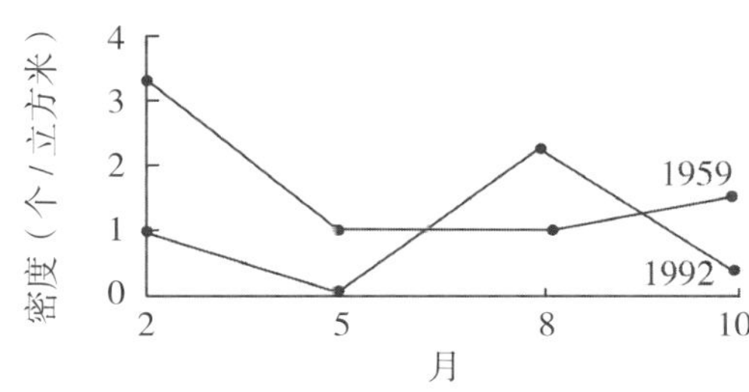

图 2.4　渤海水母类密度的年度变化

（2）水母类总的分布情况

我们把渤海分为辽东湾、渤海湾、莱州湾和中央海区4个海区，将3次调查结果进行比较。由于1984年的调查范围仅限于莱州湾与渤海湾，因此无法比较1984年中央海区和辽东湾的水母分布情况。

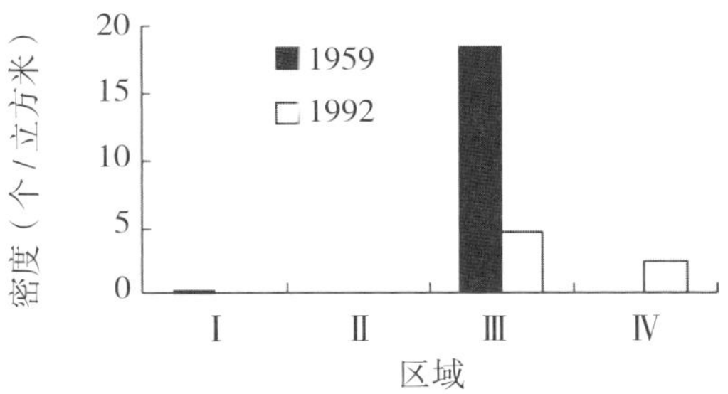

图 2.5　2 月各区域水母类密度的年变化

Ⅰ辽东湾，Ⅱ渤海湾，Ⅲ莱州湾，Ⅳ中央海区

2月份，水母类密度在莱州湾最高，其密度明显高于其他3个海区，渤海湾的密度为零（图2.5）。

5月份水母类的分布，历次调查无一例外都是在渤海湾密度最高，中央海区为零，辽东湾和莱州湾的密度都很小（图2.6）。

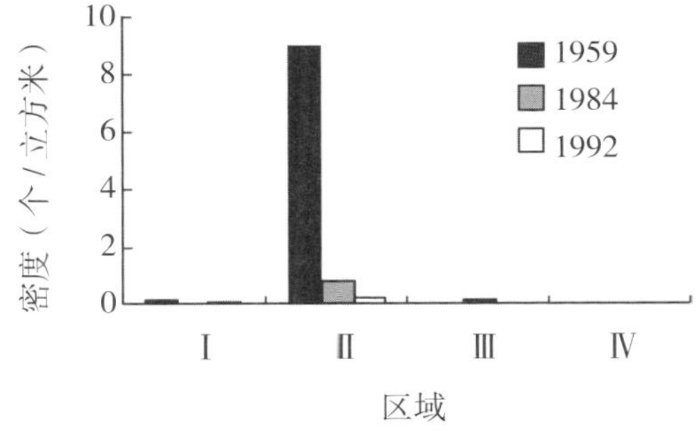

图 2.6　5 月份各区域水母类密度的年变化
（图例同图 2.5）

8月份水母类的平均密度大大增加，分布范围也明显扩大，几乎遍布渤海，中央海区也有分布；除1992年8月渤海湾的密度略高于莱州湾之外，总的看来，8月水母类的密度分布仍以莱州湾为最高（图2.7）。

10月份，除1984年莱州湾的水母密度最高外，其他年份中央海区的水母密度都超过了其他海区，成为秋季水母类分布的主要区域（图2.8）。

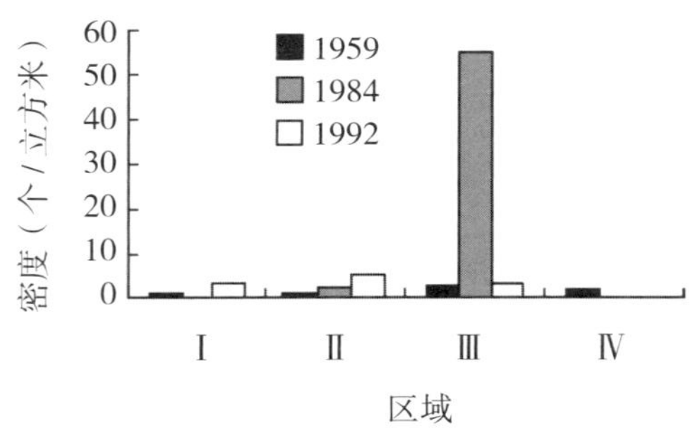

图 2.7　8 月份各区域水母类密度的年变化
（图例同图 2.5）

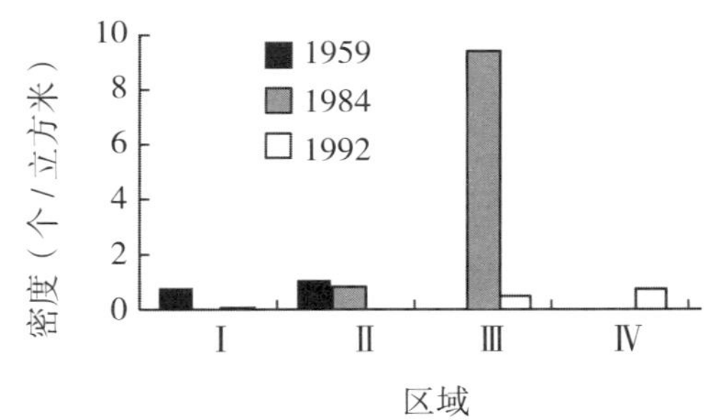

图 2.8　10 月份各区域水母类密度的年变化
（图例同图 2.5）

总的来看，渤海水母类的分布格局有一定的季节性特点，冬季和夏季以莱州湾的密度最高，春季为渤海湾的密度最高，秋季除 1984 年外，均为中央海区的密度最高；辽东湾水母类的密度在各个季节都不算高。结合具体种类的分布来看，渤海沿岸水与黄海高盐水的消长影响近岸低盐类水母在渤海的分布范围，丰水期它们几乎遍布渤海，而在枯水期它们则主要分布在三大湾内和沿岸区域。

2.1.1.5 渤海水母类优势种属和其他重要种类的季节性变化与水平分布

（1）八斑唇腕水母

八斑唇腕水母1—5月份在渤海占有绝对优势。该种是一个偏低温低盐种，广泛分布于北大西洋沿岸、北太平洋沿岸、黑海、地中海以及北极海，在我国沿海主要分布于黄海以北，以渤海最多，在浙南和福建沿海也有分布。图2.9是该种1959年平均密度的季节性变化曲线，从中可看出，2月份该水母的密度达到最高峰，在4月份其密度最低，5月份其密度又回升，形成一个小峰，6月份后它不再出现。1992—1993年该种的季节性变化趋势与1959年相同，但其平均密度都低于1959年同期（图2.10）。从其分布情况看，2月份它主要分布在莱州湾内，1959年2月在莱州湾中部出现了密度大于100个/立方米的高密集区；1993年2月的最大密度也出现在莱州湾，但仅为20个/立方米。该种5月份的分布范围在1959年与1993年大体相同，都以渤海湾和辽东湾为主，不同的是1959年5月在渤海湾内出现了密度大于30个/立方米的高密集区，远远高于1993年同期。

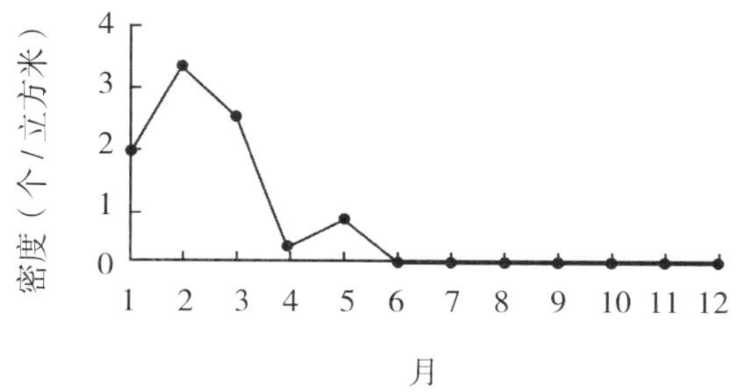

图 2.9　渤海八斑唇腕水母类密度的季节性变化（1959）

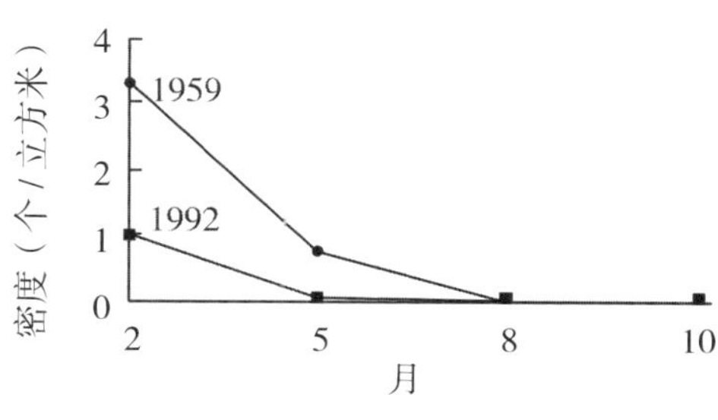

图 2.10　渤海八斑唇腕水母类密度的季节性变化

鉴于冬季渤海没有很强的外海寒流渗入，八斑唇腕水母2月份在莱州湾内的迅速增加与极端高密集区的出现，说明该种的底栖水螅体阶段是在渤海沿岸水域完成的，由于水螅体在环境条件适宜时营无性繁殖，从而实现其种群的迅速扩增。

（2）大西洋五角水母

大西洋五角水母是一个广有性的广温低盐种，在我国沿海各海区都很常见。1959年大西洋五角水母在渤海的季节性变化曲线（图2.11）表明，该种在8月份后进入渤海，10—11月份达到密度高峰，12月份密度开始下降，在翌年1月份已很难采到。1992—1993年它的变化趋势与1959年相似，但1992年10月的密度比1959年10月大大降低（图2.12）。

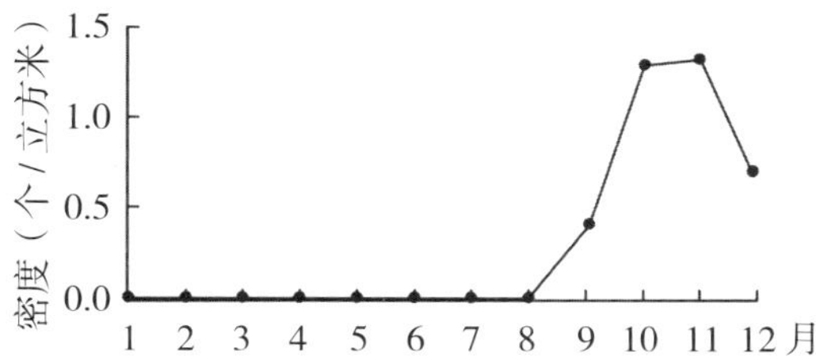

图 2.11　渤海大西洋五角水母密度的季节性变化（1959）

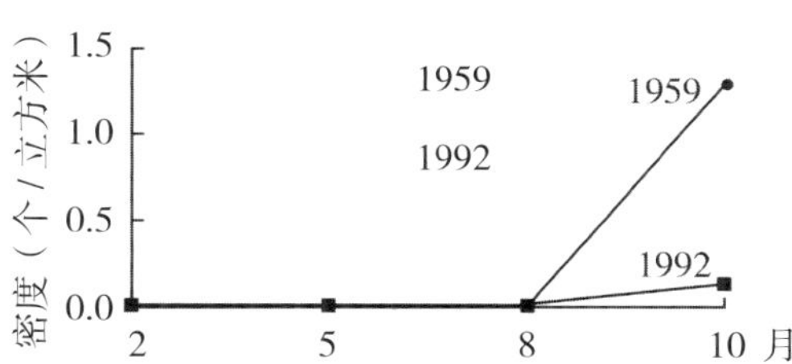

图 2.12　渤海大西洋三角水母密度的季节性变化

大西洋五角水母的生活史中无底栖生活阶段，该种在我国沿海的分布表现出从南向北逐渐推移的规律性：春、夏季主要分布在东海近海，秋天主要分布在北黄海，9月份在北黄海达到密度高峰，之后，10—11月份在渤海达到密度高峰，在渤海的分布主要是在中央海区，并在此基础上进一步向辽东湾和渤海湾延伸，12月份后，由于水温的下降，其分布范围又迅速缩回中央海区，最后完全退出渤海。因此，该种在渤海的分布可以在一定程度上反映出渤海受外海水影响的程度。从1959年10月与1992年10月的分布情况比较可看出，它在1959年10月的分布范围和密度都明显大于1992年同期。1984年大西洋五角水母的出现和分布比较异常，它在8月份就已出现，并且在渤海河北沿岸出现了密度大于25个/立方米的高密集区，在11月份，该种基本上已退出渤海，在渤海内的分布密度不到1个/立方米，却在渤海口外山东半岛北岸出现了50个/立方米的高密集区。

（3）和平水母属

渤海常见的和平水母属的种类有细颈和平水母、锡兰和平水母、六辐和平水母以及塔形和平水母4种，它们都是近岸广温性种类。这4种水母在澳大利亚、印度、东南亚和中国沿海都有分布，其中塔形和平水母在大西洋沿岸也非常多。这些种类是渤海夏、秋季的常见水母种类，由于它们的生态习性相似，为避免不同年度标本由不同人计数可能造成种类鉴定的误差，我们将这4种水母的计数合并至属来研究其数量分布等特点。

从和平水母属1959年的季节性变化曲线（图2.13）可以看出，7—8月份是该属在全年密度最高的时期，此外，在3月份还有一个密度小峰。与1992—1993年相比（图2.14），两次调查得到的季节性变化趋势基本一致，只是1992年8月它的密度明显高于1959年8月。

和平水母属在7月份以前主要分布在三大湾内和沿岸水域，7月份后其分布范围明显向中央海区扩展，9月份后其分布范围又缩回近岸水域。1992年该属水母的分布范围较1959年广，8月份在渤海湾内还出现了密度大于25个/立方米的高密集区，在莱州湾和辽东湾也出现了密度大于15个/立方米的高密集区。由于该属水母的体积比较大，成熟个体的直径一般为20~40 mm，因此在这样的高密集区内，这类水母可能会对水域中的其他浮游动物构成相当的捕食压力，使该水域内浮游动物的密度大大降低，从而对浮游植物与滤食性鱼类产生影响。

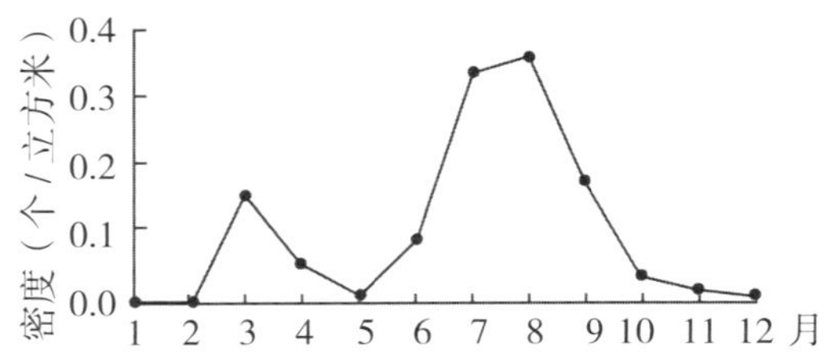

图 2.13　和平水母属密度的季节性变化（1959）

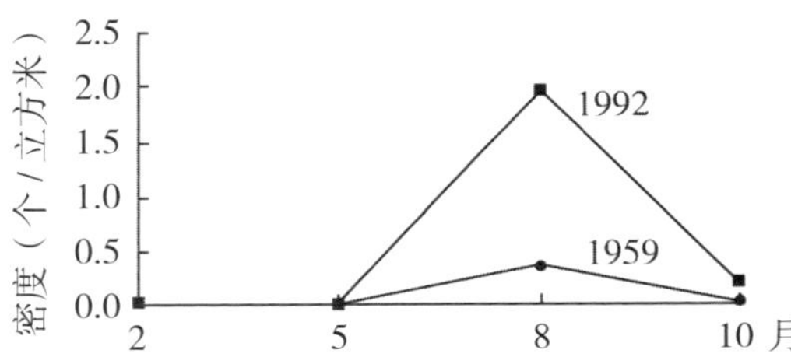

图 2.14　和平水母属密度的年变化

（4）杯水母属

渤海记录到的杯水母属种类有半球杯水母、盘形杯水母、单囊杯水母、嵊山杯水母以及球形杯水母5种。其中，球形杯水母是于1959年10月19日在渤海湾南部沿岸中网标本中记录到的，共4个标本，该种主要分布在美国的佛罗里达托图加沿岸，在我国沿海是首次记录。嵊山杯水母常见于日本和我国沿海。其余3种均是世界范围的广温近岸种类。由于渤海的这几种水母的生态习性相似，我们也将这5种的计数结果合并至属来研究其数量变化与分布。

在1959年，从5月份开始记录到该属的种类，6月份其平均密度达到渤海水母类密度的68.9%，是当年6月份水母密度高峰的主要构成种类，在此期间主要分布于渤海湾和河北沿岸海域，在河北沿岸还出现了密度大于50个/立方米的高密集区。与1959年相比，1992—1993年它的密度明显较低，而且在1993年5—6月的采样中根本没有记录到该属的种类（图2.15）。

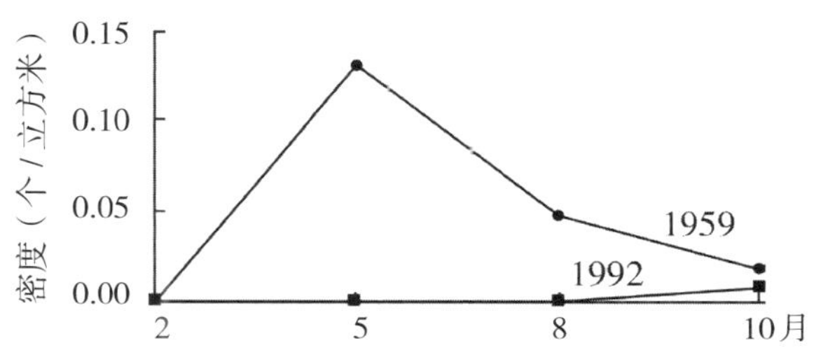

图 2.15　杯水母属密度的年变化

（5）四叶小舌水母

渤海的浮游动物主要是以近岸低盐群落为主，水母类的种类组成也反映出这一特点。四叶小舌水母属暖水性次高盐种类，广泛分布于太平洋、大西洋、印度洋和地中海，在我国沿海均有分布。该种主要生活在外海水及外海水与近岸水的交汇区域。

四叶小舌水母一般在夏、秋季随外海水进入渤海，与贝氏真囊水母、耳状囊水母等同为外海次高盐群落的水母类代表种，但它们的数量非常小，出现的时间也不长。在渤海还未记录到狭高温高盐类型的水母种类。

四叶小舌水母在1959年至1993年渤海的几次调查中都有记录：1959年只在7月份和11月份于湾口的两个站位采到极少的个体，平均每100立方米水体不到1个，且单个站位记录到的最高密度仅为0.14个/立方米；1992年只在8月份记录到这种水母，但当月平均密度达到0.17个/立方米，分别是1959年7月平均密度的87倍，11月份平均密度的174倍，而且分布范围很广，除莱州湾外，在其他3个海区的许多站位都采到了该种水母，在中央海区还出现了密度达4.5个/立方米的高密度区。

2.1.1.6 结语与展望

目前为止，我们共整理计数到渤海中小型浮游动物53种（不包含水母类），其中甲壳动物38种（其中桡足类24种），而所报道的渤海水母类种类达41种，因此，从种类组成上看，水母类是渤海浮游动物组成中的第一大类群。很多研究已表明，在某些近岸海域或半封闭型海湾，水母类是浮游动物种群的主要控制者，或是造成某些鱼类卵和仔稚鱼死亡的主要因素。渤海水母类除在种类组成上在生态系统中所占比重较大外，其数量也不容忽视。仅就海蜇一项，到1991年为止，在辽东湾记录到的最高年产量（腌制品重量，海蜇身体的95%是水分！）近3万吨，这对整个渤海生态系统都可能存在巨大的影响，但关于这方面还没有深入研究的报道。另外，其他水螅水母类的斑块状分布，对高密集区内的浮游动物和鱼卵等可能造成的影响也需要进一步的研究。

参考文献

［1］和振武.我国的水螅水母［J］. 动物学杂志，1964，6（2）：53–57.

［2］张金标.中国海域水螅水母类区系的初步分析［J］. 海洋学报，1979，1（1）：127–137.

［3］张金标，许振祖.中国海管水母类的地理分布［J］. 厦门大学学报（自然科学版），1980，19（3）：100–108.

［4］张金标. 渤海、黄海、东海海洋图集［M］. 北京：海洋出版社，1991：404–106.

［5］刘海映，李培军，叶昌臣.辽东湾海蜇数量变动的初步探讨［J］. 水产科学，1990，9（4）：1–5.

［6］MAYERA G.*Medusae of the world*［M］.Carngie Inst.，Washington，1910，III：231–498.

［7］KRAMP P L.*The Hydromedusae of the Atlantic Ocean and Adjacent Waters*［R］. Dana Rep.，1959，（46）：149–231.

［8］KRAMP P L.*Synopsis of the Medusae of the world*［J］.Mar. Biol. Ass. U.K.，1961，40：1–496.

［9］MATSAKIS S.CONOVER R J.*A bundanee and feeding of medusae and their potential impact as predators on other zoo-plankton in Bedford Basin*（*Nova Scotia. Canada*）*during spring* [J] .*Can J. Fish Aquat Sci.*, 1991, 48: 1419–1430.

[10] PUREELL J E and GROVER J J.*Predation and food limitation as causes of mortality in larval herring at a spaw ningground in British Columbia* [J] .*Mar. Ecol. Prog. Ser.*, 1990, 59: 55–67.

[11] PUREELL J E, NEMAZIE D A, DORSEY S E, et al.*Fredation mortality of bay anehovy* (*Anchoamichilli*) *eggs and larvacdue to seyphomedusae and ctemophores in Chesapcake Bay* [J] .*Mar. Ecol. Prog. Ser.*, 1994, 114: 47–58.

[12] SEHNEIDER G, BEHRENDS G.*Top-down control in a neritic plankton system by Aurelia aurita medusae—a summery* [J] .*Ophelia*, 1998, 48: 71–82.

2.1.2 东海水母类的研究 * **

Study on the Medusae in East China Sea

水母类是海洋浮游生物的重要类群之一，不仅种类多、数量大，而且分布广，不少种是世界性分布，有些种可作为一定海流或水团的指标。水母类除钵水母纲的少数种，如海蜇，可供人们食用外，多数水母是幼鱼和甲壳类幼体的敌害，水母类触手的刺细胞或黏细胞含有毒素，对人类的健康有一定危害。

东海水母类研究工作先后有 Collingwood（1868）、Light（1924）、林绍文（1937）、Sproston（1949）、丘书院（1954）、许振祖等（1962、1974）、高哲生等（1962）、洪惠馨（1964）、张金标等（1975）进行过，他们大部分偏重于分类工作，研究材料大多采自沿海局部地区，因而不能概括东海水母类的整个面貌。本文就东海水母类的种类组成、分布概况及其与水文要素的关系作初步探讨。

本文所用材料是我所调查船于1959年1—12月在北纬28° 以北、东经124° 以西的东海西部水域，1975年10月、1976年6—7月和8—9月三个航次在北纬26° 31′ ~ 31° 30′、东经127° 以西、水深30米以外的广阔东海大陆架区，以及1978年5月29日—7月3日在北纬26° 31′ ~ 32° 30′、东至东经129°、水深40米以外包括冲绳海槽在内的广大水域，进行浮游生物拖网采集的样品，采集样品时用大型浮游生物网（网长270 cm、网口面积0.5 m^2、GG36筛绢）从底至表垂直拖网，标本用5%福尔马林海水固定，定量方法采用个体计数法，然后换算为单位体积水体中的个数（个/100立方米）。

2.1.2.1 种类组成与分布概况

东海是中纬度开阔陆缘海，终年受长江冲淡水、黄海冷水及黑潮水系的影响，海流主要有黑潮、台湾暖流和东海沿岸流等。这样复杂的地理环境和水文状况，影响着东海水母

---

* 《中国科学院海洋研究所调查研究报告》第 546 号 .

** 引自高尚武，《海洋科学集刊》，1982，19：33-42。

类的种类组成和数量分布。

经初步鉴定，东海水母类共有79种，其中14种为我国新记录（表2-3中标注“*”号者），17种为东海新记录（表2-3中标注“**”号者）。

表2-3　东海水母类种名名录表

腔肠动物门COELENTERATA
　水螅水母纲 Hydroidomedusae
　　花水母亚纲Anthomedusae
　　　杜氏外肋水母*Ectopleura dumortieri*（van Beneden）
　　　耳状囊水母*Euphysa aurata* Forbes
　　　贝氏真囊水母*Euphysora bigelowi* Mass
　　　灯塔水母*Turritopsis nutricula* McCrady
　　　束状高手水母*Bougainvillia ramosa*（van Beneden）
　　　双手水母*Amphinema dinema*（Péron and Lesueur）
　　　皱口双手水母*A. rugosum*（Mayer）
　　　厦门隔膜水母*Leuckartiara hoepplii* Hsu
　　软水母亚纲Leptomedusae
　　　波状感棒水母*Laodicea undulata*（Forbes and Goodsir）
　　　薮枝螅水母*Obelia* spp.
　　　盘形杯水母*Phialidium discoidum*（Mayer）
　　　半球杯水母*P. hemisphaericum*（Ling）
　　　嵊山杯水母*P. chengshanense*（Ling）
　　　四手触丝水母*Lovenlla assimilis*（Browne）
　　　弗州指突水母*Blackfordia virginica* Mayer
　　　指突水母*B. manhattensis* Mayer
　　　卡拟杯水母*Phialucium carolinae*（Mayer）
　　　带拟杯水母*P. taeniogonia* Chow and Huang
　　　六辐和平水母*Eirene hexanemalis*（Goette）
　　　细颈和平水母*E. menoni* Kramp

续表

马来侧丝水母*Helgicirrha malayensis*（Stiasny）
真瘤水母*Eutima levuka*（Agassiz and Mayer）
锥形多管水母*Aequorea conica* Browne
硬水母亚纲Trachymedusae
四叶小舌水母*Liriope tetraphylla*（Chamisso and Eyaenhardt）
半口壮丽水母*Aglaura hemistoma* Péron and Lesueur
墓形棍手水母*Rhopalonema funerarium* Vanhöffen
宽膜棍手水母*R. velatum* Gegenbaur
筐水母亚纲Narcomedusae
八囊拟间囊水母*Aeginura grimaldii* Mass
两手筐水母*Solmundella bitentaculata*（Quoy and Gaimard）
八囊摇篮水母*Cunina octonaria* McCrady
管水母亚纲 Siphonophorae
僧帽水母*Physalia physalis Linnaeus*
帆水母*Velella Velella* Chamisso and Eysenhardt
银币水母*Porpita porpita* Lesson
华丽盛装水母*Agalma elegans* Sars
盛装水母*A. okeni* Eschseholtz
性轭小型水母*Nanomia bijuga* Delle chiaje
褶玫瑰水母*Rosacea plicata* Quoy and Gaimard
尖囊双钟水母*Amphicaryon acaule* Chun
马蹄水母*Hippopodius hippopus* Forskål
光滑拟蹄水母*Vogtia glabra* Bigelow* **
四齿无棱水母*Sulculeolaria quadrivalvis* Blainville
双叶无棱水母*S. biloba*（Sars）
膨大无棱水母*S. turgida*（Gegenbauer）
五齿无棱水母*S. monoica*（Chun）
长囊无棱水母*S. chuni*（Lens and Riemsdijk）
异双生水母*Diphyes dispar* Chamisso and Eysenhardt

续表

双生水母*D. chamissonia* Huxley
拟双生水母 *D. bojani*（Eschscholtz）
拟细浅室水母 *Lensia subtiloides*（Lens and Riemsdijk）
锥体浅室水母 *L. conoidea*（Keferstein and Ehlers）***
拟铃浅室水母*L. campanella*（Moser）**
微脊浅室水母*L. cossack* Totton* **
细浅室水母*L. subtilis*（Chun）
低体浅室水母 *L. fowleri*（Bigelow）* **
异板浅室水母*L. challengeri* Totton* **
短棱浅室水母*L. tottoni* A. Daniel and R. Daniel* **
小体浅室水母*L. hotspur* Totton* **
垂板浅室水母*L. meteori*（Leloup）***
大西洋五角水母*Muggiaea atlantica* Cunninghan
扭歪爪室水母*Chelophyes contorta*（Lens and Riemsdijk）
爪室水母 *Ch. appendiculata*（Eschscholtz）
螺旋尖角水母*Eudoxoides spiralis*（Bigelow）
尖角水母 *E. mitra* Totton**
细球水母*Sphaeronectes gracilis*（Claus）
四角舟水母*Ceratocymba leuckarti*（Huxley）
矢舟角水母 *C. sagittata*（Quoy and Gaimard）***
三角多面水母*Abyla trigona* Quoy and Gaimard
横棱多面水母*A. haeckeli* Lens and Riemsdijk**
方拟多面水母*Abylopsis tetragona*（Otto）
小拟多面水母*A. eschscholtzi*（Huxley）**
巴斯水母*Bassia bassensis*（Quoy and Gaimard）
晶莹九角水母*Enneagonum hyalinum* Quoy and Gaimard
钵水母纲 Scyphozoa
红斑游船水母*Nausithoe punctata* Kölliker* **
夜光游水母*Pelagia noctiluca*（Forskål）* **

续表

栉水母动物门 CTENOPHORA

球形侧腕水母*Pleurobrachia globosa* Moser

球栉水母*Hormiphora palmata* Chun

瓜水母*Beroe cucumis* Fabricius

碟水母*Ocyropsis* sp.

带水母*Cestum* sp.

东海水母类的组成特点是种类多，但数量一般并不很大，没有明显占绝对优势的种类，种类类型以暖水种为主（占总种类数的70.8%），其次为近岸暖温水种，另外还有些河口种，尚未发现冷水种；在整个调查海区，出现种数自南向北递减现象——这符合生物种类随着纬度的增高而逐渐减少的规律（表 2-4）。

表 2-4　东海水母类在各纬度出现的种数

纬度（北纬）	出现种数	
	1959 年	1976 年
28° 以南	—	38
28° ~ 29°	42	29
29° ~ 30°	32	26
30° ~ 31°	29	15
31° ~ 32°	27	12

数量上占优势的种类主要有双生水母、大西洋五角水母、球形侧腕水母以及半口壮丽水母等，它们整年都出现，以夏季数量最多，浙江近海是其主要分布中心。如1959年双生水母在8月、9月的数量达到一年中的高峰，分布范围向东向北扩大，在长江口附近（北纬32°）出现密度大于500个/100立方米的密集区；1976年8月、9月份在舟山群岛附近也出现密度在100 ~ 300个/100立方米的密集区。又如大西洋五角水母在1959年6月、7月数量增多时密度大于500个/100立方米的密集区出现在杭州湾口外海及浙江沿岸水域，1976年6月、7月在舟山群岛周围广大水域出现密度大于1000个/100立方米的密集区。

上述优势种在南海也是水母类的主要优势种，但大西洋五角水母这一种Alvariño（1971）在南海没有记录。又如硬水母亚纲的半口壮丽水母在南海也常出现，是三大洋热带海区的常见种，在马来西亚海区也是普通种类，但Bigelow（1911）在菲律宾却未发现。

东海水母类的种类组成与南海颇为接近，这两个海区的共有种有68种，占东海水母类总种类数的86.1%。在其共有种中，外海暖水种占压倒性优势，特别是管水母亚纲，如东海出现了42种管水母，除了异板浅室水母和短棱浅室水母二种在南海未遇到之外，其余皆可见到。但东海水母类分布到黄、渤海的则比较少。在东海的79种水母类中，与黄、渤海相同的只有29种，占总种类数的36.7%。在其相同种类中，大部分属于近岸性暖温水种，如杜氏外肋水母、鳞茎高手水母、双手水母、皱口双手水母、卡拟杯水母、六辐和平水母、细颈和平水母以及马来侧丝水母等；其次是广布暖水种，如两手筐水母、半口壮丽水母、四叶小舌水母、性轭小型水母、双生水母、四齿无棱水母、长囊无棱水母、细浅室水母、拟双生水母、爪室水母以及扭歪爪室水母等11种。但必须指出的是，上述广布暖水种，夏、秋季只在黄海南部出现；整个黄、渤海尚未发现典型热带种。由此可见，东海水母类与黄、渤海比较，差异较大。

2.1.2.2 水母类的分布与环境因子的关系

水母类的分布受各种环境因子的影响，这里仅就水母类分布与主要水文要素的关系作扼要讨论。

（1）水母类分布与温度、盐度的关系

虽然生活在海洋中的水母类是随波逐流的，但各个种类对海水温度、盐度的适应能力不一样。因此，无论是其数量分布还是种类组成，都随着海水温度、盐度的变化而有所差异。

从调查资料分析可以看出，东海水母类的种类分布是与高温、高盐水的分布趋势一致的。高温、高盐水主要在北纬30° 以南的东南外海，水温与盐度由南向北、自东向西递减，而水母类的种类也是在东南外海出现较多。1978年6月调查期间，在冲绳以西表层水温高于27℃、盐度大于34.50的一些监测站，出现了以往从未遇到的水母种类，如马蹄水母、异板浅室水母、短棱浅室管水母、锥体浅室水母以及横棱多面水母等，这说明海水的温度、盐度明显地成为这些水母种类分布的限制因子。至于出现种数的季节性变化，则是与海水温度有密切关系的，如1959年，冬季（2月，表层水温5℃～15℃）仅出现了18种水母，而夏季（8月，表层水温26℃～28℃）出现的水母种数多达32种。

一些适低盐河口近岸种的分布，则主要受海水盐度的制约，如细颈和平水母和嵊山杯水母在夏季浙江沿岸水扩张势力强盛时期主要出现在浙江沿岸一带。1975—1978年因夏季的调查范围离岸较远（水深30米以外），所以所得资料中没有发现典型的低盐近岸河口种。

根据东海水母类出现种类的分布与适温、适盐情况，可将其大致分为以下各生态类型：

①广温低盐类型

主要分布于近岸低盐水域，可再分为两个类型：

◆河口低盐种：适应表层水温高于10℃，盐度大致为8～30，如灯塔水母、指突水母和弗州指突水母等，它们夏、秋季分布于长江口及钱塘江口，其他季节几近绝迹。

◆近岸低盐种：适温范围大致与河口低盐种相似，盐度大致为12～32，如嵊山杯水母和半球杯水母等，春、夏季数量较多，主要分布于浙江沿岸，锥形多管水母在夏、秋季主要分布于长江口、钱塘江口以及北纬30°以南浙江沿岸。

②高温低盐类型

适应表层水温为25℃～28℃，盐度为18～33，主要分布于近岸，但也可扩散分布至外海，是热带近岸种。这一类群的季节性变化较为显著，一般在夏、秋季数量多，冬、春季数量少，如双生水母、四叶小舌水母和两手筐水母等。

③高温高盐类型

主要是随着黑潮和台湾暖流而分布到调查区的热带外海种，属于这一类型的水母种类多，但数量稀少，可再分为两个类型：

◆广暖水性种：适温、适盐范围相对较宽，表层水温高于25℃，盐度为33左右。这一类型种类分布广，夏、秋季暖流势力强盛时期向北可扩散分布至黄海南部，向西可至江浙近岸，冬、春季数量少，并退至外海区，如半口壮丽水母、细浅室水母、长囊无棱水母、扭歪爪室水母、拟双生水母、方拟多面水母、贝氏真囊水母、僧帽水母、帆水母以及银币水母等。

◆狭暖水性种：对温度、盐度要求严格，表层水温与前一类型相似，盐度大于34。这一类型种类多，数量稀少，主要分布于北纬27° 30′以南、东经126°以东的种类有微脊浅室水母、低体浅室水母、短棱浅室水母等，主要分布于北纬27° 30′以南、东经124°以东的种类有巴斯水母、螺旋尖角水母、尖角水母、异双生水母以及拟铃浅室水母等。

（2）水母类分布与海流及水团的关系

由于水母类忍耐温度、盐度的范围不同，其分布亦同其他浮游生物一样，受海流或水团消长的影响很大，不少种可作为海流或水团的良好指标。早在1883年Agassiz 就发现，银币水母属、帆水母属和僧帽水母属等可作为墨西哥湾暖流的指示种。Alvariño（1971）认为，扭歪爪室水母是流入加利福尼亚暖水的指示种。

①低盐近岸种与沿岸低盐水的关系

东海长江冲淡水（包括浙江沿岸水）是一股势力较强的沿岸水，长江入海口和浙江沿岸这一沿岸低盐水域是适低盐近岸种的主要分布区，它们的分布在一定程度上可以反映长江冲淡水的动态。如1959年夏季（8月），是长江冲淡水向东扩张最旺盛时期，表层有一明显的低盐水舌（盐度为22.00 ~ 31.00）从长江口向韩国济州岛方向伸去，锥形多管水母的分布向东扩展，其位置与该低盐水舌的走向大致相符；秋季（11月），长江冲淡水径流量大减，又盛行偏北风，迫使冲淡水向南经杭州湾口和舟山群岛一带沿岸南下，其影响范围仅限于沿岸一带，锥形多管水母的分布随之向近岸退缩。

②高温、高盐热带外海种与暖流的关系

在调查区，影响水母类分布的暖流主要是黑潮及台湾暖流等。狭高温、高盐热带外海种水母在夏、秋季出现的种类很多，如拟铃浅室水母、拟浅室水母、微脊浅室水母、小体浅室水母、低体浅室水母、巴斯水母、螺旋尖角水母、尖角水母、异双生水母、马蹄水母以及尖囊双钟水母等，其分布区都局限于受黑潮暖流显著影响的大陆架边缘和冲绳海槽（北纬27° 30′，东经125° 以东），呈现西南—东北走向，这正好与黑潮主干流经区域基本符合。

值得指出的是，在1976年6—7月和8—9月两个航次调查期间，在北纬27° 30′、东经126° 监测站，出现的水母种数多达27种，都是热带外海种，它们的分布对黑潮有一定的指示意义。

适温、适盐稍宽的广暖水种，如八囊摇篮水母、半口壮丽水母、长囊无棱水母、拟双生水母以及扭歪爪室水母等，其数量一般都远较狭高温、高盐种为多，它们总的分布趋势与狭高温、高盐种基本一致，只是分布范围比较广，可分布到沿岸水与暖流交汇的水域，冬、春季数量少，大致分布在北纬29° 或30° 以南水域，夏、秋季数量增多，向西分布到浙江沿岸，向北超越北纬30°，其中如八囊摇篮水母、半口壮丽水母甚至到达北纬32° 水域。

参考文献

［1］中国科学院海洋研究所浮游生物组．统一浅海区浮游生物调查方法的建议［J］．海洋与湖沼，1959，2（2）：67–71.

［2］丘书院．论中国东南沿海的水母类［J］．动物学报，1954，6（1）：49–57.

［3］许振祖，等．福建沿海水母类的调查研究 I［J］．厦门大学学报，1962，9（3）：206–224.

［4］许振祖，等．海南岛及邻近海区浮游动物的调查研究 I［J］．厦门大学学报，1965，12（1）：90–110.

［5］许振祖，等．福建沿海水母类的调查研究Ⅲ［J］．海洋科技，1974，2：17–32.

［6］郑执中，等．黄海和东海浮游有孔虫的生态研究［J］．海洋与湖沼，1962，4（1/2）：77–102.

［71 郑执中．黄海和东海西部浮游动物群落的结构及其季节性变化［J］．海洋与湖沼，1965，7（3）：199–202.

［8］洪惠馨．东海水母类的研究 I［C］．上海水产学院论文集，1964：111–130.

［9］高哲生，等．舟山的水螅水母［J］．山东海洋学院学报 1，1962：65–91.

［10］张金标，等．福建沿海水母类的调查研究 IV［J］．海洋科技，1975，5：1–130.

［11］管秉贤．中国沿岸的表面海流与风的关系的初步研究［J］．海洋与湖沼，1957，1（1）：95–122.

［12］赫崇本，汪圆祥，雷宗友，等．黄海冷水团的形成及其性质的初步探讨［J］．海洋与湖沼，1959，2（1）：11–14.

［13］ALVARIÑO A.*Siphonophora of the Pacific with a review of the world distribution*［J］.*Bull. Seripps Inst. Oceanogr.*，1971，16：432.

［14］BIGELOW H B.*The Siphonophorae*［J］*Men. Mus. Comp. Zool.*Harvard Coll. Cambr.，1911，38（2）：173–401.

［15］BIGELOW H B.*Hydromedusae*，*Siphonophores and Ctenophiores of the Albatross*

Phillipine Expedition [J] *.Bull. U.S. Nat. Mus.*, 1919, 100 (1) : 279–362.

[16] BIGELOW H B, and SEARSN *.Siphonophorae* [J] *.Report on the Danish Oceanographical Expeditions 1908-1910 to the Meditarrananean and adjacent seas.* 1937, 2 (H.2) : 1–144.

[17] HAECKEL E.*The Siphonophorae* [J] *.Rep. Sci. Res. Voy. H.M.S. Challengeri. Zool.*, 1888, 28: 1–380.

[18] HUXLEY T H.*The Oceanic Hydrozoa*.Roy. Sci., London, 1859: 1—144.

[19] KRAMP P L.*Synopsis of the Medusae of the world* [J] *.Mar. Biol. Ass. U.K.*, 1961, 40: 1–469.

[20] LENS A D and RIEMSDI J K T V.*The Siphonoporae of the Siboga Expedition* [J] *. Siboga Exped. Monog.*, 1908, 9 (38) : 1—130.

[21]NAGABHUSHANAN A K.*Feeding of the Ctenophore*, *Bolinopsis influndibulum* (*O.F. Muller*) [J] *.Nature*, 1959, 184 (suppl.11) : 829.

[22] PUGH P R.*The vertical distribution of the Siphonophores collectes during the SOND Cruise*, *1965* [J] *.Mar. Biol. Ass. U.K.*, 1974, 54 (1) : 25–90.

[23] RENGARAJIN K.*Siphonophores obtained during the cruises of R. V. Varuna from the west coast of India and the Laccdive Sea* [J] *.Mar. Biol. Ass. of India*, 1973, 15 (1) : 125–156.

[24] RUSSELL F S.*On the value of certain plankton animals as indicators of water movements in the English channel and North Sea* [J] *.Mar. Biol. Ass. U.K.*, 1935, 20 (2) : 309–332.

[25] RUSSELL F S.*The Plymouth offshore medusa fauna* [J] *.Mar. Biol. Ass. U.K.*, 1938, 22 (2) : 411–439.

[26] TOTTON A K.*Siphonophorae* [J] *.Sci. Rep. Great Barrier Reef Exped.*, 1932, 4 (10) .317–374.

[27] TOTTON A K.*Siphonophorae of the Indians Ocean together with systematic and biological notes on related specimens from other ocean* [J] *.Discovery Reports*, 1954, 27: 1–162.

[28] VANNUCCI M and NAVAS D.*Distribution of Hydromedusae in the Indian Ocean. The Biology of the Indian Ocean* [J] *.Ecological Studies*, 1973, 3: 273–281.

2.1.3 闽南—台湾浅滩渔场上升流区水母类的生态研究*

Ecological Studies on the Madusae in Minnan-Taiwan Bank Fishing Ground Upwelling Region

水母类是闽南—台湾浅滩上升流区一类较为常见的浮游动物，占该调查区浮游动物总个体数的6.34%。水母是一类肉食性动物，对整个生态系统的物质循环和能量流动起着一定作用。

有关闽南—台湾浅滩水母类的专门研究曾有报道，本文结合夏季闽南—台湾浅滩上升流生态系统的调查研究，着重分析该海区水母类的种类组成和生态分布特点，为上升流生态系统研究及水产资源的开发利用提供参考。

材料系1987年12月至1988年11月6个航次18个站位，用大型浮游生物网（网口口径80 cm，过滤部长270 cm，36GG筛绢）从底至表垂直采集，以及于1988年6月和11月在第Ⅲ、Ⅳ号断面进行分层采集。共分析定量标本152号。

2.1.3.1 种类组成和生态类群

闽南—台湾浅滩水母类初步鉴定143种，其中水螅水母种类最多，有89种，占总种类数的62.2%；其次为管水母，49种，占总种类数的34.3%；另外有钵水母2种、栉水母3种，它们主要是亚热带—热带种类，反映本调查区的亚热带区系属性；此外，还发现有17个新种、5个国内新记录。

本调查区水母类以双生水母最占优势，占水母类总量的33.6%；其次是半口壮丽水母，占20.6%；其他依次为拟细浅室水母（占18.4%）、气囊水母（占4.5%）、四叶小舌水母（占4.0%），常见种有真囊水母、印度感棒水母、半球美螅水母、真瘤水母、宽膜棍手水母、扭形爪室水母、方拟多面水母以及球形侧腕水母。

根据水母类在本调查区的分布情况及其生态环境，可将本调查区水母类分为3种生态

* 引自黄加祺、陈栩、许振祖，科学出版社，1991：456-468。

类群：

（1）沿岸暖水性生态类群

本类群主要分布在沿岸水和混合水水域，以高温、低盐为主要分布特征，以花水母、软水母、少数管水母和栉水母为主，其代表种有真囊水母、不列颠高手水母、八束水母、半球美螅水母、波状感棒水母、双生水母、气囊水母以及球形侧腕水母。

（2）沿岸暖温性生态类群

本类群主要是冬、春季分布在沿岸一带水域的水母类，以低温、低盐为主要分布特征，其代表种有大西洋五角水母和耳状囊水母。

（3）大洋暖水性生态类群

本类群以高温、高盐为主要分布特征，其中有部分种类对温度和盐度的耐受能力较强，分布较广，可扩展到沿岸水域。本类群以管水母为主体，水螅水母中的筐水母和硬水母也属本类群。其代表种有四叶小舌水母、半口壮丽水母、四手筐水母、太阳水母、巴斯水母以及无棱水母。

2.1.3.2 水母类总数量的分布

1987年12月，水母类数量最少，月平均密度仅有630个/100立方米，调查海区多数站位的密度都小于1 000个/100立方米，仅在台湾浅滩西南、西面和南澎列岛附近有密度大于1 000个/100立方米的较为密集区域；翌年4月，月平均密度上升至1 574个/100立方米，近岸一侧处于密度大于1 000个/100立方米的区域，广东石碑山角及甲子附近有密度大于5 000个/100立方米的密集区，拟细浅室水母占优势；6月，数量有所下降，密度大于1 000个/100立方米的分布区出现在调查海区的中部和东部，南澎列岛附近出现以双生水母为主、密度为3 000个/100立方米的密集区；7月，数量又上升，月平均密度为6个航次的次高峰，达1 820个/100立方米，南澎列岛附近出现密度大于1 000个/100立方米的密集中心，双生水母占优势（82.7%），向外数量递减，北纬22° 以南为密度小于100个/100立方米的稀疏区；8月，月平均密度达全年最高峰（3 390个/100立方米），在礼是列岛附近和广东甲子附近，出现两个主要以双生水母和半口壮丽水母形成的密度大于10 000个/100立方米的高密集区；11月，数量大幅度下降，调查海区多数站位的密度小于1 000个/100立方米，仅广东海门附近出现密度大于5 000个/100立方米的密集区。

垂直分布：1988年6月，第Ⅲ号断面，密集中心处于近岸（301站）的10～0米水层（密度大于5 000个/100立方米），向远岸和深处两个方向递减，密度小于500个/100立方米的稀疏区处于远岸（304站）的50～10米水层（图2.16a）；在第Ⅳ号断面上，无明显密集区域，仅在远岸（404站）的10～0米层有一密度大于2 000个/100立方米的较为密集区域，密度大于1 000个/100立方米的分布区可延伸至水深80米处，水深大于100米，数量十分稀少（图2.16b）。1988年11月，在第Ⅲ号断面上，密度大于2 500个/100立方米的较密集区出现在近岸的0～10米层，密度大于1 000个/100立方米的分布区仅限于20米以上浅水域；在第Ⅳ号断面上，近岸一侧（401站）0～10米处，有密度大于5 000个/100立方米的密集区，密度向远岸和深处递减，水深 100米处的数量十分稀少（密度小于50个/100立方米）。

综上所述，可以看出：在6个航次中，月平均密度以8月最高，7月次之，12月最低（图2.17），最高月份的密度为最低月份的5.4倍；在平面分布上，近岸高于远岸，北部高于南部，最稀区常出现在北纬22°以南海域；在垂直分布上，其分布规律是近岸上层最为密集，向深处和远岸两个方向扩散，水深大于100米水层，数量十分稀少。值得提出的是，不同季节的分布深度有所差异，如6月份，密度大于1 000个/100立方米的等值线分布比11月份深。

2.1.3.3 水母种类的季节性分布

本调查海区水母类种类数的季节性分布以6月的种类数最多，达77种，占全年出现总种类数的53.5%；种类数最少出现在12月，仅有32种，占30.6%。不同类水母出现的种类数量有所不同：水螅水母类以8月最多，43种，占该类总种类数的48.3%；管水母类以6月最高，40种，占该类总种类数的81.6%（表2–5）。

从种类的季节分布看，水母类的季节性分布大致可分为如下类型：

（1）四季常见种

在本次调查中，6个航次均出现的种类较少，仅有16种，占水母类种数的11.2%，其中以管水母最多，有9种；水螅水母仅有6种。其代表种有波状感棒水母、宽膜棍手水母、四叶小舌小母、气囊水母、双生水母、拟细浅室水母以及球形侧腕水母。

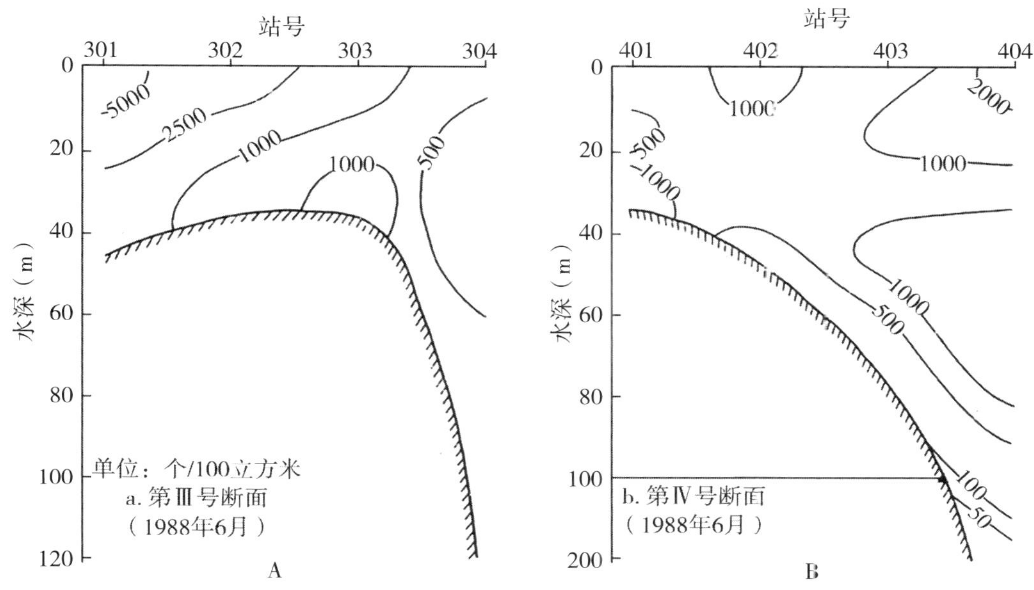

图 2.16　1988 年 6 月份第 Ⅲ、第 Ⅳ 号断面水母类总量的分布情况

表 2-5　不同季节水母类出现的种类数

月 份	12	4	6	7	8	11
水螅水母	15	21	34	39	43	26
管水母	15	30	40	32	27	34
钵水母	1	0	1	1	0	0
总 计	32	53	77	74	72	63

（2）季节性种

本类型种类多，占水母类种数的88.8%，大部分于夏、秋季出现，其代表种有嵴状镰螅水母、不列颠高手水母、日本真瘤水母、小型多管水母、玫瑰水母、双叶无棱水母以及红斑游船水母；冬、春季出现的种类较少，其代表种有双手外肋水母、纵芽高手水母、厦门隔膜水母、双手水母以及台湾侧丝水母等。

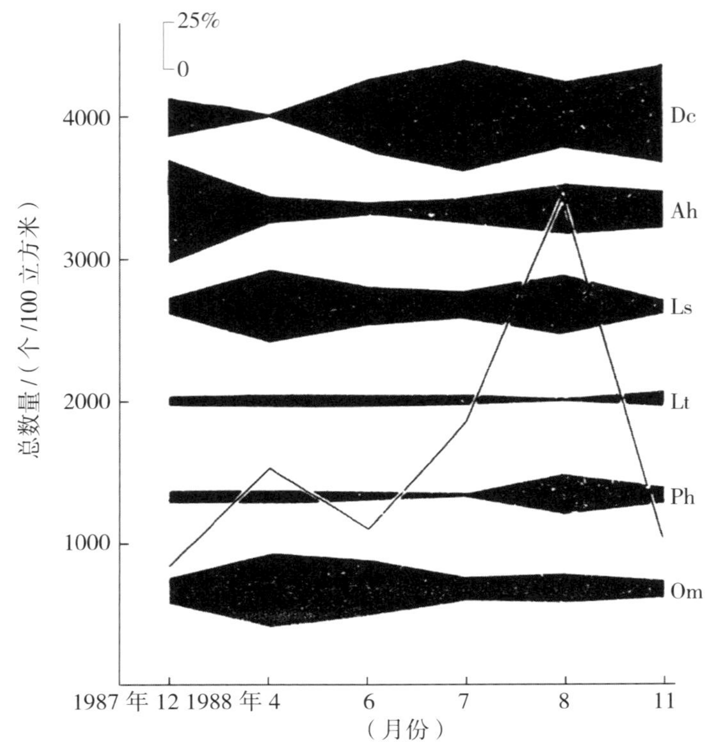

图 2.17　水母类总量的季节性分布和主要种类的季节演替情况

Dc.双生水母*Diphyes chamissonis*；Ah.半口壮丽水母*Aglaura hemistoma*；Ls.拟细浅室水母*Lensia subtiloides*；Lt.四叶小舌水母 *Liriope tetraphylla*；Ph.气囊水母*Physophora hydrostatica*；Om.其他水母

2.1.3.4 主要种类的分布

(1)管水母类

管水母类是本调查海区最主要的水母类，其种数虽少于水螅水母，但其数量大，占水母类总量的69.85%。它的季节性分布数量高峰出现在8月，密度达2 177个/100立方米；7月次之；最低值出现在12月（密度为362个/100立方米）；以双生水母、拟细浅室水母、气囊水母和大西洋五角水母为优势种。

①双生水母

双生水母*Diphyes chamissonis*（Huxley）是本调查海区最占优势的一种管水母，主要分布于东海以南的近岸水域。在本调查海区中，1987年12月和1988年4月，其数量少，无明显的密集区；1988年6月，其数量明显增加，台湾浅滩北面、南面及南澎列岛附近，有密度大于1 000个/100立方米的较密集区；1988年7月，其数量继续增加，南澎列岛附近出现密度大于5 000个/100立方米的密集中心；1988年8月，其数量达到全年最高值（密度达1 199个/100立方米），沿岸两侧有2个密度大于5 000个/100立方米的密集中心，即礼是列岛和广东甲子附近，在调查海区南面数量稀少；1988年11月，其数量下降，密集中心区出现于广东石碑山角附近（密度大于2 500个/100立方米）。在垂直分布上，其密集区一般出现在近岸0～10米水层，向远岸和深处扩散；在100米以深，其数量稀少。总之，双生水母的分布有夏季大于冬、春季，近岸大于远岸，上层大于下层的趋势，可见它是上层沿岸暖水性种类。

②拟细浅室水母

拟细浅室水母*Lensia subtiloides*（Lens et van Riemsdiji）也是本调查海区的优势管水母。1987年12月，其数量少，无明显密集区；翌年4月，其数量增至全年最高峰，月平均密度达553个/100立方米，在广东甲子附近出现密度高达4 407个/100立方米的密集中心，愈向远岸，其数量愈少，等值线几乎与岸线平行；6月，其数量下降，密度大于500个/100立方米的分布区处于调查海区的北部沿岸及台湾浅滩西南；7月，其数量又上升，密度大于1 000个/100立方米的较为密集区分布于礼是列岛附近及台湾浅滩西南（303站）；8月，其数量又下降，密度大于500个/100立方米的分布区仅出现在台湾浅滩西南；11月，其数量降至全年最低值，无明显密集区域。在垂直分布上，它一般分布于50米以上浅水层，水深大于100米处不见踪迹。6月份第Ⅲ号断面，密度大于500个/100立方米的分布区出现于303站的35～20米层；第Ⅳ号断面，密度大于1 000个/100立方米的较密集区出现于沿岸的35～20米水层。11月份，其数量稀少，无明显密集区。虽然该种的密集区比双生水母略深一些，但它仍属上层沿岸暖水性种类。

（2）水螅水母类

水螅水母在本调查海区种类最多，数量仅次于管水母类，占水母类总量的28.5%，在6个航次中，以8月份数量最多，平均密度达1 108个/100立方米；12月次之，密度为494个/100立方米；6月密度最低，仅有203个/100立方米。该类水母中半口壮丽水母*Aglaura hemistoma*（Péron & Lesueur）最占优势，它是本调查海区的优势种之一，仅次于双生水母，在本海区有广泛分布。1987年12月，其月平均密度达445个/100立方米，为全年次高峰，其平面分布十分不均匀，以台湾浅滩西南及南面为密度大于1 000个/100立方米的密集区，西南有密度大于2 500个/100立方米的密集中心；翌年4月，其数量下降，礼是列岛附近有密度大于1 000个/100立方米的密集区；6月，其数量降为全年最低值（密度仅为57个/100立方米），无明显密集区；7月，其数量虽有所上升，但还未形成明显密集区；8月，其数量上升，达到全年最高峰，密度达845个/100立方米，南澎列岛附近有密度大于5 000个/100立方米的密集中心，远岸一侧，其密度小于100个/100立方米；11月，其数量下降，仅在台湾浅滩西南（22° 34′ N，117° 5′ E）有密度为710个/100立方米的密集区，台湾浅滩南面也有密度为400个/100立方米的分布区。

总之，半口壮丽水母除了夏季近岸上升流存在期间密集区出现在低温、高盐的近岸区域外，其他季节其密集区多出现在台湾浅滩周围，在受暖流影响较大的远岸站位其数量也不少，可见它是大洋暖水性生态类群。值得提起的是，水螅水母类及半口壮丽水母在本调查期间的丰度比1976—1977年调查的丰度大一个数量级，这反映出数量分布的年变化。

（3）钵水母类

本次调查只采到2种钵水母，即夜光游水母和红斑游船水母，其数量十分稀少，仅在12月、6月和7月采到。

（4）栉水母类

本次调查仅采到3种栉水母，以球形侧腕水母和瓜水母较为常见。栉水母数量少，在整个水母类总量中仅占1.67%。其季节性分布以8月和6月数量较多，密度分别达99个/100立方米和97个/100立方米，以球形侧腕水母为主；12月最少，密度仅有3个/100立方米。

2.1.3.5 水母类的分布和环境因素的关系

（1）水母类的分布与上升流的关系

水母类虽不如其他浮游动物那样已找到有明确指示上升流消长的指示种，但从其数量分布分析，略可看出其分布同上升流的关系。因为在上升流的中心和边缘，营养丰富，所以它为浮游植物和浮游动物的密集区。水母类是肉食性动物，以其他浮游动物和小型鱼类为食。在浮游动物数量大的区域，水母类的繁殖和发育可得到促进。夏季，沿岸常出现水母类高密集区域。例如，1988年7月、8月，在低温、高盐的沿岸区域，出现密度大于1 000个/100立方米的水母类高密集中心。这和该季节近岸上升流的出现相吻合。此外，水母类的垂直分布可为上升流的存在提供佐证，如1988年6月在第Ⅳ号断面上可以看到密度为500个/100立方米的等值线沿着坡底向上涌升的迹象（图2.16B）。

水母类在台湾浅滩南面及西南分布的情况，在一定程度上可佐证台湾浅滩南部终年有上升流的存在。1987年12月，台湾浅滩西南存在水母栖息密度大于1 000个/100立方米的密集区域；春季，台湾浅滩南面的水母密度也高于周围；夏季和秋季，也可以见到类似情况。水母类的这种分布状况和该海区终年存在上升流的报道相一致。

（2）水母类的分布与海流水团的关系

本调查海区的水文状况相当复杂，其中海流和水团的消长，必定影响到水母类的分布。

1987年12月，东北风劲吹，水温下降，浙闽沿岸流南下，入侵本调查海区，调查海区的北部水域为浙闽沿岸流所控制，由于盐度低（小于32.5），该海区水母类十分贫乏（仅8种），大部分是沿岸低盐种，沿岸暖温种大西洋五角水母的数量开始上升；在北纬22° 40′以南，表层水温高于23℃，盐度大于33.5（在南部站位盐度大于34），说明这些海域为混合水和大洋水所控制，水母种类多（30多种），以大洋暖水类群为主，如方拟多面水母、无棱水母和爪室水母。

翌年4月，东北风转西南风，水温和盐度上升，南海暖流加强，浙闽沿岸流减弱，仅限于近岸一侧，本调查海区的大部分区域为大洋水所控制（表层温度高于23℃，盐度大于34），沿岸暖温种大西洋五角水母在近岸一侧形成密度大于1 000个/100立方米的密集区，稍离沿岸，其数量迅速下降，甚至消失，而本调查海区的大部分区域为大洋暖水类群所占据，它们甚至侵入沿岸带。例如，在沿岸站位采到异双生水母、爪室水母和螺旋尖角水母等大洋暖水类群的种类。

夏季，由于气温及南海暖流影响加强，水温上升到全年最高值，同时大陆径流加大，粤东沿岸水影响到本调查海区台湾浅滩以西表层水域，近岸形成低温、高盐的上升流区域，出现许多大洋性高盐种类，如1988年6月出现螺旋尖角水母、细球水母、巴斯水母等；7月出现太阳水母、单齿无棱水母、马蹄水母等，8月出现太阳水母、无棱水母、巴斯水母等；远岸站位受到粤东沿岸流的影响，盐度低于近岸站位，近岸暖水性种类反而出现在远岸区域，如贝氏真囊水母甚至扩散到台湾浅滩南面和西南（6月），真瘤水母也出现在北纬22° 31′以南远岸区域（7月），不列颠高手水母也主要分布在远岸区域（8月），这可反映出粤东沿岸流对该海区的影响。

1988年11月，东北风形成，水温下降，浙闽沿岸流重新进入北部沿岸区域，礼是列岛附近出现大西洋五角水母、半球美螅水母、小型多管水母等沿岸低盐种类，粤东沿岸水退却，本调查海区的大部分区域仍为暖流水所笼罩（表层盐度大于34），沿岸上升流消失，在大部分海区水母类为大洋暖水类群所左右。

值得提起的是，可作为浙闽沿岸流指示种的大西洋五角水母在本调查海区的数量少，仅占水母类总量的4.5%，远不如它在台湾海峡中、北部的优势（占42.8%）大，这说明浙闽沿岸流对本调查海区的影响远不如它对台湾海峡中、北部的影响大。换而言之，暖流对本海区的影响更为显著。

总之，水母类的分布同海流水团的关系十分密切，每个海流水团分布特定的水母种类。换而言之，这些水母的分布可佐证海流水团的消长。

参考文献

［1］管秉贤．中国沿岸的表面海流和风的关系的初步探讨［J］．海洋与湖沼，1957，1（1）：95–122.

［2］许振祖，张金标．粤东—闽南近海的浮游水螅水母类、管水母类和钵水母类［J］．厦门大学学报（自然科学版），1978，17（4）：19–63.

［3］张金标．中国海域水螅水母类区系的初步分析［J］．海洋学报，1979，1（1）：127–137.

［4］许振祖．台湾海峡西南部水螅水母的生态研究［J］．海洋学报，1983，5（1）：91–101.

［5］陈清潮，等．南海海区综合调查研究报告（二）［M］．北京：科学出版社，1985：357–379.

［6］福建海洋研究所.台湾海峡中、北部海洋综合调查研究报告［M］．北京：科学出版社，1988：138–188，259–304.

［7］林茂，张金标．台湾海峡西部海域水螅水母类和栉水母类的生态研究［J］．海洋学报，1989，1（5）：621—628.

［8］林茂．台湾海峡西部海域管水母的生态分布［J］．海洋通报，1989，8（3）：65–71.

［9］许振祖，等．中国水螅水母类一新属二新种［J］．动物分类学报，1990，15（4）：401–405.

［10］HUNG T C et al. *Chemical and biomass studies（1）：Evidence of upwelling off the southwestern coast of Taiwan*［J］.*Acta Oceanogr. Taiwanica*，1986，16：8–26.

2.1.4 中国主要河口浮游水母的分布*

Distribution of the Planktonic Medusae in the Main River Estuaries of China

河口是海水和淡水的交汇区，是一个环境复杂多变，特别是盐度变化较为剧烈的水域。河口区栖息着一个庞大、复杂的生物群落，包括径流带来的淡水生物和潮流带来的海洋生物，同时还栖息着一类河口特有的半咸水生物（被称为河口生物）。这类生物具有的一个共同生态特点是，具有适应盐度变化的能力。研究这个水域的河口生物，尤其是浮游水母，对阐明这类半咸水生物的来源和它们适应盐度变化的生理机制问题，具有一定理论意义，因为一般淡水生物往往经受不了盐度变化的严峻考验。可是，近海生物一般都是广盐性种类，具有适应盐度变化的能力（即具有渗透压和离子调节的机能）。经过长期的适应过程，河口生物从近海生物通过半咸水生物逐渐演变为淡水生物是完全可能的（郑重，1982）。

我国是一个河口众多的国家，其中有些大的河口，如长江口、黄河口、九龙江口、珠江口等，是盛产鱼、虾、贝、藻等的重要的养育场，尤其是长江口外的舟山渔场，它是世界著名渔场之一，那里盛产的小黄鱼、大黄鱼、带鱼和墨鱼（乌贼）被称为我国“四大渔业”。但对这些河口的浮游水母，过去只有一些种类组成和分布方面的零星报道。先是许振祖、张金标（1978）记录和描述了粤东—闽南近海水螅水母102种，其中描述了1个新属、4个新种和17种我国首次记录；嗣后，许振祖、张金标（1981）报道了南海北部大陆架水域水螅水母类64种，其中有12种为南海新记录；1983年，许振祖、黄加祺分析了1979年8月至次年8月在九龙江口采集的样品，首次阐述了该河口区水母类的总个数、种类数和主要种类的分布，并提出该河口区水母类生态类群的划分以及不同生态类群的演替；接着，1994年，黄加祺、许振祖分析了1990年春至1991年冬季在闽江口采集的浮游动物样品，共鉴定浮游水母42种，并说明该河口区水母的分布与环境的关系；2012年郭东晖、李刚、何静根据2007—2011年每年春

---

* 陈小银、许振祖。首次发表。

季在珠江口中东部6个站位的调查数据，对该水域的水母种类组成和数量变化进行了研究。2006年，许振祖、黄加祺、刘光兴分析了2003年6月14—18日在长江口及其近海采集的浮游动物样品，共鉴定44种水母，其中有2个新种和2种我国新记录；之后，对长江口及其邻近海域水母的种类组成、优势种、丰度分布、季节性变化以及生态特征进行研究的有伦凤霞、王云龙、沈新强等（2008），陈洪举、刘光兴（2010），高倩、陈佳杰、徐兆礼等（2015），何浩阳、林华、李伟巍等（2020）。上述这些研究成果主要是在水母的种类组成和分布方面，尚缺乏全面的深入研究，更谈不上进行生态系统的研究。

本文收录了国内截至2022年年底发表的有关河口浮游水母的资料，并根据文献进行逐种核对，去除鉴定错误和异名的种类，最后进行修订，汇总成种类名录及其季节分布表，然后进行我国主要河口浮游水母类的种类组成、季节分布、各河口区种数及优势种的差异、河口区浮游水母生态类群划分和不同生态类群的演替等问题的分析，其研究结果可为今后进一步研究河口生态系统打下基础，并为提高河口的生产力和渔获量提供科学依据。兹将汇总的结果简述如下：

2.1.4.1 种类组成与优势种

（1）种类组成

根据笔者对已发表文献的汇总分析，各河口区浮游水母的种类数共有122种，其中以长江口（60种）和珠江口（60种）的最多，分别占总种类数的49.1%、49.1%；其次为九龙江口（54种），占总种类数的44.2%；闽江口（39种）最少，仅占总种类数的31%；各河口区均是软水母的种类数最多（15~28种），其次为花水母（11~21种），这些种类大多数为近岸暖水性种类，具有世代交替的生活史，在种类组成中占有重要的地位，但也有终生浮游水母，如管水母的种类（4~17种）；另外，篮水母（2~4种）和硬水母（2~5种）这些种类数少的种类在河口区的出现，将反映外海水系对河口区的影响程度（表2-6）。

表 2-6　中国主要河口浮游水母的种类组成

类　　别	长江口	闽江口	九龙江口	珠江口
自育水母纲（Automedusa）				
筐水母亚纲（Narcomedusae）	3	2	2	4
硬水母亚纲（Trachymedusae）	4	2	2	5
水螅水母纲（Hydroidomedusae）				
花水母亚纲（Anthomedusae）	21	11	17	14
软水母亚纲（Leptomedusae）	20	15	28	20
淡水水母亚纲（Limnomedusae）	0	0	1	0
管水母亚纲（Siphonophorae）	12	9	4	17
合　计	60	39	54	60

（2）优势种

截至2022年年底，已知中国主要河口区浮游水母的优势种主要有近岸暖温性的大西洋五角水母*Muggiaea atlantica*，近岸暖水性的双生水母*Diphyes chamissonis*、拟细浅室水母*Lensia subtiloides*，河口暖水性的弗州指突水母*Blackfordia virginica*、贝氏拟线水母*Nemopsis bachei*，以及大洋广布的四叶小舌水母*Liriope tetraphylla*等6种，它们是各河口区共有的，在冬、春季或夏、秋季几乎遍及整个河口区，占绝对优势；还有近岸暖水性的短柄和平水母*Eirene brevistylis*、半球美螅水母*Clytia hemisphaerica*、曲膝薮枝螅水母*Obelia geniculata*、气囊水母*Physophora hydrostatica*和大洋广布的两手筐水母*Solmundella bitentaculata*、半口壮丽水母*Aglaura hemistoma*等6种，也是各河口区共有的优势种，但其个体数较少，不占绝对优势地位。由于各河口区水文环境和地理位置的差异，有些优势种仅出现在某个河口区，例如河口暖温性的帽铃水母*Tiaricodon coeruleus*，近岸暖温性的八斑唇腕水母*Rathkea octopunctata*，河口暖水性的缘心管水母*Maeotias marginata*、多手指突水母*Blackfordia polytentaculata*，以及近岸暖水性的短柄侧丝水母*Helgicirrha brevistyla*等5种仅出现在九龙江口区，河口暖水性的瓣高手水母*Bougainvillia lamellata*、单管玛拉水母*Malagazzia monocanalis*和近岸暖水性的橙黄高手水母*Bougainvillia aurantiaca*、小拟介穗水母*Podocorynoides minima*等4种仅出现在长江口区，河口暖水性的顶拟海帽水母*Halitiarella apica*、帕尔摩勒水母*Moerisia pallasi*和东山介螅水母*Hydractinia dongshanensis*等3种，仅出现在闽江河口区。

总之，各河口区水母的优势种主要是近岸暖温性种类和近岸暖水性种类，而河口暖水性种类和大洋广布种类也占重要优势地位。

2.1.4.2 季节性分布

从表2-7看，各河口区水母种类的季节性分布均以夏季（6—8月）最多：长江口56种、珠江口46种、九龙江口44种、闽江口31种，分别占各河口区水母总种类数的93.3%、76.6%、81.4%和79.4%；其次，秋季（9—11月）的种类数也较多，以珠江口（29种）、九龙江口（23种）和长江口（20种）的种类数最多，分别占其河口区水母总种类数的48.3%、42.5%和33.3%，而闽江口（11种）的种类数最少，仅占该河口区水母总种类数的28.2%；各河口区均在夏、秋两季出现水母种类数较多的原因，主要是河口暖水性种、近岸暖水性种和大洋广布种大量出现的缘故，这与外海水系的影响有密切关系。

冬、春两季各河口区的水母种类数大大减少——冬季2~11种，春季5~26种，其主要原因是河口暖水性种类和近岸暖水性种类随着水温的下降而逐渐消失，取而代之的是河口暖温性种类和近岸暖温性种类大量出现，这与沿岸水系的影响有密切关系。

可见，各河口区水母种类的季节性变化的特点是，大多数水母为季节性类型，而四季常见类型很少，仅在珠江口出现4种管水母——异双生水母*Diphyes dispar*、拟细浅室水母*Lensia subtiloides*、长囊无棱水母*Sulculeolaria chuni*和细球水母*Sphaeronectes gracilis*，以及长江口的双生水母*Diphyes chamissonis*、拟细浅室水母等。这些种类都是终生浮游的近岸暖水性种类。

表 2-7　中国主要河口浮游水母种类的季节性变化

种 类	长江口				闽江口				九龙江口				珠江口			
	春	夏	秋	冬	春	夏	秋	冬	春	夏	秋	冬	春	夏	秋	冬
自育水母纲（Class Automedusa）																
筐水母亚纲（Subclass Narcomedusae）																
八手拟间囊水母 *Aeginura grimaldii*[5]										√	√			√	√	
多刺纹水母 *Otoporpa polystriata*[5]													√	√	√	
两手筐水母 *Solmundella bitentaculata*		√				√				√	√			√	√	
八囊摇篮水母 *Cunina octonaria*						√	√									
异摇囊水母 *C. peregrine*		√														
太阳水母 *Solmaria leucostyla*														√		
玫瑰太阳水母 *S. rhodoloma*		√														
硬水母亚纲（Trachymedusae）																
四叶小舌水母 *Liriope tetraphylla*[5]	√	√	√	√		√			√	√		√	√	√		
异距小帽水母 *Petasiella asymmetrica*		√														
半口壮丽水母 *Aglaura hemistoma*[5]		√	√	√		√	√			√				√	√	
异腺瓮水母 *Amphogona apsteini*		√														
微小瓮水母 *A. pusilla*														√		
宽膜棍手水母 *Rhopalonema velatum*														√		
墓形棍手水母 *R. funerarium*														√	√	
水螅水母纲（Class Hydroidomedusae）																
花水母亚纲（Subclass Anthomeduae）																
橙黄高手水母 *Bougainvillia aurantiaca*[3]		√														
瓣高手水母 *B. lamellata*[2]		√														

续表

种类	长江口				闽江口				九龙江口				珠江口			
	春	夏	秋	冬	春	夏	秋	冬	春	夏	秋	冬	春	夏	秋	冬
首要高手水母 *B. principis*		√														
鳞茎高手水母 *B. muscus*		√			√					√	√			√	√	
扁胃高手水母 *B. platygaster*														√	√	
八束水母 *Koellikerina fasciculata*														√	√	
多手八束水母 *K. multicirrata*														√		
贝氏拟线水母 *Nemopsis bachei*②		√	√			√			√	√	√			√	√	
六辐拟线水母 *N. hexacanalis*②						√										
灯塔水母 *Turritopsis nutricula*		√	√								√					
刺胞水母 *Cytaeis tetrastyla*	√	√											√	√		
顶突介螅水母 *Hydractinia apicata*		√								√						
肉质介螅水母 *H. carnea*		√														
东山介螅水母 *H. dongshanensis*②							√									
泡状介螅水母 *H. vacuolata*②		√								√						
小拟介穗水母 *Podocorynoides minima*③		√														
八斑唇腕水母 *Rathkea octopunctata*④									√							
叶手水母 *Niobia dendrotentaculata*		√														
皱口双手水母 *Amphinema rugosum*										√	√					
厦门隔膜水母 *Leuckartiara hoepplii*									√			√		√	√	
东方隔膜水母 *L. orientalis*						√										
顶实潜水母 *Merga tergestina*											√					
具芽枝管水母 *Proboscidactyla gemmifera*		√				√			√	√			√	√		

续表

种类	长江口				闽江口				九龙江口				珠江口			
	春	夏	秋	冬	春	夏	秋	冬	春	夏	秋	冬	春	夏	秋	冬
顶拟海帽水母 *Halitiarella apica*②							√									
帽铃水母 *Tiaricodon coeruleus*①									√			√				
摩勒水母 *Moerisia inkermanica*②							√		√	√			√	√		
帕尔摩勒水母 *M. pallasi*③							√									
广口拟棍螅水母 *Hydrocoryne miurensis*					√											
贝氏真囊水母 *Euphysora bigelowi*				√						√				√		
刺胞真囊水母 *E. knides*		√														
疣真囊水母 *E. verrucosa*		√														
粗端梅尔水母 *Mayeri forbesi*														√		
日本横萨水母 *Stauridiosarsia nipponica*					√			√								
长手横萨水母 *St. japonica*				√												
厦门刺铃水母 *Cnidocodon xiamenensis*										√						
锥胃内胞水母 *Euphysilla pyramidata*																√
两列笔螅水母 *Pennaria disticha*										√						
宽外肋水母 *Ectopleura latitaeniata*													√			
顶管外肋水母 *E. minerva*		√									√					
厦门外肋水母 *E. xiamenensis*②		√								√						
耳状囊水母 *Euphysa aurata*	√			√												
嵴状镰螅水母 *Zanclea costata*		√											√	√		
软水母亚纲（Subclass Leptomedusae）																
澳洲多管水母 *Aequorea australis*									√	√						

续表

种 类	长江口				闽江口				九龙江口				珠江口			
	春	夏	秋	冬	春	夏	秋	冬	春	夏	秋	冬	春	夏	秋	冬
锥形多管水母 *A. conica*[3]		√	√			√				√	√					
细小多管水母 *A. parva*						√				√	√					
镜形多管水母 *A. pensilis*									√	√						
指突水母 *Blackfordia manhattensis*		√	√													
弗州指突水母 *B. virginica*[2]		√				√			√	√	√		√			
多手指突水母 *B. polytentaculata*[2]									√	√						
四手卷丝水母 *Cirrholovenia tetranema*														√	√	
短腺和平水母 *Eirene brevigona*		√				√				√			√			
短柄和平水母 *E. brevistylis*[2]		√		√	√	√				√			√			
锡兰和平水母 *E. ceylonensis*[3]						√				√	√		√			
锥形和平水母 *E. conica*													√			
蟹形和平水母 *E. kambara*										√	√		√			
细颈和平水母 *E. menoi*						√				√	√			√	√	
塔形和平水母 *E. pyramidalis*		√	√			√				√	√		√			
细腺和平水母 *E. tenuis*						√				√			√			
六辐和平水母 *E. hexanemalis*																
弯真瘤水母 *Eutima curva*										√						
日本真瘤水母 *E. japonica*										√						
黑疣真瘤水母 *E. krampi*		√														
真瘤水母 *E. levuka*										√				√	√	
马来侧丝水母 *Helgicirrha malayensis*						√				√						

续表

种　类	长江口				闽江口				九龙江口				珠江口			
	春	夏	秋	冬	春	夏	秋	冬	春	夏	秋	冬	春	夏	秋	冬
短柄侧丝水母 *H. brevistyla*②										√						
印度感棒水母 *Laodicea indica*		√												√	√	
波状感棒水母 *L. undulata*		√												√	√	
大腺真唇水母 *Eucheilota macrogona*		√														
黑球真唇水母 *E. menoni*		√				√								√		
多丝真唇水母 *E. multicirris*		√														
四手触丝水母 *Lovenella assimilis*											√					
海沧触丝水母 *L. haichangensis*②										√						
卡玛拉水母 *Malagazzia carolinae*③		√								√	√			√	√	
单管玛拉水母 *M. monocanalis*②		√														
带腺玛拉水母 *M. taeniogonia*①									√			√				
厚伞玛拉水母 *M. condensum*						√										
印度八拟杯水母 *Octophialucium indicum*③						√				√	√					
坚实八拟杯水母 *O. solidium*		√														
中型八拟杯水母 *O. medium*														√	√	
大腺似杯水母 *Phialella macrogona*		√														
嵊山秀氏水母 *Sugiura chengshanense*①		√	√						√			√	√			√
单囊美螅水母 *Clytia folleata*		√	√							√	√		√			
半球美螅水母 *C. hemisphaerica*③	√	√	√			√				√				√		
曲膝薮枝螅水母 *Obelia geniculata*		√	√	√		√	√		√	√			√			
缩无垂水母 *Orthopyxis compressa*										√						

续表

种类	长江口				闽江口				九龙江口				珠江口			
	春	夏	秋	冬	春	夏	秋	冬	春	夏	秋	冬	春	夏	秋	冬
真拟杯水母 *Phialucium mbenga*									√	√						
淡水水母亚纲（Subclass Limnomedusae）																
缘心管水母 *Maeotias marginata*②									√	√	√					
管水母亚纲（Subclass Siphonophorae）																
华丽盛装水母 *Agalma elegans*						√	√									
性轭小型水母 *Nanomia bijuga*		√	√	√												
气囊水母 *Physophora hydrostatica*		√	√			√				√	√			√	√	
小拟多面水母 *Abylopsis eschscholtzi*		√	√											√		
方拟多面水母 *A. tetragona*	√	√	√											√		
晶莹九角水母 *Enneagonum hyalinum*			√													
巴斯水母 *Bassia bassensis*		√	√													
拟双生水母 *Diphyes bojani*	√	√				√								√	√	
双生水母 *D. chamissonis*③	√	√	√	√		√	√			√	√			√	√	
异双生水母 *D. dispar*		√				√	√						√	√	√	√
螺旋尖角水母 *Eudoxoides spiralis*		√												√	√	
尖角水母 *E. mitra*													√	√	√	
拟细浅室水母 *Lensia subtiloides*③	√	√	√	√		√	√			√	√		√	√	√	√
大西洋五角水母 *Muggiaea atlantica*④	√	√	√	√	√			√	√			√	√			√
微脊浅室水母 *Lensia cossack*													√	√		
细浅室水母 *L. subtilis*						√							√	√		
四角舟水母 *Ceratocymba leuckarti*														√	√	

续表

种类	长江口				闽江口				九龙江口				珠江口			
	春	夏	秋	冬	春	夏	秋	冬	春	夏	秋	冬	春	夏	秋	冬
扭歪爪室水母 *Chelophyes contorta*														√	√	
长囊无棱水母 *Sulculeolaria chuni*													√	√	√	√
四齿无棱水母 *S. quadrivalvis*														√	√	
细球水母 *Sphaeronectes gracilis*													√	√	√	√
锥体浅室水母 *Lensia conoidea*						√										
各季节合计	9	56	20	11	5	31	11	2	17	44	23	6	26	46	29	7
各河口总计	60				39				54				60			

注：①河口暖温性生态类群；②河口暖水性生态类群；③近岸暖水性生态类群；④近岸暖温性生态类群；⑤大洋广布生态类群。

2.1.4.3 河口区浮游水母生态类群的划分

笔者根据各河口区浮游水母的生态习性和分布，将其划分为五个生态类群：

（1）河口暖温性生态类群

本类群以低盐、广温为主要分布特征，盐度为10~30，温度为13℃~20℃，是河口区的特有种，主要出现在冬、春两季，其代表种有帽铃水母*Tiaricodon coeruleus*、带腺玛拉水母*Malagazzia taenigonia*和嵊山秀氏水母*Sugiura chengshanense*等。

（2）河口暖水性生态类群

本类群以高温、低盐为主要分布特征，适温范围高于20℃，适盐范围10~30，是河口区的特有种，主要出现在夏、秋两季，其代表种有弗州指突水母*Blackfordia virginica*、贝氏拟线水母*Nemopsis bachei*、摩勒水母*Moerisia inkermanica*、缘心管水母*Maeotias marginata*、短柄侧丝水母*Helgicirrha brevistyla*、短柄和平水母*Eirene brevistylis*、海沧触丝水母*Lovenella haichangensis*以及单管玛拉水母*Malagazzia monocanalis*等。

（3）近岸暖水性生态类群

本类群以高温、低盐为主要分布特征，水温高于25℃，盐度大于33，种类来源于河口外近岸暖水种，在夏、秋两季占优势地位，其代表种有双生水母*Diphyes chamissonis*、拟细浅室水母*Lensia subtiloides*、半球美螅水母*Clytia hemisphaerica*、锥形多管水母*Aequorea conica*、卡玛拉水母*Malagazzia carolinae*以及气囊水母*Physophora hydrostatica*等。

（4）近岸暖温性生态类群

本类群以低温、广盐为主要分布特征，水温为13℃~20℃，盐度大于33，种类来源于河口外的沿岸水系，主要出现于冬、春两季，其代表种有大西洋五角水母*Muggiaea atlantica*和八斑唇腕水母*Rathkea octopunctata*等。

（5）大洋广布生态类群

本类群以高温、广盐为主要分布特征，水温高于25℃，盐度小于33，种类来源于低纬度的热带大洋区，主要出现于夏、秋两季，其代表种有半口壮丽水母*Aglaura hemistoma*、四叶小舌水母*Liriope tetraphylla*、两手筐水母*Solmundella bitentaculata*以及八手拟间囊水母*Aeginura grimaldii*等。

上述各生态类群的代表种的分布区和出现季节见表2–7注解。

2.1.4.4 不同生态类群的季节演替

河口生物，特别是随流漂浮的水母，受环境的影响很大。河口环境的多变是同水流的复杂变化分不开的，其水流系统可归纳为三种水系——沿岸水系（闽浙沿岸流、广东沿岸流）、外海水系（南海暖流、台湾暖流、黑潮分支）和淡水水系（来自江河的径流）。这些水系的相互推移和季节演替对水母的分布有着很大的影响。

在冬、春季（12月至翌年5月），河口区有近岸暖温性生态类群和河口暖温性生态类群互相推移，但以近岸暖温性生态类群的大西洋五角水母*Muggiaea atlantica*占主导地位，12月它先在河口口部出现，然后随着沿岸水的加强遍及整个河口区，在春季近岸暖温性生态类群的种类数达到最高；嗣后，随着沿岸水的减弱，近岸暖温性种类逐渐退出，这说明该类群水母来自河口之外的水域，其分布受沿岸水的影响。与此相反，河口暖温性生态类群的水母种类先出现在河口中心区，以后随着径流逐渐向河口外推移，但密集区位置仍在河口中心区，这反映出该类群来自河口低盐区，其分布受淡水水系的影响。因此，在冬、春季，当降雨量大时，河口上游径流流量增大、流速增快，河口暖温性生态类群的水母种类随着退潮的潮流往河口外的高盐区分布，而近岸暖温性生态类群进入河口区的水母种类的个体数显著减少；相反，当降雨量小时，径流流量小，沿岸水对河口区的影响增强，近岸暖温性生态类群的水母种类遍及河口水域，特别是大潮汐时更加显著，但在5月以后，河口区的近岸暖温性生态类群和河口暖温性生态类群消失，取而代之的是近岸暖水性生态类群、大洋广布生态类群和河口暖水性生态类群。

在夏、秋季（6—11月），由于西南季风的影响，外海水系向北势力加强，加上受大陆气候的影响，河口区表层水温逐渐上升，处于高温期（高于25℃），外海水系带来的高盐水的盐度也变小（小于33），这时，近岸暖水性生态类群的水母遍及整个河口区，取代近岸暖温性生态类群，例如双生水母*Diphyes chamissonis*和拟细浅室水母*Lensia subtiloides*占绝对优势；嗣后，随着外海水系的减弱，近岸暖水性生态类群的水母也逐渐从河口区退出，直到冬季（翌年1月）完全消失。而河口暖水性生态类群在夏、秋季主要分布在河口中心区，例如弗州指突水母*Blackfordia virginica*、贝氏拟线水母*Nemopsis bachei*、缘心管水母*Maeotias marginata*以及摩勒水母*Moerisia inkermanica*等。在这两个季节还发现许多新的河口暖水性特有种，如短柄和平水母*Eirene brevistylis*、短柄侧丝水母*Helgicirrha* *brevistyla*和海沧触丝水母*Lovenella haichangensis*等，这说明河口暖水性生态类群在河口区也占优势地位，这些水母种类的分布受淡水水系的影响。当降雨量增大时，河口的径流流量增大，流速增快，河口暖水性水母随着退潮的潮流往河口外扩散。例如弗州指突水母*Blackfordia virginica*于2012年3—4月在强径流的影响下，从九龙江河口扩散到厦门港，然后又扩散到厦门岛南湖公园的南湖（该湖与厦门港筼筜湖相连通），盐度较低（盐度为17~19）。这表明该种水母对盐度变化的耐受能力较强（Huang et al.，2012）。Moeore（1987）的研究表明，弗州指突水母的耐盐范围为3~35。这说明盐度对河口水母的影响较小（郭东晖等，2012）。

此外，在夏、秋两季，大洋广布生态类群的水母来自热带广布种，在外海水系的影响下，从低纬度的热带水域向高纬度水域和河口区分布，夏季它们通常在河口区出现，但种类数和个体数都很少，秋季10月以后，该类群逐渐向河口外退出，例如半口壮丽水母*Aglaura hemistoma*、四叶小舌水母*Liriope tetraphylla*、两手筐水母*Solmundella bitentaculata*以及八手间囊水母*Aeginura grimaldii*等。这些终生浮游的热带广布种在河口区的进退状况，反映了外海水系在河口的消长情况。

总之，河口区的水母类有五个不同生态类群，其中近岸暖温性生态类群和近岸暖水性生态类群占绝对优势，它们的季节常规与外海水系、沿岸水系和淡水水系的消长有密切关系。

参考文献

［1］伦凤霞，王云龙，沈新强，等．长江口及邻近海域夏季水母类分布特征［J］．生态学杂志，2008，（9）：1510–1515.

［2］江锦祥，等．附录二，福建省海岛资源综合调查海洋生物种类名录及分布（浮游动物名录及分布）［M］// 阮五崎，主编．福建省海岛资源综合调查研究报告．北京：海洋出版社，1996：646–648.

［3］许振祖，张金标．粤东—闽南近海的浮游水螅水母类、管水母类和钵水母类［J］．厦门大学学报（自然科学版），1978，17（4）：19–63.

［4］许振祖，张金标．南海北部大陆架水域的水螅水母［J］．厦门大学学报（自然科学版），1981，20（3）：373–382.

［5］许振祖，黄加祺．九龙江口的水螅水母类、管水母类、钵水母类和栉水母类［J］．台湾海峡，1983，2（2）：99–110.

［6］许振祖，黄加祺，刘光兴．长江口及其邻近海域水螅水母纲新种和新记录记述［J］．海洋学报，2006，28（6）：112–118.

［7］何浩阳，林华，李伟巍，等．2014 年夏季长江口邻近海域水母类组群结构［J］．厦门大学学报（自然科学版），2020，59（增刊）：128–132.

［8］陈洪举，刘光兴．夏季长江口及邻近海域水母类生态特征研究［J］．海洋科学，2010，34（4）：17–24.

［9］郑重，陈柏云．九龙江口生态系统的调查研究 I. 绪论 // 郑重文集．北京：海洋出版社，1987：296–305.

［10］郑重．河口浮游生物研究［J］，自然杂志，1982，5（3）：218–222.

［11］单秀娟，庄志猛，金显仕，等．长江口及其邻近水域大型水母资源量动态变化对渔业资源结构的影响［J］．应用生态学报，2011，22（2）：3321–3328.

［12］高倩，陈佳杰，徐兆礼，等．长江口及邻近海域浮游水螅水母、管水母和栉水母的丰度分布与季节性变化［J］．生态学报，2015，35（22）：7328–7337.

［13］郭东晖，李刚，何静 .2007—2011 年春季珠江口中东部水域水母研究［J］．海洋与湖沼，2012，43（3）：584–588.

［14］黄加祺，许振祖．闽江口水螅水母类的分布［J］．厦门大学学报（自然科学版），1994，33（增刊）：160–164.

［15］MOORE S J. *Redescription of the leptomedusae Blackfordia virginica*［J］. *Journal of the Marine Biological Association of the United Kingdom*，1987，67（2）：287–291.

［16］HUANG X，LIU B Y，GUO D H，et al. *Blackfordia virginica blooms shift the trophic structure to smaller size plankton in subtropical shallow waters*［J］. *Marine Pollution Bulletin*，2012，163（2021）：111–990.

2.2 中国海洋浮游水母生态系统的多样性

2.2.1 东海水螅水母环境适应与生态类群*

Water Environment Adaptability and Ecological Groups of the Hydroidomedusae in East China Sea

水螅水母类是浮游动物中的重要类群，除淡水的桃花水母外，几乎全部海产，它们广泛地生活在世界各大海洋中，从河口、近岸至大洋深处，从寒带到热带都有分布。水螅水母的种类非常多，它们在海洋中随波逐流，不同水团中生活着不同生态类群的种类，它们成为这些水团良好的指示生物。以往对水螅水母的研究集中于聚集特征、地理分布特征和优势种组成等。采用定量分析手段，对水螅水母不同物种的最适温度、最适盐度和生态类群进行研究，有助于进一步了解海洋水团和指示种之间的相互联系。

东海具有广阔的水域和不同的海洋生境，其东部属于热带海区，强大的黑潮暖流可将太平洋赤道水域的热带种带到这一水域。而东海西部和东北部都是亚热带海区。在东海，季风对海洋环境有重要的影响，如在东北风盛行的季节里，东海北部近海和南部近海的一部分呈现暖温带的海洋环境特征。东海的水螅水母物种丰富，具有不同的生态类群。因此，研究东海水螅水母物种环境适应的多样性，对于海洋学研究的多个领域，如海流、水团、生物及全球变暖等都具有重要意义。

2.2.1.1 研究海域与研究方法

（1）调查时间、范围和方法

调查范围为东海北部近海（北纬29° 30′ ~33°，东经123° 30′ ~125°）、北部外

---

* 引自徐兆礼，《应用生态学报》，2009，20（1）：177-184。

海（北纬29° 30′ ~33°，东经125° ~128°）、南部近海（北纬25° 30′ ~29° 30′，东经120° 30′ ~125°）、南部外海（北纬25° 30′ ~29° 30′，东经125° ~128°）以及台湾海峡（北纬23° 30′ ~25° 30′，东经118° ~121°）。调查时间、样品采集网具参见文献［10］~［12］，样品的保存和分析鉴定方法按《海洋生物调查规范》进行，温度、盐度采用SBE-19型CTD（温盐深剖面仪）测定。

（2）数据处理

本文中的“出现次数”是指调查期间物种在每一采样站出现的次数。由于水母类营随波逐流的生活方式，在东海，水螅水母的种类组成和数量的季节性变化往往反映了海洋表层温度、盐度的季节性变化。因此，研究水螅水母类的分布对海水温度、盐度的适应性，以同步的表层温度（℃）或盐度值为自变量，水螅水母类物种的个体丰度为因变量，作X-Y散点分布图进行分析；考察水螅水母类分布的最适温度、盐度值，采用拟合曲线方法，选择合适的数学模型，用麦夸特（Marquardt）非线性最小二乘法估计模型参数；在此基础上，对函数极值点进行分析，依据Rolle中值定理求导——设导函数为零，解方程，导函数为零点所对应的自变量值，即为最适温度和最适盐度点。有关计算方法和数学原理参考文献［18］。

2.2.1.2 结果与分析

（1）物种栖息地的水文环境

本次调查鉴定到种的水螅水母共49种。表2-8是东海水螅水母类各物种的出现次数，分布水域的温度、盐度区间和温度、盐度平均值。本文称出现次数少于3次，即在本次调查中仅出现1次或2次的物种为少见种。由表2-8可知，本文的少见种有28种。对少见种而言，其分布水域的温度、盐度的平均值可用来作为其最适温度、盐度的估计值。

（2）最适温度、盐度值的计算

对于出现次数低于3次的少见种（表2-8），由于它们出现的次数很少，其最适温度、盐度值可以依据表2-8相应种类分布水域的温度、盐度的均值估计得到。其余物种均采用Yield Density模型对其物种丰度和分布水域的温度、盐度进行曲线拟合计算。凡是符合Yield Density模型、能够计算出分布水域最适温度和最适盐度值的物种都列于表2-9中。

P>0.05时，方程不显著，而此时的最佳值需由图2.18和图2.19估计。另外，齿口枝管水母*Proboscidactyla ornata*和墓形棍手水母*Rhopalonema funerarium*依据散点图也难以估计其最佳盐度值，但从表2-8看，齿口枝管水母的出现次数为3次，分布水域的盐度范围较窄，其最适盐度也可用表2-8中的平均值代替；墓形棍手水母分布水域的盐度范围较宽，难以得出其最佳盐度值。

（3）东海水螅水母类的分布

东海水螅水母类在四季都出现的共有种较少（表2-10）。在现有数据条件下，其出现海域和季节的水文特征是该物种生态类群划分的重要参考依据。对于出现次数较多的物种，其高丰度分布区是生态类群划分的参考依据。

表2-8　东海水螅水母类栖息地的温度、盐度环境

种　名	出现次数	表层温度（℃）		表层盐度	
		均值	范围	均值	范围
半口壮丽水母 *Aglaura hemistoma*	248	22.80	13.10~28.62	33.32	28.02~34.82
四叶小舌水母 *Liriope tetraphylla*	189	22.51	12.41~28.38	33.07	27.72~34.71
宽膜棍手水母 *Rhopalonema velatum*	76	22.58	12.41~28.62	33.79	29.04~34.68
两手筐水母 *Solmundella bitentaculata*	73	23.34	13.77~28.38	32.99	28.67~34.57
印度感棒水母 *Laodicea indica*	39	24.07	15.18~28.38	33.45	30.62~34.82
贝氏真囊水母 *Euphysora bigelowi*	14	22.14	15.18~27.51	33.53	31.07~34.57
八手筐水母 *Aeginura grimaldii*	14	21.62	16.40~28.28	32.64	30.46~34.59
半球美螅水母 *Clytia hemisphaerica*	9	19.14	17.37~20.40	32.09	29.04~34.34
单囊美螅水母 *Clytia folleata*	8	23.55	16.10~26.97	33.85	32.28~34.61
八囊摇篮水母 *Cunina octonaria*	8	16.94	12.67~34.64	33.12	32.00~34.47
端粗范氏水母 *Vannuccia forbesii*	7	21.34	17.37~26.39	33.46	32.42~34.34
异距小帽水母 *Petasiella asymmetrica*	6	20.63	14.90~26.40	33.55	32.40~34.57
四手触丝水母 *Lovenella assimilis*	5	26.17	24.00~27.75	33.01	32.05~33.95
太阳水母 *Solmaris leucostyla*	5	19.70	16.70~23.10	33.88	32.40~34.64
顶突潜水母 *Merga tergestina*	4	21.43	17.60~27.80	34.16	33.33~34.64
异摇篮水母 *Cunina peregrine*	4	22.16	19.40~24.46	32.67	31.41~33.87
扁胃高手水母 *Bougainvillia platygaster*	3	19.95	16.17~24.63	34.42	34.31~34.48
束状高手水母 *Bougainvillia ramosa*	3	26.19	23.75~27.50	33.98	33.92~34.06
真瘤水母 *Eutima levuka*	3	27.70	27.22~28.28	33.13	32.95~33.36
齿口枝管水母 *Proboscidactyla ornata*	3	19.91	17.70~23.10	33.73	32.40~34.65

续表

种　名	出现次数	表层温度（℃）		表层盐度	
		均值	范围	均值	范围
墓形棍手水母 *Rhopalonema funerarium*	3	23.14	19.22~26.87	32.44	29.92~34.55
纵芽高手水母 *Bougainvillia niobe*	2	28.11	27.94~28.28	33.53	33.36~33.70
耳状囊水母 *Euphysa aurata*	2	13.60	13.20~14.00	32.71	31.46~33.46
宽外肋水母 *Ectopleura latitaeniata*	2	20.93	17.75~24.10	30.56	27.94~33.18
弯管玛拉水母 *Malagazzia curviductum*	2	22.15	21.50~22.80	33.94	33.61~34.27
六辐和平水母 *Eirene hexanemalis*	2	23.36	19.40~27.31	33.16	32.40~33.92
两手拟触丝水母 *Paralovenia bitentaculata*	2	17.17	16.54~17.8	34.21	34.16~34.26
双叉薮枝螅水母 *Obelia dichotoma*	2	21.88	20.94~22.82	32.98	31.41~34.55
顶突介穗水母 *Podocoryne apicata*	2	25.25	24.90~25.60	31.32	29.59~33.04
双叉八束水母 *Koellikerina diforficulata*	1	24.00*	—	33.45*	—
刺胞水母 *Cytaeis tetrastyla*	1	13.93*	—	32.06*	—
小介穗水母 *Podocoryne minina*	1	16.56*	—	34.11*	—
热带伪帽水母 *Pseudotiara tropica*	1	25.62*	—	33.49*	—
八瓣隔膜水母 *Leuckartiara octona*	1	18.60*	—	34.45*	—
日本萨氏水母 *Sarsia nipponica*	1	24.75*	—	31.96*	—
粗海笔螅水母 *Halocordyle grandis*	1	27.95*	—	33.77*	—
顶管外肋水母 *Ectopleura minerva*	1	16.70*	—	34.59*	—
嵴状镰螅水母 *Zanclea costata*	1	23.00*	—	30.65*	—
多管水母 *Aequorea aequorea*	1	27.80*	—	33.33*	—
嵊山秀氏水母 *Sugiura chengshanense*	1	16.40*	—	31.24*	—
管叉水母 *Dichotomia cannoides*	1	27.29*	—	34.08*	—
细腺和平水母 *Eirene tenuis*	1	24.68*	—	32.30*	—
细颈和平水母 *Eirene menoni*	1	23.30*	—	30.98*	—
多手囊水母 *Toxorchis polynema*	1	22.80*	—	34.27*	—
黑球真唇水母 *Eucheilota menoni*	1	22.32*	—	34.06*	—
真拟杯水母 *Phialucium mbenga*	1	22.65*	—	32.66*	—
高华丽水母 *Aglantha elata*	1	27.78*	—	34.00*	—
马氏嗜阳水母 *Solmissus marshalli*	1	22.46*	—	32.78*	—
太平洋侧管水母 *Dipleurosoma pacificum*	1	22.40*	—	32.40*	—
玻璃海笔螅水母 *Halocordyle vitrea*	1	26.79*	—	33.40*	—
大型多管水母 *Aequorea macrodactyla*	1	27.50*	—	33.54*	—
卡玛拉水母 *Malagazzia carolinae*	1	27.49*	—	33.79*	—
简单介穗水母 *Podocoryne simplex*	1	25.26*	—	31.54*	—

* 只测到一个数据。

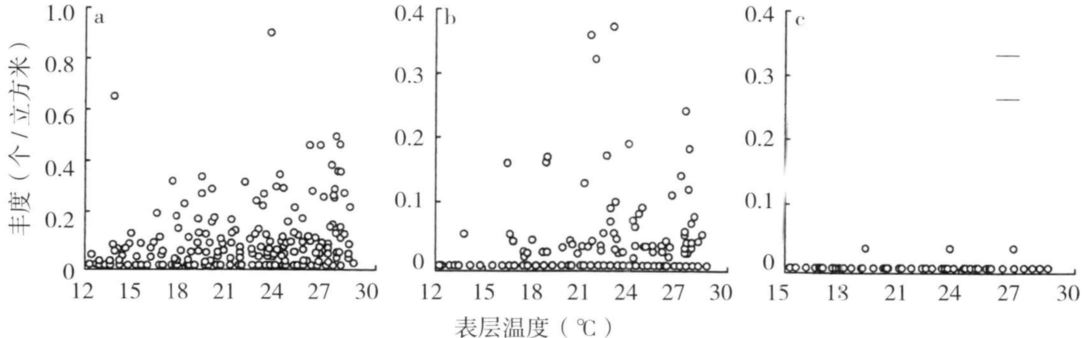

图 2.18　丰度—表层温度（℃）散点图

a. 四叶小舌水母 *L. tetraphylla*；b. 两手筐水母 *S. bitentaculata*；c. 墓形棍手水母 *R. funerarium*

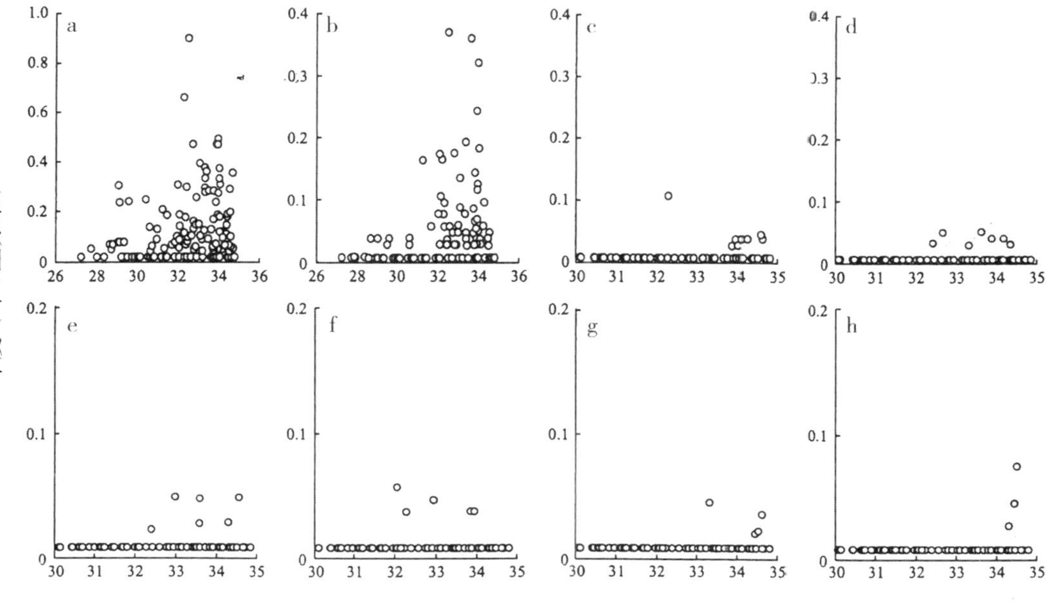

图 2.19　丰度—表层盐度散点图

a. 四叶小舌水母 *L. tetraphylla*；b. 两手筐水母 *S. bitentaculata*；c. 单囊美螅水母 *C. folleata*；d. 端粗范氏水母 *V. forbesii*；e. 异距小帽水母 *P. asymmetrica*；f. 四手触丝水母 *L. assimilis*；g. 顶突潜水母 *M. tergestina*；h. 扁胃高手水母 *B. platygaster*

表 2-9 数学模型和东海水螅水母的生态适应特征值

种 名		方 程	最适值	R	F	P
半口壮丽水母	温度(℃)	$y=1/(30.4255-1.8512t+0.033081t^2)$	27.98	0.15	5.08	0.0066
A. hemistoma	盐度	$y=1/(2545.18-149.00S+2.18S^2)$	34.12	0.20	8.46	0.0002
四叶小舌水母	温度(℃)	$y=1/(92.7145-5.3685t+0.101215t^2)$	22.52*	—	—	>0.05
L. tetraphylla	盐度	—	33.05*	—	—	>0.05
宽膜棍手水母	温度(℃)	$y=1/(241322.16-25105.24t+652.94t^2)$	19.22	0.66	169.2	0.0001
R. velatum	盐度	$y=1/(957966.20-55522.81S+804.52S^2)$	34.51	0.37	32.91	0.0001
印度感棒水母	温度(℃)	$y=1/(51709.98-3756.34t+68.23t^2)$	27.53	0.39	37.91	0.0001
L. indica	盐度	$y=1/(2152307.55-126829.17S+1868.42S^2)$	33.94	0.28	17.88	0.0001
两手筐水母	温度(℃)	—	22.80*	—	—	>0.05
S. bitentaculata	盐度	$y=1/(21778.05-1320.53S+20.07S^2)$	33.89*	—	—	>0.05
贝氏真囊水母	温度(℃)	$y=1/(2161187.76-197693.31t+4520.97t^2)$	21.86	0.71	215.40	0.0001
E. bigelowi	盐度	$y=1/(6997012.32-411505.49S+6050.43S^2)$	34.01	0.16	5.38	0.0049
八手筐水母	温度(℃)	$y=1/(2847961.40-253734.36t+5651.52t^2)$	22.45	0.50	72.36	0.0001
A. grimaldii	盐度	$y=1/(4300948.77-262340.20S+4000.44S^2)$	32.79	0.24	12.77	0.0001
半球美螅水母	温度(℃)	$y=1/(522491.16-52861.67t+1337.04t^2)$	19.77	0.78	333.68	0.0001
C. hemisphaerica	盐度	$y=1/(178650.90-12332.60S+212.84S^2)$	28.97	0.65	154.92	0.0001
单囊美螅水母	温度(℃)	$y=1/(4950003.94-384873.38t+7481.19t^2)$	25.72	0.72	234.41	0.0001
C. folleata	盐度	—	33.00*	—	—	>0.05
八囊摇篮水母	温度(℃)	$y=1/(195173.66-30976.01t+1229.02t^2)$	12.6	0.92	1188.92	0.0001
C. octonaria	盐度	$y=1/(3420074.04-210393.13S+3235.70S^2)$	32.51	0.46	58.22	0.0001
端粗范氏水母	温度(℃)	$y=1/(299439.75-29235.64t+714.04t^2)$	20.47	0.22	10.48	0.0001
V. forbesii	盐度	—	33.50*	—	—	>0.05
异距小帽水母	温度(℃)	$y=1/(8246149.74-922014.19t+25772.88t^2)$	17.89	0.48	65.20	0.0001
P. asymmetrica	盐度	—	33.50*	—	—	>0.05
四手触丝水母	温度(℃)	$y=1/(261492.77-18640.28t+332.75t^2)$	28.01	0.12	3.38	0.0349
L. assimilis	盐度	—	32.10*	—	—	0.0596
太阳水母	温度(℃)	$y=1/(4613648.31-480827.45t+12527.84t^2)$	19.19	0.6	121.95	0.0001

续表

种　名		方　程	最适值	R	F	P
S. leucostyla	盐度	$y=1/(9769978.97-563301.26S+8119.82S^2)$	34.69	0.15	5.18	0.006
顶突潜水母	温度(℃)	$y=1/(5843254.26-610355.36t+15938.71t^2)$	19.15	0.53	81.73	0.0001
M. tergestine	盐度	—	33.50*	—	—	>0.05
异摇篮水母	温度(℃)	$y=1/(5706186.72-466524.28t+9535.53t^2)$	24.46	0.37	34.56	0.0001
C. peregrina	盐度	$y=1/(8718745.08-527373.81S+7974.92S^2)$	33.06	0.23	11.97	0.0001
扁胃高手水母	温度(℃)	$y=1/(6665944.58-824302.82t+25483.15t^2)$	16.17	0.63	144.01	0.0001
B. platygaster	盐度	—	34.50*	—	—	>0.05
束状高手水母	温度(℃)	$y=1/(3248298.54-237985.25t+4359.05t^2)$	27.30	0.32	24.45	0.0001
B. ramosa	盐度	$y=1/(8944255.78-526926.40S+7760.79S^2)$	33.95	0.18	6.96	0.0001
齿口枝管水母	温度(℃)	$y=1/(6458047.01-722073.05t+20183.68t^2)$	17.89	0.68	182.92	0.0001
P. ornata	盐度	—	33.74**	—	—	>0.05
真瘤水母	温度(℃)	$y=1/(651100.53-45968.78t+811.51t^2)$	28.32	0.23	11.4696	0.0001
E. levuka	盐度	$y=1/(8918685.89-541317.78S+8213.94S^2)$	32.95	0.23	11.7586	0.0001
墓形棍手水母	温度(℃)	—	***	—	—	>0.05
R. funerarium	盐度	$y=1/(4844320.10-324057.63S+5419.50S^2)$	29.90	0.31	21.98	0.0001

* 依据图 2.18 和图 2.19 的估计值；** 依据表 2-8 的估计值；*** 没有估计值。

表 2-10　东海水螅水母类的地理和季节分布

种　名	春					夏					秋					冬			
	Ⅰ	Ⅱ	Ⅲ	Ⅳ	Ⅴ	Ⅰ	Ⅱ	Ⅲ	Ⅳ	Ⅴ	Ⅰ	Ⅱ	Ⅲ	Ⅳ	Ⅴ	Ⅰ	Ⅱ	Ⅲ	Ⅳ
半口壮丽水母 *A. hemistoma*		+	+	+	+	+	+	+	+	+	+	+	+	+	+	+	+	+	+
四叶小舌水母 *L. tetraphylla*	+	+	+	+	+	+	+	+	+	+	+	+	+	+	+	+	+	+	+
宽膜棍手水母 *R. velatum*		+	+	+	+		+	+	+	+		+	+	+	+		+	+	+
两手筐水母 *S. bitentaculata*		+	+	+	+		+	+	+	+	+	+	+	+	+	+	+		
印度感棒水母 *L. indica*		+	+		+			+		+			+		+		+	+	
贝氏真囊水母 *E. bigelowi*		+	+		+		+	+	+				+		+		+	+	
八手筐水母 *A. grimaldii*		+	+							+	+	+	+		+				+
半球美螅水母 *C. hemisphaerica*		+	+	+															
单囊美螅水母 *C. folleata*		+			+			+		+		+	+					+	
八囊摇篮水母 *C. octonaria*											+					+	+		
端粗范氏水母 *V. forbesii*		+	+	+				+					+		+				
异距小帽水母 *P. asymmetrica*	+	+	+					+			+						+		
四手触丝水母 *L. assimilis*					+			+											
太阳水母 *S. leucostyla*		+	+														+		+
顶突潜水母 *M. tergestina*		+								+									
异摇篮水母 *C. peregrine*											+	+	+		+				
扁胃高手水母 *B. platygaster*														+			+		
束状高手水母 *B. ramosa*								+					+						
真瘤水母 *E. levuka*								+		+									
齿口枝管水母 *P. ornata*		+	+														+		
墓形棍手水母 *R. funerarium*			+					+											
纵芽高手水母 *B. niobe*										+									
耳状囊水母 *E. aurata*	+	+																	
宽外肋水母 *E. latitaeniata*			+						+										
弯管玛拉水母 *M. curviductum*													+		+				
六辐和平水母 *E. hexanemalis*								+							+		+		
两手拟触丝水母 *P. bitentaculata*																+	+		
双叉薮枝螅水母 *O. dichotoma*													+						
双叉八束水母 *K. diforficulata*				+															

续表

种　名	春					夏					秋					冬			
	Ⅰ	Ⅱ	Ⅲ	Ⅳ	Ⅴ	Ⅰ	Ⅱ	Ⅲ	Ⅳ	Ⅴ	Ⅰ	Ⅱ	Ⅲ	Ⅳ	Ⅴ	Ⅰ	Ⅱ	Ⅲ	Ⅳ
刺胞水母 *C. tetrastyla*																	+		
顶突介穗水母 *P. apicata*								+	+										
小介穗水母 *P. minina*																	+		
热带伪帽水母 *P. tropica*								+											
八瓣隔膜水母 *L. octona*		+																	
日本萨氏水母 *S. nipponica*					+														
粗海笔螅水母 *H. grandis*								+									+		
顶管外肋水母 *E. minerva*																			+
嵴状镰螅水母 *Z. costata*			+																
多管水母 *A. aequorea*										+									
嵊山秀氏水母 *S. chengshanense*			+																
管叉水母 *D. cannoides*									+										
细腺和平水母 *E. tenuis*								+											
细颈和平水母 *E. menoni*					+														
多手囊水母 *T. polynema*													+						
黑球真唇水母 *E. menoni*													+						
真拟杯水母 *P. mbenga*												+							
高华丽水母 *A. elata*								+											
马氏嗜阳水母 *S. marshalli*											+								
太平洋侧管水母 *D. pacificum*															+				
玻璃海笔螅水母 *H. vitrea*								+											
大型多管水母 *A. macrodactyla*								+											
卡玛拉水母 *M. carolinae*										+									
简单介穗水母 *P. simplex*								+											

Ⅰ. 北部近海（北纬 29° 30′ ~ 33° ，东经 123° 30′ ~ 125° ）；Ⅱ. 北部外海（北纬 29° 30′ ~ 33°，东经 125° ~ 128° ）；Ⅲ. 南部近海（北纬 25° 30′ ~ 29° 30′，东经 120° 30′ ~ 125°）；Ⅳ. 南部外海（北纬 25° 30′ ~ 29° 30′，东经 125° ~ 128°）；Ⅴ. 台湾海峡（北纬 23° 30′ ~ 25° 30′. 东经 118° ~ 121°）。

2.2.1.3 讨论

（1）东海水螅水母类最适温度、盐度分析

根据本研究结果，可以初步确定本文所涉及的水螅水母的最适温度和最适盐度值。其中，28个少见种的出现次数低于3次（表2–8）。对于少见种而言，尽管它们出现的次数较少，所获得的其最适温度、盐度值的可信度低于常见种，但由于它们的信息获取不易，它们的适温、适盐信息在未来一段时间内仍具有科学价值。随着未来调查资料的补充，本文所列这些种类的最适温度、盐度值将得到进一步确证或修正。

东海水螅水母的适温环境呈现多样化的状况：最适温度低于20℃的有15种，最适温度在20℃~22.5℃之间的有8种，最适温度在22.5℃~25℃之间的有12种，最适温度超过25℃的有17种，墓形棍手水母的最适温度难以确定。东海水螅水母中最适温度低于20℃的暖温种和超过25℃的热带种的物种数较多。

在最适盐度方面，东海水螅水母中最适盐度低于30的仅出现2种，最适盐度在30~32的6种，最适盐度在32~34的32种，最适盐度大于34的13种。

由图2.18可见，墓形棍手水母分布在20℃~27℃水体中，其最适温度难以确定，这说明该种对温度环境的变化不敏感。

（2）生态类群分析

参考文献［19］和上述地域水文特征，可将东海浮游动物生态类群中的温度界限定为热带种（高于或等于25℃）、亚热带种（20℃ ~ 25℃）和暖温带种（15℃ ~ 20℃）——前两类也被称为暖水种，将东海浮游动物生态类群的盐度界限定为近海种（盐度为28~32）、外海种（盐度为32~34）和大洋种（盐度大于34）。对水螅水母生态类群的划分，除了最适温度、盐度外，还应充分考虑物种分布的地理和季节特征（见表2–10）。东海水螅水母物种可分为如下几种生态类群：

①暖温带近海种

在最适温度低于20℃的种类中，只有半球美螅水母*Clytia hemisphaerica*和嵊山秀氏水母*Sugiura chengshanense*的最适盐度较低，分别为28.97和31.24。这两种水母适应低温低盐，因此其密集区主要出现在春季水温较低的浙江近海，半球美螅水母在北部外海（北纬

29° 00′、东经126° 00′）海域也有一定的数量（见表2-10）。本调查期间的春季，上述水域主要受冬季季风影响，浙江近海由南下的长江冲淡水控制。依据上述分布特征，本文将这两种水母定为暖温带近海种。

②暖温带外海种

这个生态类群又可分为两种亚型，其中八囊摇篮水母*Cunina otonaria*和耳状囊水母*Euphysa aurata*的最适温度低于20℃，最适盐度在32附近，冬、春季在长江口北部外海出现，其分布特征类似于暖温带近海种；另一种亚型物种数较多，有宽膜棍手水母*Rhopalonema velatum*、异距小帽水母*Petasiella asymmetrica*、刺胞水母*Cytaeis tetrastyla*、太阳水母*Solmaris leucostyla*、顶突潜水母*Merga tergestina*、扁胃高手水母*Bougainvillia platygaster*、齿口枝管水母*Proboscidactyla ornata*、小介穗水母*Podocoryne minima*、八瓣隔膜水母*Leuckartiara octona*以及顶管外肋水母*Ectopleura minerva*，它们的最适盐度大于34，因此它们在冬、春季外海高盐水体中出现或数量较多。尽管这些种类的最适盐度较高，但它们并非来自大洋暖流高温、高盐水体——其较低的最适温度（见表2-9）说明了这一点，所以本文将这些种类归为暖温带外海种。

③亚热带近海种

该生态类群有宽外肋水母 *Ectopleura latitaeniata*、顶突介穗水母 *Podocoryne apicata*、日本萨氏水母 *Sarsia nipponica*、简单介穗水母 *Podocoryne simplex*、墓形棍手水母 *Rhopalonema funerarium*、细颈和平水母 *Eirene menoni* 以及嵴状镰螅水母 *Zanclea costata* 7种。其中，宽外肋水母属于低温亚型，其最适温度接近 20℃，春季在南部近海数量较多（见表 2-10）；顶突介穗水母、日本萨氏水母和简单介穗水母属于高温亚型，其最适温度高于 25℃，主要是夏季出现在近海，分布水域受淡水径流影响明显，导致其最适盐度较低；嵴状镰螅水母春季在闽东近海出现，细颈和平水母春季在台湾海峡近海出现，墓形棍手水母春、夏季在南部近海出现，它们都是典型的亚热带近海种。

④热带大洋种

该生态类群的最适温度超过25℃，最适盐度接近或超过34，包括半口壮丽水母*Aglaura hemistoma*、印度感棒水母*Laodicea indica*、束状高手水母*Bougainuvillia ramosa*、管叉水母*Dichotomia cannoides*以及高华丽水母*Aglantha elata*。徐兆礼等曾对东海半口壮丽水母的分布进行过描述，发现该种是具有广温、广盐适应性的热带种，其高丰度区域在夏、秋季位于台湾暖流源地水域，冬、春季在东海外海出现的数量较多，显示出高温、高盐适应特征。在夏季，束状高手水母和印度感棒水母同半口壮丽水母的分布重叠，其生态适应性相近。管叉水母和高华丽水母夏季分布在东海南部外海的黑潮水域，是典型的热带大洋种，也是黑潮指示种。

⑤亚热带外海种

在东海，亚热带外海种是水螅水母最重要的生态类群，共有26种，依据其最适温度、盐度值所反映的环境适应取向，可将这26种分为3个亚型，其中贝氏真囊水母*Euphysora bigelowi*、两手拟触丝水母*Paralovenia bitentaculata*、多手囊水母*Toxorchis polynema*以及黑球真唇水母*Eucheilota menoni*具有明显的高盐适应倾向，单囊美螅水母*Clytia folleata*、真瘤水母*Eutima levuka*、四手触丝水母*Lovenella assimilis*、热带伪帽水母*Pseudotiara tropica*、粗海笔螅水母*Halocordyle grandis*、多管水母*Aequorea aequorea*、玻璃海笔螅水母*Halocordyle vitrea*、大型多管水母*Aequorea macrodactyla*以及卡玛拉水母*Malagazzia carolinae*具有高温适应倾向，余下的13种为典型的亚热带外海种。

一些水母，如耳状囊水母、贝氏真囊水母和单囊美螅水母，其无性世代（水螅体）营附着生活，无法摆脱对海底的依赖，因而生活在近海。然而，本文中水母生态类群区分的主要依据是其最适盐度和温度，只要其大部分个体生活在盐度高于32的水体中，这些种类就仍被称为外海种。例如，由于受由西向东的黑潮暖流的影响，生活在台湾东北海岸水体的浮游动物大多数具有高盐适应的倾向。本文对生态类群的划分以最适温度和盐度为主要依据，地理分布特征仅是一个旁证。这与以往完全以地理分布为依据进行划分有较大的差异。

（3）水螅水母生态位的特征

东海水螅水母类的大多数物种生存的温度、盐度区间较窄（见表2-8），而从表2-10可见，除了半口壮丽水母等前10种水母的分布较为广泛之外，其他水母种类的分布水域非常有限。有限的温度、盐度环境适应形成了有限的分布范围，这是水螅水母物种数的季节性特征形成的重要原因。在东海水母类丰度和多样性的季节性变化过程中，水螅水母的丰度、出现率和优势性远低于管水母，这与这两类水母各自对环境的适应特征密切相关。

（4）水螅水母水团指示种

水螅水母具有随波逐流的生活习性，因此水螅水母是东海水团分布态势的重要指示种。本研究结果认为，半口壮丽水母的高丰度区在冬、春季是黑潮暖流及其入侵陆架锋的指示，在夏、秋季它则是台湾暖流影响的指示种；半球美螅水母和嵊山秀氏水母是冬、春季长江冲淡水的重要指示种；顶突介穗水母、日本萨氏水母和简单介穗水母是夏、秋季沿岸流的指示种；管叉水母和高华丽水母是黑潮暖流影响的指示种。

致　谢

陈渊泉和王云龙研究员等课题组同志，以及高倩、陈佳杰、陈华、蔡萌等同学，在海上样品采集、室内样品和数据处理、绘图等方面做了大量工作，谨致谢忱。特别感谢我国著名海洋生物学家张金标研究员帮助鉴定样品以及沈晓民先生在论文撰写中给予的支持和帮助。

参考文献

［1］BOUILLON J，BOERO F.*Synopsis of the families and genera of the hydromedusae of the world，with a list of the worldwide species*［J］.*Thalassia Salentina*，2000，24：47–296.

［2］郑重，李少菁，许振祖 . 海洋浮游生物学［M］. 北京：海洋出版社，1984.

［3］MARY N A. *Active and passive factors affecting aggregations of Hydromedusae.A review*［J］.*Scientia Marina*，1992，56：99–108.

［4］MILL S C E，SOMMER F. *Invertebrate introductions in marine habitats：Two species of hydromedusae（Cnidaria）native to the Black Sea，Maeotias inexspectata and Blackfordia virginica，invade San Francisco Bay*［J］. *Marine Biology*，1995，122：279–288.

［5］XU Z Z. *Ecological study on Hydromedusae in western waters of Taiwan Strait*［J］. *Acta Oceanologica Sinica*，1983，5：91–101.

［6］BEHRENDS G，SCHNEIDER G.*Impact of Aurelia aurita medusae（Cnidaria，Scyphozoa）on the standing stock and community composition of mesozooplankton in the Kiel Bight（western Baltic Sea）*［J］.*Marine Ecology Progress Series*，1995，127：39–45.

［7］COLIN S P，COSTELLO J H，MGRAHAM W，et al.*Omnivory by the small cosmopolitan hydromedusae Aglaura hemistoma* [J].*Limnology and oceanography*，2005，50：1264–1268.

[8] 郑元甲，陈雪忠，程家，等.东海大陆架生物资源与环境[M].上海：上海科技出版社，2003.

[9] 徐兆礼，张金标，王云龙.东海水螅水母类生态研究[J].水产学报，2003，27：91–97.

[10] 徐兆礼.东海普通波水蚤种群特征与环境关系研究[J].应用生态学报，2006，17（1）：107–112.

[11] 徐兆礼，沈盎绿.东海浮游糠虾类生态类型划分及其对水团的指示作用[J].应用生态学报，2007，18（10）：2347–2353.

[12] 徐兆礼.东海浮游糠虾种类特征和多样性[J].应用生态学报，2006，17（9）：1341–1345.

[13] 国家质量技术监督局.海洋调查规范（第六部分）：海洋生物调查（CB/T 12763—1991）[M].北京：中国标准出版社，1992.

[14] 徐兆礼.东海水母类丰度的动力学特征[J].动物学报，2006，52（5）：854–861.

[15] 徐兆礼，林茂.东海水母类多样性分布特征[J].生物多样性，2006，15（6）：168–173.

[16] 郭志刚.社会统计分析方法——SPSS软件应用[M].北京：中国人民大学出版社，1999.

[17] 同济大学应用数学系.高等数学[M].北京：高等教育出版社，1996.

[18] CHRISTENSEN R.*Analysis of Variance，Design and Regression：Applied Statistical Methods* [M].New York：Chapman & Hall，1996.

[19] 沈国英，施并章.海洋生态学[M].北京：科学出版社，2002.

[20] 徐兆礼.长江口北支水域浮游动物的研究[J].应用生态学报，2005，16（7）：1341–1345.

[21] 徐兆礼，张金标，蒋玫.东海管水母类生态研究[J].水产学报，2003，27（增刊）：82–90.

[22] ANGEL H H，ANGEL M V. *Distribution pattern analysis in a marine benthic*

community [J] .*Helgol and Marine Research*, 1967, 15: 445–454.

[23] SASSAMAN C, RCCS J.*The life cycle of corymorpha and its significance in systematics of corymorphid Hydromoduae* [J] .*The Biological Bulletin*, 1978, 154: 485–496.

[24] BUECHER E, GIBBONS M J. *Interannual variation in the composition of the assemblages of medusae and ctenoohores in St. Helena Bay, Southern Benguela Ecosystem* [J] . *Scientia Marina*, 2000, 64: 123–134.

2.2.2 中国近海水螅虫总纲生态动物地理学研究 *

Study on the Ecological Zoogeography of the Hydrozoa（Excluding Siphonophora）in Chinese Inshore（Cnidaria）

2.2.2.1 前言

水螅虫总纲（Superclass Hydrozoa）属于刺胞动物门。刺胞动物门按传统分类方法分为四个纲——珊瑚虫纲（Anthozoa）（只有水螅体阶段）、钵水母纲（Scyphozoa）（水螅体通过横裂生殖产生水母体）、方水母纲（Cubozoa）（通过水螅变态产生水母体）、水螅虫纲（Hydrozoa）（通过出芽生殖产生水母体）。但是，近年来Cornelius将水螅虫纲提升为水螅虫总纲，以后Bouillon和Boero支持这个意见，提议建立水螅虫总纲作为刺胞动物门的一个总纲，并根据水螅虫总纲的胚胎、个体发育和形态特征，将水螅虫总纲分成三个纲：

①自育水母纲（Automedusa）：生活史不经过水螅体阶段，它们的浮浪幼虫直接发育成水母型或直接进入幼虫阶段，后变成水母体。它包括三个亚纲——辐螅水母亚纲（Actinulidae）、筐水母亚纲（Nacromeduae）和硬水母亚纲（Trachymedusae）。

②水螅水母纲（Hydroidomedusae）：浮浪幼虫间接发育成单个或成块的营底栖生活的无性水螅体，用出芽生殖从水母结（medusary nodule）产生浮游的独立有性水母体。它包括五个亚纲——花水母亚纲（Anthomedusae）、兰卡水母亚纲（Laingiomedusae）、软水母亚纲（Leptomedusae）、淡水水母亚纲（Limnomedusae）以及管水母亚纲（Siphonophorae）。

③多足螅虫纲（Polypodiozoa）：生活史复杂，细胞内寄生。

本文的种类编录是按Bouillon和Boero分类系统编排的（不包括管水母亚纲）。

生物地理学（biogeography）是生物科学的一个重要组成部分，其研究目的是描述和

---

* 引自许振祖、黄加祺、林茂、郭东晖、王春光，海洋出版社，2012：449-454。

解释生物分布与迁移的规律，其中，描述生物地理学（descriptive biogeography）注意的是生物分布资料的编录和地理区的划分，而解释生物地理学（interpretive biogeography）则是由Cain于1944年提出的一个区别于以往描述生物地理学的新概念，主要是在综合生物分布资料的基础上，去探讨其分布的成因和规律。当前，生物地理学的研究已经从描述走向解释。一般关于生物地理学分析的理论框架（theoretical framework）可分成历史生物地理学（historical biogeography）和生态生物地理学（ecological biogeography）两个框架，前者主要是研究物种以上的类元的时空分布规律及其与反映物种进化历史的关系，这样的分析与系统发育分析（phylogenetic analyses）是密切相关的，后者主要研究某一特定区域内的居群或个体的分布规律和迁移规律，它不需要与历史因素相联系，而只注重物种在所在地方的生态适应条件。其实，无论是历史方法还是生态学方法，研究生物地理学都离不开生态的因素，海洋动物地理学的历史方法和生态方法已尝试进行和解。因此，本文将以生态学方法去探讨中国近海水螅虫总纲的动物地理学问题，通过对中国近海各海区水螅虫总纲的种类组成、生态类群、区系成分的分析，不同海区间水螅虫总纲的种类分布和迁移规律的分析，以及它们与海洋环境的关系等问题的研究，探讨生态生物地理学和历史生物地理学的密切关系，同时也为中国近海水螅虫总纲种类多样性的保护和人类控制与改造生物实践活动提供科学的理论依据。

有关中国近海水螅虫总纲分类的研究，较早期有Haeckel于1879年在他的著作中描述了采自中国海域的2个水螅水母新种*Petasus tiaropsis*和*Pegantha martagon*；Hargitt（1927）采自中国南部海域的28种水螅虫，其中有*Bimeria amoyensis*（后被订正为*Bimeria vestita*）、*Tubularia spherogonia*、*Hybocodon amoyensis*、*Eudendriumpusillum amoyicum*、*Clytia stechowi*、*Diphasia dubia*、*Aglaophenia amoyensis*、*Lytocarpus nuttingi*（后被订正为*Macrorhynchia nuttingi*）8个新种；随后Vanhöffen于1911年、1912年、1913年记载了厦门和香港共14种水螅水母；徐锡藩在厦门发现1个新种，定名为*Leuckartiara hoepplii*；林绍文记述了产于浙江沿岸的10种水螅水母，其中有3个新变种——*Leuckartiara octona* var: *minor*（后被订正为*Leuckartiara hoepplii*）、*Gastroblasta raffaelei* var. *chengshanensis*（后被订正为*Sugiura chengshanense*）和*Gonionemus marbackii* var: *chekiangensis*（后被订正为*Gonionemus chekiangensis*）；1938年，林绍文记述了产于东海的水螅虫类，其中有*Sertularella indivisabidentata*。此外，Bigelow于1919年、Dawydoff于1936年、Uchida于1947年和Sproston等也分别记载了几种。以上研究共记载水螅水母27种，水螅虫29种，研究者

多数是外国人。

自20世纪50年代至21世纪初，随着海洋调查的深入开展，中国海域水螅虫总纲分类的研究获得迅速的发展，主要有如下工作成果：在渤海，已记载44种，其中水螅虫有11种；在黄海，已报道106种，其中水螅虫有34种，发现水螅水母1个新属、4个新种，水螅虫1个新种；在苏南及浙江，记述了146种，其中水螅虫有67种，发现4个水螅水母新种；在台湾海峡，记述了298种，其中水螅虫30种，发现水螅水母6个新属、107个新种；在台湾东岸，记载了101种，其中水螅虫7种；在南海北部，记载了183种，其中水螅虫25种，发现了3个新属、17个新种；在南海中部、南部，记载了191种，其中水螅虫76种，发现了4个新种。

由此可见，近半个世纪以来，中国近海水螅虫总纲的调查海区已大大扩大，从渤海至南海各海区都有报道，其中对台湾海峡和南海的研究较为详尽。据Bouillon等统计，全世界水螅虫总纲共有3 508种（已扣除管水母亚纲193种）。而中国近海水螅虫总纲已记载555种，约占全世界总种数的15.8%。这就使我们有条件为整个中国近海的水螅虫总纲的生态动物地理学研究提供基础资料。

有关海洋动物地理区域的研究，脊椎动物的研究较多，而低等无脊椎动物如水螅虫总纲的研究是很不够的。以太平洋岛屿区为例，最早期是Kramp首次用动物地理学观点对印度—太平洋的水螅水母类的种类进行区系的描述和解释；接着，张金标记载了中国海域水螅水母类138种，并对这些种类进行了区系特点的分析以及与邻近海区的比较；随后Bouillon长时间调查研究巴布亚新几内亚海域的水螅水母类，共记载了176种，其中有43个新种和90个新记录；黎爱韶和陈清潮在南沙群岛及其邻近海区记载了水螅水母类97种，阐述了该海区水螅水母类的种类组成、区系特点及动物地理划分等问题；Boero和Bouillon在地中海记载了水螅虫及水母体共346种，把动物地理学与动物的生活史模式相结合，去探讨地中海的动物地理分布类型，并阐述其种类扩散的原因；最近，Bouillon等在有关地中海水螅虫总纲区系的专著中，记载了457种，分析和解释了地中海动物地理学分布类型的形成与演变。上述研究结果为中国近海水螅虫总纲的生态动物地理学研究提供了重要的资料。

鉴于中国近海记载的水螅虫总纲的许多新记录种类在地中海、巴布亚新几内亚海区均有分布，因此，大洋动物地理区域或亚区的详细划分不可能与Ekman和Kramp相同。本文结合中国近海的地理位置，提出如下动物地理分布区类型划分模式：

世界分布种（cosmopolitan species）：指几乎遍及世界各大洋而没有特殊分布中心的种；

中国特有种（endemic species to China）：以中国整体海区为中心，而分布界限不超出国境很远，主要是指中国近海新发现的属、种；

环热带种（circumtropical species）：指普遍分布于东、西半球热带和全世界热带范围内，有一个或数个分布中心，但在其他海区也有一些种类的热带种广布于亚热带甚至温带；

北温带分布种（north temperate species）：指广泛分布于欧洲、亚洲和北美洲温带海区的种，由于地理和历史的原因，有些种类可向南延伸到热带、亚热带，甚至远达南半球温带，但其原始类型或分布中心仍在北温带；

印度—西太平洋分布种（Indo-West Pacific species）：其分布区包括印度洋亚区、红海亚区、印度—马来亚亚区、南日本亚区、北澳大利亚亚区和太平洋岛亚区。

上述这样的划分方便、实用，与地中海动物地理分布类型的模式基本相似，但也有所不同。

水螅虫总纲的生活史具有两种不同世代，即无性生殖的水螅型世代（营附着生活）和有性生殖的水母型世代（营浮游生活）。这两个世代相互交替，成为水螅虫总纲的一个重要特征。1993年，Boero和Bouillon曾总结了地中海水螅虫总纲的生活史类型和生活方式，认为它们的生活史类型可能与其地理分布的扩散有关，并详细阐述了是否可扩散的生活史的类型，其主要类型有：

①水母体—浮浪幼虫—底栖水螅体—水母体：该类型的扩散依赖浮游水母体（可生存几天到几个月）、浮浪幼虫（可生存几天或15天）、水螅体附着在游泳生物或漂浮藻类上或寄生于筐水母等方式进行扩散；

②底栖水螅体—浮浪幼虫—底栖水螅体：该类型中有些种类的浮浪幼虫具有腔囊胚（coeloblastula），无桑葚期（morula），常密集往下附着，扩散能力受到限制，但有些种类的浮浪幼虫以黏液丝与水螅群体的亲体联系着，当水螅群体附着后离开亲体，其扩散也受到限制，然而有些种类产生无摄食的辐射幼虫（actinula），这可能会有助于它们的扩散；

③游离真水母体（liberated eumedusoid）或游泳生殖体（swimminggonoghore）—浮浪幼虫—底栖水螅体—游离真水母体或游泳生殖体：由于本类型的浮游生活时间仅有几个小

时，这限制了它们的分布范围；

④水母体—浮浪幼虫—浮游水螅体—水母体：该类型没有底栖生活，其水母体、浮浪幼虫和水螅体等均营浮游生活（如玛吉水母*Magelopsis*，浮螅水母*Pelagohydra*，帆水母*Velella*，银币水母*Porpita*，顶手水母*Climcocodon*，六辐和平水母*Eirene hexanemalis*），均具有不同的扩散策略；

⑤水母体—浮浪幼虫—水母体：本类型的生活史为原始型，大多数筐水母亚纲和硬水母亚纲的种类属于这一类，除了皱胃水母*Ptychogastria*为底栖型外，所有种类都是终生浮游生活，只要生活条件适合，饵料充裕，即有利于它们扩大扩散范围；

⑥水母体无性生殖类型：该类型可补偿因水母生命短暂而限制其扩散能力的缺点，例如水母裂殖体（如秀氏水母*Sugiura*），在水母的垂管或触手基球产生水母芽（如羽叶高手水母*Bougainvillia frondosa*，八斑唇腕水母*Rathkea octopunctata*，叶手水母*Niobia*等），从水母辐管或环管长出生殖体鞘（如*Lizzia*），从水母垂管或环管长出水螅体（如螅芽拟镰螅水母*Teissiera polypofera*，埃利和平水母*Eirene elliceana*）；

⑦孢囊形成（encystment）：几乎所有水螅体都能从冬眠的螅根产生休眠期，有的种类可产生浮浪的孢囊（planula encystment），这种现象可能比已知种分布更为广泛，又如奇异真唇水母*Eucheilota paradoxica*能产生休眠硅藻细胞（resting frustules），它能长期存活，待条件适宜再恢复萌芽繁殖，这与桃花水母一样。

以上所述关于地中海水螅虫总纲的生活史类型的基本知识，表明在分析动物的地理分布时，要考虑它们的生活史类型和生活方式。因此，本文在编写中国近海水螅虫总纲的种类名录时，也考虑到水母体、水螅体和已知生活史类型等，为本文分析生态动物地理学问题提供参考。

2.2.2.2 研究结果

（1）各海区的种类组成及其生态类群

至今，中国近海水螅虫总纲的种类共有555种，约占全世界水螅虫总纲总种类数的15.8%（管水母亚纲除外），分别隶于2个纲、6个亚纲、62科、200属，其中筐水母亚纲4科9属15种，硬水母亚纲4科19属26种，花水母亚纲25科81属231种，兰卡水母亚纲1科2属2种，软水母亚纲27科86属277种，淡水水母亚纲1科3属4种。兹将各海区的水螅虫总纲的种类组成（见表2–11）和生态类群（见表2–12）分述如下：

表 2–11　中国近海各海区水螅虫总纲不同亚纲的种类组成

海区		种类数	百分比（%）	筐水母亚纲		硬水母亚纲		花水母亚纲		软水母亚纲		兰卡水母亚纲		淡水水母亚纲	
				T	%	T	%	T	%	T	%	T	%	T	%
渤海		44	7.9			1	2.3	23	52.3	19	43.2			1	2.3
黄海		106	19.1	3	2.8	2	1.9	33	31.1	66	62.3			2	1.9
东海	苏南及浙江	146	26.3	5	3.4	3	2.1	38	26.0	98	67.1			2	1.4
	台湾海峡	298	53.7	8	2.7	15	5.0	148	49.7	123	41.3	2	0.7	2	0.7
	台湾东岸	101	18.2	9	8.9	16	15.8	42	41.6	34	33.7				
南海	北部	183	33.0	6	3.3	8	4.4	87	47.5	81	44.3			1	0.5
	中部与南部	191	34.4	13	6.8	16	8.4	59	30.9	102	53.4			1	0.5

表 2–12　中国近海水螅虫总纲各海区的生态类群比较

生态类群	渤海		黄海		东海						南海			
					苏南及浙江		台湾海峡		台湾东岸		北部		中部及南部	
	T	%	T	%	T	%	T	%	T	%	T	%	T	%
近岸暖温种	14	31.8	31	29.2	17	11.6	11	3.7	1	1.0	6	3.3	7	3.7
近岸暖水种	28	63.6	67	63.2	94	64.4	255	85.6	58	57.4	153	83.6	126	66.0
大洋广布种			4	3.8	13	8.9	16	5.4	26	25.7	14	7.7	13	6.8
大洋狭布种					7	4.8	6	2.0	11	10.9	6	3.3	29	15.2
大洋深水种					9	6.2			5	5.0			16	8.4
近岸河口种	2	4.5	4	3.8	6	4.1	10	3.4			4	2.2		
各海区种数	44		106		146		298		101		183		191	
区系性质	暖温带		暖温带		暖温带		亚热带		热带		亚热带		热带	

①渤海海区

渤海是我国的内海，基本上为陆地所环绕，仅东部以渤海海峡与黄海相通，为一近封闭的浅海。渤海与黄海的分界线是从辽东半岛南端的老铁山角经庙岛至山东半岛北端蓬莱角，面积为7.7×10^{4} km^{2}，平均深度为18 m，最大水深82 m。渤海周围有辽东湾、渤海湾、莱州湾，有黄河、海河、辽河、滦河等河流流入渤海，由于流入的大量泥沙的堆积，故其深度较小。渤海受大陆气候影响剧烈，水温年差较大，变幅为0～25℃，盐度低，一般小于30，因此本海区的水螅虫总纲种类较少。

A. 种类组成

经统计，本海区共有水螅虫总纲44种，分别是硬水母亚纲1科1属1种、花水母亚纲9科16属23种、软水母亚纲5科13属19种以及淡水水母亚纲1科1属1种。在这44种水母中，以花水母亚纲的种类数最多，约占总种类数的52.3%；软水母亚纲占43.2%，硬水母亚纲和淡水水母亚纲均占2.3%，筐水母亚纲没有出现（见表2–11）。

B. 生态类群

据其生态习性和分布，可将本海区水螅虫总纲划分为如下三个生态类群（见表2–12）。

近岸暖温生态类群：以低温、广盐为主要分布特征，共有14种，其代表种有弗朗加尔螅*Garveia franciscana*、印度强壮水母*Eutonina indicans*、球形美螅水母*Clytia globosa*、首要高手水母*Bougainvillia principis*、八斑唇腕水母*Rathkea octopunctata*、四枝管水母*Proboscidactyla flavicirrata*、异枝管水母*P. mutabilis*、日本横萨水母 *Stauridiosarsia nipponica*、海外肋螅*Ectopleura marina*、瘤手水母*Tima formosa*、嵊山秀氏水母*Sugiura chengshanense*、克氏殖口螅*Gonothyraea clarki*、胶哈钟螅*Hartlaubella gelatinosa*以及钩手水母*Gonionemus vertens*等，其中前3种仅分布于本海区，后11种在黄海也有分布，主要是在冬、春季，随着黄海低温高盐水沿着海峡北端进入渤海中部水域。

近岸暖水生态类群：以高温、低盐为主要分布特征，共有28种，从种类数上看，重要的代表属有介螅水母属*Hydractinia*、真枝螅属*Eudendrium*、外肋水母属*Ectopleura*、和平水母属*Eirene*、美螅水母属*Clytia*以及真囊水母属*Euphysora* 6个属；另外，每个属只有1个种的有不列颠高手水母*Bougainvillia britannica*、灯塔水母*Turritopsis nutricula*、厦门隔膜水母*Leuckartiara hoepplii*、耳状囊水母*Euphysa aurata*、中胚花筒螅*Tubularia mesembryanthemum*、植丛管螅*Lafoea dumosa*、卡玛拉水母*Malaguzzia carolinae*、毛状羽螅*Plumularia setacea*、曲膝薮枝螅水母*Obelia geniculata*以及轮根茎螅*Rhizocaulus verticillatus*等，这些种类的适温在20℃以上，于夏、秋季随着黄海外海水或由船只携带进入本海区。大多数来自低纬度沿岸亚热带、热带的种类，在我国近海从南到北均有分布。

近岸河口生态类群：主要分布在辽宁营口海水与淡水交汇的低盐水域，种类少，仅有2种——冬、春季出现的带腺玛拉水母*Malagazzia taeniogonia*和夏、秋季出现的贝氏拟线水母*Nemopsis bachei*。

总之，本海区的水螅虫总纲种类少，为中国近海总种类数的7.9%，以近岸暖水生态类群占多数，其种类数约占本海区总种类数的63.6%；其次是近岸暖温生态类群，占31.8%；近岸河口生态类群，占4.5%；没有出现大洋性热带种。可见，本海区属于北温带近岸暖温性海区。

②黄海海区

黄海位于我国大陆与朝鲜半岛之间，是一个半封闭的海区，面积约38×10^4 km^2，平均深度为44 m，最大水深140 m。黄海与东海之间以我国长江口北岸的启东嘴至韩国济州岛西南角的连线分之；黄海西有海州湾、胶州湾，东有西朝鲜湾、江华湾等，注入黄海的河流有淮河水系诸河流、中朝界河鸭绿江及朝鲜的大同江等。受沿岸低盐水、中部低温高盐水团和东南部侵入的黄海暖流的影响，黄海的水文状况较复杂，其水螅虫总纲种类数比渤海多。

A. 种类组成

经统计，本海区共有水螅虫总纲106种，分别隶属于筐水母亚纲1科3属3种、硬水母亚纲2科2属2种、花水母亚纲12科19属33种、软水母亚纲17科28属66种以及淡水水母亚纲1科1属2种。

在这106种水母中，以软水母亚纲的种类数最多，约占总种类数62.3%；花水母亚纲占31.1%，软水母亚纲占2.8%，硬水母亚纲和淡水水母亚纲各占1.9%（见表2–11）。

B. 生态类群

根据其生态习性和分布，可将本海区水螅虫总纲划分为如下四个生态类群（见表2–12）：

近岸暖温生态类群：以低温、广盐为主要分布特征，共有31种，其主要代表种有盾形高手水母*Bougainvillia superciliaris*、囊状全水母*Catablema vescicarium*、粗棍螅水母*Coryne crassa*、小棍螅水母*C. pusilla*、烟管触丝水母*Lovenella clausa*、桃果小桧叶螅*Sertularella inabai*、中华小桧叶螅*S. sinensis*、拟柏桧叶螅*Sertularia cupressoides*、细小桧叶螅*S. nana*、强壮桧叶螅*S. robusta*、同形桧叶螅*S. similis*、三列柏螅*Thuiaria trilateralis*、多手帽形水母*Tiaropsis multicirrata*以及履状长钟螅*Laomedea calceolifera* 14种，仅分布在本海区；另有11种与渤海近岸暖温生态类群的代表种相同。此外，有些黄海的特有种，没有再往南越过长江口到东海，如青岛双手水母*Amphinema tsingtauensis*、八肋斜球水母*Hybocodon octopleurus*、胶州和平水母*Eirene chiaochowensis*、曲玛拉水母*Malagazzia cyphogonia*、黄海辫螅*Symplectoscyphus huanghaiensis*、烟台异手水母*Varitentaculata yantaiensis* 6种，在

夏、秋季仅出现于本海区，也属于本生态类型。

近岸暖水生态类群：以高温、低盐为主要分布特征，共有67种，绝大多数是外来种，在夏、秋、冬季随着黄海暖流和台湾暖流输入黄海东南水域，种类较多的代表属有和平水母属*Eirene*、美螅水母属*Clytia*、多管水母属*Aequorea*、薮枝螅水母属*Obelia*、双手水母属*Amphinema*、真瘤水母属*Eutima*、高手水母属*Bougainvillia*、灯塔水母属*Turritopsis*、枝管水母属*Proboscidatyla*、外肋水母属*Ectopleura*、无稳管螅属*Acryptolaria*、丝管螅属*Filellum*、触丝水母属*Lovenella*、羽螅属*Plumularia*、连荚螅属*Synthecium*以及根茎螅属*Rhizocaulus*16属；另外，每个属只有1个暖水性种的有细管真枝螅*Eudendrium capillare*、厦门隔膜水母*Leuckartiara hoepplii*、贝氏真囊水母*Euphysora bigelowi*、耳状囊水母*Euphysa aurata*、中胚花筒螅*Tubularia mesembryanthemum*、嵴状镰螅水母*Zanclea costata*、佳美羽螅*Aglaophenia whiteleggei*、马来侧丝水母*Helgicirrha malayensis*、超攀缘螅*Scandia neglecta*、奇异坚鞘螅*Pycnotheca mirabilis*、植丛管螅*Lafoea dumosa*、心形真唇水母*Eucheilota ventricularis*、卡玛拉水母*Malagazzia carolinae*、印度八拟杯水母*Octophialucium indicum*、叉状对鞘螅*Amphisbetia furcata*、广口小桧叶螅*Sertularella miurensis*、真拟杯水母*Phialucium mbenga*、轮钟螅*Campanularia verticillata*、辐状枝手水母*Cladonema radiatum*、丁香小杯螅*Calycella syringa*以及舌状无垂水母*Orthopysis integra*等，除了后3种仅分布于黄海外，其他种类在中国近海往南均有分布。

大洋广布生态类群：以高温、广盐为主要分布特征，指终生浮游的大洋热带种类，有四手间囊水母*Aegina citrea*、八手拟间囊水母*Aeginura grimaldii*、两手筐水母*Solmundella bitentaculata*以及四叶小舌水母*Liriope tetraphylla* 4种，来自低纬度热带广布种，往北仅分布到黄海。

近岸河口生态类群：主要分布在山东半岛沿岸海水与淡水交汇的低盐水域，常见种有帽铃水母*Tiaricodon coeruleus*、贝氏拟线水母*Nemopsis bachei*、指突水母*Blackfordia manhattensis*以及带腺玛拉水母*Malagazzia taeniogonia* 4种，在夏、秋季或冬、春季分布于黄海青岛港、烟台、塘沽以及威海海滨。这些河口种类往南在东海、南海北部也是常见的种类，可作为河口冲淡水的指示种。

总之，黄海水螅虫总纲的种类组成及其生态类群，不仅有沿岸低盐水带来的近岸暖温性种类，也有随着黄海暖流和台湾暖流带来的大洋广布种和近岸暖水种。虽然近岸暖水生态类群的种类占优势，但大多数为外海水带入黄海的种类。尽管如此，其近岸暖温生态类群仍占29.2%，这是由于夏季在黄海较深水域的广大范围内，近底层存在着冷水团，使暖温带的种类能够在那里生存和发展并占优势地位。可以认为，黄海是一个处于亚热带和温带区系的过渡交替海区，但仍然属于北太平洋暖温带区系。

③苏南及浙江海区

本海区为东海的一部分，北界以我国长江口北岸的启东嘴与韩国济州岛西南角的连线同黄海相连，南界以福建省的平潭岛到台湾省的富贵角连线同台湾海峡相连，入海河流有长江、钱塘江；岛屿有舟山群岛。由于受黄海冷水、长江冲淡水、台湾暖流的交错影响，本海区水文复杂，温度、盐度年差较大，水螅虫总纲种类及其季节更替比黄海更加多样。

A. 种类组成

经统计，本海区共有水螅虫总纲146种，占中国近海水螅虫总纲总种类数的26.3%，分别隶属于筐水母亚纲2科4属5种、硬水母亚纲2科3属3种、花水母亚纲18科23属38种、软水母亚纲20科51属98种以及淡水水母亚纲1科1属2种。在这146种水母中，以软水母亚纲的种类数最多，约占总种类数的67.1%；花水母亚纲占26.0%，筐水母亚纲占3.4%，硬水母亚纲占2.1%，淡水水母亚纲占1.4%（见表2-11）。

B. 生态类群

根据其生态习性及分布，可将本海区水螅虫总纲划分为如下六个生态类群（见表2-12）：

近岸暖温生态类群：以低温、广盐为主要分布特征，共17种，主要代表有八斑唇腕水母*Rathkea octopunctata*、四枝管水母*Proboscidactyla flavicirrata*、日本横萨水母*Stauridiosarsia nipponica*、嵊山秀氏水母*Sugiura chengshanense*、钩手水母*Gonionemus vertens*、喉外肋螅*Ectopleura larynx*、整拟触角螅*Antennellopsis integerrima*、触手扭羽螅*Nemertesia antennina*、中华小桧叶螅*Sertularella sinensis*、胶哈钟螅*Hartlaubella gelatinosa*、攀缘柄杯螅水母*Hebella scandens*、格陵兰钟螅*Campanularia groenlandica*、珊表鱼螅水母*Hydrichthella epigorgia*、小棍螅水母*Coryne pusilla*、展奥鞘螅*Hydrallmania distans*、娇嫩桧叶螅*Sertularia tenera*以及三齿辫螅*Symplectoscyphus tricuspidatus*等。这些水母种类受控于沿岸水的影响，冬、春季大多出现在沿岸水和混合水锋面内侧水域。

近岸暖水生态类群：以高温、低盐为主要分布特征，共有94种，主要分布于混合水域，水温高于25℃，盐度小于33，从种类数上看，具有重要地位的代表属主要有高手水母属*Bougainvillia*、介螅水母属*Hydractinia*、双手水母属*Amphinema*、笔螅水母属*Pennaria*、外肋水母属*Ectopleura*、多管水母属*Aequorea*、裸果螅属*Gymnangium*、和平水母属*Eirene*、真瘤水母属*Eutima*、丝管螅属*Filellum*、管螅属*Lafoea*、合螅属*Zygophylax*、感棒水母属*Laodicea*、真唇水母属*Eucheilota*、触丝水母属*Lovenella*、玛拉水母属*Malagazzia*、八拟杯水母属*Octophialucium*、羽螅属*Plumularia*、双唇螅属*Diphasia*、小桧叶螅属*Sertularella*、辫螅属*Symplectoscyphus*、连荚螅属*Synthecium*、美螅水母属*Clytia*以及薮枝螅属*Obelia*等，除了一些本海区与台湾海峡共有的地方种，如单管玛拉水母*Malagazzia monocanalis*、双齿特异小桧叶螅*Sertularella bidentata*、浙江钩手水母*Gonionemus chekiangensis*、刺胞真囊水母*Euphysora knides*、厦门外肋水母*Ectopleura xiamenensis*、短柄和平水母*Eirene brevistylis*以及克朗真瘤水母*Eutima krampi*等之外，其他种类均于夏、秋季随着暖流由南向北扩散分布到本海区。

大洋广布生态类群：以高温、广盐为主要分布特征，共有13种，主要指终生浮游的大洋热带种类，夏、秋季随着暖流由南向北扩散分布到本海区，种类少，其主要代表种有半口壮丽水母*Aglaura hemistoma*、虹彩短手水母*Colobonema sericeum*、银币水母*Porpita porpita*、帆水母*Velella velella*、异摇篮水母*Cunina peregrine*、玫瑰太阳水母*Solmaris rhodoloma*、六辐和平水母*Eirene hexanemalis*、刺胞水母*Cytaeis tetrastyla*以及叶手水母*Niobia dendrotentaculata*等，另有4种与黄海大洋广布生态类群的代表种相同。

大洋狭布生态类群：以高温、高盐为主要分布特征，共有7种，对温度、盐度的要求较高，水温高于25℃，盐度大于34，种类较少，主要分布于200m等深线以内的外海水域，其代表种有单列螅*Monoserius pennarius*、深适管螅*Lafoea benthophila*、索氏双唇螅*Diphasia thornelyi*、西伯嘎海女螅*Salacia sibogae*、圆形和螅水母*Modeeria rotunda*、膨大裸果螅*Gymnangium expansum*以及东方荚果螅*Lytocarpia orientalis*等热带附着水螅体种类。

大洋深水生态类群：指分布于中层水（水深200~1 000 m）和深层水（水深大于等于1 000 m）中的种类，其代表种有中华单肢水母*Nubiella sinica*（水深340~854 m）、深海盖果螅*Stegopoma bathyale*（水深1 000~1 950 m）、圆锥钟线螅*Campanulina panicula*（水深395 m）、栉状隐管螅*Cryptolaria pectinata*（水深110~395 m）、非洲合螅*Zygophylax africana*（水深80~395 m）、阿氏小桧叶螅*Sertularella areyi*（水深10~520 m）、奇异小桧叶螅*S. mirabilis*（水深75~550 m）、链接小桧叶螅*S. catena*（水深20~395 m）以及热带辫螅*Symplectoscyphus tropicus*（水深90~520 m）9种。

近岸河口生态类群：主要分布于长江口和钱塘江河口海水与淡水交汇的低盐水域，盐度为8~30，也常随河口冲淡水扩展其分布空间，其代表种有贝氏拟线水母*Nemopsis bachei*、指突水母*Blackfordia manhattensis*、弗州指突水母*B. virginica*、带腺玛拉水母*Malagazzia taeniogonia*、瓣高手水母*Bougainvillia lamellate*以及泡状介螅水母*Hydractinia vacuolata* 6种，这些种类在夏、秋季大量分布在河口区及其附近水域。

总之，苏南及浙江海区由于受大陆沿岸水（苏北沿岸水和江浙沿岸水）、东海外海水（台湾暖流）和混合水（黄海水团）的交汇影响，其水螅虫总纲生态类群较复杂，共有6个生态类群，其中以近岸暖水生态类群种类数最多，占本海区总种类数的64.4%；其次为近岸暖温生态类群，占11.6%；此外，还出现了大洋广布种、大洋狭布种、大洋深水种以及近岸河口种（见表2–11），显示了温带区和热带区水母的混合分布，带有北太平洋温带区系和印度—西太平洋热带区系的双重性质。从其数量的消长和出现的季节来看，近岸暖水性种类和大洋热带性种类的渗入，均具有显著的季节性。可认为本海区属于近岸暖温带性质。

④台湾海峡

位于东海大陆架南部，与南海大陆架相连，它的北部以从福建省的平潭岛到台湾省的富贵角连线为界，相距约93海里，南界为从福建省东山岛到台湾省最南端鹅銮鼻的连线，宽约200海里。台湾海峡水较浅，地形复杂，海峡大部分区域水深小于60 m，平均深度为80 m，海峡东南部在水深140~150 m处发生坡折，以40%~50%的急坡进入南海海盆。由64个小岛组成的澎湖列岛位于海峡中部，其中以澎湖岛最大，高出海面50 ~ 60 m；台湾浅滩位于东山岛与澎湖列岛之间，是台湾海峡最浅的地方，平均水深在20 m左右，最浅处约10 m；海峡西岸为福建海岸，其海岸线曲折绵长，海域宽阔，港湾众多，岛屿星罗棋布地分布在沿海6个地市的海域和海湾中。据统计，福建沿海共有1 546个岛屿，岸线总长度为2 804.40 km，岛屿总面积为1 400.13 km^2，其分布特点是北部和中部岛屿多，南部岛屿少——闽江口以北的岛屿有698个，主要有西洋岛、三都岛、马祖列岛、琅歧岛等；闽江口以南的岛屿有848个，主要有平潭岛、江阴岛、南口岛、湄洲岛、紫泥岛、东山岛。这些岛屿大多数分布在大陆海岸线之外、20 m等深线范围之内，少量分布在30 m等深线附近。从福建大陆流入海峡的河流有闽江、九龙江、晋江、交溪、鉴江、霍童溪、木兰溪以及诏安东溪，其中闽江和九龙江流域面积最大，分别为60 992 km^2和14 741 km^2。经笔者多年研究以及归纳前人的资料，台湾海峡水螅虫总纲（不包括管水母亚纲）共有298种。

A. 种类组成

经统计，本海区共有水螅虫总纲（不包括管水母亚纲）298种，分布隶属于筐水母亚纲3科6属8种、硬水母亚纲3科11属15种、花水母亚纲25科59属148种、软水母亚纲19科39属123种、兰卡水母亚纲1科2属2种以及淡水水母亚纲1科2属2种。其中，以花水母亚纲的种类数最多，约占总种类数的49.7%；软水母亚纲占 41.3%，硬水母亚纲占5.0%，筐水母亚纲占2.7%，兰卡水母亚纲和淡水水母亚纲各占0.7%（见表2–11）。

B. 生态类群

由于受闽浙沿岸流、粤东沿岸流、大陆冲淡水、台湾暖流和南海外海水团等的交错影响，本海区的水文环境错综复杂，通常沿岸水于夏季占据海峡两侧，海峡暖流水于冬季占据海峡东侧或近底层，混合水的范围则取决于沿岸流（盐度小于33）和暖流（盐度大于34）之间的消长程度（盐度为33 ~ 34）。水文环境这样复杂、海峡两侧港湾及岛屿众多的环境，为水螅虫总纲，特别是为花水母亚纲和软水母亚纲水螅水母生活史的完成提供了有利条件，故本海区水螅虫总纲的种类数达298种，为我国近海各海区种类数之冠（见表2–11）。根据它们的生态习性和分布特点，可将本海区水螅虫总纲划分为如下五个生态类群（见表2–12）：

近岸暖温生态类群：以低温、广盐为主要分布特征，共有11种，主要在冬、春两季分布于海峡沿岸水域，种类少，其代表种有八斑唇腕水母*Rathkea octopunctata*、大胃异唇腕水母*Allorathkea macrogastrica*、芽斜球水母*Hybocodon prolifer*、拟帽水母*Paratiara digitalis*、八棱拟海神水母*Melicertoide octolabiatis*、长手横萨水母*Stauridiosarsia japonica*、嵊山秀氏水母*Sugiura chengshanense*、日本真瘤水母*Eutima japonica*、波状碟螅*Halecium cymiforme*、细长殖口螅*Gonothyraea inornata*以及履状长钟螅*Laomedea calceolifera*等，这些种类的分布与闽浙沿岸流有着密切关系。

近岸暖水生态类群：以高温、低盐为主要特征，共有255种，其中台湾海峡地方种118种，是台湾海峡种类数最多的一个生态类群，占台湾海峡水螅虫总纲总种类数的46.3%，主要分布在台湾海峡混合水区（盐度为31~34），从种类数上看，具有重要地位的代表属主要有高手水母属*Bougainvillia*、八束水母属*Koellikerina*、单肢水母属*Nubiella*、介螅水母属*Hydractinia*、珍妮水母属*Janiopsis*、隔膜水母属*Leuckartiara*、真囊水母属*Euphysora*、外肋水母属*Ectopleura*、多管水母属*Aequorea*、和平水母属*Eirene*、真瘤水母属*Eutima*、十盘水母属*Staurodiscus*、真唇水母属*Eucheilota*、八拟杯水母属*Octophialucium*、美螅水母属

*Clytia*以及小桧叶螅属*Sertularella* 16个属，它们的种类数最多，其数量高峰基本上都出现在春、夏、秋季节。值得指出的是，冬季本海区近岸暖水生态类群种类数少，但常分布在北纬23° 以南水域，表层水温高于20℃，如螺旋介螅水母*Hydractinia spiralis*、双叉八束水母*Koellikerina diforficulata*、广东胃瘤水母*Gangliostoma guangdongensis*、细腺和平水母*Eirene tenuis*、延长外肋水母*Ectopleura elongata*、三角外肋水母*E. triangularis*以及多丝真唇水母*Eucheilota muliticirris*等。

大洋广布生态类群：以高温、广盐为主要特征，共有16种，常见代表种有四手间囊水母*Aegina citrea*、八手拟间囊水母*Aeginura grimaldii*、两手筐水母*Solmundella bitentaculata*、四叶小舌水母*Liriope tetraphylla*、异距小帽水母*Petasiella asymmetrica*、半口壮丽水母*Aglaura hemistoma*、微小瓮水母*Amphogona pusilla*、宽膜棍手水母*Rhopalonema velatum*、异腺瓮水母*Amphogona apsteini*以及枝管怪水母*Geryonia proboscidalis*等终生浮游热带分布种类，其中有些种类往北分布到黄海。值得指出的是，在水螅水母亚纲中有扁胃高手水母*Bougainvillia platygaster*、小介螅水母*Hydractinia minima*、刺胞水母*Cytaeis tetrastyla*、六辐和平水母*Eirene hexanemalis*、银币水母*Porpita porpita*以及帆水母*Velella velella*等种类具有水母芽，或者其水螅体是单个浮游生活的，它们也属于大洋性广布种，可往北分布到江苏及浙江海区，有些种类可分布到黄海。

大洋狭布生态类群：以高温、高盐为主要分布特征，共有6种，其主要代表种有八囊摇篮水母*Cunina octonaria*、顶突瓮水母*Amphogona apicata*、张口裸果螅*Gymnangium hians*、菲大喙螅*Macrorhynchia philippina*以及新卡真瘤水母*Eutima neucaledonia*等热带种，它们来源于低纬度水域，没有再往北分布。

近岸河口生态类群：共有10种，主要分布于闽江、九龙江和晋江等河口海水与淡水交汇的低盐水域，也常随河口冲淡水扩散分布到河口外的水域，冬、春季在水温低于20℃、盐度为10 ~ 30的条件下，常见代表种有帽铃水母*Tiaricodon coeruleus*、顶拟海帽水母*Halitiarella apica*和带腺玛拉水母*Malagazzia taeniogonia*；夏、秋季在水温高于20℃、盐度为6~25的条件下，常见种有贝氏拟线水母*Nemopsis bachei*、多手指突水母*Blackfordia polytentaculata*、指突水母*B. manhattensis*、弗州指突水母*B. virginica*、摩勒水母*Moerisia inkermanica*、帕尔摩勒水母*M. pallasi*以及缘心管水母*Maeotias marginata*等，这些种类只在近岸河口区大量出现，它们的扩散分布可作为闽江或九龙江等冲淡水的指示种。

总之，本海区的水螅虫总纲种类数量在我国近海各海区中居首位，这是由于台湾海峡水文环境复杂，存在着三种水系和海峡南部上升流以及众多的岛屿和港湾等。因此，本海区的水螅虫总纲种类丰富，仅新属、新种就发现了118种——它们均属沿岸暖水性种类；从生态类群看，以近岸暖水生态类群为主，其种类数占本海区总种类数的85.6%，而大洋广布生态类群占5.4%，大洋狭布生态类群占2.0%，沿岸暖温生态类群占3.7%。可见，本海区的区系特点为亚热带沿岸海域的属性。

⑤台湾东岸海区

台湾东岸为东海一部分，位于台湾省东岸，直接面临太平洋，北界大致相当于日本琉球群岛的先岛群岛，南侧则以巴士海峡与菲律宾的巴坦群岛相隔，处于菲律宾海盆的西北部，具有大洋特性。台湾东岸大陆架甚窄，大陆坡较陡，距离大陆架不远处即为水深超过3 000 m的深海盆。该海区主要有我国的兰屿、火烧岛和钓鱼岛等岛屿，是我国通向太平洋的最前哨，它们与日本的琉球群岛之间隔有冲绳海槽，是东海的重要地理单元。台湾以东属于西太平洋热带水域，是黑潮主干流经之处，水文特征相对稳定，水螅虫总纲的种类数较台湾海峡少。

A. 种类组成

表2–11统计了本海区的水螅虫总纲，共有101种，分别隶于筐水母亚纲3科7属9种、硬水母亚纲3科14属16种、花水母亚纲8科25属42种以及软水母亚纲6科17属34种。在这101种水母中，以花水母亚纲的种类数最多，约占总种类数的41.6%，而软水母亚纲占33.7%，硬水母亚纲占15.8%，筐水母亚纲占8.9%，淡水水母亚纲尚未发现。

B. 生态类群

根据各种类的生态习性和分布特点，可将本海区水螅虫总纲划分为如下五个生态类群（见表2–12）：

近岸暖温生态类群：以低温、广盐为主要分布特征，种类很少，仅有日本横萨水母*Stauridiosarsia nipponica*一种，冬、春、夏季均有出现，但以夏季的个体数较多——这与东海南下的沿岸流以及黑潮远离台湾东岸有密切关系。这个种类在渤海、黄海、苏南及浙江海区也有分布，主要是在9月份，可见大陆沿岸流对台湾东岸有微弱的影响。

近岸暖水生态类群：对温度和盐度的适应性较强，共有58种，主要分布于台湾东岸北部的岛屿海域，其主要代表种有真瘤水母*Eutima levuka*、印度感棒水母*Laodicea indica*、管叉水母*Dichotomia cannoides*、热带真唇水母*Eucheilota tropica*、图尔介螅水母*Hydractinia tournieri*、印度八拟杯水母*Octophialucium indicum*、黑球真唇水母*Eacheilota menoni*、乌氏美螅水母*Clytia uchidai*、马来美螅水母*Clytia malayense*以及杜氏外肋水母*Ectopleura dumortieri*等，前两种是台湾东岸海区的优势种。上述种类多数是来自印度—西太平洋和环热带的种类。

大洋广布生态类群：以高温、广盐为主要分布特征，共有26种，其主要代表种有半口壮丽水母*Aglaura hemistoma*、两手筐水母*Solmundella bitentaculata*、宽膜棍手水母*Rhopalonema velatum*、异腺瓮水母*Amphogona apsteini*、异摇篮水母*Cunina peregrine*、三叶坚固水母*Pegantha triloba*、太阳水母*Solmaris leucostyla*、粗糙柱星螅*Stylaster scabiosus*以及错综多孔螅*Millepora intricata*等终生浮游的热带广布种，前三种是本海区的优势种。另外，还有一些水母在垂管能产生水母芽，如扁胃高手水母*Bougainvillia platygaster*、刺胞水母*Cytaeis tetrastyla*和小介螅水母*Hydractinia minima*；或者水螅体营浮游生活，如六辐和平水母*Eirene hexanemalis*等；这些种类不受附着基的限制，可漂浮扩散分布，属于大洋性广布种。

大洋狭布生态类群：以高温、高盐为主要分布特征，共有11种，其主要代表种有墓形棍手水母*Rhopalonema funerarium*、八囊摇篮水母*Cunina octonaria*、马氏嗜阳水母*Solmissus marshalli*、顶突瓮水母*Amphogona apicata*、大洋堪拿水母*Kanaka pelagica*、枝多管水母*Zygocanna vagans*、倍摇篮水母*Cuninia duplicata*、红胃四腺水母*Tetrorchis erythrogaster*以及双叉似镰螅水母*Zancleopsis dichotoma*等，后三种仅分布于台湾东岸海域。

大洋深水生态类群：主要指分布于中层水（水深大于2 000 m）以上的种类，种类数少，共有5种，其代表种有真胃穴水母*Sminthea eurygaster*、多手萼水母*Calycopsis bigelowi*和近缘连帽水母*Annatiara affinis*等，前两种是本海区优势种。此外，有些大洋广布种和大洋狭布种，如四手间囊水母*Aegina citrea*、八手拟间囊水母*Aeginura grimaldii*、马氏嗜阳水母*Solmissus marshalli*、宽膜棍手水母*Rhopalonema velatum*、墓形棍手水母*R. funerarium*以及顶突瓮水母*Amphogona apicata* 6种，它们均可在表层、中层和深层水中出现。

总之，台湾东岸海域由于受强大的黑潮主干流的影响，水螅水母均会随着黑潮的流向，自低纬度向高纬度扩散分布。因此，本海区水螅虫总纲的生态类群虽然以近岸暖水生态类群为主（其种类数占总种类数的57.4%），但大洋广布生态类群、大洋狭布生态类群和大洋深水生态类群的种类明显增加，其种类数分别占总种类数的25.7%、10.9%和5.0%，而近岸暖温生态类群的种类数仅占总种类数的1.0%。这显示了本海区的区系特点为热带大洋海域的属性。

⑥南海北部海区

南海北部海区位于南海北部大陆架范围内，主要包括广东沿岸、海南岛以及东沙群岛周围海域，海水较浅；由珠江、韩江、汉阳江等江河径流与海水混合形成的沿岸水，是其近海一种比较显著的水文现象。本海区沿岸流的分布范围大致限于50 m等深线以内的水域，其盐度小于32，温度在16℃～29℃；受南海暖流和黑潮分支以及广东沿岸流和闽浙沿岸流的影响，本海区呈现出亚热带沿岸性的特征。

A. 种类组成

据资料统计（见表2-11），本海区共有水螅虫总纲183种，分别隶属于筐水母亚纲2科6属6种、硬水母亚纲3科7属8种、花水母亚纲18科37属87种、软水母亚纲16科22属81种以及淡水水母亚纲1科1属1种。在这183种水母中，花水母亚纲和软水母亚纲的种类数最多，分别占总种类数的47.5%和44.3%，而硬水母亚纲占4.4%，筐水母亚纲占3.3%，淡水水母亚纲最少，仅占0.5%。

B. 生态类群

根据其生态习性和分布，将该海区水螅虫总纲划分为如下五个生态类群（见表2-12）：

近岸暖温生态类群：以低温、广盐为主要分布特征，共有6种，主要在冬、春季分布于广东沿岸的香港、大亚湾及北部湾等水域，其代表种有多角棒螅*Clava multicornis*、小棍螅水母*Coryne pusilla*、多刺小杯螅*Calycella hispida*、嵊山秀氏水母*Sugiura chengshanense*、拟柄突和平水母*Eirene lacteoides*以及日本真瘤水母*Eutima japonica*等。

近岸暖水生态类群：以高温、低盐为主要分布特征，共有 153 种，是南海北部海区种类数最多的一个生态类群，占南海北部海区总种类数的 83.6%；这些种类除 43 种来自台湾海峡地方种之外，大多数来自印度—西太平洋的低纬度水域，主要分布在南海北部的混合水区以及大亚湾和北部湾，从种类数看，具有重要地位的代表属有高手水母属 *Bougainvillia*、单肢水母属 *Nubiella*、镰螅水母属 *Zanclea*、多管水母属 *Aequorea*、和平水母属 *Eirene*、真瘤水母属 *Eutima* 以及美螅水母属 *Clytia* 7 个属，它们的数量高峰出现在春、夏、秋季节，冬季的种类较少，主要分布于大亚湾和北部湾，如八手伪帽水母 *Pseudotiara octonema*、大亚湾胃瘤水母 *Gangliotoma dayaensis*、无疣和平水母 *Eirene averuciformis* 以及锥形和平水母 *E. conica* 等。

大洋广布生态类群：以高温、广盐为主要分布特征，共有14种，主要指终生浮游的热带广布种，其代表种有四手间囊水母 *Aegina citrea*、八手拟间囊水母 *Aeginura grimaldii*、两手筐水母 *Solmundella bitentaculata*、四叶小舌水母 *Liriope tetraphylla* 以及半口壮丽水母 *Aglaura hemistoma* 5种，可扩散分布至黄海或仅到江苏、浙江水域，但有些种类，如太阳水母 *Solmaris leucostyla*、枝管怪水母 *Geryonia proboscidalis*、异距小帽水母 *Petasiella asymmetrica*、异腺瓮水母 *Amphogona apsteini*、微小瓮水母 *A. pusilla*、宽膜棍手水母 *Rhopalonema velatum*、扁胃高手水母 *Bougainvillia platygaster*、银币水母 *Porpita porpita*、帆水母 *Velella velella* 9种，仅分布到台湾海峡或台湾东岸水域。

大洋狭布生态类群：以高温、高盐为主要分布特征，共有6种，主要代表种有多刺纹水母 *Octoporpa polystriata*、马氏嗜阳水母 *Solmissus marshalli*、正型单手水母 *Gotoea typica*、阔叶多孔螅 *Millepora latifolia* 以及扁叶多孔螅 *M. platyphylla* 等，主要分布在粤东及海南岛沿海。

近岸河口生态类群：主要分布在珠江口海水与淡水交汇的低盐水域，常随着径流扩散分布到珠江口外水域，常见代表种有贝氏拟线水母 *Nemopsis bachei*、多手指突水母 *Blackfordia polytentaculata*、弗州指突水母 *B. virginica* 以及摩勒水母 *Moerisia inkermanica* 4种，在夏、秋季于珠江口海区大量出现，它们的分布情况可作为河口冲淡水的指示种。

总之，本海区水螅虫总纲的种类组成以沿岸性花水母亚纲和软水母亚纲为主要群体，其生态类群以近岸暖水生态类群的种类数最多，占本海区总种类数的83.6%，而大洋广布生态类群占7.7%，大洋狭布生态类群占3.3%，近岸暖温生态类群占3.3%，近岸河口生态类群占2.2%，没有出现近岸温带生态类群，这与台湾海峡生态类群的组成较相似，但近岸暖温种减少，而大洋广布种和大洋狭布种的百分比略为增加（见表2-12）。可见，本海区特征仍为亚热带沿岸海域的属性，但热带成分比台湾海峡略为增多。

⑦南海中部和南部海区

本海区主要指以西沙群岛和中沙群岛为中心的北纬12°～18°海域以及以南沙群岛为中心的北纬12°以南海坡，海水温度常年都在20℃以上，盐度大于34，水平梯度很小，冬、夏之间无显著变化。本海区的范围大致限于70 m等深线以上，平均深度为1 212 m，其中央是4 000 m以上的深海盆地，最深可达5 559 m，是一个广阔的深海盆，与太平洋沟通，海水具有高温、高盐的特性。

A. 种类组成

经统计，南海中部和南部海区水螅虫总纲的种类为191种，分布隶属于筐水母亚纲4科9属13种、硬水母亚纲4科11属16种、花水母亚纲15科36属59种、软水母亚纲14科43属102种以及淡水水母亚纲1科1属1种。在所记录的191种水母中，以软水母亚纲的种类数最多，约占总种类数的53.4%；其次花水母亚纲占30.9%，硬水母亚纲占8.4%，筐水母亚纲占6.8%；而淡水水母亚纲最少，仅占0.5%（见表2–11）。

B. 生态类群

根据各种类的生态习性及分布，可将本海区水螅虫总纲划分为如下五个生态类群（见表2–12）：

近岸暖温生态类群：以低温、广盐为主要分布特征，共有 7 种，其代表种有缩口深帽水母 *Bythotiara depressa*、拟帽水母 *Paratiara digitalis*、触手扭羽螅 *Nemertesia antennina*、多枝扭羽螅 *N. ramosa*、伸展桧叶螅 *Sertularia distans*、克氏殖口螅 *Conothyrae clarki* 以及优美小桧叶螅 *Sertularella tenella* 等。这些种类除了缩口深帽水母、伸展桧叶螅和多枝扭羽螅等仅分布在本海区外，其余种类在台湾海峡、苏南及浙江海域均有出现，个别种类，如克氏殖口螅，在渤海、黄海均有出现，可被认为是温带区系种类向南海渗透的结果，并不能代表本海区的区系性质。

近岸暖水生态类群：对温度和盐度的适应性较强，以高温、广盐为主要分布特征，共有 126 种，是本海区种类数最多的一个生态类群，占本海区水螅虫总纲总种类数的 66.0%，主要分布在南沙群岛海区，从种类数看，具有重要地位的代表属主要有高手水母属 *Bougainvillia*、美羽螅属 *Aglaophenia*、荚果螅属 *Lytocarpia*、大喙螅属 *Macrorhynchia*、真囊水母属 *Euphysora*、和平水母属 *Eirene*、真瘤水母属 *Eutima*、触角螅属 *Antennella*、真唇水母属 *Eucheilota*、双唇螅属 *Diphasia*、海女螅属 *Salacia*、小桧叶螅 *Sertularella*、桧叶螅属 *Sertularia* 以及美螅水母属 *Clytia*14 个属，它们的数量高峰基本上都出现在春、夏、秋季节；此外，每个属仅有 2 种的属有介螅水母属 *Hydractinia*、萼水母属 *Calycopsis*、异形水母属 *Heterotiara*、双手水母属 *Amphinema*、珍妮水母属 *Janiopsis*、潜水母属 *Merga*、外肋水母属 *Ectopleura*、多管水母属 *Aequorea*、裸果螅属 *Gymnangium*、卷丝水母属 *Cirrholovenia*、碟螅属 *Halecium*、海翼螅属 *Halopteris*、十盘水母属 *Staurodiscus*、管螅属 *Lafoea*、合螅属 *Zygophylax*、感棒水母属 *Laodicea*、拟触丝水母属 *Paralovenia*、玛拉水母属 *Malagczzia*、八拟杯水母属 *Octophialucium* 以及强叶螅属 *Dynamena* 20 个属。这些种类有的可分布到南海北部、台湾海峡、苏南及浙江海区，有的仅分布在本海区及少数海域，可被认为是热带种或环热带种向南海渗透的结果。

大洋广布生态类群：以高温、广盐为主要特征，共有13种，主要生活于低纬度热带大洋区，但在外海暖水的影响下，向南、北半球高纬度暖水区延伸。本海区的筐水母亚纲和硬水母亚纲的绝大多数科属于这一类群，其代表种有四手间囊水母 *Aegina citrea*、八手拟间囊水母 *Aeginura grimaldii*、两手筐水母 *Solmundella bitentaculata*、四叶小舌水母 *Liriope tetraphylla* 以及软水母亚纲的六辐和平水母 *Eirene hexanemalis*——这5种往北分布到黄海，还有异摇篮水母 *Cunina peregrine*、半口壮丽水母 *Aglaura hemistoma*、虹彩短手水母 *Colobonema sericeum*、三叶坚固水母 *Pegantha triloba*、银币水母 *Porpita porpita* 以及帆水母 *Velella velella* 等往北可分布至苏南及浙江海区、台湾东岸。这个类群主体的分布变化，可作为外海高盐水和近岸水相互推移的标志。

大洋狭布生态类群：以高温、高盐为主要分布特征，共有29种，由典型的大洋赤道种组成，适盐度为34.4以上，其代表种有果状摇篮水母 *Cunina frugifera*、坚固水母 *Pegantha martagon*、黄色太阳水母 *Solmaris flavescens*、四脊翼水母 *Tetraplatia volitans*、大洋堪拿水母 *Kanaka pelagica*、瘦棱水母 *Lizzia gracilis*、墓形棍手水母 *Rhopalonema funerarium*、多手萼水母 *Calycopsis bigelowi*、乳状萼水母 *C. papillata*、微海圆水母 *Halitholus pauper*、球潜水母 *Merga bulbosa*、顶突尖塔水母 *Neoturris papua*、八帽水母 *Octotiara russelli*、球真囊水母 *Euphysora annulata*、叉真囊水母 *E. furcata*、大笔螅水母 *Pennaria grandis*、无序双孔螅 *Distichopora irregularis*、扇形柱星螅 *Stylaster flabelliformis*、佳丽柱星螅 *S. pulcher*、分叉多孔螅 *Millepora dichotoma*、节块多孔螅 *M. exaesa*、柏美羽螅 *Aglaophenia cupresina*、美羽螅 *A. pluma*、短荚果螅 *Lytocarpia brevirostris*、娇美荚果螅 *L. delicatula*、黑荚果螅 *L. niger*、弯曲碟螅 *Halecium flexum*、四耳触角螅 *Antennella quadriaurita* 以及透明海翼螅 *Halopteris diaphana* 等高温、高盐种，其中有些种类仅分布到台湾东岸或者本海区。

大洋深水生态类群：主要是指分布于中层水（水深200~1 000 m）和深层水（水深大于等于1 000 m）中的种类，如真胃穴水母 *Sminthea eurygaster*、红色短手水母 *Colobonema igneum*、马氏海生水母 *Halitrephes maasi*、微小海棘水母 *Halicreas minimum*、角海盔水母 *Haliscera conica*、深水海盔水母 *H. racovitzae*、棕壶水母 *Crossota brunnea*、高华丽水母 *Aglantha elata*、莫氏深帽水母 *Bythotiara murrayi* 以及近缘连帽水母 *Annatiara affinis* 10种；此外，有些大洋广布种和大洋狭布种，如四手间囊水母 *Aegina citrea*、八手拟间囊

水母 *Aeginura grimaldii*、马氏嗜阳水母 *Solmissus marshalli*、宽膜棍手水母 *Rhopalonema velatum*、墓形棍手水母 *R. funerarium* 以及顶突瓮水母 *Amphogona apicata* 6 种，可在表层、中层和深层水中都出现。

总之，本海区受热带太平洋水团和进入本海区后变性形成的南海外海水团所控制——该水团上层水具有高温、高盐且年度变化小的特点，温度和盐度的变化范围分别为21℃~31℃和32.5 ~ 34.5；中层水具有高盐、低温的特点，盐度大于34.5，温度随深度增大而降低，垂直变化范围为13℃ ~ 24℃；深层水盘踞于南海海盆的深处，是由进入南海海盆的太平洋深层水变性而成，其温度低于4℃，盐度为34.5 ~ 34.8。此外，本海区具有众多热带珊瑚礁，地处热带的季风区，因此，生活在本海区的水螅虫总纲的种类比我国近海其他海区更突出热带大洋性质。例如，大洋狭布种、大洋广布种和大洋深水种共有58种，占本海区水螅虫总纲总种类数的30.4%（见表2–12）。另外，近岸暖水生态类群的种类占本海区水螅虫总纲总种类数的66.0%，其中大多数是热带种或环热带种向南海渗透的结果。值得提出的是，本海区还出现了极少数近岸暖温性种类（占3.7%），但这不能代表本海区的区系性质。因此，南海中部和南部的水螅虫总纲的区系性质应属于印度—西太平洋热带区系。

（2）中国近海水螅虫总纲种的地理成分分析

从表 2–13 的统计可以看出，中国近海水螅虫总纲种的地理分布主要以印度—西太平洋分布种和环热带种为主，前者共有 178 种，占中国近海水螅虫总纲总种类数的 32.1%，且大多数是台湾海峡以南至南海常见的浮游或底栖种，如双高手水母 *Bougainvillia bitentaculata*、缢八束水母 *Keollikerina constricta*、间腺单肢水母 *Nubiella intergona*、粗糙柱星螅 *Stylaster scabiosus*、厦门隔膜水母 *Leuckartiara hoepplii*、疣真囊水母 *Euphysora verrucosa*、玻璃笔螅水母 *Pennaria vitrea*、错综多孔螅 *Millepora intricata*、嵴状镰螅水母 *Zanclea costata*、锥形多管水母 *Aequorea conica*、佳美羽螅 *Aglaophenia whiteleggei*、张口裸果螅 *Gymnangium hians*、东方荚果螅 *Lytocarpia orientalis*、锡兰和平水母 *Eirene ceylonensis*、真瘤水母 *Eutima levuka*、马来侧丝水母 *Helgicirrha malayensis*、多手十盘水母 *Staurodiscus polynema*、太平洋合螅 *Zygophylax pacifica*、黑球真唇水母 *Eucheilota menoni*、四手触丝水母 *Lovenella assemblies*、印度八拟杯水母 *Octophialucium indicum*、东方双唇螅 *Diphasia orientalis* 以及单囊美螅水母 *Clytia folleata* 等；后者共有 138 种，占中国近海水螅虫总纲总种类数的 24.9%，几乎包括了筐水母亚纲和硬水母亚纲中大多

数的常见种与优势种，如两手筐水母 *Solmundella bitentaculata*、四叶小舌水母 *Liriope tetraphylla*、半口壮丽水母 *Aglaura hemistoma* 以及宽膜棍手水母 *Rhopalonema velatum* 等，还有双手水母 *Amphinema*、外肋水母 *Ectopleura*、银币水母 *Porpita porpita*、帆水母 *Velella velella*、拟毛状羽螅 *Plumularia setaceoides*、链接小桧叶螅 *Sertularella catena* 等也是常见种。因此，可以说印度—西太平洋分布种和环热带种是中国近海最活跃、最有代表性的种分布区类型。另外，北温带分布有 52 种，占中国近海水螅虫总纲总种类数的 9.4%，重要的有八斑唇腕水母 *Rathkea octopunctata*、嵊山秀氏水母 *Sugiura chengshanense*、日本横萨水母 *Stauridiosarsia nipponica*、克氏殖口螅 *Gonothyraea clarki*、钩手水母 *Gonionemus vertens*、日本真瘤水母 *Eutima japonica*、触手扭羽螅 *Nemertesiaantennina*、拟帽水母 *Paratiara digitalis* 以及履状长钟螅 *Laomedeac calceolifera* 等；世界分布种有 38 种，占 6.8%，其中大多数是常见种，如四手间囊水母 *Aegina cirea*、八手拟间囊水母 *Aeginura grimaldii*、拟多枝真枝螅 *Eudendrium ramosum* 以及曲膝薮枝螅水母 *Obelia geniculata* 等，广泛分布在中国近海各海区；中国特有种 149 种，占 26.8%，其中以台湾海峡分布的中国特有种最多，共有 118 种，占 21.3%。

表 2-13　中国近海水螅虫总纲属、种分布区类型及其生活史模式

分布区类型	属		种		m		g		mg	
	T	%	T	%	T	%	T	%	T	%
中国特有分布	10	5.0	149	26.8	136		13			
暖温带分布	22	11.0	52	9.4	11		30		11	
印度—西太平洋分布	101	50.5	178	32.1	100		67		11	
环热带分布	56	28.0	138	24.9	60		41		37	
世界分布	11	5.5	38	6.8	9		22		7	
合计	200		555		316	56.9	173	31.2	66	11.9

注：g. 附着水螅体；m. 水母体；mg. 已知生活史。

（3）中国近海各海区之间水螅虫总纲的种类分布和迁移规律的分析

①中国近海各海区间水螅虫总纲种类组成和生态类群的差异与成因

至今，中国近海水螅虫总纲共记载555种，其中以台湾海峡的种类数最多，占总种类数的53.7%；其次为南海北部和南海中部、南部，分别占总种类数的33.0%和34.4%；渤海的种类数最少，仅占总种类数的7.9%。其差异可能是由其地理位置和海洋环境特点所导致的，如台湾海峡水文环境复杂，存在着三种水系与海峡南部上升流以及众多岛屿；渤海是

一个近封闭的浅海，受大陆气候影响剧烈，水温年较差大，变化幅度为0～25℃，湾内外交换水量有限等。

从表2-14可看出，中国近海各海区的生态类群有明显差异。渤海没有出现大洋广布种和大洋狭布种，黄海有大洋广布种而无大洋狭布种出现，这两个海区均以近岸暖水种和近岸暖温种占主导地位，故属于暖温带海区；苏南及浙江近海虽然近岸暖水种占64.4%，但近岸暖温种仅占11.6%，还有季节性出现的大洋广布种和大洋狭布种，所以该海区仍然属于暖温带性质；台湾海峡和南海北部近岸水域都是亚热带海区，均以近岸暖水种占绝对优势，分别占其海区总种类数的85.6%和83.6%，而大洋广布种、大洋狭布种和近岸暖温种只有少量，仅占2.0%～7.7%；台湾东岸和南海中部、南部属于热带海区，除了近岸暖水种占绝对优势之外，大洋狭布种的种类数大大增加，而近岸暖温种极少。由此可见，对中国近海水螅虫总纲生态类群种类分布影响最大的是起源于北太平洋西部热带区的黑潮暖流及其分支。由于它的影响，中国近海各海区均以近岸暖水生态类群占主导地位，但台湾东岸是黑潮主干流经处，南海中部和南部受热带太平洋水团的直接影响，大洋热带种和近岸暖水种特别突出。中国近海没有强大的寒流，但冬、春季受大陆气候（沿岸流）及黄海冷水团的影响，渤海、黄海和苏南及浙江等海区近岸水温较低，使相当多的温带区系种能够生存和发展并占一定的优势地位，表现出暖温带海区的特点，而台湾海峡和南海北部也出现了一些暖温性种类，那是冬、春季由浙闽沿岸流和广东沿岸流影响的结果，具有明显的季节性。

中国近海河流较多，在春、夏季受河口冲淡水的影响，除了台湾东岸和南海中部、南部海区之外，其他各海区均出现了近岸河口种，其种类少，可作为河口冲淡水的指示种。

②中国近海各海区之间水螅虫总纲种类分布区类型的差异

从表2-14可看出，中国近海水螅虫总纲北温带分布种以渤海（14种）、黄海（28种）、苏南及浙江海区（17种）最多，分别占其海区总种类数的31.8%、26.4%和11.6%，往南逐渐递减；印度—西太平洋分布种以渤海（11种）、黄海（29种）最少，分别占其海区总种类数的25.0%和27.4%，其他海区都是50种以上，呈现出往南逐渐增加的趋势；环热带种以南海中部、南部最高，达74种，往北逐渐递减；世界分布种以台湾东岸（6种）最少，其他海区的种类数为10～20种；中国特有种以台湾海峡居多（118种），占该海区总种类数的39.6%，其他海区较少。可见，中国近海各海区水螅虫总纲种类分布区类型的分布规律是：北温带分布种由北向南逐渐递减，而热带种和亚热带种由北往南逐渐增加。上述各种水螅虫总纲分布区类型的地理分布状况，体现出中国近海各种水系的分布和迁移状况。

表 2-14　中国各海区水螅虫总纲种类分布区类型及生活史模式

海区		种数	分布区类型					生活史模式		
		T	E	NT	IP	CT	C	m	g	mg
渤海		44	2	14	11	7	10	20	11	13
黄海		106	7	28	29	25	17	41	34	31
东海	苏南及浙江	146	10	17	57	44	18	53	67	26
	台湾海峡	298	118	13	81	66	20	222	30	46
	台湾东岸	101	2	1	50	42	6	73	7	21
南海	北部	183	45	7	63	52	16	116	25	42
	中部及南部	191	11	7	89	74	10	90	76	25
合计		555	149	52	178	138	38	316	173	66

注：g. 附着水螅体；m. 水母体；mg. 已知生活史；E. 中国特有种；NT. 北温带分布种；CT. 环热带种；IP. 印度—西太平洋分布种；C. 世界分布种。

③生活史类型与扩散

水螅虫总纲的地理分布，除了与海区的气候、自然环境特点以及所处的地理位置等有密切关系之外，个体的生活史类型和生活方式也是不可忽略的因素——主要是为它们提供扩散的可能性。从表2-14可看出，在中国近海的555种水螅虫总纲中，水母型有316种，占总种类数的56.9%，水螅型173种，占总种类数的31.2%；其中，筐水母亚纲、硬水母亚纲和兰卡水母亚纲都是水母型，而花水母亚纲和软水母亚纲水母型的种类数分别为159种和113种，水螅型分别为34种和139种。可见，在中国近海，水螅虫总纲的生活史类型以浮游成熟水母期为主，这有利于它们扩大分布范围。例如，两手筐水母*Solmundella bitentaculata*、四叶小舌水母*Liriope tetraphylla*和半口壮丽水母*Aglaura hemistoma*是中国近海的优势种（渤海和黄海除外），它们来自于低纬度的热带海区，由于它们的生活史只经过浮浪幼虫期而没有附着的水螅体期，因此只要温度、盐度条件适宜，它们就将随着暖流往亚热带海区分布，属于环热带种。有些种类在生活史中的水螅体期是浮游生活的，如银币水母*Porpita porpita*、帆水母*Velella velella*和六辐和平水母*Eirene hexanemalis*等，它们属于大洋广布种。有些种类的水母体能进行无性生殖——在中国近海就有23种，它们的无性生殖有：在水母垂管上产生水母芽，如羽叶高手水母*Bougainvillia frondosa*、扁胃高手水母*B. platygaster*、芽介螅水母*Hydractinia minuta*、八斑唇腕水母*Rathkeao* *octopuncata*、芽体拟镰螅水母*Teissiera medusifera*、芽侧丝水母*Helgicirrha gemmifera*以及奇异真唇水母*Eucheilota paradoxica*；在水母触手基球上产生水母芽，如叶手水母*Niobia dendrotentaculata*；在水母垂管或辐管长出水螅体，如螅芽拟镰螅水母*Teissiera polypofera*；在水母体辐管上长出生殖体鞘，如埃利和平水母*Eirene elliceana*。上述水母体无性生殖的方式可以弥补水母体生存时间短暂的不足，以新产生的后代不经过附着的底栖生活，继续营浮游生活方式，达到扩大扩散范围的目的。另有些底栖水螅体—浮浪幼虫—底栖水螅体的生活史类型，其扩散能力受到限制，因为浮浪幼体无桑葚期，常密集下沉附着，只有产生无摄食的辐射幼虫才可能会扩散，而最重要的方式是附着在船底的水螅体随船扩散到他处。

总之，虽然水螅虫总纲的生活史类型与其地理分布的扩散有着密切关系，但由于浮游水母类缺乏强有力的游泳器官，随流漂浮，因此其扩散颇受外环境的影响，特别是海流作为它们扩散的动力，是很明显的，不过海流中能直接影响水螅虫总纲生长和繁殖方式的主要是海水的温度和盐度。所以，这些因素综合在一起，影响着水螅虫总纲中种类的分布。

参考文献

［1］CORNELIUS P F S.*North - West European thecate hydroids and their medusae*（*Cnidaria*，*Leptolida*，*Leptothecatae*）［R］.*Synopses of the British Fauna*，1995，50（1）：1–347，50（2）：1–386.

［2］BOUILLON J，BOERO F.*Phylogeny and classification of Hydroidomedusae*［J］.*Thalssisa Salentina*，2000，24：1–296.

［3］陈宜瑜，系统动物学和动物地理学的发展趋势及我国近期的发展战略［J］.动物学杂志，1992，27（3）：50–56.

［4］ENDLER J A.*Problems in distinguishing historical from ecological factors in biogeography*［J］.*American Zoologist*，1982，22：441–452.

［5］DAVIS G M.*Historical and ecological factors in the evolution*，*adaptative radiation and biogeography of freshwater mollusks*［J］.*American Zoologist*，1982，22：375–395.

［6］VERMEIJ G J.*Biogeography and Adaptation：Patterns of Marine Life*［M］. Cambridge：Harvard University Press，1978：332.

［7］KRAMP P L.*Synopsis of the medusae of the world*［J］.*Mar. Biol. Ass. U.K.*，1961，40：1 –459.

［8］HARGITT C W.*Hydroids of South China*［J］.*Bull. Mus. Comp. Harv. Coll.*，1927，67（16）：491–520.

［9］HSU H F. *On a new species of Hydromedusae*［J］.*Contr. Biol. Lab. Sci. Soc. China Nanking*，1928，4：1–7.

［10］LING S W.*Studies on Chinese Hydrozoa I：On some Hydromedusae from Chekiang coast*［J］.*Peking Nat. Hist. Bull.*，1937，11（4）：351–365.

［11］LING S W.*Studies on Chinese Hydrozoa* Ⅱ.*Report on some common hydroidae from the East Saddle Island*［J］.*Lingnan Sci. J.*，1938，17（2）：175–184，17（3）：357–366.

［12］高哲生，李凤鲁，张云美，等.山东沿海水螅水母的研究［J］.山东大学学报，1958，1：75–118.

［13］和振武.我国的水螅水母［J］.动物学杂志，1964，6（2）：53–57.

［14］蒋双，陈介康.黄渤海水螅水母、管水母和栉水母的地理分布［J］.海洋通报，1994，13（3）：17–23.

［15］唐质灿，高尚武.刺胞动物门 Phylum Cnidaria Haeckel，1888，水母亚门 Subphylum Medusozoa Petersen，1979//中国海洋生物名录［M］.北京：科学出版社，2008：301–332.

［16］高哲生.山东沿海水螅虫的研究［J］.山东大学学报，1956，2（4）：70–103.

［17］黄美君，刘恒.胶州湾附近海域水螅虫类的研究［J］.山东海洋学院学报，1987，17（3）：61–69.

［18］黄美君.青岛沿海佳美羽螅*Aglaophenia whiteleggei* Bale的新记录［J］.山东海洋学院学报，1998，18（2：1）：44–47.

［19］唐质灿，黄美丽.黄海辫螅形态研究［J］.海洋与湖沼，1987，18（3）：291–294.

［20］王真良.黄海区水母类的生态研究［J］.黄渤海海洋，1996，14（1）：41–48.

［21］周太玄，黄明显.烟台水螅水母的研究［J］.动物学报，1958，10（2）：173–

191.

［22］和振武，许人和.烟台沿海的水螅水母及软水母一新种［J］.新乡师范学院学报，1982，4：33–44.

［23］和振武.烟台硬水母一新属新种［J］.动物分类学报，1980，5（4）：327–329.

［24］高尚武.东海水母类的研究［J］.海洋科学集刊，1982，19：43–50.

［25］高哲生，张志南.舟山的水螅水母类［J］.山东海洋学院学报，1962，1：65–91.

［26］魏崇德.舟山水螅虫类和水螅水母类的初步调查报告［J］.杭州大学学报，1959，2：187–212.

［27］张金标.江苏、浙江沿海浮游水螅水母类和栉水母类的调查研究［J］.海洋科技，1977，7：95–107.

［28］许振祖，黄加祺，刘光兴.长江口及其邻近海域水螅水母纲新种和新记录记述［J］.海洋学报（中文版），2006，28（6）：112–118.

［29］黄加祺，许振祖，刘光兴，等.中国海域水螅水母纲一新种和一新记录记述［J］.厦门大学学报（自然科学版），2009，48（2）：278–280.

［30］黄加祺，陈栩，许振祖.闽南—台湾浅滩渔场上升流区水母类的生态研究［M］.//闽南—台湾浅滩渔场上升流区生态研究.北京：科学出版社，1991：456–468.

［31］林元烧.台湾海峡中、北部浮游水母的种类分布［J］.厦门大学学报（自然科学版），1994，33（增刊）：165–172.

［32］许振祖，张金标.福建沿海水母类的调查研究Ⅲ.中、北部沿海水母类的分类研究［J］.海洋科技，1974，2：17–32.

［33］许振祖，张金标.福建沿海水母类的调查研究Ⅱ.南部沿海水螅水母、管水母和栉水母类的分类［J］.厦门大学学报（自然科学版），1964，11（3）：120–149.

［34］许振祖.台湾海峡西南部水螅水母的生态研究［J］.海洋学报，1983年，5（1）：91–101.

［35］张金标，徐亮礼，王云龙.台湾西部海坡冬春季的水螅水母类和管水母类［J］.台湾海峡，1999，18（1）：76–82.

［36］张金标，许振祖.福建沿海水母类的调查研究Ⅳ.南部沿海浮游水母类的分布［J］.海洋科技，1975，5：1–14.

［37］黄加祺，许振祖，林茂，等.台湾海峡及其邻近海域软水母亚纲二新种记述

［J］.厦门大学学报（自然科学版），2010，49（1）：87–90.

［38］王春光，许振祖，黄加祺，等.台湾海峡十盘水母属二新种记述（软水母亚纲，锥螅水母目）［J］.厦门大学学报（自然科学版），2010，49（1）：91–94.

［39］黄加祺，许振祖，郭东晖.台湾海峡南部水螅水母纲两新种形态特征［J］.台湾海峡，2010，29（1）：1–4.

［40］黄加祺，许振祖，林君卓，等.福建海域花水母亚纲三新种［J］.厦门大学学报（自然科学版），2008，47（3）：408–412.

［41］黄加祺，许振祖.福建沿海水螅水母四新种记述（裸鞘花水母亚纲，被鞘软水母亚纲）［J］.动物分类学报，1994，19（2）：132–135.

［42］黄加祺.中国真囊水母属三个新种记述［J］.海洋学报（中文版），1999，21（4）：92–95.

［43］黎爱诏，陈清潮.南沙群岛海区的水母类I.水螅水母和钵水母的种类组成及其分布［M］.//南沙群岛及其邻近海区海洋生物研究论文集（二）.北京：海洋出版社，1991：89–102.

［44］林茂，许振祖，黄加祺，等.台湾海峡及其邻近海区介螅水母属二新种（丝螅水母目，介螅水母科）［J］.水产学报，2010，34（1）：67–71.

［45］林茂，许振祖，黄加祺，等.台湾海峡软水母亚纲二新种［J］.水产学报，2009，33（1）：452–455.

［46］黄加祺，许振祖，林茂.厦门和平水母属一新种（刺胞动物门，软水母亚纲，和平水母科）［J］.动物分类学报，2010，35（2）：327–375.

［47］许振祖，黄加祺，陈栩.闽南—台湾浅滩渔场上升流区水螅水母新属新种新记录［M］.//闽南—台湾浅滩渔场上升流区生态系研究.北京：科学出版社，1991：469–486.

［48］许振祖，黄加祺，郭东晖.台湾海峡南部上升流区水螅水母纲I.花水母亚纲新种新记录记述［J］.海洋学报（中文版），2008，30（1）：119–126.

［49］许振祖，黄加祺，郭东晖.台湾海峡南部上升流区水螅水母纲Ⅱ.软水母亚纲新属新种记述［J］.厦门大学学报（自然科学版），2007，46（5）：684–689.

［50］许振祖，黄加祺，林茂，等.台湾海峡及其邻近海区单肢水母属的研究（水螅水母纲，花水母亚纲，丝螅水母目，高手水母科）［J］.动物分类学报，2009，34（1）：111–118.

[51] 许振祖，黄加祺，林茂，等.台湾海峡及其邻近海区珍妮水母属的研究（丝螅水母目，面具水母科）[J].动物分类学报，2009，34（4）：847–853.

[52] 许振祖，黄加祺，刘光兴.长江口及其邻近海域水螅水母纲新种和新记录记述[J].海洋学报（中文版），2006，28（6）：112–118.

[53] 许振祖，黄加祺，王文柱.福建九龙江口水螅水母新种和新记录[J].厦门大学学报（自然科学版），1984，24（1）：102–110.

[54] 许振祖，黄加祺.福建沿海兰卡水母亚纲和花水母亚纲新属新种新记录记述[J].厦门大学学报（自然科学版），2006，45（增刊2）：233–249.

[55] 许振祖，黄加祺.九龙江口的水螅水母类、管水母类、钵水母类和栉水母类[J].台湾海峡，1983，2（2）：99–110.

[56] 许振祖，黄加祺.罗源湾水螅水母纲一新属二新种[J].动物分类学报，1990，15（3）：262–266.

[57] 许振祖，黄加祺.台湾海峡兰卡水母亚纲新种和新组合[J].海洋学报（中文版），2005，27（6）：83–92.

[58] 许振祖，黄加祺.台湾海峡及其邻近海区真囊水母属新种和新记录[J].台湾海峡，2003，22（2）：136–144.

[59] 许振祖，黄加祺.台湾海峡兰卡水母亚纲和软水母亚纲新种新记录记述[J].厦门大学学报（自然科学版），2004，43（1）：107–114.

[60] 许振祖，黄加祺.台湾海峡水螅水母纲一新属二新种[J].厦门大学学报（自然科学版），1994，33（增刊）：149–153.

[61] 许振祖，黄加祺.中国水螅水母一新属二新种[J].动物分类学报，1990，15（4）：401–405.

[62] 许振祖，金德祥.福建沿海水母类的调查研究（一）[J].厦门大学学报（自然科学版），1962，9（3）：206–224.

[63] 许振祖，张金标.粤东—闽南近海的浮游水螅水母类、管水母类和钵水母类[J].厦门大学学报（自然科学版），1978，17（4）：19–63.

[64] 张金标，林茂.厦门港及邻近海域水螅水母类二新种[J].动物分类学报，1984年，9（4）：343–346.

[65] 张金标，吴玉清.厦门港水螅水母类一新属一新种[J].海洋学报，1981，3

（1）：184–187.

［66］郑连明，林元烧，李少菁，等.台湾海峡多管水母属一新种及基于线粒体COI序列分析鉴定多管水母［J］.海洋学报，2008，30（4）：139–146.

［67］GUO D H，XU Z Z，HUANG J Q.*Two new species of Eirenidae from the coast of southeast China*［J］.*Acta Ocean Sinica*，2008，27（1）：61–66.

［68］LIN M，XU Z Z，HUANG J Q，et al.*Two new species of Ectopleura from Taiwan Strait*，*China*（*Cnidaria*，*Hydroidomedusae*）［J］.*Acta Ocean Sinica*，2010，29（2）：1–4.

［69］XU Z Z，HUANG J Q，GUO D H.*A survey on Hydroidomedusae from the upwelling region of southern part of the Taiwan Strait of China.I.On new species and records of Anthomedusae*［J］.*Acta Ocean Sinica*，2007，26（5）：66 –75.

［70］XU Z Z，HUANG J Q.*A survey on Anthomedusae*（*Hydrozoa*，*Hydroidomedusae*）*from the Taiwan Strait with description of new species and new combinations*［J］.*Acta Ocean Sinica*，2004，23（3）：549–562.

［71］XU Z Z，HUANG J Q，LIN M，et al.*Description of one new genus and two new species of Anthomedusae from Minnan - Yuedong inshore upwelling area*，*China*（*Filifera*，*Protiaridae*；*Capitata*，*Corymorphidae*）［J］.*Acta Zootaxonomica Sinica*，2010，35（1）：11–15.

［72］张金标，刘红斌.钓鱼岛周围海域的水螅水母类［J］.海洋通报，1999，18（6）：24–31.

［73］黄将修，张金标，连光山.台湾南湾秋末冬初水螅水母类的组成与分布［J］.台湾海峡，2003，22（4）：437–444.

［74］许振祖，林茂.刺胞动物门水螅虫总纲.中国海洋物种多样性［M］.北京：海洋出版社，2014.

［75］陈小银，林茂.台湾东岸海域水螅水母类生态研究（手稿）.

［76］张万钧.台湾周边海域水螅水母群聚之时空分布及其与水文环境之相关性［D］.高雄：台湾中山大学海洋生物科技暨资源研究所硕士论文，2008年.

［77］黄丽萍.北部湾北部沿岸的浮游水母类［J］.广西海洋，1987，1：1–11.

［78］林茂.大亚湾水母类的分类和区系［M］.//大亚湾海洋生态文集（Ⅰ）.北京：海

洋出版社，1989：59–65.

［79］林盛.大亚湾水螅类生态初步研究［M］.//大亚湾海洋生态文集（Ⅱ）.北京：海洋出版社，1990：315–319.

［80］刘玉爱，叶华臣.南海北部大陆架浮游水母类的调查研究［M］.//南海北部大陆架外海底拖网鱼类资源调查报告集（下册）.广州：国家水产总局南海水产研究所，1979：569–586.

［81］齐钟彦，邹仁林.海南岛的几种多孔螅［J］.动物学报，1963，17（2）：184–188.

［82］许振祖.海南岛及邻近海区浮游动物的调查研究I.水螅水母类［J］.厦门大学学报（自然科学版），1965，12（1）：90–1104.

［83］杜飞雁，许振祖，黄加祺，等.南海北部近海水螅虫总纲四新种和二种新记录研究（刺胞动物门，自育水母纲，水螅水母纲）［J］.动物分类学报，2009，34（4）：851–861.

［84］许振祖，黄加祺，郭东晖.北部湾花水母亚纲六新种记述［M］//北部湾海洋科学研究论文集（第一辑）.北京：海洋出版社，2008：209–221.

［85］许振祖，黄加祺，林茂，等.台湾海峡及其邻近海区珍妮水母属的研究（丝螅水母目，面具水母科）［J］.动物分类学报，2009，34（4）：847–853.

［86］许振祖.南海北部软水母一新属新种［J］.动物分类学报，1983，8（1）：4–6.

［87］张金标.南海北部花水母目一新科新种［J］.海洋学报，1982，4（2）：209–214.

［88］邹仁林.西沙群岛珊瑚类的研究Ⅱ.多孔螅属及其一个新种描述［M］.//我国西沙、中沙群岛海域海洋生物调查研究报告集.北京：科学出版社，1978：81–90.

［89］国家海洋局.南海中部海域环境资源综合调查报告［M］.北京：海洋出版社，1988：162–214.

［90］蒙致民.南沙陆架区的底栖生物［M］.//南沙群岛西南部陆架海区底拖网渔业资源调查研究报告.北京：海洋出版社，1991：56–67.

［91］唐质灿.南沙群岛海域陆架区单列羽螅组合及其生态地理学的研究［M］.//南沙群岛及其邻近海区海洋生物研究论文集（二）.北京：海洋出版社，1991：255–261.

［92］唐质灿.南沙群岛海区的水螅虫类［M］.//南沙群岛及其邻近海区海洋生物研究

文集（一）.北京：海洋出版社，1991：25–37.

［93］BOUILLON J，GRAVILI C，PAGÈS F，et al.*An introduction to Hydrozoa*［M］. Paris：Publications Scientifiges du Museum，Paris，2006：591.

［94］KRAMP P L.*The Hydromedusae of Pacific and Indian Oceans*［J］.*Dana Report*，1968，72：1–200.

［95］张金标.中国海水域螅水母类区系的初步分析［J］.海洋学报，1979，1（1）：127–137.

［96］BOUILLON J，BOERE F，SEGHERS G.*Notes additionnelles sur les méduses de Papouasie Nouvelle -Guinée*（*Hydrozoa*，*Cnidaria*）Ⅲ［J］.*Indo - Malayan Zoology*，1988，5：225–253.

［97］BOERO F，BOUILLON J.*Zoogeography and life cycle patterns of Mediterranean hydromedusae*（*Cnidaria*）［J］.*Biological Journal of the Linnean Society*，1993，48：239–266.

［98］BOUILLON J，MEDEL M D，PAGÈS F，et al.*Fauna of the Mediterranean Hydrozoa*［J］.*Scientia Marina*，2004，68（suppl.2）：5 –438.

［99］EKMAN S.*Zoogeography of the Sea*［M］.London：Sidgiwisk and Jackson，1953：417.

［100］CALDER D.*Seasonal cycle of activity and inactivity in some hydroids from Virginia and South Carolina*［J］.*Canadian Journal of Zoology*，1990，68：442–450.

［101］CARRÉ D，CARRÉ C.*Complex reproductive cycle in Eucheilota paradoxica*（*Hydrozoa*，*Leptomedusae*）：*medusae*，*polyps and frustules produced from medusa stage*［J］.*Marine Biology*，1990，104：303–310.

［102］中国科学院《中国自然地理》编辑委员会.中国自然地理海洋地理［M］.北京：科学出版社，1979：1–224.

［103］福建省海岛资源综合调查编委会.自然地理概述.福建省海岛资源综合调查研究报告［M］.北京：海洋出版社，1996：13–16.

2.3 浮游水母的生态作用及其实践意义

2.3.1 利用浮游水母指示种分析中国海流和水团的研究 *

Studies on the Planktonic Medusae Used as Bio-indicators on the Analysis of Sea Current and Water Mass in China Seas

浮游水母缺乏发达的游泳器官，只能随着水团或海流漂浮，因此它们的分布与水团或海流密切相关，故有一些浮游水母可作为水团或海流的指示种。远在1900年以前，Agassiz（1883）就提出了三种热带水螅水母——银币水母*Porpita porpita*、帆水母*Velella velella*和僧帽水母*Physalia physalis*等可作为北大西洋湾流（或称墨西哥湾流）的指示种，因为它们分别具有一个漂浮于海面上的圆盘状、三角形帆板状或僧帽状的浮囊体，是典型热带暖流的水漂生物，如同测量海流的浮瓶。

这三种水母其实是漂浮的水螅群体，在我国黄海以南至南海各海区均有分布，不过非优势种，而是偶尔大量出现。例如，1957年6月14—16日在浙江海面出现特大风暴，风向为东到东南，平均风速为4.2 m/s，在舟山普陀的东面外海沿岸就采到大量的帆水母、银币水母和僧帽水母（魏崇德，1959），这表明它们的分布不仅与海流有关，而且与台风也有关系。据报道，银币水母在我国各海区出现的时期不同，海南岛最早（3月），广东次之（6月），福建稍后（8—10月），浙江最后（11月），这表明银币水母的季节性分布南起我国海南岛西南部，往广东、福建直到浙江舟山群岛一带扩散，显示该种水母是顺着太平洋赤道以北暖流向我国沿海漂流而来（丘书院，1957）。

虽然上述三种水母个体大，容易认识，在我国是良好的指示种，但不容易采到。因此，依笔者的意见，水母作为水团或海流的指示种应具备如下几个条件：

---

* 陈小银、许振祖。首次发表。

① 对温度、盐度的要求比较严格，只能适应一定温度、盐度的水团或海流；

② 个体较大，较易采集和鉴定，并且它们的生态面貌（对温度、盐度的适应能力）比较明显；

③ 数量多，往往成群漂流，季节性变化明显，即为优势种或常见种；

④ 以不同生态类群的种类的生态性质来作为水团或海流的指示。例如，近岸暖温生态类群是以低温（0~25℃）、广盐（盐度小于30）为主要特征的种类作为沿岸流的指示种的。

综合上述几个条件，可避免偶然性，提高正确性，从而提高水团或海流指示动物的研究水平。兹按不同生态类群，扼要地介绍作为水团或海流指示种的各种浮游水母及其在我国各海区的分布状况。

2.3.1.1 近岸暖温生态类群的指示种

近岸暖温生态类群是以低温（0~25℃）、广盐（盐度小于30）为主要分布特征的，其主要优势种有八斑唇腕水母*Rathkea octopunctata*、四枝管水母*Proboscidactyla flavicirrata*、日本横萨水母 *Stauridiosarsia nipponica*、嵊山秀氏水母*Sugiura chengshanense*和大西洋五角水母*Muggiaea atlantica* 5种，它们随着沿岸流往南广泛分布于我国各海区，多数出现于冬、春季或深水区（图2.20），可作为我国沿岸流的指示种。

2.3.1.2 近岸暖水生态类群的指示种

近岸暖水生态类群是以高温（高于25℃）、低盐（盐度小于33）为主要分布特征的，主要分布在近岸和沿岸水与外海暖流交汇的混合水域——被称为近岸暖水团，是热带近岸种。这一类群的季节性变化较为显著，一般在夏、秋季数量较多，冬、春季数量少，其中双生水母*Diphyes chamissonis*、拟细浅室水母*Lensia subtiloides*、扭歪爪室水母*Chelophyes contorta*、印度八拟杯水母*Octophialucium indicum*、厦门隔膜水母*Leucpartiara hoepplii*、澳洲多管水母*Aequorea australis*、锡兰和平水母*Eirene ceylonensis*、六辐和平水母*Eirene hexanemalis*、细颈和平水母*Eirene menoni*、塔形和平水母*Eirene pyramidalis*、真瘤水母*Eutima levuka*、马来侧丝水母*Helgirrha malayensis*、四手触丝水母*Lovenella assimilis*、卡玛拉水母*Malagazzia carolinae*以及单囊美螅水母*Clytia folleata*等15种可作为我国近岸暖水团的指示种，它们随着近岸暖水团往北广泛分布于我国各海区，但只有前四种仅分布到黄海（图2.21）。

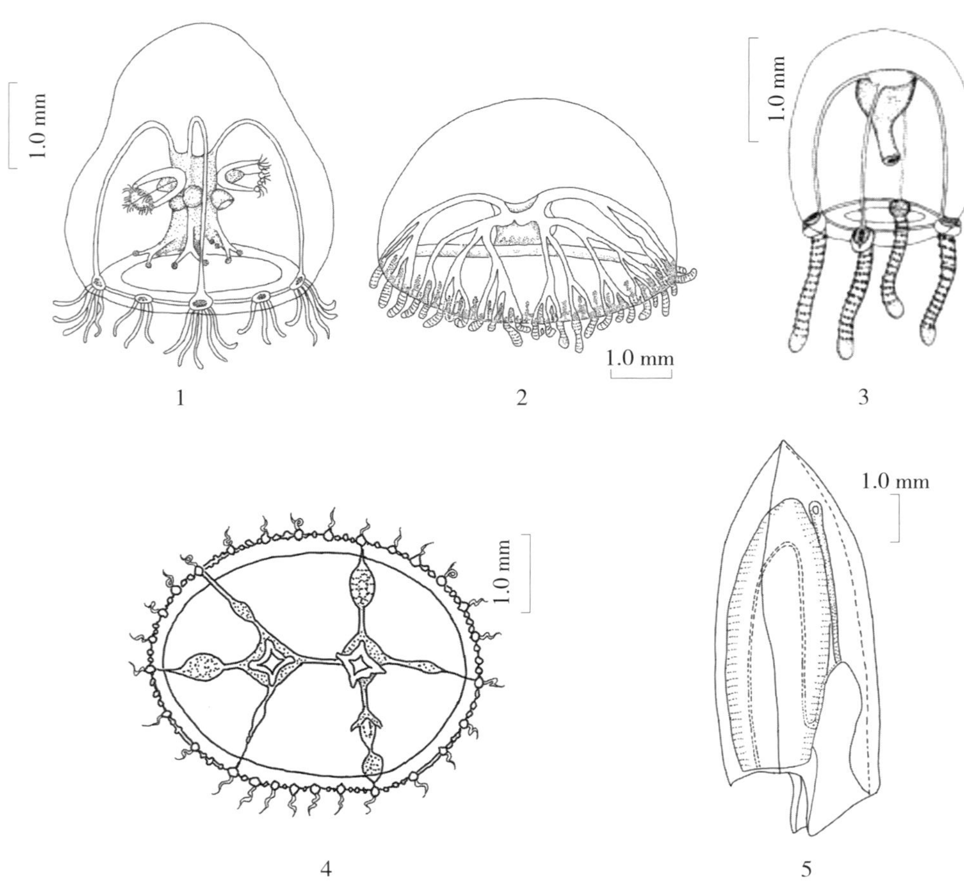

图2.20　近岸暖温生态类群的指示种

1. 八斑唇腕水母 *Rathkea octopunctata* 侧面观；2. 四枝管水母 *Proboxcidactyla flavicirrata* 侧面观；3. 日本横萨水母 *Stauridiosarsia nipponica* 侧面观；4. 嵊山秀氏水母 *Sugiura chengshanense* 侧面观；5. 大西洋五角水母 *Muggiaea atlantica* 前泳钟侧面观

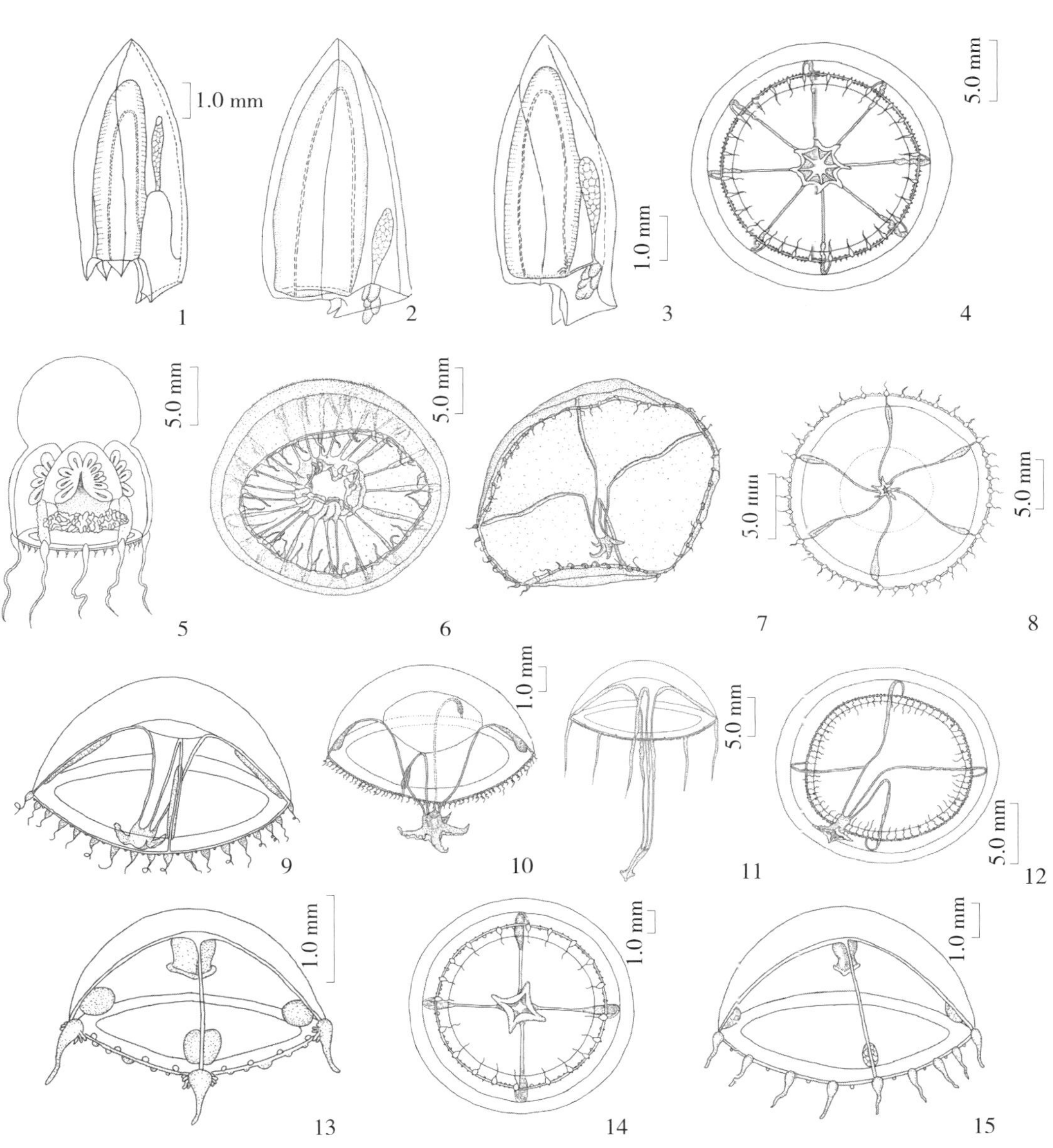

图 2.21　近岸暖水生态类群的指示种

1. 双生水母 *Diphyes chamissonis* 前泳钟侧面观；2. 拟细浅室水母 *Lensia subtiloides* 前泳钟侧面观；3. 扭歪爪室水母 *Chelophyes contorta* 前泳钟侧面观；4. 印度八拟杯水母 *Octophialucium indicum* 口面观；5. 厦门隔膜水母 *Leucpartiara hoepplii* 侧面观；6. 澳洲多管水母 *Aequorea australis* 口面观；7. 锡兰和平水母 *Eirene ceylonensis* 口面观；8. 六辐和平水母 *Eirene hexanemalis* 口面观；9. 细颈和平水母 *Eirene menoni* 侧面观；10. 塔形和平水母 *Eirene pyramidalis* 侧面观；11. 真瘤水母 *Eutima levuka* 侧面观；12. 马来侧丝水母 *Helgirrha malayensis* 口面观；13. 四手触丝水母 *Lovenella assimilis* 侧面观；14. 卡玛拉水母 *Malagazzia carolinae* 口面观；15. 单囊美螅水母 *Clytia folleata* 侧面观

2.3.1.3 大洋暖水生态类群的指示种

大洋暖水生态类群是以高温（高于25℃）、广盐（盐度小于等于33）为主要分布特征的。这一类群的种类常被称为热带大洋广布种，它们主要生活于低纬度热带大洋区，在外海暖水团的影响下，向南、北半球高纬度暖水区扩散分布，往北可分布到我国各海区；一般夏、秋季种类数量较多，冬、春季种类数量较少，季节性变化显著。在我国的筐水母亚纲和硬水母亚纲的种类，大多数属于这个类群。其代表种有四手间囊水母*Aegina citrea*、两手筐水母*Solmundella bitentaculata*和四叶小舌水母*Liriope tetraphylla*等3种，往北它们可分布到渤海，而半口壮丽水母*Aglaura hemistoma*可分布到黄海，异摇篮水母*Cunina peregrine*、宽膜棍手水母*Rhopalonema velatum*、银币水母*Porpita porpita*、帆水母*Velella velella*以及僧帽水母*Physalia physalis*等往北仅分布到苏南及浙江海区、台湾东岸。这些种类的分布变化，可作为外海高盐水和近岸水相互推移的指示种（图2.22）。

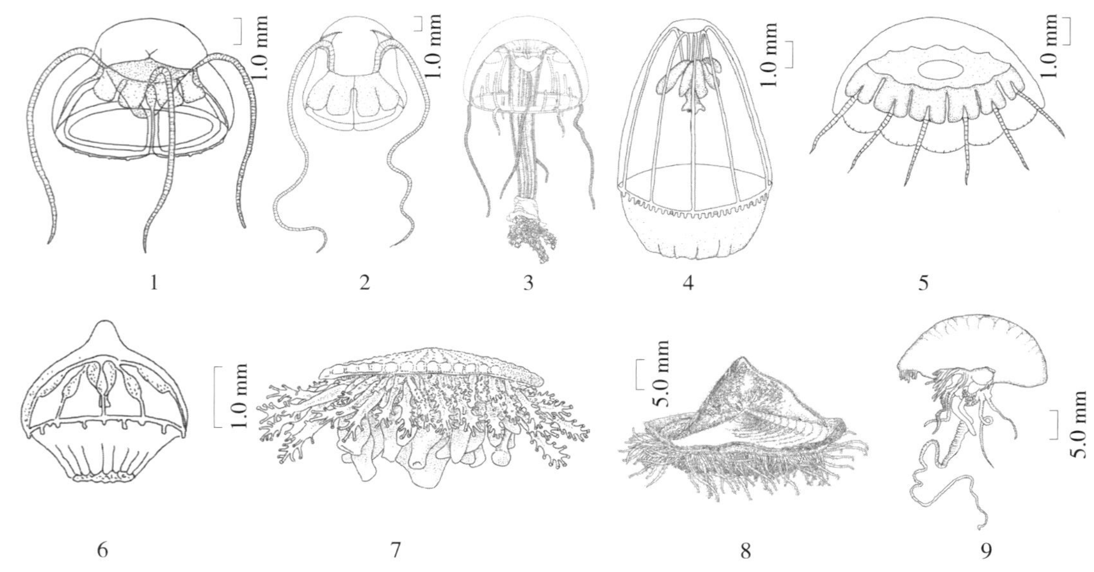

图 2.22 大洋暖水生态类群的指示种

1. 四手间囊水母 *Aegina citrea* 侧面观；2. 两手筐水母 *Solmundella bitentaculata* 侧面观；
3. 四叶小舌水母 *Liriope tetraphylla* 侧面观；4. 半口壮丽水母 *Aglaura hemistoma* 侧面观；
5. 异摇篮水母 *Cunina peregrine* 侧面观；6. 宽膜棍手水母 *Rhopalonema velatum* 侧面观；
7. 银币水母 *Porpita porpita* 侧面观；8. 帆水母 *Velella velella* 侧面观；9. 僧帽水母 *Physalia physalis* 侧面观

2.3.1.4 大洋狭布生态类群的指示种

这个类群是以高温（高于25℃）、高盐（盐度大于34）为主要分布特征的。本类群的种类大多由管水母中的大洋热带赤道种组成，但在我国的分布是有局限的。例如，海冠水母*Halistemma rubrum*、纹海冠水母*Halistemma striata*、双翼多面水母*Abyla bicarinala*、四角舟水母*Ceratocymba leuckarti*、粗体浅室水母*Lensia baryi*、粗管浅室水母*Lensia canopusi*、异板浅室水母*Lensia challengeri*、宽板无棱水母*Sulculeclaria bigelow*、小口拟蹄水母*Voglia microsticella*以及支管双钟水母*Amphicaryon ernesti*等10种，只局限分布于苏南及浙江外海和台湾东岸，可作为黑潮及其分支等暖流的指示种。还有一些种类，如齿角舟水母*Ceratocymba dentata*、中型角舟水母*Ceratocymba intermedia*、矢角舟水母*Ceratocymba sagittata*、短体五角水母*Muggiaea delsmami*以及手套无棱水母*Sulculeolaria brintoni*等5种，只局限分布于南海北部，可作为热带太平洋水团的指示种。（图2.23）

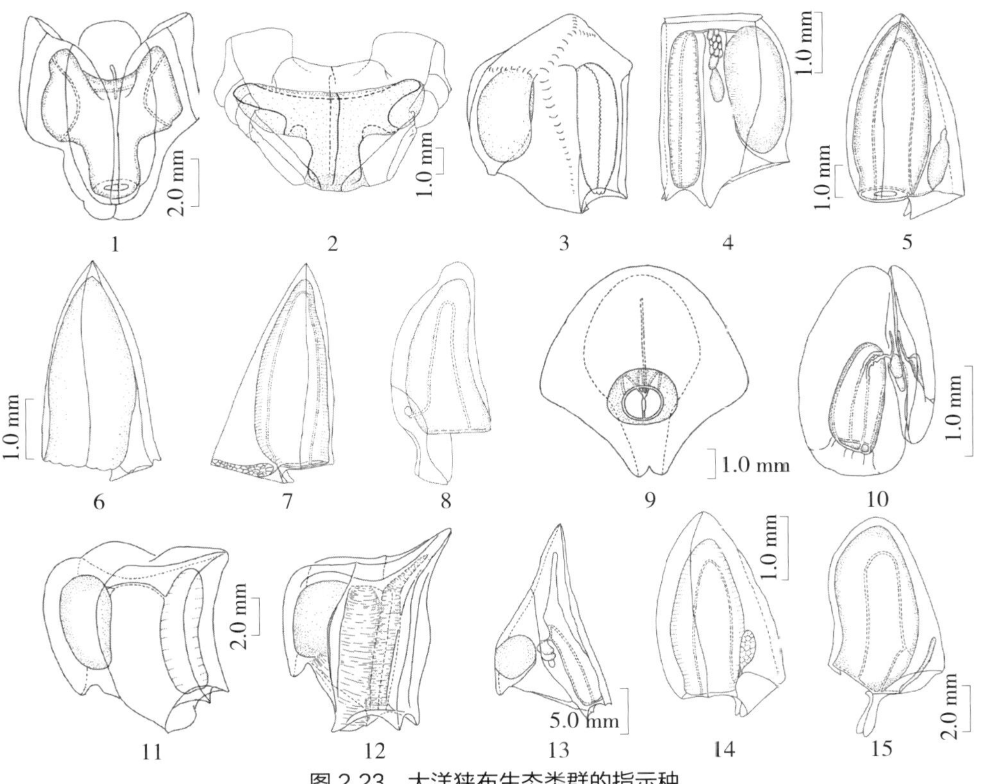

图 2.23　大洋狭布生态类群的指示种

1. 海冠水母 *Halistemma rubrum* 泳钟背面观；2. 纹海冠水母 *Halistemma striata* 泳钟背面观；
3. 双翼多面水母 *Abyla bicarinala* 前泳钟侧面观；4. 四角舟水母 *Ceratocymba leuckarti* 前泳钟侧面观；
5. 粗体浅室水母 *Lensia baryi* 前泳钟侧面观；6. 粗管浅室水母 *Lensia canopusi* 前泳钟侧面观；
7. 异板浅室水母 *Lensia challengeri* 前泳钟侧面观；8. 宽板无棱水母 *Sulculeolaria bigelow* 前泳钟侧面观；
9. 小口拟蹄水母 *Voglia microsticella* 泳钟背面观；10. 支管双钟水母 *Amphicaryon ernesti* 泳钟侧面观；
11. 齿角舟水母 *Ceratocymba dentata* 侧面观；12. 中型角舟水母 *Ceratocymba intermedia* 前泳钟侧面观；
13. 矢角舟水母 *Ceratocymba sagittata* 前泳钟侧面观；14. 短体五角水母 *Muggiaea delsmami* 侧面观；
15. 手套无棱水母 *Sulculeolaria brintoni* 前泳钟侧面观

2.3.1.5 大洋深水生态类群的指示种

我国海域已知浮游水母种类中绝大多数为上层种，但有39种分别为中层种（深度为200~1 000 m）和深层种（深度大于1 000 m），其中以管水母的种类数居多，有25种，其余14种是硬水母。这些种类主要分布在南海中部和南部（32种）、台湾东岸（25种）、苏南及浙江外海区（16种）以及台湾海峡（12种）（表2-15）。

表 2-15　中国主要海区出现大洋深水种类的比较

种类	分布深度（m）	苏南及浙江	台湾东岸	南海中、南部	台湾海峡
硬水母亚纲					
微小海棘水母 *Halicreas minimum*	75~900			+	
角海盔水母 *Halicera conica*	900~1800			+	
深水海盔水母 *H. racovitzae*	250~500			+	
马氏海生水母 *Halitrephes maasi*	200~2000		+	+	
高华丽水母 *Aglantha elata*	中、深层		+	+	
斯科特淡绿水母 *Pantachogon scotti*	上、中层		+		+
顶突瓮水母 *Amphogona apicata*	中、深层		+	+	+
红色短手水母 *Colobenema igneum*	1370~1830		+	+	+
虹彩短手水母 *C. seiceum*	中、深层			+	
棕壶水母 *Crossota brunnea*	5832			+	
克朗柄腺水母 *Ransonia krampi*	中、深层		+		+
墓形棍手水母 *Rhopalonema funeratium*	上、中层	+	+	+	+
真胃穴水母 *Sminthea eurygaster*	上、中层		+	+	+
多手水母 *Arctapodema ampla*	上、中层		+		+

续表

种类	分布深度（m）	苏南及浙江	台湾东岸	南海中、南部	台湾海峡
管水母亚纲					
中粗双体水母 *Clausophyes moserae*	上、中层	+	+	+	
卵形双体水母 *C. ovata*	上、中层	+	+	+	
盔形双体水母 *C. galeata*	上、中层	+		+	
多齿角锥水母 *Chuniphyes multidentata*	上、中层	+		+	
色斑异塔水母 *Heteropyramis maculata*	上、中层	+		+	
北极单板水母 *Dimophyes arctica*	200~1000	+	+	+	
网棱水母 *Gilia reticulata*	200~1000			+	
阿贾浅室水母 *Lenisa ajax*	550~1900		+		
锥体浅室水母 *L. conoidea*	中、深层	+	+	+	+
心形浅室水母 *L. cordata*	500~1250			+	
埃克浅室水母 *L. exeter*	400~2000		+		
十棱浅室水母 *L. grimaldi*	400~3000		+	+	
多棱浅室水母 *L. lelouveteau*	200~1000	+	+	+	
垂板浅室水母 *L. meteori*	200~5500	+	+	+	+
七棱浅室水母 *L. multicristata*	200~1000	+	+	+	+
拟七棱浅室水母 *L. multicristatoides*	200~500			+	
柔弱五角水母 *Muggiaea bargmanne*	≥ 200		+		
全七棱五角水母 *M. havock*	500~3000			+	
齿棱拟蹄水母 *Vogtia serrata*	400~800	+		+	
疣拟蹄水母 *V. spinosa*	100~1000		+	+	
尖囊双钟水母 *Amphicaryon acaule*	0~1500	+	+	+	+
不定帕腊水母 *Praya dubia*	0~1500	+		+	
网管帕腊水母 *P. reticulata*	200~900	+	+	+	
船形玫瑰水母 *Rosacea cymbiformis*	中、深层		+		
褶玫瑰水母 *R. plicata*	300~2500	+	+	+	+
合计		16	25	32	12

在这些深水种类中，有锥体浅室水母 *Lensia conoidea*、垂板浅室水母 *L. meteori*、七棱浅室水母 *L. multicristata*、尖囊双钟水母 *Amphicaryon acaule* 以及褶玫瑰水母 *Rosacea plicata* 等 5 种是四个海区所共有的，它们的分布同黑潮和涌升流的影响有关，尤其是台湾海峡仅出现上述 5 种深水管水母，并且它们均出现在台湾浅滩上升流区，显然是与涌升流有密切关系。值得指出的是，台湾海峡有 7 种深水硬水母，其中有顶突瓮水母 *Amphogona apicata*、红色短手水母 *Colobonema igneum*、墓形棍手水母 *Rhopalonema funerarium* 以及真胃穴水母 *Sminthea eurygaster* 等 4 种是它与台湾东岸、南海中部和南部的共有种，斯科特淡绿水母 *Pantachogon scotti*、克朗柄腺水母 *Ransonia krampi* 和多手水母 *Arctapodema ampla* 等 3 种是它与台湾东岸的共有种，这表明台湾海峡的深水种更接近台湾东岸，而且同样也同黑潮和涌升流的影响有关。苏南和浙江外海区受黑潮主轴的影响，有中粗双体水母 *Clausophyes moserae*、卵形双体水母 *C. ovata*、北极单板水母 *Dimophyes arctica*、多棱浅室水母 *Lensia lelouveteau* 和网管帕腊水母 *Praya reticulata* 等 5 种是它与台湾东岸、南海中部和南部的共有种，而它与南海中部和南部的共有种仅有 5 种：多齿角锥水母 *Chuniphyes multidentata*、盔形双体水母 *Clausophyes galeata*、色斑异塔水母 *Heteropyramis maculata*、齿棱拟蹄水母 *Vogtia serrata* 以及不定帕腊水母 *Praya dubia*。这些种类在上述海区的出现，表明上述海区的中层水与西北太平洋的中层水团是互为连续的，但有些种类仅在台湾东部（4 种）或南海中部和南部（8 种）出现，没有在其他海区发现它们（图 2.24）。

2.3.1.6 近岸河口生态类群的指示种

近岸河口生态类群是以广温（高于10℃）、低盐（盐度为10~30）为主要分布特征的。这一类群的种类主要分布于河口海水与淡水交汇的低盐水域，也常随河口冲淡水扩散分布到河口外的水域，冬、春季在水温低于20℃、盐度为10~30条件下，常见代表种有帽铃水母*Tiaricodon coeruleus*、顶拟海帽水母*Halitiarella apica*和带腺玛拉水母*Malagazzia taeniogonia*；夏、秋季在水温高于20℃、盐度为6~25条件下，常见代表种有贝氏拟线水母*Nemopsis bachei*、指突水母*Blackfordia manhattensis*、弗州指突水母*Blackfordia virginica*、多手指突水母*Blackfordia polytentaculata*、摩勒水母*Moerisia inkermanica*、帕尔摩勒水母*Moerisia pallasi*以及缘心管水母*Maeotias marginata*等。这些种类只在近岸河口区大量出现，它们的分布特征使其可作为河口冲淡水的指示种（图2.25）。

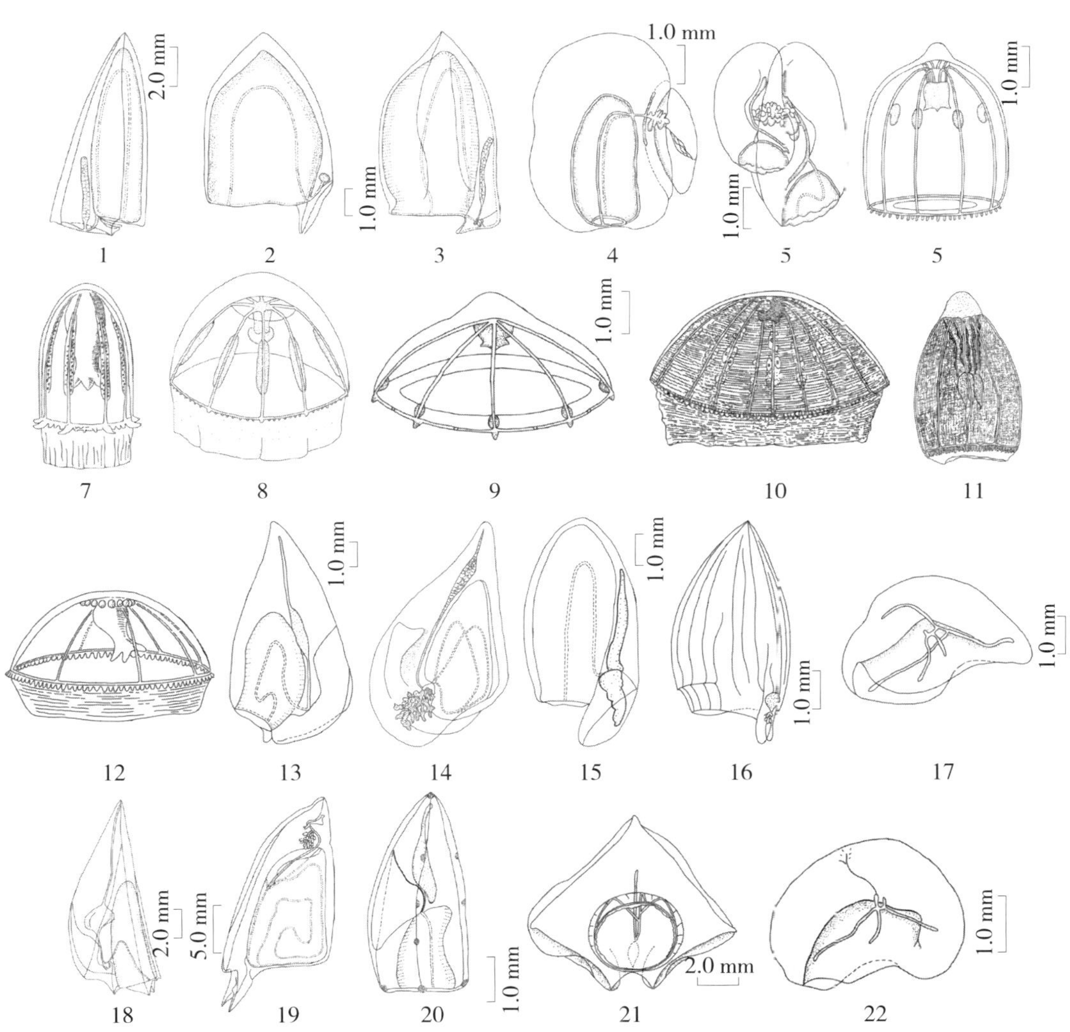

图 2.24　大洋深水生态类群的指示种

1. 锥体浅室水母 *Lensia conoidea* 前泳钟侧面观；2. 垂板浅室水母 *Lensis meteori* 前泳钟侧面观；
3. 七棱浅室水母 *Lensia multicristata* 前泳钟侧面观；4. 尖囊双钟水母 *Amphicaryon acaule* 永久幼泳钟侧面观；
5. 褶玫瑰水母 *Rosacea plicata* 泳钟侧面观；6. 顶突瓮水母 *Amphogona apicata* 泳钟侧面观；
7. 红色短手水母 *Colobenema igneum* 泳钟侧面观；8. 墓形棍手水母 *Rhopalonema funerarium* 侧面观；
9. 真胃穴水母 *Sminthea eurygaster* 侧面观；10. 斯科特淡绿水母 *Pantachogon scotti* 侧面观；
11. 克朗柄腺水母 *Ransonia krampi* 侧面观；12. 多手水母 *Arctapodema ampla* 侧面观；
13. 中粗双体水母 *Clausophyes moserae* 前泳钟侧面观；14. 卵形双体水母 *Clausophyes ovata* 前泳钟侧面观；
15. 北极单板水母 *Dimophyes arctica* 前泳钟侧面观；16. 多棱浅室水母 *Lensia lelouveteau* 前泳钟侧面观；
17. 网管帕腊水母 *Praya reticulata* 保护叶；18. 多齿角锥水母 *Chuniphyes multidentata* 前泳钟侧面观；
19. 盔形双体水母 *Clausophyes galeata* 后泳钟侧面观；20. 色斑异塔水母 *Heteropyramis maculata* 前泳钟侧面观；
21. 齿棱拟蹄水母 *Vogtia serrata* 泳钟背面观；22. 不定帕腊水母 *Praya dubia* 保护叶

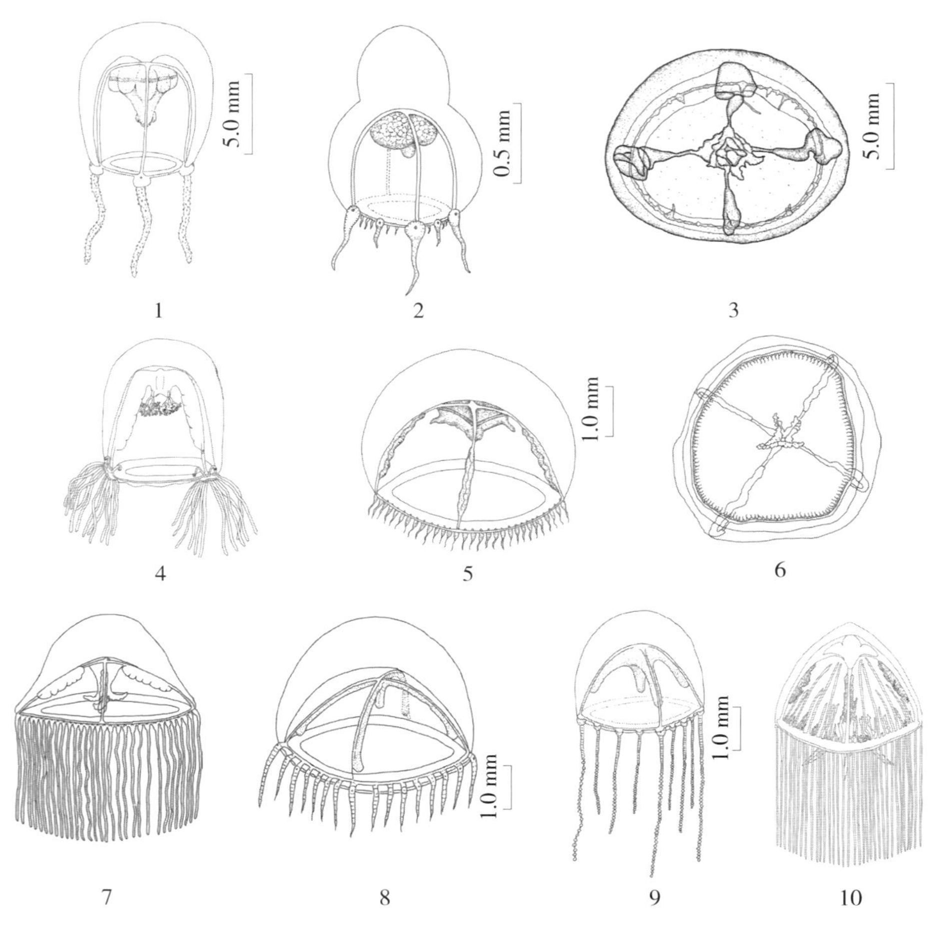

图 2.25　近岸河口生态类群的指示种

1. 帽铃水母 *Tiaricodon coeruleus* 侧面观；2. 顶拟海帽水母 *Halitiarella apica* 侧面观；
3. 带腺玛拉水母 *Malagazzia taeniogonia* 侧面观；4. 贝氏拟线水母 *Nemopsis bachei* 侧面观；
5. 指突水母 *Blackfordia manhattensis* 侧面观；6. 多手指突水母 *Blackfordia polytentaculata* 侧面观；
7. 弗州指突水母 *Blackfordia virginica* 侧面观；8. 摩勒水母 *Moerisia inkermanica* 侧面观；
9. 帕尔摩勒水母 *Moerisia pallasi* 侧面观；10. 缘心管水母 *Maeotias marginata* 侧面观

综上所述，我们提出在中国海域共有74种水母可作为海水与淡水混合水团、沿岸流、近岸暖水团、外海暖流、黑潮暖流、黑潮和涌升流、热带太平洋水团以及西北太平洋中层水团等的指示种。这些种类大多数为优势种或重要常见种（表2-16）。

表 2-16　作为中国海域水团或海流指示种的浮游水母

指 示 种	水团或海流	生态类群	中国海区
八斑唇腕水母 *Rathkea octopunctata*	沿岸流	近岸暖温性常见种	中国各海区
四枝管水母 *Proboscidactyla flavicirrata*	沿岸流	近岸暖温性常见种	渤海、黄海、东海、福建厦门
日本横萨水母 *Stauridiosarsia nipponica*	沿岸流	近岸暖温性常见种	渤海、黄海、东海、台湾海峡、台湾东岸、南海南沙
嵊山秀氏水母 *Sugiura chengshanense*	沿岸流	近岸暖温性常见种	中国各海区
大西洋五角水母 *Muggiaea atlantica*	沿岸流	近岸暖温性常见种	中国各海区
双生水母 *Diphyes chamissonis*	近岸暖水团	近岸暖水常见种	黄海以南至南海
拟细浅室水母 *Lensia subtiloides*	近岸暖水团	近岸暖水常见种	黄海以南至南海
扭歪爪室水母 *Chelophyes contorta*	近岸暖水团	近岸暖水常见种	黄海以南至南海
印度八拟杯水母 *Octophialucium indicum*	近岸暖水团	近岸暖水常见种	黄海以南至南海
厦门隔膜水母 *Leuckartiara hoepplii*	近岸暖水团	近岸暖水常见种	渤海以南至台湾海峡，南海北部
澳洲多管水母 *Aequorea australis*	近岸暖水团	近岸暖水常见种	黄海以南至南海
锡兰和平水母 *Eirene ceylonensis*	近岸暖水团	近岸暖水常见种	渤海以南至南海北部
六辐和平水母 *Eirene hexanensis*	近岸暖水团	近岸暖水常见种	中国各海区
细颈和平水母 *Eirene menoni*	近岸暖水团	近岸暖水常见种	中国各海区
塔形和平水母 *Eirene pyramidalis*	近岸暖水团	近岸暖水常见种	渤海以南至台湾海峡，南海北部
真瘤水母 *Eutima levuka*	近岸暖水团	近岸暖水常见种	中国各海区
马来侧丝水母 *Helgirrha malayensis*	近岸暖水团	近岸暖水常见种	渤海以南至台湾海峡，南海北部
四手触丝水母 *Lovenella assimilis*	近岸暖水团	近岸暖水常见种	渤海以南至南海
卡玛拉水母 *Malagazzia carolinae*	近岸暖水团	近岸暖水常见种	渤海以南至南海
单囊美螅水母 *Clytia folleata*	近岸暖水团	近岸暖水常见种	渤海以南至台湾海峡，南海北部
四手间囊水母 *Aegina citrea*	外海暖流	大洋暖水常见种	黄海以南至南海
两手筐水母 *Solmundella bitentaculata*	外海暖流	大洋暖水常见种	黄海以南至南海
四叶小舌水母 *Liriope tetraphylla*	外海暖流	大洋暖水常见种	黄海以南至南海
半口壮丽水母 *Aglaura hemistoma*	外海暖流	大洋暖水常见种	东海以南至南海

续表

指示种	水团或海流	生态类群	中国海区
异摇篮水母 *Cunima peregrine*	外海暖流	大洋暖水常见种	东海以南至南海
宽膜棍手水母 *Rhopalonema velatum*	外海暖流	大洋暖水常见种	东海以南至南海
银币水母 *Porpita porpita*	外海暖流	大洋暖水常见种	东海以南至南海
帆水母 *Velella velella*	外海暖流	大洋暖水常见种	东海以南至南海
僧帽水母 *Physalia physalis*	外海暖流	大洋暖水常见种	东海以南至南海
海冠水母 *Halistemma rubrum*	黑潮暖流团	大洋狭布种	东海以南至南海
纹海冠水母 *Halistemma striata*	黑潮暖流	大洋狭布种	台湾东岸
双翼多面水母 *Abyla bicarinala*	黑潮暖流	大洋狭布种	苏南，浙江，南海中部和南部
四角舟水母 *Ceratocymba leuckarti*	黑潮暖流	大洋狭布种	东海以南至南海
粗体浅室水母 *Lensis baryi*	黑潮暖流	大洋狭布种	苏南，浙江，南海中部和南部
粗管浅室水母 *Lensia canopusi*	黑潮暖流	大洋狭布种	苏南，浙江，台湾海峡，南海中部和南部
异板浅室水母 *Lensis challengeri*	黑潮暖流	大洋狭布种	苏南，浙江，台湾东岸，南海中部和南部
宽板无棱水母 *Sulculeolaria bigelowi*	黑潮暖流	大洋狭布种	苏南和浙江、台湾东岸、南海
小口拟蹄水母 *Voglia microsticella*	黑潮暖流	大洋狭布种	苏南，浙江，台湾东岸，南海中部和南部
支管双钟水母 *Amphicaryon ernesti*	黑潮暖流	大洋狭布种	苏南和浙江、台湾东岸、南海
齿角舟水母 *Ceratocymba dentata*	热带太平洋水团	大洋狭布种	南海中部和南部
中型角舟水母 *Ceratocymba intermedia*	热带太平洋水团	大洋狭布种	南海北部
矢角舟水母 *Ceratocymba sagittata*	黑潮暖流	大洋狭布种	台湾东岸，南海中部和南部
短体五角水母 *Muggiaea delsmami*	热带太平洋水团	大洋狭布种	南海中部和南部
手套无棱水母 *Sulculeolaria brintoni*	热带太平洋水团	大洋狭布种	南海
锥体浅室水母 *Lensia conoidea*	黑潮和涌升流	大洋深水种	苏南及浙江以南至南海

续表

指 示 种	水团或海流	生态类群	中国海区
垂板浅室水母 *Lensia meteori*	黑潮和涌升流	大洋深水种	苏南及浙江以南至南海
七棱浅室水母 *Lensia multicristata*	黑潮和涌升流	大洋深水种	苏南及浙江以南至南海
尖囊双钟水母 *Amphicaryon acaule*	黑潮和涌升流	大洋深水种	苏南及浙江以南至南海
褶玫瑰水母 *Rosacea plicata*	黑潮和涌升流	大洋深水种	苏南及浙江以南至南海
顶突瓮水母 *Amphogona apicata*	黑潮支流	大洋深水种	台湾海峡以南至南海
红色短手水母 *Colobonema igneum*	黑潮支流	大洋深水种	台湾海峡以南至南海中部和南部
墓形棍手水母 *Rhopalonema funerarium*	黑潮	大洋深水种	苏南及浙江以南至南海中部和南部
真胃穴水母 *Sminthea eurygaster*	黑潮支流	大洋深水种	台湾海峡以南至南海中部和南部
斯科特淡绿水母 *Pantachogon scotti*	黑潮支流和涌升流	大洋深水种	台湾海峡、台湾东岸
克朗柄腺水母 *Ransonia krampi*	黑潮支流和涌升流	大洋深水种	台湾海峡、台湾东岸
多手水母 *Arctapodema ampla*	黑潮支流和涌升流	大洋深水种	台湾海峡、台湾东岸
中粗双体水母 *Clausophyes moserae*	黑潮主干流	大洋深水种	苏南，浙江，台湾东岸，南海
卵形双体水母 *Clausophyes ovata*	黑潮主干流	大洋深水种	苏南，浙江，台湾东岸，南海中部和南部
北极单板水母 *Dimophyes arctica*	黑潮主干流	大洋深水种	苏南，浙江，台湾东岸，南海中部和南部
多棱浅室水母 *Lensia lelouveteae*	黑潮主干流	大洋深水种	苏南，浙江，台湾东岸，南海中部和南部
网管帕腊水母 *Praga reticulata*	黑潮主干流	大洋深水种	苏南，浙江，台湾东岸，南海中部和南部

续表

指 示 种	水团或海流	生态类群	中国海区
多齿角稚水母 *Chuniphyes multidentata*	西北太平洋中层水团	大洋深水种	苏南，浙江，南海中部和南部
盔形双体水母 *Clausophyes galeata*	西北太平洋中层水团	大洋深水种	苏南，浙江，南海中部和南部
色斑异塔水母 *Heteropyramis maculata*	西北太平洋中层水团	大洋深水种	苏南，浙江，南海中部和南部
齿棱拟蹄水母 *Vogtia serrata*	西北太平洋中层水团	大洋深水种	苏南，浙江，台湾海峡，南海中部和南部
不定帕腊水母 *Praya dubia*	西北太平洋中层水团	大洋深水种	苏南，浙江，南海中部和南部
帽铃水母 *Tiaricodon coeruleus*	海水与淡水混合水团	近岸河口常见种	黄海、台湾海峡、南海北部
顶拟海帽水母 *Halitiarella apica*	海水与淡水混合水团	近岸河口常见种	福建闽江口
带腺玛拉水母 *Malagazzia laeniogonia*	海水与淡水混合水团	近岸河口常见种	渤海、黄海、福建南部、北部湾
贝氏拟线水母 *Nemopsis bachei*	海水与淡水混合水团	近岸河口常见种	渤海、苏北、苏南、长江口、浙江、福建长乐梅花、厦门九龙江口、广东珠江口
指突水母 *Blackfordia manhattensis*	海水与淡水混合水团	近岸河口常见种	江苏、浙江和广西北部湾等河口沿岸水域
弗州指突水母 *Blackfordia virginica*	海水与淡水混合水团	近岸河口常见种	东海、九龙江口、长乐梅花、海南岛北部湾的河口区域
摩勒水母 *Moerisia inkermanica*	海水与淡水混合水团	近岸河口常见种	福建九龙江口、广州珠江口
帕尔摩勒水母 *Moerisia pallasi*	海水与淡水混合水团	近岸河口常见种	福建闽江口
缘心管水母 *Maeotias marginata*	海水与淡水混合水团	近岸河口常见种	福建九龙江口

参考文献

［1］马喜平，孙松，高尚武.胶州湾水母类生态的初步研究Ⅱ.数量时空变化及同环境因子的关系［J］.海洋科学集刊，2000b，42：100–107.

［2］马喜平，高尚武.渤海水母类生态的初步研究——种类组成、数量分布与季节性变化［J］.生态学报，2000，20（4）：533–540.

［3］刘红斌，张金标.浙江近海一断面水螅水母类和管水母类垂直分布和昼夜垂直移动的初步研究［J］.东海海洋，1989，7（2）：51–59.

［4］许振祖.台湾海峡西南部水螅水母的生态研究［J］.海洋学报，1983b，5（1）：91–101.

［5］许振祖，黄加祺，林茂，等.中国近海水螅虫总纲生态动物地理学研究［M］//林茂，王春光，主编. 第一届海峡两岸海洋生物多样性研讨会文集.北京：海洋出版社，2012：273–294.

［6］许振祖，黄加祺，林茂，等.中国刺胞动物水螅虫总纲（上册、下册）［M］.北京：海洋出版社，2014：915.

［7］许振祖，黄加祺，郭东晖，等.中国海域浮游水母物种多样性及分布模式［M］//许振祖.海洋动物资源开发及可持续利用研究.沈阳：辽宁教育出版社，2019：163–236.

［8］余淑枫.台湾海域管水母群聚之时空分布及其与水文环境之相关性［D］.高雄：台湾中山大学海洋生物科技暨资源研究所硕士论文，2006：1–119.

［9］张金标.江苏、浙江沿海水螅水母类和栉水母类的调查研究［J］.海洋科技，1977，（7）：95–107.

［10］张金标，林茂.南海管水母类的生态地理学研究［J］.海洋学报，1997，19（4）：121–131.

［11］陈清潮，张谷贤，陈柏云.西沙、中沙群岛周围海域浮游动物平面分布和垂直分布［M］//中国科学院南海海洋研究所.我国西沙、中沙群岛海域海洋生物调查研究报告集.北京：海洋出版社，1978：63–74.

［12］林元烧.台湾海峡中、北部浮游水母的种类分布［J］.厦门大学学报（自然科学版），1994，33（增刊）：165–172.

［13］高尚武.东海水母类的研究［J］.海洋科学集刊，1982，19：33–42.

［14］黄加祺，陈栩，许振祖.闽南—台湾浅滩渔场上升流区水母类的生态研究［M］//洪华生，丘书院，阮五崎，等.闽南—台湾浅滩渔场上升流区生态系研究.北京：科学出版社，1991：456–468.

［15］黄加祺，许振祖.海坛岛海域各类水母的分布［J］.厦门大学学报（自然科学版），1995，34（2）：306–309.

［16］蒋双，陈介康.黄渤海水螅水母、管水母和栉水母的地理分布［J］.海洋通报，1994，13（3）：17–23.

［17］潘雅玲.台湾东部海域管水母之种类组成及时空分布［D］.高雄：台湾中山大学海洋生物研究所硕士论文，2004.

2.3.2 海洋水母的发光及其应用 *

The Bioluminescence of the Marine Medusae and Its Applications

海洋生物发光是一个很普遍的生物学现象，从细菌到脊椎动物的很多种类，都有生物发光。早期的海洋生物发光研究大多涉及分类、形态和生态方面，后来重点转移到生态、生理生化研究，目前已经进入分子生物学研究水平。从不同生物体内提取的荧光蛋白的结构、性质不尽相同，不同生物种类的荧光发生机理也有很大的差别，因为大部分海洋生物的遗传背景都不清楚，所以分子生物学在海洋生物研究中的应用相对滞后于生物学的其他领域。迄今为止，发光物质的基因工程研究开展得不多。

人们对生物发光的认识是从萤火虫的发光及海洋水面上的“磷光”——我国渔民称它为“海火”开始的，这个现象主要是生物发光所引起的。实际上能发光的生物种类很多，据赫林（Herring，1978）统计，全世界已发现能发光的生物有30纲538属，从原生动物到脊椎动物都有，在植物界中只有细菌和高等真菌中有生物发光。而已知海洋发光生物的种类共有462个属（约占总数的85%），分属于25个纲，其中，浮游生物已发现97个属有发光种类。在发光浮游生物中，以甲藻类、水母类、栉水母类、介形类、磷虾类等较为重要。有些发光动物（如磷虾类和栉水母类）的幼虫期也有发光的能力。值得提出的是，发光生物不是每个门类都有；就是在同一个属中，有的种类发光，而有的种类不发光。由此可见，发光生物是零星散布在某些种群中，与生物进化显然无关（《郑重文集》，1993）。

在生物发光研究历史上，哈维（Harvey）是一个杰出的学者，他在这个科学研究领域做出了巨大贡献。他一生共写有167篇论文，1952年出版的《生物发光》一书一直被视为生物发光研究中的经典著作。哈维的研究是以生物发光种类的形态和生态为主要课题的。而从1952年以后，生物发光研究以研究发光种类的生理生化机制为主要课题。至今，发光的生理生化机制、发光物质的化学结构、发光系统的分子生物学以及探索新的光物理化学

---

* 许振祖、陈小银。本文首次发表。

性质等，仍是当前及今后生物发光的主要研究方向。

我国海洋浮游生物发光的研究起步较晚，始于20世纪80年代报道了长江口发光细菌的分布与组成（曹蕴慧，1982）、南中国沿海发光细菌的分类鉴定（沈建伟，1988）和郑重、李少菁（1987）综述发表了海洋浮游生物发光研究。接着，1992年，许振祖、王玮研究了厦门港常见浮游水母的发光，该文于2019年发表。21世纪初，我国浮游水母的发光研究已进入分子生物学水平，如2002年罗文新、张军等报道了大型多管水母的绿色光蛋白；2004年罗文新、张军等报道了两种多管水母光蛋白基因的分离、表达及生物活性的初步研究，获得了一些具有独特荧光或理化性质的变异型。这些成果将有利于多管水母发光系统的进一步研究，也有利于更好地完成作为分子标记和指示剂等的一系列生物学研究。

根据我国近年来海洋浮游水母发光的调查和实验的研究资料，本文特综述其结果，为促进我国浮游水母发光的研究提供参考。兹分别简述如下：

2.3.2.1 海洋水母发光的种类与类型

海洋水母的发光现象是很普遍的，它们在发光的浮游生物中占有重要的地位，目前已知在水螅虫总纲中发光的浮游水母有24属、48种（表2-17），其中对多管水母属*Aequorea*的发光报道较多。

表2-17　发光浮游水螅水母种类及其部分特征

种　类	发光颜色	发光部位
筐水母亚纲（Narcomedusae）		
八手拟间囊水母 *Aeginura grimaldii*⑥	淡蓝光或绿光	触手基部
八囊摇篮水母 *Cunina octonaria*③	蓝光	触手基部
硬水母亚纲（Trachymedusae）		
枝管怪水母 *Geryonia proboscidalis*③		
四叶小舌水母 *Liriope tetraphylla*③	淡蓝光	口唇
花水母亚纲（Anthomedusae）		
火红囊水母 *Euphysa flammea*⑥	蓝光	内伞表面
日本囊水母 *E. japonica*④	蓝光	内伞表面
疣真囊水母 *Euphysora verrucosa*③	蓝光	触手基部、垂管
八瓣隔膜水母 *Leuckartiara octona*⑤	淡绿光	生殖腺

续表

种　类	发光颜色	发光部位
厦门隔膜水母 *L. hoepplii*③	蓝光	触手基部、缘疣
黑圆口水母 *Stomotoca atra*⑥	淡蓝光	
软水母亚纲（Leptomedusae）		
澳洲多管水母 *Aequorea australis*③	蓝光	触手基部、口唇、辐管
锥形多管水母 *A. conica*③	蓝光	触手基部、辐管
福斯多管水母 *A. forskalea*⑥	蓝光或绿光	环管、触手基部
大型多管水母 *A. macrodactyla*⑦	蓝光或绿光	伞缘
乳突多管水母 *A. papillata*③	淡蓝光	触手基部、辐管
细小多管水母 *A. parva*⑦	蓝光或绿光	触手基部、缘疣、辐管、环管
维多利亚多管水母 *A. victoria*⑧	蓝光或绿光	伞缘
短腺和平水母 *Eirene brevigona*③	淡蓝光	触手基部、口唇、生殖腺
短柄和平水母 *E. brevistylis*③	淡蓝光	触手基部、垂管、生殖腺
锡兰和平水母 *E. ceylonensis*③	淡蓝光	触手基部、垂管、生殖腺
蟹形和平水母 *E. kambara*③	淡蓝光	触手基部、口唇、生殖腺
细颈和平水母 *E. menoni*③	淡蓝光	触手基部、垂管、口唇、生殖腺
塔形和平水母 *E. pyramidalis*③	淡蓝光	触手基部、垂管、口唇、生殖腺
囊状和平水母 *E. gibbosa*③	淡蓝光	触手基部、垂管、口唇、生殖腺
绿色和平水母 *E. viridula*③	淡蓝光	触手基部、垂管、口唇、生殖腺
日本真瘤水母 *Eutima japonica*③	淡蓝光	触手基部、触手、垂管、生殖腺、环管
真瘤水母 *E. levuka*③	淡蓝光	触手基部、缘疣、垂管、生殖腺
马来侧丝水母 *Helgicirrha malayensis*③	蓝光	触手基部、缘疣、垂管、口唇、生殖腺
苏氏侧丝水母 *H. schulzei*③	蓝光	触手基部、垂管、口唇、生殖腺
卡玛拉水母 *Malagazzia carolinae*③	蓝光	触手基部、垂管、生殖腺
厚伞玛拉水母 *M. condensum*③	蓝光	触手基部、缘疣、垂管、口唇、生殖腺
眼八管水母 *Octocannoides ocellata*③	蓝光	触手基部、垂管、口唇、生殖腺
印度八拟杯水母 *Octophialucium indicum*③	蓝光	触手基部、垂管、口唇
宽八拟杯水母 *O. funerarium*①	淡蓝光	伞缘
单囊美螅水母 *Clytia folleata*③	淡蓝光	触手基部、垂管、口唇、生殖腺
加迪美螅水母 *C. gardineri*③	淡蓝光	触手基部、垂管、口唇、生殖腺

续表

种　类	发光颜色	发光部位
半球美螅水母 *C. hemisphaerica*③	淡蓝光	触手基部、垂管、生殖腺
简美螅水母 *C. simplex*③	淡蓝光	触手基部、垂管、口唇、生殖腺
乌氏美螅水母 *C. uchidai*③	淡蓝光	触手基部、口唇、生殖腺
真拟杯水母 *Phialucium mbenga*③	淡蓝光	触手基部、缘疣、垂管、口唇、生殖腺
具芽枝管水母 *Proboscidactyla gemmifera*③	淡蓝光	垂管
虹彩短手水母 *Colobonema sericeum*①	蓝光	触手基部
白壶水母 *Crossota alba*①	淡蓝光	触手基部
管水母亚纲（Siphonophorae）		
双生水母属 *Diphyes*⑥	绿光	生殖体、营养体、触手体
马蹄水母 *Hippopodius hippopus*①	蓝光	外伞外胚层
光滑拟蹄水母 *Vogtia glabra*①	淡蓝光	散射光
疣拟蹄水母 *V. spinosa*①	淡蓝光	散射光
褶玫瑰水母 *Rosacea plicata*①	淡蓝光	散射光

注：①Davenport，Nicol，1955；②Titsachack，1964；③许振祖，王玮，2019；④Mackie，1991；⑤Morin，1974；⑥Nicol，1958；⑦罗文新等，2002；⑧Shimomura et al.，1962。

海洋发光生物可分为细胞外发光和细胞内发光两种类型，其中前者是生物的腺体分泌排放出的内含物发光，以海萤*Cypridina*为最著名的代表；后者是细胞发光，当细胞受到刺激时，细胞质内的微小颗粒——被称为闪烁体（scintillon）收缩，就会发出淡蓝色或绿色的闪光，如单细胞的甲藻和放射虫以及多细胞的水母、栉水母、磷虾、樱虾、被囊类和鱼类等都属于细胞内发光。水母的发光部位主要分布于伞缘的触手基部、缘疣、环管、垂管、口唇以及内伞表面等。水母发光的产生是对刺激的反应，往往由波浪、海流、船只航行、鱼群游动以及其他机械刺激引起水母类及其他浮游生物的发光，从而使海面上显出亮光，或称海发光。这种现象与航海、渔业和国防的关系密切。例如，海发光可以使领航员在夜间发现最重要的目标和地点，但是当海发光很强烈时，可能会降低夜间视力，造成幻觉，因而不利于航行。特别值得提出的是，海发光在军事上容易暴露目标，给舰艇夜间活动带来极其不良的影响，因为舰队在黑夜航行刺激发光生物发光，使黑暗的海面上呈现很长的磷光带，这就将舰队暴露于敌人的侦察中。在渔业生产上，渔民可在夜间根据海发光来侦察鱼群，甚至应用发光生物作为诱饵来钓鱼类，提高渔获量。

2.3.2.2 海洋水母的发光体系

海洋生物发光从生化角度至少可分为两大类——荧光素—荧光酶体系（luciferin–luciferase system）和钙活化的光蛋白体系（Calcium activated photoprotein system）。在前一个发光体系中，荧光素需要在荧光酶和氧的参与下才能发光，这个发光系统简称“素—酶系统”，属于这个体系的有多甲藻的多边膝沟藻*Gonyaulax polyedra*、介形类的赫氏海萤*Cypridina hilgendofi*和软珊瑚目的海三叶堇*Renilla reniformis*等；后一个发光体系不需要酶和氧的参与，发光蛋白受Ca^{2+}的触发而发光，属于“发光蛋白系统”。在无脊椎动物，包括刺胞动物、栉水母等中都存在发光蛋白，这种发光蛋白的特性可以用来测量在物理条件下Ca^{2+}的外流。

对于多管水母发光系统的研究始于20世纪60年代，Shimomura等（1962）首次从维多利亚多管水母*Aequorea victoria*中分离出一种发光蛋白（photoprotein），也称多管水母素（aequorin），其在无氧条件下可以发蓝色光。然而，水母整体发光系统及其提取的颗粒都是绿色的（程极济，1987）。虽然多管水母发光系统由绿色荧光蛋白（green fluorescent protein，GFP）和发光蛋白（或称多管水母素）组成，但二者存在着一个无辐射的能量转移系统，因而水母的整体发光是绿色的。

中国学者罗文新于1998—1999年8—9月首次从厦门东海域采集的大型多管水母*Aequorea macrodactyla*和细小多管水母*Aeguorea parva*中获得了绿色荧光蛋白和多管水母素基因，并进行原核、真核表达，系统检测其荧光和其他理化性质，同时通过对绿色荧光蛋白基因的定向突变和一定区域的随机突变，获得了一些具有独特荧光或理化性质的变异型（罗文新等，2002，2004）。这些研究结果不仅填补了我国海洋水母类发光生化的研究空白，而且也为今后促进多管水母素的广泛应用提供了科学依据。

2.3.2.3 多管水母发光蛋白和绿色荧光蛋白的应用

（1）发光蛋白的应用

①作为敏感的Ca^{2+}生物学指示剂

针对不同类型的细胞外刺激，细胞内游离的Ca^{2+}浓度将发生相应变化，从而调控多种不同的细胞功能。多管水母发光蛋白因为对Ca^{2+}具有高度特异性而被用作Ca^{2+}的生物学指示剂，并被成功应用于哺乳动物细胞、植物细胞、酵母细胞、大肠杆菌细胞，其中它在肌肉细胞中的应用最为广泛（Sheu et al.，1993；Rizzuto et al.，1992）。

②用作发光检测的良好标签

重组的多管水母发光蛋白的进一步应用是在不同的分析测试系统中被用作定量标签。当存在过量Ca^{2+}时，它能进行高灵敏度的检测。多管水母发光蛋白作为测试标签，具有易于与抗体或底物等发生偶联，其信号产生的速度快的特点（Campbell，Sala-Newby，1993）。此外，检测过程中产生的融合蛋白能保持各自蛋白的功能，因而很适合用于免疫检测（Casadei et al.，1990）。

（2）绿色荧光蛋白在生物学研究中的应用

自1992年Prasher等从维多利亚多管水母中克隆绿色荧光蛋白的cDNA后，绿色荧光蛋白能在原核细胞和真核细胞中表达的表达载体就相继被构建成功。Tsien（1998）通过随机突变筛选出了几株荧光强度更强和/或荧光广谱改变的绿色荧光蛋白变异型。目前，绿色荧光蛋白已成为近年来的一种革命性的标记分子，可被用作监测活细胞内的基因表达、蛋白定位、细胞分化发育的良好标记，还可以用于体外蛋白质相互作用的研究。

总之，由于新技术的发展和应用，海洋水母发光研究已取得了很大的进展，已从形态、生态研究时代，进入到生理、分子生物研究时代，已知的两个海洋生物发光系统已在多个研究领域发挥了很多作用，但是仍有很多发光生物的发光系统的结构和性质尚不清楚，值得深入研究和探索。

参考文献

［1］许振祖，王玮.厦门港常见浮游水母类的发光研究［M］//许振祖.海洋动物资源开发及可持续利用研究.沈阳：辽宁教育出版社，2019：55–78.

［2］沈建华.南中国沿海发光细菌的分类鉴定［J］.海洋与湖沼，1988，19（1）：76–80.

［3］罗文新，张军，李少伟，等.二种多管水母光蛋白基因的分离、表达及生物活性初步研究［J］.海洋学报，2004，26（4）：110–117.

［4］罗文新，张军，杨海杰，等.大型多管水母的绿色荧光蛋白［J］.海洋学报，2002，24（4）：82–91.

［5］罗文新，张军，夏宁邵，等.一种带增强子的原核表达载体的构建及初步应用［J］.生物工程学报，2000，16（4）：578–581.

［6］郑重，李少菁.海洋浮游生物发光研究的回顾与展望［J］.自然杂志，1987，10（6）：429–434.

［7］曹蕴慧，温锡钢.长江口发光细菌的分布与组成［J］.海洋学报，1982，4（1）：89–93.

［8］程极济.光生物物理学［M］.北京：高等教育出版社，1987.

［9］CAMPBELL A K and SALA–NEWBY G.In：*Fluorescent and Luminescent Probes for Biological Activity*（Mason W T，ed）. Academic Press，1993：58–82.

［10］CASADEI J，POWELL M J and KENTEN J H.*Expression and secretion of aequorin as a chimeric antibody by means of a mammalian expression vector*［J］.*Proc. Nat. Acad. Sci. U.S.A*，1990，87：2047–2050.

［11］DAVENPORT D，NICOL J A C.*Luminescence in Hydromedusae*［J］.*Proc. Roy. Soc. Ser. B*，1955，144：399–411.

［12］HARVEY E N.*Bioluminescence*［M］.New York：Acad. Fress，1952.

［13］HERRING P J，et al.*Bioluminescence in action*［M］.New York：Acad. Press，1978.

［14］MACKIE G O.*Propagation of bioluminescece in Euphysa japonica*（*Hydromedusae*，*Tubularidae*）［M］.Hydro Hydrobiologia，1991：216–217，581–588.

［15］MORIN J G.*Coelenterate bioluminescence*.In：MUSCATINE L，LENHOFF H M eds.*Coelenterate Biology*.New York：Academic Press，1974，397–433.

［16］NICOL J A C.*Observation on luminescence in pelagic animals*［J］.*Mar. Biol. Ass. U.K.*，1958，37：705–752.

［17］RIZZUTO R，SIMPSON A W M，BRINI M，POZZAN T.*Rapid Changes in mitochondrial* Ca^{2+} *revealed by apecifoically targeted recombinant aequorin*［J］.*Nature*（London），1992，358：325–328.

［18］SHEU Y A，KRICKA L J，and PRITCHETT D B.*Measurement of intracellular calcium using bioluminescent aequorin expressed in human cells*［J］.*Anal. Biochem.*，1993，209：343–347.

［19］SHIMOMURA O，JOHNSON F H，SAIGA Y.*Extraction*，*purification and properties of aequorin*，*a bioluminescent protein from the luminous hydromedusan*，*Aequorea*［J］.*Cell Comp. Physiol.*，1962，59：233–240.

［20］TITSCHACK V H.*Uncersuchungen ueber das Leuchten der Seefeder Veretillum cynomorium*［J］.*Vie Milieu*，1964，15：547–563.

2.3.3 水母和水螅在海洋生态系统中的作用 *

The Medusae and Hydroid Acts on the Marine Ecosystems

生态系统（简称“生态系”）是当前生态学界高度重视的一个课题。海洋生态系是由生物和环境两大部分组成的——前者包括浮游生物、底栖生物和游泳生物三大生态类群；后者包括物理、化学、地质等非生物环境因子。生态学主要研究这两大部分之间的物质和能量的转换作用及相互影响，生物部分则以生物之间的相互关系（相互联系、相互制约等）作为主要研究对象。这种相互关系的一个主要方面是摄食关系，而这种关系在生物界是最明显、最普遍的，在生态学上一般用食物链来表示这种摄食关系。

由于许多刺胞动物门水母的生活史属于有世代交替的间接发生类型，即它们有水母型和水螅型两个世代，前者为浮游生活，后者为底栖生活，因此，本文拟对水母体和水螅体两个世代在海洋生态系中的作用分别作一扼要介绍。

2.3.3.1 水母的摄食在生态系中的调节作用

早在1923年，Lebour在研究工作中就发现，水母的饵料范围极广，上至脊椎动物（鱼卵、仔稚鱼），下至各类无脊椎动物（如桡足类、磷虾等）。从其饵料成分看，浮游水母属于肉食性动物，在食物链中居第三环节（或称第二消耗者或第三营养级），其摄食方式属于捕食，其捕食方法一般是用触手来捕食。

之后人们发现，水母的季节性丰度高峰时间同许多经济鱼类的鱼卵和仔稚鱼的丰度高峰时间存在相关关系——这是由于前者对后者的大量捕食所致（Arai，Hay，1982；Pureell，1985，1989）。Biggs（1977）与Purcell和Kremer（1983）观察26种管水母营养体的残留物发现，3个目的管水母的饵料有所不同：钟泳目主要捕食小型桡足类，胞泳目捕食较大桡足类和坚硬或柔软的浮游生物，囊泳目除了捕食柔软生物之外，主要是捕食幼鱼，如粗丝根水母*Rhizophysa eysenhardti*主要是捕食幼鱼，但是钟泳目和胞泳目除捕食桡

---

* 许振祖、陈小银。本文首次发表。

足类之外，还捕食甲壳动物幼体，软体动物的面盘幼虫、多毛类幼体，以及端足类、介形类、毛颚类、翼足类和异足类等。在太平洋鲱*Clupea pallasi*的幼体刚孵化期间，维多利亚多管水母*Aequorea victoria*的食物组成中几乎都是这种幼鱼——也包括其他鱼类幼鱼（Purcell，Grover，1990）。半球美螅水母*Clity hemisphaericum*的食物组成主要有桡足类、住囊虫等足类幼体、箭虫以及磷虾等，其中以前两类最多（许振祖，陈瑜萍，2019）。上述例子表明，在大量而高密度的条件下，水母类的摄食压力是幼鱼种群存活率的主要调节者。此外，水母的摄食还影响浮游动物的种群数量变动，因为水母类可以直接捕食浮游动物，从而控制其种群数量，形成一定的生态灾害。例如，1989年大西洋五角水母*Muggiaea atlantica*入侵德国湾，使该海湾浮游动物的数量几乎降为零，对其生态系统造成了很大影响（Greve，1994）。这不仅影响到其他肉食性浮游动物的种群数量变化，而且还影响到植食性浮游动物（如植食性桡足类）的种群数量变动。Lindahl和Hermorh（1983）的研究认为，水母类的迅速增加可能导致整个浮游生物食物网结构的变化，并认为这可能是瑞典西岸赤潮形成的一个原因。Huntley和Hobson（1978）曾根据他们对加拿大温哥华二次浮游植物水华的重复观察结果，认为水母大量摄入植食性桡足类导致以硅藻为主的二次水华。2003年，胶州湾的大西洋五角水母较20世纪80年代增多4～5倍，可造成对小型桡足类的摄食压力，从而使浮游植物的数量增加，这可能是导致近年来胶州湾赤潮发生增多的一个原因（张芳等，2005a–b）。同样，徐兆礼（2006）也认为，春季水母类在东海近海高度聚集，可能使该海域的浮游桡足类数量下降，减弱了浮游动物对浮游植物数量的抑制，是该海域赤潮频频发生的原因之一。另外，2007—2008年在长江口发现大型水母（包括多管水母）资源量的变化对渔业资源结构的影响（单秀娟、庄志猛等，2011）。

值得指出的是，水母类在半封闭海湾生态系统中的地位应引起关注，因为海洋水母类的生活史具有世代更替时间较短、繁殖力高、生长速率快等特点，这些特点使其在条件适宜的情况下可以迅速提高种群增长的速度，特别是在半封闭海湾，食物丰富，海流活动不很剧烈，对水母类的驱散作用较小，而且能为水螅体提供底栖生活的附着条件的情况下，因此，在半封闭海湾，水母类较为丰富。由于海洋水母是广食性动物，因此半封闭海湾的水母类数量往往与浮游动物和仔稚鱼的数量呈明显的负相关关系，干扰半封闭海湾生态系统的主要类群，能有效指示生态系统的格局变动。Mills（2001）分析了各种海洋生态系统长期以来的转变，证实或怀疑这种转变与海洋水母类的数量变动有关。海洋水母种群的数量变动在半封闭海洋系统［如白令海（Brodeur et al.，2002）、胶州湾（张芳等，2005a–b）、大亚湾（Du et al.，2010）］都有记录，其数量暴发越来越频繁。研究证实，水母种群数量的变动是引发这些海域生态系统转变的重要影响因素，而数量巨大的水母又进一步对当地海域生态系统造成负面的影响（Purcell，Arai，2001）。一般认为，造成水母暴发的主要原因是气候变化和人类活动（Brodeur et al.，2008；张芳等，2009；孙松，2012a–b）。但化石证据表明，从5亿多年前至今，不连续的水母暴发从没间断过。因此，水母暴发是自然现象还是人类活动所导致，还值得深入探讨（Condon et al.，2012）。过去报道的水母暴发现象多为大型水母，而对小型水母（如水螅虫总纲的水母）研究较少，忽略了小型水母暴发现象的研究。我们认为，今后应加强对小型水母类暴发现象及其成因、影响的机制研究，侧重于近海半封闭港湾浮游动物生态系统的调查研究，从时空尺度研究浮游动物数量的变动规律，探索水母暴发现象的成因和影响机制。

此外，对水母代谢分泌物的研究认为，水母类可释放营养盐和溶解有机碳（DOC），提高海洋细菌产量（Rimann et al.，2006）。郭东晖等（2012b）研究了实验室培养的弗州指突水母*Blackfordia viginica*的代谢过程，得出该水母可向水体中释放相对低分子量的溶解有机物（DOM）以及含氮营养盐。当水母数量增加或形成暴发事件时，其代谢分泌物可能会是水体中溶解态碳和氮的主要来源，可用基于荧光光谱分析的浮游动物原指标（ZIX）来对这些溶解有机质进行示踪。这些生源DOM的输入会改变水环境中溶解有机质的组成及其地球化学活性、光谱特征、生态系统中的碳循环以及痕量金属的迁移和归宿。Biggs（1976）研究了盛装水母*Agalma okeni*和其他管水母的营养生态学，发现管水母每小时分泌的铵超过0.3 μg，在贫营养的大洋区域，平均每立方米水体一个水母可以给浮游植物提供39%~63%的氮需要。可见，水母的代谢分泌物在整个生态系统中对碳和氮的循环具有调节作用。

2.3.3.2 水螅体在海洋环境中的生态作用

（1）水螅体移地发育与基质选择

水螅体是营底栖固着生活（除少数浮游水螅体，如银币水母、帆水母和僧帽水母等之外），主要附着在坚硬的基质上。原初水螅体常是通过浮浪幼虫进行移地发育（colonization），寻找新的基质附着，以后与其他移地发育的种类在一起发育成群落，建立定居的附着群落，但是在这个过程中，不是所有种类都能在一起生活，而是有一定的选择性和排挤性。例如，双叉薮枝螅水母*Obelia dichotoma*阻止其他无脊椎动物幼体的附着和摄食（Standing，1976）；又如介螅水母*Hydractinia echinata*的密集群体阻止其他种类的附着和蔓生，以保护自己生存的空间（Sutherland，Karison，1977）；又如喉外肋螅*Ectopleura larynx*（syn. *Tubularia larynx*）附着在淤积泥沙之中，可能是其阻止其他种类幼体的附着（Osman，1977）；相反的，该种可与移地发育的海鞘（ascidians）在一起生活，使该种能暴发性地生长（Schamidt，1983）。有些经济损害（economic nuisance）的种类也成为污损生物群落的成员，简称污损生物（fouling organisms）。这些生物仅包括附着生长在船底、浮标、输水管道、冷却管、海底电缆、木筏以及浮桥等上面的污损生物，不包括岩相潮间带和海底的附着生物。因此，同样种类的生物一旦生长在船底和海中一切设施表面，就成为污损生物，因其会造成经济损害；相反，同样种类生长在岩相或海底即称固着生物。

至今，在全世界的污损生物中，共发现水螅66属260种，我国沿海仅记录了17属21种（黄宗国，蔡如星，1984），主要种类有番红外肋螅*Ectopleura crocea*（中胚花筒螅*Tubularia mesernbryanthemum*）、双节螅*Bimeria* spp.、滨水瘤螅*Cordylophora caspia*（淡水棒螅*Cordylophora lacustria*）、真枝螅水母属*Eudendrium*、薮枝螅水母属*Obelia*、美螅属*Clytia*、钟螅属*Campanularia*以及羽螅属*Plumularia*等，其中对番红外肋螅和滨水瘤螅的群体繁殖、生活史、附着期、附着面积及生长等均有详细报道（黄宗国，2008）。

（2）水螅体的食物与食物链

充裕的食物对水螅群体的生长有很大影响，这个现象曾被Berrill（1950）和Crowell（1957）在实验室研究过。例如，长钟螅*Laomedea*群体在营养供给不足的条件下，水螅体更多平面生长，终止垂直增长。当环境条件特别有利于水螅体生活时，水螅体的种群大量繁殖，这在食物链中具有很重要的生态作用。例如，弗朗加尔螅*Garveia francisecana*和矮小强叶螅*Dynamena pumila*在苏维埃港是常见种，Simkina（1980）与Letunov和Marfenin（1980）评估了它们在该港浮游生物中的捕食作用，揭示了水螅体在浮游生物和底栖生物之间的能量转移作用；又如，地中海的胡米美螅水母*Clytia hummelincki*的大量水螅体种群，产生大量的水母体，从海洋水域中捕食各种鱼类的卵和幼体，降低了它们的丰度，对鱼类资源的补充有着显著的影响（Bouillon et al.，2004）。

经研究，底栖水螅体捕获食物有很大的变化范围，除了浮游动物之外，细菌、原生动物、浮游植物、碎屑甚至海藻代谢物或溶解有机物等都成为它们的食物（Gili，Hughes，1995）。我们可认为水螅体属于杂食性动物——既食浮游动物，又食其他小型动物以及碎屑、溶解有机物等。不过，有些种类摄食的对象略有不同。例如，利氏拟蝶螅*Nemalecium lighti*择食大量藻类、细菌，喉外肋螅或总状真枝螅*Eudendrium racemosum*主要择食浮游动物；有些种类，如外翻钟螅*Campanularia everta*，颗粒有机物也是其食料的重要部分，而底栖生物，如线虫或小的双壳类，偶然也有发现；紫红短角螅*Silicularia rosea*的食物几乎排斥底栖硅藻，它捕取底层沉积物，这个过程将会扰动底质，使其重新悬浮（Bouillon et al.，2004）。

水螅虫总纲的总群落生物量在海洋中仅是一小部分，它们摄取的总能量比双壳类悬浮性者（suspension feeder）少。然而，在所有记录的水螅种类中都有高捕捉率（capture rates）和高浓密的水螅群体。在浅海海洋生态系统中，从浮游生物到底栖生物的能量传递过程中，水螅体显示出重要的作用。例如，它们的捕捉量可达10^5ind./（m^2/d）（Coma et al.，1994；Gili et al.，1998b）。此外，水螅体也加入食物链内，它是裸鳃类（Nudibranchs）、甲壳动物和鱼类等的食物来源（Boero，1984）。

综上所述，水母是中上层水体重要的肉食性捕食者，它可以通过下行控制机制对其他浮游动物或仔稚鱼的数量进行调控；通过上行控制机制影响浮游植物的数量（Lynan C. P. et al.，2006；张芳，孙松，李超伦，2009）。这个过程将引发对生态系统的结构和功能的干扰，使其失去平衡，影响渔业的生产。水螅体是底栖的杂食性捕食者，在浅海海洋生态系统中，从浮游生物到底栖生物的能量传递过程中，水螅体显示出重要的作用。可见，水母体和水螅体在生态系中已成为不可忽视的重要功能类群，今后应加强这个功能类群生态作用机制的研究，为保护和管理渔业资源提供参考。

参考文献

［1］许振祖，陈瑜萍.半球美螅水母摄食生态的初步研究//许振祖［M］.海洋动物资源开发及可持续利用研究.沈阳：辽宁教育出版社，2019：104-132.

［2］孙松.对黄、东海水母暴发机理的新认知［J］.海洋与湖沼，2012，43（3）：406–410.

［3］孙松.水母暴发所面临的挑战［J］.地球科学进展，2012，27（3）：257–261.

［4］张芳，孙松，李超伦.海洋水母类生态学研究进展［J］.自然科学进展，2009，19（2）：121–130.

［5］张芳，孙松，杨波.胶州湾水母类生态学研究Ⅰ.种类组成与群落特征［J］.海洋与湖沼，2005，36（6）：507–517.

［6］张芳，杨波，张光涛.胶州湾水母类生态研究Ⅱ.优势种丰度的时空分布［J］.海洋与湖沼，2005，36（6）：518–526.

［7］单秀娟，庄志猛，金显仕，等.长江口及其邻近水域大型水母资源量动态变化对渔业资源结构的影响［J］.应用生态学报，2011，22（12）：3321–3328.

［8］徐兆礼.东海水母类丰度的动力学特征［J］.动物学报，2006，52（5）：854–861.

［9］郭东晖，易月圆，赵磊，等.水母代谢过程中释放的溶解有机质的光谱特征［J］.光谱学与光谱分析，2012，32（6）：1584–1587.

［10］黄宗国，蔡如星.中国沿岸海域污损生物名录［M］//海洋污损生物及其防除（上册）.北京：海洋出版社，1984：144–145.

［11］黄宗国.海洋污损生物及其防除（下册）［M］.北京：海洋出版社，2008：37–51.

［12］ARAI M N，HAY D E.*Predation by medusae on Pacific herring*（*Clupea harengus Pallasi*）*larvae*［J］.*Candian Journal of Fisheries and Aquatic Science*，1982，39：1537–1540.

［13］BIGGS D C.*Nutritional ecology of Agalmaokeni*（*Siphonophora*，*Physonectea*）. In：MAEKIE G O ed.，*Coelenterate Ecology and Behavior*.New York：Plenum Press，1976：201–210.

［14］BIGGS D C.*Field studies of fishing*，*feeding and digestion in siphonophores*［J］.

Marine Behaviour and Physiology, 1977, 4: 261–274.

[15] BOERO F.*The ecology of marine hydroids and effects of environmental factors: A review* [J] .*PSZNI Marine Ecology*, 1984, 5 (2) : 93–118.

[16] BOUILLON J, MEDEL M D, PAGÈS F, et al.*Fauna of the Mediterranean Hydrozoa* [J] .*Scientia Marina*, 2004, 68 (Suppl.2) : 5–449.

[17] BRODEUR R D, BECKER M B, CIANNELLI L, et al.*Rise and fall of jellyfish in the eastern Bering Sea in relation to climate regime shifts* [J] .*Progress in Oceanography*, 2008, 77: 103–111.

[18] BRODEUR R D, SUGISAKI H, HUNT G L.*Increases in jellyfish biomass in the Bering Sea.Implication for the ecosystem* [J] .*Marine Ecology-Progress Series*, 2002, 233: 89–103.

[19] COMA R, GILI J–M, ZEBALA M.*Trophic ecology of a benthic marine hydroid Campanularia everta* [J] .*Marine Ecology-Progress Series*, 1994, 119: 211–220.

[20] CONDON R H, GRAHAM W M, DUARTE C M, et al.*Questioning the rise of gelatinous zooplankton in the world's oceans* [J] .*BioScience*, 2012, 62 (2) : 160–169.

[21] DU F Y, XU Z Z, HUANG JQ, et al.*New records of medusae (Cnidaria) from Daya Bay, northern South China Sea, with descriptions of four new species* [J] .*Proceedings of the Biological Society of Washington*, 2010, 123 (1) : 72–86.

[22] GILI J M, ALVÀ V, COMA R, et al.*The impact of small benthic passive suspension feeders in shallow marine ecosystems: The hydroids as an example* [J] . *Zoologische Verhandelingen*, *Leiden*, 1998b, 323: 99–105.

[23] GILI J M, HUGHES R G.*The ecology of marine benthic hydroids* [J] . *Oceanography and Marine Biology: An Annual Review*, 1995, 33: 351–426.

[24] GREVE W.*The 1989 German Bight invasion of Muggiaea atlantica* [J] .*ICES Journal of Marine Science*, 1994, 51 (4) : 355–358.

[25] HUNTLEY M Z, HOBSON L A.*Medusa predation and plankton dynamics in a*

temperate fjord, British Columbia [J] .*Journal of the Fisheries Research Board of Canada*, 1978, 35: 257–261.

[26] LETUNOV V, MARFENIN N.*Some characteristics of feeding behaviour in winter colonies of Dynamena pumila under various temperature regimens* [J] .*Biol. Nauki.*, 1980, 6 (1) : 51–55. (in Russian)

[27] LINDAHL O, HERNROTH L.*Phyto-Zooplankton community in coastal waters of western Sweden and ecosystem off balance* [J] .*Marine Ecology-Progress Series*, 1983, 10: 119–126.

[28] LYNAN C P, GIBBON M J, AXELSEN B E, et al.*Jellyfish overtake fish in a heavily fished ecosystem* [J] .*Current Biololog*, 2006, 16: 492–493.

[29] OSMAN R W.*The establishment and development of a marine epifaunal community* [J] .*Ecology Monographs*, 1977, 47: 37–63.

[30] PURCELL J E, ARAI M N.*Interactions of pelagic cnidarians and ctenophores with fish: A review* [J] .*Hydrobiologia*, 2001, 451: 27–44.

[31] PURCELL J E, GROVER J I.*Predation and food limitation as cause of mortality in larval herring at a spawning ground in British Columbia* [J] .*Marine Ecology-Progress Series*, 1990, 59: 55–67.

[32] PURCELL JE, KREMER P.*Feeding and metabolism of the Siphonophore Sphaeronectes gracilis* [J] .*Journal Plankton Research*, 1983, 5 (1) : 95–106.

[33] PURCELL J E.*Predation on fish eggs and larvae by pelagie cnidarians and ctenophores* [J] .*Bulletin of Marine Science*, 1985, 37: 739–755.

[34] PURCELL J E.*Predation on fish larvae and eggs by hydromedusa Aequorea victoria at a herring spawning ground in British Columbia* [J] .*Candian Journal of Fisheries and Aquatic Science*, 1989, 46: 1415–1427.

[35] RIEMANN L, TITELMAN J, BAMSTEDT U.*Links between jellyfish and microbes in a jellyfish dominated* [J] .*Marine Ecology-Progress Series*, 2006, 325: 29–42.

[36] SCHMIDT G H.*The hydroid Tubularia larynx causing bloom of the ascidians Ciona interstinalis and Ascidiella aspersa* [J] .*Marine Ecology-Progress Series*, 1983, 12: 103–

105.

［37］STANDING J.*Fouling community structures：Effects of the hydroid Obelia dichotoma on larval recruitment.*In：MACKIE G O.*Coelenterate Ecology and Behaviour.*New York：Plenum Press，1976：155-164.

［38］SUTHERLAND J，KARLSON R.*Development and stability of the fouling community at Beaufort，North Carolina*［J］.*Ecology Monographs*，1977，47：425-446.

2.4 水母文化多样性研究*

Studies on the Jellyfish-Culture Diversity

2.4.1 前言

在我们大多数人的印象里，水母如同在茫茫大海中漂浮着的塑料袋一样软弱无力，但实际上，水母在地球上已经存在了数亿年，是一类具有强大生命力的生物，见证了这颗星球沧海桑田的变化。人类对水母的记录不过数千年，相较于水母存在的时间，这可被视为一瞬，但就是在这一瞬间，横空出世的人类物种和水母衍生出了很多有趣的文化。文化是人的社会成果，文化传承实质上是一种文化的再生产。水母作为一种在海洋中常见的动物，其优雅身姿与独特口感吸引着人们同其产生交集，并在历史长河中不断产生新的文化。这些丰富的水母文化涉及衣、食、住、赏、育、研六个方面，不仅在过去熠熠生辉，在现在也得到了很好的传承。

2.4.2 材料与方法

本文根据过去发表的有关水母的文物与典藏品以及作者的研究资料，主要针对食——水母与人类的饮食、住——与水母有关的人类建筑工艺、衣——水母在人类服饰中的角色、赏——水母观赏与水母艺术品创作、育——水母与教育的关系以及研——水母与科学研究六个面向与主题进行分类说明，进一步阐释，以期使读者认识水母与人类之间甚为密切的关系。同时，在新时代展望水母文化的传承与创新，将会使人类不断从中受益。

---

* 尼紫泰、陈艺敏、许振祖。首次发表。

2.4.3 结果

2.4.3.1 食——水母与人类的饮食

每当谈及海鲜，我们不禁会想起扇贝、鲍鱼、金枪鱼等美味，但很多人不曾了解的是，水母也是一种肉质鲜美、味道独特的海鲜，人们经常吃的海蜇*Rhopilema esculentum*就是我国一种产值很高的食用水母。除了海蜇之外，黄斑海蜇*R. hispidum*、野村水母*Nemopilema nomurai*、叶腕水母*Lobonema smithii*、拟叶腕水母*Lobonemoides gracilis*等水母种类，也是我国渔业的兼捕对象，虽然其产量少，但近年已被加工食用（图2.26）。

“水母生海中，以咸水之渣滓为母，故名水母。”清代李调元解释完水母名称的来历后，便立即对水母的饮食方法做了记录：“鲜煮辄消释出水，一名海蜇。气最腥……性冷，能化物，不能自化，脾胃弱者勿食。干者曰海蜇，腹下有脚纷纭，名曰蜇花。八月间干者，肉厚而脆，名八月子，尤美。”想必是这位大才子在撰写《南越笔记》时，不由得想起了其鲜美的口感而大加赞赏吧。

在我国，人们食用水母已经有了很长的历史。晋代张华所著的《博物志》中记载道：“东海有物，状如凝血。从广数尺，方员，名曰鲊鱼，无头目处所，内无藏，众虾附之，随其东西。人煮食之。”这里的“鲊鱼”便是现在我们饭桌上常有的海蜇。由此可见，我国食用水母的年代至少可以追溯至1700年前。

勤劳而又热爱美食的中国人肯定不满足于简单的煮食水母。据宋代李昉等人所著的《太平广记》校增，唐代刘恂《岭表录异》还详细记录了水母的烹饪方法：“（水母）然甚腥，须以草木灰点生油再三洗之，莹净如水精紫玉。肉厚可二寸，薄处亦寸余，先煮椒桂或豆蔻，生姜缕切而炸之，或以五辣肉醋，或以虾醋，如鲙食之。最宜虾醋，亦物类相摄耳。水母本阴海凝结之物，食而暖补，其理未详。”这道美食密码一直流传至今，温州当地的一道老牌名菜的做法，与《岭表录异》上的记录如出一辙。

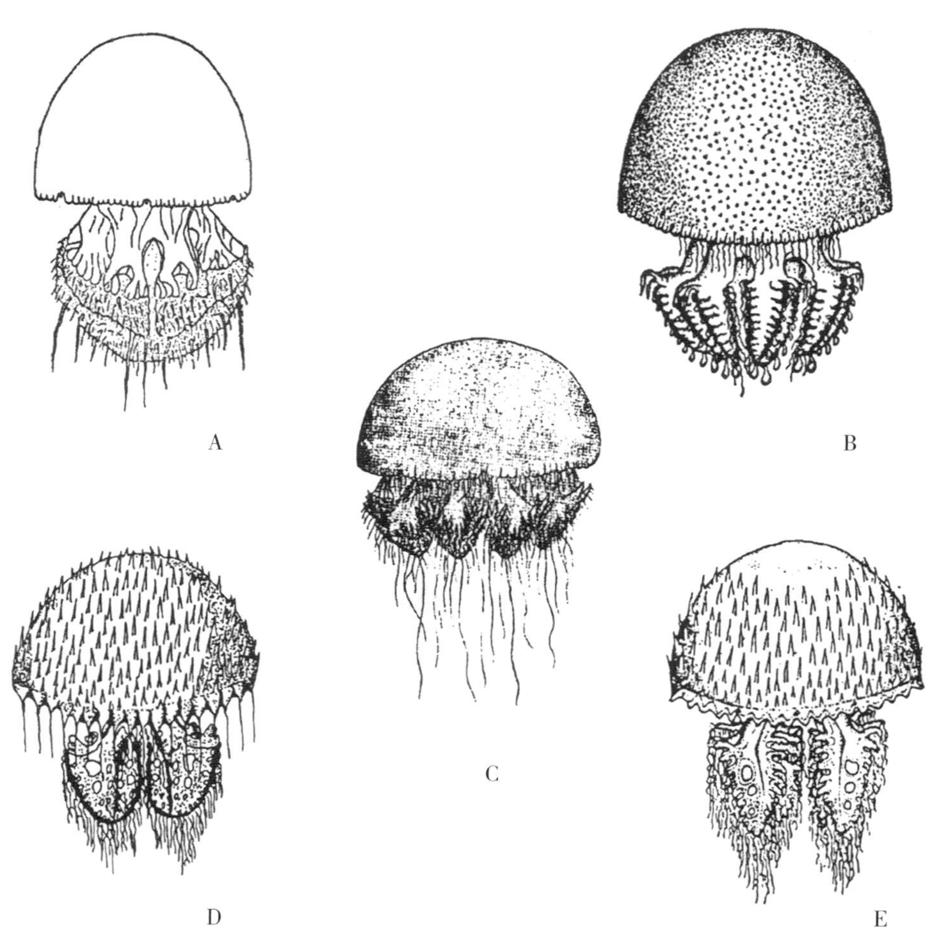

图2.26　中国沿海的食用水母类

（A，B，C 仿洪惠馨、张士美，1982；D，E仿洪惠馨、张士美，2003）
A. 海蜇*Rhopilema esculentum* Kishinouye，1891［俗称面蜇（山东）、海蜇（苏、浙）、红鮀、白鮀（闽南、台湾）］；B. 黄斑海蜇*Rhopilema hispidum*（Vanhöffen，1888）［俗称荔枝鮀 、柚皮鮀（闽南）、花蜇（汕头）］；C. 野村水母*Nemopilema nomurai* Kishinouye，1922［俗称沙海蜇（山东）、倒牛（浙江）］；D. 叶腕水母*Lobonema smithii* Mayer，1910［俗称粉鮀，主要分布于福建南部至广东海南海域，其加工产品也称海蜇皮）；E. 拟叶腕水母*Lobonemoides gracilis* Light，1914［俗称粉鮀（闽南）］

此外，在水母的旺发季节，一些沿海城市还会将刚刚捕捉上来的新鲜海蜇伞体像切豆腐一样直接切块，洗净切丝、配上调料之后即食。这种水嫩的食材也被当地人称为“水豆腐”。

更加常见的加工方法是使用食盐、明矾腌渍水母。这种加工方法早在明代即有记录，它可以很好地防止水母腐败分解化水。使用盐矾复合腌渍法生产出来的水母成品，以浙江温州地区的三矾海蜇质量最佳。根据加工部位的不同，还可以将三矾海蜇成品分为海蜇皮和海蜇头，前者使用海蜇的伞体部分加工而成，后者使用海蜇的口腕部分加工而成。腌渍好的水母具有爽、脆、滑、嫩的不同风味，因而可以作为一种良好的食材进行再次加工，得到其他美味。

此外，刮取海蜇内伞表面发达的红褐色环肌，收集起来压制成半干品，称海蜇血（浙江）或鲊血（福建）。店家说此物稀少，积攒不易，价格数倍于海蜇皮，古代早用于妇女分娩后补血，像用红菇补血一样。

随着烹饪方法的提升，水母的美味得以越来越好地展现，作为一道菜品，水母受到了越来越多人的称赞。宋代刘子翚在《食蛎房》中写道："水母脆鸣牙，章举悬疣密。"形容水母吃起来清脆爽口。南宋梁克家《三山志》记载，唐李柔入闽，称钱鱼为银虀，赞水母为玉脍。

这样的美称很快就从平常百姓家传入了帝王宫廷内。《哨鹿膳底档》记载，乾隆四十年（1775年）中秋宴会中就有一道水母佳肴："酉正三刻，上至云山胜地，用黄盘野意酒膳一桌……拌虾米海蜇一品。"南宋周密《武林旧事》记载，宋高宗赵构在清河郡王府用餐时，有一道御膳就是"水母脍"。

水母和酒也是一对好搭档。清代文人袁枚作为一个出了名的美食家，在《随园食单》中就记录了海蜇配酒的绝妙吃法："用嫩海蜇，甜酒浸之，颇有风味。"元代谢宗可在《海蜇》一诗中则是把水母当作了醒酒菜："霞衣褪色冰涎滑，璃缕烹香酒力醒。"

善于从食物中发现药材的中国人还找到了海蜇的诸多药用方法。清代名医尤怡的《金匮翼》记录："用烧酒一斤，浸海蜇花头一斤，入瓷瓶内，埋地数年，则海蜇化为水矣，取饮半酒杯妙。"将海蜇用来治疗膈噎之症。而且，水母具有高蛋白、低脂肪、低热量的营养特性，其胶原蛋白成分对于缓解关节炎也很有帮助。除了以上药用功能外，在《本草拾遗》等古代书籍以及现代各类文献中，还记载了海蜇有清热解毒、滋阴化痰、降低血脂血压等作用，可以治疗河鱼之疾（即腹泻）、气管炎、胃溃疡以及心血管病等疾病。

以上所述大多是古人开发出来的水母吃法。具有创新精神的现代人，在开发水母新吃法方面同样没有落后。

在日本，政府鼓励把水母开发成多种水母美食，包括水母糖果、水母饼干、水母鸡尾酒等。在以水母展示出名的日本加茂水族馆，游客在参观完之后，还可以吃到水母拉面和水母冰淇淋。英国的美食物理学家更是结合五感体验的方式，例如在餐桌上投射海底的影像，用餐时播放两感交叉的音乐，将品尝水母打造成高级美食体验。

科学家通过分析水母的具体成分，将水母身体视为一种凝胶体系，再加入其他种类的无机盐或酒精破坏这种凝胶体系，就能得到可以食用的水母制品。通过这样的方法创新，可供加工的水母种类就不仅仅局限于传统食用的几种水母了，像海月水母这种体型较小、中胶层较薄、在以往看来食用价值较低的水母，或许以后也能成为我们餐桌上的美食。

随着全球环境的变化，各地海域经常出现水母暴发，造成严重的生态灾难。食用水母有助于缓解这一局面，并为解决全球粮食危机提供新的思路。而如何将更多种类的水母开发成更多样的美食，让更多的人接受它们，则是摆在现代人面前的一个课题，也是水母美食文化在新时代发扬传承的一个过程。

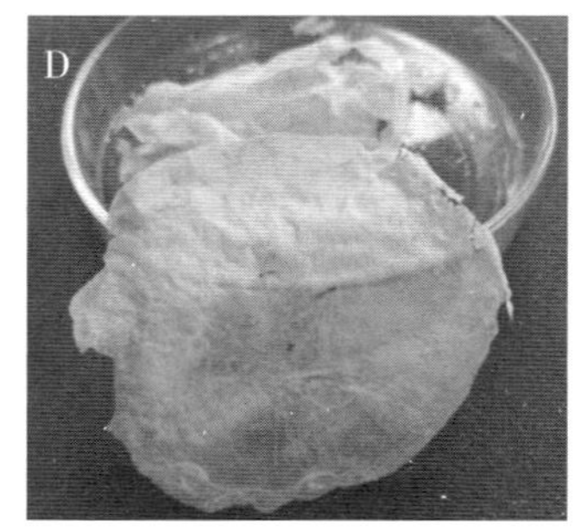

图 2.27 水母美食

A. 凉拌海蜇（仿百度）；B. 日本加茂水族馆的水母冰淇淋；C. 日本加茂水族馆的水母拉面（B、C 仿 Brotz，2011；Youssef 等）；D. 水母薯片（尼紫泰）

2.4.3.2 住——与水母有关的人类建筑工艺

在国外有很多关于住房装饰的水母文化。从19世纪中期开始，德国动物学家恩斯特·海克尔（Ernst Haeckel）凭借其专业的学术背景和高超的绘画技巧，向大众展示了水母等海洋浮游生物的美妙形态，激发了大众对水母的兴趣，使得水母的优雅形象广为人知，人们经常可以在新艺术运动（Art Nouveau Movement）时期的装饰元素中发现它们的身影。在新艺术运动中，艺术家和设计师向大自然寻找灵感，水母以及海克尔所画的其他生物，常常成为他们的灵感之源，它们作为一种新的装饰元素，出现在灯饰、壁纸及建筑物上。

最典型的例子莫过于海克尔的家（海克尔把他家叫作Villa Medusa，意为“水母别墅”）和他在德国耶拿大学所建立的系统发育博物馆（Phyletisches Museum）。海克尔使用自己画的水母画作为装饰，在系统发育博物馆的天花板上就有很多水母画。在水母别墅，不仅天花板，连杯子、碟子、木头家具上都会出现水母（图2.28A）。

除了海克尔的耶拿大学系统发育博物馆，很多地方都有新艺术运动风格的建筑。摩纳哥的海洋学博物馆将海克尔的水母图画形象做在锻铁大门和吊灯上，画在房间装饰的图案里。在由俄罗斯著名建筑师费多尔·奥斯波维奇·谢克特尔（Fedor Osipovich Shechtel）设计的新艺术运动建筑典范——位于莫斯科的里亚布申赛公馆（Ryabushinshy Mansion），也能发现水母灯及其他水母内饰（图2.28B，D）。

在现代建筑中，我们也可以在室内软装饰中找到很多以水母作为灵感来源的设计作品，包括灯具、装饰画、纺织品、装饰摆件及家具等，设计师也可以通过植入温度感应装置、利用自发光设计等手段来增加水母元素在设计上的创新。

此外，随着仿生建筑的普遍流行，水母元素可与建筑更加有机、紧密地融合。2010年，美国著名建筑设计师迈克尔·索金（Michael Sorkin）为天津“世界岛”项目设计了“水母酒店”（Jellyfish Hotel）。这座“水母酒店”依水而建，状如巨型水母，视觉冲击力非常强大（图2.28C）。

英国仿生学建筑公司奥雅纳仿生学（Arup Biomimetics）的建筑设计师阿兰娜·豪（Alanna Howe）和亚历山大·赫斯佩（Alexander Hespe）在设计澳大利亚未来城市时，以僧帽水母为灵感设计了水下城市群“海洋城市（Ocean City）”。“海洋城市”充分参考了僧帽水母的生物学特性：一只僧帽水母是一个由浮囊体、营养体、指状体和生殖体等不同的小个体组成的群落，每一个小个体分别负责捕食、消化、感知、生殖等不同职责。相应地，在“海洋城市”中，不同的分区拥有居住、娱乐、生产等不同功能，它们共同构成了“海洋城市”；“海洋城市”在暴风雨来的时候潜到水下，天气好的时候浮出水面收集太阳能，对应着僧帽水母的浮潜特性。

我国建筑师也提出，参考水母建设的“水母城市”是一种适宜于中小城镇的形态模式。在广东河源，以桃花水母为原型设计的桃花水母大剧院已于2015年落成启用，为人民提供文化盛宴。

从古至今，从现实到虚拟，水母建筑文化也在不断地传承创新。

图2.28　水母建筑文化的实例

A. 耶拿大学系统发育博物馆天花板上的大型水母画（仿 Maderspacher，2019）；
B. 摩纳哥海洋博物馆的水母吊灯（仿 Lange & Kaiser，2016）；C. 天津“水母酒店”（仿 Williams，2020）；
D. 亚特兰蒂斯壁灯（左仿电影《海王》剧照；右仿 Derek Keats）

2.4.3.3 衣——水母在人类服饰中的角色

人们从大自然中挖掘合适的元素加入到服装的造型、色彩、面料以及细节中，展现自己对审美的追求，这种设计风格被称为仿生服装设计。水母飘逸的姿态、多彩的颜色、轻盈的质感、特殊的生活史等为设计师们提供了丰富的服装设计灵感。

在以海洋为主题的戏服、舞台服设计方面，水母是一个很好的范例。同样是在电影《海王》中，湄拉公主的礼服即以僧帽水母*Physalia physalis*为原型设计。设计师除了用僧帽水母的蓝紫色调让身着水母礼服的湄拉公主流光溢彩、高贵无比以外，还模仿僧帽水母使用了气囊漂浮的原理，让穿上水母礼服的湄拉公主可以优雅地移动（图2.29A）。

2017—2018年在德国格拉·阿尔滕堡（Gera Altenburg）剧院上演的芭蕾舞剧《小美人鱼》中，设计师为扮演水母的芭蕾舞演员设计了一套特殊的水母装，它除了能随着演员的旋转动作有规律地鼓动外，还能随着演员的手部动作发光，生动地展现了水母优雅的游动姿态和发光之美（图2.29B）。

时装品牌如华伦天奴（Valentino）、古驰（Gucci）以及英国著名时装设计师亚历山大·麦昆（Alexander McQueen）等都曾经以水母为灵感来源设计时装。在华伦天奴2018年春季的高定系列中，以水母的伞体为原型设计的五彩斑斓的水母帽为秀场增加了活泼的气氛（图2.29 C）。通过模仿水母的多色渐变，古驰的仿生水母色系透明薄纱裙进行了撞色处理，服装整体呈现一种和谐、唯美、梦幻之美（图2.29 D）。日本布料设计师须藤玲子（Reiko Sudo）设计了一种名叫水母（Jellyfish）、质感也如水母般轻盈的布料。

除了衣服本身，在耳饰、项链、手链、胸针等配饰中，也可以发现来自水母的设计灵感。在新锐天然珍珠配饰品牌皮尔洛娜（Pearlona）的“迷幻海洋”（Oceandelic）系列中，水母耳饰使用巴洛克珍珠展现水母修长的触手，充满灵动之美，十分出彩（图2.29E）。

3D打印技术的蓬勃发展为服装设计带来了更多的创新方式，在服装设计中得到越来越广泛的应用。3D打印可以充分呈现水母丰富的质感和多变的颜色，适合用于婚纱等服装的设计。3D打印服装的领军设计师艾里斯·范·荷本（Iris Van Herpen）在2020年春夏的高定系列“感官海洋（Sensory Seas）”中，即以水螅水母*Hydrozoa*为重要的灵感来源。水螅水母像水中的天然织物，给大海装点上一层层蕾丝。此外，水螅水母可以在水螅态和水母态之间转换，这种双向性增加了神秘感。

在我国，汉服正逐渐成为年轻人的穿衣时尚，新式的汉服设计中除了沿袭传统，还加入了新的元素。水母的飘逸姿态与汉服仙气飘飘的感觉十分相配。比如我国汉服品牌冉绣阁的“浮生情”系列中的蓝色渐变水母汉服对襟齐腰外搭大袖衫的形制，就使整套汉服十分飘逸，渐变的蓝色底色象征着永恒的大海，上面装点的重工水母色彩淡雅，刺绣精美，整体显得十分灵动（图2.29F）。

可见，随着服装设计理念的不断发展，水母元素在人类衣物上的体现也越来越多。

A B C D E F

图 2.29　水母在人类服饰中的运用

A. 电影《海王》中湄拉公主的水母礼服（仿电影《海王》剧照）；B. 会发光的水母舞蹈服（仿 Honauer，M.，et al.，2017）；C. 华伦天奴水母帽（仿 William，2020）；D. 以水螅水母为灵感设计的 3D 打印时装（仿 Fanglan & Kaifa，2021）；E. 水母耳饰（仿 Williams，2020）；F. 冉绣阁的水母汉服（仿冉绣阁原创汉服）

2.4.3.4 赏——水母观赏与水母艺术品创作

在我国古代，深居内地的人们很少能前往海边观赏水母，好在有一类淡水水母也广布神州大地，它就是桃花水母。中华桃花水母是在我国发现并命名的，索氏桃花水母在我国分布最广[28]。桃花水母的起源可能是在我国长江流域，再逐渐扩散到全世界。

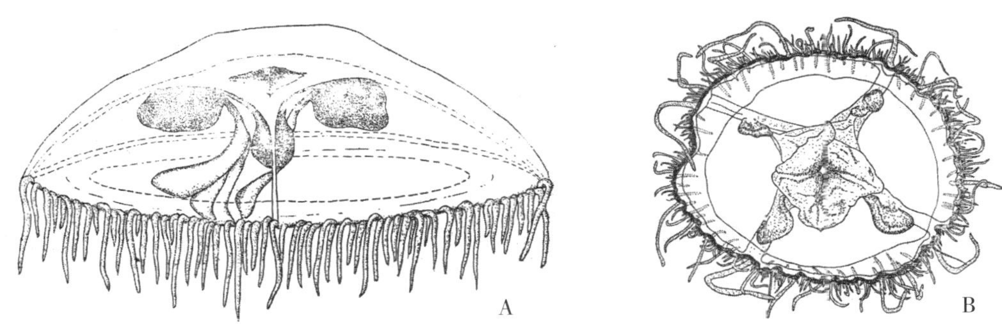

图 2.30　我国常见的桃花水母

（仿和振武，1981）

A. 中华桃花水母 *Craspedacusta sinensis* Caw & Kung，1939；

B. 索氏桃花水母 *Craspedacusta sowerbyi* Lankester，1880

桃花水母在我国的许多地方都有分布。在我国最早引起关注的是湖北省秭归县归州镇长江边三个水潭中的桃花水母。自古以来，这里就因为桃花水母而名闻天下。桃花水母在我国古代还被称作“桃花鱼”，早在明朝万历三十七年（1609年）的《归州志》中就有“桃花鱼”的记载，这是桃花水母在世界上最早的记录。与其他地方不规律地出现不同的是，这里的桃花水母每年10月至次年3月都出现。在当地的民间传说中，王昭君出塞和亲路过香溪河，因故土难离，伤心不已，泪流满面，眼泪化作了桃花水母。当地人也把桃花水母当成吉祥物，并把它与屈原、王昭君一起作为本地的骄傲。

古代文人对桃花水母也有详细的观察和丰富的记载。清代杨袆仁的《桃花鱼歌》生动地描述了桃花水母体态晶莹、游动优美的倩影：“春来桃花水，中有桃花鱼。浅白深红画不如，是花是鱼两不知。花开正值游鱼嬉，鱼戏转疑花影移。渔人不敢下钓丝，怕逐春风上旧枝。”清代陈梦雷在《古今图书集成》中也细致地描述道：“桃花水母形如榆荚，大小不一，蠕蠕然游水中，动则一敛一收，若人攒指收放之状，不知避人，取贮盂中亦然。离水取视，不过如涎一捻，绵软无复形体。”

在初次见到水母时，人们大多会发出惊叹的声音，这催生了现代观赏水母行业。美国蒙特雷湾水族馆（Monterey Bay Aquarium）是最先开始将水母作为一种观赏生物进行展示的，它在1992年就推出了大型水母展。2006年香港海洋公园推出大型水母展览之后，我国的观赏水母行业步入了发展快车道，自2007年青岛水族馆推出内地首个水母展览活动后，在不到8年的时间就有超20家水族馆推出了水母展览场馆，可见人们对于观赏水母的喜爱。

除了水母展览场馆的快速增加，观赏水母的种类也在不断扩增。在人类已发现的数千种水母当中，想要找到适合用于观赏展示的水母并不容易，目标种类要具有一定的大小与观赏期，对人类相对安全无害，并有稳定的饵料来源和市场需求与供给。只有满足了这些条件，才能持续地展示水母。尽管存在诸多困难，但水母展览馆仍然从最开始只能展示海月水母*Aurelia aurita*一种水母，发展到可以同时展示30余种水母，水母观赏行业的相关技术也得到了快速发展。

海月水母是一种在大海中分布非常广泛的水母，三国时期即有沈莹在《临海水土异物志》中记载："海月，大如镜，白色正圆。"明代杨慎在《异鱼图赞》中对海月水母有更详细的描述："海物正圆，名曰海月，指如搔头，有缘无骨。"大概古人认为它们好像是海中之月一样，因此给它们取名为海月水母吧。在英文里，海月水母也有月亮水母（moon jellyfish）的别称。看来不管是在中国还是在外国，人们对于海月水母的印象都很一致。时至今日，海月水母的人工培育技术已非常成熟，它们常被展示于各大水族馆中，人们不用前往海边就能发现它们"指如搔头，有缘无骨"的独特身姿（图2.31A）。

除了海月水母之外，巴布亚硝水母*Mastigias papua*、倒立水母*Cassiopea andromeda*、鞭腕缨口水母*Thysanostoma flagellatum*、褐色金黄水母*Chrysaora fuscescens*、嵌合端棍水母*Catostylus mosaicus*等也是经常在水族馆里展示的观赏水母种类（图2.31B~F）。

除了展示水母，水族馆还开发了多种多样的水母文创衍生产品。水母文创利用专业的科学知识，融合设计语言，富有洞察力地将水母变成日常生活中可以使用的物件，让大众在日常生活中便可以感受到水母的魅力。比如日本加茂水族馆与创意杂货品牌"YOU + MORE！"合作，推出了以日本海域具有代表性的三种水母——海月水母、日本海刺水母、斑点水母为原型的水母雨伞。这三款水母雨伞都非常注重细节，力图展现每种水母的特征，极具个性。它们的伞面都采用聚乙烯材料，伞柄采用玻璃纤维，以展现水母的轻盈和透明感；它们的小挂件则展现了相应水母的碟状体；海月水母伞伞面的底色为渐变的蓝色，展示了4个花瓣状的海月水母胃囊；日本海刺水母伞伞面有16条橙红色的放射条纹；斑点水母伞伞面的扇形边缘有可爱的圆形斑点。这三款水母雨伞由水族馆的专业人员和设计师共同开发，科学、严谨的设计让这些水母雨伞显得格外真实，能让使用者在下雨天感觉自己是一只水母，以雨伞这种日常用品激发了人们对于水母的喜爱和想象力（图2.32A）。

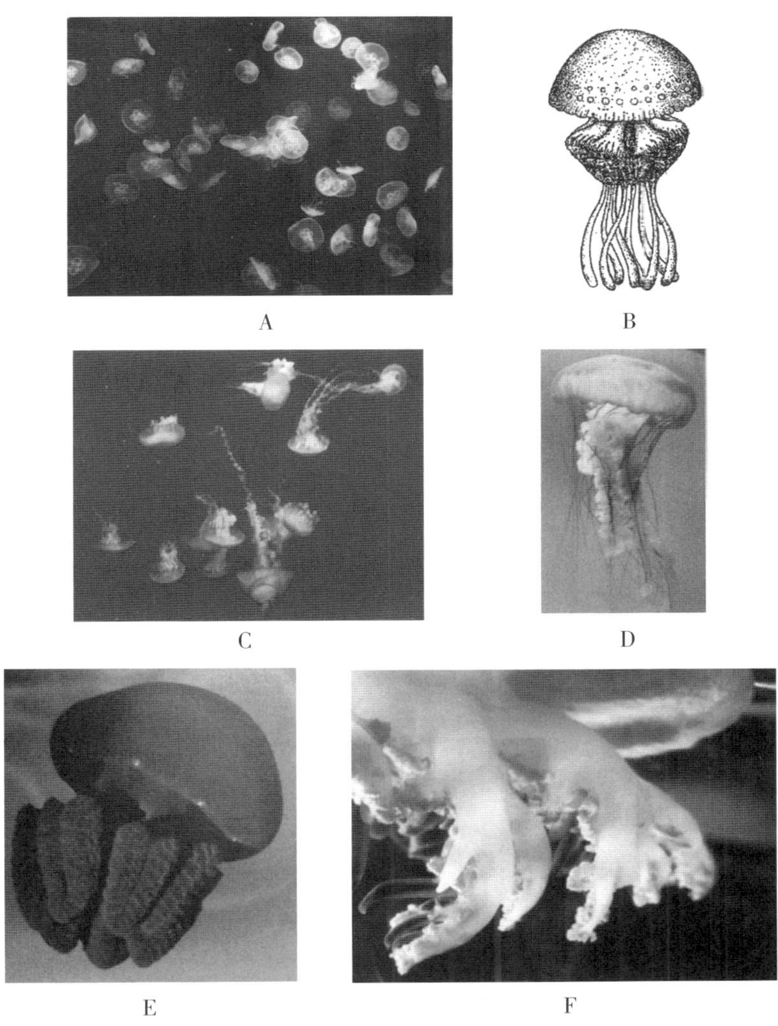

图 2.31　在水族馆里常见的观赏水母种类

（A尼紫泰，B仿洪惠馨等，1985；C，D，E仿陈藻，2022年，拍摄于美国佐治亚水族馆；F仿洪惠馨，2014）
A. 海月水母 *Aurelia aurita*（Linnaeus，1728）；B. 巴布亚硝水母 *Mastigias papua*（Lesson，1862）；
C. 鞭腕缨口水母 *Thysanostoma flagellatum*（Haeckel，1880）；D. 褐色金黄水母 *Chrysaora fuscescens*（俗称太平洋海荨麻水母）；E. 嵌合端棍水母 *Catostylus mosaicus*（Quoy & Gaimard，1824）；
F. 安氏仙后水母 *Cassiopea andromeda*（Forskål，1775。俗称倒立水母）

美国蒙特雷湾水族馆在手工制作玻璃水母纸的过程中加入了磷光粉末，使水母纸可以在黑暗之中发光，十分符合水母发光的特点（图2.32 B）。

值得一提的是，艺术家们都十分热衷于用玻璃表现水母。19世纪著名的玻璃艺术家父子利奥波德·布拉什卡和鲁道夫·布拉什卡（Leopold and Rudolf Blaschka）制作的水母玻璃模型，既具有科学解剖的精确性，又极富美感，被欧洲、美国、日本的自然历史博物馆和大学所收藏，为展览和教学提供了精美的水母标本（图2.32C）。

当代艺术家戴尔·奇胡利（Dale Chihuly）和斯蒂芬·达姆（Steffen Dam）以水母为原型创作的水母玻璃艺术品也十分精美，富有想象力，它们分别在蒙特雷湾水族馆的《水母：活的艺术》（*Jellies*：*Living Art*）水母展和耶拿大学系统发育博物馆的《10吨—美杜莎—恩斯特·海克尔》（*10 Tons · Medusen · Ernst Haeckel*）展览中展出，充分展示了科学和艺术融合之美。新艺术运动的创始人之一埃米尔·加莱（Emile Galle）也以水母的曼妙身姿为灵感来源创作玻璃艺术品（图2.32D）。

A

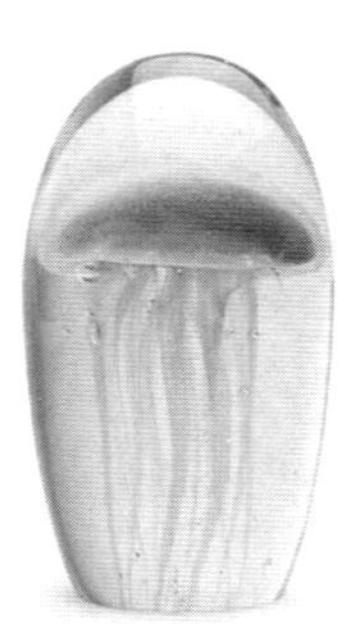

B

C

D

图 2.32　多种多样的水母文创产品

A. 水母雨伞（仿“YOU + MORE!”）；B. 荧光玻璃水母纸（仿蒙特雷湾水族馆）；
C. 水母玻璃模型（仿 Vassil）；D. 玻璃水母（仿斯蒂芬·达姆）

从宋代沈与求惊呼水母为水怪，到后来人们将水母置于水族馆中专用于观赏，再到各式各样的水母文创艺术品，人们在不断地提炼水母身上的美，并在这个过程中不断产生新的水母文化。

除了在水族馆里展示的水母，野外的水母也是一种很好的旅游资源，具有较高的旅游价值。位于太平洋岛国帕劳的水母湖（Jellyfish Lake），由于地质上的阻隔，天敌较少，湖里的巴布亚硝水母形成了当地特有的亚种，对人类的毒性大大减少，游客可以在湖里浮潜，与上百万只水母一起游泳拍照（图2.33A）。自20世纪80年代开放以来，帕劳水母湖已经成为热带太平洋最受欢迎的浮潜地点之一，每年可吸引3万名游客来与水母共泳，产生数百万美元的经济价值。值得注意的是，帕劳政府十分注重环境保护，以保证旅游资源的可持续利用。水母湖所在的帕劳南部泻湖石岛群（Rock Islands Southern Lagoon）被联合国教科文组织评为世界遗产。

在日本，水肺潜水看巨型水母——野村水母*Nemopilema nomurai*在2009年就吸引了1万到1.5万个潜水爱好者参与。

在我国，桃花水母形态优雅，具有审美和文化的双重价值。湖北秭归的桃花水母以往经常可以见到，全国闻名，但三峡水库蓄水后，往昔盛景如今已经不复存在。好在已经有城市行动起来，将水母打造成了一张吸引游客的亮丽名片。近年来，广东河源万绿湖多次出现桃花水母，学者呼吁多措并举，将桃花水母作为万绿湖的旅游资源，提升当地的旅游品位。当地政府打造了“桃花水母”文化品牌，进一步塑造河源的城市形象，丰富其文化内涵。

2015年，位于商业中心的河源市地标建筑之一桃花水母大剧院正式启用，其外形设计模仿了桃花水母，剧院创作的大型梦幻舞台秀《桃花水母》加入桃花水母的元素，使其与河源文化、客家艺术巧妙地融合在一起。2016年，该舞台秀进一步升级为《桃花水母》旅游版，成为河源文化旅游的一个特色品牌，对河源旅游业的发展起到了积极的推动作用。由中共河源市委宣传部和河源广播电视台拍摄出品的《桃花水母》纪录片，讲述了河源万绿湖的由来和湖区寻找桃花水母踪迹、保护桃花水母的故事，桃花水母在里面渐渐超越了一个物种的意义，与万绿湖一起，同河源的历史和当地人的生活结合在一起，成为河源这座城市独一无二的文化符号。2019年，该纪录片荣获广东省纪录片二等奖（图2.33B，C）。

A

B

C

图 2.33　以水母为旅游资源创建的景点

A. 帕劳水母湖（示帕劳水母湖中数百万只巴布亚硝水母）；B. 河源桃花水母大剧院（模仿了桃花水母的外形）；C.《桃花水母》舞台秀剧照

除了旅游景点之外，在邮票上我们也可以经常见到水母的踪迹。2008年，香港邮政总局推出香港首套荧光水母邮票。该邮票一套六枚，分别印有花笠水母*Olindias formosa*（Goto，1903）、巴布亚硝水母*Mastigias papua*（Lesson，1862）、啡金黄水母*Chrysaora melanaster* Brandt，1838、发状霞水母*Cyanea capillata*（Linné，1758）、褐色金黄水母*Chrysaora foscescens*以及海月水母*Aurelia aurita*（Linné，1758）的图像（图2.34 A ~ F）。为了凸显水母发光的特征，该邮票采用特别的印刷工艺，在邮票上加上荧光，让缤纷悦目的水母在黑暗中更加绚丽。

2014年，台湾“中华邮政公司”也发行了一套以水母为题材的邮票。该邮票一套四枚，分别为夜光游水母*Pelagia noctiluca*（Forskål，1775）、气囊水母*Physophora hydrostatica* Forskål，1775、巴布亚硝水母*Mastigias papua*（Lesson，1862）以及白色霞水

母*Cyanea nozakii* Kishinouye，1891。在该公司举办的“2015年邮票选美活动”中，夜光游水母邮票名列第一，可见水母邮票深受民众欢迎。

此外，通过集邮百科网可以查询到，已经发行水母邮票的国家和地区还包括葡萄牙、加拿大、挪威、帕劳、马来西亚、英国、美国、澳大利亚等。邮票是一种很好的科普媒介，通过邮票可以向大众介绍水母及海洋生物之美，提醒大众保护海洋生态环境的重要性。因此，水母文化在新时代也被赋予了保护海洋生态环境的理念。

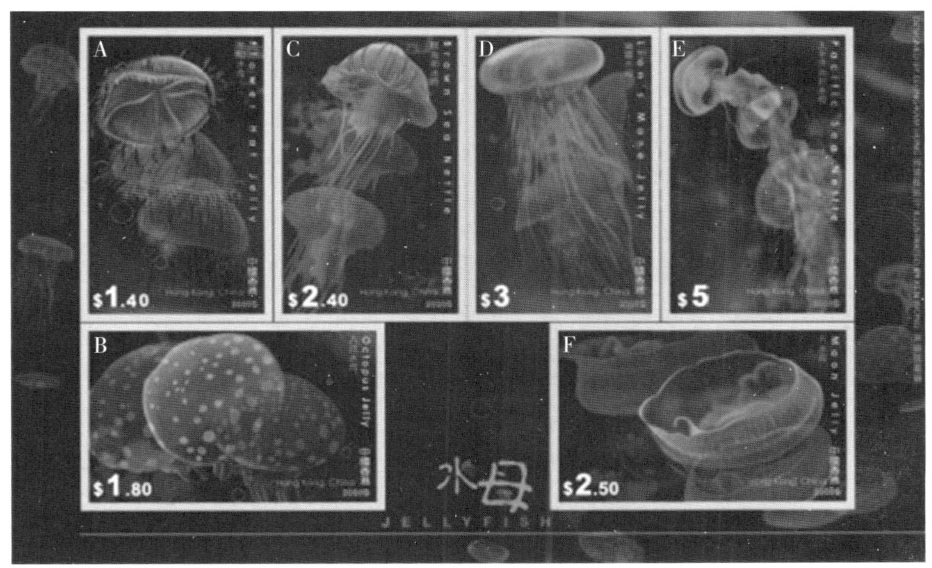

图 2.34　香港发行的水母邮票

A. 花笠水母 *Olindias formosa*（Goto，1903），或称花帽水母；
B. 巴布亚硝水母 *Mastigias papua*（Lesson，1862），或称八爪水母；
C. 啡金黄水母 *Chrysaora melanaster*（Brandt，1838），或称非海刺水母；
D. 发状霞水母 *Cyanea capillata*（Linnè，1758），或称幽灵水母、狮鬃水母；
E. 褐色金黄水母 *Chrysaora foscescens*，或称太平洋海荨麻水母；
F. 海月水母 *Aurelia aurita*（Linné，1758），或称月亮水母（仿香港东方养生，2008）

2.4.3.5 育——水母与教育的关系

水母姿态优美，生活史有趣，可以为公众了解大海及生活于其中的海洋生物、提升其科学素质、推动环境教育提供一个有趣的切入口。

“水母观察”（JellyWatch）是2010年由美国蒙特雷湾水族馆研究所（Monterey Bay

Aquarium Research Institute）和蒙特雷湾水族馆（Monterey Bay Aquarium）共同发起的公民科学（citizen science）项目，旨在鼓励公众参与水母种群监测行动，协助科学家了解全球水母暴发的状况。公众可以在jellywatch.org网站上浏览水母辨识资料、上传自己发现的水母照片，还可通过手机应用小程序（APP）浏览水母信息。多年来，研究人员、教育工作者和水母爱好者都是这个网站的使用者。截至2019年，该网站共收集到6 000份水母发现报告，一些学者也根据该网站上的水母数据发表了相关论文，还有教育工作者使用该网站上的数据设计了水母课程。

我国香港也有类似的公民科学计划——香港水母普查（Hongkong Jellyfish Project），希望通过该计划收集香港水域更多的水母信息。为了让更多的自然爱好者加入到计划中来，该计划还进驻广受自然爱好者欢迎的社交平台。除了鼓励公众上传水母发现报告，香港水母普查还让公众上传水母蜇伤报告，以完善香港水域有毒水母信息，为香港涉水活动爱好者的安全做出贡献。据香港水母普查官网（hkjellyfish.com）称，从2020年起至今，该计划共收集到600多份水母发现报告，专家鉴定出44种水母，远多于香港渔农自然护理署记录在案的6种。通过该计划，还发现了初次记录出现在香港水域的水母物种（图2.35A）。

除了公民科学项目，水族馆的水母展览也有重要的教育功能。如今，游客们已经不满足于走马观花式的水母展览观赏了，更期望能够深入了解、学习相关的科普知识。为满足游客们的这个需求，各水族馆开展了形式多样的水母科普活动，向游客们介绍水母的生活习性。有些水族馆更是拓宽了科普活动的受众与范围，将原本在水族馆进行的科普活动带进了学校、景区、军营等各个地方，让更多人感受到了水母的美丽。

在当今这个移动互联网时代，水母的展览、科普也不仅仅局限于线下。美国蒙特雷湾水族馆开设了水母直播网站专区，让大家可以通过手机随时随地观看到飘逸灵动的水母，放松身心。厦门大学海洋生物学专业的学生们还将水母画成漫画，制作了“水母小厦”动漫表情包、水母周历等作品，将灯塔水母、巴布亚硝水母等水母的身体结构、生活习性等知识融入漫画当中，配上科普图文，发表在水母科普自媒体公众号上，用简明易懂的方式轻松科普水母知识，受到了人们的喜爱（图2.35B）

看！在新时代，水母在网络的海洋里也开始翩翩起舞了。

A

1 2

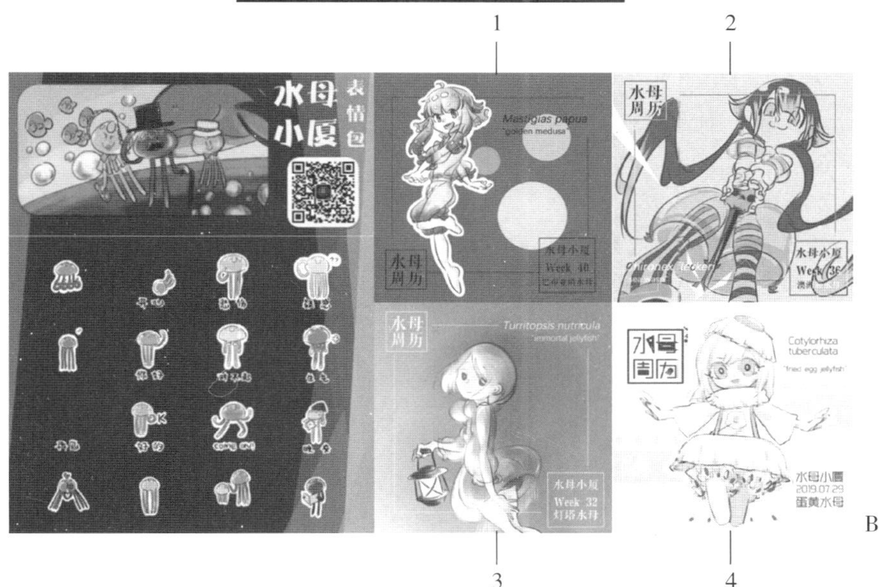

B

3 4

图 2.35　水母与教育

A. 香港水母普查海报（仿香港水母普查官网）。B 左．“水母小厦”表情包（厦大学生在研究水母之余做出的一套以水母为主题并以母校厦大来命名的表情包，“水母小厦”之名表达了他们对于厦大和水母的热爱之情）；右．水母周历［同样是厦大学生将水母拟人化创作出来的动漫作品，各周历代表的水母原型分别是：1. 巴布亚硝水母 *Mastigias papua*（Lesson，1862），周历中将这种水母的蓝色身体、白色斑点和活泼个性展现在人物身上；2. 澳洲箱水母 *Chironex fleckeri*（Southcott，1956），它是世界上最毒的水母，这张周历用一个小恶魔的形象来代表它；3. 灯塔水母 *Turritopsis nutricula*（McCrady，1857），除了提灯、触手、透明伞体等水母元素之外，这张周历还在展现灯塔水母“永生不死”的神秘感；4. 蛋黄水母 *Cotylorhiza tuberculata*（Macri，1778），它最显著的特征就是头顶“荷包蛋”的身体结构］（仿杨馨文）

2.4.3.6 研——水母与科学研究

在我国的传统文化中，水母并没有一个好名声。除了《博物志》中记载水母“无头目处所，内无藏，众虾附之，随其东西”，还有晋代郭璞《江赋》中的“璅蛣腹蟹，水母目虾”，南朝宋沈怀远在记录岭南事物的《南越志》中也写道：“海岸间，颇有水母，东海谓之蛇。正白，濛濛如沫，生物有智识，无耳目，故不知避人，常有虾依随之。虾见人则惊，此物亦随之而没。”

这些古文的大意都是相通的，都是在说水母没有眼睛，多借助小虾去看东西。而且正因为小虾经常藏匿于水母的周围、给水母做眼睛，古人还认为水母是小虾的住宅。《南越笔记》有云：“水母……为虫之所宅。虫者，虾也。水母以虾为浮沉，故曰水母目虾。”因而水母也多了一个称谓——“蛇”，即“虫之宅”。

这种说法是有来历的。先前可见《越绝书》：“海镜蟹为腹，水母虾为目。”这句古文虽在《越绝书》现存本里已不可查，但从《岭表录异》和《太平广记》等收录的佚文里，我们还是得以在吉光片羽之中见识古代吴越地区对水母的记录。

后来水母目虾便成了一个典故，多用于比喻缺乏主见、人云亦云之人。比如邓之诚拿水母来讥讽别人：“妄人不知古今，而遽言论列，后生从而信之，所谓水母无目，戴虾为目，而不知虾目所瞩无几也，哀哉。”梁启超在《近世文明初祖二大家之学说》里也说道：“当有自主之精神，不可如水母目虾，倚赖前代经典传说之语，先入为主之自蔽，然后能虚心平气以观察事物。”激励当时的国人要有自主精神，切不可像水母那样随波逐流。有表达对水母的同情、可怜的：“树怪花因槲，虫怜目待虾。”也有人用这个典故来自嘲，比如浙江宁波的老人会说“海蜇皮子虾当眼”，形容自己视力不佳。《五灯会元》也记录了一个故事：“帝曰：‘大师大德为甚么总看经？’师曰：‘水母元无眼，求食须赖虾。’”这个典故还被苏辙拿来形容时运不济：“去住由人真水母，箪瓢粗足亦山雌。”

总之，自《越绝书》以来，水母一直洗脱不掉“水母目虾”的印记，“就中水母为最蠢，以虾作眼资汲引”。像宋代许及之一样，水母在中国古代文人的心目中大多是一种悲观、消极、负面的存在。（图2.36A）

之所以出现“水母目虾”的认识，是因为水母和珊瑚礁、牡蛎礁一样，可以为其他的海洋生物提供栖息场所，同它们形成共生关系。这些生物包括水母虾（*Latresutes anoplonax*）、玉鲳（*Icticus pellucidus*）、牧鱼/副叶鲹（*Alepes* sp.）以及其他一些鳕科、鲭科的鱼类，它们躲在水母有毒的口碗周围，利用水母的毒性躲避其他生物的捕食，而自己又能不被水母的毒性所伤害。作为回报，这些共生者或是在遇到危险时躲入水母体内，引起水母伞部收缩，一起沉没于深水处以逃避敌害，或是吸引其他生物供水母捕食，或是啃食水母体上的微小动物，在清洁水母身体的同时也能为自己充饥，从而形成互利共生的关系。其他一些海洋无脊椎动物也会以水母为栖息场所度过其部分的生活史，包括蟹类、端足类、桡足类、等足类等的幼体，甚至藻类（*Symbiodinium* spp.）也可以与水母共生。水母在大海中就像一个温暖的庇护所，为这些海洋生灵提供保护，它的包容为大海增加了生物的多样性（图2.36B）。

不过笔者还想到了另外一种可能：也许古人遇到的是海月水母这种身体透明的水母，而且恰好它们刚吃下小虾米。笔者曾经在东戴河的海边看见过很多海月水母，而且可以清楚地看到刚被吃下的小虾在它们透明的胃囊里打转，这种场景真的好像是小虾在充当水母的眼睛（图2.36C）。

如果将“水母目虾”作为古代人对于水母的“生物学考察报告”的话，那么这份报告显然是不合格的。且不论水母拿虾米当眼睛的认识是否合理，水母自己本身就是有眼睛的，只不过是它们的眼睛过小，只能被称为“眼点”，没有被古人发现也就不足为奇了。

除了水母目虾说，同样不及格的我国古代“水母考察报告”还有海上泡沫变水母说——“海中浮沤所结”（明代屠本畯《闽中海错疏》）；雨水生水母说——“四月八，一滴雨，一枚蛇”（《闽县乡土志》中的福州民谚）；水母化海鸥说——“水母目虾，暂有所假。志在青云，但看羽化”（清代聂璜《海错图》中的海错赞歌《蛇鱼赞》）（图2.36D）。

直到民国时期，才有一个明白人写出了一份科学的“水母考察报告”。徐珂在《清稗类钞》中记：“（海蜇）腕上触手丛生，触手之间有无数细口，内通胃腔。伞之边缘有耳及目，以司感觉。常浮游水面，众虾附之以为栖息，古称水母目虾，谓其以虾为目，实非。”除了纠正了自古以来“水母目虾”的谬论之外，他还非常精准地描述了水母的身体结构。

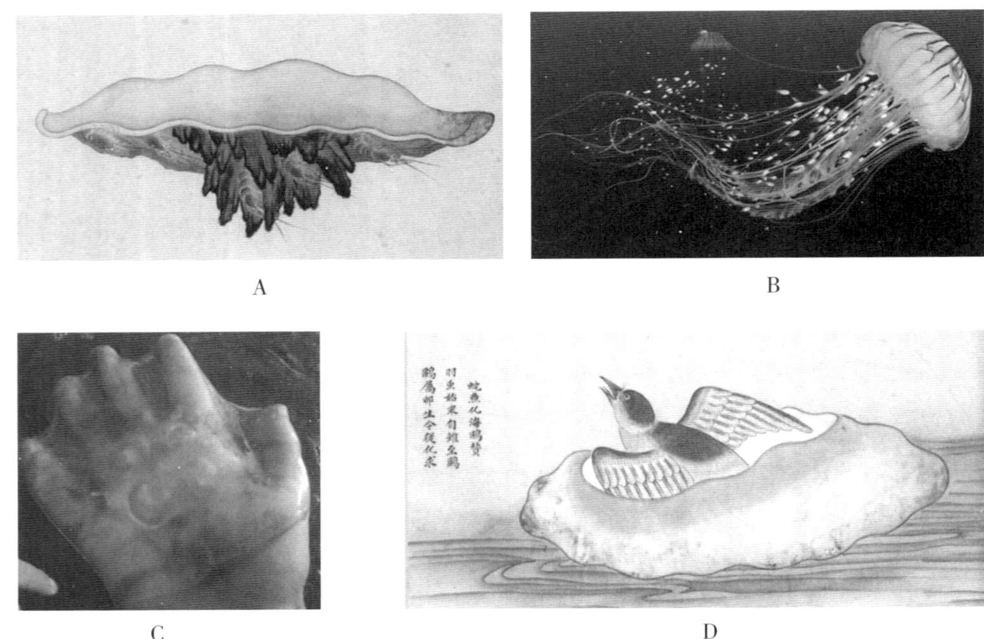

图 2.36　水母目虾与共生

A. 古代人心目中的水母目虾；B. 金黄水母与鱼共生；
C. 海月水母胃囊中的一只小虾，像水母目虾；D. 水母化海鸥

这股水母科学之风还刮到了南方之强——厦门大学。在20世纪20年代厦门大学建校之初，时任厦门大学动物学系助理的伍献文在厦门沿海发现了一种水母，经厦大教授索尔·费尔蒂·莱特（Sol Felty Light）鉴定，这是一个新的水母物种，并以厦门大学校主陈嘉庚先生的名字命名为嘉庚水母（*Acromitus tankahkeei* Light，1924）。由中国人命名的第一个水母新种——厦门隔膜水母（*Leuckartiara hoepplii* Hsu，1928）也是由厦大学子徐锡藩在厦门水域发现并命名的。此外，厦大学者还以中国海洋浮游生物学研究史上的重要科学家命名了一些水母，包括纪念中国海洋浮游生物学开拓者郑重教授的郑重水母（*Gymnogonium zhengzhongii* Xu et Huang，1994）、纪念中国著名硅藻学家金德祥教授的金德祥水母（*Jindexiangus statocystus* Xu et Huang，2006），这两位教授在1955年率先招收培养海洋生物学研究生，开创了中国海洋生物学高层次人才培养之先河（图2.37A ~ D）。

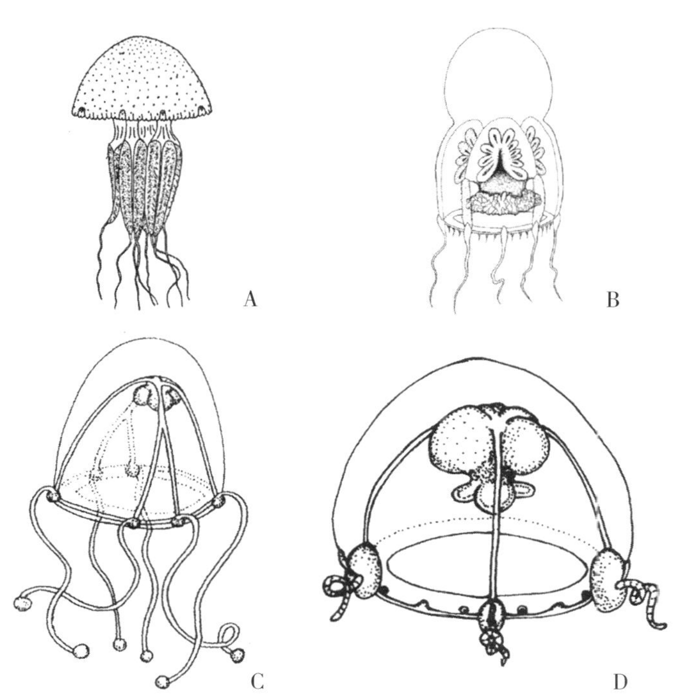

图 2.37　由厦门大学学者发现、命名的水母种类

A. 陈嘉庚水母 *Acromitus tankahkeei* Light，1924；
B. 厦门隔膜水母 *Leuckartiara hoepplii* Hsu，1928；
C. 郑重水母 *Gymnogonium zhengzhongii* Xu et Huang，1994；
D. 金德祥水母 *Jindexiangus statocystus* Xu et Huang，2006

厦大人在水母科学上孜孜进取，是嘉庚精神在科学探索上求实求真的体现。在厦大建校百年之际，厦大学子将其对于嘉庚精神的崇敬之情表现在了厦大芙蓉隧道壁画上，将嘉庚水母、“嘉庚”号科考船绘在一张图上，创作了《嘉庚的传承》。嘉庚水母代表着厦大海洋科学历史的深厚积淀，而在百年后的今天，同样以校主之名命名的“嘉庚”号科考船，则象征着新时代厦门大学的海洋学科实力。从嘉庚水母到“嘉庚”号科考船，是嘉庚精神的传承，是厦大海洋学科的传承，也是水母文化在新时代的传承。

在水母研究的道路上，科学家们荣获了两个诺贝尔奖。第一个是在1913年，法国生理学家查尔斯·里歇（Charles Richet）以僧帽水母为实验材料，发现了过敏（anaphylaxis）的原理，为我们理解过敏的发生奠定了基础，从而获得诺贝尔生理学或医学奖（图 2.38A，B）。

而第二个诺奖更为人所熟知：2008年的诺贝尔化学奖授予了在绿色荧光蛋白技术领域做出杰出贡献的三位科学家下村脩、马丁・查尔菲和钱永健。这种荧光蛋白是在维多利亚多管水母*Aequorea victoria*体内发现的，它为生命科学带来了革新的观测手段。

如今，荧光蛋白的应用早已变得触手可及，我们甚至只需要花几块钱就能买到可以发出荧光的斑马鱼。在生物科学领域，荧光蛋白的应用也在继续扩展，脑虹（Brainbow）技术便是其中的一项成果。通过脑虹，科学家们可以给神经细胞赋予更多的颜色，从而方便地观察这些细胞的作用。使用脑虹技术拍摄的小鼠神经细胞影像照片还获得了2008年尼康小世界摄影奖（Nikon Small World Photomicrography Competition）。（图2.38C，D）

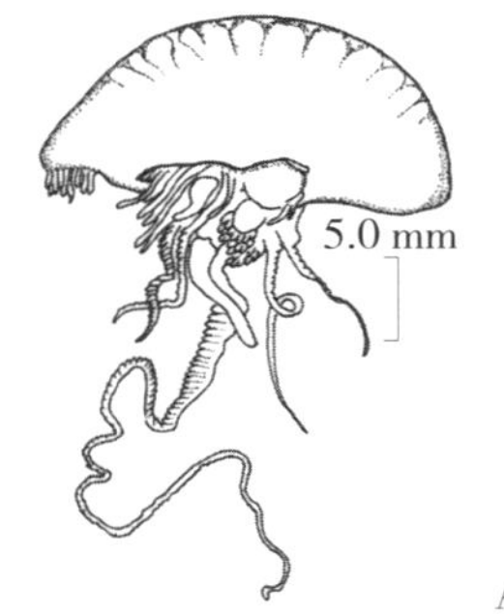

A

B

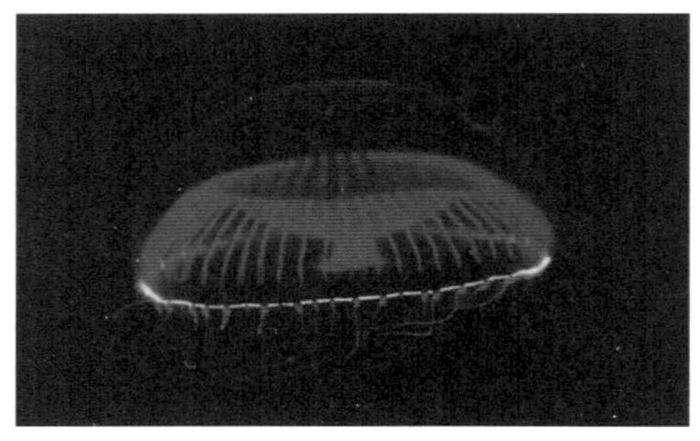
C

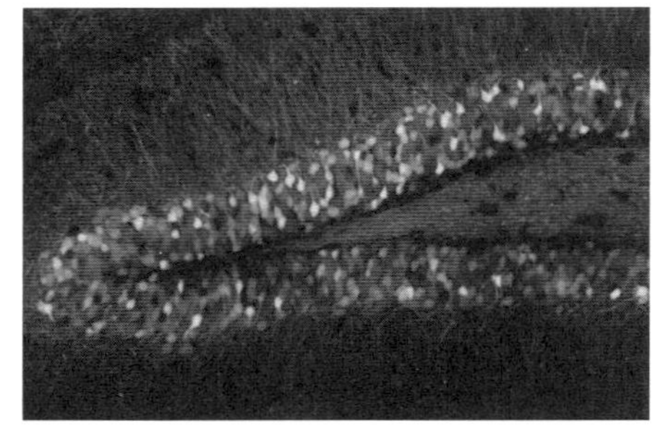
D

图 2.38　两种水母活性物的发现

A. 僧帽水母 *Physalia physalis*（Linnaeus，1758）；B. 因在绿色荧光蛋白技术领域做出杰出贡献荣获 2008 年的诺贝尔化学奖的三位科学家下村脩、马丁・查尔菲和钱永健（从左到右）；C. 维多利亚多管水母 *Aequorea victoria*（Murbach & Shearer，1902）示荧光蛋白的发现并扩展到脑虹技术和应用；D. 小鼠神经元图像

曾经，水母因为其眼睛没有被发现而被人们讥讽为水母目虾。现在，水母不仅在人们的衣、食、住、赏、育、研等各个领域发挥着越来越大的作用，而且还用它最细腻的光亮照亮了生命的奥义。这种水母文化的传承与创新，将会使人类不断从中受益。

2.4.4 致谢

感谢厦门大学郭东晖老师提供厦大水母研究的相关资料，通过这些资料我们见识到了厦大水母研究的深厚积淀。感谢集美大学王淑红、陈楠和张瑞雪三位老师，厦门大学摄影协会毛林东以及海南水母爱好者张一云在本文撰写过程中提供大量水母素材，有了这些素材，这篇文章的内容才变得如此充实、丰富。

参考文献

[1] 赵世林.论民族文化传承的本质 [J]. 北京大学学报（哲学社会科学版），2002（3）：10–16.

[2] 洪惠馨.中国海域钵水母生物学及其与人类的关系 [M]. 北京：海洋出版社，2014.

[3] 姜连新，叶昌臣，谭克非，等.海蜇的研究 [M]. 北京：海洋出版社，2007.

[4] 王祥初.覆如缁笠绝两缨 海蜇 [J]. 美食，2005（02）：23–24.

[5] HSIEH Y，LEONG F M，and RUDLOE J. *Jellyfish as food.* In：*Jellyfish blooms*：Ecological and societal improtance 2001：11–17.

[6] 刘希光.海蜇的化学组成及其生物活性研究 [D]. 中国科学院研究生院（海洋研究所），2004.

[7] 计光辅.海蜇的药用功效 [J]. 家庭中医药，2007，14（7）：1.

[8] 远胡.海蜇药食两相宜 [J]. 养生大世界，2004（11）：29.

[9] 金晓石，等. 海蜇糖胺聚糖提取、纯化及其降血脂作月研究 [J]. 中国海洋药物，2007，26（4）：4.

[10] 陈伯虎.海蜇养殖与加工技术的研究进展 [J]. 安徽农业科学，2010（17）：3.

[11] 马永全，于新，黄小红.海蜇的药用与食用价值研究进展 [J]. 广东农业科学，2009（9）：153–156.

[12] 张文涛，等. 霞水母胶原治疗大鼠佐剂型关节炎的研究［J］. 中国海洋药物，2008，27（4）：35–38.

[13] BROTZ L.*Are jellyfish the food of the future*［J］. Infofish International，2011，4：60–63.

[14] YOUSSEF J，KELLER S and SPENCE C.*Making sustainable foods（such as jellyfish）delicious*［J］. *International Journal of Gastronomy and Food Science*，2019，16.

[15] PEDERSEN M T and VILGIS T A.*Soft matter physics meets the culinary arts：From polymers to jellyfish*［J］. *International Journal of Gastronomy and Food Science*，2019，16：100–135.

[16] LANGE J，TAI M，and KAISER R.*Husbandry of jellyfish，from the beginning until today*［J］. *Der Zoologische Garten*，2016，85（1–2）：52–63.

[17] FLANNERY M.*Jellyfish on the Ceiling and Deer in the Den：The Biology of Interior Decoration*［J］. *Leonardo*，2005，38：239–244.

[18] MADERSPACHER F.*The enthusiastic observer—Haeckel as artist*［J］. *Current Biology*，2019，29（24）：R1272–R1276.

[19] TAKHIROVNA M M.*Art Nouveau Masterpiece—Ryabushinsky Mansion*［J］. *Journal of analysis and inventions*，2021，2（5）.

[20] 伍坚.海洋元素在现代装饰艺术设计中的表现形式——以水母为例［J］. 明日风尚，2021（02）：85–89.

[21] CHAYAAMOR–HEIL N and VITALIS L.*Biology and architecture：An ongoing hybridization of scientific knowledge and design practice by six architectural offices in France*［J］. *Frontiers of Architectural Research*，2021，10（2）：240–262.

[22] 引进世界设计巨头方案　“鸟巢”之后建“水母”［N］. 房地产时报，2008–11–21，A03.

[23] WILLIAMS，P. *Jellyfish 2020*［M］.Reaktion Books，2020.

[24] 黄宇亮. 水母城市——一种适宜于中小城镇的形态模式//21世纪城市——国际住房与规划联合会（IFHP）第46届世界大会大学生论坛. 中国天津，2002.

[25] 陈淑聪.仿生元素在个性化定制女装设计中的运用［J］. 染整技术，2022：1–10.

［26］HONAUER，M，et al.*Mermaids do not exist?*［M］In：*Proceedings of the 16th International Conference on Mobile and Ubiquitous Multimedia*，2017：535–540.

［27］FANGLAN，Z and KAIFA D.*Innovative application of 3D printing technology in fashion design*［J］. *Journal of Physics*：*Conference Series*，2021，1790（1）：012030.

［28］徐润林. "桃花水母"若干问题的探讨［J］. 生物学通报，2018. 53（10）：1–3.

［29］JANKOWSKI T，COLLINS A G，and CAMPBELL R.*Global diversity of inland water cnidarians*［J］. *Hydrobiologia*，2007，595（1）：35–40.

［30］MARCHESSAUX G，et al.*Predicting the current and future global distribution of the invasive freshwater hydrozoan Craspedacusta sowerbii*［J］. *Sci. Rep*，2021，11（1）：23099.

［31］和振武.中国桃花水母属的研究［J］. 河南师范大学学报（自然科学版），2005（01）：100–105.

［32］顾明花.观赏性水母的养殖调查及海月水母对氨氮的耐受性研究［D］. 上海交通大学，2015.

［33］高岩，杨翠华.水族馆里的水母如何晒身姿［J］. 海洋世界，2015（10）：4.

［34］KNOWLES T.*The History of Jelly Husbandry at the Monterey Bay Aquarium*［J］. *Der Zoologische Garten*，2016，85（1–2）：42–51.

［35］MARTIN C.*Evolution's influence on art nouveau*［J］. *Nature*，2009，460（7251）：37.

［36］DAWSON M N，MARTIN L E，and PENLAND L K.*Jellyfish swarms*，*tourists*，*and the Christ-child*［J］. *Hydrobiologia*，2001，451（1）：131–144.

［37］DOYLE T K，et al.*Ecological and Societal Benefits of Jellyfish*［M］.In：*Jellyfish Blooms*. 2014：105–127.

［38］PATRIS S，et al.*Expansion of an introduced sea anemone population*，*and its associations with native species in a tropical marine lake*（*Jellyfish Lake*，*Palau*）［J］. *Frontiers of Biogeography*，2019，11（1）.

［39］WABNITZ C C C，et al.*Ecotourism*，*climate change and reef fish consumption in Palau*：*Benefits*，*trade-offs and adaptation strategies*［J］. *Marine Policy*，2018，88：323–332.

［40］GRAHAM W M，et al.*Linking human well-being and jellyfish：Ecosystem services，impacts，and societal responses*［J］. *Frontiers in Ecology and the Environment*，2014，12（9）：515–523.

［41］方楚明，刘佩昌.关于保护、研究万绿湖桃花水母的建议［J］. 中国水产，2007（05）：76–77.

［42］张建林，黄敬华.万绿湖 · 水质保护 近六十年来始终保持 I 类水标准［J］. 珠江水运，2016（17）：19–22.

［43］香港首套荧光邮票面世. 东方养生，2008（07）：136.

［44］GENDRON S M.*Sea Jelly Spectacular—Influence on China's Aquariums*［J］. *Der Zoologische Garten*，2016，85（1–2）：26–33.

［45］蔡秉旋.台湾公布2015年邮票选美结果［J］. 集邮博览，2016（05）：94.

［46］TERENZINI J and FALKENBERG L J.*First records of the jellyfishes Thysanostoma loriferum（Ehrenberg，1837） and Netrostoma setouchianum（Kishinouye，1902） in Hong Kong waters*［J］. *Check List*，2022，18（2）：357–362.

［47］小兵.海洋馆：让科普变得更快乐［J］. 旅游，2020，No.659（01）：134–137.

［48］陈学亮，等. 青岛海底世界开放实验室科普教育工作概况［J］. 天津农业科学，2008，14（4）：2.

［49］江永红.南朝宋沈怀远《南越志》考论［J］. 中国地方志，2016，006：42–49.

［50］骆伟.《南越志》辑录［J］. 广东史志，2000（3）：13.

［51］钱仓水. "璅蛣" 考说［J］. 寻根，2019（4）：2.

［52］OHDERA A，et al.*Upside-Down but Headed in the Right Direction：Review of the Highly Versatile Cassiopea xamachana System*. *Frontiers in Ecology and Evolution*，2018.

［53］刘凌云，郑光美.普通动物学.第4版［M］. 北京：高等教育出版社，2009.

［54］LIGHT S F.*A new species of scyphomedusan jellyfish in Chinese waters*［J］. *The China Journal of Science and Arts*，1924（2）：449–451.

［55］HSU H F.*On a new species of Hydromedusae*［J］. *Cortr. Biol. Lab. Sei. Soc. China Nan King*，1928，4（3）：1–7.

［56］郑重.厦门海洋浮游动物的初步研究［J］. 厦门大学学报（自然科学版），1955（05）：1–16，121–125.

［57］许振祖，黄加祺.台湾海峡水螅水母亚纲一新属二新种［J］. 厦门大学学报（自然科学版），1994（S1）：149–153.

［58］许振祖，黄加祺.福建沿海兰卡水母亚纲和花水母亚纲新属新种新记录记述（刺胞动物门、水螅水母纲）［J］. 厦门大学学报（自然科学版），2006（S2）：233–249.

［59］ZHANGJIE G，et al.*Systematic affinities of Zygophylacidae*（*Cnidaria*：*Hydrozoa*：*Macrocolonia*）*with descriptions of 15 deep-sea species*［J］. *Zoological Journal of the Linnean Society*，2022，196：52–87.

［60］洪惠馨，张士美.中国沿海的食用水母类［J］. 厦门水产学院院报，1982（1）：12–17.

［61］UTE S.*Haeckels fantastische Wasserwesen*. 2019. 5. http://www.uni-jena.de/190521-medusenschau

［62］李鹏.桃花鱼保护区该不该建［J］. 北京青年报，2009-7-6-06

［63］黄冉，谢素婵.五大看点带你看《桃花水母》舞台秀［N］. 河源晚报，2015-11-17.

［64］KIM F.*The Return of Jelly Watch*. 2019. 5. https://www.mbari.org/return-of-jellywatch/

［65］陈睿彤，胡婧.给水母做表情包！厦大小伙花式科普，用萌萌哒方式讲述热爱. 2021. 1. https://mp.weixin.qq.com/s/2UbLZWyJCxKqAZUjO9H2CQ.

［66］张辰亮.海错图笔记［M］.北京：中信出版社，2016：11.

［67］尼紫泰.厦门大学芙蓉隧道百年校庆壁画：《嘉庚的传承》. 2022. 7. https://mp.weixin.qq.com/s/T72LPXebjTlth9QIf7ZaaA.

［68］洪惠馨，张士美. 中国沿海的食用水母类［M］// 洪惠馨文集. 北京：中国农业出版社，2003：204–211.

第3章

中国海域浮游水母的分类与区系

Chapter 3

Taxonomy and Fauna of the Pelagic Medusae in China Seas

3.1 中国东南沿海水母类（刺胞动物门水螅水母纲）新种、新记录记述*

Taxonomical Account on the New Species and Records of the Medusae（Cnidaria，Hydroidomedusae）from the Coast of Southeast China

研究材料系于2017年5月在福建南部九龙江河口鸡屿岛（24° 4219′ N，118° 0081′ E），2018年7月和2019年4月在台湾海峡（21° 40′ ~26° 40′ N，116° 47′ ~121° 00′ E），2018年6—7月在南海东北部（20° 25′ ~23° 30′ N，110° 47′ ~120° 00′ E），以及2019年4月在东海西南部（26° 40′ ~29° 00′ N，120° 00′ ~124 ° 10′ E）采集的。此外，少量样品于2013年5月采自南海（17° 08′ ~19° 59′ N，118° 20′ ~119° 57′ E），2010年5月采自南海北部湾（17° 06′ ~21° 56′ N，107° 40′ ~110° 10′ E），以及2018年4月采自福建三沙湾。通过对采集样品的分析和鉴定，已报道3个新种和2个新记录（郑连明等，待刊）。本文增补了上述调查海区水母类10个新种、1个新记录，并对各种水母的形态特征进行了描绘，为丰富我国水母类的多样性提供资料。

模式标本保存于厦门大学海洋与地球学院。

3.1.1 新种和新记录的分类位置

水螅虫总纲Superclass Hydrozoa Owen，1843，emended，Bouillon & Boero，2000

水螅水母纲Class Hydroidomedusae Claus，1877，emended，Bouillon & Boero，2000

---

* 许振祖、黄加祺、郑连明。首次发表。

花水母亚纲Subclass Anthomedusae Haeckel，1879

丝螅水母目Order Filifera Kühn，1913

玛吉水母亚目Suborder Margelina Haeckel，1879

高手水母科Family Bougainvillidae Lütken，1850

1.细单肢水母*Nubiella gracilis* Xu，Huang & Zheng，sp. nov.

2.距单肢水母*Nubiella spura* Xu，Huang & Zheng，sp. nov.

面具水母亚目Suborder Pandeida Haeckel，1879

原帽水母科Family Protiaridae Haeckel，1879

3.胃叶拟海帽水母*Halitiarella gastrolobus* Xu，Huang & Zheng，sp. nov.

头螅水母目Order Capitata Khün，1913

球棍螅水母亚目Suborder Sphaerorynida Peterson，1990

似镰螅水母科Family Zancleopsidae Bouillon，1978

4.棒状似镰螅水母*Zancleopsis claviformis* Xu，Huang & Zheng，sp. nov.

筒螅水母亚目Suborder Tubulariida Fleming，1828

棒状水母科Family Corymorphidae Allman，1872

5.大室真囊水母*Euphysora macrochambera* Xu，Huang & Zheng，sp. nov.

筒螅水母科Family Tubularidae Fleming，1828

6.三沙外肋水母*Ectopleura sanshaensis* Xu，Huang & Zheng，sp. nov.

7.宽肋无球水母*Rhabdoon laticosta* Xu，Huang & Zheng，sp. nov.

软水母亚纲Subclass Leptomedusae Haeckel，1866

锥螅水母目Order Conica Broch，1910

和平水母科Family Eirenidae Haeckel，1879

8.鸡屿和平水母 *Eirene jiyuensis* Xu & Huang，sp. nov.

9.短柄真瘤水母*Eutima brevistyla* Xu，Huang & Zheng，sp. nov.

10.塔形真瘤水母*Eutima pyramidalis* Xu，Huang & Zheng，sp. nov.

感棒水母科Family Laodiceidae L. Agassis，1862

11.东方梅利水母*Melicertissa orientalis* Kramp，1961

3.1.2 新种和新记录形态特征描述

3.1.2.1 细单肢水母

细单肢水母*Nubiella gracilis* Xu，Huang & Zheng，sp. nov.（图3.1），新种，属于高手水母科（Family Bougainvillidae Lütken，1850）。

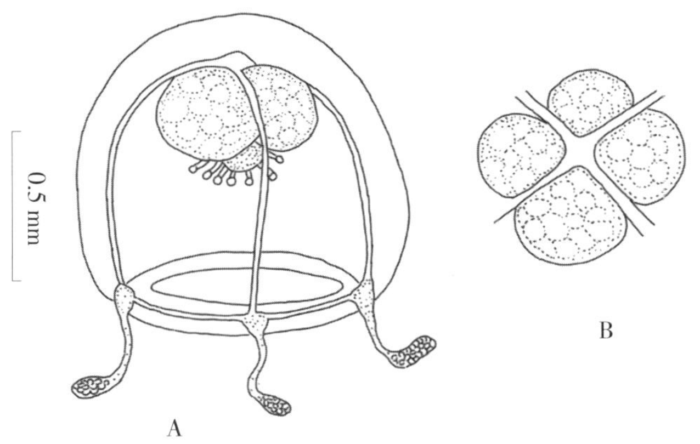

图 3.1　细单肢水母 ***Nubiella gracilis*** Xu，Huang & Zheng，sp. nov.

A. 侧面观；B. 口面观

模式标本：正模（BOE-Zh.001），2010年5月采自北部湾（19° 06′ N，108° 10′ E）。

鉴别特征：水母体无顶突，有顶室；垂管短，呈椭圆形，无胃柄；4个大的球状生殖腺，在垂管间辐位；触手短而细，其基球小，无黑色素斑块，触手末端膨大，呈长椭圆形的刺丝囊体。

描述：伞近球形，伞高1 mm，宽1 mm；伞无顶突，顶部钝圆，胶质厚度均匀；外伞表面无分散刺丝囊；垂管短而膨大，呈椭圆形，其长度约为伞腔高度的1/3，垂管顶部有1个锥状顶室；口小而简单，无口管；有8条不分枝的头状口触手从口缘上方伸出；4个大的生殖腺，呈球状，约占整个垂管的间辐位，雌性水母有许多正在成熟的卵母细胞；4条狭的辐管和1条环管；缘触手短而细，其基球小，无黑色素斑块，触手末端膨大，呈长椭圆形的刺丝囊体；缘膜狭。

分布：中国南海北部北部湾。

词源：新种以拉丁词gracilis为种名，意为“细的”，指本新种触手短而细。

讨论：根据上述特征，这个新种属于高手水母科，单肢水母属。至今，本属包括21种（包括新种）（Bouillon et al.，2006；Xu et al.，2014；Li et al.，2016；Guo et al.，2018；Wang et al.，2019）。

本新种垂管无水母芽；无胃柄；伞无顶突；生殖腺位于垂管间辐位；垂管无口管，垂管上部有顶室。它的这些特征不同于同属其他的种，但是类似于球腺单肢水母*Nubiella globogona* Wang，Guo & Xue，2012，它也有生殖腺位于垂管间辐位，其垂管上部有顶室。而新种与球腺单肢水母的主要区别是：（1）4个大的球状生殖腺，约占垂管的整个间辐位；（2）缘触手短而细，触手末端膨大，呈长椭圆形的刺丝囊体；（3）有8条不分枝的头状口触手（表3-1）。

3.1.2.2 距单肢水母

距单肢水母*Nubiella spura* Xu，Huang & Zheng，sp. nov.（图3.2），新种，属于高手水母科（Family Bougainvillidae Lütken，1850）。

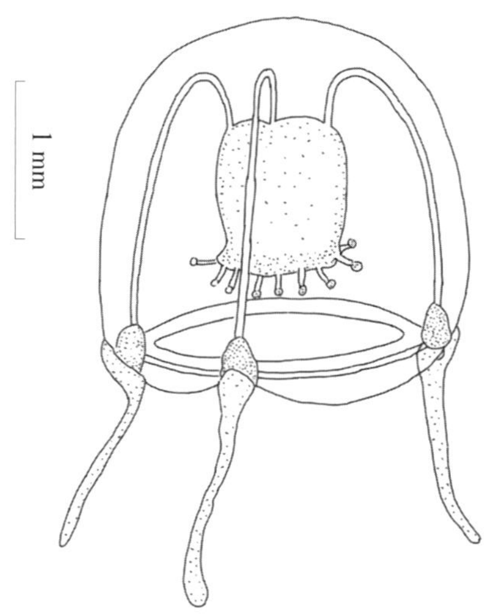

图 3.2　距单肢水母 ***Nubiella spura*** Xu，Huang & Zheng，sp. nov. 侧面观

模式标本：正模（BOE-Zh.002），2019年4月采自台湾海峡HS-6站（22° 19′ N，118° 39′ E）。

鉴别特征：水母体无顶突；胃柄短而宽大，约为垂管长度的1/3；生殖腺围绕在垂管上；有16条不分枝的口触手从口缘上方伸出；触手基球有内胚层室，高大，呈梨形，基球的表皮层环不完整，其背轴有1个短的背距伸向外伞。

描述：伞呈钟形，伞高2.2 mm，宽1.8 mm；伞无顶突，顶部钝圆，胶质厚度均匀；外伞表面无分散刺丝囊；垂管膨大，呈圆筒状，其长度约为伞腔高度的3/4；胃柄短而宽大，约为垂管长度的1/3，无顶室；口简单，环状，无口管，有16条不分枝的头状口触手从口缘上方伸出；生殖腺环绕垂管上；有4条狭的辐管，直接连接触手基球内胚层室上端；4个主辐位缘基球，每个都有1条触手，触手基球有1个显著的内胚层室，高大，呈梨形，基球的表皮层环不完整，其背轴有1个背距伸向外伞；缘膜狭。

分布：中国台湾海峡南部。

词源：新种以拉丁词spura为种名，意为“矩形”，指本新种触手基球有1个背距伸向外伞。

讨论：本新种有简单不分枝的口触手从口缘上部伸出，有4个主辐位的触手基球和4条单生缘触手，故属于高手水母科的单肢水母属*Nubiella* Bouillon，1980。

至今，已知单肢水母属有21种（包括新种）（Bouillon et al.，2006；Xu et al.，2014；Li et al.；2016；Guo et al.；2018；Wang et al.，2019）。

本新种有胃柄，无顶突，生殖腺围绕垂管，无水母芽和口管。它的这些特征不同于同属其他的种，但是类似于中华单肢水母*Nubiella sinica* Huang，Xu，Liu & Chen，2009，它也是有伞无顶突，有口触手8～16条。而新种与中华单肢水母的主要区别是：（1）前种胃柄短而宽大，约为垂管长度的1/3，后种胃柄很长，约为垂管长度的1/2；（2）前种触手基球有内胚层室，高大，呈梨形，表皮层环不完整，其背轴有1个背距伸向外伞，后种触手基球近球形，无内胚层室和背距。（表3-1）

表 3-1　单肢水母属 *Nubiella* 已知水母体分种检索表

1. 垂管有水母芽……………………………………………………………… 2
   垂管无水母芽……………………………………………………………… 5
2. 许多水母芽位于垂管的上部；有 8 条不分枝的口触手；触手基球上有外伞刺丝囊团
   ……………………母芽单肢水母 *Nubiella medusifera* Huang，Xu，Lin & Guo，2012

水母芽位于垂管间辐位 ………………………………………………………………… 3

3. 有 12 ~ 14 条不分枝的口触手；触手基球具内胚层红色素块

……………………………………阿尔单肢水母 *N. alvarinoae*（Segura，1980）

口触手仅有4条………………………………………………………………………… 4

4. 伞呈钟形，有 1 个锥状顶突………… 帽单肢水母 *N. mitra* Bouillon，1980

伞呈半球形，伞顶钝圆

……………………………半球单肢水母 *N. hemispherica* Li，Lin et Chen，2016

5. 有胃柄 ……………………………………………………………………………… 6

无胃柄…………………………………………………………………………………… 9

6. 生殖腺位于垂管间辐位，呈球形；胃柄长，呈圆锥状，长度约为垂管长度的1/2…………………………大腺单肢水母 *N. macrogona* Xu，Huang & Guo，2009

生殖腺环绕垂管 ………………………………………………………………………… 7

7. 伞有顶突；有 4 条不分枝的口触手；触手基球呈竖立椭圆形

……………………………拟帽单肢水母 *N. paramitra* Xu，Huang & Guo，2007

伞无顶突；有 8~16 条不分枝的口触手……………………………………………8

8. 胃柄很长，长度约为垂管长度的1/2：触手基球近球形，无内胚层室，无背轴距；有8~16条不分枝的口触手

………………………中华单肢水母*N. sinica* Huang Xu，Liu & Chen，2009

胃柄短，宽大，长度约为垂管长度的1/3；触手基球有内胚层室，高大，呈梨形，有背轴距伸向外伞；有16条不分枝口触手

…………………………距单肢水母*N. spura* Xu，Huang & Zheng，sp. nov.

9. 生殖腺位于垂管间辐位或纵辐位……………………………………………………10

生殖腺环绕垂管…………………………………………………………………………17

10. 8 个生殖腺位于垂管纵辐位；口缘有许多刺丝囊；有 14 条不分枝的口触手

………………………口刺单肢水母 *N. oralospinella* Xu，Huang & Guo，2009

4个生殖腺位于垂管间辐位 ……………………………………………………………11

11. 垂管有口管；触手基球的中央具1对棍棒状触手

…………………………棍棒单肢水母 *N. claviformis* Xu，Huang & Lin，2009

垂管无口管 ……………………………………………………………………………12

12. 伞有顶突 ……………………………………………………………………13
伞无顶突 ……………………………………………………………………14
13. 顶突钝圆；有8条不分枝的口触手
…………………间腺单肢水母 *N. intergona* Xu，Huang & Lin，2009
顶突锥状；有4条不分枝的口触手
…………………………锥形单肢水母 *N. conia* Li. Huang et Liu，2016
14. 伞无顶室 ……………………………………………………………15
伞有顶室 ……………………………………………………………16
15. 伞呈钟形；有8条不分枝的口触手；触手基球有背轴刺丝体伸向外伞
…粗管单肢水母 *N. crassocanalis* Huang，Xu，Lin & Guo，2012
伞呈球形；有4条不分枝的口触手；触手基球呈球状，无背轴刺丝体……球形单肢水母 *N. globosa* Lin，Xu & Huang，2012
16. 垂管长，呈圆柱形；有12条不分枝的口触手；4个小球状生殖腺位于垂管间辐位的中部；缘触手长，其基球有黑色素斑块，无末端膨大刺胞球
…………球腺单肢水母 *N. globogona* Wang，Guo & Xue，2012
垂管短，呈椭圆形；有8条不分枝的口触手；4个大的球状生殖腺约占整个垂管的间辐位；缘触手短而细，其基球无黑色素斑块，末端膨大，呈长椭圆形的刺丝囊体
……………细单肢水母*N. gracilis* Xu，Huang & Zheng，sp. nov.
17. 垂管无口管……………………………………………………………………18
垂管有口管……………………………………………………………………19
18. 有8条不分枝的口触手；触手基球背轴有1个黑色素致密的内胚层突起伸向辐管…………乳突单肢水母 *N. papillaris* Xu，Huang & Guo，2009
有16条不分枝的口触手；触手基球呈新月形，无内胚层突起
……………………无乳突单肢水母 *N. apapillaris* Xu，Huang & Guo，2018
19. 伞无顶室；口管很长，长度约为垂管长度的1/2；有8条不分枝的口触手……………………管单肢水母 *N. tubularia* Xu，Huang & Guo，2009

伞有顶室；口管短…………………………………………………………………20

20. 垂管口管短，长度约为垂管长度的 1/4；有 12 条不分枝的口触手；垂管大而粗，形状近长椭圆形，长度约为伞内腔高度的 4/5；触手长而粗，无末端刺丝囊球
……………大胃单肢水母 *N. macrogastera* Xu，Huang & Lin，2009
垂管口管短，长度约为垂管长度的 1/5；有 4 条不分枝的口触手；垂管短，呈圆柱形，长度约为伞内腔高度的 1/2；触手短而细，有 1 个末端刺丝囊球
……………端球单肢水母 *N. terminaliknoba* Xu，Guo & Wang，2019

3.1.2.3 胃叶拟海帽水母

胃叶拟海帽水母*Halitiarella gastrolobus* Xu，Huang & Zheng，sp. nov.（图3.3），新种，属于原帽水母科（Family Protiaridae Haeckel，1879）。

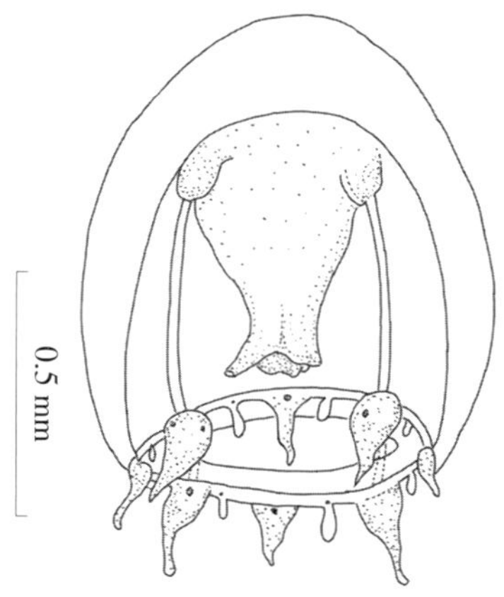

图3.3　胃叶拟海帽水母***Halitiarella gastrolobus*** Xu，Huang & Zheng sp. nov.侧面观

模式标本：正模（BOE-Zh003），在台湾海峡南部（20° 25′ N，116° 47′ E）于 2018 年 6 月采到 1 个标本。

鉴别特征：伞无顶突，外伞光滑无分散刺丝囊；垂管基部宽，向口缘逐渐变狭，呈细颈瓶状，长度约为伞腔深度的3/4；有4个发达的主辐胃叶，延伸到辐管；有4条大的主辐

触手和4条小的间辐触手，其基球均有眼点；2条触手间有1条短的缘丝，也有眼点。

描述：伞高1 mm，宽0.8 mm，伞顶钝圆，无顶突；胶质厚，特别是在伞顶；外伞无分散刺丝囊；垂管基部宽，向口缘逐渐变狭，呈细颈瓶状，长度约为伞腔深度的3/4；有4个发达的主辐胃叶，延伸到辐管；口有4个简单口唇；有4条直的辐管和1条环管；生殖腺环绕整个垂管和延伸到垂管的主辐胃叶；有4条大的主辐触手和4条小的间辐触手，其基球均有眼点，2条触手间有1条短的缘丝，其基部也有眼点；触手基球近延长锥状；缘膜中等宽。

词源：新种以拉丁词gastrolobus为种名，意为“胃叶”，指该种垂管基部具4个主辐胃叶。

分布：中国台湾海峡南部海域。

讨论：新种水母有缘丝，触手基球有眼点，无隔膜，这些特征属于原帽水母科Family Protiaridae Haeckel，1879，拟海帽水母属Genus *Halitiarella* Bouillon，1980。

以前，拟海帽水母属仅包括3种，即顶拟海帽水母*Halitiarella apica* Xu & Huang，2004，眼拟海帽水母*H. ocellata* Bouillon，1980和裸球拟海帽水母*H. nudibulbus* Xu，Huang & Guo，2010（Bouillon，1980；Xu & Huang，2004；Xu，Huang，Lin & Guo，2010）。新种与上述3种不同，主要区别有：（1）伞无顶突，外伞无分散刺丝囊；（2）垂管有4个发达的主辐胃叶，并延伸至辐管；（3）有4条大的主辐触手和4条小的间辐触手，其基球均有背轴眼点；（4）2条触手间有1条短的实心缘丝，其基部也有眼点（表3–2）。

表3–2　拟海帽水母属*Halitiarella*已知水母体分种检索表

1. 伞有大的顶突；4条大的主辐触手和4条小的间辐触手，在触手基球上有背轴眼点；每2条触手间有2~3条实心缘丝，无膨大的基球，有眼点
……………………………………顶拟海帽水母*Halitiarella apiea* Xu & Huang，2004
伞无顶突 ………………………………………………………………………………… 2
2. 外伞有刺丝囊；4条大的主辐触手和4个小的间辐缘基球，所有缘基球上均有背轴眼点；在主辐触手和间辐缘基球间有2~3条短的实心缘丝
…………………………裸球拟海帽水母*H. nudibulbus* Xu，Huang & Guo，2010.
外伞无刺丝囊 ………………………………………………………………………… 3
3. 4条主辐触手，触手基球有向轴眼点；每2条触手间有3~4条短的实心缘丝；垂管宽而长，无主辐叶………………眼拟海帽水母*H. ocellata* Bouillon，1980
4条大的主辐触手和4条小的间辐触手，每2条触手间有1条短的实心缘丝，所

有触手基球和缘丝基部均有眼点；垂管基部宽，有4个发达主辐胃叶，延伸到辐管…………胃叶拟海帽水母*H. gastrolobus* Xu，Huang & Zheng，sp. nov.

3.1.2.4 棒状似镰螅水母

棒状似镰螅水母*Zancleopsis claviformis* Xu，Huang & Zheng，sp. nov.（图3.4），新种，属于似镰螅水母科（Family Zancleopsidae Bouillon，1978）。

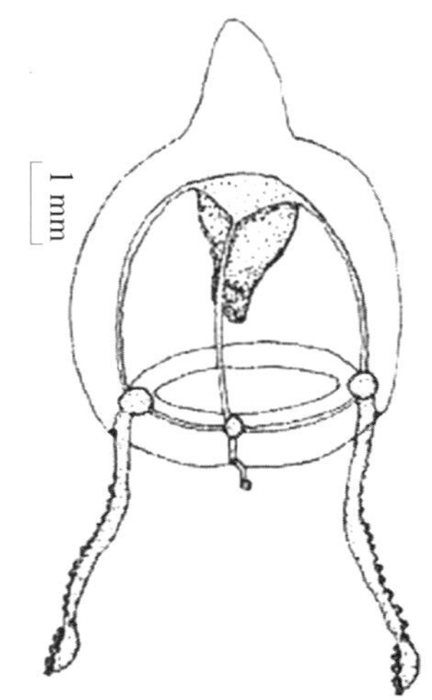

图3.4　棒状似镰螅水母***Zancleopsis claviformis*** Xu，Huang & Zheng，sp. nov.侧面观

模式标本：正模（BOE-Zh004），台湾海峡南部HS-10站（22° 42′ N，119° 09′ E）于2019年4月采到1个标本。

鉴别特征：伞有顶突；垂管呈细颈瓶状，其长度约为伞腔高度的1/2，垂管基部呈方形；生殖腺在垂管间辐位；4条辐管和1条环管；2条长的头状触手和2条短的头状触手，所有触手基部均有向轴扩大的刺丝囊球；每条长触手具20~25个背轴刺丝囊球，沿着整条触手，长触手末端膨大，呈长棒形，在另一侧具4~5个背轴刺丝囊球；缘基球有背轴眼点。

描述：伞高5 mm，宽4 mm，呈锥状，胶质厚，有1个锥状顶突，其长度为伞高的1/3；垂管为细颈瓶状，基部宽，呈方形，垂管远端简单，呈锥状，其长度约为伞腔高度的1/2；口简单，为环状；生殖腺在垂管间辐位，有浅的间辐沟将生殖腺分成8个纵辐块；4条辐管和1条环管；2条长的、相对的头状触手，每条触手有20~25个背轴刺丝囊球，分布于整条触手上，触手的末端膨大，呈长棒形，在另一侧具4~5个背轴刺丝囊球；另2条短的、相对的头状触手，末端略为膨大；4个缘触手基球紧扣伞缘，呈大小不同的长方形；在触手基部均有向轴扩大的球状刺丝囊球，长触手基部的刺丝囊球比短触手基部的刺丝囊球更大；缘基球有背轴眼点；缘膜狭。

分布：中国台湾海峡南部。

词源：新种以拉丁词claviformis为种名，意为“棒状”，指该种长触手末端膨大的形态。

讨论：至今，似镰螅水母属已知有6个有效种（Mayer，1910；Uchida，1927；Bouillon，1978c，1985，1999；Bouillon et al.，2006；Wang，Xu & Huang et al.，2016）。本新种与同属的其他种的主要区别是：（1）伞有顶突；（2）有2条长的、相对的头状触手和2条短的、相对的头状触手；（3）每条长触手有20~25个背轴刺丝囊球，分布于整条触手上，触手末端膨大，呈长棒形，并在另一侧具4~5个背轴刺丝囊球；（4）所有触手基部均有向轴扩大的球状刺丝囊球。（表3–3）

表3–3　似镰螅水母属*Zancleopsis*已知水母体分种检索表

1. 伞无顶突；2条长的、相对的触手有8~10根头状侧枝；触手基部有4个大的半球状向轴刺丝囊球……………………美丽似镰螅水母*Zancleopsis elegans* Bouillon，1978
   伞有顶突 ……………………………………………………………………… 2
2. 4条长的头状触手，每条触手远端有7~15个球状刺丝囊球
   ……………………………………对称似镰螅水母*Z. symmetrica* Bouillon，1985
   2条长的或4条短的头状触手 ………………………………………………… 3
3. 4条短的头状触手，触手基部有4个大的向轴刺丝囊球
   ……………………………………戈托似镰螅水母*Z. gotoi*（Uchida，1927）
   2条长的头状触手 ……………………………………………………………… 4
4. 2条长的头状触手，每条触手有2~4根头状的侧枝，另有2个相对退化基球
   ……………………………双叉似镰螅水母*Z. dichotoma*（Mayer，1900）
   2条长的头状触手和2条短的头状触手 ………………………………………… 5
5. 只有2条短触手基部有向轴刺丝囊球；每条长触手有60~65个扣形背轴刺丝囊球，分布于整条触手上；长触手基球呈长椭圆形
   ……………………椭圆似镰螅水母*Z. oblongus* Xu、Huang & Wang，2016

所有触手基部都有向轴刺丝囊球 ………………………………………………… 6

6. 每条长触手有6~15根头状侧枝在触手的远端，触手末端不膨大
……………………………………触手似镰螅水母*Z. tentaculata* Kramp，1928
每条长触手有20~25个背轴刺丝囊球，分布于整条触手上，触手末端显著膨大，呈长棒状，并在另一侧具4~5个背轴刺丝囊球
……………棒状似镰螅水母*Z. claviformis* Xu，Huang & Zheng，sp. nov.

3.1.2.5 大室真囊水母

大室真囊水母*Euphysora macrochambera* Xu，Huang & Zheng，sp. nov.（图3.5），新种，属于棒状水母科（Family Corymorphidae Allman，1872）。

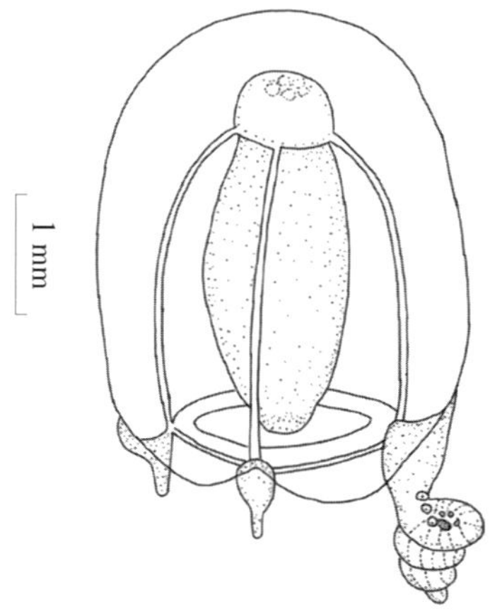

图3.5 大室真囊水母*Euphysora macrochambera* Xu，Huang & Zheng，sp. nov.**侧面观**

模式标本：正模（BOE-Zh.005），2019年4月采自台湾海峡南部B7站（22° 40′ N，118° 13′ E）。

鉴别特征：水母体有1个大的顶室；无顶突和顶管；外伞表面光滑；伞缘无水母芽；主触手呈念珠状，不分枝，只有环状刺丝囊，触手末端不膨大；所有触手基球都有1个短的背轴距。

描述：伞呈钟形，伞高4 mm，宽2.8 mm，胶质在伞顶较厚，向伞缘逐渐变薄；伞无顶突；外伞无分散刺丝囊球；垂管呈长圆柱形，垂管上部有1个大的球状顶室，垂管长度约

为伞腔的高度；口简单，呈环状；生殖腺几乎环绕整个垂管；4条狭的辐管和1条环管；主触手基球大，延长呈锥状，触手具许多环状刺丝囊，触手末端无膨大刺丝囊球；另3个主辐无触手基球比主触手基球小，呈短锥状，所有触手基球都具有短背距，略向外伞表面延伸；触手可伸展，但常卷成粗短的螺旋状；缘膜狭。

分布：中国台湾海峡南部。

词源：新种以拉丁词macrochambera为种名，意为“大室”，指本新种垂管的上部有1个大的顶室。

讨论：根据本新种的鉴别特征，它应属于棒状水母科真囊水母属。至今，本属已知有25种（包括新种）（Kranp，1961；Huang，1999；Bouillon & Boero，2000；Xu & Huang，2003，2006；Bouillon et al.，2006；Huang et al.，2012；Lin et al.，2013；Xu et al.，2014；Wang et al.，2019）。

本新种念球状主触手具有环状刺丝囊，这个特征不同于同属的其他种，但与硬手真囊水母*E. solidonema* Huang，1999（也有伞，无顶突和无顶管）较相似，然而新种与相似种的主要区别是：（1）伞有1个大的球状顶室；（2）主触手基球延长呈锥状，不向两侧延伸；（3）所有触手基球都具有短的背距，略向外伞表面延伸；（4）主触手无末端膨大刺丝囊球，但常卷成螺旋状（表3–4）。

表3–4　新种和真囊水母属*Euphysora*相似种分种检索表

1. 伞缘具水母芽……………………幼芽真囊水母*Euphysora gemmifera* Bouillon，1978

   伞缘无水母芽…………………………………………………………………… 2

2. 外伞有疣突或刺丝囊 ………………………………………………………… 3

   外伞无疣突或刺丝囊…………………………………………………………… 4

3. 外伞有疣突、刺丝囊和褐色素，无顶室；生殖腺光滑；3个退化的触手基球有色素………………………………………疣真囊水母*E. verrucosa* Bouillon，1978

   外伞无疣突和褐色素，而有分散刺丝囊；有顶室；生殖腺有皱褶
   ………………………………………………刺胞真囊水母*E. knides* Huang，1999

4. 水母体只有1条长而细的主触手，并具数个叉状侧枝，无退化触手基球
   ……………………………………………侧枝真囊水母*E. gigantean* Kramp，1957

   水母体有1条主触手和3条小的或退化触手…………………………………… 5

5. 主触手末端二次交叉……………………………………………………………… 6

主触手末端不分叉……………………………………………………………………………… 7

6. 主触手长，分叉的4个末端具刺丝囊球；与主触手相对的1条丝状触手比另2条锥形触手更长……………………叉真囊水母*E. furcata* Kramp，1948

主触手短，分叉的4个末端无刺丝囊球；另3条触手短，呈锥状，构造都是一样的………………………似叉真囊水母*E. valdiviae* Vanhöffen，1911

7. 主触手呈念珠状……………………………………………………………………………8

主触手具单排背轴、向轴或侧生的刺丝囊球 ……………………………………………15

8. 念珠状主触手上有几个不等距排列的突出膨大球

………………………………………细真囊水母*E. gracilis*（Brooks，1882）

念球状主触手上无不等距排列的突出膨大球………………………………………9

9. 念珠状主触手近基部有4~5个环状刺丝囊，其他触手整条具16个球状刺丝囊球…………福建真囊水母*E. fujianensis* Xu & Huang，2006

念珠状主触手只有环状刺丝囊或只有单排球状刺丝囊……………10

10. 念珠状主触手只有环状刺丝囊 ………………………………… 11

念珠状主触手只有单排球状刺丝囊 ………………………………14

11. 伞有顶突和顶管 ……………………………………………… 12

伞无顶突和顶管……………………………………………………13

12. 主触手末端无膨大刺丝囊球，另3个主辐触手基球呈短锥状，每个基球都有1条丝状触手；垂管宽大，充满内伞腔，其长度和内伞腔高度一样

………………………球真囊水母*E. annulata* Kramp，1928

主触手末端有1个膨大刺丝囊球，另3个主辐位触手基球呈短棍棒状，无短丝状触手；垂管呈圆柱形，其长度为内伞腔高度的2/3

…比通真囊水母*E. bitungensis* Xu，Huang et Guo，2013

13. 伞无顶室；主触手末端有1个大的球状刺丝囊球，相对的触手较退化，而另2条触手呈锥状，所有触手基部都向两侧延伸，形成的伞缘较厚，具浓密刺丝囊

…………………硬手真囊水母*E. solidonema* Huang，1999

伞有1个大的球状顶室；主触手末端无刺丝囊球，主触手基球呈长锥状，比另3个触手基球大，它们呈短棍棒状，无丝状触手；所有触手基球都具短背距，略向外伞延伸……………………………………………………………大室真囊水母*E. macrochambera* Xu，Huang & Zheng，sp. nov.

14. 念珠状主触手具9个球形刺丝囊，相对的触手退化，呈触手基球，另2条触手呈长丝状

………………………罗氏真囊水母*E. russelli* Hamond，1974

念珠状主触手具16个近椭圆形刺丝囊，另3个退化触手基球与主触手基球大小一样，无丝状触手

………………台湾真囊水母*E. taiwanensis* Xu et Huang，2003

15. 主触手上的刺丝囊球背轴排列 ……………………………………16

主触手上的刺丝囊球向轴或侧生排列 ………………………………21

16. 垂管长而粗，约有1/2超出缘膜口外，垂管基部很宽，覆盖紧密的泡状内胚层细胞；主触手细长，具30~40个背轴刺丝囊球，无末端刺丝囊球，另3个退化主辐位触手基球很小，具有背距

…………………泡状真囊水母*E. vacuola* Xu，Huang et Guo，2012

垂管不超过缘膜口外，垂管基部无泡状细胞……………………17

17. 主触手上有半环刺丝囊和刺丝囊球 ……………………… 18

主触手上无半环刺丝囊，只有刺丝囊球 ……………………19

18. 伞有顶突和顶室；垂管很大，充满内伞腔；主触手基部在内侧膨大，呈球形，另3个缘基球大小不同，其中相对于主触手的基球比另2个基球大

…………顶室真囊水母*E. apiciloculifera* Xu et Huang，2003

伞无顶突和顶室；主触手短，只有6个背轴半环刺丝囊球和1个大的末端刺丝囊球，主触手基球大，近椭圆形，另3个退化触手基球很小，略向上攀

……………………背轴真囊水母*E. abaxialis* Kramp，1962

19. 生殖腺在垂管间辐位；主触手很长，有60个以上背轴排列

的刺丝囊球，另3个触手基球相当退化，同样大小

……………间腺真囊水母*E. interogona* Xu et Huang，2003

生殖腺环绕着垂管壁 ……………………………………20

20. 主触手很长，有50~60个背轴排列的刺丝囊球，另3个退化触手基球内侧有6~8个成堆褐色素斑块

…………褐色真囊水母*E. brunnescentis* Huang，1999

主触手短，有12个背轴刺丝囊球，另3个退化触手基球内侧无褐色素斑块

……拟背轴真囊水母*E. pseudoabaxialis* Bouillon，1978

21. 4条辐管粗而宽，管内有泡沫细胞

……………………………粗管真囊水母*E. crassocanalis* Xu et Huang，2003

4条辐管狭，管内无泡沫细胞……………………………………………………22

22. 伞无顶突；主触手上有1个大的卵圆形基球和3~6个很小的球状向轴刺丝囊球，其末端刺丝囊球大，相对于主触手的基球小，呈乳突状，另2个长锥形触手基球逐渐延长成丝状触手

……………………………大球真囊水母*E. macrobulbus* Xu et Huang，2003

伞有顶突……………………………………………………………………………23

23. 伞有顶室；主触手基部大，呈长囊状，触手上具3个侧生排列刺丝囊球和1个末端刺丝囊球，另3个触手基球退化，同样大小

……………………………诺曼真囊水母*E. normani*（Browne，1916）

伞无顶室……………………………………………………………………24

24. 主触手长，具10个以上单排向轴或侧生的刺丝囊球，另3个主辐位触手基球同样大小，呈长锥状

……………………………贝氏真囊水母*E. bigelowi* Maas，1905

主触手短，仅具4个单排向轴刺丝囊球和1个大的末端刺丝囊球，与主触手相对的触手基球延长呈锥状，其末端具1个红色色素斑块，另2个侧生触手基球退化，呈乳突状，无丝状触手………美济真囊水母*E. meijiensis* Xu，Huang et Guo，2013

3.1.2.6 三沙外肋水母

三沙外肋水母*Ectopleuro sanshaensis* Xu，Huang & Zheng sp. nov.（图3.6），新种，属于筒螅水母科（Family Tubularidae Fleming，1828）。

模式标本：正模（BOE-Zh.006），2018年4月采自福建三沙湾S28站（119° 40′ N，26° 40′ E）。

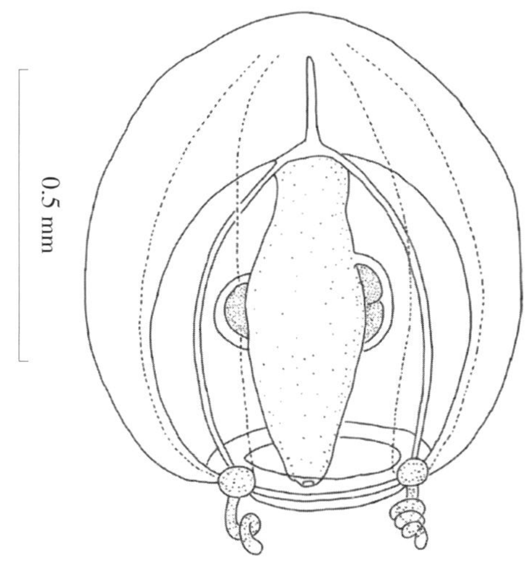

图3.6　三沙外肋水母*Ectopleura sanshaensis* Xu，Huang & Zheng，sp. nov.侧面观

鉴别特征：伞近球形，无顶突，有长的顶管和低浅顶室；外伞有8条纵列刺丝囊带，而无纵列棱突；垂管很大，呈圆柱状，其长度约等于内伞腔高度；生殖腺环绕在垂管上，雌性个体产生2个大的相对于垂管中部主辐位的卵；4条缘触手，每条触手都具环状刺丝囊，无背轴刺丝囊球和末端刺丝囊球。

描述：伞高1.8 mm，宽1.5 mm，伞近球形，无顶突，而有长的顶管．胶质相当厚，在伞顶更厚；外伞有4对纵列刺丝囊带，分别从触手基球两侧出发向伞顶延伸，接近会合；无纵列棱突；垂管很大，呈圆柱状，在中部更宽，其长度约等于内伞腔高度；垂管上部有1个低浅顶室；口缘具有刺丝囊；生殖腺环绕在垂管上，雌性个体产生2个大的卵，位于垂管中部相对主辐位；4条辐管和环管很狭；4个缘基球相当大，近球形，每个基球都有1条触手，无背轴刺丝囊球，有环状刺丝囊；触手也常卷成螺旋状；缘膜宽。

分布：福建三沙湾。

词源：新种以拉丁词sanshaensis为种名，意为“三沙”，指新种种名源自正模标本采集地地名。

讨论：本新种外伞有8条纵列刺丝囊带，4条辐管，4条简单的主辐缘触手，故属于筒螅水母科Family Tubularidae外肋水母属Genus *Ectopleura L.Agassiz*，1862。

本属已知有31种（Kramp，1961；Schuchert，1996；Bouillon et al.，2006；Xu et al.，2014；Huang et al.，2015；Zheng et al.，in press）。本新种有4条缘触手，这个特征区别于同属的其他具有2条相对主辐触手的种类，但与同属具有4条缘触手的9个种较相似，它们之间的区别总结于表3–5。

不过，新种与杜氏外肋水母*Ectopleura dumortieri*（van Beneden，1844）和贝塔外肋水母*Ectopleura bethae*（Warren，1908）更相似，而新种与它们的区别是：垂管有1条长的顶管和低浅的顶室；4条缘触手只有环状刺丝囊，无末端刺丝囊球（表3–5）。

表3–5　具有4条缘触手的外肋水母属*Ectopleura*新种与相似种分种检索表

1. 伞有顶突…………………………………………………………………………………… 2
   伞无顶突…………………………………………………………………………………… 4
2. 外伞有8条纵列棱突；8条纵列刺丝囊带在触手基球两侧扩大呈三角形
   ……………………………………宽外肋水母*Ectopleura latitaeniata* Xu & Zhang，1978
   外伞无8条纵列棱突；8条纵列刺丝囊带在触手基球两侧不扩大　………………… 3
3. 有顶室和顶管；4条辐管宽而粗；4条长触手没有刺线囊带，触手基球背面呈三角形，触手近端增粗，具环状刺丝囊，其末端有1个大的刺丝囊球
   ………………………三角外肋水母*E. triangularis* Lin，Xu，Huang & Wang，2010
   无顶室和顶管；4条辐管狭；4条短触手有分散刺丝囊，缘基球呈锥状
   ……………………………………………………印度外肋水母*E. indica* Petersen，1990
4. 外伞有纵列棱突……………………………………………………………………………… 5
   外伞无纵列棱突……………………………………………………………………………… 6
5. 4条缘触手基球近球形，每条触手有7~9个背轴刺丝囊球，无末端刺丝囊球；4条辐管狭，无波状锯齿缘
   ………………………广东外肋水母*E. guangdongensis* Xu，Huang & Chen，1991
   4条缘触手基球呈延长锥状，触手上无成束刺丝囊球和末端刺丝囊球；4条辐管

宽而粗，有波状锯齿缘
………………………延长外肋水母*E. elongata* Lin，Xu，Huang & Wang，2010

6. 口缘无布满刺丝囊 ……………………………………………………………… 7
口缘有许多刺丝囊 ……………………………………………………………… 8

7. 水母体已知，但仍然附在子茎上，水母有4条短的触手，有发育末端刺丝囊球………………………………美洲外肋水母*E. americana* Peterson，1990
水母体退化成隐形水母的生殖体，老的生殖体无辐管和环管，4条相当长的头状触手发育不完全……………辐射外肋水母*E. radiate*（Uchida，1937）

8. 有长的顶管和低浅的顶室；4条触手无背轴刺丝囊球和末端刺丝囊球，但有环状刺丝囊………三沙外肋水母*E. sanshaensis* Xu，Huang& Zheng，sp. nov.
无顶管和顶室………………………………………………………………………9

9. 垂管短而钝；4条长的触手，每条都有1个末端刺丝囊球和10~25个背轴刺丝囊球………………杜氏外肋水母*E. dumortieri*（van Beneden，1844）
垂管大，充满内伞腔；4条短的触手有末端刺丝囊球，而无背轴刺丝囊球………………………………贝塔外肋水母*E. bethae*（Warren，1908）

3.1.2.7 宽肋无球水母

宽肋无球水母*Rhabdoon laticosta* Xu，Huang & Zheng，sp. nov.（图3.7），新种，属于筒螅水母科（Family Tubularidae Fleming，1828）。

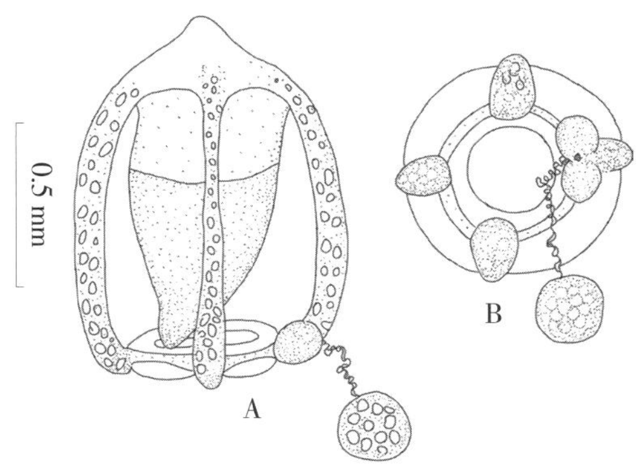

图3.7 宽肋无球水母*Rhabdoon laticosta* Xu，Huang & Zheng，sp. nov.
A.侧面观；B.口面观

模式标本：正模（BOE-Zh.007），（2013年5月）采自中国南海N10站（17° 08′ N，111° 59′ E）。

鉴别特征：水母伞有小的顶突，外伞有4条突出的、宽的主辐肋，含有液泡细胞和刺丝囊，每条主辐肋的远端部都逐渐向伞缘增大；垂管呈锥状，有个很宽的胃柄；3个缘基球退化，只有1个缘基球具有1条空心触手，末端有1个大球状的复合刺丝体；缘基球有1个向轴眼点。

描述：水母伞呈钟形，伞高1.0 mm，宽0.7 mm，胶质中等厚，在伞顶加厚，有1个小的顶突；外伞有4条突出的、宽的主辐肋，从伞缘纵列延伸到近伞顶，含有液泡细胞和刺丝囊，每条主辐肋的远端都逐渐向伞缘增大，造成主辐肋更凸出，主辐肋的末端包含由浓密的刺丝囊和液泡细胞组成，在保存的标本上呈黑色；在伞缘的外伞肋的较黑色组织构成结实的刺丝囊环；垂管简单，呈锥状，其长度达到缘膜口，附在很宽的胃柄上；生殖腺环绕着整个垂管；4条辐管，很难观察到；3个缘基球退化，只有1个缘基球具有1条短而细的空心触手（比伞的大小更短），由细的近端部和1个大的球状末端组成的，末端球类似1个“绒球”，由复合排列的刺丝体组成；从水母的口面观，缘基球有1个向轴眼点。

分布：中国南海。

词源：新种以拉丁词laticosta为种名，意为“宽肋”，指本新种外伞主辐肋很宽。

讨论：本新种水母有1条触手，其末端有1个球状的复合刺丝体；外伞有4条主辐的纵列的肋，含有液泡细胞和刺丝囊；3个缘基球退化，只有1个缘基球具有1条触手，故属于筒螅水母科无球水母属*Genus Rhabdoon* Keferstein & Ehlers，1861。

至今，无球水母属有5个有效种（Bouillon et al.，2004；Bouillon et al.，2006；Schuchert，2010；Xu et al.，2014；Du et al.，2018）。

本新种水母伞有小的顶突；外伞有4条突出的、宽的主辐肋，每条主辐肋的远端都逐渐向伞缘增大；3个缘基球退化，只有1个缘基球具有1条短而细的触手，其末端有1个球状复合刺丝体，其缘基球有1个向轴眼点；垂管无顶室，有很宽的胃柄。它的这些特征不同于同属的其他种（详见表3-6）。

表3-6　无球水母属*Rhabdoon*已知水母体分种检索表

1. 水母无缘基球，有1条触手，末端呈球状 ……………………………………… 2
   水母有1个缘基球，具有1条触手，末端呈球状……………………………………… 4
2. 垂管有大而尖的顶室

……………………顶室无球水母*Rhabdoon apiciloculus* Xu，Huang & Du，2018

垂管无顶室 ………………………………………………………………………… 3

3. 外伞有4条突出的主辐纵列肋，含有刺丝囊；在主辐肋的中部有1个长椭圆形的褐色斑块；外伞还有4条间辐位纵列肋和8条纵辐位不等长的纵列肋；垂管呈锥状，有很宽的胃柄………单手无球水母*R. singulare* Keferstein & Ehlers，1861

外伞有4个不突出的主辐侧面，无褐色的斑块；有8条纵辐位纵列肋，含有刺丝囊；垂管无胃柄……………………具刺无球水母*R. armata*（Margulis，1997）

4. 伞无顶突；垂管呈细颈瓶状，无胃柄；外伞4条主辐肋狭；触手基球无向轴眼点………………………………里斯无球水母*R. rees*（Shirley & Leung，1970）

伞有顶突；垂管呈锥形，有胃柄；外伞4条主辐肋宽；触手基球有向轴眼点…………………………宽肋无球水母*R. laticosta* Xu，Huang & Zheng，sp. nov.

3.1.2.8 鸡屿和平水母

鸡屿和平水母*Eirene jiyuensis* Xu & Huang，sp. nov.（图3.8），新种，属于和平水母科（Family Eirenidae Haeckel，1879）。

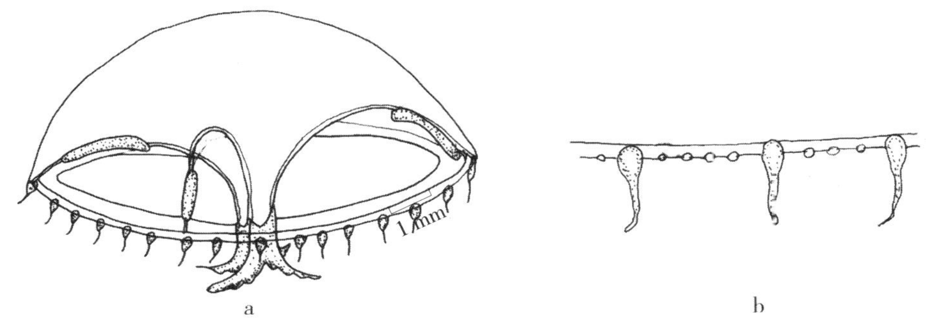

图3.8 鸡屿和平水母 *Eirene jiyuensis* Xu & Huang，sp. nov.
a. 侧面观；b. 伞缘放大

模式标本：正模（BOE-ZH010），中国福建南部九龙江河口鸡屿岛（24° 4219′ N，118° 0081′ E），于2017年5月采集到1个标本。

鉴别特征：伞近半球形，胃柄呈长宽锥状，其长度超出伞缘口外；缘触手32 ~ 36条，触手基球无排泄乳突，无黑色斑块；每2条触手间有3 ~ 4个平衡囊；4条辐管，生殖腺呈线状，位于辐管远端，其长度小于辐管长度的1/2。

描述：伞高4~5 mm，宽8~9 mm，近半球形，伞顶钝圆，胶质厚，近伞缘胶质逐渐变薄；胃柄呈长宽锥状，其长度超出缘膜口外；口有4个长披针形的口唇，其长度比垂管更长，唇缘具圆齿；4条狭的辐管从环管沿着下伞和胃柄延伸，直抵垂管相连；4个线状生殖腺位于辐管远端，其长度小于辐管长度的1/2，但绝不与环管相连；伞缘有32~36条相同大小的缘触手，无退化缘疣，其触手基部膨大，近锥状，无排泄乳突；每2条触手间有3~4个平衡囊，每个平衡囊都有1个平衡石；缘膜宽。

分布：中国福建九龙江河口（鸡屿岛）。

词源：新种名称以首次采集地名来命名。

讨论：本新种具有显著胃柄，无缘丝和侧丝；4条简单辐管；生殖腺位于内伞辐管上；许多平衡囊，故属于和平水母科的和平水母属*Genus Eirene* Eschscholtz，1829。至今，已知和平水母属有25个有效种（包括新种）（Kuboda & Horita，1992；Huang & Xu，1994；Bouillon et al.，2006；Guo et al.，2008；Du et al.，2010；Huang et al.，2010；Lin et al.，2013；Xu et al.，2014；Xu et al.，2019）。本新种与和平水母属其他种的区别是：（1）胃柄基部呈长宽锥状；（2）4条辐管简单；（3）触手基球无排泄乳突；（4）4条线状生殖腺位于辐管远端；（5）无退化缘疣。但胶州和平水母和囊状和平水母的触手基球也无排泄乳突，生殖腺沿着辐管，无缘疣。而新种与它们的区别是：（1）胃柄略超出缘膜；（2）有32 ~ 36条缘触手，其基球近锥状，无黑色斑块；（3）生殖腺呈线状，位于辐管远端，长度小于辐管长度的1/2（见表3–7）。

表3–7 新种与和平水母属相似种分种检索表

1. 垂管短而小，口唇比垂管更长 ………………………………………………… 2

垂管很大，口唇比垂管更短；胃柄短而宽，占据整个内伞腔大部分；有60条缘触手，每2条触手间有1个平衡囊，每个平衡囊具1个平衡石
………………………………………囊状和平水母*Eirene gibbosa*（McCrady，1859）

2. 胃柄短，约为内伞腔深度的1/2；有16条缘触手，其基球有黑色素斑块；生殖腺略呈波浪形，沿着整条辐管……………………………………………………
胶州和平水母 *E. chiaochowensis*（Kao，Li Funglu，Chang & Li Hienlun，1958）

胃柄长，其长度超出伞缘口外；32~36条触手，触手基球无黑色素斑块；生殖腺

呈线状，位于辐管远端，其长度小于辐管长度的1/2
………………………………………鸡屿和平水母 *E. jiyuensis* Xu & Huang，sp. nov.

3.1.2.9 短柄真瘤水母

短柄真瘤水母*Eutima brevistyla* Xu，Huang & Zheng，sp. nov.（图3.9），新种，属于和平水母科（Family Eirenidae Haeckel，1879）。

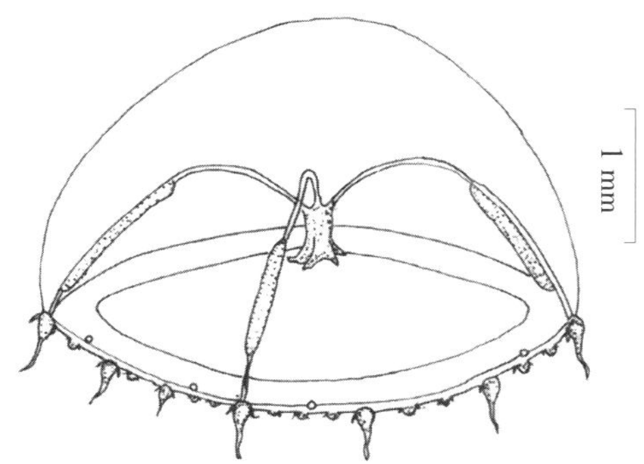

图3.9　短柄真瘤水母***Eutima brevistyla*** Xu，Huang & Zheng，sp. nov.侧面观

模式标本：正模（BOE-Zh.008），在中国南海东北部（21° 25′ N，112° 00′ E）于2018年6月采到1个标本。

鉴别特征：伞高于半球形，顶部胶质厚；胃柄很短，约为伞径的1/6；有12条长的触手，每2条触手间有2~3个缘疣，所有触手和缘疣均有侧丝；4个线形生殖腺位于内伞的辐管上，几乎占满整条辐管；8个纵辐位平衡囊。

描述：伞高3.0 mm，宽4.5 mm，伞高于半球形，伞顶钝圆，胶质厚，近伞缘胶质逐渐变薄；胃柄很短，呈短锥状，其长度比垂管更短，约为伞径的1/6；垂管短而粗；口有4个简单的、短的口唇；4个线形生殖腺位于内伞的辐管上，从近伞缘延伸至胃柄的近基；有12条长的、空心的缘触手，4条主辐位，8条纵辐位，触手基球膨大，呈锥状，有侧丝；每2条触手间有2~3个缘疣，缘疣也有侧丝；4条狭的辐管从环管经过胃柄延伸至垂管；有8个纵辐位平衡囊；缘膜发达。

分布：中国南海东北部。

词源：新种以拉丁词brevistyla为种名，意为“短柄”，指该种的胃柄很短。

讨论：新种类似端庄真瘤水母*Eutima modesta*（Hartlaub，1909），但它与端庄真瘤水母的主要区别是：（1）伞高于半球形，伞顶胶质厚；（2）胃柄很短，约为伞径的1/6；（3）有12条缘触手，每2条触手间有2~3个缘疣，所有触手和缘疣均有侧丝（见表3–8）。

3.1.2.10 塔形真瘤水母

塔形真瘤水母*Eutima pyramidalis* Xu，Huang & Zheng，sp. nov.（图3.10），新种，属于和平水母科（Family Eirenidae Haeckel，1879）。

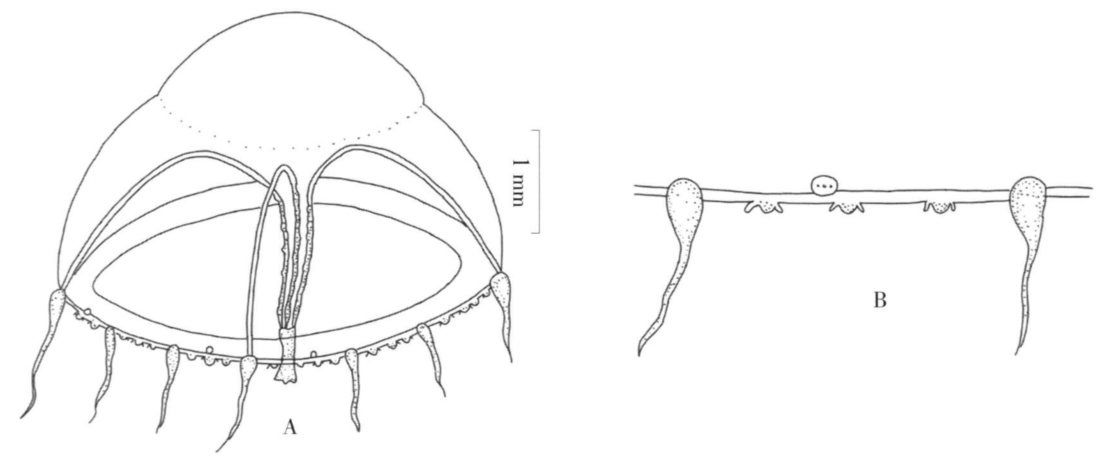

图3.10　塔形真瘤水母***Eutima pyramidalis*** Xu，Huang & Zheng，sp. nov.
A.侧面观；B.伞缘部分放大

模式标本：正模（BOE–Zh.009），在中国南海东北部（22° 15′ N，115° 00′ E）于2018年7月采到1个标本。

鉴别特征：伞高于半球形，伞顶部钝圆，胶质厚；胃柄显著，具有宽的塔形基部，其长度不超出伞口外；12条缘触手无侧丝，有36~60个具侧丝的缘疣；4个线形生殖腺，位于胃柄辐管上；8个纵辐位平衡囊。

描述：伞高6.0 mm，宽8.5 mm，伞高于半球形，伞顶部钝圆，胶质厚，近伞缘胶质逐渐变薄；胃柄显著，长度约为伞径的1/3，其长度不超出外伞缘口，胃柄基部宽，呈塔形，近垂管逐渐变细；垂管短而狭；口有4个简单口唇；4个线形生殖腺位于胃柄2/3处的辐管上；12条长的缘触手，4条主辐位，8条纵辐位，触手基球延长呈锥状，无侧丝；有

36~60个缘疣，每个缘疣有1对侧丝；4条简单辐管从环管穿过内伞经胃柄延伸至垂管；8个纵辐位平衡囊，每个平衡囊有3个平衡石；缘膜宽。

分布：中国南海东北部。

词源：新种以拉丁词pyramidalis为种名，意为“塔形”，指该种以胃柄基部的形态为特征。

讨论：这个新种有8个纵辐位平衡囊；触手基球无排泄乳突；有缘触手和缘疣，缘疣有侧丝。这些特征表明该水母隶属于真瘤水母属Genus *Eutima* McCrady，1859。

至今，真瘤水母属已知有22个有效种（包括本文2个新种）（Bouillon et al.，2006；Xu et al.，2014；Guo et al.，2019）。本新种水母仅有4个生殖腺位于胃柄2/3处的辐管上；缘触手无侧丝，而缘疣有侧丝。它的这些特征与真瘤水母属的其他种类不同，但类似于长腺真瘤水母*Eutima longigonia* Bouillon，1984。本新种和长腺真瘤水母的区别是：（1）伞胶质厚，伞高于半球形；（2）胃柄长，基部宽，呈塔形，长度不超出外伞缘；（3）12条缘触手，无侧丝，有36~60个缘疣，每个缘疣具有1对侧丝；（4）4个线形生殖腺，位于胃柄2/3处的辐管上（见表3–8）。

表3–8　真瘤水母属*Eutima*已知水母体分种检索表

1. 8个生殖腺，4个在内伞，4个在胃柄 ························ 2
   4个生殖腺，在内伞或者在胃柄 ························ 9
   2. 触手无侧丝 ························ 3
      触手有侧丝 ························ 4
      3. 32个缘疣，有侧丝；内伞生殖腺呈线形；胃柄生殖腺位于胃柄的中部
         ························哈特真瘤水母*Eutima hartlaubi* Kramp，1958
         80~120个缘疣，有侧丝；内伞生殖腺呈波状；胃柄生殖腺位于胃柄近端
         ························台湾真瘤水母*E. taiwanensis* Xu，Huang & Guo，2019
      4. 4条触手 ························ 5
         8~16条触手 ························ 6
         5. 胃柄基部呈圆顶状，往下呈棱柱状；60~80个缘疣
            ························东方真瘤水母*E. orientalis*（Browne，1905）
            胃柄细长；100个缘疣························怪真瘤水母*E. mira* McCrady，1859
         6. 触手基球和缘疣均有排泄乳突

……………………………八蕊真瘤水母*E. gegenbauri*（Haeckel，1864）

触手基球和缘疣均无排泄乳突 ……………………………………………… 7

7. 16条缘触手；每2条触手间有3个缘疣

……………………………异手真瘤水母*E. variabilis* McCrady，1859

8条缘触手……………………………………………………………………… 8

8. 触手基球无背距，缘疣无黑色斑点

………………………真瘤水母*E. levuka*（A. Agassiz & Mayer，1899）

触手基球有背距，缘疣最顶端有黑色斑点

……………………黑疣真瘤水母*E. krampi* Guo，Xu & Huang，2008

9. 生殖腺仅在胃柄上…………………………………………………………… 10

生殖腺在内伞的辐管上 ……………………………………………………15

10. 触手基球和缘疣均有侧丝 …………………………………………… 11

触手基球无侧丝，缘疣有侧丝 ………………………………………………14

11. 8~32条缘触手……………………………………………………………… 12

4条缘触手 ……………………………………………………………………13

12. 32条缘触手和96个缘疣，均有侧丝

………………………………青色真瘤水母*E. coerulea*（L. Agassiz，1862）

8条缘触手，每个触手基球具2对侧丝，16个缘疣也具有侧丝

………………………………情帽真瘤水母*E. gentiana*（Haeckel，1879）

13. 4条缘触手，触手基球有背龙突；有120~140个缘疣

……………………………………弯真瘤水母*E. curva*（Browne，1905）

2~4条缘触手，触手基球无背龙突；有40~80个缘疣

…………………………细真瘤水母*E. gracilis*（Forbes &Goodsir，1853）

14. 伞低于半球形，胶质薄；胃柄长，超出外伞缘口；4个长的线形生殖腺，位于胃柄的大部分；8条缘触手，无侧丝，60~80个缘疣有侧丝

……………………………………长腺真瘤水母*E. longigonia* Bouillon，1984

伞高于半球形，胶质厚；胃柄短，其基部宽，呈塔形，长度不超出外伞缘口；4个线形生殖腺位于胃柄2/3处的辐管上；12条缘触手，无侧丝，30~60个缘疣，有侧丝……塔形真瘤水母*E. pyramidalis* Xu，Huang & Zheng，sp. nov.

15. 触手无侧丝……………………………………………………………………………… 16
触手有侧丝……………………………………………………………………………… 17
16. 4条触手，28个缘疣
……………………………萨平真瘤水母*E. sapinhoa* Narchi & Hebling，1975
8条触手，主辐位触手比间辐位触手更长；每2条触手间有6~7个缘疣
………………………………新卡真瘤水母*E. neucaledonia* Uchida，1964
17. 8条触手 ………………………………………………………………………… 18
12~32条触手 ………………………………………………………………… 21
18. 32个缘疣 ………………………………………………………………… 19
50~80个缘疣………………………………………………………………………20
19. 胃柄短，绝不伸出伞缘口外
………………………………日本真瘤水母*E. japonica* Uchida，1925
胃柄长，伸出伞缘口外……苏扎真瘤水母*E. suzannae* Allwein，1967
20. 伞低于半球形；胃柄长，约有2/3长度超出伞口外；生殖腺呈波状
…………………………………粘真瘤水母*E. mucosa* Bouillon，1984
伞近半球形；胃柄短，约有1/3长度超出伞口外；生殖腺呈线状
……………………共生真瘤水母*E. commensalis* Santhakumari，1970
21. 伞扁平，胶质薄；胃柄逐渐细长，长度约为伞径长度的1/2；每2条触手间有1~2个缘疣………端庄真瘤水母*E. modesta*（Hartlaub，1909）
伞高于半球形，顶部胶质厚；胃柄很短，长度约为伞径的1/6；每2条触手间有2~3个缘疣
………………短柄真瘤水母*E. brevistyla* Xu，Huang & Zheng，sp. nov.

3.1.2.11 东方梅利水母新记录

东方梅利水母*Melicertissa orientalis* Kramp，1961（图3.11），中国新记录，属于感棒水母科（Family Laodiceidae L. Agassiz，1862）；*Melicertissa orientalis* Kramp，1968：69，Tab.V11；Bouillon et al.，2006：243。

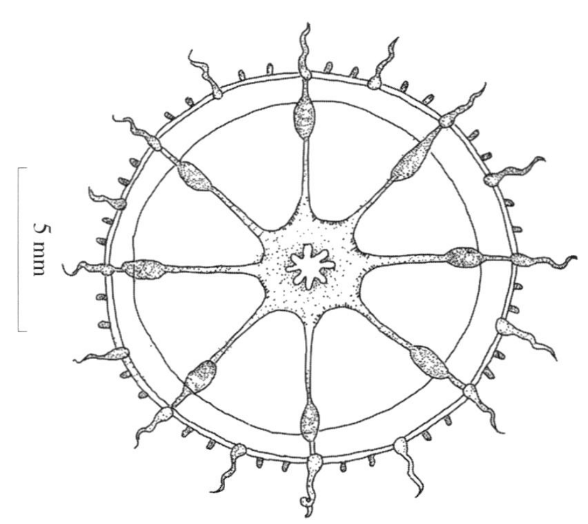

图 3.11 东方梅利水母 ***Melicertissa orientalis*** 口面观

标本采集地：2013年5月采自中国南海。

形态特征：伞扁于半球形，胶质厚；伞径达10 mm；胃宽而扁；8条辐管，其狭沟继续向胃内延伸，于胃腹面中央会合；口有8个微弱口唇；8个生殖腺，沿着辐管生长，长度是其长度的2/5，呈波状，每侧约有5个突出的侧镶边，呈鳃叶状（lamelliform）；16条触手，基球呈宽锥状，每2条触手间有2~3个感觉棒，呈棍棒状；在每条触手和感觉棒的基部都有向轴眼点；缘膜中等宽。

地理分布：中国南海，澳大利亚北部。

备注：本属、种为我国首次记录，它与同科其他属的主要区别是：（1）感觉棒无虫黄藻；（2）8条简单不分枝的关闭辐管。它与同属其他种的主要区别是：（1）16条触手；（2）32~48个感觉棒。

参考文献

［1］许振祖，黄加祺.台湾海峡及其邻近海区真囊水母属新种和新记录［J］.台湾海峡，2003，22（2）：136–144.

［2］许振祖，黄加祺.台湾海峡兰卡水母亚纲和软水母亚纲新种新记录记述（刺胞动物门、水螅虫总纲、水螅水母纲）［J］.厦门大学学报（自然科学版），2004，43（1）：107–114.

［3］许振祖，黄加祺.福建沿海兰卡水母亚纲和花水母亚纲新属新种新记录记述（刺胞动物门、水螅水母纲）［J］.厦门大学学报（自然科学版），2006，45（增刊2）：233–249.

［4］许振祖，黄加祺，林茂，等.台湾海峡及其邻近海区单肢水母属的研究（丝螅水母目，高手水母科）［J］.动物分类学报，2009，34（1）：111–118.

［5］许振祖，黄加祺，林茂，等.中国刺胞动物门水螅虫总纲［M］.北京：海洋出版社，2014：1–945.

［6］杜飞雁，林昭进，许振祖，等.中国南海美济礁和大亚湾水螅水母纲（刺胞动物门）三新种记述［J］.动物分类学报，2013，38（4）：749–755.

［7］李羚，黄加祺，陈洪举，等.中国南海中西部水域单肢水母属二新种（花水母亚纲，丝螅水母目，高手水母科）［J］.中国海洋大学学报，2016，46（9）：45–49.

［8］黄加祺.中国真囊水母属三个新种记述（水螅虫纲，花水母目，棒状水母科）［J］.海洋学报（中文版），1999，21（4）：92–95.

［9］黄加祺，许振祖，林茂，等.台湾海峡单肢水母属二新种（丝螅水母目，高手水母科）［J］.厦门大学学报（自然科学版），2010，51（1）：130–133.

［10］黄加祺，许振祖，林茂，等.南海筒螅水母亚目二新种（花水母亚纲，头螅水母目）［J］.厦门大学学报（自然科学版），2015，54（6）：825–828.

［11］BOUILLON J.*Hydroméduses de la mer de Bismarck*（*Papouasie*，*Nouvelle-Guinée*）.*Partie I*：*Anthomedusae capitata*（*Hydrozoa-Cnidaria*）［J］.*Cahiers de Biologie Marine*，1978a，19（4）：249–297.

［12］BOUILLON J.*Hydroméduses de la mer de Bismarck*（*Papouasie*，*Nouvelle-Guinée*）.*Partie III*：*Anthomedusae filifera*（*Hydrozoa-Cnidaria*）［J］.*Cahiers de Biologie Marine*，1980，21（3）：307–344.

［13］BOUILLON J.*Hydroméduses de lamer de Bismarck*（*Papouasie*，*Nouvelle-Guinée*）.*Partie IV*：*Leptomedusae*（*Hydrozoa-Cnidaria*）［J］.*Indo-Malayan Zoology*，1984，1（1）：25–112.

[14] Bouillon J.*Notes additionelles sur les Hydroméduses de la mer de Bismarck* (*Hydrozoa-Cnidaria*) [J].*Indo-Malayan Zoology*, 1985, 2: 245–266.

[15] BOUILLON J, BOERO F.*Phylogeny and classification of Hydroidomedusae* [J].*Thalassia Salentina*, 2000, 24: 1–296.

[16] BOUILLON J, GRAVILI C, PAGÈS F, et al., BOERO F.*An introduction to Hydrozoa* [J].*Mémoires du Muséum national d'Histoire naturelle*, 2006, 194: 1–591.

[17] BOUILLON J, MEDEL M D, PAGES F, et al.*Fauna of Mediterranean Hydrozoa* [J].*Scientia Marina*, 2004, 68 (Suppl 2): 5–449.

[18] DU F, WANG L, XU Z, et al., *Taxonomical notes on Anthomedusae* (*Cnidaria*, *Hydrozoa*, *Hydroidomedusae*) *from the south-central South China Sea*, *with a new genus and four new species* [J].*Acta Oceanologica Sinica*, 2018, 37 (10): 112–118.

[19] LIN M, XU Z, HUANG J, et al.*Two new species of Anthomedusae from the Bitung Strait*, *Indonesia* (*Cnidaria*) [J].*Acta Zootaxonomica Sinica*, 2013, 38 (2); 246–250.

[20] LIN M, XU Z, HUANG J, et al.*Two new species of Ectopleura from the Taiwan Strait*, *China* (*Cnidaria*, *Hydroidomedusae*) [J].*Acta Oceanologica Sinica*, 2010, 29 (2): 58–61.

[21] MAYER A G.*Medusae of the world* [M].Washington: Carnegie Institution, Vols. I, II.*The Hydromedusae*, 1910: 1–498, pls.1–55.

[22] PETERSEN K W.*Evolution and Taxonomy in capitate Hydroids and medusa* (*CnidariA.Hydrozoa*) [J].*Zoological Journal of the Linnean Society*, 1990, 100: 101–231.

[23] RUSSELL F S.*The medusa of the British Isles.Anothomedusae*, *Leptomedusae*, *Limnomedusae*, *Trachymedusae and Narcomedusae* [M].London: Cambridge University Press, 1953: 1–530, pls.1–35.

[24] SCHUCHERT P.*The marine fauna of New Zealand.athecate hydroids and their medusae* (*Cnidaria*, *Hydrozoa*) [J].*New Zealand Oceanographic Institute Memoir*, 1996, 106: 1–159.

[25] ZHENG L M, XU Z Z, HUANG J Q.*Three new species and two new records of Anthomedusae* (*Cnidaria*, *Hydrozoa*) *from the north-east of South China Sea*. (in press)

Abstract: The samples of medusae were collected from the Jiyu Island at Jiulongjiang River Estuary （24° 4219′ N, 118° 0081′ E） in the southern of Fujian Province in May 2017, the Taiwan Strait （21° 40′ –26° 40′ N, 116° 47′ –121° 00′ E） during July 2018（Summer） and April 2019（Spring）, and from the Dongsha Islands, northeast of South China Sea during June to July 2018（Summer）（20° 25′ –23° 30′ N, 110° 47′ –120° 00′ E） and from the southwest of East China Sea in April 2019 （Spring）（26° 40′ –29° 00′ N, 120° 00′ –124° 10′ E）.

In addition, some samples of medusae were collected from the South China Sea during May 2013 （17° 08′ –19° 59′ N, 118° 20′ –119° 57′ E）, and from the northern of South China Sea during May 2010 （17° 06′ –21° 56′ N, 107° 40′ –110° 10′ E）, and from the Sansha Bay of Fujian during May 2018.

Through the analysis and identification of 236 samples, three new species and two new record were reported （Zheng et al., in press）.The present paper used this above material to add of the Hydroidomedusae in investigational area, nine new species and one new record are described, The new species are *Nubiella gracilis*, *Nubiella spura*, *Halitiarella gastrolobus*, *Zancleopsis clariformis*, *Euphysora macrochamber*, *Ectopleura sanshaensis*, *Rhabdoon laticosta*, *Eirene jiyuensis*, *Eutima brevistyla and Eutima pyramidalis* etc.The new record in China seas is *Melicertissa orientalis* Kramp, 1961.All type specimens are deposited in the College of Ocean and Earth Sciences, Xiamen University.

Taxonomic account of new Species are as follows:

1. ***Nubiella gracilis*** Xu, Huang & Zheng, sp. nov.（fig. 3.1）

Material examined: Holotype （BOE–Zh.001）, one specimen was collected from the Beibu Gulf of South China Sea（19° 06′ N, 108° 10′ E） in May 2010.

Diagnosis: Medusa without apical projection; with apical chamber; manubrium short, elliptical-shaped; without grastic peduncle; 4 large gonads, globular, covering whole interradial part of manubrium; marginal tentacle short and thin, each ending in an oblong nematocyst-bearing cnidophore; tentacular bulbs without black pigment spot.

Description: Umbrella is nearly global-shaped, 1.0 mm in height, 1.0 mm in width, jelly is even thick, without apical projection, apex is rounded; exumbrella without scattered cnidocysts； manubrium is short and broad， elliptical-shaped， about 1/3 of the height of the bell cavity， no gastric peduncle， and with a conical apical chamber； mouth is simple， circular， no oral tube， 8 unbranched capitates oral tentacles attached above mouth rim； 4 large gonads， globular， covering whole interradial part of manubrium， （females with numbers of maturing ovocytes）； 4 narrow radial canals and 1 circular canal present； marginal tentacles are short and thin， each ending in an oblong nematocyst-bearing cnidophore， tentacular bulbs are small， nearly conical-shaped， without black pigment spot； velum is narrow.

Distribution： Beibu Gulf， northern of South China Sea.

Etymology： The specific name is from the Latin gracilis， meaning gracilis， refers to its marginal tentacles are very thin and short.

Remarks： Based on the diagnostic characters of the new specie， which belong to genus *Nubiella*.This new specie can be distinguished from the other species of *Nubiella* by medusa without apical projection； manubrium without medusa buds and no gastric peduncle， and with apical chamber； gonads on interradial part of manubrium； manubrium without oral tube； but similar to *N. globgona* Wang， Guo & Xue， 2012 by having apical chamber and gonads on interradial part of manubrium.The new specie differs from them by： （1） 4 large gonads， globular， covering whole interradial part of manubrium； （2） marginal tentacles are short and thin， each ending in an oblong nematocyst–bearing cnidophore； （3） with 8 unbrancledcapitates oral tentacles （Table 3–1）

2. *Nubiella spura* Xu， Huang & Zheng， sp. nov.（fig.3.2）

Material examined： Holotype （BOE–Zh.002）， one specimen was collected from the southern Taiwan Strait， China， station Hs–6 （22° 19′ N， 118° 39′ E） in April 2019.

Diagnosis： Medusa without apical projection； gastric peduncle is short and broad， about 1/3 length of manubrium； gonads encircling manubrium； with 16 unbranched oral tentacles； tentacular bulbs with gasterdermal chamber are high， pear-shaped， epidermal ring of bulbs is not complete， inside view with extending as spur on exumbrella.

Description： Umbrella is bell-shaped， 2.2 mm high， 1.8 mm wide； umbrella without apical projection， apex rounded， jelly is even thick； exumbrella without scattered cnidocysts； manubrium is very voluminous， cylindrical， about 3/4 of the height of bell cavity， with a short and broad gastric peduncle, about 1/3 of length of manubrium, without apical chamber and oral tube; mouth is simple, circular, with 16 unbranched capitate oral tentacles attached above mouth rim; gonads encircling manubrium; with 4 narrow radial canals (entering gasterdermal chamber of bulbs at top); 4 perradial marginal bulbs are large, each with one tentacle, tentacular bulbs with a distinct gasterdermal hamber are high, pear-shaped, epidermal ring of bulbs are not complete, in side view extending as spur on exumbrella; velum is narrow.

Distribution: Southern of Taiwan Strait, China.

Etymology: From the Latin spura, meaning spur, the he species name refers its tentacular bulbs with a spur extending to exumbrella.

Remarks: This specie is placed under the genus *Nubiella* of Family Bougainvillidae Lüthen, 1850 by having simple unbranched oral tentacles rising above mouth rim and 4 marginal bulbs with simple tentacles.The genus current comprises 21 valid species (including the new species) (Bouillon et al., 2006; Xu et al., 2014; Li et al., 2016; Guo et al., 2018 Wang et al., 2019).

This new specie can easily be distinguished from other species of *Nubiella* by medusa with gastric peduncle; without apical projection; gonad encircling manubrium; without medusa buds and oral tube; but similar to *Nubiella sinica* Huang, Xu, Liu & Chen, 2009, which also has without apical projection and with 8–16 unbranched oral tentacles.The new species differs from the *N. sinica* by: (1) The gastric peduncle of the former is short and broad, about 1/3 length of manubrium, but the gastric peduncle of the latter is very long, about 1/2 length of manubrium; (2) The tentacular bulbs with gaslerdermal chamber of the fomer are high, pear-shaped, with abaxial spur on the exumbrella, but the tentacular bulbs of the latter are nearly spherical-shaped, without gasterdermal chamber and abaxial spur on exumbrella. (Table 3–1)

Table 3–1 Key to the known species of genus *Nubiella*

1. Manubrium has some medusa buds ··· 2

   Manubrium has no medusa bud ··· 5

2. Numerous medusa buds are on upper half of manubrium; 8 unbranched oral tentacles; there are nematocyst pouches of exumbrella on the tentacular bulbs ··*Nubiella medusifera* Huang, Xu, Lin & Guo, 2012

Medusa buds are on the interradial region of manubrium ································ 3

3. 12–14 unbranched oral tentacles; there is endodermal red pigment spot on the tentacular bulbs··································*N. alvarinoae* (Segura, 1980)

Only 4 unbranched oral tentacles ·· 4

4. Medusa is bell-shaped, apex is coni-shaped, ···········*N. mitra* Bouillon, 1980

Medusa is hemispherical-shaped, apex is rounded

··*N. hemispherica* Li, Lin et Chen, 2016

5. With gastric peduncle ·· 6

Without gastric peduncle ·· 9

6. Gonads on the interradial region of manubrium are very large, global-shaped; gastric peduncle is very long, cylindrical-shaped, its length is about 1/2 of the length of manubrium································*N. macrogona* Xu, Huang & Guo, 2009

Gonads are encircling manubrium···7

7. Umbrella has a apical projection; With 4 unbranched oral tentacles; marginal tentacular bulbs erect elliptical, ·········*N. paramitra* Xu, Huang & Guo, 2007

Umbrella has no apical projection; 8–16 unbrancheel oral tenteacles············8

8. Gastric peduncle is very long, its length is about 1/2 length of manubrium; tentacular bulbs are nearly spherical-shaped, without gasterdermal chamber and abaxial spur on exumbrella; 8–16 unbranched oral tentacles

································*N. sinica* Huang, Xu, Liu & Chen, 2009

Gastric peduncle is short and broad, its length is about 1/3 the length of manubrium; tentacular bulbs with gasterdermal chamber are high, pear-shaped, with abaxial spur extending to the exumbrella; 16 unbranched oral tentacles·····························*N. spura* Xu, Huang & Zheng, sp. nov.

9. Gonads are on the interradial or adradial region of manubrium·······················10

Gonads are encircling manubrium··17

10. 8 gonads are on the adradial region of manubrium; mouth rim has numerous cnidocysts; 14 unbranched oral tentacles

····································*N. oralospinella* Xu, Huang & Guo, 2009

4 gonads are on the interradial region of manubrium……………………………11

11. Manubrium has a oral tube; there is a pair of club-shaped tentacles in the midlle of the tentacular bulbs………*N. claviformis* Xu, Huang & Lin, 2009

Manubrium has no oral tube……………………………………………………12

12. Umbrella has a apical projection…………………………………………13

Umbrella has no apical projection……………………………………………14

13. Apical projection is round; 8 unbranched oral tentacles ……………………………*N. intergona* Xu, Huang & Lin, 2009

Apical projection is conical; 4 unbranched oral tentacles ………………………………………*N. conia* Li, Huang & Liu, 2016

14. Umbrella has no apical chamber……………………………………………15

Umbrella has a apical chamber………………………………………………16

15. Umbrella is bell-shaped; 8 unbrached oral tentacles; tenta-cular bulbs have abaxial cnidophores extending to exumbrella ………………*N. crassocanalis* Huang, Xu, Lin & Guo, 2012

Umbrella is global-shaped; 4 unbranched oral tentacles; tentacular bulbs are spherical-shaped, without abaxial cnidophores ……………………………*N. globosa* Lin, Xu & Huang, 2012

16. Manubrium is long, cylindrincal-shaped; 12 unbranched oral tentacles; 4 small-globe gonads are on the media interradial region of manubrium; marginal tentacle is long, their bulbs have black pigment spot, without terminal knob of cnidocyst ……………………………*N. globogona* Wang, Guo & Xue, 2012

Manubrium is short, elliptical-shaped; 8 unbranched oral tentacles; 4 large gonads are globular covering the whole interradial part of manubrium; marginal tentacle is short and thin, each ending in an oblong nematocyst-bearing cnidophore, tentacula bulbs has no black pigment spot ………………………*N. gracilis* Xu, Huang & Zheng, sp. nov.

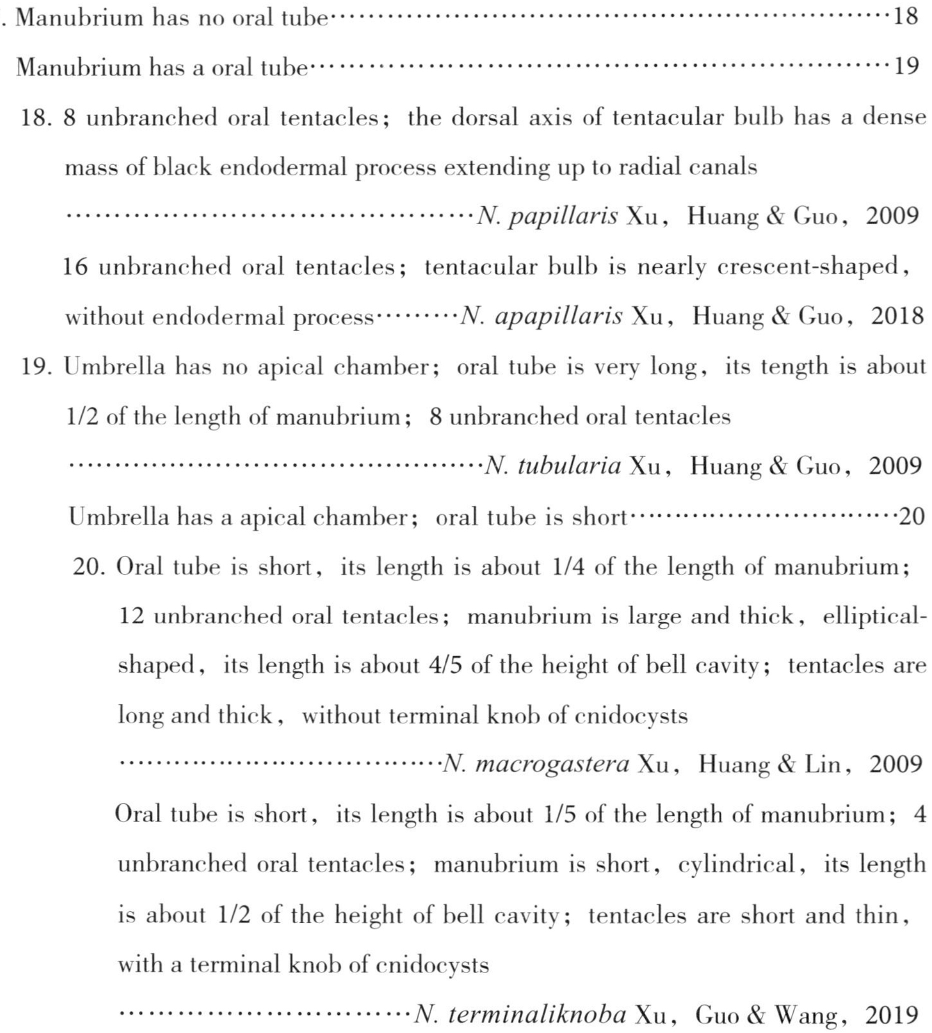

17. Manubrium has no oral tube……………………………………………………………18

Manubrium has a oral tube………………………………………………………………19

18. 8 unbranched oral tentacles; the dorsal axis of tentacular bulb has a dense mass of black endodermal process extending up to radial canals
……………………………………*N. papillaris* Xu, Huang & Guo, 2009

16 unbranched oral tentacles; tentacular bulb is nearly crescent-shaped, without endodermal process………*N. apapillaris* Xu, Huang & Guo, 2018

19. Umbrella has no apical chamber; oral tube is very long, its tength is about 1/2 of the length of manubrium; 8 unbranched oral tentacles
……………………………………*N. tubularia* Xu, Huang & Guo, 2009

Umbrella has a apical chamber; oral tube is short……………………………20

20. Oral tube is short, its length is about 1/4 of the length of manubrium; 12 unbranched oral tentacles; manubrium is large and thick, elliptical-shaped, its length is about 4/5 of the height of bell cavity; tentacles are long and thick, without terminal knob of cnidocysts
………………………………*N. macrogastera* Xu, Huang & Lin, 2009

Oral tube is short, its length is about 1/5 of the length of manubrium; 4 unbranched oral tentacles; manubrium is short, cylindrical, its length is about 1/2 of the height of bell cavity; tentacles are short and thin, with a terminal knob of cnidocysts
…………………………*N. terminaliknoba* Xu, Guo & Wang, 2019

3. ***Halitiarella gastrolubus*** Xu, Huang & Zheng, sp. nov. (fig. 3.3)

Material examined: Holotype (BOE–Zh. 003), one specimen was collected from the southern of Taiwan Strait, China (20° 25′ N, 116° 47′ E) in June 2018.

Diagnosis: Umbrella without apical projection, exumbrella smooth, without scattered nematocyst clusters; manubrium base is broad, narrow down toward the mouth margin, flask-shaped, about 3/4 of the bell cavity, with 4 well-developed perradial lobes along the course of the radial canals; with 4 large perradial tentacles and 4 small interradial tentacles, all with abaxial ocelli on the marginal bulbs; with 1 short marinal cirri between perradial and interradial tentacles, also with ocelli on the base of marginal cirri.

Description: Umbrella is 1mm high, 0.8 mm wide, apex is blunt, without apical projection, mesoglea is very thick, especially in the apical region; exumbrella without scattered nematocyst clusters; manubrium base is broad, narrow down toward the mouth margin, flask-shaped, about 3/4 of the bell cavity, with 4 well-developed perradial lobes along the course of the radial canals; mouth with 4 simple, oral lips; with 4 straight radial canals, and 1 ring canal; gonad surrounding whole length of manu-brium, and extended to perradial lobes of manubrium; with 4 large perradial tentacles and 4 small interradial tentacles, all with abaxal ocelli on the marginal bulbs; with 1 short, marginal cirri between perradial and interradial tentacles, also with ocelli on the base of marginal cirri; with nearly elongated conical bulbs; velum is moderately broad.

Etymology: gastrolobus, Latin, means gastrolobe. The specific name refers to the manubrium with 4 perradial lobes.

Distribution: Southern of Taiwan Strait, China.

Remark: This new species has marginal cirri; with abaxid ocelli on marginal tentacular bulbs; no nesenteries. These features place this medusa in the Family Protiaridae Haeckel, 1879, genus *Halitiarella* Bouillon, 1980.

Previously, only 3 species were included in the genus, i. e. *Halitiarella apica* Xu & Huang, 2004, *H. ocellata* Bouillon, 1980 and *H. mudibulbus* Xu, Huang & Guo, 2010 (Bouillon, 1980; Xu & Huang, 2004; Xu, Huang & Guo, 2010). The new species differs from them in having: (1) umbrella without apical projection, and exumbrella without scattered nematocyst clusters; (2) manubrium with 4 well-developed perradial lobes along the course of the radial canals; (3) with 4 large perradial tentacles and 4 small interradial tentacles, all with abaxial ocelli; (4) with 1 short marginal cirri between tentacles, also with ocelli on the base of marginal cirri (Table 3-2)

Table 3-2 Key to the known species of genus *Halitiarella*

1. Umbrella has a large apical projection; 4 large perradial tentacles and 4 small interradial tentacles, there is a abaxial ocelli on their bulbs, without inflated bulb; there are 2-3 short, solid marginal cirris between two tentacles

··*Halitiarella apica* Xu & Huang, 2004

Umbrella has no apical projection··2

2. Exumbrella have nematocysts; 4 large perradial tentacle and 4 small interradial marginal bulbs, there is a abaxial ocelli on all marginal bulbs; there are 2–3 short, solid marginal cirri between perradial and interradial marginal bulbs

··*H. mudibulbus* Xu, Huang & Guo, 2010

Exumbrella has no nematocyst··3

3. 4 perradial tentacles with adaxial ocelli on the tentacle bulbs; there are 3–4 short, solid marginal cirris between two tentacles; manubrium is broad and long, without perradial lobes··*H. ocellata* Bouillon, 1980

4 large perradial tentacles and 4 small interradial tentacles; there is 1 short, solid marginal cirri between two tentacles; there is a abaxial ocelli on all tentacular bulbs and the base of marginal cirri; manubrium base is broad, with 4 perradial lobes estending along the course of the radial canals

··*H. gastrolobus* Xu, Huang & Zheng, sp. nov.

4. ***Zancleopsis claviformis*** Xu, Huang & Zheng, sp. nov. (fig. 3.4)

Material examined: Holotype (BOE–Zh. 004), one specimen was collected from the southern of Taiwan Strait, China, station HS–10 (22° 42′ N, 119° 09′ E) in April 2019.

Diagnosis: Umbrella with apical projection; manubrium is flask-shaped, about 1/2 as long as the bell cavity, with large quadratic base; gonads are interradial; 4 radial canals and a ring canal; 2 long and 2 short capitates tentacles, all tentacular base with adaxial cnidocysts knobs; each long tentacles with 20–25 abaxial cnidocysts knobs along the whole tentacles, with a distinct terminal swelling, forming clava-shaped with 4–5 cnidocysts knobs on the abaxial side.

Description: Medusa up to 5 mm high, with apical projection, reach 1/3 of the total height, umbrella is almost conical-shaped, jelly is thick, forming conical apex; manubrium is flask-shaped, about 1/2 as long as the bell cavity, with large quadratic base, distal part of manubrium is simple, conical; mouth is simple, circular; gonads are interradial, with shallow groove which may divide them into 8 adradial masses; 4 radial canals and a ring canal; with 2 long, opposite capitates tentacles, each with 20–25 abaxial cnidocysts knobs along the whole tentacles, with a distinct terminal swelling, forming clava-shaped with 4–5 cnidocysts knobs on the other abaxial side and 2 opposite, shorter, simple capitates tentacles, terminating in a slight swelling; 4 marginal tentacular bulbs clasping umbrella margin, tentacular bulbs are oblong-shaped, with nearly spherical-shaped adaxial expansion at tentacular base covered with cnidocysts, of which long tentacular base is larger than short tentacular base, with abaxial ocelli on the marginal bulbs; velum is narrow.

Distribution: Southern of Taiwan Strait, China.

Etymology: The species name is from the Latin claviformis meaning clava-form, referring to the morphology of long, opposite tentacles terminal swelling.

Remarks: At present time, only 6 valid species of the *Zancleopsis* are known (Mayer, 1910; Uchida, 1927; Bouillon, 1978c, 1985, 1999; Bouillon et al., 2006; Wang, Xu & Huang, et al., 2016). This new species can be distinguished from the other species of *Zancleopsis* by major characteristics: (1) umbrella with apical projection; (2) two long, opposed capitates tentacles and two short, opposite capitate tentacles; (3) long tentacle with 20–25 abaxial cnidocysts knobs along the whole tentacles, with a distinct terminal swelling, clava-shaped with 4–5 cnidocysts knobs on the other abaxial side; (4) all with spherical adaxial expansion covered with cnidocysts at 4 tentacular base (Table 3–3).

Table 3–3 Key to the known species of genus *Zancleopsis*

1. Umbrella has no apical projection; two long, opposite tentacles with 8–10 capitate side branches; four large hemispherical adaxial cnidocysts knobs at tentacular base ······*Zancleopsis elegans* Bouillon, 1978

   Umberlla has a apical projection ······2

2. Four long capitate tentacles, each distal end has 7–15 knob-shaped cnidocysts ······*Z. symmetrica* Bouillon, 1985

   Two long or four short capitate tentacles······3

3. Four short capitate, club-shaped tentacles and four large cnidocysts knobs at tentacular base······*Z. gotoi* (Uchida, 1927)

   Two long capitate tentacles······4

4. Two long capitate tentacles with 2–4 capitate side branches and two opposed

rudimentary bulbs……………………*Z. dichotoma*（Mayer，1900）

Two long and two short capitate tentacles……………………………………………5

5. Only two short tentacular bases have adaxial cnidocysts knobs；each long tentacles has 60–65 buttong-shaped abaxial cnidocysts knobs along whole tentacles；long tentacular bulbs are oblong- shaped

……………………………………*Z. oblongus*Xu，Huang & Wang 2016

All tentacular bases have adaxial cnidocysts knobs…………………………6

6. Each long tentacles has 6–15 capitate side branches at distal end of tentacles，without enlargement at the end of tentacle

……………………………………………*Z. tentaculata* Kramp，1928

Each long tentacles has 20–25 abaxial cnidocysts knobs along the whole tentacles，with a distinct terminal swelling，clava-shaped，teere are 4–5 cnidocysts knobs on the other abaxial side

…………………………*Z. claviformis* Xu，Huang & Zheng，sp. nov.

5. ***Euphysora macrochambera*** Xu，Huang & Zheng，sp. nov.（fig. 3.5）

Materical examined：Holotype （BOE–Zh. 005），one specimen was collected from the southern of Taiwan Strait，China，station B7（22° 40′ N，118° 18′ E）in April 2019.

Diagnosis：The species is different from others by following：medusa with a large apical chamber；without apical projection and no apieat canal；exumbrellar surface is smooth：umbrellar margin without medusa buds；principal tentacles are moniliform，unbranched，and with only rings nematocysts，and without terminal knob of nematocyst；all tentacular bulbs have a short，abaxial spur.

Description：Umbrella is bell-shaped，4 mm in hight，2.8 mm in width，jelly is thicker at apex，but thinner toward bell margin；umbrella without apical projection；exumbrella without scattered cnidocyst clusters；manubrium is long cylindrical，above manubrium with a large，spherical apical chamber，about as long as bell cavity；mouth is simple，circular；gonads encircling almost whole manubrium；with 4 narrow radial canals and 1 ring canal；principal tentacle with elongated conical bulb ring cnidocysts along whole tentacle，without terminal knob of cnidocyst；three perradial non-tentacular marginal bulb are smaller than principal tentacular bulb, short cone-shaped, all bulbs extending as spurs slight up exumbrellar surface; tentacles are very extensile, but often carried rolled up into a thick short spiral; velum is narrow.

Etymology: The specific name is from the Latin macrochambera, meaning macro-chamber, refer to the above manubrium with a large apical chamber.

Distribution: Southern of Taiwan Strait, China.

Remarks: Based on the diagnostic characters of new species, which belong to genus *Euphysora*. At present time only 25 valid species of *Euphysora* are known (Kramp, 1961; Huang, 1999; Bouillon & Boero, 2000; Xu & Huang, 2003, 2006; Bouillon et. al., 2006; Lin et al., 2013; Xu et al., 2014; Wang, et al., 2019).

This new species can be easily distinguished from the other species of *Euphysora* by principal tentacle of moniliform has only rings nematocysts, which is similar to *Euphysora solidonema* Huang, 1999 by having umbrella without apical projection and apical canal. The new species differs from similar species by following: (1) umbrella with a large, spherical apical chamber; (2) principal tentacle with a elongasted conical bulb, no extending to both tateral side; (3) all tentacular bulb with a short abaxial spurs slight up exumbrellar surface; (4) principal tentacle without terminal knob of nematocyst, but often rolled up into a thick short spiral. (Table 3-4)

Table 3-4 Key to the new species and similar species in the genus *Euphysora*

1. Umbrellar margin has some medusa buds……………*Euphysora gemnifera* bouillon, 1978

   Umbrellar margin has no medusa bud………………………………………………………2

2. Exumbrella has wart processes or nematocysts ……………………………………… 3

   Exumbrella has no wart process or nematocyst ……………………………………… 4

3. Exumbrella has wart processes, nematocysts and brown pigment, without pointed apex and apical chamber; gonads are smooth; three rudimentary tentacular bulbs have pigment……………………………………………… *E. verrucosa* Bouillon, 1978

   Exumbrella has no wart processes and brown pigment, but has scattered nematocysts, pointed apex and apical chamber; gonads have folds ……………………………………………………………… *E. knides* Huang, 1999

4. Only one tentacle is very long and thin, with several bifurcated lateral branches, without rudimentary tentacular bulbs………………………*E. gigantea* Kramp, 1957

One principal tentacle and three small or rudimentary tentacles······················ 5

5. Terminal end of principal tentacle is twice bifurcated································ 6

Terminal end of principal tentacle is unbranched······································ 7

6. Principal tentacle is long, each of the four terminal branches has a knob of nematocysts; opposite this a filiform tentacle is longer than the other two conical tenlacles ·· *E. furcata* Kramp, 1948

Principal tentacle is short, each of the four terminal branches has no knob of nematocysts, the three other tentacls are all alike, short, conical ···*E. valdiviae* vanhöffen, 1911

7. Principal tentacle is monifiform··8

A row of abaxial, adaxial or lateral nematocyst knobs are on the principal tentacle ··15

8. Moniliform principal tentacle has number of prominent swelling knobs at irregular intervals·································*E. gracilis* (Brooks, 1882)

Moniliform principal tentacle has no prominent swelling knob ··9

9. Proximal part of moniliform principal tentacle has 4–5 ring cnidocysts, other whole tentacles have over to 16 spherical cnidocyst knobs ·······································*E. fujianensis* Xu & Huang, 2006

Moniliform principal tentacle has only annlar nematocysts or only a single row of nematocyst knobs··10

10. Moniliform principal tentacle has only annular nematocysts·········11

Moniliform principal tentacles has only a single row of nematocyst knobs ··14

11. Umbrella has apieal projection and apical canal·················12

Umbrella has no apieal projection and apical canal················13

12. Moniliform principal tentacle has no large terminal nematocyst knob, each bulb of the three other tentacles is short cone-shaped, has a filiform tentacle; manubrium

is wide and large, as long as bell cavity, full of the bell cavity……………………………………E. *annulata* Kramp. 1928

Moniliform principal tentacle has a large terminal nematocyst knob, the bulb of three other tentacles is shurt club-shaped, without filiform tentacle; cylindrical manubrium is about 2/3 as long as the blle cavity

………………………*E. bitungensis* Xu, Huang et Guo, 2013

13. Umbrella has no apical chamber; principal tentacle has a large spherical terminal knob of nematocyst; opposite this is a rudimentary, other two lateral tentacles are cone-shaped; all tentacle bulbs are extending to both lateral sides, forming thick umbrella margin…………*E. solidanema* Huang, 1999

Umbrella has a large spherical apical chamber; principal tentacle has no terminal knob of nematocyst, its bulb is long cone-shaped, larger than other three rudimentary tentacle bulbs which are short club-shaped, no filliform tentacle; all tentacle bulbs have a short, abaxial spurs adnate to the exumbrella

…………*E. macrochambera* Xu, Huang & Zheng, sp. nov.

14. Moniliform principal tentacle has 9 spherical nematocyst knobs; opposite this is a rudimentary, bulb-shaped tentacle, other two laterae tentacles are long, filiform……*E. russelli* Hamond, 1974.

Moniliform principal tentacle has 16 nearly ellipticlike nematocyst knobs; the bulbs of three other rudimentary tentacles and the bulb of principal tentacle are all alike, without filiform tentacle…………………………*E. taiwanensis* Xu et Huang, 2003

15. The row of nematocyst knobs on the principal tentacle is abaxial…………16

The row of nematocyst knobs on the principal tentacle is abaxial or lateral

…………………………………………………………………………21

16. Manubrium is thick and long, extends about 1/2 a length beyond velar opening; manubrium with very broad base, covered by compact vacuolated endodermal cells; principal tentacle is thin and long, has 30–40 abaxial cnidocyst knobs and no terminal knob, other three rudimentary perradial bulbs with abaxial spur are very small
······································*E. vacuola* Xu, Huang et Guo, 2012

Manubrium is shorter than bell cavity, manubrium base has no vacuolated endodermal cell··17

17. Principal tentacle has both semicyclic nematocyst knobs and normal nematocyst knobs···18

Principal tentacle has no semicyclic nematocyst, has only normal nematocyst knobs···19

18. Umbrella has apical projection and apical chamber; manubrium is very large, filling the bell cavity, the base of principal tentacle swollen on the inner side, nearly spherical, three other marginal bulbs, the one opposite the main tentacle is larger than the two other···············*E. apiciloculifera* Xu & Huang, 2003.

Umbrella has no apical projection and apical chamber; principal tentacle is short, has no 6 abaxial semicyclic cnidocyst clusters and a large spherical terminal knob of nematocyst; principal tentacle bulb is large, nearly elliptical, other three rudimentary tentacle bulbs are small, all alike
··*E. abaxialis* Kramp, 1962

19. Gonads are on the interradial side of manubrium, pricipal tentacle is very long, has over 60 knobs of nematocysts in one row along the abaxial side, three other marginal bulbs are rudimentary, very small, all alike
··································*E. interogona* Xu et Huang, 2003

Gonads are surrounding manubrium wall·························20

20. Principal tentacle is long, has 50–60 abaxial nematocyst knobs, three other rudimentary tentacular bulbs has 6–8 brown pigment spots on their abaxial cluster ································*E. brunnescentis* Huang, 1999

Principal tentacle is short, has 12 abaxial nematocyst knobs, three other rudimentarytentacular bulbs has no brown pigment spot···········*E. pseudoabaxialis* Bouillon, 1978

21. Four radial canals are thick and broad, with vacuolated endodermal cells in radial canals·······················*E. crassocanalis* Xu et Huang, 2003

Four radial canals are narrow, without vacuolated endodermal cells in radiae canals···22

22. Umbrella has no apical projection, principal tentencle has a large oval bulb and 3–6 very small, spherical, adaxial nematocyst knobs, and a very large, nearly oval terminal knob of nematocysts, the opposite is a very small, nearly papilla-shaped bulb, other two lateral tentacles have long cone-shaped bulbs with filiform tentacles··············*E. macrobulbus* Xu et Huang, 2003.

Umbrella has a apical projection·····································23

23. Umbrella has a apical chamber; principal tentacle is short, has a large saclike bulb and three lateral knobs of nematocysts projecting from the tentacle, and a large terminal knob, three other marginal bulbs are rudimentary, very small, all alike·····························*E. normani* (Browne, 1916)

Umbrella has no apical chamber·································24

24. Principal tentacle is long, has over 10 adaxial or lateral knobs of nematocyst, three other perradial tentacle bulbs are long cone-shaped, each has a short, pointed tentacle, they are all alike·····*E. bigelowi* Maas, 1905

Principal tentacle is short, has 4 adaxial nematocyst knobs

and a large terminal nematocyst knob, opposite this tentacle bulb is elongate, cone-shaped, as long as the principal tentacle, and has a large terminal red pipment patch, two other lateral tentacles are rudimentary, papillalike, without filiform tentacles
…………………*E. meijiensis* Xu, Huang et Guo, 2013.

6. ***Ectopleura sanshaensis*** Xu, Huang & Zheng, sp. nov. (fig. 3.6)

Material examined: Holotype (BOE–Zh.006), one specimen was collected from the Sansha Bay of Fujian, China, station (S28) (119° 40′ N, 26° 40′ E) on 13 April, 2018.

Diagnosis: Umbrella nearly spherical shaped, without apical projection and with a long apical canal and shallow apical chamber; exumbrella with 8 longitudinal nematocyst brands, without longitudinal ridges; manubrium is very large, cylindrincal, about as long as subumbrella cavity; gonads encircle manubrium, females produce two large, opposite perradial eggs on the middle part of manubrium; 4 marginal tentacles, each with ring nematocyst, without abaxial nematocyst cluster and terminal nematocyst knob.

Description: Umbrella is 1.8 mm high, 1.5 mm wide, nearly spherical, without apical projection and with a long apical canal, jelly is relatively thick, thicker in apical region; exumbrella with four pairs of longitudinal nematocyst bands of variable length, originating on nearly uniting at apex of bell; manubrium is very large, cylindrincal, broadest in middle, about as long as subumbrella cavity, with a shallow apical chamber in the upper of manubrium; mouth rim studded with nematocyst; gonads encircle manubrium, females produce two large, opposite perradial eggs at one time, on the middle part of manubrium; four radial canale and ring canal thin, inconspicuous; 4 marginal bulbs, rather large, nearly spherical, each bulb bearing the one tentacle, without abaxial nematocyst cluster and terminal nematocyst knob; tentacles are very extensile, but often carried rollied up into a thick short spiral; velum is fairly wide.

Distribution: Sansha Bay of Fujian, China

Etymology: The new species name is from the Latin *Sanshaensis*, meaning Sansha, in reference to the type locality of the Sansha Bay of Fujian, China.

Remarks: The new species has exumbrella with 8 longitudinal nematocyst bands; 4 radial canals; 4 simple, perradial marginal tentacles. So it belongs to Family Tubularidae Fleming, 1828, Genus *Ectopleura* L. Agassiz, 1862.

Only 31 valid species medusae in the *Ectopleura* are known（Kramp, 1961; Petersen, 1990; Schchert, 1996; Bouillon et al., 2006; Xu et al., 2014; Huang et al., 2015; Zheng et al., in press）. This new species has four marginal tentacles, differs from other species of *Ectopleura* by hving two opposite perradial tentacles, but is similar to nine species of *Ectopleura* by also having four marginal tentacles. The major diferences among them are summarized in Table 3–5.

However, new species similar to *E. dumortieri*（van Beneden, 1844） and *E. bethae*,（Warren, 1908）, while their main distinction are manubrium with a long apical canal and shallow apical chamber; 4 marginal tentacles with ring nematocysts, without terminal nematocyst knob（Table 3–5）.

Table 3–5 Key to the new species and similar species（with four marginal tentacles）of genus *Ectopleura*

1. Umbrella has a apical projection………………………………………………………… 2
   Umbrella has no apical projection ………………………………………………………… 4
2. Exumbrella has 8 longitudinal ridges; 8 longitudinal nematocyst bands in line on the both sides of marginal bulbs are extensible, triangular-shaped.
   ………………………………………………*Ectopleura latitaeniata* Xu & Zhang, 1978.
   Exumbrella has 8 longitudinal ridges; 8 longitudinal nematocyst bands in line on the both sides of marginal bulbs are no extensible………………………………………………3
3. Apical chamber and apical canal; 4 radial canals are broad and thick; 4 long tentacles has no nematocyst cluster, the back of their base bulbs are triangular, the proximal ends of tentacles are thicken with ring nematocysts at the back of their base, there is one big nemato cyst bulb at the end of the ring nemato-cysts
   ………………………………………*E. triangularis* Lin, Xu, Huang & Wang 2010.
   Without apical chamber and apical projection; 4 radial canals are narrow; 4 short tentacles with scatted nematocyets; marginal base bulbs are conical-shaped
   ………………………………………………………………*E. indica* Petersen, 1990.

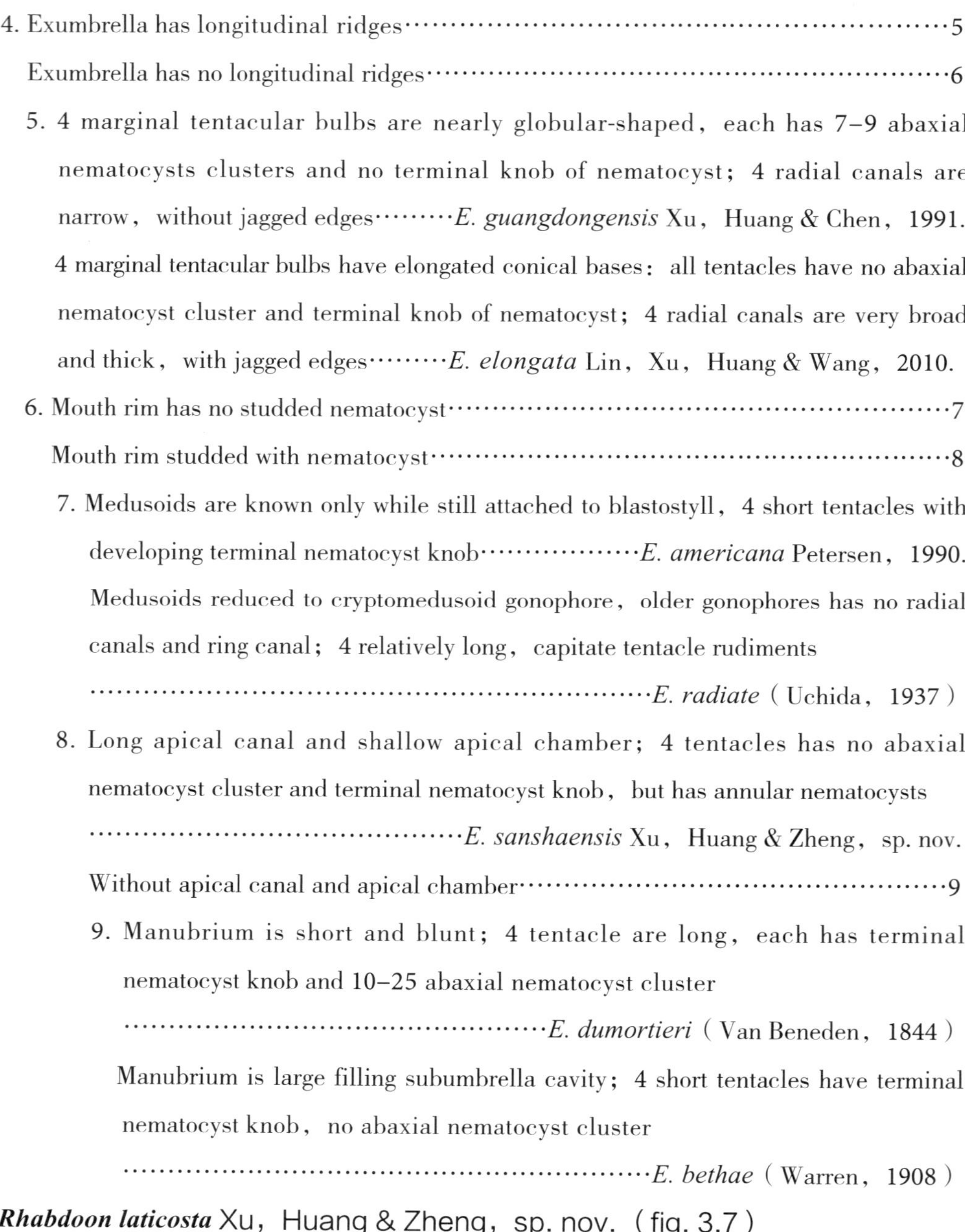

4. Exumbrella has longitudinal ridges······························5
Exumbrella has no longitudinal ridges······························6
5. 4 marginal tentacular bulbs are nearly globular-shaped, each has 7–9 abaxial nematocysts clusters and no terminal knob of nematocyst; 4 radial canals are narrow, without jagged edges·········*E. guangdongensis* Xu, Huang & Chen, 1991.
4 marginal tentacular bulbs have elongated conical bases: all tentacles have no abaxial nematocyst cluster and terminal knob of nematocyst; 4 radial canals are very broad and thick, with jagged edges·········*E. elongata* Lin, Xu, Huang & Wang, 2010.
6. Mouth rim has no studded nematocyst······························7
Mouth rim studded with nematocyst······························8
7. Medusoids are known only while still attached to blastostyll, 4 short tentacles with developing terminal nematocyst knob··················*E. americana* Petersen, 1990.
Medusoids reduced to cryptomedusoid gonophore, older gonophores has no radial canals and ring canal; 4 relatively long, capitate tentacle rudiments ······························*E. radiate* (Uchida, 1937)
8. Long apical canal and shallow apical chamber; 4 tentacles has no abaxial nematocyst cluster and terminal nematocyst knob, but has annular nematocysts ······························*E. sanshaensis* Xu, Huang & Zheng, sp. nov.
Without apical canal and apical chamber······························9
9. Manubrium is short and blunt; 4 tentacle are long, each has terminal nematocyst knob and 10–25 abaxial nematocyst cluster ······························*E. dumortieri* (Van Beneden, 1844)
Manubrium is large filling subumbrella cavity; 4 short tentacles have terminal nematocyst knob, no abaxial nematocyst cluster ······························*E. bethae* (Warren, 1908)

7. ***Rhabdoon laticosta*** Xu, Huang & Zheng, sp. nov. (fig. 3.7)

Material examined: Hololype (BOE–Zh.007), one specimen was collected from the South China Sea, station N–10 (17° 08′ N, 111° 59′ N) in May 2013.

Diagnosis: Medusa with small apical process; exumbrella with four exerted, broad perradial ribs, containing vacuolated cells and nematocyst, in distral part of each perradial rib taperal swellen to margin; three marginal bulbs are absent, with one marginal bulb bearing the single tentacle with a large spherical end, marginal bulb with adaxial ocelli.

Description: Medusa umbrella is bell-shaped, 1.0 mm in height, 0.7 mm in width, jelly is moderately thick, much thickened at apex, with small apical process; exumbrella with four exerted, broad perradial ribs running meridionally from margin to mear top, containing vacuolated cells and nematocysts in distal part of each perradial rib tapered swellen to margin, which makes rib bulge, this inclusion composed of dense nematocysts and vacuolated cells, dark in preserved animals; the darker tissue of the exumbrella ribs at the bell margin to form a massive nematocyst ring; manubrium is simple, conical, reaching to velum level, attached to a broad gastric peduncle; gonad encircles manubrium entirely; 4 radial canals, difficult to observe; three marginal bulbs are rudimentary, the fourth bearing a single, rather short and thin tentacle (shorter than bell size), composed of a thin proximal part and a large spherical end, terminal knob resembling pompon, composed of radially arranged nematophores; from oral view of medusa, marginal bulb with adaxial ocelli.

Distribution: South China Sea.

Etymology: The specific name is from the Latin laticosta, meaning lati-costa, refers to perradial rib very broad.

Remarks: The new species has a single tentacle ending in a sphere of radiating nematophores; exumbrella with four perradial, meridional ribs, containing vacuolated cells and nematocysts; three marginal bulbs are rudimentary, with one marginal bulb bearing the single tentacle. These features place this medusa in the Family Tubularidae Fleming, 1828, Genus *Rhabdoon* Keferstein & Ehlers, 1861.

At present time, only 4 valid species of the *Rhabdoon* are known (Bouillon et al., 2004; Bouillon et al., 2006; Schuchert, 2010; Xu et al., 2014; Du et al., 2018)

The new species differs from the other species of *Rhabdoon* by medusa umbrella with small apical process; exumbrella with 4 exerted, broad perradiae ribs, in distral part of each perradial rib tapered swellen to margin; three marginal bulbs are absent, with one marginal bulb bearing the single tentacle; from oral view of medusa, marginal bulb with adaxial ocelli; manubrium without apical chamber, with very broad gastric peduncle etc. (See Table 3–6) .

Table 3–6 Key to the known species of genus *Rhabdoon*

1\. Marginal bulbs are absent, with a single tentacle, the end of which is spherical ········ 2

One marginal bulb bearing the single tentacle, the end of which is spherical ············ 4

2\. Manubrium has a large pointed apical chamber ··*Rhabdoon apiciloculus* Xu, Huang et Du, 2018.

Manubrium has no apical chamber ··· 3

3\. Exumbrella has 4 exerted, perradial longitudinal ribs, containing cnidocysts and an oblong brown spot in the middle of each rib, 4 additional interradial ribs and 8 adradial ribs; manubrium with broad gastric peducle is cone-shapde ··*R. singulare* Keferstein et Ehlers, 1861.

Exumbrella has 4 unprojected perradial facets without brown spot, only 8 adradial longitudinal ribs, containing cnidocyst; manubrium without gastric peduncle ···*R. armata* (Margulis, 1997)

4\. Umbrella without apical projection; manubrium is flask-shaped, without gastric peduncle; exumbrella has 4 narrow, perradial longitudinal ribs; marginal bulb without adaxial ocelli··*R. reesi* (Shirley et Leung, 1970)

Umbrella with apical projection; manubrium is cone-shaped, with a broad gastric peduncle; exumbrella has 4 exerted, broad, perradial longitudinal ribs; marginal bulb with adaxial ocelli·······················*R. laticosta* Xu, Huang & Zheng, sp. nov.

8. *Eirene jiyuensis* Xu & Huang, sp. nov. (fig. 3.8)

Material examined: Holotype (BOE–ZH010) , one specimen was collected from Jiyu Island at the estuary of Jiulongjiang River (118.0081 ′ E, 24 ° 4219 ′ N) in the southern of Fujian Province in May 2017.

Diagnosis: Umbrella is nearly hemispherical; gastric peduncle is wide-conical, exceeding slightly beyond the velar opening; with 4 radial canals and a ring canal; with 32–36 marginal tentacles of the same size, their bulbs without excretory papillae, lacking rudumentary bulbs, with 3–4 statocysts between two marginal tentacles; with 4 linear gonads, along less than half the length of the distal radial canals.

Description: Umbrella is 4–5 mm high, 8–9.5 mm wide, nearly hemispherical, apex is round, jelly is thick, thinning down toward the umbrella margina; gastric peduncle is wide-conical exceeding sligtly beyond the velar opening; mouth has 4 long lanceolate lips with crenelled margin, they are longer than manubrium; 4 narrow radial canals, extending from the cirrular canal to the peduncle and connected to the manubrium; with 4 linear gonads, along less than half the length of the distal radial canals, but never reaching the ring canal; with 32–36 marginal tentacles of same size, its bulbs are swollen, nearly a conical-like, without excretory papillae, lacking rudumentary bulbs and with 3–4 statocysts between two successive marginal tentacles; each statocyst contains one concretion; velum is broad.

Distribution: The estuary of Jiulongjiang River of Fujian, China (Jiyu Island).

Etymology: From the Latin *Jiyuensis*, meaning Jiyu, the species name refer to that the first specimen was collected from Jiyu Island at the estuary of Jiulongjiang River.

Remarks: The new species has a distinct gastric peduncle; without marginal cirri or lateral cirri; 4 simplified radial canals; gonads on the subumbrella part of the radial canals; numerous statocysts. These features place this medusa in the Famly Eirenidae, Genus *Eirene* Eschscholtz, 1829.

Only 25 valid species of *Eirene* are known (include the new species) (Kuboda & Horita, 1992; Huang & Xu, 1994; Bouillon et al., 2006; Guo et al., 2008; Du et al., 2010; Huang et al., 2010; Lin et al., 2013; Xu et al., 2014; Xu et al., 2019). The new species can be easily distinguished from other species of *Eirene* by: (1) gastric peduncle with wide-conical base; (2) 4 radial canals; (3) tentacle bulbs without excretory papillae; (4) gonads are linear and elongated along radial canals; (5) without rudumentary bulbs, but is similar to *Eirene chiaochowensis* and *Eirene gibbosa*, whcih also has tentacde bulbs without excretory papillae, their gonads are elongated along radial canals and without rudimentary bulbs. While new species can be separated from the latter two species by: (1) peduncle exceeding slightly beyond velar opening; (2) with 32–36 marginal tentacles, their bulbs are nearly conical-like, without black pigment spot; (3) gonads are linear, along less than half the length of the distal radial canals. (see Table 3–7)

Table 3-7 The key to the new species and similar species in the genus *Eirene*

1. Manubrium is short and small, oral lips are longer than manubrium··························2

Mambrium is very large, oral lips are shorter than manubrium; peduncle is short and wide, fills the most part of the bell cavity; about 60 marginal tentacles, with 1 statocyst between the tentacles, each with 1 concretion···········*Eirene gibbsa* (Mecrady, 1859)

2. The length of the peduncle is about 1/2 the length of the bell cavity; 16 marginel tentacles,thire bulbs have black pigment spots; gonads are slightly torsional, extending along entire radial canals

······················*E. chiaochowensis* Kao, Li Funglu, Chang. & Li Hienlun, 1958

Peduncle is long, exceeding slightly beyond velar opening; 32–36 marginal tentacles, their bulbs are nearly conical-like without black pigment spot; gonads are linear, along less than half the length of the distal radial canals·························*E. jiyuensis sp. nov.*

9. ***Eutima brevistyla*** Xu, Huang & Zheng, sp. nov. (fig. 3.9)

Material examined: Holotype (BOE–Zh.008), one specimen was collected from the Northeast of South China Sea (21° 25′ N, 112° 00′ E.) in June 2018.

Diagnosis: The species is diagnosed by following: umbrella is higher than a hemisphere, apex jelly is thick; gastric peduncle is very short, its length is about 1/6 as long as the diameter of umbrella; 12 long tentacles and there are 2–3 marginal warts between two tentacles, all of them have lateral cirri; 4 subumbrella gonads are on the radial canals, elongated linearlike, almost extending along the whole length of the radial canals; 8 adradialstatocysts.

Description: Umbrella is 3.0 mm in height, 4.5 mm in width, higher than a hemisphere, rounded apex is jelly very thick, thining towards margin; gastric peduncle is very short, conicallike, shorter than the manubrium, its length is about 1/6 the length of the diameter of umberlla; manubrium is short and thick; mouth has 4 simple, short lips; 4 subumbrellar gonads are on the radial canals, elongated linearlike, extending from nearly umbrella margin to nearly basal part of peduncle; 12 long hollow marginal tentacles, 4 perradial, 8 adradial, their bulbs are swollen, nearly cone-shaped with lateral cirri; there are 2–3 marginal warts with lateral cirri between successive tentacles; 4 narrow radial canals extend from the circular canal to the peduncle and connected to the manubrium; 8 adradial statocysts; vellum is developed.

Distribution: Northeast of South China Sea

Etymology: From the Latin *brevistyla*, meaning brevi-style, the species name refers to the short peduncle.

Remarks: This new species is close to *Eutima modesta* (Hartlaub, 1909), but differs from it by: (1) umbrella is higher than hemisphere, apex jelly is thick; (2) peduncle is very short, about 1/6 as long as the diameter of umbrella; (3) 12 long tentacles and there are 2–3 marginal warts between two tentacles, all of them has lateral cirri (See Table 3–8).

10. ***Eutima pyramidalis*** Xu, Huang & Zheng, sp. nov. (fig. 3.10)

Material examined: Holotype (BOE–Zh.009), one specimen was collected from the Northeast of South China Sea (22° 15′ N, 115° 00′ E.) in July 2018.

Diagnosis: The species is diagnosed by following: umbrella is higher than a hemisphere, apex jelly is thick; a distinct gastric peduncle with broad, pyramidal base, and not extending far beyond umbrella opening; 12 tentacles without lateral cirri and 36–60 marginal warts with lateral cirri; 4 linear peduncular gonads are on the radial canal of peduncle; 8 adradial statocysts.

Description: Umbrella is 6.0 mm in height, 8.5 mm in width, higher than a hemisphere, rounded apex jelly is very thick, thinning towards margin; a distinct gastric peduncle is long, tapering towards manubrium, about 1/3 as long as the diameter of umbrella, and do not exceed out of the umbrella opening, and with broad, pyramidal base; manubrium is short and narrow; mouth has 4 simple lips; 4 linear peduncular gonads are on the radial canals of peduncle; 12 long marginal tentacles, 4 perradial, 8 adradial, has elongated conical marginal bulbs, has no lateral cirri; 36–60 marginal warts, each has a pair of lateral cirri; 4 simple radial canals extend from circular canal across underside of umbrella along peduncle to manubrium; 8 adradialstatocysts, each has 3 oval concretion; vellum is broad.

Distribution: Northeast of South China Sea.

Etymology: The specific name derived from the Latin *pyramidalis*, meaning pyramid, in reference to the morphology of peduncle base.

Remarks: This new species has following characters which are in common with *Eutima* McCrady, 1859: medusa with 8 adradialstatocysts; without excretory papillae; there is lateral cirri on the marginal warts; marginal tentacles.

At present, 22 valid species in *Eutima* (including this two new species) are known (Bouillon et al., 2006; Xu et al., 2014; Guo et al, 2019) . This new species can be easily distinguished from the other species of *Eutima* by 4 gonads on peduncle; marginal tentacles without lateral cirri and marginal wasts with lateral cirri. It is similar to *E. longigonia* (Bouillon, 1984) , but differs from the latter by following: (1) umbrella is thick, higher than a hemisphere; (2) long gastric peduncle with broad, pyramidal base not extending far beyond exumbrella marginal; (3) 12 tentacles without lateral cirri, 36–60 marginal warts, each with a pair of lateral cirri; (4) 4 peduncular gonads in middle part of peduncle. (See Table 3–8)

Table 3–8 key to the known species of genus ***Eutima***

1. 8 gonads, 4 on the subumbrella and 4 on the peduncle ································· 2
 4 gonads, either on subumbrella or peduncle ·· 9
 2. Tentacle without lateral cirri ··· 3
  Tentacle with lateral cirri ·· 4
  3. 32 marginal warts with lateral cirri; subumbrellar gonads are linearlike, peduncular gonads are in the middle part of peduncle···········*Eutima hartlaubi* Kramp, 1958
   80–120 marginal warts with lateral cirri, subumbrellar gonads are sinuouslike, peduncular gonads are near the proximal end of peduncle ·· *E. taiwanensis* Xu, Huang & Guo, 2019.
   4. 4 tentacles··5
    8–16 tentacles···6
    5. Peduncle with a domelike base, prismatic below; 60–80 marginal warts ···*E. orientalis* (Browne, 1905)
     Peduncle is slender; 100 marginal warts···············*E. mira* MeCrady, 1859
     6. Tentacular bulbs and marginal warts have excretory papillae ···*E. gegenbauri* (Haeckel, 1864)
      Tentacular bulbs and marginal warts have no excretory papillae···········7
      7. 16 tentacles and 3 marginal warts between successive tentacles ··*E. variabilis* Mecrady, 1859
       8 tentacles···8

8. Tentacular bulbs without abaxial spurs; marginal warts without black spot··························*E. levuka* (A. Agassiz & Mayer, 1899)

Tentacular bulbs with abaxial spurs; marginal warts with black spot on extreme tip····················*E. krampi* Guo, Xu Huang, 2008.

9. Gonads on peduncle only·· 10

Gonads on subumbrella portion of radial canals·· 15

10. Tentacles and marginal warts all have lateral cirri······································11

Tentacles have no lateral cirri and marginal warts have lateral cirri·················14

11. 8–32 tentacles··12

4 tentacles··13

12. 32 tentacles and 96 marginal warts all have lateral cirris

··*E. coerelea* (L. Agassiz, 1862)

8 tentacles with 2 pairs of lateral cirris, 16 marginal warts with lateral cirri··*E. gentiana* (Haeckel, 1879)

13. 4 tentacles bulbs with abaxial hooklike process, 120–140 marginal warts··*E. curva* (Browne, 1905)

4 tentacles bulbs without abaxial hooklike process, 40–80 marginal warts································*E. gracilis* (Forbes & Goodsir, 1853)

14. Umbrella is thin, flatter than a hemisphere; gastric peduncle is very long, extending far beyond umbrella margin; peduncular gonads are long, on the greater part of gastric peduncle; 8 tentacles without lateral cirri, 64~80 marginal warts with lateral cirri····················*E. longigonia* Bouillon, 1984.

Umbrella is thick, higher than a hemisphere; gastric peduncle with broad, pyramidal base is short, not extending far beyond umbrella marginand; peduncular gonads are short, in the middle part 2/3 of gastric peduncle; 12 tentacles without lateral cirri, 36–60 marginal warts with lateral cirri

·····································*E. pyramidalis* Xu, Huang & Zheng sp. nov.

15. Tentacles without lateral cirri··16

Tentacles with lateral cirri··17

16. 4 tentacles, 28 marginal warts………… *E. sapinhoa* Narchi & Hebling, 1975

8 tentacles, perradial tentacles are longer than interradial; 6–7 marginal warts between two tentacles…………………………*E. neucaledonia* Uchida, 1964

17. 8 tentacles……………………………………………………………………18

12–16 tentacles…………………………………………………………………21

18. Up to 32 marginal warts……………………………………………………19

50–80 marginal warts……………………………………………………………20

19. Peduncle is short, never exceeding beyond umbrella opening
……………………………………………………*E. japonica* Uchida, 1925

Peduncle is long, exceeding beyond umbrella opening
…………………………………………………*E. suzannae* Allwein, 1967

20. Umbrella is flatter than hemisphere; peduncle is long, about 2/3 length exceeding beyond umbrella opening; gonads are sinuouslike
……………………………………………………*E. mucosa* bouillon, 1984.

Umbrella is nearly hemisphere; peduncle is short, about 1/3 length exceeding beyond bell opening; gonads are linearlike
………………………………………*E. commensalis* Santhakumari, 1970.

21. Umbrella is flat with thin wall; peduncle is slender tapering, about 1/2 as long as the diameter of umbrella; 1–2 marginal warts between successive tentacles………………………………………*E. modesta* (Hartlaub, 1909)

Umbrella is higher than hemisphere, apex jelly is very thick; peduncle is very short, about 1/6 as long as the diameter of umbrella; 2–3 marginal warts between successive tentacles
………………………………*E. brevistyla* Xu, Huang & Zheng, sp. nov.

3.2 中国海域一些水螅水母纲命名种类的订正 *

Revisions of Nominal Species on Some Hydroidomedusae from the China Seas

至今（2022年年底），中国已报道海洋浮游水母有641种，其中有些种类在分类上存在着同物异名或学名相同等问题，但已经历三次订正：

第一次是1994年，为了编写《中国海洋生物种类与分布》一书中的水螅虫纲的种类名录。这次订正对于1993年以前中国已报道的浮游水母的种类进行了全面的审查，总共订正了中国海洋浮游水母分类学名31种（许振祖，1993），其中有3种新组合：青岛双手水母，新改级*Amphinema tsingtauensis*（Kao et al.，1958）grad. nov.；厦门枝刺水母，改隶新组合*Cnidocodon xiamenensis*（Zhang et Wu，1981）transl. nov.；胶州和平水母，改级新组合*Eirene chiaochowensis*（Kao et al.，1958）stat. nov.（表3–9）。

第二次是2014年，为编著《中国刺胞动物门水螅虫总纲》一书，对1993—2012年间已报道的浮游水母的种类进行审查，订正了中国海洋浮游水母分类学名17种（许振祖等，2014），其中1个科和5个属新订正：

先是张金标（1982）在南海北部发现的扁胃水母新科Platystomidae fam. nov.，由于该新科的形态特征与Russell（1971）在澳洲发现的澳洲水母新科Australomedusidae fam. nov.相似，故Bouillon（1985）将扁胃水母科订正为澳洲水母科的同物异名；嗣后，Bouillon等（2006）发现扁胃水母科的模式属扁胃水母新属*Platystoma* gen. nov.的学名，与过去Meigen（1803）在昆虫双翅目中的新属和Agassiz（1829）在鱼纲中的新属*Platystoma*学名相同，故Bouillon等（2006）提出将原*Platysloma* Zhang，1982的学名新命名为*Zhangiella*新

---

* 许振祖。首次发表。

属。因此，过去中国已报道的双手扁胃水母（1991）、东山扁胃水母（1994）和南海扁胃水母的种名均新组合为双手张氏水母*Zhangiella bitentaculata*，东山张氏水母*Zhangiella dongshanensis*，南海张氏水母*Zhangiella nanhainensis*（表3–9）。

1980年，Bouillon在巴布亚新几内亚记述了珍妮水母新属*Janiopsis* gen. nov.，但因该新属的学名已在腹足纲的Buceinidae科中的*Janiopsis*化石种使用过（Rovereto，1899），所以根据命名优先法则，珍妮水母属是无效属。Schuchert（2010）认为，珍妮水母属和潜水母属*Merga*是同源发生，没有必要又重新引入新属名，就把珍妮水母属的种类合并入潜水母属。因此，过去在中国记述的珍妮水母属的5种水母（许振祖等，2009），均已于2014年新组合到潜水母属（表3–9）。

1981年，张金标和吴玉清在厦门港发现枝手水母新属*Ramus* gen. nov.，其形态特征与Bouillon（1978）在巴布亚新几内亚发现的刺铃水母新属*Cnidocodon* gen. nov.相符合。因此，许振祖（1993）认为在厦门港发现的枝手水母属是在巴布亚新几内亚发现的刺铃水母属的同物异名，根据命名优先法则，将其订正为刺铃水母属，原厦门枝手水母*Ramus xiamenensis*新组合订正为厦门刺铃水母*Cnidocodon xiamenensis*（表3–9）。

1990年，许振祖、黄加祺在福建罗源湾发现拟唇腕水母新属*Pseudorathkea* gen. nov.，其特征与Schmidt（1972）在红海埃拉湾发现的异唇腕水母新属*Allorathkea* gen. nov.相符合，Bouillon和Boero（2000）认为，拟唇腕水母新属为异唇腕水母新属的同物异名，应订正为异唇腕水母属，其模式种改隶新组合，大胃异唇腕水母*Allorathkea macrogastrica*（表3–9）。

第三次是2021年，为了总结中国海洋浮游水母的种类区系，对我国在2013—2021年间报道的海洋浮游水母中已订正的一些水母的属和种进行综合评述，共有4种新组合：无手似单肢水母*Paranubiella atentaculata*（Xu & Huang，2004）comb. nov.，主辐拟特古水母*Tregouboviopsis perradialis*（Xu，Huang & Du，2012）comb. nov.，多囊柄胃水母*Stylogastria polycystis*（Xu，Huang & Guo，2019）comb. nov.，卵形单管水母*Monocanna ovale*（Mayer，1900）comb. nov.；2个新改名：芽接枝管水母*Proboscidactyla gemmifera*（Fewkes，1882）nom. nov.，柄胃水母属Genus *Stylogastria*（Xu，Huang & Guo，2019）nom. nov.；1种新修正：刺胞真囊水母*Euphysoraknides* Huang，1999，stat. rev.。

兹将上述订正的种类分别简述如下：

3.2.1 花水母亚纲 Subclass Anthomedusae Haeckel，1879

3.2.1.1 高手水母科 Family Bougainvillidae Lütken，1850

无手似单肢水母*Paranubiella atentaculata*（Xu & Huang，2004）comb. nov.新组合

Nubiella atentaculata Xu & Huang，2004：553–554，fig. 3a–c；Xu & Huang，2005：86，fig. 3a–c；Tang & Gao，2008：302；Xu et al.，2014：232–334，fig. 89A–C.

Paranubiella atentaculata（Xu & Huang，2004）comb. nov. in Guo，Xu，Huang et al.，2018：99–100，fig. 1a–c.

无手单肢水母*Nubiella atentaculata*新种是2004在台湾海峡南部发现的，据该水母体口触手简单不分枝，从口缘上伸出，以及4个缘基球无触手等特征，笔者和黄加祺把它归于单肢水母属*Nubiella*。对照近期有关单肢水母属主要特征的描述，无手单肢水母4个缘基球无发达单生触手，这与真正单肢水母属具有4条发达触手不一致。2012年，笔者在中国南海采到同样无触手的其他单肢水母，故郭东晖等（2018）以无手单肢水母为模式种，另新组合创立似单肢水母新属*Paranubiella* Xu，Huang & Lin，2018。因此，中国过去已记载的无手单肢水母*Nubiella atentaculata* Xu & Huang，2004新种，应新组合为无手似单肢水母*Paranubiella atentaculata*（Xu & Huang，2004）comb.nov.，同时，将在中国采到的标本，鉴定为南海似单肢水母*Paranubiella nanhaiensis* Xu，Huang & Guo，2018新种。自从2018年创立似单肢水母新属之后，2019年在南海北部的深圳又发现深圳似单肢水母*Paranubiella shenzhenensis* Xu，Guo &Wang，2019（Wang et al.，2019）新种。截至2022年年底，中国海域已报道似单肢水母属3个有效种。

3.2.1.2 柔毛螅水母科 Family Ptilocodiidae Coward，1909

主辐拟特古水母*Tregouboviopsis perradialis*（Xu，Huang & Du，2012）comb. nov.新组合

Tregoubovia perradialis Xu，Huang & Du，2012，in Du et al.，2012：507，fig. 2–4；Xu et al.，2014：266–267，fig. 127A–C.

主辐特古水母*Tregoubovia perradialis*新种是在南海北部北部湾被发现的。据该水母伞缘无触手、外伞有双层向心肋以及生殖腺位于垂管主辐位等特征，鉴定者把它归类于特古水母属*Tregoubovia* Picard，1958（Du et al.，2012）。然而，2014年在南海中部又发现类似这种水母的雌性水母体，其特征与北部湾主辐特古水母相类似。因此，重新对照研究该属的模式种无手特古水母*Tregoubovia atentaculata*（Picard，1958）的形态特征是很有必要的。研究结果发现，无手特古水母的4个口腕是直接从口缘主辐位延长而成的，口腕末端膨大，具刺丝囊球；生殖腺位于垂管的间辐位。然而，主辐特古水母的4条口触手是从口缘上伸出的，口触手末端不膨大，但整条口触手具环状刺丝囊。故王学锋等（2019）以主辐特古水母*Tregoubovia perradialis*为模式种，另新组合创立拟特古水母新属*Tregouboviopsis* Guo，Xu & Huang，2019 gen. nov.，因为直接从口缘主辐位延长的口腕和从口缘上伸出的口触手是区别于属之间的重要鉴定特征。因此，过去在中国报道的主辐特古水母*Tregoubovia perradialis* Xu，Huang & Du，2012新种应新组合为主辐拟特古水母*Tregouboviopsis perradialis*（Xu，Huang & Du，2012） comb. nov.新组合。

3.2.1.3 枝管水母科 Family Proboscidactylidae Hand & Hendrickson，1950

具芽枝管水母*Proboscidactyla gemmifera*（Fewkes，1882）nom. nov.新改名

Willia ornata Mccrady，1857：149，plate 9 fig. 9–11.

Willia gemmifera Fewkes，1882：300，pl.1 fig. 24.

Dyscannota gemmifera Mayer，1900：47，pl.8 fig. 17.

Proboscidactyla ornata Browne，1904：726；Mayer，1910：189，pl.20，fig. 1–10

Proboscidactyla ornata var. *gemmifera* Mayer，1910：192，pl.21，fig. 1–3；高哲生等，1958：77，95–96，图版图2

Proboscidactyla ornate Kramp，1961：235；许振祖，金德祥，1962：216；许振祖，张金标，1978：22；林茂，张金标，1980：622；黄加祺等，1991：466；黎爱韶，陈清潮，1991：5，42，44，图75；Bouillon et al.，2006：199，fig. 101A；Schuchert，2009A：458–462，fig. 9–10.

齿口枝管水母*Proboscidactyla ornata*（McCrady，1857）在中国的黄海至南海都有报道，从各地报道的水母图像来看，它有从垂管基部或辐管分叉处产生的水母芽。

Gershwin，Zeidler和Davie（2010）的研究认为，齿口枝管水母没有水母芽的产生。可是，Mager（1910）把具芽枝管水母*Proboscidactyla gemmifera*（Fewkes，1882）、匍根枝管水母*P. stolonifera*（Maas，1905）、热带枝管水母*P. tropica* Browne，1905以及易变枝管水母*P. varitans*（Browne，1905）等4种具有水母芽的水母误认为齿口枝管水母的变种。接着Hartlaub（1917）认为，上述4种水母是齿口枝管水母的同物异名。还有Kramp（1961a）也认为，所有产生水母芽的种类为齿口枝管水母*Proboscidactyla ornata*的次异名（junior synonyms）。但是，Brinckman&Vannucci（1965）和Calder（1970）分别在意大利那不勒斯（Naples）和美国弗吉尼亚（Virginia）的实验室，对齿口枝管水母的生活史进行了研究，结果表明该水母在任何发育期均无水母芽的产生。其实，Mayer早在1910年就认为齿口枝管水母是没有水母芽的。因此，以前在中国报道的不是真正的齿口枝管水母*Proboscidactyla ornata*（McCrady，1857），应改名为具芽枝管水母*Proboscidactyla gemmifera*（Fewkes，1882），因为该水母的生殖根（stolon）位于垂管的基部或辐管的分叉处，各条生殖根产生几个水母芽；4条主辐管，每条主辐管的2侧分支，共有3条分支通到伞缘。这些特征是它与同属其他种的区别。然而，真正的齿口枝管水母*Proboscidactyla ornata*（McCrady，1857）在中国尚未被发现。该水母的主要特征是：无水母芽；生殖腺位于垂管的间辐位；4条主辐管，每条分3~4条分支通到伞缘；口唇简单，具有锯齿唇缘（Mayer，1910）。根据该水母的特征，原中国记录的芽口枝管水母的中文名称应更改为“齿口枝管水母”较为适合，因该种水母无水母芽。

3.2.1.4 棒状水母科 Family Corymorphidae Allman，1872

刺胞真囊水母*Euphysora knides* Huang，1999 stat. rev.修正

Euphysora knides Huang，1999：437–438，fig. 2；Xu et al.，2006：117；Guo et al.，2008：230；Tang & Gao，2008：307；Du et al.，2010：74；Gershwin，Zeidlier & Davie，2010：69；Xu et al.，2012：298，fig. 3.39；Wang et al.，2019：2000，fig. 5.12

Non. *Euphysora verrucosa* Bouillon，1978：265–266，fig. 11，pls.1 fig. 3；Bouillon et al.，2006：230；Xu et al.，2014：381，图249A–B.

刺胞真囊水母*Euphysora knides*新种是黄加祺（1999）在台湾海峡南部发现的。之后，Bouillon 等（2006）认为，刺胞真囊水母是疣真囊水母*Euphysora verrucosa*（Bouillon，

1978）的同物异名。然而，根据对中国南海北部大鹏湾、北部湾等地采集的样品的分析、研究，刺胞真囊水母和疣真囊水母的外伞表面虽然都有刺丝囊，但存在着许多形态特征的差异：前种水母的伞顶为锥形；外伞表面分散许多刺丝囊，但无疣状突起和褐色色素；垂管上部有顶室，生殖腺环绕在垂管壁上，具不规则的皱折；退化触手基球无色素。而后种水母的伞顶钝圆；外伞表面有分散疣状突起，每个突起都有红褐色色素及20～30个刺丝囊；垂管上部无顶室；生殖腺环绕垂管，无皱褶；退化触手基球有色素。综上所述，中国发现的刺胞真囊水母应给予修正，是个有效种（Wang et al.，2019）。

3.2.1.5 棍螅水母科 Family Corynidae Johnston，1836

经陈小银、许振祖等研究，棍螅水母科除了长管水母属 *Dipurena* McCrady，1857以外，包括12个属，其中分布在中国海域的有6个属，即枝萨水母属*Cladosarsia* Bouillon，1978，拟长管水母属*Dipurenella* Huang，Xu & Guo，2011，萨氏水母属*Sarsia* Lesson，1843，棍螅水母属*Coryne* Gaertner，1774，斯拉水母属*Slabberia* Forbes，1846以及横萨水母属*Stauridiosarsia* Mayer，1910，后两个属为中国首次记录。

斯拉水母属*Slabberia*是Forbes于1846年最早使用的属名，以后Mayer（1910）也广泛采用斯拉水母属的学名，并用它代替长管水母属的属名*Dipirena* McCrady，1857（Mayer，1910，P719），因为斯拉水母属（1846年）比长管水母属（1857年）早发现，按命名优先法则，长管水母属是无效属。嗣后其他分类学者也一致认为斯拉水母属和长管水母属是同物异名，而斯拉水母属是一个有效属。

根据水母形态特征的不同，以前中国记载的缢长管水母*Dipurena strangulata* McCrady，1859新组合到斯拉水母属，而长管水母属的其他4个种，如波克长管水母*Dipurena baukalion*，长管水母*Dipurena ophiogaster*，泉州长管水母*Dipurena quanzhouensis*以及厦门长管水母*Dipurena xiamensis*皆组合到横萨水母属。另外，以前在中国记载的延长棍螅水母 *Coryne producta*，日本棍螅水母*Coryne nipponica*和长手棍螅水母*Coryne japonica*等，也都组合到横萨水母属。

3.2.2 软水母亚纲 Subclass Leptomedusae Haeckel，1866

3.2.2.1 八管水母科 Family Octocannoididae Bouillon，Boere & Seghers 1991，emended Xu，Huang & Guo，2019

（1）柄胃水母属 Genus ***Stylogastria***（Xu，Huang & Guo，2019）nom. nov. 新改名

具柄水母属*Pedunculus* Xu，Huang & Guo，2019：146–147.

柄胃水母属*Stylogastria*（Xu，Huang & Guo，2019）nom. nov. Wang et al.，2020.

具柄水母*Pedunculus*新属是许振祖等（2019）在中国南海北部北部湾发现的，但由于新属的学名与过去Townes（1969）所订的*Pedunculus* Townes，1969（昆虫）相同，根据学名命名优先原则，原来所订的新属是具柄昆虫属的异种同名，是无效的属，故新改名为*Stylogastria*（Xu，Huang & Guo，2019）nom. nov.。

（2）多囊柄胃水母 ***Stylogastria polycystis***（Xu，Huang & Guo，2019）comb. nov. 新组合

多囊具柄水母*Pedunculus polycystis* Xu，Huang & Guo，2019：146–147，图1.50

多囊柄胃水母*Stylogastria polycystis*（Xu，Huang & Guo，2019）comb. nov. Wang et al.，2020.

多囊具柄水母*Pedunculus polycystis* Xu，Huang & Guo，2019是具柄水母新属的模式种，因该新属已改名为*Stylocystria*，保留原来模式种的种名，新组合为*Stylogastria polycystis*（Xu，Huang & Guo，2019）comb. nov.。

3.2.2.2 秀氏水母科 Family Sugiuridae Bouillon，1984

卵形单管水母*Monocanna ovale*（Maryer，1900）comb. nov.新组合

Multioralis ovalis Mayer，1900：54–55，pl.30 fig. 129–130.

Gastroblasta ovalis Mayer，1910：281，pl.35 fig. 7–8

Gastrablasta ovale Bouillon et al.，2006：417；Xu et al.，2012：310，fig. 3.48；Xu et al.，2014：717，fig. 616 a–b.

Phialidium ovale Kramp，1961：171；Xu & Huang，1983：101–102，pl.1，fig. 5.1–2；Li & Chen，1991：90.

Clytia ovalis Guo et al.，2008：231；Tang & Gao，2008：319.

Monocanna ovale（Mayer，1900），Wang et al.，2019：202–203，fig. 6，14–15.

卵形多口水母*Multioralis ovalis*新种是Mayer（1900）在美国佛罗里达发现的，以后Mayer（1910）重新对卵形多口水母进行描述，转移为多胃水母属*Gastroblasta*。后来，Kramp（1961）指出，卵形多胃水母无向心管，有许多平衡囊，不适合放在多胃水母属，应归于杯水母属*Phialidium*的次异名。然而，Bouillon 等（2006）和Xu等（2014）仍然把卵形多胃水母归于多胃水母属。2018年8月，王学锋等从南海北部深圳大鹏湾采来标本，经研究，该标本与过去在厦门港［许振祖和黄加祺（1983）］、北部湾（Xu et al.，2012）和南沙群岛［黎爱韶，陈清潮（1991）］报道的卵形多胃水母相类似，但对照多胃水母属的模式种蒂米多胃水母*Gastroblasta timido* Keller，1883的形态特征，结果发现卵形多胃水母*Gastroblasta ovale* Mayer，1900无向心管，多个垂管位于同1条直的、贯穿伞的主轴的辐管上。这与蒂米多胃水母具有向心管、有多条辐管和垂管不在同1条辐管上等特征不同，故Wang 等（2019）以卵形多胃水母为模式种，另新组合创立单管水母新属*Monocanna* Xu，Guo & Wang，2019 gen. nov.。因此，过去在中国报道的卵形多胃水母*Gastroblasta ovale* Mayer，1900应新组合为卵形单管水母*Monocanna ovale*（Mayer，1900）comb. nov.（Wang et al.，2019）。

3.2.3 中国已记载浮游水母新修订的种类名录

本文对中国已记载的109种浮游水母同物异名的种类进行了新的修订，其中隶属于花水母亚纲63种，软水母亚纲38种，淡水水母亚纲3种，管水母亚纲5种；对每个同物异名的种类均列出记载者和年份，并对应指出新修订的有效种的学名、修订者和年份，为今后进一步研究提供参考（表3–9）。

表 3-9　中国已记载浮游水母新修订的种类名录

同物异名和记载者、年份	有效种和修订者、年份
花水母亚纲	花水母亚纲
[1] Platystomidae 张金标，1982	Australomedusidae Bouillon，1985
[2] *Platystoma* 张金标，1982	*Zhangiella* Bouillon，Gravili，Pagès，Gili & Boero，2006
[3] *Platystoma bitentaculata* 许振祖等，1991	*Zhangiella bitentaculata* Bouillon et al.，2006
[4] *P. dongshanensis* 许振祖等，1994	*Zh. dongshanensis* Bouillon et al.，2006
[5] *P. nanhainensis* 张金标，1982	*Zh. nanhainensis* Bouillon et al.，2006
[6] *Bougainvillia ramosa* 高哲生，张志南，1962	*Bougainvillia muscus* 许振祖等，2007
[7] *B. flavida* Ling，1937	*B. muscus* 许振祖等，2007
[8] *B. autumnalis* 高哲生等，1958	*B. muscus* 许振祖等，2007
[9] *Turritopsis lata* 许振祖，1965	*Turritopsis nutricuta* 许振祖等，2014
[10] *Podocoryne apicata* 许振祖等，1985	*Hydractinia apicala* 许振祖等，2006
[11] *P. carnea* 黄丽萍，1987	*H. carnea* 许振祖等，2006
[12] *P. simplex* 张金标，刘红斌，1999	*H. simplex* Bouillonet Boero，2000
[13] *Hydractinia spiralis* 林茂等，2010	*H. taiwanensis* nom. nov. 许振祖等，2014
[14] *Hydractinia minuta* 许振祖等，2014	*Podocorynoides minima* 王春光等，2016
[15] *Nubiella atentaculala* 许振祖，黄加祺，2004	*Paranubiella atentaculata* comb. nov. 郭东晖等，2018
[16] *Tregoubovea perradialis* 杜飞雁等，2012	*Tregouboviopsis perradialis* comb. nov. 王学锋等，2019
[17] *Pseudorathkea* 许振祖，黄加祺，1990	*Allorathkea* Bouillon et Boero，2000
[18] *Pseudorathkea macrogastrica* 许振祖，黄加祺，1990	*A. macrogastrica* Bouillon et Boero，2000
[19] *Heterotiara anonyma* 黎爱韶等，1991	*Protiaropsis anonyma* 许振祖等，2014
[20] *H. minor* 许振祖，张金标，1978	*P. minor* 许振祖等，2014
[21] *Amphinema rugosum* var. *shantungensis* 周太玄，黄加祺，1958	*Amphinema rugosum* 张金标，1964
[22] *A. rugosum* var. *tsingtauensis* 高哲生等，1958	*A. tsingtauensis* grad. nov. 许振祖，1993
[23] *Stomotoca physophorum* Ling，1937	*A. physophorum* 许振祖，1993
[24] *Turris vesicaria* 高哲生等，1958	*Catablema vesicarium* 许振祖，1993
[25] *Leuckartiara octona var. minor* Ling，1937	*Leuckartiara hoepplii* 许振祖等，2014
[26] *L. gardineri* 黎爱韶，陈清潮，1991	*Merga apicirubellus* 许振祖等，2014

续表

同物异名和记载者、年份	有效种和修订者、年份
[27] *Janiopsis* Bouillon，1980	*Merga* Schuchert，2010
[28] *Janiopsis macrobulbasa* 许振祖等，2009	*M. macrobulbasa* 许振祖，2014
[29] *J. apicispottis* 许振祖等，2009	*M. apicispottis* 许振祖，2014
[30] *J. brevispura* 许振祖等，2009	*M. brevispura* 许振祖，2014
[31] *Halitiarella minutumy* 许振祖等，1991	*M. minutum* 许振祖等，2014
[32] *Leuckartiara zacae* 黎爱韶，陈清潮，1991	*M. nanshaensis* 许振祖等，2014
[33] *Janiopsis unguliformis* 许振祖等，2009	*M. unguliformis* 许振祖等，2014
[34] *Proboscidactyla ornata* 丘书院，1954	*Proboscidactyla gemmifera* nom. nov. 陈小银等，2020
[35] *P. ornata* var. *gemmifera* 高哲生等，1958	*P. gemmifera* 许振祖等，2014
[36] *Urashimea globosa* 丘书院，1954	*Tiaricodon coeruleus* 许振祖，张金标，1978
[37] *Moerisia lyonsi* 高哲生等，1958	*T. coeruleus* 许振祖等，2014
[38] *Ostroumovia inkermanica* 许振祖，1965	*Moerisia inkermanica* 许振祖，1993
[39] *Sarsia resplendens* 许振祖，张金标，1964	*Hydrocoryne miurensis* 许振祖，1993
[40] *Cladonema mayeri* 高哲生等，1958	*Cladonema radialum* 许振祖，1993
[41] *Steenstrupia nutans* 许振祖，金德祥，1962	*Corymorpha nutans* Schuchert，2010
[42] *Euphysa bigelowi* 高哲生等，1958	*Euphysora bigelowi* 许振祖（本书）
[43] *Euphysora verrucosa*（in part）许振祖等，2014	*E. knides* comb. nov. 王学锋等，2019（本书重叙）
[44] *Hybocodon forbesii* 许振祖，金德祥，1962	*Mayeri forbesi* 黄加祺等，2012
[45] *Vannuccia forbesii* 许振祖，张金标，1981	*M. forbesi* 黄加祺等，2012
[46] *Sarsia japonica* 许振祖，黄加祺，2006	*Coryne japonica* Schuchert，2001
[47] *S. nipponica* 高哲生等，1958	*C. nipponica* Schuchert，2001
[48] *S. producta* 张万钧，2008	*C. producta* Schuchert，2001
[49] *Ramus* 张金标，吴玉清，1981	*Cnidocodon* 许振祖，1993
[50] *Ramus xiamenensis* 张金标，吴玉清，1981	*C. xiamenensis* 许振祖，1993
[51] *Halocordyle armata* 张金标，刘红斌，1999	*Pennaria armata* 许振祖等，2012b
[52] *Pennaria cavolinii* 魏崇德，1959	*P. disticha* Schuchert，2006
[53] *P. tiarella* 许振祖，张金标，1974	*P. disticha* Schuchert，2006
[54] *Halocordyle tiarella* 许振祖，1993	*P. disticha* Schuchert，2006
[55] *H. grandis* 王云龙等，2005	*P. grandis* 许振祖等，2014

续表

同物异名和记载者、年份	有效种和修订者、年份
[56] *H. Vitrea* 张金标，刘红斌，1999	*P. vitrea* 许振祖等，2014
[57] *Ectopleura copleura* var. *xiamenensis* 唐质灿，高尚武，2008	*Ectopleure xiamenensis* 许振祖等，2014
[58] *Dipurena baukalion* Pagès，Gili & Bouillon，1992	*Stauridiosarsia baukalion*（Pagès，Gili & Bouillon，1992）
[59] *D. ophiogaster* Haeckel，1879	*St. ophiogaster*（Haeckel，1879）
[60] *D. quanzhouensis* Xu，Huang & Guo，2014	*St. quanzhouensis* Xu，Huang & Guo，2014
[61] *D. xiamensis* Xu，Huang & Guo，2014	*St. xiamensis*（Xu，Huang & Guo，2014）
[62] *Coryne producta*（Wright，1858）	*St. producta*（Wright，1858）
[63] *C. nipponica*（Uchida，1927）	*St. nipponica*（Uchida，1927）
[64] *C. japonica*（Nagao，1962）	*St. japonica*（Nagao，1962）
[65] *Dipurena strangulata* McCrady，1859	*Slabberia strangulata*（McCrady，1859）
软水母亚纲	软水母亚纲
[66] *Aequorea aequorea* 许振祖，张金标，1978	*Aequorea forskalea* Bouillon et al.，2004
[67] *Phortis ceylonensis* 丘书院，1954	*Eirene ceylonensis* 周太玄等，1958
[68] *Ph. tactea chiaochowensis* 高哲生等，1958	*E. chiaochowensis* 许振祖，1993
[69] *Irenopsis hexanemalis* 丘书院，1954	*E. hexanemalis* 周太玄，黄明显，1958
[70] *Phortis kambara* 高哲生等，1958	*E. kambara* 许振祖，张金标，1964
[71] *Ph. pyramidalis* 高哲生等，1958	*E. pyramidalis* 许振祖，金德祥，1962
[72] *Hebella dissymetrica* 许振祖，黄加祺，2004	*Eugymnanthea japonica* Kuboda，Guo，2007
[73] *Octorchis gegenbauri* 高哲生等，1958	*Eutimn gegenbauri* 张金标，1977
[74] *Eucheilota diademata* 黎爱韶，陈清潮，1991	*E. krampi* 郭东晖等，2008
[75] *Eutima campanulata* 丘书院，1954	*E. levuka* 许振祖，金德祥，1962
[76] *E. orientalis* 许振祖，张金标，1964	*E. mira* Kramp，1961
[77] *Taxorchis polynema* 张金标，1979	*Staurodiscus polynema* Bouillon et al.，2006
[78] *Eucheilota taiwanensis* 许振祖，黄加祺，1990	*Eueheilota paradoxica* Bouillon et al.，2006
[79] *Ostroumovia inkermanica*黎爱韶，陈清潮，1991	*Paralovenia latigaster* 许振祖，黄加祺，2004

续表

同物异名和记载者、年份	有效种和修订者、年份
[80] *Phialucium virens* 高哲生等，1958	*Malagazzia carolinae* 许振祖，1993
[81] *P. carolinae* 周太玄，黄明显，1958	*M. carolinae* 许振祖，1993
[82] *P. condensum* 许振祖，张金标，1974	*M. condensum* 许振祖，1993
[83] *P. curviductum* 许振祖，张金标，1978	*M. curviductum* 许振祖，1993
[84] *P. cyphogonia* 和振武，许人和，1982	*M. cyphogonia* 许振祖，1993
[85] *P. taenigonia* 周太玄，黄加祺，1958	*M. taenigonia* 许振祖，1993
[86] *Octocanna polynema* 丘书院，1954	*Octophialucium indicum* 许振祖，金德祥，1962
[87] *Eucope fragilis* 林茂等，2010	*Phialella fragilis* Bouillon et al.，2006
[88] *Pedunculus polycystis* 许振祖等，2019	*Stylogastria polycystis* 王学锋等，2020
[89] *Phialidium ambigum* 黄丽萍，1987	*Clytia ambigum* 许振祖，1993
[90] *P. discoidum* 高哲生等，1958	*C. folleata* 许振祖，1993
[91] *Clytia discoidum* 黄加祺，1991	*C. folleata* 许振祖，1993
[92] *Phialidium folleata* 张金标，1977	*C. folleata* 许振祖，1993
[93] *P. globosum* 马喜平，高尚武，2000	*C. globosa* 许振祖，1993
[94] *Clytia cylindrica* 高哲生，1956	*C. gracilis* 许振祖，1993
[95] *Clytia minuta* Ling，1938	*C. hemisphaerca* 许振祖，1993
[96] *Phialidium minuta* 和振武，许人和，1983	*C. hemisphaerca* 许振祖，1993
[97] *Clytia raridentata* 唐质灿等，2008	*C. hemisphaerca* 许振祖，1993
[98] *Phialidium hemispharicum* 高哲生等，1958	*C. hemisphaerca* 许振祖，1993
[99] *P. rangiroae* 许振祖，黄加祺等，2004	*C. hemisphaerca* 许振祖，1993
[100] *P. uchidai* 黎爱韶，陈清潮，1991	*C. uchidai* 许振祖，1993
[101] *Gatroblasta ovale* 许振祖等，2014	*Monocanna ovale* 王学锋等，2019
[102] *Agastra rubra* 许振祖等，1985	*Orthopyxis compressa* 许振祖，1993
[103] *Campanularia integra* 高哲生，1956	*Orthopyxis integra* Bouillon et al.，2004
淡水水母亚纲	淡水水母亚纲
[104] *Gonione musmurbachii* var.*chekiangensis* Ling，1937	*Gonionemus chekiangensis* 许振祖，1993
[105] *G. murbachii* var. *oshora* 高哲生等，周太玄等，1958	*G. vertens* 许振祖，1993
[106] *Maeotias inexpectata* 许振祖等，1985	*Maeotias marginata* 许振祖等，2014
管水母亚纲	管水母亚纲
[107] *Diphyes appendiculata* 洪惠馨，1964	*Chelophyes appendiculata* 张金标，2005

续表

同物异名和记载者、年份	有效种和修订者、年份
[108] *Diphyopsis bojani* 许振祖，金德祥，1962	*Diphyes bojani* 许振祖，张金标，1978
[109] *Diphyopsis chamissonis* 许振祖，金德祥，1962	*D. chamissonis* 许振祖，1965
[110] *Diphyes subtiloides* 许振祖，金德祥，1962	*Lensis subtiloides* 许振祖，1965
[111] *D. truncata* 丘书院，1954	*L. subtiloides* 许振祖，1965

参考文献

[1] 许振祖，黄加祺.罗源湾水螅水母纲一新属二新种[J].动物分类学报，1990，15（3）：262–266.

[2] 许振祖，黄加祺，林茂，等.中国刺胞动物门水螅虫总纲[M].北京：海洋出版社，2014.

[3] 许振祖，黄加祺，林茂，等.台湾海峡及其邻近海区珍妮水母属的研究（丝螅水母目，面具水母科）[J].动物分类学报，2009，34（4）：847–853.

[4] 许振祖，黄加祺.台湾海峡水螅水母亚纲一新属二新种[J].厦门大学学报（自然科学版），1994，33（增刊）：149–153.

[5] 许振祖.中国海域一些水螅水母类种类名的订正[J].台湾海峡，1993，12（3）：197–204.

[6] 张金标，吴玉清.厦门港水螅水母类一新属一新种[J].海洋学报，1981，3（1）：184–187.

[7] 张金标.南海北部花水母目一新科新属新种[J].海洋学报，1982，4（2）：209–214.

[8] 高哲生，李凤鲁，张云美，等.山东沿海水螅水母的研究（一）[J].山东大学学报，1958，（1）：75–118.

[9] BOUILLON J，BOERO F.*Phylogeny and classification of Hydroidomedusae*[J].*Thalassia Salentina*，2000，24：1–296.

[10] BOUILLON J.*Hydroméduses de la mer de Bismarck (Papouasie, Nouvelle-Guinée), pt.I.Anthomedusae Capitata (Hydrozoa-Cnidaria)* [J].*Cahiers de Biologie Marine*, 1978, 19 (4): 249–297.

[11] BOUILLON J.*Essai de classification des Hydropolypes-Hydroméduses (Hydrozoa-Cnidaria)* [J].*Indo-Malayan Zoology*, 1985, 2 (1): 29–243.

[12] BOUILLON J.*Hydroméduses de la mer de Bismarck (Papouasie, Nouvelle-Guinée).Partie* Ⅲ: *Anthomedusae-Filifera (Hydrozoa-Cnidaria)* [J].*Cahiers de Biologie Marine*, 1980, 21 (3): 307–344.

[13] BOUILLON J, GRAVILI C, PAGÈS F, et al.*An introduction to Hydrozoa* [J].*Mémoires du Muséum National d'Histoire Naturelle*, 2006, 194: 1–591.

[14] BRINCKMANN A and VANNUCCI M.*On the life-cycle of Probosaidactyla ornate (Hydromedusae; Proboscidactylidae)* [J].*Pub. Staz. Zool. Napoli.*, 1965, 34: 357–365.

[15] CALDLE D R.*North American record of the hydroid Proboscidactyla ornata (Hydrozoa; Proboscidactylidae)* [J].*Chesapeake Science*, 1970, 11 (2): 130–140.

[16] CHEN X Y, YANG Y Y, XU Z Z, et al.*Two new species of medusae (Cnidaria) from the coastal waters of the northern Beibu Gulf* [J].*Acta oceanologica sinica*, 2020, 39 (12): 82–89.

[17] DU F Y, XU Z Z, HUANG J Q, et al.*Studies on the medusae (Cnidaria) from the Beibu Gulf in the northern South China Sea with description of three new species* [J].*Acta zootaxonomica sinica*, 2012, 37 (3): 506–519.

[18] DU F Y, XU Z Z, HUANG J Q, et al.*New records of medusae (Cnidaria) from Daya Bay, northern South China Sea, with descriptions of four new species* [J].*Proceedings of the Biological Society of Washington*, 2010, 123 (1): 72–86.

[19] GERSHWIN L, ZEIDLER W, DAVIE J F.*Medusae (Cnidaria) of Moreton Bay, Queensland, Australia* [M].In: DAVIE J F & PHILLIPS J A (eds).*Proceeding of the Thirteenth Internationl Marine Bioloqical Workshop, the Marine Fauna and Flora of Moreton Bay, Queensland.Memoirs of the Queensland Museum-Nature*, 2010, 54 (3): 47–108.

[20] GUO D H, XU Z Z, HUANG J Q, et al.*Taxonomic notes on Hydroidomedusae (Cnidaria) from the South China Sea IV: Family Bougainvilliidae (Anthomedusae)* [J]. *Acta Oceanologica Sinica*, 2018, 37 (10): 98–103.

[21] HARTLAUB C.*Anthomedusen des nordischen Planktons.CraspedotenMedusen, 1 Teil, 1 Lief., Codoniden und Cladonemiden* [J] .*Nordisches Plankton*, 1907, 12 (6): 1–135.

[22] HUANG J Q.*Three new species of Genus Euphysorafrom China seas (Hydrozoa, Anthomedusae, Corymorphidae)* [J]. *Acta Oceanologica Sinica*, 1999, 18 (3): 435–441.

[23] KRAMP P L.*Synopsis of the medusae of the world* [J] .*Journal of the Marine Biological Association of the United Kingdom*, 1961, 40: 1–469.

[24] MAYER A G.*Some medusae from the Tortugas, Florida* [J] .*Bulletin of the Comparative Zoology at Harvard University*, 1900, 37 (2): 11–82.

[25] MAYER A G.*Medusae of the world.* [J] *Publications.Carnegie Institution of Washington*, 1910, 109: 1–735.

[26] ROVERETO G.*Prime ricerche sinonimiche sui generi dei Gasteropodi* [J] .*Atti della SocietàLigustica di Scienze Naturale e Geografiche, Genova*, 1899, 10: 101–110.

[27] RUSSELL F S.*On the female of the medusa Australomedusabaylii* [J] .*Journal of Zoology*, 1971, 164 (1): 133–135.

[28] SCHUCHERT P.*The European athecate hydroids and their medusa (Hydrozoa, Cnidaria): Capitata Part 2* [J] .*Revue Suisse de Zoologie*, 2010, 117 (3): 337–555.

[29] WANG X F, LU L Y, ZHANG S Z, et al.*Two new species of Hydroidomedusa (Cnidaria) from the Leizhou Bay, the northern South China Sea* [J] .*Zoological Systematics* (in press).

[30] WANG X F, LIN K, XU Z Z, et al.*Some new Hydroidomedusa (Cnidaria) from the northern South China Sea* [J] .*Zoological Systematics*, 2019, 44 (3): 191–203.

[31] XU, Z Z, HUANG, J Q.*A survey on Anthomedusae (Hydrozoa. Hydroidomedusae) from the Taiwan Strait with description of new species and new combinations* [J] .*Acta Oceanologica Sinica*, 2004, 23 (3): 549–562.

[32] CHEN X Y, XU Z Z, & WANG X. *Taxonomic note on Family Corynidae (Cnidaria, Anthomedusae) from the China Sea.* (in press)

3.3 中国海洋浮游水母分类研究历史*

History of the Taxonomic Studies on the Marine Medusae from China Seas

水母分类作为一门真正的科学，应始于18世纪中叶，1758年，林奈（Linnaeus）在他的《自然系统》中首次采用“双命名法”，描述了8种浮游水母。然而，大部分浮游水母的种类是在19—20世纪期间记述的，主要有4部专著完整地收集了全球浮游水母的重要文献：第一部是Haeckel（1880）的《世纪Acrapeda水母系统》，第二部是Mayer（1910）的《世界水母》，第三部是Kramp（1961）的《世界水母分类》，第四部是Totton（1965）的《管水母的分类》。特别是21世纪初，Bouillon等（2006）的《水螅虫纲导论》，收集了全球浮游水母和附着水螅种类的重要文献，并对水母和水螅进行汇总，根据水螅和水母的不同特征，出色地对水螅虫总纲各个分类单元给出了一个独一无二的定义，这对今后水螅虫总纲分类系统的统一协调及分类学研究具有重要的意义。

3.3.1 中国海洋浮游水母分类研究历史的回顾

本文仅阐述水螅虫总纲的浮游水母部分，不包括附着水螅虫。有关中国水螅虫总纲浮游水母的分类研究起步较晚，根据研究的资料和研究范围，大致可分三个时期。

---

* 许振祖。首次发表。

3.3.1.1 萌芽期（20 世纪 50 年代以前）

这个时期只有少数科学家进行零星的浮游水母分类研究。最早始于1879年Haeckel记述了在中国海发现的筐水母亚纲新属新种坚固水母*Pegantha martagon* Haeckel和硬水母亚纲1个新种拟小帽水母*Petasus tiaropsis*（Haeckel，1879）；嗣后，Bigelow先后记录了东海管水母11种（1913）和香港邻近海域管水母7种（1919）；1928年，Hsu（徐锡藩）在厦门港发现一个新种厦门隔膜水母*Leuckartiara hoepplii* Hsu，1928；1936年，金德祥报道了厦门港管水母2种；1936年，Dawydoff记录了南海管水母8种、东海管水母2种；1937年，Ling S.（林绍文）报道了浙江嵊山海域水螅水母10种。所以，这个时期仅是中国水螅虫总纲浮游水母的零星分类研究。

3.3.1.2 起步期（20 世纪 50 到 70 年代）

本阶段的研究材料大多数是结合高等院校学生生产实习和区域综合调查采集的。先是丘书院（1954）记载、描述了厦门港18种水螅水母；然后是美国学者Saas（1953年）记述南海和台湾周围海域有7种管水母；高哲生等（1958）描述了山东水螅水母27种，其中有1个新种和2个变种；1958年，周太玄、黄明显描述了烟台水螅水母33种，其中有1个新种；1959年，魏崇德描述了舟山水螅水母10种；1962年，许振祖、金德祥记述了福建沿海水螅水母18种，其中1个新种；1964年，许振祖、张金标记录、描述了福建沿海南部水螅水母55种；1965年，许振祖描述了海南岛及其邻近海区水螅水母52种；1974年，许振祖、张金标描述和记录了福建沿海中、北部水螅水母65种；1978年，许振祖、张金标记录和描述了粤东—闽南近海浮游水母102种，其中描述了1个新属和4个新种，17种我国首次记录。在这个时期，中国的许多学者已参与海洋浮游水母的分类研究，研究范围逐渐扩大，并已开始结合区域性综合调查的研究内容，故发现和新记录的水母种类数逐渐增多，处于水母分类研究的起步期。

3.3.1.3 发展期（20 世纪 80 年代到 21 世纪 20 年代）

从20世纪80年代全国进行海洋综合调查以来，海洋浮游生物就是调查项目之一，其中浮游水母是浮游生物的重要类群之一。因此，中国海洋浮游水母的分类研究的资料更加丰富，使得浮游水母的分类研究获得迅速发展，并取得了显著的研究成果。

截至2022年年底，中国已记录海洋水母641种，约占全球总种类数的62.54%；发现的新种有250种，约占全国海洋浮游水母总种类数的39.0%，其中以花水母亚纲最多，有164个新种，约占全国花水母亚纲总种类数56.1%（详见表3-10）。

表 3-10　全球及中国现有海洋浮游水母物种数量统计及新种比例

类别	全球现存种数（截至 2006 年）*	中国记录种数（截至 2022 年）	中国记录新种数（截至 2022 年）
自育水母纲	101	46（45.5%）	5（8.6%）
辐射水母亚纲	12	–	–
筐水母亚纲	38	18（47.3%）	2（11.1%）
硬水母亚纲	51	28（54.9%）	3（10.7%）
水螅水母纲	924	591（63.9%	245（41.45%）
花水母亚纲	404	295（73.0%）	164（55.5%）
兰卡水母亚纲	4	3（75.0%）	2（66.6%）
软水母亚纲	294	192（65.3%）	76（39.5%）
淡水水母亚纲	30（除了淡水种）	5（16.6%）	1（20.0%）
管水母亚纲	192	100（52.0%）	2（2.0%）
合 计	1025	641（62.54%）	250（39.0%）

* 据 Bouillon 等（2006）.

本阶段的研究成果显示了浮游水母分类研究的迅速发展，这将大大提升浮游生物在海洋生态系统的结构与功能中的地位和作用以及人们对浮游生物多样性保护的认识。

3.3.2 中国海洋浮游水母分类研究在发展期得到迅速发展的原因

从表3-11看，中国海洋浮游水母分类研究的发展期（1980—2021年）发现的浮游水母的新属、新种最多，共有21个新属、238个新种，主要是花水母亚纲有12个新属、160个新种，其次是软水母亚纲有5个新属、71个新种，大大超过在萌芽期和起步期发现的新属、新种数。中国海洋浮游水母分类研究在发展期能得到迅速发展的原因如下：

①海洋浮游水母分类研究与海洋综合调查项目相结合。例如从1981年开始，厦门大学海洋与地球学院教师许振祖和黄加祺合作，分析在福建九龙江口、福建罗源湾、闽南—台湾浅滩渔场上升流区生态系统研究（1987—1988年），福建海岛资源综合调查（1990—1994年），台湾海峡和福建闽东海洋环境监测站及长江口等调查中采集的资料，共1843份浮游生物样品，发表12篇论文，发现5个新属、60个新种，26种我国新记录，2个新组合。当然，研究材料来源地的地理位置及海洋环境特点也是很重要的，如台湾海峡的水母新属和新种的数量在中国海域各海区居首位，仅在2000—2018年间就记录了6个新属、83个新种，这同该海峡水文环境复杂，存在着三种水系、海峡南部上升流以及众多岛屿和港湾等有关——它们为水螅水母提供了有利的繁殖条件。

表3-11　中国海域不同研究阶段各类别浮游水母新属、新种统计表

类别	萌芽期（20世纪50年代以前）		起步期（20世纪50到70年代）		发展期（20世纪80年代到21世纪20年代）	
	新属	新种	新属	新种	新属	新种
自育水母纲						
篮水母亚纲	1	1	—		1	1
硬水母亚纲	—	1	—		2	2
水螅水母纲						
花水母亚纲				4	12	160
兰卡水母亚纲	—		—		1	2
软水母亚纲		1		4	5	71
淡水水母亚纲		1	—		—	
管水母亚纲	—		—			2
合计	1	4		8	21	238

②研究项目的研究范围扩大到低纬度的南海，采集来的水母样品更加丰富，因为该海区水文环境复杂，南海北部受南海暖流、黑潮分支以及广东沿岸流和闽浙沿岸流的影响，而南海中部和南部受热带太平洋水团的直接影响。因此，近20年在南海新发现10个新属、76个新种（表3-12）。

③建立了老、中、青三代结合的研究团队，在完成共同项目的任务中促进了水母分

类研究的发展。有的项目虽然完成了样品的分析任务，但在分析的过程中出现了一些疑难的水母样品，可惜研究人员没有时间进行专题研究。这是普遍存在的现象。所以，要建立研究团队，其中有些研究人员可侧重于专题研究，然后互相通报，共同认识水母的鉴别特征，从而提高水母分类研究的水平，让研究成果及时出版。我们的研究团队不断壮大，人员不断增多，由1964年的2名发展到2021年的9名，形成了一个跨单位的研究团队，这保证了水母分类研究的稳定发展。

上述三个有利条件是促使中国浮游水母分类研究在发展期迅速发展的原因。

表 3-12　中国海域已记录浮游水母新属、新种名录

（B. 渤海；Y. 黄海；E. 东海；S. 南海）

	浮游水母新属新种	产地	参考文献
A. 新属名录			
自育水母纲			
筐水母亚纲			
［1］	坚固水母属 *Pegantha* Haeckel，1879	S	Haeckel，1879
［2］	刺纹水母属 *Otoporpa* Xu & Zhang，1978	S	许振祖等，1978
硬水母亚纲			
［3］	异手水母属 *Varitentaculata* He，1980	B	和振武，1980
［4］	内包水母属 *Endocysta* Xu，Huang & Guo，2019	E	许振祖等，2019
水螅水母纲			
花水母亚纲			
［5］	张氏水母属 *Zhangiella* Bouillon，Gravili，Pagès，Gili & Boero，2006	S	张金标，1982
［6］	似单肢水母属 *Paranubiella* Xu，Huang & Lin，2018	E	Guo，et al.，2018
［7］	拟介螅水母属 *Parahydractinia* Xu & Huang，2006	E	许振祖等，2006
［8］	拟特古水母属 *Tregouboviopsis* Guo，Xu & Huang，2017	S	Wang，et al.，2017
［9］	郑重水母属 *Gymnogonium* Xu & Huang，1994	E	许振祖等，2004
［10］	宽管水母属 *Laticanna* Xu，Huang & Du，2018	S	Du et al.，2018
［11］	宽帽水母属 *Latitiara* Xu & Huang，1990	E	许振祖等，1990
［12］	肋突水母属 *Costa* Huang，Xu & Lin，2012	S	黄加祺等，2012b
［13］	梅尔水母属 *Mayeri* Xu，Huang & Guo，2012	S	黄加祺等，2012b
［14］	八辐水母属 *Octovannuccia* Xu，Huang & Lin，2010	E，S	Xu，et al.，2010

续表

浮游水母新属新种	产地	参考文献
[15] 拟长管水母属 *Dipurenella* Huang，Xu & Guo，2011	E	黄加祺等，2011
[16] 似内胞水母属 *Paraeuphysilla* Xu，Huang & Guo，2011	E	Wang，et al.，2011
兰卡水母亚纲		
[17] 金德祥水母属 *Jindexiangus* Xu & Huang，2006	E	许振祖等，2006
软水母亚纲		
[18] 胃瘤水母属 *Ganglistoma* Xu，1983	S	许振祖，1983
[19] 六触丝水母属 *Hexalovenia* Xu，Zheng & Huang（in press）		Zheng et al.，待刊
[20] 柄胃水母属 *Stylogastria*（Xu，Huang & Guo，2019）	S	许振祖等，2019
[21] 拟四管水母属 *Tetracannoides* Xu，Huang & Guo，2007	E，S	许振祖等，2007
[22] 单管水母属 *Monocanna* Xu，Guo & Wang，2019	E，S	Wang，et al.，2019
B. 新种名录		
自育水母纲		
筐水母亚纲		
[1] 多刺纹水母 *Otoporpa polystriata* Xu & Zhang，1978	S	许振祖等，1978
[2] 坚固水母 *Pegantha martagon* Haeckel，1879	S	Haeckel，1879
硬水母亚纲		
[3] 烟台异手水母 *Varitentaculata yantaiensis* He，1980	E	和振武，1980
[4] 八手内包水母 *Endocysta octonema* Xu，Huang & Guo，2019	E	许振祖等，2019
[5] 顶胃穴水母 *Sminthea apicigastrica* Xu，Huang & Du，2009	S	杜飞雁等，2009
水螅水母纲		
花水母亚纲		
[6] 双手张氏水母 *Zhangiella bitentaculata*（Xu，Huang & Chen，1991）	E	许振祖等，1991
[7] 东山张氏水母 *Z. dongshanensis*（Xu & Huang，1994）	E	许振祖等，1994
[8] 南海张氏水母 *Z. nanhainensis*（Zhang，1982）	S	张金标，1982
[9] 厚伞张氏水母 *Z. condensum* Huang，Zhang et Sun，2020	S	Zhang，et，al.，2020
[10] 萍高手水母 *Bougainvillia chengyapingae* Xu，Huang & Guo，2007	E	Xu，et al.，2007
[11] 瓣高手水母 *B. lamellata* Xu，Huang & Liu，2006	E	许振祖等，1990
[12] 长柄高手水母 *B. longistyla* Xu & Huang，2004	E	Xu，et al.，2004

续表

	浮游水母新属新种	产地	参考文献
[13]	乳突高手水母 *B. papillaris* Xu，Huang & Guo，2014	E	许振祖等，2014
[14]	拟扁胃高手水母 *B. paraplatygaster* Xu，Huang & Chen，1991	E	许振祖等，1991
[15]	网状高手水母 B. *reticulata* Xu & Huang，2006	E	许振祖等，2006
[16]	雷州高手水母 *B. leizhouensis* Xu，Guo & Wang，2020	S	Wang，et al.，2020
[17]	双叉八束水母 *Koellikerina diforficulata* Xu & Zhang，1978	S	许振祖等，1978
[18]	异手八束水母 *K. heteronemalis* Xu，Huang & Chen，1991	E	许振祖等，1991
[19]	十字八束水母 *K. staurogaster* Xu & Huang，2004	E	Xu，et al.，2004
[20]	台湾八束水母 *K. taiwanensis* Xu，Huang & Chen，1991	E	许振祖等，1991
[21]	六辐拟线水母 *Nemopsis hexacanalis* Huang & Xu，1994	E	许振祖等，1994
[22]	棍棒单肢水母 *Nubiella claviformis* Xu，Huang & Lin，2009	E	许振祖等，2009a
[23]	无乳突单肢水母 *N. apapillaris* Xu，Huang & Guo，2018	S	Guo，et al.，2018
[24]	锥形单肢水母 *N. conica* Li，Huang & Liu，2016	S	李羚等，2016
[25]	粗管单肢水母 N. *crassocanalis* Huang，Xu，Lin & Guo，2012	E	黄加祺等，2012
[26]	球形单肢水母 *N. globosa* Lin，Xu & Huang，2012	S	王春光等，2012
[27]	球腺单肢水母 *N. globogona* Wang，Guo & Xue，2012	S	王春光等，2012
[28]	半球单肢水母 *N. hemisphaerica* Li，Lin & Chen，2016	S	李羚等，2016
[29]	细单肢水母 *N. gracilis* Xu，Huang & Zheng，sp. nov.	S	许振祖等，本书
[30]	间腺单肢水母 *N. intergona* Xu，Huang & Lin，2009	E，S	许振祖等，2009a
[31]	大胃单肢水母 *N. macrogastera* Xu，Huang & Lin，2009	E，S	许振祖等，2009a
[32]	大腺单肢水母 *N. macrogona* Xu，Huang & Guo，2009	E，S	许振祖等，2009a
[33]	母芽单肢水母 *N. medusifera* Huang，Xu，Lin & Guo，2012	E	黄加祺等，2012
[34]	口刺单肢水母 *N. oralospinella* Xu，Huang & Guo，2009	S	许振祖等，2009a
[35]	乳突单肢水母 *N. papillaris* Xu，Huang & Guo，2009	E，S	许振祖等，2009a
[36]	拟帽单肢水母 *N. paramitra* Xu，Huang & Guo，2007	E	Xu，et al.，2007
[37]	中华单肢水母 *N. sinica* Huang，Xu，Liu & Chen，2009	E	黄加祺等，2009
[38]	距单肢水母 *N. spura* Xu，Huang & Zheng，sp. nov.	E	许振祖等，本书发表
[39]	端球单肢水母 *N. terminaliknoba* Xu，Guo & Wang，2019	S	Wang，et al.，2019
[40]	管单肢水母 *N. tubularia* Xu，Huang & Guo，2007	E，S	Xu，et al.，2007
[41]	无手似单肢水母 *Paranubiella atentaculata* (Xu & Huang，2004) n. comb.	E	Guo，et al.，2018

续表

	浮游水母新属新种	产地	参考文献
[42]	南海似单肢水母 *P. nanhaiensis* Xu, Huang & Guo, 2018	S	Guo, et al., 2018
[43]	深圳似单肢水母 *P. shenzhenensis* Xu, Huang & Wang, 2019	S	Wang, et al., 2019
[44]	短柄似单肢水母 *P. brevistylis* Xu, Yang et Huang, 2020	S	Yang, et al., 2020
[45]	天诒枝口水母 *Thamnostoma zhengtianyii* Xu, Zheng et Huang (in press)	S	Zheng, et al., 待刊
[46]	双手真球水母 *Eucodonium bitentaculatum* Xu, Huang & Guo, 2016	E	Ling, et al., 2016
[47]	短柄真球水母 *E. brevistyle* Xu, Huang & Lin, 2016	S	Ling, et al., 2016
[48]	长手真球水母 *E. longitentaculatum* Xu, Huang & Wang, 2016	S	Ling, et al., 2016
[49]	粗手真球水母 *E. crassonemalis* Xu, Guo & Lin, 2019	S	Wang et al., 2019
[50]	东山介螅水母 *Hydractina dongshanensis* Xu & Huang, 2006	E	许振祖等, 2006
[51]	广西介螅水母 *H. guangxiensis* Huang, Li & Zhang Chenxiao, 2010	S	李尚平等, 2010
[52]	雷州介螅水母 *H. leizhouensis* Huang, Zhang et Yang, 2020	S	Zhang, et al., 2020
[53]	缢介螅水母 *H. constrictura* Huang, Xu & Guo, 2015	S	王春光等, 2015
[54]	叶状介螅水母 *H. phyllosoma* Wang, Huang & Xu, 2015	S	王春光等, 2015
[55]	念珠介螅水母 *H. moniliformis* Huang, Zhong & Zhang Yanjun, 2010	S	李尚平等, 2010
[56]	多手介螅水母 *H. polytentaculata* Xu & Huang, 2006	E	许振祖等, 2006
[57]	反曲介螅水母 *H. recurvatus* Lin, Xu, Huang & Wang, 2010	E, S	林茂等, 2010a
[58]	台湾介螅水母 *H. taiwanensis* (Lin, Xu, Huang & Wang, 2010)	E	林茂等, 2010a
[59]	泡状介螅水母 *H. vacuolata* Xu & Huang, 2006	E	许振祖等, 2006
[60]	三沙拟介螅水母 *Parahydractinia shanshaensis* Xu & Huang, 2006	E	许振祖等, 2006
[61]	眼鱼螅水母 *Hydrichthella ocellata* Xu, Huang & Wang, 2017	S	Wang, et al., 2017
[62]	主辐拟特古水母 *Tregouboviopsis perradialis* (Xu, Huang & Du, 2012) comb. nov.	S	Du, et al., 2012
[63]	大胃异唇腕水母 *Allorathkea macrogastrica* (Xu & Huang, 1990)	E	许振祖等, 1990

续表

	浮游水母新属新种	产地	参考文献
[64]	基球深眼水母 ***Bythocellata bulbiformis*** Xu & Huang, 2006	E	许振祖等，2006
[65]	顶胃深帽水母 ***Bythotiara apicigastera*** Xu, Huang & Guo, 2008	S	许振祖等，2008
[66]	郑重水母 ***Gymnogonium zhengzhongii*** Xu & Huang, 1994	E	许振祖等，1994
[67]	南海宽管水母 ***Laticanna nanhaiensis*** Xu, Huang & Wang, 2018	S	Du, et al., 2018
[68]	芽原拟帽水母 ***Protiaropsis gemmifera*** Xu, Huang & Du, 2018	S	Du, et al., 2018
[69]	柄原拟帽水母 ***P. pedunculata*** Xu, Huang & Guo, 2016	E	Xu, et al., 2016
[70]	四手原拟帽水母 ***P. tetranema*** Xu, Huang & Wang, 2016	S	Xu, et al., 2016
[71]	八手伪帽水母 ***Pseudotiara octonema*** Xu, Huang & Guo, 2008	S	许振祖等，2008
[72]	球腺双手水母 ***Amphinema globogonia*** Xu, Huang & Guo, 2008	S	许振祖等，2008
[73]	青岛双手水母 ***A. tsingtauensis*** (Kao, Li Funglu, Chang & Li Hienlun, 1958)	Y	高哲生等，1958
[74]	简丝帽水母 ***Cirrhitiara simplex*** Xu, Huang & Chen, 1991	E	许振祖等，1991
[75]	距拟双手水母 ***Codonorchis calcariformis*** Xu, Huang & Guo, 2009	E, S	杜飞雁等，2009
[76]	无距拟双手水母 ***C. acalcaratus*** Xu, Zheng & Huang, sp.nov	S	Zheng, et al., 待刊
[77]	南海拟双手水母 ***C. nanhainensis*** Xu, Huang & Guo, 2008	S	许振祖等，2008
[78]	三角海圆水母 ***Halitholus triangulus*** Xu, Huang & Guo, 2014	S	许振祖等，2014
[79]	福建隔膜水母 ***Leuckartiara fujianensis*** Huang, Xu, Lin & Qiu, 2008	E	Guo, et al., 2008
[80]	厦门隔膜水母 ***L. hoepplii*** Hsu, 1928	E	Hsu, 1928
[81]	江阴隔膜水母 ***L. jianyinensis*** Xu & Huang, 2004	E	Xu, et al., 2004
[82]	南海隔膜水母 ***L. nanhaiensis*** Huang, Xu & Guo, 2019	S	黄加祺等，2019
[83]	红疣隔膜水母 ***L. ruberiverruca*** Xu, Guo & Du, 2020	S	Wang L, et al., 2020
[84]	四疣隔膜水母 ***L. tetraverruca*** Xu, Zheng & Huang (in press)	S	Zheng, et al., 待刊
[85]	漂浮隔膜水母 ***L. neustona*** Xu & Huang, 2004	E	Xu, et al., 2004
[86]	八手隔膜水母 ***L. octonema*** Xu, Huang & Guo, 2007	E, S	Xu, et al., 2007
[87]	东方隔膜水母 ***L. orientalis*** Xu, Huang & Chen, 1991	E	许振祖等，1991
[88]	挺隔膜水母 ***L. zhangraotingae*** Xu & Huang, 2006	E	许振祖等，2006
[89]	大球潜水母 ***Merga macrobulbosa*** Xu, Huang & Chen, 1991	E	许振祖等，1991

续表

	浮游水母新属新种	产地	参考文献
[90]	粗管潜水母 *M. crassocanalis* Huang，J Q，Xu & Huang，B B 2019	S	黄加祺等，2019
[91]	细潜水母 *M. minutum*（Xu，Huang & Chen，1991）	E	许振祖等，1991
[92]	顶红潜水母 *M. apicirubellus*（Xu，Huang & Guo，2009）	E，S	许振祖等，2014
[93]	长肋潜水母 *M. longicosta* Xu，Huang & Wang，2020	S	Wang L，et al.，2020
[94]	顶斑潜水母 *M. apicispottis*（Xu，Huang & Lin，2009）	E，S	许振祖等，2009b
[95]	短距潜水母 *M. brevispura*（Xu，Huang & Guo，2009）	S	许振祖等，2009b
[96]	南沙潜水母 *M. nanshaensis*（Xu，Huang & Lin，2009）	S	许振祖等，2009b
[97]	南海潜水母 *M. nanhaiensis* Xu，Huang & Guo，2018	S	Du，et al.，2018
[98]	蹄形潜水母 *M. unguliformis*（Xu，Huang & Lin，2009）	E	许振祖等，2009b
[99]	宽柄帝纹水母 *Timoides latistyla* Xu，Huang & Guo，2007	E	Xu，et al.，2007
[100]	五辐枝管水母 *Proboscidactyla pentacanalis* Xu，Chen & Yang 2020	S	Chen，et al.，2020
[101]	三叉枝管水母 *P. trifurcata* Xu，Huang & Guo，2019	S	Wang X，et al.，2019
[102]	刺胞海帽水母 *Halitiara knides* Huang，Xu & Guo，2011	E	黄加祺等，2011
[103]	钝海帽水母 *H. obtusus* Xu & Huang，2004	E	Xu，et al.，2004
[104]	台湾海帽水母 *H. taiwanensis* Xu，Huang & Guo，2019	E	许振祖等，2009
[105]	顶拟海帽水母 *Halitiarella apica* Xu & Huang，2004	E	Xu，et al.，2004
[106]	裸球拟帽水母 *H. nudibulbus* Xu，Huang & Guo，2010	S	Xu，et al.，2010
[107]	胃叶拟海帽水母 *H. gastrolobus* Xu，Huang & Zheng，sp. nov.	E	许振祖等，本书发表
[108]	东方宽帽水母 *Latitiara orientalis* Xu & Huang，1990	E	许振祖等，1990
[109]	小手奥德水母 *Odessia microtentaculata* Xu，Huang & Chen，1991	E	许振祖等，1991
[110]	大胃拟棍螅水母 *Hydrocoryne macrogastera* Xu & Huang，2006	E	许振祖等，2006
[111]	厚伞拟棍螅水母 *H. condensa* Xu，Huang & Du，2013	S	杜飞雁等，2013
[112]	长手拟棍螅水母 *H. longitentaculata* Xu，Huang & Guo，2019	S	许振祖等，2019
[113]	椭圆似镰螅水母 *Zancleopsis oblongus* Xu，Huang & Wang，2016	S	Wang C，et al.，2016
[114]	棒状似镰螅水母 *Z. claviformis* Xu，Huang & Zheng，sp. nov.	E	许振祖等，本书发表
[115]	南海肋突水母 *Costa nanhaiensis* Huang，Xu & Lin，2012	S	黄加祺等，2012b

续表

浮游水母新属新种	产地	参考文献
[116] 顶室真囊水母 *Euphysora apiciloculifera* Xu & Huang，2003	E	许振祖等，2003
[117] 褐色真囊水母 *E. brunnescentis* Huang，1999	E，S	黄加祺等，1999
[118] 粗管真囊水母 *E. crassocanalis* Xu & Huang，2003	E	许振祖等，2003
[119] 福建真囊水母 *E. fujianensis* Xu & Huang，2006	E	许振祖等，2006
[120] 间腺真囊水母 *E. interogona* Xu & Huang，2003	E	许振祖等，2003
[121] 大球真囊水母 *E. macrobulbus* Xu & Huang，2003	E	许振祖等，2003
[122] 美济真囊水母 *E. meijiensis* Xu，Huang & Guo，2013	S	杜飞雁等，2013
[123] 刺胞真囊水母 *E. knides* Huang，1999 stat. rev.	E	Wang X，et al.，2019
[124] 大室真囊水母 *E. macrochambera* Xu，Huang & Zheng，sp. nov.	E	许振祖等，本书发表
[125] 罗源真囊水母 *E. luoyuanensis* Xu，Huang & Yang，2022	E	Liu Zh，et al.，2020
[126] 多刺胞真囊水母 *E. multiknoba* Xu，Huang & Guo，2014	S	许振祖等，2014
[127] 帽状真囊水母 *E. pileiformis* Xu，Huang & Guo，2014	S	许振祖等，2014
[128] 硬手真囊水母 *E. solidonema* Huang，1999	E	黄加祺，1999
[129] 台湾真囊水母 *E. taiwanensis* Xu & Huang，2003	E	许振祖等，2003
[130] 泡真囊水母 *E. vacuola* Xu，Huang，Du & Guo，2012	E，S	Du，et al.，2012
[131] 间腺梅尔水母 *Mayeri intergona* Huang，Xu & Guo，2012	E	黄加祺等，2012b
[132] 张金标八辐水母 *Octovannuccia zhangjinbiaoi* Xu，Huang & Lin，2010	S	Xu，et al.，2010
[133] 鼓浪枝萨水母 *Cladosarsia gulangensis* Xu & Huang，2006	E	许振祖等，2006
[134] 简单枝萨水母 *C. simplex* Huang，Zhang et Ke，2020	S	Zhang C，et al.，2020
[135] 泉州枝萨水母 *C. quanzhouensis* Huang，Xu，Lin & Qiu，2008	E	黄加祺等，2008
[136] 泉州横萨水母 *Stauridiosarsia quanzhouensis* Xu，Huang & Guo，2014	E	许振祖等，2014
[137] 厦门横萨水母 *St. xiamenensis* Xu，Huang & Guo，2014	E	许振祖等，2014
[138] 东山拟长管水母 *Dipurenella dongshanensis* Huang，Xu & Guo，2011	E	黄加祺等，2011
[139] 渤海萨氏水母 *Sarsia bohaiensis* Xu，Chen & Wang，2022	B	Wang et al.，2022
[140] 大胃萨氏水母 *S. macrogastera* Xu，Chen & Wang，2022	B	Wang et al.，2022
[141] 顶平横萨水母 *St. apiciloflata* Xu，Chen & Wang（in press）	B	Chen et al.（in press）
[142] 眼刺铃水母 *Cnidocodon ocellata* Huang，Xu，Lin & Qiu，2008	E	黄加祺等，2008
[143] 厦门刺铃水母 *C. xiamenensis*（Zhang & Wu，1981）	E	张金标等，1981

续表

	浮游水母新属新种	产地	参考文献
[144]	管内胞水母 *Euphysilla tubularia* Huang, Xu & Lin, 2015	S	黄加祺等，2015
[145]	台湾似内胞水母 *Paraeuphysilla taiwanensis* Xu, Huang & Guo, 2011	E	Wang C, et al., 2011
[146]	泡状笔螅水母 *Pennaria blistera* Xu & Huang, 2006	E	许振祖等，2006
[147]	短手外肋水母 *Ectopleura brevinenma* Xu, Chen & Wang (in press)	E	Chen et al. (in press)
[148]	顶囊外肋水母 *E. apicisacciformis* Xu, Huang & Guo, 2007	E, S	Xu, et al., 2007
[149]	无手外肋水母 *E. atentaculata* Xu & Huang, 2006	E	许振祖等，2006
[150]	粗管外肋水母 *E. crassocanalis* Huang, Xu & Guo, 2011	E	黄加祺等，2011
[151]	东山外肋水母 *E. dongshanensis* Xu, Huang & Chen (in press)	E	Chen, X.et al., 待刊
[152]	延长外肋水母 *E. elongata* Lin, Xu, Huang & Wang, 2010	E	Lin M, et al., 2010c
[153]	芽外肋水母 *E. gemmifera* Xu, Huang & Guo, 2007	E	Xu, et al., 2007
[154]	广东外肋水母 *E. guangdongensis* Xu, Huang & Chen, 1991	E	许振祖等，1991
[155]	宽外肋水母 *E. latitaeniata* Xu & Zhang, 1978	S	许振祖等，1978
[156]	三角外肋水母 *E. triangularis* Lin, Xu, Huang & Wang, 2010	E	Lin M, et al., 2010c
[157]	厦门外肋水母 *E. xiamenensis* Zhang & Lin, 1984	E	张金标等，1984
[158]	萱外肋水母 *E. xuxuanae* Xu, Huang & Guo, 2007	E, S	Xu, et al., 2007
[159]	南海外肋水母 *E. nanhaiensis* Huang, Xu & Lin, 2015	S	黄加祺等，2015
[160]	三沙外肋水母 *E. sanshaensis* Xu, Huang & Zheng, sp.nov.	E	许振祖等，本书发表
[161]	顶室斜球水母 *Hybocodon apiciloculatus* Xu & Huang, 2006	E	许振祖等，2006
[162]	八肋斜球水母 *H. octopleurus* Kao, Li Funglu, Chang & Li Hienlun, 1958	Y	高哲生等，1958
[163]	台湾刺泳水母 *Plotocnide taiwanensis* Huang, Xu & Guo, 2010	E	黄加祺等，2010a
[164]	顶室无球水母 *Rhabdoon apiciloculus* Xu, Huang & Du, 2010	S	Du, et al., 2010
[165]	宽肋无球水母 *R. laticosta* Xu, Huang & Zheng, sp. nov.	S	许振祖等，本书发表
[166]	螅芽拟镰螅水母 *Teissiera polypofera* Xu, Huang & Chen, 1991	E	许振祖等，1991
[167]	顶突镰螅水母 *Zanclea apicata* Xu, Huang & Guo, 2008	S	许振祖等，2008
[168]	托镰螅水母 *Z. apophysis* Xu, Huang & Guo, 2008	S	许振祖等，2008
[169]	大囊镰螅水母 *Z. macrocystae* (Xu, Huang & Chen, 1991)	E	许振祖等，1991

续表

浮游水母新属新种	产地	参考文献
兰卡水母亚纲		
[170] 金德祥水母 *Jindexiangus statocystus* Xu & Huang，2006	E	许振祖等，2006
[171] 棱形康德水母 *Kantiella prismaticus* Xu，Huang & Guo，2014	E	许振祖等，2014
软水母亚纲		
[172] 黑背多管水母 *Aequorea atrikeelis* Lin，Xu，Huang & Wang，2009	E	林茂等，2010a
[173] 南海多管水母 *A. nanhainensis* Xu，Huang & Du，2009	S	杜飞雁等，2009
[174] 乳突多管水母 *A. papillata* Huang & Xu，1994	E	许振祖等，1994
[175] 台湾多管水母 *A. taiwanensis* Zheng，Lin，Li，Gao，Xu & Huang，2008	E	郑连明等，2008
[176] 四手多管水母 *A. tetranema* Xu，Huang & Du，2009	S	杜飞雁等，2009
[177] 龚氏多管水母 *A. gongqiuhongae* Huang，Xu et Guo，2021	S	黄加祺等，2021
[178] 拟四手多管水母 *A. paratentranema* Huang，Xu et Guo，2021	S	黄加祺等，2021
[179] 背距胃瘤水母 *Gangliostoma abaxialispura* Xu，Huang & Guo，2019	E	Guo，et al.，2019
[180] 大亚湾胃瘤水母 *G. dayaensis* Xu，Huang & Du，2010	S	Du，et al.，2010
[181] 广东胃瘤水母 *G. guangdongensis* Xu，1983	S	许振祖，1983
[182] 无突枝多管水母 *Zygocanna apapillatus* Xu，Huang & Guo，2014	S	许振祖等，2014
[183] 平枝多管水母 *Z. planatus* Xu，Huang & Wang，2011	E	Wang C，et al，2011
[184] 多手指突水母 *Blackfordia polytentaculata* Hsu & Chin，1962	E，S	许振祖等，1962
[185] 网状卷丝水母 *Cirrholovenia reticulata* Xu & Huang，2004	E	许振祖等，2004
[186] 无疣和平水母 *Eirene averuciformis* Xu，Huang & Du，2010	S	Du，et al.，2010
[187] 拟短柄和平水母 *E. brevistyloides* Xu，Huang & Du，2010	S	Du，et al.，2010
[188] 短柄和平水母 *E. brevistylis* Huang & Xu，1994	E，S	许振祖等，1994
[189] 胶州和平水母 *E. chiaochowensis*（Kao，Li Funglu，Chang & Li Hienlun，1958）	Y	高哲生等，1958
[190] 锥形和平水母 *E. conica* Xu，Huang & Du，2010	S	Du，et al.，2010
[191] 侧扁和平水母 *E. compressa* Xu，Huang & Guo，2019	E	许振祖等，2019
[192] 球腺和平水母 *E. globogonia* Xu，Huang & Chang （in press）	S	Chen X，et al.，待刊
[193] 鸡屿和平水母 *E. jiyuensis* Xu，Huang & Liu，sp. nov.	E	许振祖等，本书发表

续表

	浮游水母新属新种	产地	参考文献
[194]	大腺和平水母 *E. macrogonia* Huang，Sun et Liu，2019	S	张才学等，2019
[195]	湛江和平水母 *E. zhanjiangensis* Huang，Zhang et Zhao，2019	S	张才学等，2019
[196]	八辐和平水母 *E. octonemalis* Guo，Xu & Huang，2008	E，S	Guo，et al.，2008
[197]	厦门和平水母 *E. xiamenensis* Huang，Xu & Lin，2010	E	黄加祺等，2010b
[198]	黑疣真瘤水母 *Eutima krampi* Guo，Xu，& Huang，2008	E，S	Guo，et al.，2008
[199]	台湾真瘤水母 *E. taiwanensis* Xu，Huang & Guo，2019	S	Guo，et al.，2019
[200]	塔形真瘤水母 *E. pyramidalis* Xu，Huang & Zheng，sp. nov.	S	许振祖等，本书发表
[201]	短柄真瘤水母 *E. brevistyla* Xu，Huang & Zheng，sp. nov.	S	许振祖等，本书发表
[202]	短柄侧丝水母 *Helgicirrha brevistyla* Xu & Huang，1983	E	许振祖等，1983
[203]	卵形侧丝水母 *H. ovalis* Huang，Xu，Lin & Guo，2010	E	黄加祺等，2010b
[204]	波腺侧丝水母 *H. sinuatus* Xu，Huang & Du，2012	S	Du，et al.，2012
[205]	无突侧丝水母 *H. apapillata* Xu，Chen & Wang，2020	S	Chen，et al.，2020
[206]	多手伊能水母 *Irenium polynemum* Huang，Xu & Guo，2010	E	黄加祺等，2010a
[207]	无疣杯水母 *Phialopsis averuciformis* Huang，Xu & Lin，2013	E	王春光等，2013
[208]	有丝十盘水母 *Staurodiscus cirrus* Huang，Xu，Guo & Qiu，2010	E	黄加祺等，2010c
[209]	粗手十盘水母 *S. crassonema* Wang，Xu，Huang & Lin，2010	E	王春光等，2010
[210]	宽球十盘水母 *S. latibulbus* Wang，Xu，Huang & Lin，2010	E	王春光等，2010
[211]	多管十盘水母 *S. multicanalis* Xu，Huang & Guo，2007	E	许振祖等，2007
[212]	漂浮十盘水母 *S. neustona* Xu，Huang & Guo，2007	E	许振祖等，2007
[213]	大亚湾几利水母 *Guillea dayaensis* Xu，Huang & Du，2013	S	杜飞雁等，2013
[214]	双手真唇水母 *Eucheilota bitentaculata* Huang，Li & Zhong，2010	S	黄加祺等，2010e
[215]	隆脊真唇水母 *E. carinata* Xu，Huang & Guo，2018	S	Wang C，et al.，2018
[216]	扭真唇水母 *E. convoluta* Xu，Huang & Guo，2019	E	许振祖等，2019
[217]	香港真唇水母 *E. hongkongensis* Xu，Huang & Guo，2014	S	许振祖等，2014
[218]	大腺真唇水母 *E. macrogona* Zhang & Lin，1984	E	张金标等，1984
[219]	多丝真唇水母 *E. multicirris* Xu & Huang，1990	E	许振祖等，1990
[220]	厦门真唇水母 *E. xiamenensis* Xu，Huang & Guo，2014	E	许振祖等，2014
[221]	大亚湾六触丝水母 *Hexalovenia dayaensis* Xu，Zheng & Huang（in press）	S	Zheng，et al.，待刊

续表

浮游水母新属新种	产地	参考文献
[222] 海沧触丝水母 *Lovenella haichangensis* Xu & Huang，1983	E	许振祖等，1983
[223] 大腺触丝水母 *L. macrogona* Lin，Xu Xianzhong，Wang，Xu Zhenzu & Huang，2010	S	林茂等，2010b
[224] 波状触丝水母 *L. sinuosa* Lin，Xu，Huang & Wang，2009	E	林茂等，2009
[225] 宽胃拟触丝水母 *Paralovenia latigaster* Xu & Huang，2004	E	许振祖等，2004
[226] 弯管玛拉水母 *Malagazzia curviductum*（Xu & Zhang，1978）	S	许振祖等，1978
[227] 曲玛拉水母 *M. cyphogonia*（He & Xu，1982）	Y	和振武等，1982
[228] 单管玛拉水母 *M. monocanalis* Xu，Huang & Liu，2006	E	许振祖等，2006
[229] 带腺玛拉水母 *M. taeniogonia*（Chow & Huang，1958）	Y	周太玄等，1958
[230] 薇八拟杯水母 *Octophialucium huangweiae* Xu，Huang & Guo，2007	E	许振祖等，2007
[231] 中华八拟杯水母 *O. sinensis* Huang，Xu，Guo & Qiu，2010	E	黄加祺等，2010c
[232] 八唇拟海神水母 *Melicertoides octolabiatis* Xu，Huang & Chen，1991	E	许振祖等，1991
[233] 卵形海神水母 *Melicertum ovalis* Huang，Xu & Guo，2019	S	许振祖等，2019
[234] 南海盐生水母 *Halopsis nanhaiensis* Xu，Huang & Guo，2018	S	Wang C，et al.，2018
[235] 四手八管水母 *Octocannoides tetranema* Xu，Huang et Guo，2021	S	Wang C，et al.，2021
[236] 带腺八管水母 *O. taeniogonia* Xu & Huang，2004	E	许振祖等，2004
[237] 景致拟四管水母 *Tetracannoides jingzhii* Xu，Huang & Guo，2007	E，S	许振祖等，2007
[238] 多囊柄胃水母 *Stylogastria polycystis*（Xu，Huang & Guo，2019）comb. nov. Wang，et al.，2021	S	Wang C，et al.，2021
[239] 大腺似杯水母 *Phialella macrogona* Xu，Huang & Wang，1985	E	许振祖等，1985
[240] 厦门似杯水母 *P. xiamenensis* Huang，Xu，Lin & Guo，2010	E	黄加祺等，2010b
[241] 嵊山秀氏水母 *Sugiura chengshanense*（Ling，1937）	E	Ling S—W，1937
[242] 异手秀氏水母 *S. heternema* Xu & Huang，2004	E	许振祖等，2004
[243] 卵形单管水母 *Monocanna ovale*（Mayer，1900）comb. nov. Wang et al.，2019	E，S	Wang X，et al.，2019
[244] 鼓浪屿美螅水母 *Clytia gulangensis* He & Zhen，2015	E	He J，et al.，2015

续表

浮游水母新属新种	产地	参考文献
[245] 厦门美螅水母 *C. xiamenensis* Zhou, Zheng, He, Lin, Cao & Zhang, 2013	E	Zhou K, et al., 2013
[246] 福建无垂水母 *Orthopyxis fujianensis* Huang & Xu, 1994	E	许振祖等，1994
[247] 六辐假美螅水母 *Pseudoclytia hexacanalis* Xu, Huang & Chen, 1991	E	许振祖等，1991
淡水水母亚纲		
[248] 浙江钩手水母 *Gonionemus chekiangensis* Ling, 1937	Y, E	Ling S W, 1937
管水母亚纲		
[249] 拟七棱浅室水母 *Lensia multicristatoides* Zhang & Lin, 1987	S	张金标等，1987
[250] 小口拟蹄水母 *Vogtia microsticella* Zhang & Lin, 1990	E, S	张金标等，1990

3.3.3 重视DNA条形码技术在海洋浮游水母分类研究中的应用

应用分子生物学DNA条形码技术研究水母分类中存在的属、种之间疑难区别问题，已成为当前的研究热点和趋势。DNA条形码技术具有快速鉴定、准确区分相似种，并指导发现新种或隐存种、区分外来入侵种和地理种群等优势，可以极大地缓解海洋水母形态分类学由于鉴定方法的局限性和分类人才缺乏而面临的挑战。在这个方面，我国已获得DNA条形码数据的浮游水母的种类还很少。近年来，郑连明团队（2008）应用DNA条形码技术发现了台湾多管水母新种［厦门美螅水母，新种（Zhou，et al.，2013）；鼓浪屿美螅水母，新种（He，et al.，2015）］，为海洋浮游水母物种多样性的研究发展积累了科学资料。因此，为了正确鉴定海洋水母的种类，除了常规形态学的传统分类法之外，应重视它与DNA条形码技术的结合。

以上这些研究成果，显示了中国海洋浮游水母分类研究的迅速发展，由萌芽期（20世纪50年代以前）记述1个新属、4个新种，增加到发展期（1980—2021年）的21个新属、238个新种，大大丰富了中国海洋浮游生物物种的多样性，为力争早日把厦门大学海洋浮游生物学建成世界一流的学科做出了贡献。

参考文献

[1] 王春光，许振祖，黄加祺，等.台湾海峡十盘水母属二新种记述（软水母亚纲锥螅水母目）[J].厦门大学学报（自然科学版），2010，49（1）：91–94.

[2] 王春光，黄加祺，许振祖，等.中国南海单肢水母属二新种（丝螅水母目高手水母科）[J].动物分类学报，2012，37（3）：525–528.

[3] 王春光，黄加祺，许振祖，等.台湾海峡和平水母科一新种和一新记录种记述.动物分类学报，2013，38（4）：762–764.

[4] 王春光，黄加祺，许振祖，等.南海介螅水母属二新种（刺胞动物门花水母亚纲介螅水母科）[J].水产学报，2015，39（8）：1199–1202.

[5] 丘书院.厦门港浮游动物志1.水螅水母类[J].动物学报，1954，6（1）：41–48，图版1–8.

[6] 许振祖，张金标.粤东—闽南近海的浮游水螅水母类、管水母类和钵水母类[J].厦门大学学报（自然科学版），1978，17（4）：19–63.

[7] 许振祖，张金标.福建沿海水母类的调查研究Ⅱ.南部沿海水螅水母、管水母和栉水母类的分类[J].厦门大学学报，1964，11（3）：120–149.

[8] 许振祖，张金标.福建沿海水母类的调查研究Ⅲ.中、北部沿海水母类的分类研究[J].海洋科技，1974（2）：17–32.

[9] 许振祖，金德祥.福建沿海水母类的调查研究（一）[J].厦门大学学报（自然科学版），1962，9（3）：206–224.

[10] 许振祖，黄加祺，王文樵.厦门港水母类昼夜垂直移动的初步研究[J].厦门大学学报（自然科学版），1985，24（4）：501–507.

[11] 许振祖，黄加祺，王文樵.福建九龙江口水螅水母新种和新记录[J].厦门大学学报（自然科学版），1985，24（1）：102–110.

[12] 许振祖，黄加祺，刘光兴.长江口及其邻近海域水螅水母纲新种和新记录记述[J].海洋学报（中文版），2006，28（6）：112–118.

［13］许振祖，黄加祺，陈栩.闽南—台湾浅滩渔场上升流区水螅水母新种新记录［M］//洪华生，丘书院，阮五崎，等.闽南—台湾浅滩渔场上升流区生态系统研究.北京：科学出版社，1991：469–486.

［14］许振祖，黄加祺，林茂，等.台湾海峡及其邻近海区单肢水母属的研究（丝螅水母目高手水母科）［J］.动物分类学报，2009，34（1）：111–118.

［15］许振祖，黄加祺，林茂，等.台湾海峡及其邻近海区珍妮水母属的研究（丝螅水母目面具水母科）［J］.动物分类学报，2009，34（4）：847–853.

［16］许振祖，黄加祺，林茂，等.中国刺胞动物门水螅虫总纲［M］.北京：海洋出版社，2014.

［17］许振祖，黄加祺，郑连明.中国东南沿海水母类（刺胞动物门水螅水母纲）新种、新记录记述（本书发表）.

［18］许振祖，黄加祺，郭东晖.中国海域水母类（刺胞动物门水螅虫总纲）新属、新种和新记录记述［J］//许振祖.海洋动物资源开发及可持续利用研究.沈阳：辽宁教育出版社，2019：99，133–162，图1.43–图1.50.

［19］许振祖，黄加祺，郭东晖.北部湾花水母亚纲六新种记运［M］//胡建宇，杨圣云.北部湾海洋科学研究论文集（第1辑）.北京：海洋出版社，2008：209–221.

［20］许振祖，黄加祺，郭东晖.台湾海峡南部上升流区水螅水母纲Ⅱ：软水母亚纲新属新种记述［J］.厦门大学学报（自然科学版），2007，46（5）：684–689.

［21］许振祖，黄加祺.九龙江口的水螅水母类、管水母类、钵水母类和栉水母类［J］.台湾海峡，1983，2（2）：99–110.

［22］许振祖，黄加祺.中国水螅水母类一新属二新种（水螅水母纲：原帽水母科，真唇水母科）［J］.动物分类学报，1990，15（4）：401–405.

［23］许振祖，黄加祺.台湾海峡及其邻近海区真囊水母属新科和新记录［J］.台湾海峡，2003，22（2）：136–144.

［24］许振祖，黄加祺.台湾海峡水螅水母亚纲一新属二新种［J］.厦门大学学报（自然科学版），1994，33（增刊）：149–153.

［25］许振祖，黄加祺.台湾海峡兰卡水母亚纲和软水母亚纲新种新记录记述（刺胞动物门：水螅虫总纲、水螅水母纲）［J］.厦门大学学报（自然科学版），2004，43（1）：107–114.

［26］许振祖，黄加祺.罗源湾水螅水母纲一新属二新种［J］.动物分类学报，1990，15（3）：262–266.

［27］许振祖，黄加祺.福建沿海兰卡水母亚纲和花水母亚纲新属新种新记录记述（刺胞动物门水螅水母纲）［J］.厦门大学学报（自然科学版），2006，45（增刊2）：233–249.

［28］许振祖.南海北部软水母一新属新种［J］.动物分类学报，1983，8（1）：4–6.

［29］许振祖.海南岛及邻近海区浮游动物的调查研究Ⅰ.水螅水母类［J］.厦门大学学报，1965，12（1）：90–110.

［30］杜飞雁，许振祖，黄加祺，等.南海北部近海水螅虫总纲四新种和两种新记录研究（刺胞动物门，自育水母纲，水螅水母纲）［J］.动物分类学报，2009，34（4）：854–861.

［31］杜飞雁，林昭进，许振祖，等.中国南海美济礁和大亚湾水螅水母纲（刺胞动物门）三新种记述［J］.动物分类学报，2013，38（4）：749–755.

［32］李尚平，钟秋平，张晨晓，等.广西沿海介螅水母属二新种（刺胞动物门花水母亚纲介螅水母科）［J］.动物分类学报，2010，35（4）：835–856.

［33］李羚，黄加祺，陈洪举，等.中国南海中西部水域单肢水母属二新种（花水母亚纲，丝螅水母目，高手水母科）［J］.中国海洋大学学报，2016，46（9）：45–49.

［34］张才学，黄加祺，孙省利，等.湛江湾和平水母属2新种（软水母亚纲，锥螅水母目，和平水母科）［J］.海洋学报，2019，41（12）：172–176.

［35］张金标，吴玉清.厦门港水螅水母类一新属一新种［J］.海洋学报，1981，3（1）：184–187.

［36］张金标，林茂.东海、南海管水母一新种［J］.海洋学报，1990，12（3）：352–354.

［37］张金标，林茂.南海中部深水浅室水母一新种［J］.海洋学报，1987，9（5）：603–606.

［38］张金标，林茂.厦门港及邻近海域水螅水母类二新种［J］.动物分类学报，1984，9（4）：343–346.

［39］张金标.中国海洋浮游管水母类［M］.北京：海洋出版社，2005：1–151.

［40］张金标.中国海域水螅水母类区系的初步分析［J］.海洋学报，1979，1（1）：

127–137.

［41］张金标.南海北部花水母目一新科新属新种［J］.海洋学报，1982，4（2）：209–214.

［42］林茂，许振祖，黄加祺，等.中国介螅水母属二新种（丝螅水母目介螅水母科）［J］.水产学报，2010，34（1）：67–71.

［43］林茂，许振祖，黄加祺，等.台湾海峡软水母亚纲二新种［J］.水产学报，2009，33（3）：452–455.

［44］林茂，徐宪忠，王春光，等.粤东—闽南沿岸海域上升流区软水母亚纲一新种和一新记录的记述［J］.台湾海峡，2010，29（4）：443–445.

［45］和振武，许人和.烟台沿海的水螅水母及软水母一新种［J］.新乡师范学院学报，1982，4：38–44.

［46］和振武.烟台硬水母一新属新种［J］.动物分类学报，1980，5（4）：327–329.

［47］金德祥.福建省海产生物采集调查报告［J］.厦大海产生物研究场报告，1936，1：1–102.

［48］周太玄，黄明显.烟台水螅水母类的研究［J］.动物学报，1958，10（2）：173–191，图版1–5.

［49］郑连明，林元烧，李少菁，等.台湾海峡多管水母属：新种及基于线粒体COI序列分析鉴定多管水母［J］.海洋学报，2008，30（4）：139–146.

［50］高哲生，李凤鲁，张云美，等.山东沿海水螅水母的研究（一）［J］.山东大学学报，1958（1）：75–118.

［51］黄加祺，许振祖，刘光兴，等.中国海域水螅水母纲一新种和一新记录记述［J］.厦门大学学报（自然科学版），2009，48（2）：278–280.

［52］黄加祺，许振祖，林君卓，等.福建海域花水母亚纲三新种［J］.厦门大学学报（自然科学版），2008，47（3）：408–412.

［53］黄加祺，许振祖，林茂，等.中国南海棒状水母科一新属二新种和一新记录记述（头螅水母目，筒螅水母亚目）［J］.动物分类学报，2012b，37（3）：520–524.

［54］黄加祺，许振祖，林茂，等.台湾海峡及其邻近海域软水母亚纲二新种记述［J］.厦门大学学报（自然科学版），2010，49（1）：87–90.

［55］黄加祺，许振祖，林茂，等.台湾海峡单肢水母属二新种（丝螅水母目高手水

母科）［J］.厦门大学学报（自然科学版），2012，51（1）：130–133.

［56］黄加祺，许振祖，林茂，等.南海筒螅水母亚目二新种（花水母亚纲头螅水母目）［J］.厦门大学学报（自然科学版），2015，54（6）：825–828.

［57］黄加祺，许振祖，林茂.厦门和平水母属一新种（刺胞动物门软水母亚纲和平水母科）［J］.动物分类学报，2010，35（2）：372–375.

［58］黄加祺，许振祖，郭东晖，等.南海海域花水母亚纲面具水母科二新种［J］.厦门大学学报（自然科学版），2019，58（1）：139–143.

［59］黄加祺，许振祖，郭东晖，等.台湾海峡南部软水母亚纲二新种（柄杯螅水母科和玛拉水母科）［J］.厦门大学学报（自然科学版），2010，49（6）：871–873.

［60］黄加祺，许振祖，郭东晖.中国东南沿海裸鞘花水母一新属及三新种记述［J］.动物分类学报，2011，36（1）：151–155.

［61］黄加祺，许振祖，郭东晖.台湾海峡南部水螅水母纲两新种形态特征［J］.台湾海峡，2010，29（1）：1–4.

［62］黄加祺，许振祖，郭东晖.南海北部多管水母属2新种［J］.厦门大学学报（自然科学版）.2021，60（5）：951–954.

［63］黄加祺，许振祖.福建沿海水螅水母四新种记述（裸鞘花水母亚纲、被勒软水母亚纲）［J］.动物分类学报，1994，19（2）：132–138.

［64］黄加祺，李尚平，钟秋平，等.广西沿海真唇水母属一新种［J］.厦门大学学报（自然科学版），2010e，49（3）：428–430.

［65］黄加祺.中国真囊水母属三个新种记述（水螅虫纲花水母目棒状水母科）［J］.海洋学报（中文版），1999，21（4）：92–95.

［66］魏崇德.舟山水螅虫类和水螅水母类的初步调查报告［J］.杭州大学学报，1959，（2）：187–212.

［67］BIGELOW H B.*Hydromedusae*，*siphonophores*，*and ctenophores of the “Albatross” Philippine Expedition*［J］.*Bulletin of the United States National Museum*，1919，（100）1（5）：279–362，pls.39–43.

［68］BIGELOW H B.*Medusae and Siphonophorae collected by the U.S. fisheries steamer “Albatross” in the north western Pacific*，*1906*［J］.*Proceedings of the United States National Museum*，1913，44（1946）：1–119，pls.1–6.

[69] BOUILLON J，GRAVILI C，PAGÈS F，et al.*An introduction to Hydrozoa* [J]. *Mémoires du Muséum national d'Histoire naturelle*，2006，194：1–591.

[70] CHEN X Y，YANG J，CHANG L et al.*Three new species and a revised status of Hydroidomedusa (Cnidaria，Hydrozoa) from the coast of China* (in press).

[71] CHEN X Y，XU Z Z & WANG X. *Taxonomic note on Family Corynidae (Cnidaria，Anthomedusae) from the China Sea* (in press).

[72] CHEN XY，YANG YY，WANG Y G，et al.*Two new species of medusa (Cnidaria) from the coastal waters of the northern Beibu Gulf* [J].*Acta Oceanologica Sinica*，2020，39 (12)：82–89.

[73] DAWYDOFF C.*Observations sur la faune pélagique des eaux Indochinoises de la mèr de Chine méridionale* [J].*Bulletin de la Société Zoologique de France*，1936，61：461–484.

[74] DU F，WANG L，XU Z，et al.*Taxonomical notes on Anthomedusae (Cnidaria，Hydrozoa，Hydroidomedusa) from the south-central South China Sea，with a new genus and four new species* [J].*Acta Oceanologica Sinica*，2018，37 (10)：112–118.

[75] DU F，XU Z，HUANG J，et al.*New records of medusae (Cnidaria) from Daya Bay，northern South China Sea，with descriptions of four new species* [J].*Proceedings of the Biological Society of Washington*，2010，123 (1)：72–86.

[76] DU F，XU Z，HUANG J，et al.*Studies on the medusae (Cnidaria) from the Beibu Gulf in the northern South China Sea，with description of three new species* [J].*Acta Zootaxonomica Sinica*，2012，37 (3)：506–519.

[77] GUO D，XU Z，HUANG J，et al.*Taxonomic notes on Hydroidomedusae (Cnidaria) from the South China Sea IV：Family Bougainvillidae (Anthomedusae)* [J]. *Acta Oceanologica Sinica*，2018，37 (10)：98–103.

[78] GUO D，XU Z，HUANG J.*Two new species of Eirenidae from the coast of southeast China* [J].*Acta Oceanologica Sinica*，2008，27 (1)：61–66.

[79] GUO D H，XU Z Z，HUANG J Q，et al.*Two new hydrozoan species from the Taiwan Strait，China (Cnidaria，Hydrozoa，Leptothecata)* [J].*Zoological Systematics*，2019，44 (3)：185–190.

［80］HAECKEL E.*Das System der Medusen：Erster TheileinerMonographie der Medusen*［J］.*Denkschriften der Medicinisch-Naturwissenschaftlichen Gesellschaft zu Jena*，1879，1：1–360，pls.1–20.

［81］HAECKEL E.*System der Acraspeden：Zweite Hälfte des Systems der Medusen*［J］.*Denkschriften der Medicinisch-Naturwissenschaftlichen Gesellschaft zu Jena*，1880，2：361–672，pls.21–40.

［82］HE J，ZHENG L，ZHANG W，et al.*Morphology and molecular analyse of a new Clytia species（Cnidaria，Hydrozoa，Campanulariidae）from the East China Sea*［J］.*Journal of the Marine Biological Association of the United Kingdom*，2015，95（2）：289–300.

［83］HSU H F.*On a new species of Hydromedusae*［J］.*Contributions from the Biological Laboratory of the Science Society of China*，1928，4（3）：1–7.

［84］KRAMP P L.*Synopsis of the medusae of the world*［J］.*Journal of the Marine Biological Association of the United Kingdom*，1961，40：1–469.

［85］LIN M，XU Z，HUANG J，et al.*Taxonomic notes on Hydroidomedusae（Cnidaria）from South China Sea I：Family Eucodoniidae（Anthomedusae）*［J］.*Zoological Systematics*，2016，41（1）：48–53.

［86］LIN M，XU Z，HUANG J，et al.*Two new species of Ectopleura from the Taiwan Strait，China（Cnidaria，Hydroidomedusae）*［J］.*Acta Oceanologica Sinica*，2010，29（2）：58–61.

［87］LING S–W.*Studies on Chinese Hydrozoa I.On some Hydromedusae from the Chekiang coast*［J］.*Peking National History Bulletin*，1937，11（4）：351–365.

［88］LINNAEUS C.*Systema naturae*.10th［M］.Holmiae，Laurentii Salvii：1–824（LINNAEI C.*Systema naturae per regnatria naturae，secundum classes，ordines，genera，species，cum characteribus，differentiis，synonymis，locis*.Vol.1，10th.Holmiae，Impensis Direct，Laurentii Salvii，1758：1–824）.

［89］LIU Z Y，YANG Y Y，XU Z Z，et al.*A new species of medusae from Luoyuan Bay，Fujian，China*［J］.*Zoological Systematics*，2022，47（4）：345–348.

［90］MAYER A G.*Medusae of the world*［M］.Washington：Carnegie Institution，1910，Vols.I，II：*The Hydromedusae*，1–498，pls.1–55；Vol.III：*The Scyphomedusae*，

499–735，pls.56–76.

［91］SCHUCHERT P.*The European athecate hydroids and their medusa（Hydrozoa，Cnidaria）：Capitata Pt. 2*［J］.*Revue Suisse de Zoologie*，2010，117（3）：337–555.

［92］SEARS M.*Notes on siphonophores 2.A revision of the Abylinae*［J］.*Bulletin of the Museum of Comparative Zoology at Harvard College*，1953，109（1）：1–119.

［93］TOTTON A K.*A synopsis of the Siphonophora*［M］.London：British Museum of Natural History，1965：1–230.

［94］WANG C，XU Z，GUO D，et al.*Taxonomy notes on Hydroidomedusae（Cnidaria）from the South China Sea V：Family Laodiceidae，Lovenellidae，Malagazziidae，and Mitrocomidae（Leptomedusae）*［J］.*Acta Oceanologica Sinica*，2018，37（10）：104–111.

［95］WANG C，XU Z，HUANG J，et al.*Descriptions of one new genus and two new species of Hydroidomedusae from Taiwan Strait*［J］.*Acta Zootaxonomica Sinica*，2011，36（4）：844–848.

［96］WANG C，XU Z，HUANG J，et al.*Taxonomic notes on Hydroidomedusae（Cnidaria）from South China Sea III：Family Rathkeidae and Zancleopsidae*［J］.*Zoological Systematics*，2016，41（4）：392–403.

［97］WANG L，DU F，XU Z，et al.*Taxonomical notes on the family Ptilocodiidae（Anthomedusae）from the central and southern of South China Sea，with a new genus and a new species*［J］.*Zoological Systematics*，2017，42（1）：236–241.

［98］WANG L G，DU F Y，XU Z Z，et al.*Taxonomic notes on Anthomedusae（Cnidaria）from the south-central South China Sea III.Family Pandeidae*［J］.*Zoological Systematics*，2020，45（1）：15–23.

［99］WANG X，CHEN X Y，XU Z Z.*Two new species and four new record of the Sarsia tubulosa group of the Sarsia（Cnidaria，Corynidae）from the Bohai Sea of China*［J］.*Zootaxa*，2022，5189（1）：243–254.

［100］WANG X F，LIN K，XU Z Z，et al.*Some new Hydroidomedusae（Cnidaria）from the northern South China Sea*［J］.*Zoological Systematics*，2019，44（3）：191–205.

［101］WANG X F，LU L Y，ZHANG S Z，et al.*Two new species of Hydroidomedusae*

（*Cnidaria*）*from the Leizhou Bay*，*the northern South China Sea*［J］.*Zoological Systermatics*，2021，46（3）：193–199.

［102］XU Z，HUANG J，GUO D.*A survey on Hydroidomedusae from the upwelling region of southern part of the Taiwan Strait of China I.On new species and records of Anthomedusae*［J］.*Acta Oceanologica Sinica*，2007，26（5）：66–75.

［103］XU Z，HUANG J，LIN M，et al.*Taxonomic notes on Hydroidomedusae*（*Cnidaria*）*from South China Sea* Ⅱ：*Family Bythotiaridae*（*Anthomedusae*）［J］.*Zoological Systematics*，2016，41（2）：149–157.

［104］XU Z，HUANG J，LIN M，et al.*Description of one new genus and two new species of Anthomedusae from Minnan–Yuedong inshore upwelling area*，*China*（*Filifera*，*Protiaridae*；*Capitata*，*Corymorphidae*）［J］.*Acta Zootaxonomica Sinica*，2010，35（1）：11–15.

［105］XU Z，HUANG J.*A survey on Anthomedusa*（*Hydrozoa*，*Hydroidomedusae*）*from the Taiwan Strait with description of new species and new combinations*［J］.*Acta Oceanologica Sinica*，2004，23（3）：549–562.

［106］YANG Y Y，CHEN X Y，XU Z Z，et al.*Taxonomic note on Medusae*（*Hydrozoa*，*Scyphozoa*，*Ctenophora*）*from the eastern Indian Ocean*，*with description of two new species*（in press）.

［107］ZHANG C X，HUANG J Q，SUN S G，et al.*Three new species of Anthomedusae*（*Hydrozoa*，*Hydroidomedusa*）*from the Guangdong coastal water*，*China*［J］.*Acta Oceanal. Sin.*，2020，39（4）：84–88.

［108］ZHENG L M，XU Z Z，HUANG J Q.*Three new species and Two new records of Anthomedusae*（*Cnidaria*，*Hydrozoa*）*from the northeast of South China Sea*（in press）.

［109］ZHENG L M，XU Z Z，HUANG J Q，et al.*On a new genus and species of Family Lovenllidae*（*Cnidaria*，*Leptomedusae*）*from the Mouth of Daya Bay*，*northern South China Sea*（in press）.

［110］ZHOU K，ZHENG L，HE J，et al.*Detection of a new Clytia species*（*Cnidaria. Hydrozoa*，*Campanulariidae*）*with DNA barcoding and life cycle analyses*［J］.*Journal of the Marine Biological Association of the United Kingdom*，2013，93（8）：2075–2088.

3.4 中国海洋浮游水母的种类组成及区系特点*

Species Composition and Faunal Characteristies of the Planktonic Medusae from China Seas

海洋浮游水母是海洋浮游生物的重要类群之一，不仅种类多，数量大，并且分布很广，遍及世界各海，在海洋生态系统的结构和功能中发挥着重要的作用。

有关我国海洋浮游水母的研究始于19世纪中叶，早期有Haeckel（1879）在他的著作中描述了采自中国海域的2个水螅水母新种——拟小帽水母*Petasus tiaropsis*（Haeckel，1879）和坚固水母*Pegantha martagon* Haeckel，1879。嗣后，Vanhöffen（1911，1912）记载了厦门和香港共14种水螅水母；1928年，徐锡藩在厦门发现1个新种——厦门隔膜水母*Leuckartiara hoepplii* Hsu；1936年，林绍文记述了产于浙江沿岸的10种水螅水母，其中有3个新变种——*Leuckartiara octona* var. *minor*（后被订正为*Leuckartiara hoepplii*）、*Gastroblasia raffaelei* var. *chengshanensis*（后被订正为*Sugiura chengshanensis*）、*Gonionemus marbackii* var. *chekiangensis*（后被订正为*Gonionemus chekiangensis*）；同年，金德祥报道了厦门港管水母2种，Dawydoff记录了南海管水母8种，东海管水母2种。可见，在20世纪30年代以前，有关我国海洋浮游水母的研究主要是关于其形态分类的工作。到20世纪50年代，才开始对我国各海区进行全面的生态调查工作。

我国水螅虫总纲生态学研究始于张金标和许振祖（1975）定量分析福建南部沿海水母类的分布、季节性变化及其与环境的关系，类似报道的海域有渤海（马喜平、高尚武，2000），黄海（王真良，1996；张芳等，2005a-b；马喜平等，2000a-b），浙江沿海（张金标，1977；张锡烈，1983），东海（高尚武，1982；徐兆礼等，2003b；徐兆

* 许振祖、陈小银。首次发表。

礼，2006；徐兆礼，林茂，2006），台湾海峡中、北部，西南部和闽南—台湾浅滩（许振祖，1983b；林元烧，1994；黄加祺等，1991），台湾海峡西部罗源湾、闽江口、海坛岛和东山岛（黄加祺、许振祖，1993，1994b，1995，1996），台湾周边海域（黄将修等，2003；张万钧，2008），海南岛（黄雅良，1999），北部湾（黄丽萍，1987；郭东晖等，2008a~c），厦门港（林茂、张金标，1989a），大亚湾（林茂，1989a；林盛，1990；郑成兴、黄宗国，1989），珠江口（郭东晖等，2012a），南海北部大陆架（刘玉爱、叶华臣，1979），南海中、南部（陈清潮等，1978；黎爱韶、陈清潮，1991a）。已专文研究管水母类生态的海区有：台湾海峡西部、南海中部（林茂，1989b，1992），东海（徐兆礼等，2003a），台湾南湾（张金标等，2005），台湾东部、南部及北部海域（潘雅玲，2004；余佩纹，2006），台湾西南部（童书蓉，2003）。林茂和张金标（1993）分析了管水母对东海中部水团边界的指示作用，张金标和林茂（1997）研究了南海管水母类的地理生态学。在区系研究方面，张金标（1979）首次对中国海域已记载的138种水螅水母类进行了区系特点的分析以及与邻近海区的比较；1980年，张金标和许振祖分析了中国海域72种管水母类的地理分布；1981年，洪惠馨和张士美报道了中国海域72种管水母类的区系；1991年，黎爱韶和陈清潮在南沙群岛及其邻近海区记载了水螅水母类97种，阐述了该海区水螅水母的种类组成、区系特点及动物地理划分。许振祖等（2012a）报道了中国近海水螅虫总纲生态动物地理学研究，记载了中国近海水螅虫总纲555种的分布，并划分了各种地理分布类型及生活史模式，阐述了各海区之间的种类组成、生态类型和分布区类型的地理分布的差异，并探讨了影响差异的原因。该文是我国首篇把水螅和水母结合起来探讨其生态动物地理学的论文。2014年，许振祖等在《中国刺胞动物门水螅虫总纲》一书的总论中，报道了“地理分布”，记录了水螅虫总纲750种（包括淡水和海水的水螅与水母），阐述了中国各海区的种类组成和生态类群，分析了各海区之间种类分布和迁移的规律，并列出“中国水螅虫总纲种类名录及其分布”汇总表。该文是我国首次全面报道中国水螅虫总纲种类地理分布研究的论文。

2019年，许振祖等在《海洋动物资源开发及可持续利用研究》一书中报道了“中国海域浮游水母物种多样性及分布模式”，收录了国内截至2018年发表的新属、新种和新记录的水母，记录了海洋浮游水母580种，阐述了中国海域浮游水母物种多样性的复杂性以及多样性的分布模式，最后提出存在的问题及展望。近三年来，随着多项全国性或区域性海洋综合调查的进行，浮游水母的分类工作获得迅速发展，其种类由2018年的580种增加到

2022年的641种。本书收录了截至2022年年底发表的各类重要水母著作中的最新名录、新记录种、新属及新种，根据文献对每种水母进行逐一核对，去除鉴定错误和异名的种类，最后进行修订汇总（见本章《中国海域一些水螅水母纲命名种类的订正》），同时也列出近百年来在中国海域已记录的海洋浮游水母新属、新种的名录及产地（见本章中的《中国海洋水母分类研究历史》）。本文在上述一些分类种名的订正、多样性的分析和生态动物地理学等方面的研究成果的基础上，对中国海域水螅虫总纲的浮游水母种类组成进行了系统梳理（见表3-13），并探讨了各海区浮游水母种类分布和分布区类型，分析了区系成分等，以期为促进我国海洋水母类的分类、地理区系和生态研究的发展提供参考和科学依据。兹将结果简述如下：

3.4.1 中国水螅虫总纲不同纲、亚纲浮游水母的种类组成

通过进行样品分析、标本鉴定、文献资料收集以及某些物种学名的修订等研究，笔者对中国海域所有刺胞动物门自育水母纲和水螅水母纲浮游水母的物种进行编目整合，共计录入中国海洋浮游水母的有效种641种（表3-13）（不含内陆淡水种），隶属于69个科214个属，其中以水螅水母纲中的花水母亚纲的科数、属数和种数最多，分别为26个科、85个属和295个种，分别占中国浮游水母总科数的37.6%，总属数的39.7%，总种数的46.02%（见表3-13）。

表 3-13　中国水螅虫总纲不同纲、亚纲浮游水母的种类组成

类　别	科		属		种	
	T	%	T	%	T	%
自育水母纲	8	11.5	30	14.0	46	7.2
筐水母亚纲	4	5.7	9	4.2	18	2.8
硬水母亚纲	4	5.7	21	9.8	28	4.3
水螅水母纲	61	88.4	183	85.9	591	92.7
花水母亚纲	26	37.6	85	39.7	295	46.02
兰卡水母亚纲	1	1.4	2	0.9	3	0.4
软水母亚纲	18	26.0	49	23.0	182	28.5
淡水母亚纲	1	1.4	4	1.8	5	0.7
管水母亚纲	15	21.7	44	20.6	110	17.2
合　计	69		214		641	

为什么花水母亚纲水母的种类数较多？主要是它有7个属为中国海域常见的优势属，每个属的种数均为12种以上，例如真囊水母属*Euphysora*（23种）、单肢水母属*Nubiella*（20种）、高手水母属*Bouginvillia*（20种）、外肋水母属*Ectopleura*（17种）、介螅水母属*Hydractinia*（14种）、隔膜水母属*Leuckartiara*（12种）以及潜水母属*Merga*（12种）等，总共118种，约占花水母亚纲总种数的40.0%，其中主要为近岸暖水性种类。这表明中国海浮游水母的种类组成是以暖水性生态类群为主体。

3.4.2 中国各海区不同亚纲浮游水母种类的分布

中国各海区浮游水母种类组成与分布存在明显差异（表3–14）。截至2022年年底，中国海域浮游水母类共记录641种（不包括内陆种类），其中以台湾海峡的种类数最多（364种），占中国海域浮游水母总种类数的56.9%；其次是南海北部（289种，占中国海域浮游水母总种类数的45.5%）与南海中部和南部（249种，占中国海域浮游水母总种类数的39.0%）；再次是台湾东岸（202种，占中国海域浮游水母总种类数的31.7%）和苏南及浙江海区（158种，占中国海域浮游水母总种类数的24.8%）；渤海（49种）和黄海（76种）种类数最少，分别占中国海域浮游水母总种类数的7.2%和11.9%。兹将各海区浮游水母种类组成的差异简述如下：

表 3–14　中国各海区不同亚纲浮游水母种类分布

海 区	种类数		筐水母亚纲		硬水母亚纲		花水母亚纲		兰卡水母亚纲		软水母亚纲		淡水水母亚纲		管水母亚纲	
	T	%	T	%	T	%	T	%	T	%	T	%	T	%	T	%
渤海	49	7.2	2	4.3	2	4.3	27	55.1	–		16	34.7	1	2.1	1	2.1
黄海	76	11.9	2	2.6	3	3.9	27	35.5	–		34	44.7	2	2.6	8	10.5
苏南及浙江	158	24.8	4	2.5	4	2.5	43	27.2	–		39	24.6	2	1.2	66	41.7
台湾海峡	364	56.8	10	2.7	17	4.6	165	45.3	3	0.8	125	34.4	3	0.8	41	11.2
台湾东岸	202	31.7	9	4.4	16	7.9	37	18.3	–		38	18.8	–		81	40.0
南海北部	289	45.5	12	4.1	10	3.9	130	44.9	–		103	35.6	–		56	19.3
南海中部和南部	249	39.0	14	5.6	18	7.2	83	33.3	–		45	18.0	1		88	35.3

3.4.2.1 渤海

渤海是我国的内海，基本上为陆地所环绕，仅东部以渤海海峡与黄海相连，为一近似封闭的浅海，平均深度为18 m，最大水深为82 m；受大陆气候影响剧烈，水温年差较大，变幅为0~25℃；盐度低，一般低于30。因此，本海区浮游水母种类较少。

本海区共有浮游水母49种，分别隶于筐水母亚纲（2种）和硬水母亚纲（2种），各占本海区浮游水母总种类数的4.3%；花水母亚纲（27种）和软水母亚纲（16种），分别占本海区浮游水母总种类数的55.1%和34.7%；淡水水母亚纲（1种）和管水母亚纲（1种），各占本海区浮游水母总种类数的2.1%（表3–14）。

据各种类的生态习性，本海区没有出现高温、高盐狭布种和深水种浮游水母，而主要是以近岸暖温种（即北温带分布种）占主导地位（16种），约占总种类数的40.0%（表3–15），其中有比鲁真水母*Eumedusa birulai*、短锥萨氏水母*Sarsia apicula*、梨形萨氏水母*Sarsia piriformar*、条纹萨氏水母*Sarsia striata*、管萨氏水母*Sarsia tubulosa*、绿色萨氏水母*Sarsia Viridis*以及印度强壮水母*Eutonina indicans*等7种仅分布于本海区。其次，近岸暖水种也是其重要类群，主要是指适温20℃以上的种类，它们于夏、秋季随着黄海的外海水进入渤海，大多数是来自低纬度的沿岸亚热带种类，在我国从南到北均有分布。从属的种类数看，其重要代表属有外肋水母属（4种）和美螅水母属（3种）（表3–16）。总之，本海区没有出现大洋热带种，而是以暖温性种类为主。本海区属于北温带近岸暖温性海区。

3.4.2.2 黄海

黄海位于中国大陆与朝鲜半岛之间，是一个半封闭的海区，受沿岸低盐水、中部低温高盐水团和东南部侵入的黄海暖流的影响，水文状况较复杂，其浮游水母物种数比渤海多。经统计，本海区共有浮游水母76种，占中国海域浮游水母总种类数的11.9%，其中软水母亚纲（34种）和花水母亚纲（27种）占优势，分别占本海区浮游水母总种类数的44.7%和35.5%；其次是管水母亚纲（8种）和硬水母亚纲（3种），分别占本海区浮游水母总种类数的12.5%和3.9%；筐水母亚纲（2种）和淡水母亚纲（2种）种类数最少，各占2.6%（表3–14）。

本海区仍然以近岸暖温种占主导优势（15种），其种类数约占本海区浮游水母总种类数的37.5%（表3–15），其中有盾形高手水母*Bougainvillia superciliaris*、囊状全水母*Catablema vesicarium*、青岛双手水母*Amphinema tsingtauensis*、正型侧管水母*Dipleurosoma typicum*、曲玛拉水母*Malagazzia cyphogonia*、烟管触丝水母*Lovenella clausa*以及多手帽形水母*Tiaropsis multicirrata*等7种仅分布在本海区。另有异枝管水母*Proboscidactyla mutabilis*和瘤手水母*Tima formosa*等2种与渤海近岸暖温种的代表种相同（表3–16）。

其次，高温、低盐的暖水种共有43种，其物种数明显比渤海（21种）多（表3–15）。这些种类大多数都是外来种，它们在夏、秋、冬季随着黄海暖流和台湾暖流输入黄海东南水域，种类数较多的代表属有和平水母属*Eirene*（5种）、双手水母属*Amphinema*（4种）、高手水母属*Bougainvillia*（3种）、多管水母属*Aequorea*（3种）、美螅水母属*Clytia*（3种）以及薮枝螅水母属*Obelia*（3种）等6个属。

此外，本海区还有高温、广盐的大洋广布种，如半口壮丽水母*Aglaura hemistoma*、华丽盛装水母*Agalma elegans*、气囊水母*Physophora hydrostatica*、爪室水母*Chelophyes appendiculata*、扭歪爪室水母*Chelophyes contorta*以及螺旋尖角水母*Eudoxoides spiralis*等6种，往北仅分布到本海区。

总之，本海区的浮游水母种类组成，不仅有沿岸低盐水带来的北温带近岸暖温种，也有随着黄海暖流和台湾暖流带来的高温、低盐暖水种与高温、广盐的大洋广布种。可以认为，黄海是一个处于亚热带和温带区系的过渡交替海区，但其近岸暖温性种类仍然占优势。这是由于夏季在黄海较深水域的广大范围内，近底层存在着冷水团，它使北温带的浮游水母种类能够生存和发展。因本海区没有出现高温、高盐的大洋狭布种类，所以本海区仍然属于北太平洋北温带区系。

3.4.2.3 苏南及浙江海区

本海区为东海的一部分，北界以我国长江口北岸的启东嘴与韩国济州岛西南角的连线同黄海相连，南界以福建省的平潭岛到台湾省的富贵角连线同台湾海峡相连。由于受黄海冷水团、长江冲淡水、黑潮暖流及其分支台湾暖流的交错影响，本海区水文环境复杂，温度、盐度年差较大，浮游水母种类数比黄海更多，达158种，占中国海域浮游水母总种类数的24.8%，其中以管水母亚纲（66种）、花水母亚纲（43种）和软水母亚纲（39

种）占主导地位，分别占本海区浮游水母总种类数的41.7%、27.2%和24.6%（表3-14）；但近岸暖温性种类数（9种）比黄海（15种）少（表3-15），而以高温、高盐为主要特征的大洋狭布种已在本海区出现，共有8种，主要是对温度和盐度要求较高的管水母种类，例如粗管浅室水母*Lensia canopusi*、异板浅室水母*Lensia challengeri*、粗体浅室水母*Lensia baryi*、短体五角水母*Muggiaea delsmani*、双翼多面水母*Abyla bicarinata*、宽板无棱水母*Sulculeolaria bigelowi*以及小口拟蹄水母*Vogtia microsticella*等7种，它们是典型的热带赤道种，只能局限分布于高温、高盐黑潮主干或其分支上。这显示了本海区有温带和热带区浮游水母种类的混合分布，本海区具有北太平洋温带区系和印度—西太平洋热带区系的双重性质，但从其数量的消长和出现的季节来看，近岸暖水种和大洋热带种的渗入均具有显著的季节性，因此可认为本海区属于近岸暖温带性质。

3.4.2.4 台湾海峡

台湾海峡位于东南大陆架南部，与南海大陆架相连，它的北部以从福建省的平潭岛到台湾省的富贵角连线为界，南部以从福建省东山岛到台湾省最南端鹅銮鼻连线为界。台湾海峡地形复杂，平均深度80 m，由64个小岛组成的澎湖列岛位于海峡的中部，台湾浅滩位于东山岛与澎湖列岛之间，是台湾海峡最浅的地方（平均水深20 m左右）。台湾海峡西岸的福建海岸，海岸线曲折绵长，港湾众多，岛屿星罗棋布地分布在沿海6个地市的海域和海湾中。台湾海峡受闽浙沿岸流、粤东沿岸流、大陆冲淡水、台湾暖流以及南海外海水团等的交错影响，水文环境错综复杂，加上海峡南部上升流的影响，为具有典型世代交替的水螅水母生活史的完成提供了有利条件。因此，台湾海峡成为中国海域各海区浮游水母种类数最多的海区，浮游水母种类数达364种，占中国海域浮游水母总种类数的56.8%，其中花水母亚纲（165种）和软水母亚纲（125种）占主导地位，分别占本海区浮游水母总种类数的45.3%和34.4%，主要是以近岸暖水种占绝对优势，而大洋广布种和大洋狭布种比黄海、苏南及浙江海区显著增加（表3-15）。值得提出的是，本海区的沿岸暖温种（15种）比苏南及浙江海区（9种）增多，例如，黑圆口水母*Stomotoca atra*、珠手棒状水母*Corymorpha nutans*、长手横萨水母*Stauridiosarsia japonia*、加罗高手水母*Bougainvillia carolinensis*、红色双手水母*Amphinema rubram*、八斑唇腕水母*Rathkea octopunctata*、帽铃水母*Tiaricodon coerudeus*、拟帽水母*Paratiara digitalis*、八棱拟海神水母*Melicertoides* *octolatiatis*、嵊山秀氏水母*Sugiura chengshanense*、延长横萨水母*Staurdiosarsia producta*、日本横萨水母 *Stauridiosarsia nipponica*、四枝管水母*Proboscidactyla flavicirrata*、高知五角水母*Muggiaea kochi*以及大西洋五角水母*Muggiaea atlantica*等，其中前5种仅分布于本海区，这些种类的分布与闽浙沿岸流有着密切关系。

总之，本海区浮游水母的种类组成是以沿岸暖水性种类为主体，加上高温、高盐或广盐的大洋性种类的增加。因此，本海区的区系特点为亚热带沿岸海域的属性。

3.4.2.5 台湾东岸

台湾以东水域的东海部分，位于台湾省东岸，直接面临太平洋，北界大致相当于日本琉球群岛的先岛群岛，南侧则以巴士海峡与菲律宾的巴坦群岛相隔，具有大洋特性。台湾以东水域大陆坡较陡，距离大陆架不远即为水深超过3 000 m的深海盆。本海区是黑潮主干流经之处，水文特征相对稳定，浮游水母的种类数（202种）比台湾海峡少，占中国海域浮游水母总种类数的31.7%，但终生浮游的大洋广布种、大洋狭布种和深水种比台湾海峡多，如管水母亚纲81种，占本海区浮游水母总种类数的40.0%，而具有世代交替的花水母亚纲（37种）和软水母亚纲（38种）比台湾海峡的种类数显著减少，分别占本海区浮游水母总种类数的18.3%和18.8%（表3–14）——这与本海区的水深和岛屿少有关。另外，近岸暖温种显著减少，显示了本海区的区系特点为热带大洋海域的属性。

3.4.2.6 南海北部海区

南海北部海区位于南海北部大陆架范围内，主要包括广东沿岸、海南岛、北部湾及东沙群岛周围海域，受南海暖流和黑潮分支以及广东沿岸流和闽浙沿岸流的影响，其盐度小于32，温度变化为16℃~29℃。本海区浮游水母的种类数仅次于台湾海峡，达289种，占中国海域浮游水母总种类数的45.5%，其种类组成以花水母亚纲（130种）和软水母亚纲（103种）为主要群体，它们分别占本海区浮游水母总种类数的44.9%和35.6%，而终生浮游的管水母亚纲（56种）和硬水母亚纲（10种），分别占本海区浮游水母总种类数的19.3%和3.9%，比台湾海峡少（表3–14），但暖温性种类显著减少（仅有6种），因此本海区仍属亚热带沿岸海域的属性。

3.4.2.7 南海中部和南部海区

本海区主要指以西沙群岛和中沙群岛为中心的12° N~18° N海域以及以南沙群岛为中心的12° N以南海域，海水温度常年在20℃以上，盐度高于34，冬、夏之间无显著变化。本海区大致限于70 m等深线以上，平均深度为1 212 m，其中央是4 000 m以上的深海盆地，是一个广阔的深海盆与太平洋沟通，地处热带季风区，海水具有高温、高盐的特征，受热带太平洋水团和进入本海区后变性形成的南海外海水团所控制，具有众多热带珊瑚礁。因此，本海区浮游水母的种类组成是以热带大洋性种类为主要类群。例如，终生浮游的管水母亚纲（88种）、筐水母亚纲（14种）和硬水母亚纲（18种）的种类数均超过其他海区，分别占本海区浮游水母总种类数的35.3%、5.6%和7.2%；而花水母亚纲（83种）和软水母亚纲（45种）都比南海北部少（表3-14）。这显示了本海区热带大洋性质的属性。

3.4.3 中国各海区浮游水母种类的分布区类型

鉴于中国近海记载的水螅虫总纲的许多新记录种类，在地中海、巴布亚新几内亚海区均有分布，因此，大洋动物地理区系或亚区的详细划分不可能与Ekman（1953）和Kramp（1968）相同。本文结合中国近海的地理位置，提出如下动物地理分布区划分模式：

世界分布种（cosmo-politan species，简称“C”）：包括几乎遍及世界各大洋，而没有特殊分布中心的种类；

中国特有种（endemic species to China，简称“E”）：以中国整体海区为中心，而分布界限不超出国境很远，主要是指在中国近海新发现的属或种；

环热带分布种（circumtropical species，简称“CT”）：指普遍分布于东、西半球热带和全世界热带范围内，有一个或数个分布中心的种类，但也有一些环热带分布种可分布于亚热带甚至温带；

北温带分布种（north temperate species，简称“NT”）：一般是指广泛分布于欧洲、亚洲和北美洲温带海区的种类，由于地理和历史原因，有些种类可向南延伸到热带、亚热带甚至远达南半球温带，但其原始类型或分布中心仍在北温带；

印度洋—西太平洋分布种（Indo-West Pacific species，简称“IP”）：本分布区包括印度洋亚区、红海亚区、印度—马来亚亚区、南日本亚区、北澳大利亚亚区以及太平洋岛屿亚区。

上述划分方便适用，与地中海动物地理分布类型的模式基本相似，但也有所不同。

从表3-15中我们可以看出：中国各海区浮游水母北温带分布种以渤海（16种）、黄海（15种）、台湾海峡（15种）和苏南及浙江海区（9种）最多，分别占其海区浮游水母总种类数的40.0%、37.5%、37.5%和22.5%，往南逐渐递减，只占其海区浮游水母总种类数的12.5%~20.0%之间；印度洋—西太平洋分布种以渤海（13种）和黄海（18种）最少，分别占其海区浮游水母总种类数的9.1%和12.6%，其他海区都在24.6%以上，其中以台湾海峡（79种）和南海北部（75种）最多，分别占其海区浮游水母总种类数的55.6%和52.8%，呈现出往南逐渐增加的趋势；环热带分布种（193种）为各海区种类数之冠，占中国海域浮游水母总种类数的30.1%，其中以台湾海峡（106种）、台湾东岸（110种）、南海北部（107种）以及南海中部和南部（128种）居多，分别占其海区浮游水母总种类数的54.9%、56.4%、55.4%和66.6%，其他海区的种类数在47.1%以下，呈现出往北逐渐递减的趋势；世界分布种（20种），占中国海域浮游水母总种类数的3.1%，为所有分布区种类数最少，其种类数在8~12种之间，接近同一水平，但以渤海（5种）最少；中国特有种数量最多，共有246种，占中国海域浮游水母总种类数的38.4%，其中以台湾海峡（147种）最多，占该海区浮游水母总种类数的59.3%，其次为南海北部（103种）及南海中部和南部（37种），分别占其海区浮游水母总种类数的41.9%和15.0%，其他海区的种类数较少，仅2~12种。可见，中国各海区浮游水母种类分布区类型的分布规律是：北温带分布种由北向南逐渐递减，而环热带分布种和印度—西太平洋分布种由北往南逐渐增加，体现出中国近海各种水母的分布和迁移状况。

表 3-15　中国各海区浮游水母种类的分布区类型

分布区类型	种类数		渤海		黄海		苏南及浙江		台湾海峡		台湾东岸		南海北部		南海中、南部	
	T	%	T	%	T	%	T	%	T	%	T	%	T	%	T	%
中国特有种	246	38.4	7	2.8	5	2.0	12	4.9	147	59.3	2	0.8	103	41.9	37	15.0
北温带分布种	40	6.2	16	40.0	15	37.5	9	22.5	15	37.5	8	20.0	6	15.0	5	12.5
印度洋—西太平洋分布种	142	22.2	13	9.1	18	12.6	35	24.6	79	55.6	43	30.2	75	52.8	64	45.0
环热带分布种	193	30.1	8	4.1	25	12.9	91	47.1	106	54.9	110	56.4	107	55.4	128	66.6
世界分布种	20	3.1	5	25.0	8	40.0	9	45.0	11	55.0	8	40.0	12	60.0	8	40.0
合计	641		49	7.6	71	11.1	137	21.4	355	55.4	177	27.6	303	47.3	242	37.8

表 3-16　中国海洋浮游水母种类名录、分布区类型及其图像索引表

（E. 中国特有种；NT. 北温带分布种；CT. 环热带分布种；IP. 印度—西太平洋分布种；C. 世界分布种）

序号	种　　名	渤海	黄海	东　海			南海		分布区类型
				苏南浙江	台湾海峡	台湾东岸	北部	中部南部	
自育水母纲 Class Automedusa Lameere，1920									
筐水母亚纲 Subclass Narcomedusae Haeckel，1879									
间囊水母科 Family Aeginidae Gegenbaur，1857									
	间囊水母属 *Aegina* Eschscholtz，1829								
1	四手间囊水母 *Aegina citrea* Eschscholtz，1829（图 5.1）	+	+	+	+	+	+	+	C
	拟间囊水母属 *Aeginura* Haeckel，1879								
2	八手拟间囊水母 *Aeginura grimaldii* Maas，1904（图 5.2）					+	+	+	C
	刺纹水母属 *Otoporpa* Xu & Zhang，1978								
3	多刺纹水母 *Otoporpa polystriata* Xu & Zhang，1978（图 5.3）				+		+	+	E
	两手筐水母属 *Solmundella* Haeckel，1879								
4	两手筐水母 *Solmundella bitentaculata*（Quoy & Gaimard，1833）（图5.4）	+	+	+	+	+	+	+	C
主囊水母科 Family Cuninidae Bigelow，1913									
	摇篮水母属 *Cunina* Eschscholtz，1829								
5	倍摇篮水母 *Cunina duplicata* Maas，1893（图 5.6）					+			IP
6	果状摇篮水母 *C. frugifera* Kramp，1941（图 5.5）							+	CT
7	八囊摇篮水母 *C. octonaria* McCrady，1859（图 5.8）				+	+	+	+	CT
8	异摇篮水母 *C. peregrine* Bigelow，1909（图 5.9）			+	+	+	+	+	CT
9	吻摇篮水母 *C. proboscidea* E. Metschnikoff & L. Metschnikoff，1871（图 5.7）				+				CT
	嗜阳水母属 *Solmissus* Haeckel，1879								
10	漂白嗜阳水母 *Solmissus albescens*（Gegenbaur，1857）（图 5.10）				+				CT

续表

序号	种名	渤海	黄海	东海			南海		分布区类型
				苏南浙江	台湾海峡	台湾东岸	北部	中部南部	
11	马氏嗜阳水母 *S. marshalli* A. Agassiz & Mayer，1902（图 5.11）					+	+	+	CT
	太阳水母科 Family Solmarisidae Haeckel，1879								
	坚固水母属 *Pegantha* Haeckel，1879								
12	坚固水母 *Pegantha martagon* Haeckel，1879（图 5.14）				+		+	+	C
13	锈色坚固水母 *P. rubiginosa*（Kölliker，1853）（图 5.13）						+	+	CT
14	三叶坚固水母 *P. triloba* Haeckel，1879（图 5.12）				+	+	+	+	CT
	太阳水母属 *Solmaria* Haeckel，1879								
15	黄色太阳水母 *Solmaria flavescens*（Kölliker，1853）（图 5.15）							+	CT
16	太阳水母 *S. leucostyla*（Will，1844）（图 5.16）				+	+	+	+	CT
17	玫瑰太阳水母 *S. rhodoloma*（Brandt，1838）（图 5.17）			+			+		IP
	翼水母科 Family Tetraplatidae Schucher，2007								
	翼水母属 *Tetraplatia* Busch，1851								
18	四脊翼水母 *Tetraplatia volitans* Busch，1851（图 5.18）							+	CT
	硬水母亚纲 Subclass Trachymedusae Haeckel，1866								
	怪水母科 Family Geryoniidae Eschscholtz，1829								
	怪水母属 *Geryonia* Péron & Lesueus，1809								
19	枝管怪水母 *Geryonia proboscidalis*（Forskål，1775）（图 5.19）				+	+	+	+	CT
	小舌水母属 *Liriope* Lesson，1843								
20	四叶小舌水母 *Liriope tetraphylla*（Chamisso & Eysenhardt，1821）（图 5.20）	+	+	+	+	+	+	+	CT
	海棘水母科 Family Halicreatidae Fewkes，1886								
	海棘水母属 *Halicreas* Fewkes，1882								
21	微小海棘水母 *Halicreas minimum* Fewkes，1882（图 5.21）							+	IP

续表

序号	种名	渤海	黄海	东海			南海		分布区类型
				苏南浙江	台湾海峡	台湾东岸	北部	中部南部	
	海盔水母属 *Haliscera* Vanhöffen，1902								
22	角海盔水母 *Haliscera conica* Vanhöffen，1902（图 5.22）							+	CT
23	深水海盔水母 *H. racovitzae*（Maas，1906）（图 5.23）							+	CT
	海生水母属 *Halitrephes* Bigelow，1909								
24	马氏海生水母 *Halitrephes maasi* Bigelow，1909（图 5.24）					+		+	CT
	异手水母属 *Varitentaculata* He，1980								
25	烟台异手水母 *Varitentaculata yantaiensis* He，1980（图 5.25）	+	+						E
	小帽水母科 Family Petasidae Haeckel，1879								
	小帽水母属 *Petasiella* Uchida，1947								
26	异距小帽水母 *Petasiella asymmetrica* Uchida，1947（图 5.26）				+		+		IP
	拟小帽水母属 *Petasus* Haeckel，1879								
27	阿达拟小帽水母 *Petasus atavus* Haeckel，1879（图 5.27）							+	CT
	棍手水母科 Family Rhopalonematidae Russell，1953								
	华丽水母属 *Aglantha* Haeckel，1879								
28	高华丽水母 *Aglantha elata*（Haeckel，1879）（图 5.28）				+	+	+	+	CT
	壮丽水母属 *Aglaura* Péron & Lesueur，1809								
29	半口壮丽水母 *Aglaura hemistoma* Péron & Lesueur，1809（图5.29）		+	+	+	+	+	+	CT
	瓮水母属 *Amphogona* Browne，1905								
30	顶突瓮水母 *Amphogona apicata* Kramp，1957（图 5.30）				+	+	+	+	CT
31	异腺瓮水母 *A. apsteini*（Vanhöffen，1902）（图 5.32）				+	+	+	+	IP
32	微小瓮水母 *A. pusilla* Hartlaub，1909（图 5.31）				+		+	+	IP
	多手水母属 *Arctapodema* Dall，1907								
33	多手水母 *Arctapodema ampla*（Vanhöffen，1902）（图 5.34）				+	+			CT

续表

序号	种　名	渤海	黄海	东海			南海		分布区类型
				苏南浙江	台湾海峡	台湾东岸	北部	中部南部	
34	南极多手水母 *A. antarctica*（Vanhöffen，1902）（图 5.33）				+				C
	短手水母属 *Colobonema* Vanhöffen，1902								
35	红色短手水母 *Colobonema igneum*（Vanhöffen，1902）（图 5.35）				+	+		+	IP
36	虹彩短手水母 *C. sericeum* Vanhöffen，1902（图 5.36）							+	C
	棕壶水母属 *Crossota* Vanhöffen，1902								
37	棕壶水母 *Crossota brunnea* Vanhöffen，1902（图 5.37）							+	C
	内包水母属 *Endocysta* Xu，Huang & Guo，2019								
38	八手内包水母 *Endocysta octonema* Xu，Huang & Guo，2019（图 5.38）				+				E
	同手水母属 *Homoconema* Browne，1903								
39	扁腺同手水母 *Homoconema platygonon* Browne，1903（图 5.39）					+			NT
	淡绿水母属 *Pantachogon* Maas，1893								
40	斯科特淡绿水母 *Pantachogon scotti* Browne，1910（图 5.40）				+	+			CT
	柄腺水母属 *Ransonia* Kramp，1947								
41	克朗柄腺水母 *Ransonia krampi*（Ranson，1932）（图 5.41）				+	+			CT
	棍手水母属 *Rhopalonema* Gegenbaur，1857								
42	墓形棍手水母 *Rhopalonema funerarium* Vanhöffen，1902（图 5.43）			+	+	+		+	CT
43	宽膜棍手水母 *R. velatum* Gegenbaur，1857（图 5.42）			+	+	+	+	+	CT
	胃穴水母属 *Sminthea* Gegenbaur，1857								
44	顶胃穴水母 *Sminthea apicigastrica* Xu，Huang & Du，2009（图 5.44）						+		E

续表

序号	种　名	渤海	黄海	东海			南海		分布区类型
				苏南浙江	台湾海峡	台湾东岸	北部	中部南部	
45	真胃穴水母 *S. eurygaster* Gegenbaur，1857（图 5.45）				+	+		+	CT
	四腺水母属 *Tetrorchis* Bigelow，1909								
46	红胃四腺水母 *Tetrorchis erythrogaster* Bigelow，1909（图 5.46）					+			CT
水螅水母纲 Class Hydroidomedusae Claus，1877									
花水母亚纲 Subclass Anthomedusae Haeckel，1879									
丝螅水母目 Order Filifera Kühn，1913									
	玛吉水母亚目 Suborder Margelina Haeckel，1879								
	澳洲水母科 Family Australomedusidae Russell，1971								
	张氏水母属 *Zhangiella* Bouillon，Gravilis，Pagès，Gili & Boero，2006								
47	双手张氏水母 *Zhangiella bitentaculata*（Xu，Huang & Chen，1991）（图 5.48）				+				E
48	厚伞张氏水母 *Z. condensum* Huang，Zhang et Sun，2020（图 5.50）						+		E
49	东山张氏水母 *Z. dongshanensis*（Xu & Huang，1994）（图 5.49）				+				E
50	南海张氏水母 *Z. nanhainense*（Zhang，1982）（图 5.47）				+		+	+	E
	高手水母科 Family Bougainvillidae Lütken，1850								
	高手水母属 *Bougainvillia* Lesson，1830								
51	橙黄高手水母 *Bougainvillia aurantiaca* Bouillon，1980（图 5.51）			+			+		IP
52	双手高手水母 *B. bitentaculata* Uchida，1925（图 5.53）				+		+	+	IP
53	不列颠高手水母 *B. britannica*（Forbes，1841）（图 5.57）	+	+	+	+		+		C
54	加罗高手水母 *B. carolinensis*（McCrady，1859）（图 5.67）				+	+			NT

续表

序号	种名	渤海	黄海	东海			南海		分布区类型
				苏南浙江	台湾海峡	台湾东岸	北部	中部南部	
55	萍高手水母 *B. chenyapingae* Xu，Huang & Guo，2007（图 5.70）				+				E
56	羽叶高手水母 *B. frondosa* Mayer，1900（图 5.58）				+				IP
57	褐高手水母 *B. fulva* A. Agassiz & Mayer，1899（图 5.60）				+	+		+	IP
58	瓣高手水母 *B. lamellata* Xu，Huang & Lin，2006（图 5.52）			+					E
59	雷州高手水母 *B. leizhouensis* Xu，Guo & Wang，2020（图 5.62）						+		E
60	长柄高手水母 *B. longistyla* Xu & Huang，2004（图 5.56）				+		+		E
61	玛尼高手水母 *B. maniculata* Haeckel，1864（图 5.65）			+					CT
62	鳞茎高手水母 *B. muscus*（Allman，1863）（图 5.66）		+	+	+	+	+	+	C
63	纵芽高手水母 *B. niobe* Mayer，1894（图 5.59）				+		+		CT
64	乳突高手水母 *B. papillaris* Xu，Huang & Guo，2014（图 5.69）				+				E
66	拟扁胃高手水母 *B. paraplatygaster* Xu，Huang & Chen，1991（图 5.55）				+				E
66	扁胃高手水母 *B. platygaster*（Haeckel，1879）（图 5.68）				+	+	+		CT
67	首要高手水母 *B. principis*（Steenstrup，1805）（图 5.61）	+	+						NT
68	网状高手水母 *B. reticulata* Xu & Huang，2006（图 5.63）				+				E
69	盾形高手水母 *B. superciliaris*（L. Agassiz，1849）（图 5.54）		+						NT
70	十字高手水母 *B. vervoorti* Bouillon，1995（图 5.64）						+		IP
	八束水母属 *Koellikerina* Kramp，1939								
71	博氏八束水母 *Koellikerina bouilloni* Kawamura & Kubota，2005（图 5.77）						+		IP
72	缢八束水母 *K. constricta*（Menon，1932）（图 5.71）				+		+		IP
73	双叉八束水母 *K. diforficulata* Xu & Zhang，1978（图 5.74）				+		+		E

续表

序号	种　　名	渤海	黄海	东　海			南海		分布区类型
				苏南浙江	台湾海峡	台湾东岸	北部	中部南部	
74	八束水母 *K. fasciculata*（Péron & Lesueur，1809）（图 5.76）				+		+		C
75	异手八束水母 *K. heteronemalis* Xu，Huang & Chen，1991（图 5.72）				+				E
76	多手八束水母 *K. multicirrata*（Kramp，1928）（图 5.79）						+		IP
77	八手八束水母 *K. octonemalis*（Maas，1905）（图 5.75）						+		IP
78	十字八束水母 *K. staurogaster* Xu & Huang，2004（图 5.78）				+				E
79	台湾八束水母 *K. taiwanensis* Xu，Huang & Chen，1991（图5.73）				+		+		E
	拟线水母属 *Nemopsis* L. Agassiz，1849								
80	贝氏拟线水母 *Nemopsis bachei* L. Agassiz，1849（图 5.81）	+	+	+	+		+		CT
81	六辐拟线水母 *N. hexacanalis* Huang & Xu，1994（图 5.80）				+				E
	单肢水母属 *Nubiella* Bouillon，1980								
82	阿尔单肢水母 *Nubiella alvarinoae*（Segura，1980）（图 5.83）				+		+		IP
83	无乳突单肢水母 *N. apapillaris* Xu，Huang & Guo，2018 （图 5.98）							+	E
84	棍棒单肢水母 *N. claviformis* Xu，Huang & Lin，2009（图 5.90）				+				E
85	锥形单肢水母 *N. conica* Li，Huang & Liu，2016（图 5.92）							+	E
86	粗管单肢水母 *N. crassocanalis* Huang，Xu，Lin & Guo，2012（图 5.93）				+				E
87	球腺单肢水母 *N. globogona* Wang，Guo & Xue，2012（图 5.95）							+	E
88	球形单肢水母 *N. globosa* Lin，Xu & Huang，2012（图 5.94）							+	E
89	细单肢水母 *N. gracilis* Xu，Huang & Zheng，sp.nov.（图 5.96）						+		E
90	半球单肢水母 *N. hemisphaerica* Li，Lin & Chen，2016（图 5.84）							+	E

续表

序号	种名	渤海	黄海	东海			南海		分布区类型
				苏南浙江	台湾海峡	台湾东岸	北部	中部南部	
91	间腺单肢水母 *N. intergona* Xu，Huang & Lin，2009（图 5.91）				+		+		E
92	大胃单肢水母 *N. macrogastera* Xu，Huang & Lin，2009（图 5.100）				+		+		E
93	大腺单肢水母 *N. macrogona* Xu，Huang & Guo，2009（图 5.85）				+		+		E
94	母芽单肢水母 *N. medusifera* Huang，Xu，Lin & Guo，2012（图 5.82）				+				E
95	口刺单肢水母 *N. oralospinella* Xu，Huang & Guo，2009（图 5.89）						+		E
96	乳突单肢水母 *N. papillaris* Xu，Huang & Guo，2009（图 5.97）				+		+		E
97	拟帽单肢水母 *N. paramitra* Xu，Huang & Guo，2007（图 5.86）				+				E
98	中华单肢水母 *N. sinica* Huang，Xu，Lin & Chen，2009（图 5.87）			+	+				E
99	距单肢水母 *N. spura* Xu，Huang & Zheng，sp.nov.（图 5.88）				+				E
100	端球单肢水母 *N. terminaliknoba* Xu，Guo & Wang，2019（图 5.101）						+		E
101	管单肢水母 *N. tubularia* Xu，Huang & Guo，2009（图 5.99）				+		+		E
	粗棒水母属 *Pachycordyle* Weismann，1883								
102	锥形粗棒水母 *Pachycordyle conica* Kramp，1959（图 5.102）				+				IP
	似单肢水母属 *Paranubiella* Xu，Huang and Lin，2018								
103	无手似单肢水母 *Paranubiella atentaculata*（Xu & Huang，2004）（图 5.103）				+				E
104	短柄似单肢水母 *P. brevistylis* Xu，Yang et Huang，2020（图 5.106）						+		E

续表

序号	种名	渤海	黄海	东海			南海		分布区类型
				苏南浙江	台湾海峡	台湾东岸	北部	中部南部	
105	南海似单肢水母 *P. nanhaiensis* Xu，Huang & Guo，2018（图5.104）							+	E
106	深圳似单肢水母 *P. shenzhenensis* Xu，Huang & Wang，2019（图5.105）						+		E
	拟单肢水母属 ***Silhouetta*** Millard & Bouillon，1973								
107	优拟单肢水母 ***Silhouetta uvacarpa*** Millard & Bouillon，1973（图5.107）				+				IP
	枝口水母属 ***Thamnostoma*** Haeckel，1879								
108	天诒枝口水母***Thamnostoma zhengtianyii*** Xu，Zheng et Huang（in press）（图5.108）						+		E
	棒螅水母科 Family Clavidae McCrady，1859								
	海洋水母属 ***Oceania*** Kölliker，1853								
109	囊海洋水母 ***Oceania armata*** Kölliker，1853（图5.109）				+		+		CT
	灯塔水母属 ***Turritopsis*** McCrady，1857								
110	多赫灯塔水母 ***Turritopsis dohrnii***（Weismann，1883）（图5.111）				+				IP
111	灯塔水母 ***T. nutricula*** McCrady，1857（图5.110）	+	+	+	+		+		CT
	刺胞水母科 Family Cytacididae L. Agassiz，1862								
	刺胞水母属 ***Cytaeis*** Eschscholtz，1829								
112	刺胞水母 ***Cytaeis tetrastyla*** Eschscholtz，1829（图5.112）			+	+	+	+	+	CT
	真球水母科 Family Eucodoniidae Schuchert，1996								
	真球水母属 ***Eucodonium*** Hartlaub，1907								
113	双手真球水母 ***Eucodonium bitentaculatum*** Xu，Huang& Guo，2016（图5.114）				+				E

续表

序号	种名	渤海	黄海	东海			南海		分布区类型
				苏南浙江	台湾海峡	台湾东岸	北部	中部南部	
114	短柄真球水母 *E. brevistyle* Xu，Huang & Lin，2016（图 5.115）			+			+		E
115	粗手真球水母 *E. crassonemalis* Xu，Guo & Lin，2019（图 5.116）						+		E
116	长手真球水母 *E. longitentaculatum* Xu，Huang & Wang，2016（图5.113）						+		E
	介螅水母科 Family Hydractiniidae L. Agassiz，1862								
	介螅水母属 *Hydractinia* van Beneden，1841								
117	顶突介螅水母 *Hydractinia apicata*（Kramp，1959）（图 5.126）				+	+	+	+	IP
118	肉质介螅水母 *H. carnea*（M. Sars，1846）（图 5.130）	+		+	+	+	+	+	CT
119	缢介螅水母 *H. constrictura* Huang，Xu & Guo，2015（图 5.124）							+	E
120	东山介螅水母 *H. dongshanensis* Xu & Huang，2006（图 5.120）				+				E
121	广西介螅水母 *H. guangxiensis* Huang，Li & Zhang Chenxiao，2010（图 5.121）						+		E
122	雷州介螅水母 *H. leizhouensis* Huang，Zhang & Yang，2020（图 5.128）						+		E
123	念珠介螅水母 *H. moniliformis* Huang，Zhong & Zhang Yanjun，2010（图 5.118）						+		E
124	叶状介螅水母 *H. phyllosoma* Wang，Huang & Xu，2015（图 5.119）							+	E
125	多手介螅水母 *H. polytentaculata* Xu & Huang，2006（图 5.127）				+				E
126	反曲介螅水母 *H. recurvatus* Lin，Xu，Huang & Wang，2010（图5.125）				+		+		E
127	简单介螅水母 *H. simplex*（Kramp，1928）（图 5.123）					+			IP
128	台湾介螅水母 *H. taiwanensis*（Lin，Xu，Huang & Wang，2010）（图5.129）				+				E

续表

序号	种名	渤海	黄海	东海			南海		分布区类型
				苏南浙江	台湾海峡	台湾东岸	北部	中部南部	
129	图尔介螅水母 *H. tournieri*（Picard & Rahm，1954）（图5.117）					+			IP
130	泡状介螅水母 *H. vacuolata* Xu & Huang，2006（图 5.122）			+	+				E
	拟介螅水母属 *Parahydroctinia* Xu & Huang，2006								
131	三沙拟介螅水母 *Parahydractinia sanshaensis* Xu & Huang，2006（图 5.131）				+				E
	柔毛螅水母科 Family Ptilocodiidae Coward，1909								
	鱼螅水母属 *Hydrichthella* Stechow，1909								
132	珊表鱼螅水母 *Hydrichthella epigorgia* Stechow，1909（图 5.133）			+					IP
133	眼鱼螅水母 *H. ocellata* Xu，Huang & Wang，2017（图 5.132）							+	E
	拟特古水母属 *Tregouboviopsis* Guo，Xu & Huang，2017								
134	主辐拟特古水母 *Tregouboviopsis perradialis*（Xu，Huang & Du，2012）（图 5.134）						+	+	E
	唇腕水母科 Family Rathkeidae Russell，1953								
	异唇腕水母属 *Allorathkea* Schmidt，1972								
135	大胃异唇腕水母 *Allorathkea macrogastrica*（Xu & Huang，1990）（图 5.135）				+				E
	棱水母属 *Lizzia* Forbes，1846								
136	淡黄棱水母 *Lizzia blondina* Forbes，1848（图 5.136）			+			+		CT
137	瘦棱水母 *L. gracilis*（Mayer，1900）（图 5.137）							+	IP
138	八柱棱水母 *L. octostyla*（Haeckel，1879）（图 5.138）				+		+		IP
	拟介穗水母属 *Podocorynoides* Schuchert，2007								
139	小拟介穗水母 *Podocorynoides minima*（Trinci，1903）（图 5.139）	+	+		+	+	+	+	CT

续表

序号	种　　名	渤海	黄海	东　海			南海		分布区类型
				苏南浙江	台湾海峡	台湾东岸	北部	中部南部	
	唇腕水母属 *Rathkea* Brandt，1838								
140	八斑唇腕水母 *Rathkea octopunctata*（M. Sars，1835）（图 5.140）	+	+	+	+				NT
	面具水母亚目 Suborder Pandeida Haeckel，1879								
	深帽水母科 Family Bythotiaridae Maas，1905								
	深眼水母属 *Bythocellata* Nair，1951								
141	基球深眼水母 *Bythocellata bulbiformis* Xu & Huang，2006（图 5.142）				+				E
142	十字深眼水母 *B. cruciformis* Nair，1951（图 5.141）							+	IP
	深帽水母属 *Bythotiara* Günther，1903								
143	顶胃深帽水母 *Bythotiara apicigastera* Xu，Huang & Guo，2008（图5.144）						+		E
144	缩口深帽水母 *B. depressa* Naumov，1960（图 5.145）							+	NT
145	莫氏深帽水母 *B. murrayi* Günther，1903（图 5.143）							+	CT
	萼水母属 *Calycopsis* Fewkes，1882								
146	多手萼水母 *Calycopsis bigelowi* Vanhöffen，1911（图 5.147）				+	+		+	IP
147	乳状萼水母 *C. papillata* Bigelow，1918（图 5.146）							+	CT
	真水母属 *Eumedusa* Bigelow，1920								
148	比鲁真水母 *Eumedusa birulai*（Linke，1913）（图 5.148）	+							NT
149	真水母 *Eumedusa* sp.（图 5.149）							+	E
	郑重水母属 *Gymnogonium* Xu et Huang，1994								
150	郑重水母 *Gymnogonium zhengzhongii* Xu et Huang，1994（图 5.150）				+				E

续表

序号	种　名	渤海	黄海	东海			南海		分布区类型
				苏南浙江	台湾海峡	台湾东岸	北部	中部南部	
	宽管水母属 *Laticanna* Xu，Huang et Du，2018								
151	南海宽管水母 *Laticanna nanhaiensis* Xu，Huang et Wang，2018（图 5.151）							+	E
	原拟帽水母属 *Protiaropsis* Stecohw，1919								
152	隐原拟帽水母 *Protiaropsis anonyma*（Maas，1905）（图 5.155）							+	CT
153	芽原拟帽水母 *P. gemmifera* Xu，Huang & Du，2018 （图 5.154）							+	E
154	小原拟帽水母 *P. minor*（Vanhöffen，1911）（图 5.156）					+	+	+	IP
155	柄原拟帽水母 *P. pedunculata* Xu，Huang & Guo，2016（图 5.152）			+					E
156	四手原拟帽水母*P. tetranema* Xu，Huang & Wang，2016（图 5.153）							+	E
	伪帽水母属 *Pseudotiara* Bouillon，1980								
157	八手伪帽水母 *Pseudotiara octonema* Xu，Huang & Guo，2008（图 5.157）						+		E
158	热带伪帽水母 *P. tropica*（Bigelow，1912）（图 5.158）				+		+	+	IP
	西坡加水母属 *Sibogita* Maas，1905								
159	西坡加水母 *Sibogita geometrica* Maas，1905（图 5.159）						+		CT
	堪拿水母属 *Kanaka* Uchida，1947								
160	大洋堪拿水母 *Kanaka pelagica* Uchida，1947（图 5.160）					+		+	IP
	叶手水母科 Family Niobiidae Petersen，1979								
	叶手水母属 *Niobia* Mayer，1900								
161	叶手水母 *Niobia dendrotentaculata* Mayer，1900（图 5.161）			+	+		+		CT

续表

序号	种名	渤海	黄海	东海			南海		分布区类型
				苏南浙江	台湾海峡	台湾东岸	北部	中部南部	
	面具水母科 Family Pandeidae Haeckel，1879								
	双手水母属 *Amphinema* Haeckel，1879								
162	澳洲双手水母 *Amphinema australis*（Mayer，1900）（图 5.164）			+				+	CT
163	双手水母 *A. dinema*（Péron & Lesueur，1809）（图 5.163）		+	+	+	+	+	+	CT
164	球腺双手水母 *A. globogonia* Xu，Huang & Guo，2008（图 5.166）						+		E
165	气囊双手水母 *A. physophorum*（Uchida，1927）（图 5.168）			+					IP
166	红色双手水母 *A. rubrum*（Kramp，1957）（图 5.167）				+				NT
167	皱口双手水母 *A. rugosum*（Mayer，1900）（图 5.169）		+	+	+	+	+	+	CT
168	青岛双手水母 *A. tsingtauensis*（Kao，Li Fanglu，Chang & Li Hienlun，1958）（图 5.165）		+						E
169	塔形双手水母 *A. turrida*（Mayer，1900）（图 5.162）		+	+	+		+		CT
	连帽水母属 *Annatiara* Russell，1940								
170	近缘连帽水母 *Annatiara affinis*（Hartlaub，1913）（图 5.170）					+		+	CT
	全水母属 *Catablema* Haeckel，1879								
171	囊状全水母 *Catablema vesicarium*（A Agassiz，1862）（图 5.171）		+						NT
	丝帽水母属 *Cirrhitiara* Hartlaub，1913								
172	简丝帽水母 *Cirrhitiara simplex* Xu，Huang & Chen，1991（图 5.172）				+				E
	拟双手水母属 *Codonorchis* Haeckel，1879								
173	无距拟双手水母 *Codonorchis acalcaratus* Xu，Zheng & Huang，sp. nov.（图 5.175）						+		E

续表

序号	种　　名	渤海	黄海	东海			南海		分布区类型
				苏南浙江	台湾海峡	台湾东岸	北部	中部南部	
174	距拟双手水母*C. calcariformis* Xu，Huang & Guo，2009（图 5.174）				+		+		E
175	南海拟双手水母 *C. nanhainensis* Xu，Huang & Guo，2008（图 5.173）						+		E
	海圆水母属 ***Halitholus*** Hartlaub，1913								
176	微海圆水母 *Halitholus pauper* Hartlaub，1913（图 5.177）							+	NT
177	三角海圆水母 *H. triangulus* Xu，Huang & Guo，2014（图 5.176）						+		E
	隔膜水母属 ***Leuckartiara*** Hartlaub，1913								
178	福建隔膜水母 *Leuckartiara fujianensis* Huang，Xu，Lin & Qiu，2008（图 5.183）				+				E
179	圆隔膜水母 *L. gardineri* Browne，1916（图 5.179）					+			IP
180	厦门隔膜水母 *L. hoepplii* Hsu，1928（图 5.188）	+	+	+	+		+		IP
181	江阴隔膜水母 *L. jiangyinensis* Xu & Huang，2004（图 5.182）				+				E
182	南海隔膜水母 *L. nanhaiensis* Huang，Xu & Guo，2019（图 5.189）						+		E
183	漂浮隔膜水母 *L. neustona* Xu & Huang，2004（图 5.184）				+				E
184	八瓣隔膜水母 *L. octona*（Fleming，1823）（图 5.186）			+	+		+		CT
185	八手隔膜水母 *L. octonema* Xu，Huang & Guo，2007（图 5.187）				+		+		E
186	东方隔膜水母 *L. orientalis* Xu，Huang & Chen，1991（图 5.181）				+				E
187	红疣隔膜水母 *L. ruberiverruca* Xu，Guo & Du，2020（图 5.180）							+	E
188	四疣隔膜水母 *L. tetraverruca* Xu，Zheng & Huang（in press）（图5.178）						+		E

续表

序号	种　名	渤海	黄海	东海			南海		分布区类型
				苏南浙江	台湾海峡	台湾东岸	北部	中部南部	
189	挺隔膜水母 *L. zhangraotingae* Xu & Huang，2006（图 5.185）				+				E
	潜水母属 *Merga* Hartlaub，1914								
190	顶红潜水母 *Merga apicirubellus*（Xu，Huang & Guo，2009）（图 5.198）				+			+	E
191	顶斑潜水母 *M. apicispottis*（Xu，Huang & Lin，2009）（图5.200）				+		+		E
192	短距潜水母 *M. brevispura*（Xu，Huang & Guo，2009）（图5.197）						+		E
193	球潜水母 *M. bulbosa* Bouillon，1980（图 5.196）							+	IP
194	粗管潜水母 *M. crassocanalis* Huang J Q，Xu & Huang B B，2019（图 5.191）						+		E
195	长肋潜水母 *M. longicosta* Xu，Huang & Wang，2020（图5.201）							+	E
196	大球潜水母 *M. macrobulbosa* Xu，Huang & Chen，1991（图 5.192）				+				E
197	细潜水母 *M. minutum*（Xu，Huang & Chen，1991）（图 5.193）				+		+		E
198	南海潜水母 *M. nanhaiensis* Xu，Huang & Guo，2018（图 5.194）						+		E
199	南沙潜水母 *M. nanshaensis*（Xu，Huang & Lin，2009）（图 5.190）				+			+	E
200	顶实潜水母 *M. tergestina*（Neppi & Stiasny，1912）（图 5.195）				+		+	+	CT
201	蹄形潜水母 *M. unguliformis*（Xu，Huang & Lin，2009）（图 5.199）				+				E
	尖塔水母属 *Neoturris* Hartlaub，1913								
202	顶管尖塔水母 *Neoturris papua*（Lesson，1843）（图 5.202）							+	IP

续表

序号	种名	渤海	黄海	东海			南海		分布区类型
				苏南浙江	台湾海峡	台湾东岸	北部	中部南部	
203	海洋尖塔水母 *N. pelagica* A. Agassiz & Mayer，1902（图5.203）							+	IP
	八帽水母属 *Octotiara* Kramp，1953								
204	八帽水母 *Octotiara russelli* Kramp，1953（图 5.204）							+	IP
	面具水母属 *Pandea* Lesson，1843								
205	锥形面具水母 *Pandea conica*（Quoy & Gaimand，1827）（图5.205）				+	+	+	+	CT
	拟面具水母属 *Pandeopsis* Kramp，1959								
206	拟面具水母 *Pandeopsis ikarii*（Uchida，1927）（图 5.206）				+		+	+	IP
	圆口水母属 *Stomotoca* L. Agassiz，1862								
207	黑圆口水母 *Stomotoca atra* A. Agassiz，1862（图 5.207）				+				NT
	帝纹水母属 *Timoides* Bigelow，1904								
208	艾格帝纹水母 *Timoides agassizi* Bigelow，1904（图 5.208）						+		IP
209	宽柄帝纹水母 *T. latistyla* Xu，Huang & Guo，2007（图 5.209）				+				E
	枝管水母科 Family Proboscidactylidae Hand et Hendrickson，1950								
	枝管水母属 *Proboscidactyla* Brandt，1835								
210	四枝管水母 *Proboscidactyla flavicirrata* Brandt，1835（图 5.215）	+	+	+	+				NT
211	具芽枝管水母 *P. gemmifera*（Fewkes，1882）（图 5.210）		+	+	+		+	+	CT
212	异枝管水母 *P. mutabilis*（Browne，1902）（图 5.213）	+	+						NT
213	五辐枝管水母 *P. pentacanalis* Xu，Chen & Yang，2020（图 5.211）						+		E
214	六枝管水母 *P. stellata*（Forbes，1846）（图 5.212）		+	+	+			+	CT
215	三叉枝管水母 *P. trifurcata* Xu，Huang & Guo，2019（图 5.214）						+		E
	原帽水母科 Family Protiaridae Haeckel，1879								
	海帽水母属 *Halitiara* Fewkes，1882								
216	美丽海帽水母 *Halitiara formosa* Fewkes，1882（图 5.218）							+	CT

续表

序号	种名	渤海	黄海	东海			南海		分布区类型
				苏南浙江	台湾海峡	台湾东岸	北部	中部南部	
217	刺胞海帽水母 *H. knides* Huang，Xu & Guo，2011（图 5.219）				+				E
218	钝海帽水母 *H. obtusus* Xu & Huang，2004（图 5.216）				+				E
219	台湾海帽水母 *H. taiwanensis* Xu，Huang & Guo，2019（图5.217）				+				E
	拟海帽水母属 *Halitiarella* Bouillon，1980								
220	顶拟海帽水母 *Halitiarella apica* Xu & Huang，2004（图 5.220）				+				E
221	胃叶拟海帽水母 *H. gastrolobus* Xu，Huang & Zheng，sp.nov.（图 5.223）				+				E
222	裸球拟海帽水母 *H. nudibulbus* Xu，Huang & Guo，2010（图 5.222）				+		+		E
223	眼拟海帽水母 *H. ocellata* Bouillon，1980（图 5.221）				+				IP
	宽帽水母属 *Latitiara* Xu& Huang，1990								
224	东方宽帽水母 *Latitiara orientalis* Xu & Huang，1990（图 5.224）				+				E
	拟帽水母属 *Paratiara* Kramp & Damas，1925								
225	拟帽水母 *Paratiara digitalis* Kramp & Damas，1925（图 5.225）				+			+	NT
	头螅水母目 Order Capitata Kühn，1913								
	摩勒水母亚目 Suborder Moerisiida Poche，1914								
	哈利水母科 Family Halimedusidae Arai & Brinckmann-Voss，1980								
	帽铃水母属 *Tiaricodon* Browne，1902								
226	帽铃水母 *Tiaricodon coeruleus* Browne，1902（图 5.226）		+		+		+		NT
	摩勒水母科 Family Moerisiidae Poche，1914								
	摩勒水母属 *Moerisia* Boulenger，1908								
227	摩勒水母 *Moerisia inkermanica*（Paltschikowa-Ostroumova，1925）（图 5.227）				+		+		CT

续表

序号	种名	渤海	黄海	东海			南海		分布区类型
				苏南浙江	台湾海峡	台湾东岸	北部	中部南部	
228	帕尔摩勒水母 *M. pallasi*（Derzharin，1912）（图 5.228）				+				IP
	奥德水母属 *Odessia* Paspaleff，1937								
229	小手奥德水母 *Odessia microtentaculata* Xu，Huang & Chen，1991（图 5.229）				+				E
	球棍螅水母亚目 Suborder Sphaerocorynida Peterson，1990								
	拟棍螅水母科 Family Hydrocorynidae Rees，1957								
	拟棍螅水母属 *Hydrocoryne* Stechow，1907								
230	厚伞拟棍螅水母 *Hydrocoryne condensa* Xu，Huang & Du，2013（图 5.232）							+	E
231	长手拟棍螅水母 *H. longitentaculata* Xu，Huang & Guo，2019（图 5.233）						+		E
232	大胃拟棍螅水母 *H. macrogastera* Xu & Huang，2006（图 5.231）				+				E
233	广口拟棍螅水母 *H. miurensis* Stechow，1907（图 5.230）			+	+				IP
	似镰螅水母科 Family Zancleopsidae Bouillon，1978								
	似镰螅水母属 *Zancleopsis* Hartlaub，1907								
234	棒状似镰螅水母 *Zancleopsis claviformis* Xu，Huang & Zheng，sp.nov.（图 5.236）				+				E
235	双叉似镰螅水母 *Z. dichotoma*（Mayer，1900）（图5.234）					+			IP
236	椭圆似镰螅水母 *Z. oblongus* Xu，Huang & Wang，2016（图 5.235）							+	E
	筒螅水母亚目 Suborder Tubulariida Fleming，1828								
	枝手水母科 Family Cladonemalidae Gegenbaur，1857								
	枝手水母属 *Cladonema* Dujardin，1843								
237	辐状枝手水母 *Cladonema radiatum* Dujardin，1843（图 5.237）		+						CT

续表

序号	种名	渤海	黄海	东海			南海		分布区类型
				苏南浙江	台湾海峡	台湾东岸	北部	中部南部	
	棒状水母科 Family Corymorphidae Allman，1872								
	棒状水母属 *Corymorpha* M. Sars，1835								
238	珠手棒状水母 *Corymorpha nutans* M. Sars，1835（图 5.238）				+				NT
	肋突水母属 *Costa* Huang，Xu & Lin，2012								
239	南海肋突水母 *Costa nanhaiensis* Huang，Xu & Lin，2012（图5.239）							+	E
	真囊水母属 *Euphysora* Maas，1905								
240	背轴真囊水母 *Euphysora abaxialis* Kramp，1962（图 5.255）	+							IP
241	球真囊水母 *E. annulata* Kramp，1928（图 5.248）						+	+	IP
242	顶室真囊水母 *E. apiciloculifera* Xu & Huang，2003（图 5.252）				+		+		E
243	贝氏真囊水母 *E. bigelowi* Maas，1905（图 5.260）		+	+	+	+	+	+	CT
244	褐色真囊水母 *E. brunnescentis* Huang，1999（图 5.257）				+		+		E
245	粗管真囊水母 *E. crassocanalis* Xu & Huang，2003（图 5.258）				+				E
246	福建真囊水母 *E. fujianensis* Xu & Huang，2006（图 5.246）				+				E
247	叉真囊水母 *E. furcata* Kramp，1948（图 5.243）							+	C
248	幼芽真囊水母 *E. gemmifera* Bouillon，1978（图 5.240）							+	IP
249	细真囊水母 *E. gracilis*（Brooks，1882）（图 5.245）	+							CT
250	间腺真囊水母 *E. interogona* Xu & Huang，2003（图 5.256）				+				E
251	刺胞真囊水母 *E. knides* Huang，1999，stat. rev.（图 5.242）				+				E
252	罗源真囊水母 *E. luoyuanensis* Xu，Huang & Yang，2022（图 5.261）				+				E
253	大球真囊水母 *E. macrobulbus* Xu & Huang，2003（图 5.259）				+				E
254	大室真囊水母 *E. macrochambera* Xu，Huang & Zheng，sp. nov.（图5.250）				+				E

续表

序号	种名	渤海	黄海	东海			南海		分布区类型
				苏南浙江	台湾海峡	台湾东岸	北部	中部南部	
255	美济真囊水母 *E. meijiensis* Xu，Huang & Guo，2013（图5.262）							+	E
256	多刺胞真囊水母 *E. multiknoba* Xu，Huang & Guo，2014（图5.254）						+		E
257	帽状真囊水母 *E. pileiformis* Xu，Huang & Guo，2014（图5.253）						+		E
258	硬手真囊水母 *E. solidonema* Huang，1999（图 5.249）				+				E
259	台湾真囊水母 *E. taiwanensis* Xu & Huang，2003（图 5.247）				+				E
260	泡状真囊水母 *E. vacuola* Xu，Huang & Guo，2012（图 5.251）				+		+		E
261	似叉真囊水母 *E. valdiviae* Vanhöffen，1911（图 5.244）						+		IP
262	疣真囊水母 *E. verrucosa* Bouillon，1978（图 5.241）			+	+		+		IP
	单手水母属 *Gotoea* Uchida，1927								
263	正型单手水母 *Gotoea typica* Uchida，1927（图 5.263）						+	+	IP
	梅尔水母属 *Mayeri* Xu，Huang & Guo，2012								
264	粗端梅尔水母 *Mayeri forbesi*（Mayer，1984）（图 5.264）				+	+	+	+	CT
265	间腺梅尔水母 *M. intergona* Huang，Xu & Guo，2012（图5.265）							+	E
	八辐水母属 *Octovannuccia* Xu，Huang & Lin，2010								
266	张金标八辐水母 *Octovannuccia zhangjinbiaoi* Xu，Huang & Lin，2010（图 5.266）				+		+		E
	拟单手水母属 *Paragotoea* Kramp，1942								
267	深水拟单手水母 *Paragotoea bathybia* Kramp，1942（图 5.267）						+		C
	棍螅水母科 Family Corynidae Johnston，1836								
	枝萨水母属 *Cladosarsia* Bouillon，1978								
268	鼓浪枝萨水母 *Cladosarsia gulangensis* Xu & Huang，2006（图 5.269）				+		+		E

续表

序号	种名	渤海	黄海	东海			南海		分布区类型
				苏南浙江	台湾海峡	台湾东岸	北部	中部南部	
269	泉州枝萨水母 *C. quanzhouensis* Huang，Xu，Lin & Qiu，2008（图 5.268）				+				E
270	简单枝萨水母 *C. simplex* Huang，Zhang & Ke，2020（图 5.270）						+		E
	棍螅水母属 *Coryne* Gaertner，1774								
271	细棍螅水母 *Coryne gracilis*（Browne，1902）（图 5.271）				+				CT
272	双球棍螅水母 *C. jeffersoni*（Mayer，1900）（图 5.272）						+		CT
	横萨水母属 *Stauridiosarsia* Mayer，1910								
273	顶平横萨水母 *Stauridiosarsia apiciloflata* Chen et al.，待刊（图 5.280）	+							
274	波克横萨水母 *St. baukalion*（Pagès，Gili & Bouillon，1992）（图 5.279）					+			IP
275	长手横萨水母 *St. japonica* Nagao，1962（图 5.274）				+				NT
276	日本横萨水母 *St. nipponica*（Uchida，1927）（图 5.275）	+	+	+	+	+		+	NT
277	长管横萨水母 *St. ophigaster*（Haeckel，1879）（图 5.276）						+	+	CT
278	延长横萨水母 *St. producta*（Wright，1858）（图 5.273）			+		+			NT
279	泉州横萨水母 *St. quanzhouensis* Xu，Huang & Guo，2014（图 5.277）				+				E
280	厦门横萨水母 *St. xiamenensis*（Xu，Huang & Guo，2014）（图 5.278）				+				E
	斯拉水母属 *Slabberia* Forbes，1846								
281	缢斯拉水母 *Slabberia strangulata*（McCrady，1859）（图 5.281）				+		+		IP
	拟长管水母属 *Dipurenella* Huang，Xu & Guo，2011								
282	东山拟长管水母 *Dipurenella dongshanensis* Huang，Xu & Guo，2011（图 5.282）				+		+		E

续表

序号	种名	渤海	黄海	东海			南海		分布区类型
				苏南浙江	台湾海峡	台湾东岸	北部	中部南部	
	萨氏水母属 *Sarsia* Lesson，1843								
283	短锥萨氏水母 *Sarsia apicula*（Marbach & Shearer，1902）（图 5.283）	+							NT
284	渤海萨氏水母*S. bohaiensis* Xu，Chen & Wang，2022（图 5.284）	+							
285	大胃萨氏水母*S. macrogastera* Xu，Chen & Wang，2022（图 5.286）	+							
286	梨形萨氏水母 *S. piriforma* Edwards，1983（图 5.290）	+							NT
287	首要萨氏水母 *S. princeps*（Haeckel，1879）（图 5.285）		+						C
288	条纹萨氏水母 *S. striata* Edwards，1983（图 5.289）	+							NT
289	管萨氏水母 *S. tubulosa*（M. Sars，1835）（图 5.288）	+							NT
290	绿色萨氏水母 *S. viridis* Brinckmann-Voss，1980（图 5.287）	+							NT
	囊水母科 Family Euphysidae Haeckel，1879								
	刺铃水母属 *Cnidocodon* Bouillon，1978								
291	刺铃水母 *Cnidocodon leopoldi* Bouillon，1978（图 5.292）					+			IP
292	眼刺铃水母 *C. ocellata* Huang，Xu，Lin & Qiu，2008（图5.291）				+				E
293	厦门刺铃水母 *C. xiamenensis*（Zhang & Wu，1981）（图 5.293）				+	+	+	+	E
	囊水母属 *Euphysa* Forbes，1848								
294	耳状囊水母 *Euphysa aurata* Forbes，1848（图 5.294）	+	+	+	+	+	+		C
	内胞水母属 *Euphysilla* Kramp，1955								
295	锥胃内胞水母 *Euphysilla pyramidata* Kramp，1955（图 5.295）				+	+	+	+	IP
296	管内胞水母 *E. tubularia* Huang，Xu & Lin，2015（图 5.296）							+	E
	拟内胞水母属 *Euphysomma* Kramp，1962								
297	短拟内胞水母 *Euphysomma brevia*（Uchida，1947）（图 5.297）				+		+		IP

续表

序号	种　　名	渤海	黄海	东　海			南海		分布区类型
				苏南浙江	台湾海峡	台湾东岸	北部	中部南部	
	似内胞水母属 *Paraeuphysilla* Xu，Huang & Guo，2011								
298	台湾似内胞水母 *Paraeuphysilla taiwanensis* Xu，Huang & Guo，2011（图 5.298）				+				E
	笔螅水母科 Family Pennariidae McCrady，1859								
	笔螅水母属 *Pennaria* Goldfuss，1820								
299	武装笔螅水母 *Pennaria armata* Vanhöffen，1911（图 5.303）					+			IP
300	泡状笔螅水母 *P. blistera* Xu & Huang，2006（图 5.299）				+				E
301	两列笔螅水母 *P. disticha* Goldfuss，1820（图 5.301）			+	+	+	+	+	CT
302	大笔螅水母 *P. grandis* Kramp，1928（图 5.300）					+		+	IP
303	玻璃笔螅水母 *P. vitrea* A. Agassiz & Mayer，1899（图 5.302）			+		+			IP
	筒螅水母科 Family Tubularidae Fleming，1828								
	外肋水母属 *Ectopleura* L. Agassiz，1862								
304	顶囊外肋水母 *Ectopleura apicisacciformis* Xu，Huang & Guo，2007（图 5.306）				+		+		E
305	无手外肋水母 *E. atentaculata* Xu & Huang，2006（图 5.304）				+				E
306	短手外肋水母*E. brevinenma*（Chen，et al.，待刊）（图5.313）								
307	粗管外肋水母 *E. crassocanalis* Huang，Xu & Guo，2011（图 5.312）				+				E
308	东山外肋水母*E. dongshanensis* Xu，Huang & Chen（in press）（图5.311）				+				E
309	杜氏外肋水母 *E. dumortieri*（van Beneden，1844）（图 5.320）	+	+	+	+		+	+	CT
310	延长外肋水母 *E. elongata* Lin，Xu，Huang & Wang，2010（图 5.318）				+				E
311	芽外肋水母 *E. gemmifera* Xu，Huang & Guo，2007（图 5.308）				+				E

续表

序号	种　名	渤海	黄海	东　海			南海		分布区类型
				苏南浙江	台湾海峡	台湾东岸	北部	中部南部	
312	广东外肋水母 *E. guangdongensis* Xu，Huang & Chen，1991（图 5.317）	+			+				E
313	宽外肋水母 *E. latitaeniata* Xu & Zhang，1978（图 5.315）				+		+	+	E
314	顶管外肋水母 *E. minerva* Mayer，1900（图 5.314）	+	+	+	+	+	+	+	CT
315	南海外肋水母 *E. nanhaiensis* Huang，Xu & Lin，2015（图 5.310）							+	E
316	囊外肋水母 *E. sacculifera* Kramp，1957（图 5.309）				+				CT
317	三沙外肋水母*E. sanshaensis* Xu，Huang & Zheng，sp.nov.（图 5.319）				+				E
318	三角外肋水母 *E. triangularis* Lin，Xu，Huang & Wang，2010（图 5.316）				+				E
319	厦门外肋水母 *E. xiamenensis* Zhang & Lin，1984（图 5.305）	+		+	+				E
320	萱外肋水母 *E. xuxuanae* Xu，Huang & Guo，2007（图 5.307）				+		+		E
	斜球水母属 *Hybocodon* L. Agassiz，1860								
321	顶室斜球水母 *Hybocodon apiciloculatus* Xu & Huang，2006（图 5.323）				+				E
322	无手斜球水母 *H. atentaculatus* Uchida，1948（图 5.321）			+					IP
323	八肋斜球水母 *H. octopleurus* Kao，Li Funglu，Chang & Li Hienlun，1958（图 5.324）		+						E
324	芽斜球水母 *H. prolifer* L. Agassiz，1862（图 5.322）				+	+			C
	刺泳水母属 *Plotocnide* Wagner，1885								
325	台湾刺泳水母 *Plotocnide taiwanensis* Huang，Xu & Guo，2010（图 5.325）				+				E

续表

序号	种名	渤海	黄海	东海			南海		分布区类型
				苏南浙江	台湾海峡	台湾东岸	北部	中部南部	
	无球水母属 *Rhabdoon* Keferstein & Ehlers，1861								
326	顶室无球水母 *Rhabdoon apiciloculus* Xu，Huang & Du，2018（图5.327）							+	E
327	宽肋无球水母 *R. laticosta* Xu，Huang & Zheng，sp. nov.（图5.326）						+		E
328	单手无球水母 *R. singulare* Keferstein & Ehlers，1861（图 5.328）					+			IP
	镰螅水母亚目 Suborder Zancleida Russell，1953								
	银币水母科 Family Porpitidae Goldfuss，1818								
	银币水母属 *Porpita* Lamarck，1801								
329	银币水母 *Porpita porpita*（Linnaeus，1758）（图 5.329）			+	+		+	+	CT
	帆水母属 *Velella* Lamarck，1801								
330	帆水母 *Velella velella*（Linnaeus，1758）（图 5.330）			+	+		+	+	CT
	拟镰螅水母科 Family Teissieridae Bouillon，1978								
	拟镰螅水母属 *Teissiera* Bouillon，1974								
331	澳洲拟镰螅水母 *Teissiera australe* Bouillon，1978（图 5.331）				+		+		IP
332	芽体拟镰螅水母 *T. medusifera* Bouillon，1978（图 5.332）				+		+		IP
333	螅芽拟镰螅水母 *T. polypofera* Xu，Huang & Chen，1991（图5.333）				+				E
	镰螅水母科 Family Zancleidae Russell，1953								
	盐棍螅水母属 *Halocoryne* Hadzi，1917								
334	弗雷盐棍螅水母 *Halocoryne frasca* Boero，Bouillon & Gravili，2000（图 5.334）							+	IP
335	东方盐棍螅水母 *H. orientalis*（Browne，1916）（图 5.335）					+		+	IP

续表

序号	种名	渤海	黄海	东海			南海		分布区类型
				苏南浙江	台湾海峡	台湾东岸	北部	中部南部	
	镰螅水母属 *Zanclea* Gegenbaur，1857								
336	顶突镰螅水母 *Zanclea apicata* Xu，Huang & Guo，2008（图 5.338）						+		E
337	托镰螅水母 *Z. apophysis* Xu，Huang & Guo，2008（图 5.341）						+		E
338	嵴状镰螅水母 *Z. costata* Gegenbaur，1857（图 5.336）	+	+	+	+		+	+	IP
339	大囊镰螅水母 *Z. macrocystae*（Xu，Huang & Chen，1991）（图 5.339）				+		+		E
340	母螅镰螅水母 *Z. medusapolypata* Boero，Bouillon & Gravili，2000（图 5.337）						+		IP
341	护镰螅水母 *Z. protecta* Hastings，1930（图 5.340）						+		IP
	兰卡水母亚纲 Subclass Laingiomedusae Bouillon，1978								
	马加水母科 Family Magapiidae Schuchert & Bouillon，2009								
	金德祥水母属 *Jindexiangus* Xu & Huang，2006								
342	金德祥水母 *Jindexiangus statocystus* Xu & Huang，2006（图 5.342）				+				E
	康德水母属 *Kantiella* Bouillon，1978								
343	康德水母 *Kantiella enigmatica* Bouillon，1978（图 5.343）				+				CT
344	棱形康德水母 *K. prismaticus* Xu，Huang & Guo，2014（图 5.344）				+				E
	软水母亚纲 Subclass Leptomedusae Haeckel，1886								
	锥螅水母目 Order Conica Broch，1910								
	多管水母科 Family Aequoreidae Eschscholtz，1829								
	多管水母属 *Aequorea* Pèron & Lesueur，1809								
345	黑背多管水母 *Aequorea atrikeelis* Lin，Xu，Huang & Wang，2009（图 5.349）				+				E

续表

序号	种名	渤海	黄海	东海			南海		分布区类型
				苏南浙江	台湾海峡	台湾东岸	北部	中部南部	
346	澳洲多管水母 *A. australis* Uchida，1947（图 5.345）		+	+	+	+	+	+	IP
347	青色多管水母 *A. coerulescens*（Brandt，1838）（图 5.352）		+						CT
348	锥形多管水母 *A. conica* Browne，1905（图 5.346）		+	+	+		+	+	IP
349	福斯多管水母 *A. forskalea* Péron & Lesueur，1810（图 5.355）				+	+	+		CT
350	球形多管水母 *A. globosa* Eschscholtz，1829（图 5.354）				+		+		IP
351	龚氏多管水母 *A. gongqiuhongae* Huang ，Xu & Guo，2021（图 5.353）						+		E
352	大型多管水母 *A. macrodactyla*（Brandt，1834）（图 5.351）			+	+	+	+		CT
353	南海多管水母 *A. nanhainensis* Xu，Huang & Du，2009（图 5.350）						+		E
354	乳突多管水母 *A. papillata* Huang & Xu，1994（图 5.357）				+		+		E
355	拟四手多管水母 *A. paratetranema* Huang，Xu & Guo，2021（图 5.348）						+		E
356	细小多管水母 *A. parva* Browne，1905（图 5.358）			+	+		+		IP
357	镜形多管水母 *A. pensilis*（Eschscholtz，1829）（图 5.359）			+	+		+		CT
358	台湾多管水母 *A. taiwanensis* Zheng，Lin，Li，Gao，Xu & Huang，2008（图 5.356）				+				E
359	四手多管水母 *A. tetranema* Xu，Huang & Du，2009（图 5.347）						+		E
	胃瘤水母属 *Gangliostoma* Xu，1983								
360	背距胃瘤水母 *Gangliostoma abaxialispura* Xu，Huang & Guo，2019（图 5.362）				+				E
361	大亚湾胃瘤水母 *G. dayaensis* Xu，Huang & Du，2010（图 5.361）						+		E
362	广东胃瘤水母 *G. guangdongensis* Xu，1983（图 5.360）						+		E

续表

序号	种　名	渤海	黄海	东海			南海		分布区类型
				苏南浙江	台湾海峡	台湾东岸	北部	中部南部	
	枝多管水母属 *Zygocanna* Haeckel，1879								
363	无突枝多管水母 *Zygocanna apapillatus* Xu，Huang & Guo，2014（图 5.365）						+		E
364	平枝多管水母 *Z. planatus* Xu，Huang & Wang，2011（图 5.364）				+				E
365	枝多管水母 *Z. vagans* Bigelow，1912（图 5.363）				+				CT
	指突水母科 Family Blackfordiidae Bouillon，1984								
	指突水母属 *Blackfordia* Mayer，1910								
366	指突水母 *Blackfordia manhattensis* Mayer，1910（图 5.368）		+	+			+		NT
367	多手指突水母 *B. polytentaculata* Hsu & Chin，1962（图 5.366）				+		+		E
368	弗州指突水母 *B. virginica* Mayer，1910（图 5.367）			+	+		+		CT
	卷丝水母科 Family Cirrholoveniidae Bouillon，1984								
	卷丝水母属 *Cirrholovenia* Kramp，1959								
369	多手卷丝水母 *Cirrholovenia polynema* Kramp，1959（图 5.369）				+		+	+	IP
370	网状卷丝水母 *C. reticulata* Xu & Huang，2004（图 5.370）				+		+		E
371	四手卷丝水母 *C. tetranema* Kramp，1959（图 5.371）				+		+	+	CT
	侧管水母科 Family Dipleurosomatidae Russell，1953								
	管叉水母属 *Dichotomia* Brooks，1903								
372	管叉水母 *Dichotomia cannoides* Brooks，1903（图 5.372）				+		+	+	CT
	侧管水母属 *Dipleurosoma* Boeck，1861								
373	太平洋侧管水母 *Dipleurosoma pacificum* A. Agassiz & Mayer，1902（图 5.373）				+				CT
374	正型侧管水母 *D. typicum* Boeck，1866（图 5.374）		+						NT

续表

序号	种名	渤海	黄海	东海			南海		分布区类型
				苏南浙江	台湾海峡	台湾东岸	北部	中部南部	
	和平水母科 Family Eirenidae Haeckel，1879								
	和平水母属 *Eirene* Eschscholtz，1829								
375	无疣和平水母 *Eirene averuciformis* Du，Xu，Huang & Guo，2010（图5.388）				+		+		E
376	短腺和平水母 *E. brevigona* Kramp，1959（图 5.394）			+	+	+	+	+	IP
377	短柄和平水母 *E. brevistylis* Huang & Xu，1994（图 5.390）			+	+		+		E
378	拟短柄和平水母 *E. brevistyloides* Xu，Huang & Du，2010（图 5.391）						+		E
379	锡兰和平水母 *E. ceylonensis* Browne，1905（图 5.397）	+	+	+	+	+	+		IP
380	胶州和平水母 *E. chiaochowensis*（Kao，Li Funglu，Chang & Li Hienlun，1958）（图 5.377）		+						E
381	侧扁和平水母 *E. compressa* Xu，Huang & Guo，2019 （图 5.392）				+				E
382	锥形和平水母 *E. conica* Xu，Huang & Du，2010（图 5.380）						+		E
383	埃利和平水母 *E. elliceana*（A. Agassiz & Mayer，1902）（图 5.386）						+		IP
384	球腺和平水母 *E. globogonia* Xu，Huang & Chang（in press）（图5.393）						+		E
385	六辐和平水母 *E. hexanemalis*（Goette，1886）（图 5.375）	+	+	+	+	+	+	+	IP
386	鸡屿和平水母 *E. jiyuensis* Xu，Huang & Liu，sp. nov.（图 5.378）				+				E
387	蟹形和平水母 *E. kambara* A. Agassiz & Mayer，1899（图 5.379）		+		+		+		IP
388	拟柄突和平水母 *E. lacteoides* Kubota & Horita，1992（图 5.385）		+				+		NT

续表

序号	种名	渤海	黄海	东海			南海		分布区类型
				苏南浙江	台湾海峡	台湾东岸	北部	中部南部	
389	大腺和平水母 *E. macrogonia* Huang，Sun et Liu，2019（图 5.389）						+		E
390	细颈和平水母 *E. menoni* Kramp，1953（图 5.395）	+	+	+	+	+	+	+	IP
391	八辐和平水母 *E. octonemalis* Guo，Xu & Huang，2008（图 5.376）				+		+		E
392	帕克和平水母 *E. palkensis* Browne，1905（图 5.396）				+		+		IP
393	塔形和平水母 *E. pyramidalis*（L. Agassiz，1862）（图 5.381）	+	+	+	+		+		IP
394	细腺和平水母 *E. tenuis*（Browne，1905）（图 5.382）				+		+		IP
395	绿色和平水母 *E. viridula*（Péron & Lesueus，1809）（图 5.384）				+			+	CT
396	厦门和平水母 *E. xiamenensis* Huang，Xu & Lin，2010（图 5.383）				+				E
397	湛江和平水母 *E. zhanjiangensis* Huang，Zhang et Zhao，2019（图5.387）						+		E
	蝗贝水母属 *Eugymnanthea* Palombi，1935								
398	日本蝗贝水母 *Eugymnanthea japonica* Kubota，1979（图 5.398）				+		+		IP
	真瘤水母属 *Eutima* McCrady，1859								
399	短柄真瘤水母*E. brevistyla* Xu，Huang & Zheng，sp.nov.（图 5.411）						+		E
400	青色真瘤水母 *Eutima coerulea*（L. Agassiz，1862）（图 5.405）				+	+			IP
401	弯真瘤水母 *E. curva*（Browne，1905）（图 5.407）				+	+	+	+	IP
402	八蕊真瘤水母 *E. gegenbauri*（Haeckel，1864）（图 5.401）		+	+	+	+			CT
403	情帽真瘤水母 *E. gentian*（Haeckel，1879）（图 5.406）				+				IP
404	细真瘤水母 *E. gracilis*（Forbes & Goodsir，1853）（图 5.408）				+	+	+		CT

续表

序号	种　名	渤海	黄海	东　海			南海		分布区类型
				苏南浙江	台湾海峡	台湾东岸	北部	中部南部	
405	日本真瘤水母 *E. japonica* Uchida，1925（图 5.413）				+		+		IP
406	黑疣真瘤水母 *E. krampi* Guo，Xu & Huang，2008（图 5.404）			+	+		+	+	E
407	真瘤水母 *E. levuka*（A. Agassiz & Mayer，1899）（图 5.403）	+	+	+	+	+	+	+	IP
408	怪真瘤水母 *E. mira* McCrady，1859（图 5.400）		+	+	+	+	+		CT
409	端庄真瘤水母 *E. modesta*（Hartlaub，1909）（图 5.412）				+				IP
410	新卡真瘤水母 *E. neucaledonia* Uchida，1964（图 5.410）				+			+	IP
411	塔形真瘤水母*E. pyramidalis* Xu，Huang & Zheng，sp. nov.（图 5.409）						+		E
412	台湾真瘤水母 *E. taiwanensis* Xu，Huang & Guo，2019（图5.399）				+				E
413	异手真瘤水母 *E. variabilis* McCrady，1859（图 5.402）				+		+	+	CT
	强壮水母属 *Eutonina* Hartlaub，1897								
414	印度强壮水母 *Eutonina indicans*（Romanes，1876）（图 5.414）	+							NT
415	真强状水母 *E. scintillans*（Bigelow，1909）（图 5.415）				+				IP
	侧丝水母属 *Helgicirrha* Hartlaub，1909								
416	无突侧丝水母 *H. apapillata* Xu，Chen & Wang，2020（图 5.419）						+		E
417	短柄侧丝水母 *Helgicirrha brevistyla* Xu & Huang，1983（图 5.418）				+		+		E
418	柯氏侧丝水母 *H. cornelii* Bouillon，1984（图 5.423）				+		+		IP
419	芽侧丝水母 *H. gemmifera* Bouillon，1984（图 5.416）				+		+		IP
420	马来侧丝水母 *H. malayensis*（Stiasny，1928）（图 5.421）	+	+	+	+		+		IP
421	母芽侧丝水母 *H. medusifera*（Bigelow，1909）（图 5.417）				+				IP
422	卵形侧丝水母 *H. ovalis* Huang，Xu，Lin & Guo，2010（图5.422）				+				E

续表

序号	种名	渤海	黄海	东海			南海		分布区类型
				苏南浙江	台湾海峡	台湾东岸	北部	中部南部	
423	苏氏侧丝水母 *H. schulzei* Hartlaub，1909（图 5.420）					+			CT
424	波腺侧丝水母 *H. sinuatus* Xu，Huang & Du，2012（图 5.424）						+		E
	伊能水母属 *Irenium* Haeckel，1879								
425	多手伊能水母 *Irenium polynemum* Huang，Xu & Guo，2010（图 5.425）				+				E
	杯水母属 *Phialopsis* Torrey，1909								
426	无疣杯水母 *Phialopsis averruciformis* Huang，Xu & Lin，2013（图 5.426）				+				E
427	迪戈杯水母 *P. diegensis* Torrey，1909（图 5.427）					+			CT
	瘤手水母属 *Tima* Escihscholtz，1829								
428	瘤手水母 *Tima formosa* L. Agassiz，1862（图 5.428）	+	+						NT
	柄杯螅水母科 Family Hebellidae Fraser，1912								
	花柄杯螅水母属 *Anthohebella* Boero，Bouillon & Kubota，1997								
429	偏生花柄杯螅水母 *Anthohebella parasitica*（Clamician，1880）（图5.429）				+				IP
	柄杯螅水母属 *Hebella* Allman，1888								
430	攀缘柄杯螅水母 *Hebella scandens*（Bale，1888）（图 5.430）			+					NT
	十盘水母属 *Staurodiscus* Haeckel，1879								
431	弓状十盘水母 *Staurodiscus arcuatus*（Haeckel，1879）（图 5.432）							+	IP
432	有丝十盘水母 *S. cirrus* Huang，Xu，Guo & Qiu，2010（图 5.439）				+				E
433	粗手十盘水母 *S. crassonema* Wang，Xu，Huang & Lin，2010（图 5.435）				+				E

续表

序号	种名	渤海	黄海	东海			南海		分布区类型
				苏南浙江	台湾海峡	台湾东岸	北部	中部南部	
434	十盘水母 *S. gotoi*（Uchida，1927）（图 5.436）				+				IP
435	宽球十盘水母 *S. latibulbus* Wang，Xu，Huang & Lin，2010（图 5.431）				+				E
436	多管十盘水母 *S. multicanalis* Xu，Huang & Guo，2007（图 5.433）				+				E
437	漂浮十盘水母 *S. neustona* Xu，Huang & Guo，2007（图 5.434）				+				E
438	多手十盘水母 *S. polynema*（Kramp，1959）（图 5.438）				+			+	IP
439	四十盘水母 *S. tetrastaurus* Haeckel，1879（图 5.437）				+				CT
440	越南十盘水母 *S. vietnamensis* Kramp，1962（图 5.440）				+			+	IP
	感棒水母科 Family Laodiceidae L. Agassiz，1862								
	几利水母属 *Guillea* Bouillon，Pagès，Gili，Palanques，Puig & Heussner，2000								
441	大亚湾几利水母 *Guillea dayaensis* Xu，Huang & Du，2013（图 5.441）						+		E
	感棒水母属 *Laodicea* Lesson，1843								
442	印度感棒水母 *Laodicea indica* Browne，1905（图 5.442）			+	+	+	+	+	IP
443	波状感棒水母 *L. undulata*（Forbes & Goodsir，1853）（图 5.443）			+	+		+	+	CT
	梅利水母属 *Melicertissa* Haeckel，1879								
444	东方梅利水母 *Melicertissa orientalis* Kramp，1961（图 5.444）							+	IP
	十胃水母属 *Staurostoma* Haeckel，1879								
445	十胃水母 *Staurostoma* sp. Wang，Xu，Guo，Huang & Lin（图 5.445）							+	E

续表

序号	种名	渤海	黄海	东海			南海		分布区类型
				苏南浙江	台湾海峡	台湾东岸	北部	中部南部	
	触丝水母科 Family Lovenellidae Russell，1953								
	真唇水母属 *Eucheilota* McCrady，1859								
446	贝克真唇水母 *Eucheilota bakeri*（Torrey，1909）（图 5.453）				+		+		CT
447	双手真唇水母*E. bitentaculata* Huang，Li & Zhong，2010（图 5.450）						+		E
448	隆脊真唇水母 *E. carinata* Xu，Huang & Guo，2018（图 5.458）							+	E
449	扭真唇水母 *E. convoluta* Xu，Huang & Guo，2019（图 5.449）				+				E
450	十二囊真唇水母 *E. duodecimalis* A. Agassiz，1862（图 5.446）			+			+	+	CT
451	香港真唇水母 *E. hongkongensis* Xu，Huang & Guo，2014（图 5.457）						+		E
452	大腺真唇水母 *E. macrogona* Zhang & Lin，1984（图 5.456）				+		+	+	E
453	黑球真唇水母 *E. menoni* Kramp，1959（图 5.454）			+	+	+	+	+	IP
454	多丝真唇水母 *E. multicirris* Xu & Huang，1990（图 5.455）				+		+		IP
455	奇异真唇水母 *E. paradoxica* Mayer，1900（图 5.447）				+		+	+	CT
456	热带真唇水母 *E. tropica* Kramp，1959（图 5.451）				+	+	+	+	IP
457	心形真唇水母 *E. ventricularis* McCrady，1859（图 5.448）		+		+		+	+	CT
458	厦门真唇水母 *E. xiamenensis* Xu，Huang & Guo，2014（图 5.452）				+		+		E
	六触丝水母属 *Hexalovenia* Xu，Zheng & Huang（in press）								
459	大亚湾六触丝水母 *Hexalovenia dayaensis* Xu，Zheng & Huang（in press）（图5.459）						+		E
	触丝水母属 *Lovenella* Hincks，1868								
460	四手触丝水母 *Lovenella assimilis*（Browne，1905）（图 5.464）	+	+	+	+		+	+	IP

续表

序号	种名	渤海	黄海	东海			南海		分布区类型
				苏南浙江	台湾海峡	台湾东岸	北部	中部南部	
461	栉形触丝水母 *L. cirrata*（Haeckel，1879）（图 5.461）		+						CT
462	烟管触丝水母 *L. clausa*（Lovén，1836）（图 5.462）		+						NT
463	海沧触丝水母 ***L. haichangensis*** Xu & Huang，1983（图 5.460）				+		+		E
464	大腺触丝水母 *L. macrogona* Lin，Xu Xianzhong，Wang，Xu Zhenzu & Huang，2010（图 5.465）				+		+		E
465	波状触丝水母 *L. sinuosa* Lin，Xu，Huang & Wang，2009（图 5.463）				+				E
	拟触丝水母属 *Paralovenia* Bouillon，1984								
466	两手拟触丝水母 *Paralovenia bitentaculata* Bouillon，1984（图 5.467）				+		+	+	IP
467	宽胃拟触丝水母 *P. latigaster* Xu & Huang，2004（图 5.466）				+		+	+	E
	玛拉水母科 Family Malagazziidae Bouillon，1984								
	玛拉水母属 *Malagazzia* Bouillon，1984								
468	卡玛拉水母 *Malagazzia carolinae*（Mayer，1900）（图 5.471）	+	+	+	+		+	+	IP
469	厚伞玛拉水母 *M. condensum*（Kramp，1953）（图 5.470）				+		+	+	IP
470	弯管玛拉水母 *M. curviductum*（Xu & Zhang，1978）（图 5.469）			+	+		+		E
471	曲玛拉水母 *M. cyphogonia*（He & Xu，1982）（图 5.473）		+						E
472	单管玛拉水母 *M. monocanalis* Xu，Huang & Liu，2006（图5.468）			+					E
473	带腺玛拉水母 *M. taeniogonia*（Chow & Huang，1958）（图5.472）	+	+	+	+		+		E
	八拟杯水母属 *Octophialucium* Kramp，1955								
474	阿弗罗八拟杯水母 *Octophialucium aphrodite*（Bigelow，1919）（图 5.481）							+	IP
475	贝氏八拟杯水母 *O. bigelowi* Kramp，1955（图 5.475）						+		CT

续表

序号	种名	渤海	黄海	东海			南海		分布区类型
				苏南浙江	台湾海峡	台湾东岸	北部	中部南部	
476	宽八拟杯水母 *O. funerarium*（Quoy & Gaimard，1827）（图 5.480）				+		+		CT
477	薇八拟杯水母 *O.huangweiae* Xu，Huang & Guo，2007（图 5.477）				+				E
478	印度八拟杯水母 *O. indicum* Kramp，1958（图 5.479）		+	+	+	+	+	+	IP
479	中型八拟杯水母 *O. medium* Kramp，1955（图 5.476）				+	+	+	+	IP
480	中华八拟杯水母 *O. sinensis* Huang，Xu，Guo & Qiu，2010（图 5.478）				+				E
481	坚实八拟杯水母 *O. solidium*（Menon，1932）（图 5.474）			+	+				IP
	四管水母属 *Tetracanna* Goy，1979								
482	八手四管水母 *Tetracanna octonema* Goy，1979（图 5.482）					+			CT
	海神水母科 Family Melicertidae L. Agassiz，1862								
	拟海神水母属 *Melicertoides* Kramp，1959								
483	八唇拟海神水母 *Melicertoides octolabiatis* Xu，Huang & Chen，1991（图 5.483）				+		+		E
	海神水母属 *Melicertum* L. Agassiz，1862								
484	八棱海神水母 *Melicertum octocostatum*（M. Sars，1835）（图 5.485）				+		+		NT
485	卵形海神水母 *M. ovalis* Huang，Xu & Guo，2019（图 5.484）						+		E
	拟尖塔水母属 *Netocertoides* Mayer，1900								
486	叉管拟尖塔水母 *Netocertoides brachiatum* Mayer，1900（图 5.486）							+	IP

续表

序号	种名	渤海	黄海	东海			南海		分布区类型
				苏南浙江	台湾海峡	台湾东岸	北部	中部南部	
	帽冠水母科 Family Mitrocomidae Haeckel，1879								
	盐生水母属 *Halopsis* A. Agassiz，1863								
487	南海盐生水母 *Halopsis nanhaiensis* Xu，Huang & Guo，2018（图 5.487）							+	E
	拟帽冠水母属 *Mitrocomella* Haeckel，1879								
488	大拟帽冠水母 *Mitrocomella grandis* Kramp，1965（图 5.488）				+				IP
	八管水母科 Family Octocannoididae Bouillon，Boero & Seghers，1991，emended Xu，Huang & Guo，2019								
	八管水母属 *Octocannoides* Menon，1932								
489	眼八管水母 *Octocannoides ocellata* Menon，1932（图 5.490）				+		+		IP
490	带腺八管水母 *O. taeniogonia* Xu & Huang，2004（图 5.489）				+		+		E
491	四手八管水母*O. tetranema* Xu，Huang & Guo，2021（图5.491）						+		E
	柄胃水母属 *Stylogastria*（Xu，Huang & Guo，2019）nom. nov.								
492	多囊柄胃水母 *Stylogastria polycystis*（Xu，Huang & Guo，2019） comb. nov.（图5.492）						+		E
	拟四管水母属 *Tetracannoides* Xu，Huang & Guo，2007								
493	景致拟四管水母 *Tetracannoides jingzhii* Xu，Huang & Guo，2007（图 5.493）				+		+		E
	似杯水母科 Family Phialellidae Russell，1953								
	似杯水母属 *Phialella* Browne，1902								
494	脆弱似杯水母 *Phialella fragilis*（Uchida，1938）（图 5.495）				+		+		IP
495	大腺似杯水母 *P. macrogona* Xu，Huang & Wang，1985（图 5.494）				+				E

续表

序号	种名	渤海	黄海	东海			南海		分布区类型
				苏南浙江	台湾海峡	台湾东岸	北部	中部南部	
496	厦门似杯水母 *P. xiamenensis* Huang，Xu，Lin & Guo，2010（图 5.496）				+				E
	秀氏水母科 Family Sugiuridae Bouillon，1984								
	单管水母属 ***Monocanna*** Xu，Guo & Wang，2019								
497	卵形单管水母 *Monocanna ovale*（Mayer，1900） comb. nov.（图 5.497）				+		+	+	CT
	秀氏水母属 ***Sugiura*** Bouillon，1984								
498	嵊山秀氏水母 *Sugiura chengshanense*（Ling，1937）（图 5.498）	+	+	+	+		+		NT
499	异手秀氏水母 *S. heternema* Xu & Huang，2004（图 5.499）				+				E
	头巾螅水母科 Family Tiarannidae Russell，1940								
	马尔水母属 ***Margalefia*** Pagès，Bouillon & Gili，1991								
500	中型马尔水母 *Margalefia intermedia* Pagès，Bouillon & Gili，1991（图 5.500）				+				IP
	和螅水母属 ***Modeeria*** Forbes，1848								
501	圆形和螅水母 *Modeeria rotunda*（Quoy & Gaimard，1827）（图 5.501）			+					C
	帽形水母科 Family Tiaropsidae Boero，Bouillon & Danovaro，1987								
	拟帽形水母属 ***Tiaropsidium*** Torrey，1909								
502	玫瑰拟帽形水母 *Tiaropsidium roseum*（Maas，1905）（图 5.502）				+	+			IP
	帽形水母属 ***Tiaropsis*** L. Agassiz，1849								
503	多手帽形水母 *Tiaropsis multicirrata*（M. Sars，1835）（图 5.503）		+						NT

续表

序号	种名	渤海	黄海	东海			南海		分布区类型
				苏南浙江	台湾海峡	台湾东岸	北部	中部南部	
	吻螅水母目 Order Proboscoida Broch，1910								
	钟螅水母科 Family Campanulariidae Johnston，1836								
	美螅水母属 *Clytia* Lamouroux，1812								
504	疑美螅水母 *Clytia ambigua*（A. Agassiz & Mayer，1899）（图 5.513）						+		IP
505	单囊美螅水母 *C. folleata*（McCrady，1859）（图 5.517）	+	+	+	+		+		IP
506	球形美螅水母 *C. globosa*（Mayer，1900）（图 5.506）	+							NT
507	细美螅水母 *C. gracilis*（M. Sars，1850）（图 5.514）		+	+			+		IP
508	鼓浪屿美螅水母 *C. gulangensis* He & Zheng，2015（图 5.510）				+				E
509	半球美螅水母 *C. hemisphaerica*（Linnaeus，1767）（图 5.511）	+	+	+	+	+	+	+	IP
510	线美螅水母 *C. linearis*（Thorneley，1900）（图 5.515）			+			+		IP
511	大腺美螅水母 *C. macrogonia* Bouillon，1984（图 5.507）				+		+		IP
512	马来美螅水母 *C. malayense*（Kramp，1961）（图 5.505）				+	+	+	+	IP
513	子茎美螅水母 *C. mccradyi*（Brooks，1888）（图 5.504）				+			+	CT
514	兰吉美螅水母 *C. rangiroae*（A. Agassiz & Mayer，1902）（图 5.516）				+				IP
515	简美螅水母 *C. simplex*（Browne，1902）（图 5.509）				+				IP
516	乌氏美螅水母 *C. uchidai*（Kramp，1961）（图 5.512）				+	+		+	IP
517	厦门美螅水母 *C. xiamenensis* Zhou，Zheng，He，Lin，Cao & Zhang，2013（图 5.508）				+				E
	薮枝螅水母属 *Obelia* Péron & Lesueur，1809								
518	双叉薮枝螅水母 *Obelia dichotoma* Hincke，1868（图 5.520）		+	+	+		+		C
519	曲膝薮枝螅水母 *O. geniculata*（Linnaeus，1758）（图 5.519）	+	+	+	+		+		C

续表

序号	种　　名	渤海	黄海	东　海			南海		分布区类型
				苏南浙江	台湾海峡	台湾东岸	北部	中部南部	
520	长手数枝螅水母 *O. longissima*（Pallas，1766）（图 5.518）		+						C
	无垂水母属 *Orthopyxis* L. Agassiz，1862								
521	缩无垂水母 *Orthopyxis compressa*（Clark，1876）（图 5.522）				+				CT
522	福建无垂水母 *O. fujianensis* Huang & Xu，1994（图 5.523）				+				E
523	舌状无垂水母 *O. integra*（Mac Gillivray，1842）（图 5.521）		+						CT
	假美螅水母属 *Pseudoclytia* Mayer，1900								
524	六辐假美螅水母 *Pseudoclytia hexacanalis*（Xu，Huang & Chen，1991）（图 5.524）				+				E
525	五假美螅水母 *P. pentata* Mayer，1900（图 5.525）							+	CT
	拟杯水母科 Family Phialuciidae Kramp，1955								
	拟杯水母属 *Phialucium* Maas，1905								
526	真拟杯水母 *Phialucium mbenga*（A. Agassiz & Mayer，1899）（图5.526）		+	+	+	+		+	IP
淡水水母亚纲 Subclass Limnomedusae Kramp，1938									
	花笠水母科 Family Olindiidae Haeckel，1879								
	钩手水母属 *Gonionemus* A. Agassiz，1862								
527	浙江钩手水母 *Gonionemus chekiangensis* Ling，1937（图 5.527）		+	+					E
528	钩手水母 *G. vertens* A. Agassiz，1862（图 5.528）	+	+	+					NT
	心管水母属 *Maeotias* Ostroumoff，1896								
529	缘心管水母 *Maeotias marginata*（Modeer，1791）（图 5.529）				+				CT
	似钩手水母属 *Scolionema* Kishinouye，1910								
530	似钩手水母 *Scolionema suvaense*（A. Agassiz & Mayer，1899）（图5.530）				+		+	+	IP

续表

序号	种　　名	渤海	黄海	东　海			南海		分布区类型
				苏南浙江	台湾海峡	台湾东岸	北部	中部南部	
	瓦伦水母属 *Vallentinia* Browne，1902								
531	加布瓦伦水母 *Vallentinia gabriellae* Vannucci Mendes，1948（图5.531）				+				CT
	管水母亚纲 Subclass Siphonophorae Eschscholtz，1829								
	囊泳目 Order Cystonectae Haeckel，1887								
	僧帽水母科 Family Physaliidae Brandt，1834								
	僧帽水母属 *Physalia* Lamarck，1801								
532	僧帽水母 *Physalia physalis* Linnaeus，1758（图 5.532）			+			+		CT
	根水母科 Family Rhizophysidae Péron & Lesueur，1807								
	根水母属 *Rhizophysa* Péron & Lesueus，1807								
533	丝根水母 *Rhizophysa filiformis*（Forskål，1775）（图 5.533）			+	+		+	+	CT
	胞泳目 Order Physonectae Haeckel，1888								
	盛装水母科 Family Agalmatidae Brandt，1834								
	盛装水母属 *Agalma* Eschscholtz，1825								
534	华丽盛装水母 *Agalma elegans*（M. Sars，1846）（图 5.535）		+	+	+	+	+	+	CT
535	盛装水母 *A. okeni* Eschscholtz，1825（图 5.534）			+	+	+	+	+	CT
	舟形水母属 *Bargmannia* Totton，1954								
536	舟形水母 *Bargmannia elongata* Totton，1954（图 5.536）							+	CT
	心钟水母属 *Cordagalma* Totton，1932								
537	心钟水母 *Cordagalma cordiformis* Totton，1932（图 5.537）			+		+			CT
	海冠水母属 *Halistemma* Huxley，1859								
538	海冠水母 *Halistemma rubrum*（Vogt，1852）（图 5.539）			+	+	+	+	+	CT
539	纹海冠水母 *H. striata* Totton，1965（图 5.538）					+			CT

续表

序号	种名	渤海	黄海	东海			南海		分布区类型
				苏南浙江	台湾海峡	台湾东岸	北部	中部南部	
	里纳水母属 *Lychnagalma* Haeckel，1888								
540	三尖里纳水母 *Lychnagalma utricularia*（Claus，1879）（图5.540）					+			CT
	马鲁水母属 *Marrus* Totton，1954								
541	南极马鲁水母 *Marrus antarcticus* Totton，1954（图 5.542）					+			CT
542	直蕉马鲁水母 *M. orthocanna*（Kramp，1942）（图 5.543）					+			CT
543	拟直蕉马鲁水母 *M. orthocannoides* Totton，1954（图 5.541）					+			IP
	小型水母属 *Nanomia* A. Agassiz，1865								
544	性轭小型水母 *Nanomia bijuga*（Delle Chiaje，1841）（图 5.544）			+	+	+	+	+	CT
545	小型水母 *N. cara* A. Agassiz，1865（图 5.545）					+		+	CT
	花篮水母科 Family Athorybiidae Huxley，1859								
	花篮水母属 *Athorybia* Eschscholtz，1829								
546	玫瑰花篮水母 *Athorybia rosacea*（Forskål，1775）（图 5.546）					+		+	CT
	瓜果水母属 *Melophysa* Haeckel，1888								
547	瓜果水母 *Melophysa melo*（Quoy & Gaimard，1824）（图 5.547）							+	CT
	离翼水母科 Family Apolemidae Huxley，1859								
	离翼水母属 *Apolemia* Eschscholtz，1829								
548	浆果离翼水母 *Apolemia uvaria*（Lesueur，1811）（图 5.548）					+			CT
	袋囊水母属 *Tottonia* Margulis，1976								
549	弯皱袋囊水母 *Tottonia contorta* Margulis，1976（图 5.549）					+		+	IP
	埃伦水母科 Family Erennidae Pugh，2001								
	埃伦水母属 *Erenna* Bedot，1904								
550	理查埃伦水母 *Erenna richardi* Bedot，1904（图 5.550）					+			CT

续表

序号	种名	渤海	黄海	东海			南海		分布区类型
				苏南浙江	台湾海峡	台湾东岸	北部	中部南部	
	歪钟水母科 Family Forskaliidae Haeckel，1888								
	歪钟水母属 *Forskalia* Kölliker，1853								
551	楔形歪钟水母 *Forskalia cuneata* Chun，1888（图 5.551）							+	CT
552	歪钟水母 *F. edwardsi* Kölliker，1853（图 5.553）			+	+	+	+	+	CT
553	洛加歪钟水母 *F. leuckarti* Bedot，1893（图 5.552）					+			CT
	鳚泳水母科 Family Nectalidae Haeckel，1888								
	鳚泳水母属 *Nectalia* Haeckel，1888								
554	鳚泳水母 *Nectalia loligo* Haeckel，1888（图 5.554）							+	IP
	气囊水母科 Family Physophoridae Eschscholtz，1829								
	气囊水母属 *Physophora* Forskål，1775								
555	气囊水母 *Physophora hydrostatica* Forskål，1775（图 5.555）		+	+	+	+	+	+	CT
	钟泳目 Order Calycophorae Leuckart，1854								
	多面水母科 Family Abylidae L. Agassiz，1862								
	多面水母亚科 Subfamily Abylinae L. Agassiz，1862								
	多面水母属 *Abyla* Quoy & Gaimard，1827								
556	双翼多面水母 *Abyla bicarinata* Moser，1925（图 5.559）			+				+	CT
557	小双翼多面水母 *A. brownia* Sears，1953（图 5.558）							+	CT
558	横棱多面水母 *A. haeckeli* Lens & van Riemsdijk，1908（图 5.556）			+		+	+	+	CT
559	狭腹多面水母 *A. ingeborgae* Sears，1953（图 5.557）					+		+	CT
560	顶大多面水母 *A. schmidti* Sears，1953（图 5.561）			+		+	+	+	CT
561	三角多面水母 *A. trigona* Quoy & Gaimard，1827（图 5.560）			+	+	+	+	+	CT

续表

序号	种　名	渤海	黄海	东　海			南海		分布区类型
				苏南浙江	台湾海峡	台湾东岸	北部	中部南部	
	角舟水母属 *Ceratocymba* Chun，1888								
562	齿角舟水母 *Ceratocymba dentata*（Bigelow，1918）（图 5.563）							+	CT
563	中型角舟水母 *C. intermedia* Sears，1953（图 5.564）						+		CT
564	四角舟水母 *C. leuckarti*（Huxley，1859）（图 5.562）			+	+	+	+	+	CT
565	矢角舟水母 *C. sagittata*（Quoy & Gaimard，1827）（图 5.565）					+		+	CT
	拟多面水母亚科 Subfamily Abylopsinae Totton，1954								
	拟多面水母属 *Abylopsis* Chun，1888								
566	小拟多面水母 *Abylopsis eschscholtzi*（Huxley，1859）（图 5.566）			+	+	+	+	+	CT
567	方拟多面水母 *A. tetragona*（Otto，1823）（图 5.567）			+	+	+	+	+	CT
	巴斯水母属 *Bassia* L. Agassiz，1862								
568	巴斯水母 *Bassia bassensis*（Quoy & Gaimard，1833）（图 5.568）			+	+	+	+	+	CT
	九角水母属 *Enneagonum* Quoy & Gaimard，1827								
569	晶莹九角水母 *Enneagonum hyalinum* Quoy & Gaimard，1827（图 5.569）			+	+	+	+	+	CT
570	长棱九角水母 *E. searsae* Alvariño，1968（图 5.570）			+		+	+	+	IP
	双体水母科 Family Clausophyidae Totton，1965								
	角锥水母属 *Chuniphyes* Lens & van Riemsdijk，1908								
571	钝齿角锥水母 *Chuniphyes moserae* Totton，1954（图 5.572）						+	+	CT
572	多齿角锥水母 *C. multidentata* Lens & van Riemsdijk，1908（图 5.571）			+				+	CT
	双体水母属 *Clausophyes* Lens & van Riemsdigk，1908								
573	盔形双体水母 *Clausophyes galeata* Lens & van Riemsdijk，1908（图5.573）			+				+	CT

续表

序号	种名	渤海	黄海	东海			南海		分布区类型
				苏南浙江	台湾海峡	台湾东岸	北部	中部南部	
574	中粗双体水母 *C. moserae* Margulis，1988（图 5.575）			+		+	+	+	CT
575	卵形双体水母 *C. ovala*（Keferstein & Ehlers，1860）（图5.574）			+		+		+	CT
	晶体水母属 *Crystallophyes* Moser，1925								
576	晶体水母 *Crystallophyes amygdalina* Moser，1925（图 5.576）							+	CT
	异塔水母属 *Heteropyramis* Moser，1925								
577	色斑异塔水母 *Heteropyramis maculata* Moser，1925（图 5.577）			+				+	CT
	双生水母科 Family Diphyidae Quoy & Gaimard，1827								
	双生水母亚科 Subfamily Diphyinae Moser，1925								
	爪室水母属 *Chelophyes* Totton，1932								
578	爪室水母 *Chelophyes appendiculata*（Eschscholtz，1829）（图 5.578）		+	+	+	+	+	+	CT
579	扭歪爪室水母 *C. contorta*（Lens & van Riemsdijk，1908）（图 5.579）		+	+	+	+	+	+	IP
	单板水母属 *Dimophyes* Moser，1925								
580	北极单板水母 *Dimophyes arctica* Chun，1897（图 5.580）			+		+		+	C
	双生水母属 *Diphyes* Cuvier，1817								
581	拟双生水母 *Diphyes bojani*（Eschscholtz，1829）（图 5.583）			+	+	+	+	+	CT
582	双生水母 *D. chamissonis* Huxley，1859（图 5.581）		+	+	+	+	+	+	CT
583	异双生水母 *D. dispar* Chamisso & Eysenhardt，1821（图 5.582）			+	+	+	+	+	CT
	真光水母属 *Eudoxia* Totton，1954								
584	大真光水母 *Eudoxia macra* Totton，1954（图 5.614）			+	+	+		+	CT
	尖角水母属 *Eudoxoides* Huxley，1859								
585	尖角水母 *Eudoxoides mitra*（Huxley，1859）（图 5.584）			+	+	+	+	+	CT

续表

序号	种名	渤海	黄海	东海			南海		分布区类型
				苏南浙江	台湾海峡	台湾东岸	北部	中部南部	
586	螺旋尖角水母 *E. spiralis*（Bigelow，1911）（图 5.585）		+	+	+	+	+	+	CT
	浅室水母属 *Lensia* Totton，1932								
587	阿奇浅室水母 *Lensia achilles* Totton，1941（图 5.601）					+			CT
588	阿贾浅室水母 *L. ajax* Totton，1941（图 5.605）					+			CT
589	粗体浅室水母 *L. baryi* Totton，1965（图 5.595）			+				+	CT
590	拟铃浅室水母 *L. campanella*（Moser，1925）（图 5.589）			+	+	+	+	+	CT
591	粗管浅室水母 *L. canopusi* Stepanjants，1977（图 5.586）			+	+			+	IP
592	异板浅室水母 *L. challengeri* Totton，1954（图 5.593）			+		+		+	IP
593	锥体浅室水母 *L. conoidea*（Keferstein & Ehlers，1860）（图 5.596）			+	+	+	+	+	CT
594	心形浅室水母 *L. cordata* Totton，1965（图 5.600）							+	IP
595	微脊浅室水母 *L. cossack* Totton，1941（图 5.590）			+	+	+	+	+	CT
596	埃克浅室水母 *L. exeter* Totton，1941（图 5.607）					+			CT
597	低体浅室水母 *L. fowleri*（Bigelow，1911）（图 5.598）			+		+	+	+	CT
598	十棱浅室水母 *L. grimaldi* Leloup，1933（图 5.608）					+		+	CT
599	哈迪浅室水母 *L. hardy* Totton，1941（图 5.599）					+			CT
600	奥斯浅室水母 *L. hostile* Totton，1941（图 5.604）					+			CT
601	小体浅室水母 *L. hotspur* Totton，1941（图 5.597）			+		+	+	+	CT
602	细条浅室水母 *L. leloupi* Totton，1954（图 5.591）			+		+	+	+	CT
603	多棱浅室水母 *L. lelouveteau* Totton，1941（图 5.606）			+		+		+	CT
604	垂板浅室水母 *L. meteori*（Leloup，1934）（图 5.588）			+		+	+	+	CT
605	七棱浅室水母 *L. multicristata*（Moser，1925）（图 5.602）			+		+	+	+	CT
606	拟七棱浅室水母 *L. multicristatoides* Zhang & Lin，1987（图5.603）							+	E

续表

序号	种　　名	渤海	黄海	东海			南海		分布区类型
				苏南浙江	台湾海峡	台湾东岸	北部	中部南部	
607	细浅室水母 *L. subtilis*（Chun，1886）（图 5.587）			+	+	+	+	+	CT
608	拟细浅室水母 *L. subtiloides*（Lens & van Riemsdijk，1908）（图 5.594）		+	+	+	+	+	+	CT
609	短棱浅室水母 *L. tottoni* Daxiel & Daniel，1963（图 5.592）			+		+	+	+	CT
	五角水母属 *Muggiaea* Busch，1851								
610	大西洋五角水母 *Muggiaea atlantica* Cunningham，1892（图 5.612）	+	+	+	+	+	+	+	NT
611	柔弱五角水母 *M. bargmannae* Totton，1954（图 5.609）					+			C
612	短体五角水母 *M. delsmani* Totton，1954（图 5.613）							+	IP
613	全七棱五角水母 *M. havock*（Totton，1941）（图 5.610）							+	NT
614	高知五角水母 *M. kochi*（Will，1844）（图 5.611）				+	+			NT
	网棱水母亚科 Subfamily Giliinae Pugh et Pagès，1995								
	网棱水母属 *Gilia* Pugh et Pagès，1995								
615	网棱水母 *Gilia reticulata*（Totton，1954）（图 5.615）							+	CT
	无棱水母亚科 Subfamily Sulculeolariinae Totton，1954								
	无棱水母属 *Sulculeolaria* Blainville，1834								
616	狭无棱水母 *Sulculeolaria angusta* Totton，1954（图 5.622）				+	+		+	CT
617	宽板无棱水母 *S. bigelowi*（Sears，1950）（图 5.620）			+		+	+	+	IP
618	双叶无棱水母 *S. biloba*（M. Sars，1846）（图 5.621）			+	+	+	+	+	CT
619	手套无棱水母 *S. brintoni* Alvariño，1968（图 5.616）						+	+	IP
620	长囊无棱水母 *S. chuni*（Lens & van Riemsdijk，1908）（图 5.619）			+	+	+	+	+	CT
621	五齿无棱水母 *S. monoica*（Chun，1888）（图 5.617）			+	+	+	+	+	CT
622	四齿无棱水母 *S. quadrivalvis* Blainville，1834（图 5.618）			+	+	+	+	+	CT

续表

序号	种　　名	渤海	黄海	东　海			南海		分布区类型
				苏南浙江	台湾海峡	台湾东岸	北部	中部南部	
623	膨大无棱水母 *S. turgida*（Gegenbaur，1853）（图 5.623）			+	+	+	+	+	CT
	马蹄水母科 Family Hippopodiidae Kölliker，1853								
	马蹄水母属 *Hippopodius* Quoy et Gaimard，1827								
624	马蹄水母 *Hippopodius hippopus*（Forskål，1776）（图 5.624）			+	+	+	+	+	CT
	拟蹄水母属 *Vogtia* Kölliker，1853								
625	光滑拟蹄水母 *Vogtia glabra* Bigelow，1918（图 5.625）			+	+	+	+	+	CT
626	小口拟蹄水母 *V. microsticella* Zhang & Lin，1990（图 5.626）			+		+		+	E
627	五棘拟蹄水母 *V. pentacantha* Kölliker，1853（图 5.628）					+		+	CT
628	齿棱拟蹄水母 *V. serrata*（Moser，1925）（图 5.629）			+	+			+	CT
629	疣拟蹄水母 *V. spinosa* Keferstein & Ehlers，1861（图 5.627）					+	+	+	CT
	帕腊水母科 Family Prayidae Kölliker，1853								
	双钟水母亚科 Subfamily Amphicaryoninae Chun，1888								
	双钟水母属 *Amphicaryon* Chun，1888								
630	尖囊双钟水母 *Amphicaryon acaule* Chun，1888（图 5.631）			+	+	+	+	+	CT
631	支管双钟水母 *A. ernesti* Totton，1954（图 5.630）			+		+	+	+	CT
631	盾状双钟水母 *A. peltifera*（Haeckel，1888）（图 5.632）			+		+	+	+	CT
	帕腊水母亚科 Subfamily Prayinae Chun，1897								
	链钟水母属 *Desmophyes* Haeckel，1888								
633	链钟水母 *Desmophyes annectens* Haeckel，1888（图 5.633）			+					CT
	百合水母属 *Lilyopsis* Chun，1885								
634	粉红百合水母 *Lilyopsis rosea* Chun，1885（图 5.634）							+	CT

续表

序号	种名	渤海	黄海	东海			南海		分布区类型
				苏南浙江	台湾海峡	台湾东岸	北部	中部南部	
	帕腊水母属 *Praya* Blainville，1834								
635	不定帕腊水母*Praya dubia*（Quoy & Gaimard，1833）（图5.636）			+				+	CT
636	网管帕腊水母 *P. reticulata*（Bigelow，1911）（图 5.635）			+		+		+	NT
	玫瑰水母属 *Rosacea* Quoy et Gaimard，1827								
637	船形玫瑰水母 *Rosacea cymbiformis*（Chiaje，1822）（图 5.637）					+			CT
638	褶玫瑰水母 *R. plicata* Quoy & Gaimard，1827（图 5.638）			+	+	+	+	+	CT
	花冠水母属 *Stephanophyes* Chun，1888								
639	华美花冠水母 *Stephanophyes superba* Chun，1888（图 5.639）						+		CT
	泳球水母科 Family Sphaeronectidae Huxley，1859								
	泳球水母属 *Sphaeronectes* Huxley，1859								
640	弱球水母 *Sphaeronectes fragilis* Carré，1968（图 5.641）						+		CT
641	细球水母 *S. gracilis*（Claus，1873）（图 5.640）			+	+	+	+	+	CT

参考文献

［1］马喜平，孙松，高尚武.胶州湾水母类生态的初步研究Ⅰ.群落结构及其年季变化［J］.海洋科学集刊，2000a，42：91–99.

［2］马喜平，孙松，高尚武.胶州湾水母类生态的初步研究Ⅱ.数量时空变化及同环境因子的关系［J］.海洋科学集刊，2000b，42：100–107.

［3］马喜平，高尚武.渤海水母类生态的初步研究——种类组成、数量分布与季节变化［J］.生态学报，2000，20（4）：533–540.

［4］王真良.黄海区水母类的生态研究［J］.黄渤海海洋，1996，14（1）：41–50.

［5］朱长寿，吴金镯，林元烧，等.浮游生物的种类组成与数量分布［M］//福建海洋研究所.台湾海峡中、北部海洋综合调查研究报告.北京：科学出版社，1988：259–305，398–399.

［6］刘玉爱，叶华臣.南海北部大陆架浮游水母类的调查研究［M］//国家海洋局南海分局，国家水产总局南海水产研究所.南海北部大陆架外海底拖网鱼类资源调查报告集（下册）.广州：国家水产总局南海水产研究所，1979：569–587.

［7］刘红斌.1986年春季东海黑潮区管水母类组成与分布的初步研究［M］//国家海洋局科技司.黑潮调查研究论文选（一）.北京：海洋出版社，1990：267–276.

［8］刘红斌，张金标.浙江近海一断面水螅水母类和管水母类垂直分布和昼夜垂直移动的初步研究［J］.东海海洋，1989，7（2）：51–59.

［9］许振祖.台湾海峡西南部水螅水母的生态研究［J］.海洋学报，1983b，5（1）：91–101.

［10］许振祖，黄加祺.九龙江口水螅水母、管水母、钵水母和栉水母类的生态研究［J］.厦门大学学报（自然科学版），1983b，22（3）：364–374.

［11］许振祖，黄加祺，王文樵.厦门港水母类昼夜垂直移动的初步研究［J］.厦门大学学报（自然科学版），1985b，24（4）：501–507.

［12］许振祖，黄加祺，林茂，等.中国近海水螅虫总纲生态动物地理学研究［C］//林茂，王春光，主编.第一届海峡两岸海洋生物多样性研讨会文集.北京：海洋出版社，2012a：273–294.

［13］许振祖，黄加祺，林茂，等.中国刺胞动物水螅虫总纲（上册、下册）［M］.北京：海洋出版社，2014：915.

［14］许振祖，黄加祺，郭东晖，等.中国海域浮游水母物种多样性及分布模式//许振祖.海洋动物资源开发及可持续利用研究.沈阳：辽宁教育出版社，2019：163–236.

［15］余佩纹.台湾南部及北部海域管水母群聚之季节动态［D］.高雄：台湾中山大学海洋生物科技暨资源研究所硕士论文，2006：1–118.

［16］余淑枫.台湾海域管水母群聚之时空分布及其与水文环境之相关性［D］.高雄：台湾中山大学海洋生物科技暨资源研究所硕士论文，2006：1–119.

［17］张万钧.台湾周边海域水螅水母群聚之时空分布及其与水文环境之相关性［D］.

高雄：台湾中山大学海洋生物科技暨资源研究所硕士论文，2008：1–139.

［18］张芳，孙松，李超伦.海洋水母类生态学研究进展［J］.自然科学进展，2009，19（2）：121–130.

［19］张芳，孙松，杨波.胶州湾水母类生态学研究I.种类组成与群落特征［J］.海洋与湖沼，2005a，36（6）：507–517.

［20］张芳，杨波，张光涛.胶州湾水母类生态研究Ⅱ.优势种丰度的时空分布［J］.海洋与湖沼，2005b，36（6）：518–526.

［21］张金标.江苏、浙江沿海水螅水母类和栉水母类的调查研究［J］.海洋科技，1977（7）：95–107.

［22］张金标.中国海域水螅水母类区系的初步分析［J］.海洋学报，1979，1（1）：127–137.

［23］张金标.中国海洋浮游管水母类［M］.北京：海洋出版社，2005：1–151.

［24］张金标，许振祖.福建沿海水母类的调查研究IV.南部沿海浮游水母类的分布［J］.海洋科技，1975，（5）：1–14.

［25］张金标，许振祖.中国海管水母类的地理分布［J］.厦门大学学报（自然科学版），1980，19（3）：100–109.

［26］张金标，林茂.南海管水母类的生态地理学研究［J］.海洋学报，1997，19（4）：121–131.

［27］张金标，林茂.台湾海峡西部海域水螅水母类和管水母类的垂直分布［J］.台湾海峡，2001b，20（1）：1–8.

［28］张金标，黄将修，连光山，等.台湾南湾秋末冬初浮游管水母类种类多样性和数量分布［J］.热带海洋学报，2005，24（1）：41–49.

［29］陈清潮，张谷贤，陈柏云.西沙、中沙群岛周围海域浮游动物平面分布和垂直分布［M］//中国科学院南海海洋研究所.我国西沙、中沙群岛海域海洋生物调查研究报告集.北京：海洋出版社，1978：63–74.

［30］林元烧.台湾海峡中、北部浮游水母的种类分布［J］.厦门大学学报（自然科学版），1994，33（增刊）：165–172.

［31］林茂.大亚湾水母类的分类和区系［M］//国家海洋局第三海洋研究所.大亚湾海洋生态文集（I）.北京：海洋出版社，1989a：59–65.

［32］林茂.台湾海峡西部水域管水母的生态研究［J］.海洋通报，1989b，8（3）：65–71.

［33］林茂.南海中部管水母类生态的初步研究［J］.海洋学报，1992，14（2）：99–105.

［34］林茂，张金标.厦门港及邻近海域水螅水母类、管水母类和栉水母类的生态研究［J］.海洋学报，1989a，11（4）：493–500.

［35］林茂，张金标.台湾海峡西部海域水螅水母类和栉水母类的生态研究［J］.海洋学报，1989b，11（5）：621–628.

［36］林盛.大亚湾水螅类生态初步研究［M］//国家海洋局第三海洋研究所.大亚湾海洋生态文集（Ⅱ）.北京：海洋出版社，1990：315–319.

［37］金德祥.福建省海产生物采集调查报告.厦大海产生物研究场报告，1936，1：1–102.

［38］郑成兴，黄宗国.大亚湾核电站进水口水域水母类的生态［M］//国家海洋局第三海洋研究所.大亚湾海洋生态文集（Ⅰ）.北京：海洋出版社，1989：66–73.

［39］洪禹邦.大鹏湾及高屏海域管水母之季节分布［D］.高雄：台湾中山大学海洋资源研究所硕士论文，2002.

［40］洪惠馨，张士美.中国海域管水母类（Siphonophora）区系的初步研究［J］.厦门水产学院学报，1981b，1：46–55.

［41］徐兆礼.东海水母类丰度的动力学特征［J］.动物学报，2006，52（5）：854–861.

［42］徐兆礼，张金标，王云龙.东海水螅水母类生态研究［J］.水产学报，2003b，27（增刊）：91–97.

［43］徐兆礼，张金标，蒋玫.东海管水母类生态研究［J］.水产学报，2003a，27（增刊）：82–90.

［44］徐兆礼，林茂.东海水母类多样性分布特征［J］.生物多样性，2006，14（6）：508–516.

［45］徐培凯，罗文增，李明安.台湾北部海域管水母种类组成及季节分布之研究［C］.海洋科学成果发表会论文摘要集，2002：351.

［46］高尚武.东海水母类的研究［J］.海洋科学集刊，1982，19：33–42.

［47］郭东晖，黄加祺，许振祖，等.北部湾夏、冬两季浮游动物生态学研究II.水母类［C］// 胡建宇，杨圣云.北部湾海洋科学研究论文集（第一辑）.北京：海洋出版社，2008c：237–242.

［48］黄加祺，许振祖.东山岛周围海域各类水母的分布［J］.台湾海峡，1996，15（4）：363–367.

［49］黄加祺，陈栩，许振祖.闽南—台湾浅滩渔场上升流区水母类的生态研究［M］//洪华生，丘书院，等.闽南—台湾浅滩渔场上升流区生态系研究.北京：科学出版社，1991：456–468.

［50］黄加祺，许振祖.罗源湾水母类的生态研究［J］.热带海洋，1993，12（1）：89–93.

［51］黄加祺，许振祖.闽江口水母类的分布［J］.厦门大学学报（自然科学版），1994b，33（增刊）：160–164.

［52］黄加祺，许振祖.海坛岛海域各类水母的分布［J］.厦门大学学报（自然科学版），1995，34（2）：306–309.

［53］黄丽萍.北部湾北部沿岸的浮游水母类［J］.广西海洋，1987年，（1）：1–11..

［54］黄将修，张金标，连光山.台湾南湾秋末冬初水螅水母类的组成与分布［J］.台湾海峡，2003，22（4）：437–444.

［55］黄雅良.海南岛周围海域浮游水母类的生态研究［M］//梁松，主编.南海资源与环境研究文集.广州：中山大学出版社，1999：108–115.

［56］蒋双，陈介康.黄渤海水螅水母、管水母和栉水母的地理分布［J］.海洋通报，1994，13（3）：17–23.

［57］童书蓉.台湾西南海域管水母之种类组成与季节分布［D］.高雄：台湾中山大学海洋资源研究所硕士论文，2003：1–105.

［58］黎爱韶，陈清潮.南沙群岛及邻近海区水螅水母类：种类组成、区系特征及动物地理划分［M］//中国科学院南沙综合科学考察队.南沙群岛海区海洋动物区系和动物地理研究专集.北京：海洋出版社，1991a：1–63.

［59］黎爱韶，陈清潮.南沙群岛海区的水母类I.水螅水母和钵水母的种类组成及其分布［C］//中国科学院南沙综合科学考察队.南沙群岛及其邻近海区海洋生物研究论文集（二）.北京：海洋出版社，1991b：89–102.

［60］潘雅玲.台湾东部海域管水母之种类组成及时空分布［D］.高雄：台湾中山大学海洋生物研究所硕士论文，2004.

［61］DAWYDOFF C.*Observations sur la faune pélagique des eaux indochinoises de la mèr de Chine méridionale*［J］.*Bulletin de la SociétéZoologique de France*，1936，61：461–484.

［62］HAECKEL E.*Das System der Medusen*：*Erster Theileiner Monographie der medusen*［J］.*Denkschriften der Medicinisch-Naturwissenschaftlichen Gesellschaft zu Jena*，1879，1：1–360，pls.1–20.

［63］HSU H F.*On a new species of Hydromedusae*［J］.*Contributions from the Biological Laboratory of the Science Society of China*，1928，4（3）：1–7.

［64］LING S–W.*Studies on Chinese Hydrozoa.I.On some Hydromedusae from the Chekiang coast*［J］.*Peking National History Bulletin*，1937，11（4）：351–365.

［65］VANHÖFFEN E.*Die Anthomedusen and Leptomedusen der Deutschen Tiefsee Expedition 1898—1899*［J］.*Wissen - Schaftliche Ergebnisse der Deutschen Tiefsce - Expedition auf dem Dampfer "Valdivia" 1898—1899*，1911，19（5）：193–233.

［66］VANHÖFFEN E.*Die craspedote Medusen der Deutschen Südpolar Expedition 1901–1903.Deutsche Südpolar - Expedition*，13（*Zoologie* 5），1912：351–395

第 4 章

中国海洋浮游水母的分类检索

Chapter 4

Taxonomic Key to the Pelagic Medusae from China Seas

4.1 中国海洋浮游水母的分类系统*

Classification Systems for the Pelagic Medusae from China Seas

本书的分类系统是按 Bouillon 和 Boero（2000）的分类系统编写的。

4.1.1 自育水母纲 Class Automedusa Lameere，1920

I. 筐水母亚纲 Subclass Narcomedusae Haeckel，1879

Key 1. 间囊水母科 Family Aeginidae Gegenbaur，1857

1. 间囊水母属 *Aegina* Eschscholtz，1829
2. 拟间囊水母属 *Aeginura* Haeckel，1879
3. 刺纹水母属 *Otoporpa* Xu & Zhang，1978
4. 两手筐水母属 *Solmundella* Haeckel，1879

Key 2. 主囊水母科 Family Cuninidae Bigelow，1913

5. 摇篮水母属 *Cunina* Eschscholtz，1829
6. 嗜阳水母属 *Solmissus* Haeckel，1879

Key 3. 太阳水母科 Family Solmarisidae Haeckel，1879

7. 坚固水母属 *Pegantha* Haeckel，1879
8. 太阳水母属 *Solmaria* Haeckel，1879

---

* 许振祖、郑连明、陈小银编著。首次发表。

Key 4. 翼水母科 Family Tetraplatidae Schucher，2007

9. 翼水母属 *Tetraplatia* Busch，1851

II. 硬水母亚纲 Subclass Trachymedusae Haeckel，1866

Key 5. 怪水母科 Family Geryoniidae Eschscholtz，1829

10. 怪水母属 *Geryonia* Péron & Lesueus，1809

11. 小舌水母属 *Liriope* Lesson，1843

Key 6. 海棘水母科 Family Halicreatidae Fewkes，1886

12. 海棘水母属 *Halicreas* Fewkes，1882

13. 海盔水母属 *Haliscera* Vanhöffeen，1902

14. 海生水母属 *Halitrephes* Bigelow，1909

15. 异手水母属 *Varitentaculata* He，1980

Key 7. 小帽水母科 Family Petasidae Haeckel，1879

16. 小帽水母属 *Petasiella* Uchida，1947

17. 拟小帽水母属 *Petasus* Haeckel，1879

Key 8. 棍手水母科 Family Rhopalonematidae Russell，1953

18. 华丽水母属 *Aglantha* Haeckel，1879

19. 壮丽水母属 *Aglaura* Péron & Lesueur，1809

20. 瓮水母属 *Amphogona* Browne，1905

21. 多手水母属 *Arctapodema* Dall，1907

22. 短手水母属 *Colobonema* Vanhöffen，1902

23. 棕壶水母属 *Crossota* Vanhöffen，1902

24. 内包水母属 *Endocysta* Xu，Huang & Guo，2019

25. 同手水母属 *Homoconema* Browne，1903

26. 淡绿水母属 *Pantachogon* Maas，1893

27. 柄腺水母属 *Ransonia* Kramp，1947

28. 棍手水母属 *Rhopalonema* Gegenbaur，1857

29. 胃穴水母属 *Sminthea* Gegenbaur，1857

30. 四腺水母属 *Tetrorchis* Bigelow，1909

4.1.2 水螅水母纲 Class Hydroidomedusae Claus，1877

I. 花水母亚纲 Subclass Anthomedusae Haeckel，1879

丝螅水母目 Order Filifera Kühn，1913

F1. 玛吉水母亚目 Suborder Margelina Haeckel，1879

Key 9. 澳洲水母科 Family Australomedusidae Russell，1971

31. 张氏水母属 *Zhangiella* Bouillon，Gravili，Pagès，Gili & Boero，2006

Key 10. 高手水母科 Family Bougainvillidae Lütken，1850

32. 高手水母属 *Bougainvillia* Lesson，1830

33. 八束水母属 *Koellikerina* Kramp，1939

34. 拟线水母属 *Nemopsis* L. Agassiz，1849

35. 单肢水母属 *Nubiella* Bouillon，1980

36. 粗棒水母属 *Pachycordyle* Weismann，1883

37. 似单肢水母属 *Paranubiella* Xu，Huang & Lin，2018

38. 拟单肢水母属 *Silhouetta* Millard & Bouillon，1973

39. 枝口水母属 *Thamnostoma* Haeckel，1879

Key 11. 棒螅水母科 Family Clavidae McCrady，1859

40. 海洋水母属 *Oceania* Kölliker，1853

41. 灯塔水母属 *Turritopsis* McCrady，1857

Key 12. 刺胞水母科 Family Cytacididae L. Agassiz，1862

42. 刺胞水母属 *Cytaeis* Eschscholtz，1829

Key 13. 真球水母科 Family Eucodoniidae Schuchert，1996

43. 真球水母属 *Eucodonium* Hartlaub，1907

Key 14. 介螅水母科 Family Hydractiniidae L. Agassiz，1862

44. 介螅水母属 *Hydractinia* van Beneden，1841

45. 拟介螅水母属 *Parahydractinia* Xu & Huang，2006

Key 15. 柔毛螅水母科 Family Ptilocodiidae Coward，1909

46. 鱼螅水母属 *Hydrichthella* Stechow, 1909
47. 拟特古水母属 *Tregouboviopsis* Guo, Xu & Huang, 2017

Key 16. 唇腕水母科 Family Rathkeidae Russel, 1953

48. 异唇腕水母属 *Allorathkea* Schmidt, 1972
49. 棱水母属 *Lizzia* Forbes, 1846
50. 拟介穗水母属 *Podocorynoides* Schuchert, 2007
51. 唇腕水母属 *Rathkea* Brandt, 1838

F2. 面具水母亚目 Suborder Pandeida Haeckel, 1879

Key 17. 深帽水母科 Family Bythotiaridae Maas, 1905

52. 深眼水母属 *Bythocellata* Nair, 1951
53. 深帽水母属 *Bythotiara* Günther, 1903
54. 萼水母属 *Calycopsis* Fewkes, 1882
55. 真水母属 *Eumedusa* Bigelow, 1920
56. 郑重水母属 *Gymnogonium* Xu et Huang, 1994
57. 宽管水母属 *Laticanna* Xu, Huang et Du, 2018
58. 原拟帽水母属 *Protiaropsis* Stechow, 1919
59. 伪帽水母属 *Pseudotiara* Bouillon, 1980
60. 西坡加水母属 *Sibogita* Maas, 1905
61. 堪拿水母属 *Kanaka* Uchida, 1947

Key 18. 叶手水母科 Family Niobiidae Petersen, 1979

62 . 叶手水母属 *Niobia* Mayer, 1900

Key 19. 面具水母科 Family Pandeidae Haeckel, 1879

63. 双手水母属 *Amphinema* Haeckel, 1879
64. 连帽水母属 *Annatiara* Russell, 1940
65. 全水母属 *Catablema* Haeckel, 1879
66. 丝帽水母属 *Cirrhitiara* Haertlaub, 1913
67. 拟双手水母属 *Codonorchis* Haeckel, 1879
68. 海圆水母属 *Halitholus* Hartlaub, 1913
69. 隔膜水母属 *Leuckartiara* Hartlaub, 1913

70. 潜水母属 *Merga* Harlaub，1914

71. 尖塔水母属 *Neoturris* Hartlaub，1913

72. 八帽水母属 *Octotiara* Kramp，1953

73. 面具水母属 *Pandea* Lesson，1843

74. 拟面具水母属 *Pandeopsis* Kramp，1959

75. 圆口水母属 *Stomotoca* L. Agassiz，1862

76. 帝纹水母属 *Timoides* Bigelowi，1904

Key 20. 枝管水母科 Family Proboscidactylidae Hand et Hendrickson，1950

77. 枝管水母属 *Proboscidactyla* Brandt，1835

Key 21. 原帽水母科 Family Protiaridae Haeckel，1879

78. 海帽水母属 *Halitiara* Fewkes，1882

79. 拟海帽水母属 *Halitiarella* Bouillon，1980

80. 宽帽水母属 *Latitiara* Xu & Huang，1990

81. 拟帽水母属 *Paratiara* Kramp & Damas，1925

头螅水母目 Order Capitata Kühn，1913

C1. 摩勒水母亚目 Suborder Moerisiida Poche，1914

Key 22. 哈利水母科 Family Halimedusidae Arai & Brinckmann-Voss，1980

82. 帽铃水母属 *Tiaricodon* Browne，1902

Key 23. 摩勒水母科 Family Moerisiidae Poche，1914

83. 摩勒水母属 *Moerisia* Boulenger，1908

84. 奥德水母属 *Odessia* Paspaleff，1937

C2. 球棍螅水母亚目 Suborder Sphaerocorynida Peterson，1990

Key 24. 拟棍螅水母科 Family Hydrocorynidae Rees，1957

85. 拟棍螅水母属 *Hydrocoryne* Stechow，1907

Key 25. 似镰螅水母科 Family Zancleopsidae Bouillon，1978

86. 似镰螅水母属 *Zancleopsis* Hartlaub，1907

C3. 筒螅水母亚目 Suborder Tubulariida Fleming，1828

Key 26. 枝手水母科 Family Cladonemalidae Gegenbaur，1857

87. 枝手水母属 *Cladonema* Dujardin，1843

Key 27. 棒状水母科 Family Corymorphidae Allman, 1872

88. 棒状水母属 *Corymorpha* M. Sars, 1835

89. 肋突水母属 *Costa* Huang, Xu & Lin, 2012

90. 真囊水母属 *Euphysora* Maas, 1905

91. 单手水母属 *Gotoea* Uchida, 1927

92. 梅尔水母属 *Mayeri* Xu, Huang & Guo, 2012

93. 八辐水母属 *Octovannuccia* Xu, Huang & Lin, 2010

94. 拟单手水母属 *Paragotoea* Kramp, 1942

Key 28. 棍螅水母科 Family Corynidae Johnston, 1836

95. 枝萨水母属 *Cladosarsia* Bouillon, 1978

96. 棍螅水母属 *Coryne* Gaertner, 1774

97. 斯拉水母属 *Slabberia* Forbes, 1846

98. 横萨水母属 *Stauridiosarsia* Mayer, 1910

99. 拟长管水母属 *Dipurenella* Huang, Xu & Guo, 2011

100. 萨氏水母属 *Sarsia* Lesson, 1843

Key 29. 囊水母科 Family Euphysidae Haeckel, 1879

101. 刺铃水母属 *Cnidocodon* Bouillon, 1978

102. 囊水母属 *Euphysa* Forbes, 1848

103. 内胞水母属 *Euphysilla* Kramp, 1955

104. 拟内胞水母属 *Euphysomma* Kramp, 1962

105. 似内胞水母属 *Paraeuphysilla* Xu, Huang & Guo, 2011

Key 30. 笔螅水母科 Family Pennariidae McCrady, 1859

106. 笔螅水母属 *Pennaria* Goldfuss, 1820

Key 31. 筒螅水母科 Family Tubularidae Fleming, 1828

107. 外肋水母属 *Ectopleura* L. Agassiz, 1862

108. 斜球水母属 *Hybocodon* L. Agassiz, 1860

109. 刺泳水母属 *Plotocnide* Wagner, 1885

110. 无球水母属 *Rhabdoon* Keferstein & Ehlers, 1861

C4. 镰螅水母亚目 Suborder Zancleida Russell, 1953

Key 32. 银币水母科 Family Porpitidae Goldfuss，1818

111. 银币水母属 *Porpita* Lamarck，1801

112. 帆水母属 *Velella* Lamarck，1801

Key 33. 拟镰螅水母科 Family Teissieridae Bouillon，1978

113. 拟镰螅水母属 *Teissiera* Bouillon，1974

Key 34. 镰螅水母科 Family Zancleidae Russell，1953

114. 盐棍螅水母属 *Halocoryne* Hadzi，1917

115. 镰螅水母属 *Zanclea* Gegenbaur，1857

II. 兰卡水母亚纲 Subclass Laingiomedusae Bouillon，1978

Key 35. 马加水母科 Family Magapiidae Schuchert & Bouillonn，2009

116. 金德祥水母属 *Jindexiangus* Xu & Huang，2006

117. 康德水母属 *Kantiella* Bouillon，1978

III. 软水母亚纲 Subclass Leptomedusae Haeckel，1866（1879）

锥螅水母目 Order Conica Broch，1910

Key 36. 多管水母科 Family Aequoreidae Eschscholtz，1829

118. 多管水母属 *Aequorea* Péron & Lesueur，1809

119. 胃瘤水母属 *Gangliostoma* Xu，1983

120. 枝多管水母 *Zygocanna* Haeckel，1879

Key 37. 指突水母科 Family Blackfordiidae Bouillon，1984

121. 指突水母属 *Blackfordia* Mayer，1910

Key 38. 卷丝水母科 Family Cirrholoveniidae Bouillon，1984

122. 卷丝水母属 *Cirrholovenia* Kramp，1959

Key 39. 侧管水母科 Family Dipleurosomatidae Russell，1953

123. 管叉水母属 *Dichotomia* Brooks，1903

124. 侧管水母属 *Dipleurosoma* Boeck，1861

Key 40. 和平水母科 Family Eirenidae Haeckel，1879

125. 和平水母属 *Eirene* Eschscholtz，1829

126. 螅贝水母属 *Eugymnanthea* Palombi，1935
127. 真瘤水母属 *Eutima* McCrady，1859
128. 强壮水母属 *Eutonina* Hartlaub，1897
129. 侧丝水母属 *Helgicirrha* Hartlaub，1909
130. 伊能水母属 *Irenium* Haeckel，1879
131. 杯水母属 *Phialopsis* Torrey，1909
132. 瘤手水母属 *Tima* Esckscholtz，1829

Key 41. 柄杯螅水母科 Family Hebellidae Fraser，1912

133. 花柄杯螅水母属 *Anthohebella* Boero，Bouillon & Kubota，1997
134. 柄杯螅水母属 *Hebella* Allman，1888
135. 十盘水母属 *Staurodiscus* Haeckel，1879

Key 42. 感棒水母科 Family Laodiceidae L. Agassiz，1862

136. 几利水母属 *Guillea* Bouillon，Pagès，Gili，Palanques，Puig & Heussner，2000
137. 感棒水母属 *Laodicea* Lesson，1843
138. 梅利水母属 *Melicertissa* Haeckel，1879
139. 十胃水母属 *Staurostoma* Haeckel，1879

Key 43. 触丝水母科 Family Lovenellidae Russell，1953

140. 真唇水母属 *Eucheilota* McCrady，1859
141. 六触丝水母属 *Hexalovenia* Xu，Zheng & Huang（in press）
142. 触丝水母属 *Lovenella* Hincks，1868
143. 拟触丝水母属 *Paralovenia* Bouillon，1984

Key 44. 玛拉水母科 Family Malagazziidae Bouillon，1984

144. 玛拉水母属 *Malagazzia* Bouillon，1984
145. 八拟杯水母属 *Octophialucium* Kramp，1955
146. 四管水母属 *Tetracanna* Goy，1979

Key 45. 海神水母科 Family Melicertidae L. Agassiz，1862

147. 拟海神水母属 *Melicertoides* Kramp，1959
148. 海神水母属 *Melicertum* L. Agassiz，1862

149. 拟尖塔水母属 *Netocertoides* Mayer，1900

Key 46. 帽冠水母科 Family Mitrocomidae Haeckel，1879

150. 盐生水母属 *Halopsis* A. Agasiz，1863

151. 拟帽冠水母属 *Mitrocomella* Haeckel，1879

Key 47. 八管水母科 Family Octocannoididae Bouillon，Boero & Seghers，1991，emended Xu，Huang & Guo，2019

152. 八管水母属 *Octocannoides* Menon，1932

153. 柄胃水母属 *Stylogastria*（Xu，Huang & Guo，2019）nom. nov.

154. 拟四管水母属 *Tetracannoides* Xu，Huang & Guo，2007

Key 48. 似杯水母科 Family Phialellidae Russell，1953

155. 似杯水母属 *Phialella* Browne，1902

Key 49. 秀氏水母科 Family Sugiuridae Bouillon，1984

156. 单管水母属 *Monocanna* Xu，Guo & Wang，2019

157. 秀氏水母属 *Sugiura* Bouillon，1984

Key 50. 头巾螅水母科 Family Tiarannidae Russell，1940

158. 马尔水母属 *Margalefia* Pagés，Bouillon & Gili，1991

159. 和螅水母属 *Modeeria* Forbes，1848

Key 51. 帽形水母科 Family Tiaropsidae Boero，Bouillon & Danovaro，1987

160. 拟帽形水母属 *Tiaropsidium* Torrey，1909

161. 帽形水母属 *Tiaropsis* L. Agassiz，1849

吻螅水母目 Order Proboscoida Broch，1910

Key 52. 钟螅水母科 Family Campanulariidae Johnston，1836

162. 美螅水母属 *Clytia* Lamouroux，1812

163. 薮枝螅水母属 *Obelia* Péron & Lesueur，1809

164. 无垂水母属 *Orthopyxis* L. Agassiz，1862

165. 假美螅水母属 *Pseudoclytia* Mayer，1900

Key 53. 拟杯水母科 Family Phialuciidae Kramp，1955

166. 拟杯水母属 *Phialucium* Maas，1905

IV. 淡水水母亚纲 Subclass Limnomedusae Kramp，1938

Key 54. 花笠水母科 Family Olindiidae Haeckel，1879

167. 钩手水母属 *Gonionemus* A. Agassiz，1862

168. 心管水母属 *Maeotias* Ostroumoff，1896

169. 似钩手水母属 *Scolionema* Kishinouye，1910

170. 瓦伦水母属 *Vallentinia* Browne，1902

V. 管水母亚纲 Subclass Siphonophorae Eschscholtz，1829

囊泳目 Order Cystonectae Haeckel，1887

Key 55. 僧帽水母科 Family Physaliidae Brandt，1834

171. 僧帽水母属 *Physalia* Lamarck，1801

Key 56. 根水母科 Family Rhizophysidae Péron & Lesueur，1807

172. 根水母属 *Rhizophysa* Péron & Lesueur，1807

胞泳目 Order Physonectae Haeckel，1888

Key 57. 盛装水母科 Family Agalmatidae Brandt，1834

173. 盛装水母属 *Agalma* Eschscholtz，1825

174. 舟形水母属 *Bargmannia* Totton，1954

175. 心钟水母属 *Cordagalma* Totton，1932

176. 海冠水母属 *Halistemma* Huxleg，1859

177. 里纳水母属 *Lychnagalma* Haeckel，1888

178. 马鲁水母属 *Marrus* Totton，1954

179. 小型水母属 *Nanomia* A. Agassiz，1865

Key 58. 花篮水母科 Family Athorybiidae Huxley，1859

180. 花篮水母属 *Athorybia* Eschscholtz，1829

181. 瓜果水母属 *Melophysa* Haeckel，1888

Key 59. 离翼水母科 Family Apolemidae Huxley，1859

182. 离翼水母属 *Apolemia* Eschscholtz，1829

183. 袋囊水母属 *Tottonia* Margulis，1976

Key 60. 埃伦水母科 Family Erennidae Pugh，2001

184. 埃伦水母属 *Erenna* Bedot，1904

Key 61. 歪钟水母科 Family Forskaliidae Haeckel，1888

185. 歪钟水母属 *Forskalia* Kölliker，1853

Key 62. 鲗泳水母科 Family Nectalidae Haeckel，1888

186. 鲗泳水母属 *Nectalia* Haeckel，1888

Key 63. 气囊水母科 Family Physophoridae Eschscholtz，1829

187. 气囊水母属 *Physophora* Forskål，1775

钟泳目 Order Calycophorae Leuckart，1854

Key 64. 多面水母科 Family Abylidae L. Agassiz，1862

多面水母亚科 Subfamily Abylinae L. Agassiz，1862

188. 多面水母属 *Abyla* Quoy & Gaimard，1827

189. 角舟水母属 *Ceratocymba* Chun，1888

拟多面水母亚科 Subfamily Abylopsinae Totton，1954

190. 拟多面水母属 *Abylopsis* Chun，1888

191. 巴斯水母属 *Bassia* L. Agassiz，1862

192. 九角水母属 *Enneagonum* Quoy & Gaimard，1827

Key 65. 双体水母科 Family Clausophyidae Totton，1965

193. 角锥水母属 *Chuniphyes* Lens & van Riemsdijk，1908

194. 双体水母属 *Clausophyes* Lens & van Riemsdijk，1908

195. 晶体水母属 *Crystallophyes* Moser，1925

196. 异塔水母属 *Heteropyramis* Moser，1925

Key 66. 双生水母科 Family Diphyidae Quoy & Gaimard，1827

双生水母亚科 Subfamily Diphyinae Moser，1925

197. 爪室水母属 *Chelophyes* Totton，1932

198. 单板水母属 *Dimophyes* Moser，1925

199. 双生水母属 *Diphyes* Cuvier，1817

200. 尖角水母属 *Eudoxoides* Huxley，1859

201. 浅室水母属 *Lensia* Totton，1932

202. 五角水母属 *Muggiaea* Busch，1851

双生水母亚科未定类 Subfamily Diphyinae incertae sedis

203. 真光水母属 *Eudoxia* Totton，1954

网棱水母亚科 Subfamily Giliinae Pugh & Pagès，1995

204. 网棱水母属 *Gilia* Pugh & Pagès，1995

无棱水母亚科 Subfamily Sulculeolariinae Totton，1954

205. 无棱水母属 *Sulculeolaria* Blainville，1834

Key 67. 马蹄水母科 Family Hippopodiidae Kölliker，1853

206. 马蹄水母属 *Hippopodius* Quoy & Gaimard，1827

207. 拟蹄水母属 *Vogtia* Kölliker，1853

Key 68. 帕腊水母科 Family Prayidae Kölliker，1853

双钟水母亚科 Subfamily Amphicaryoninae Chun，1888

208. 双钟水母属 *Amphicaryon* Chun，1888

帕腊水母亚科 Subfamily Prayinae Chun，1897

209. 链钟水母属 *Desmophyes* Haeckel，1888

210. 百合水母属 *Lilyopsis* Chun，1885

211. 帕腊水母属 *Praya* Blainville，1834

212. 玫瑰水母属 *Rosacea* Quoy & Gaimard，1827

213. 花冠水母属 *Stephanophyes* Chun，1888

Key 69. 泳球水母科 Family Sphaeronectidae Huxley，1859

214. 泳球水母属 *Sphaeronectes* Huxleg，1859

4.2 中国海洋浮游水母科、属和种分类检索*

Taxonomic Key to the Family，Genera and Species of the Pelagic Meduae from China Seas

4.2.1 自育水母纲 Class Automedusa Lameere，1920

本纲是水螅虫总纲中的一个纲，与其他纲的主要区别是：生活史不经过水螅体阶段，直接从浮浪幼虫或辐射幼虫发育成水母体。本纲包括三个亚纲，其区别如下：

1a 伞退化，无胃管系统……………………………Ⅲ. 辐射水母亚纲Subclass Actinulidae

1b 伞发达，有胃管系统

 2a 伞缘分叶，无辐管，生殖腺在胃壁上

 ………………………………………………… Ⅰ. 筐水母亚纲Subclass Narcomedusae

 2b 伞缘完整，不分叶，有辐管，生殖腺在辐管上

 ……………………………………………… Ⅱ. 硬水母亚纲Subclass Trachymedusae

Ⅰ. 筐水母亚纲 Subclass Narcomedusae Haeckel，1879

1a 水母体被环沟分成口部和后口部，外伞有翼脊

 ……………………………………………………Key 4. 翼水母科Family Tetraplatidae

1b 水母体无环沟，外伞无翼脊

 2a 水母体无胃囊……………………………………Key 3. 太阳水母科Family Solmarisidae

* 许振祖、郑连明、陈小银编著。首次发表。

2b 水母体有胃囊

3a 胃囊在主辐位……………………………Key 2. 主囊水母科Family Cuninidae

3b 胃囊在间辐位……………………………Key 1. 间囊水母科Family Aeginidae

Key 1. 间囊水母科Family Aeginidae Gegenbaur，1857

1a 2条触手……………………………………………………4. 两手筐水母属*Solmundella*

1b 4条或更多条触手

2a 4~6条初级触手，无次级触手，4~6个根间管和8~12个胃囊

……………………………………………………………………1. 间囊水母属*Aegina*

2b 8条或更多初级触手，有或没有次级触手

3a 无次级触手，8个（7~9个）胃囊，有外围管，有刺细胞纹

……………………………………………………………3. 刺纹水母属*Otoporpa*

3b 有次级触手，16个胃囊，外围管无或退化，无刺细胞纹

…………………………………………………………2. 拟间囊水母属*Aeginura*

1.间囊水母属*Aegina* Eschscholtz，1829

本属只有1种，中国有记录。

四手间囊水母*Aegina citrea* Eschscholtz，1829，见本属特征（图5.1）。

2.拟间囊水母属*Aeginura* Haeckel，1879

中国只有1种。

有16个胃囊和8条初级触手

……………………………八手拟间囊水母*Aeginura grimaldii* Maas，1904（图5.2）

3.刺纹水母属*Otoporpa* Xu & Zhang，1978

本属只有1种，中国有记录。

多刺纹水母*Otoporpa polystriata* Xu & Zhang，1978，见本属特征（图5.3）。

4.两手筐水母属*Solmundella* Haeckel，1879

本属只有1种，中国有记录。

两手筐水母*Solmundella bitentaculata*（Quoy & Gaimard，1833），见本属特征（图5.4）。

Key 2. 主囊水母科Family Cuninidae Bigelow，1913

1a 无刺胞纹……………………………………………………6. 嗜阳水母属*Solmissus*

1b 有刺胞纹…………………………………………………………5. 摇篮水母属*Cunina*

5.摇篮水母属*Cunina* Eschscholtz，1829

1a 有外围管系统

2a 胃囊6~9个，基部宽大，呈三角形；缘瓣呈方形；水母芽在胃囊内伞侧面
……………………………果状摇篮水母 *Cunina frugifera* Kramp，1941（图5.5）

2b 胃囊可达29个，两侧平行，呈长方形；缘瓣呈长方形；在胃囊内伞侧面无水母芽………………………………………倍摇篮水母 *C. duplicata* Maas，1893（图5.6）

1b 无外围管系统

3a 垂管有1个宽锥状胃柄；9~14个胃囊；伞宽可达57 mm
……吻摇篮水母 *C. proboscidea* E. Metschnikoff & L. Metschnikoff，1871（图5.7）

3b 垂管无胃柄

4a 通常8个（7~9个）胃囊，方形；伞宽约5 mm
……………………………八囊摇篮水母 *C. octonaria* McCrady，1859（图5.8）

4b 通常12个（8~14个）胃囊，方形或远端略为钝圆；伞宽约14 mm
……………………………………异摇篮水母 *C. peregrine* Bigelow，1909（图5.9）

6.嗜阳水母属*Solmissus* Haeckel，1879

1a 外伞表面有许多分散的细小胶质疣，呈扁平盘状，或者有刺胞斑点
………………………漂白嗜阳水母 *Solmissus albescens*（Gegenbaur，1857）（图5.10）

1b 外伞表面光滑，有16个胃囊，呈矩形；有16条触手
……………………… 马氏嗜阳水母 *S. marshalli* A. Agassiz & Mayer，1902（图5.11）

Key 3. 太阳水母科Family Solmarisidae Haeckel，1879

1a 有外围管系统；有刺胞纹…………………………………………7. 坚固水母属*Pegantha*

1b 无外围管系统；无刺胞纹…………………………………………8. 太阳水母属*Solmaria*

7.坚固水母属*Pegantha* Haeckel，1879

1a 外伞有深的辐射沟，被外伞隆起的肋和脊所包围；刺细胞纹长
……………………………三叶坚固水母 *Pegantha triloba* Haeckel，1879（图5.12）

1b 外伞光滑

2a 12~16个缘瓣，呈长方形；外围管狭，贯穿整个长度；触手内胚层呈锈红色
……………………………锈色坚固水母 *P. rubiginosa*（Kölliker，1853）（图5.13）

2b 16个缘瓣，其长度和宽度约相等；外围管侧向部分宽，横向部分窄；触手内胚层无锈红色……………………坚固水母 *P. martagon* Haeckel，1879（图5.14）

8.太阳水母属*Solmaria* Haeckel，1879

1a 成熟水母体伞宽15~23 mm；12~27条触手和相同数目的缘瓣；每个缘瓣都有2~4个平衡囊……………黄色太阳水母*Solmaria flavescens*（Kölliker，1853）（图5.15）

1b 成熟水母体伞宽小于7 mm

2a 伞宽2~7 mm（通常2 mm）；12~26条触手；每个缘瓣都有1个平衡囊……………………………………太阳水母 *S. leucostyla*（Will，1844）（图5.16）

2b 伞宽2~7 mm（通常4 mm）；28条触手；每个缘瓣都有1~2个平衡囊……………………………玫瑰太阳水母 *S. rhodoloma*（Brandt，1838）（图5.17）

Key 4. 翼水母科Family Tetraplatidae Schucher，2007

本科只有1属，中国已有记录。

9.翼水母属*Tetraplatia* Busch，1851

中国只有1种。

水母表面有4条翼脊（flyingbuttress），它们通过环沟从近口部延伸到伞顶，把口部和后口部连接起来……………………四脊翼水母 *Tetraplatia volitans* Busch，1851（图5.18）

II. 硬水母亚纲 Subclass Trachymedusae Hackel，1866

1a 有向心管…………………………………………………Key 5. 怪水母科Family Geryoniidae

1b 无向心管

2a 有4条辐管…………………………………………Key 7. 小帽水母科Family Petasidae

2b 通常有8条辐管

3a 垂管和辐管狭………………………Key 8. 棍手水母科Family Rhopalonematidae

3b 宽环状垂管和宽辐管……………………Key 6. 海棘水母科Family Halicreatidae

Key 5. 怪水母科Family Geryoniidae Eschscholtz，1829

1a 水母有6条辐管；6个生殖腺；口有6个口唇……………………10. 怪水母属*Geryonia*

1b 水母有4条辐管；4个生殖腺；口有4个口唇……………………11. 小舌水母属*Liriope*

10.怪水母属*Geryonia* Péron & Lesueus，1809

本属只有1种，中国已有记录。

枝管怪水母*Geryonia proboscidalis*（Forskål，1775），见本属特征（图5.19）。

11.小舌水母属 *Liriope* Lesson，1843

本属只有1种，中国已有记录。

四叶小舌水母 *Liriope tetraphylla*（Chamisso & Eysenhardt，1821），见本属特征（图5.20）。

Key 6. 海棘水母科Family Halicreatidae Fewkes，1886

1a 16条或更多辐管……………………………………………………14. 海生水母属*Halitrephes*

1b 4条或8条辐管

2a 4条辐管……………………………………………………15. 异手水母属*Varitentaculata*

2b 8条辐管，缘触手单排，不成束

3a 外伞有主辐胶质乳突……………………………………12. 海棘水母属*Halicreas*

3b 外伞无主辐胶质乳突……………………………………13.海盔水母属*Haliscera*

12.海棘水母属*Halicreas* Fewkes，1882

本属只有1种，中国已有记录。

微小海棘水母*Halicreas minimum* Fewkes，1882，见本属特征（图5.21）。

13.海盔水母属*Haliscera* Vanhöffen，1902

1a 伞胶质厚，具有钝锥状顶突；生殖腺与垂管分开；每1/8伞缘有8~9条触手
……………………………………角海盔水母 *Haliscera conica* Vanhöffen，1902（图5.22）

1b 伞胶质薄，伞顶钝圆，近半球形；生殖腺靠近垂管；每1/8伞缘有6条触手
……………………………………深水海盔水母 *H. racovitzae*（Maas，1906）（图5.23）

14.海生水母属*Halitrephes* Bigelow，1909

本属只有1种，中国已有记录。

马氏海生水母 *Halitrephes maasi* Bigelow，1909，见本属特征（图5.24）。

15.异手水母属*Varitentaculata* He，1980

本属只有1种，中国已有记录。

烟台异手水母*Varitentaculata yantaiensis* He，1980，见本属特征（图5.25）。

Key 7. 小帽水母科Family Petasidae Haeckel，1879

1a 触手排列间隔不规则……………………………………16. 小帽水母属*Petasiella*

1b 触手排列间隔有规则……………………………………17. 拟小帽水母属*Petasus*

16.小帽水母属*Petasiella* Uchida，1947

本属只有1种，中国已有记录。

异距小帽水母 *Petasiella asymmetrica* Uchida，1947，见本属特征（图5.26）。

17.拟小帽水母属 *Petasus* Haeckel，1879

中国已记录1种。

伞缘有4条触手，其末端具纤毛，呈棒状；伞缘有4个游离平衡囊
……………………………阿达拟小帽水母 *Petasus atavus* Haeckel，1879（图5.27）

Key 8. 棍手水母科Family Rhopalonematidae Russell，1953

1a 生殖腺呈带状，连续围绕着垂管的基部并延伸到辐管
……………………………………………………… 25. 同手水母属*Homoconema*

1b 生殖腺孤立于辐管上，有的与垂管相邻

2a 无胃柄

3a 只有4个生殖腺，位于胃柄上；4条大的缘触手和24条小的缘触手
……………………………………………………… 30. 四腺水母属*Tetrorchis*

3b 8个（很少更多）生殖腺

4a 缘触手有2种类型；有内包型平衡囊………… 28. 棍手水母属*Rhopalonema*

4b 缘触手只有1种类型；有游离的棒状平衡囊

5a 生殖腺与垂管相邻；有很多触手……………21. 多手水母属*Arctapodema*

5b 生殖腺与垂管分开

6a 外伞有许多纵向裂沟

7a 生殖腺呈腊肠状，悬垂于辐管上；有许多紧密排列的触手；平衡囊游离，呈棍棒状…………………………23. 棕壶水母属*Crossota*

7b 生殖腺呈椭圆形，悬垂于辐管上；只有8条间辐位触手和8个内包型平衡囊………………………………………24. 内包水母属*Endocysta*

6b 外伞光滑，无纵向裂沟

8a 生殖腺呈球状，位于辐管远端，紧靠环管；8条触手
………………………………………………29. 胃穴水母属*Sminthea*

8b 生殖腺呈线状，有32条或更多条缘触手

9a 有32条缘触手，1种类型，连续发育

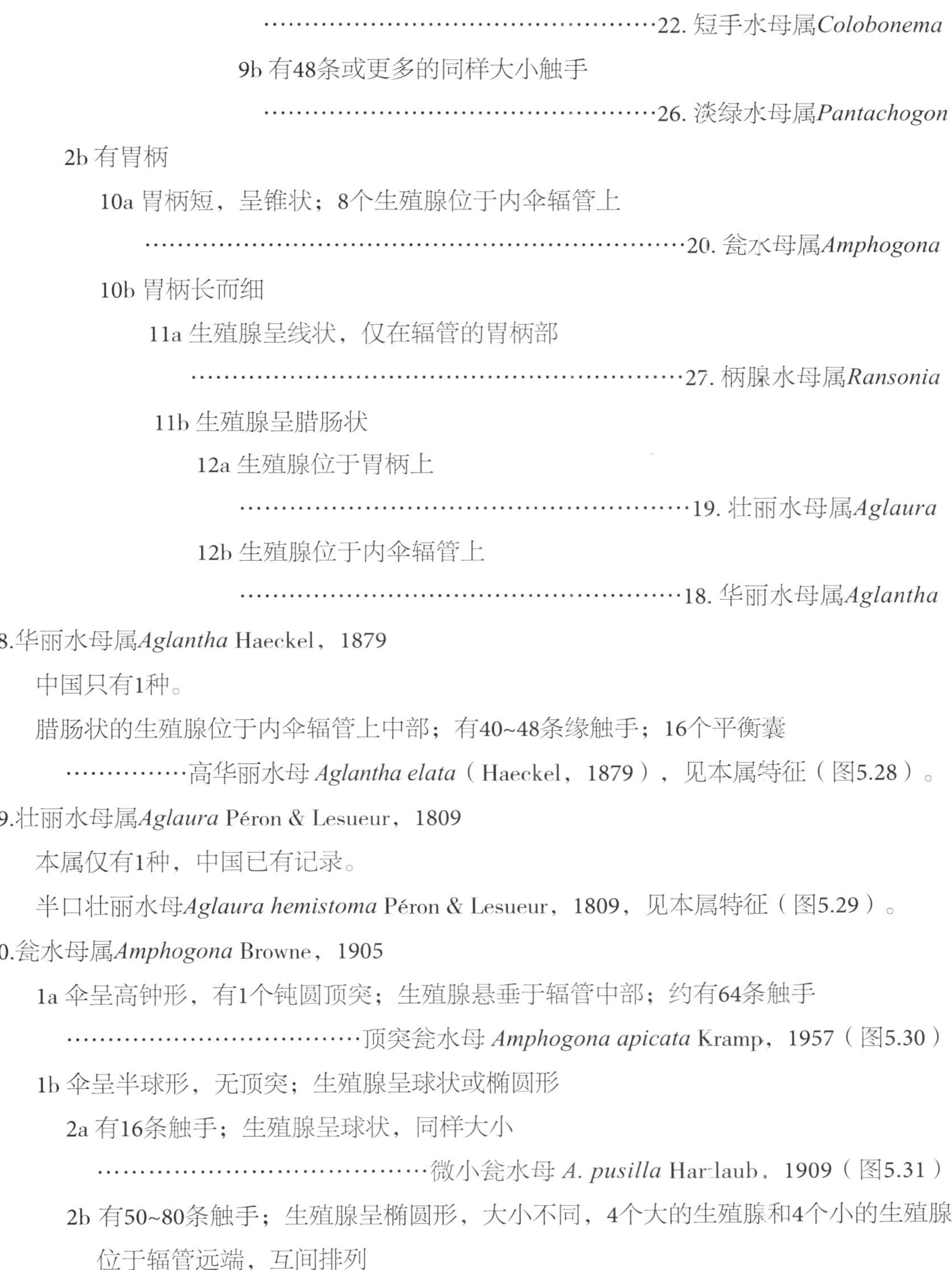

……………………………………………22. 短手水母属*Colobonema*

9b 有48条或更多的同样大小触手

……………………………………………26. 淡绿水母属*Pantachogon*

2b 有胃柄

10a 胃柄短，呈锥状；8个生殖腺位于内伞辐管上

……………………………………………………………20. 瓮水母属*Amphogona*

10b 胃柄长而细

11a 生殖腺呈线状，仅在辐管的胃柄部

……………………………………………………27. 柄腺水母属*Ransonia*

11b 生殖腺呈腊肠状

12a 生殖腺位于胃柄上

………………………………………………19. 壮丽水母属*Aglaura*

12b 生殖腺位于内伞辐管上

………………………………………………18. 华丽水母属*Aglantha*

18.华丽水母属*Aglantha* Haeckel，1879

中国只有1种。

腊肠状的生殖腺位于内伞辐管上中部；有40~48条缘触手；16个平衡囊

……………高华丽水母 *Aglantha elata*（Haeckel，1879），见本属特征（图5.28）。

19.壮丽水母属*Aglaura* Péron & Lesueur，1809

本属仅有1种，中国已有记录。

半口壮丽水母*Aglaura hemistoma* Péron & Lesueur，1809，见本属特征（图5.29）。

20.瓮水母属*Amphogona* Browne，1905

1a 伞呈高钟形，有1个钝圆顶突；生殖腺悬垂于辐管中部；约有64条触手

………………………………顶突瓮水母 *Amphogona apicata* Kramp，1957（图5.30）

1b 伞呈半球形，无顶突；生殖腺呈球状或椭圆形

2a 有16条触手；生殖腺呈球状，同样大小

……………………………………微小瓮水母 *A. pusilla* Hartlaub，1909（图5.31）

2b 有50~80条触手；生殖腺呈椭圆形，大小不同，4个大的生殖腺和4个小的生殖腺位于辐管远端，互间排列

……………………………异腺瓮水母 *A. apsteini*（Vanhöffen，1902）（图5.32）

21.多手水母属*Arctapodema* Dall，1907

1a 4个间辐生殖腺绕着垂管的基部，但在主辐位间断

…………………南极多手水母*Arctapodema antarctica*（Vanhöffen，1902）（图5.33）

1b 8个生殖腺从垂管辐叶延伸到辐管的近基部，有时也有8个成对的小生殖腺位于辐管近基部，但与垂管分开………多手水母 *A. ampla*（Vanhöffen，1902）（图5.34）

22.短手水母属*Colobonema* Vanhöffen，1902

1a 伞高为伞宽的2倍，达14 mm；生殖腺位于辐管中部

…………………红色短手水母 *Colobonema igneum*（Vanhöffen，1902）（图5.35）

1b 伞宽大于伞高，达45 mm；生殖腺沿着辐管大部分；缘触手32条

……………………………………虹彩短手水母 *C. sericeum* Vanhöffen，1902（图5.36）

23.棕壶水母属*Crossota* Vanhöffen，1902

中国记录1种。

无胃柄，垂管短；8个生殖腺在接近垂管的辐管上；有600条或更多条小触手从伞缘不同平面上伸出；伞呈棕色

………………………………………棕壶水母 *Crossota brunnea* Vanhöffen，1902（图5.37）

24.内包水母属*Endocysta* Xu，Huang & Guo，2019

本属只有1种，中国已有记录。

水母外伞有许多纵列沟，伞缘只有1种触手，在间辐位有8条短而硬的触手，8个椭圆形悬垂生殖腺位于辐管中，主辐位有8个内包型平衡囊

…………………八手内包水母 *Endocysta octonema* Xu，Huang & Guo，2019（图5.38）

25.同手水母属*Homoconema* Browne，1903

本属仅有1种，中国已有记录。

扁腺同手水母*Homoconema platygonon* Browne，1903，见本属特征（图5.39）。

26.淡绿水母属*Pantachogon* Maas，1893

本属中国仅记录1种。

伞呈半球形，无顶突；有强壮的肌肉系统；垂管很小；生殖腺呈线状，位于8条辐管近端的2/3处；伞缘有120条同样构造的触手

……………………………斯科特淡绿水母*Pantachogon scotti* Browne，1910（图5.40）

27.柄腺水母属*Ransonia* Kramp，1947

本属仅有1种，中国已有记录。

伞呈锥状；生殖腺呈线状，沿着长而狭的胃柄上的8条辐管生长；有88条同样构造的触手……………………………克朗柄腺水母 *Ransonia krampi*（Ranson，1932）（图5.41）

28.棍手水母属*Rhopalonema* Gegenbaur，1857

1a 伞有顶突；生殖腺呈卵圆形，位于辐管中部1/3处；平衡囊位于棒状触手和丝状触手基部旁边…………宽膜棍手水母 *Rhopalonema velatum* Gegenbaur，1857（图5.42）

1b 伞无顶突；生殖腺呈线状，位于辐管远端2/3处；平衡囊位于棒状触手和丝状触手之间…………………………墓形棍手水母 *R. funerarium* Vanhöffen，1902（图5.43）

29.胃穴水母属*Sminthea* Gegenbaur，1857

1a 伞呈锥钟形，有1个高而圆的顶突；垂管约有2/3长度在顶突的内伞腔内；触手基部两侧有1对乳突

………………顶胃穴水母 *Sminthea apicigastrica* Xu，Huang & Du，2009（图5.44）

1b 伞呈半球形，伞顶微突；垂管在内伞腔顶部；触手基部两侧无乳突

……………………………………真胃穴水母 *S. eurygaster* Gegenbaur，1857（图5.45）

30.四腺水母属*Tetrorchis* Bigelow，1909

本属仅有1种，中国已有记录。

无胃柄，垂管呈管状，深红色；8条辐管；4个腊肠状生殖腺悬挂在每隔一条辐管的中部；4条大的主辐触手对着长有生殖腺的辐管的末端，有16~24条小触手

…………………………红胃四腺水母*Tetrorchis erythrogaster* Bigelow，1909（图5.46）

4.2.2 水螅水母纲 Class Hydroidomedusae Claus，1877

本纲是水螅虫总纲中的一个纲，与其他纲的区别是：生活史经过水螅体阶段，水螅体通过出芽生殖从水母结产生水母体。它包括5个亚纲：花水母亚纲、兰卡水母亚纲、淡水水母亚纲以及管水母亚纲，其检索如下：

1a 高度多虫群体，系由附生在干茎或生殖根上的许多水螅型和水母型个虫组成，由变形水母的浮囊体或泳钟体支持着整个群体终生漂浮；无底栖和浮游生活的交替…………………………………………………V.管水母亚纲 Subclass Siphonophorae

1b 水螅体和水母体不聚成群体，有底栖水螅体和浮游水母体生活交替

2a 无平衡囊；生殖腺在垂管

3a 伞缘完整；有辐管和环管；缘触手空心或实心，大多数有触手基球（除深帽水母科外），位于伞缘；大多数有眼点 ……………………………………………… Ⅰ. 花水母亚纲 Subclass Anthomedusae

3b 伞缘被根间管或类似构造分开，导致伞缘有明显或略为分叶；有辐管，无环管，但围绕伞缘有内胚层组成的实心环状索；触手实心，触手基球有或无，触手位于伞缘上方的外伞表面 …… Ⅱ. 兰卡水母亚纲 Subclass Laingiomedusae

2b 有平衡囊；生殖腺在辐管上

4a 平衡囊来自外胚层，大多数的种有开放型或关闭型平衡囊，少数有感觉棒或眼点；触手空心，有触手基球………… Ⅲ. 软水母亚纲 Subclass Leptomedusae

4b 平衡囊来自外–内胚层，平衡囊内包在靠近环管的胶质层里或缘膜内；缘触手空心，无触手基球；无眼点……… Ⅳ. 淡水水母亚纲 Subclass Limnomedusae

Ⅰ. 花水母亚纲 Subclass Anthomedusae Haeckel，1879

1a 水母体有简单或复杂的口唇，有或无口触手；缘触手实心或空心 …………………………………………………………………… 丝螅水母目 Order Filifera

2a 水母体缘触手实心，眼点向轴位，口有简单口唇，或具成束刺丝囊，缘触手空心，如有眼点则位于向轴位；有实心的口触手，或有口唇延长成口腕，并具有成束的刺丝囊……………………………………… F1. 玛吉水母亚目 Suborder Margelina

2b 水母体缘触手空心，眼点背轴位；口简单，口唇不具特殊刺丝胞构造，无口触手（罗素水母科除外）…………………………… F2. 面具水母亚目 Suborder Pandeida

1b 水母体口简单，呈环状，无口触手；缘触手空心，少数有实心触手 …………………………………………………………………… 头螅水母目 Order Capitata

3a 垂管近方形，口呈“十”字形；生殖腺在垂管间辐位和辐叶上，或仅在辐叶上 ……………………………………………… C1. 摩勒水母亚目 Suborder Moerisiida

3b 垂管呈圆柱形，基部呈环状；口简单，环状；生殖腺完全围绕着垂管；一般有1~4条缘触手，稀有8条或更多触手……… C3. 筒螅水母亚目 Suborder Tubulariida

3c 垂管呈细颈瓶状，基部近方形或八角形；口管呈圆筒形；生殖腺在间辐位；外

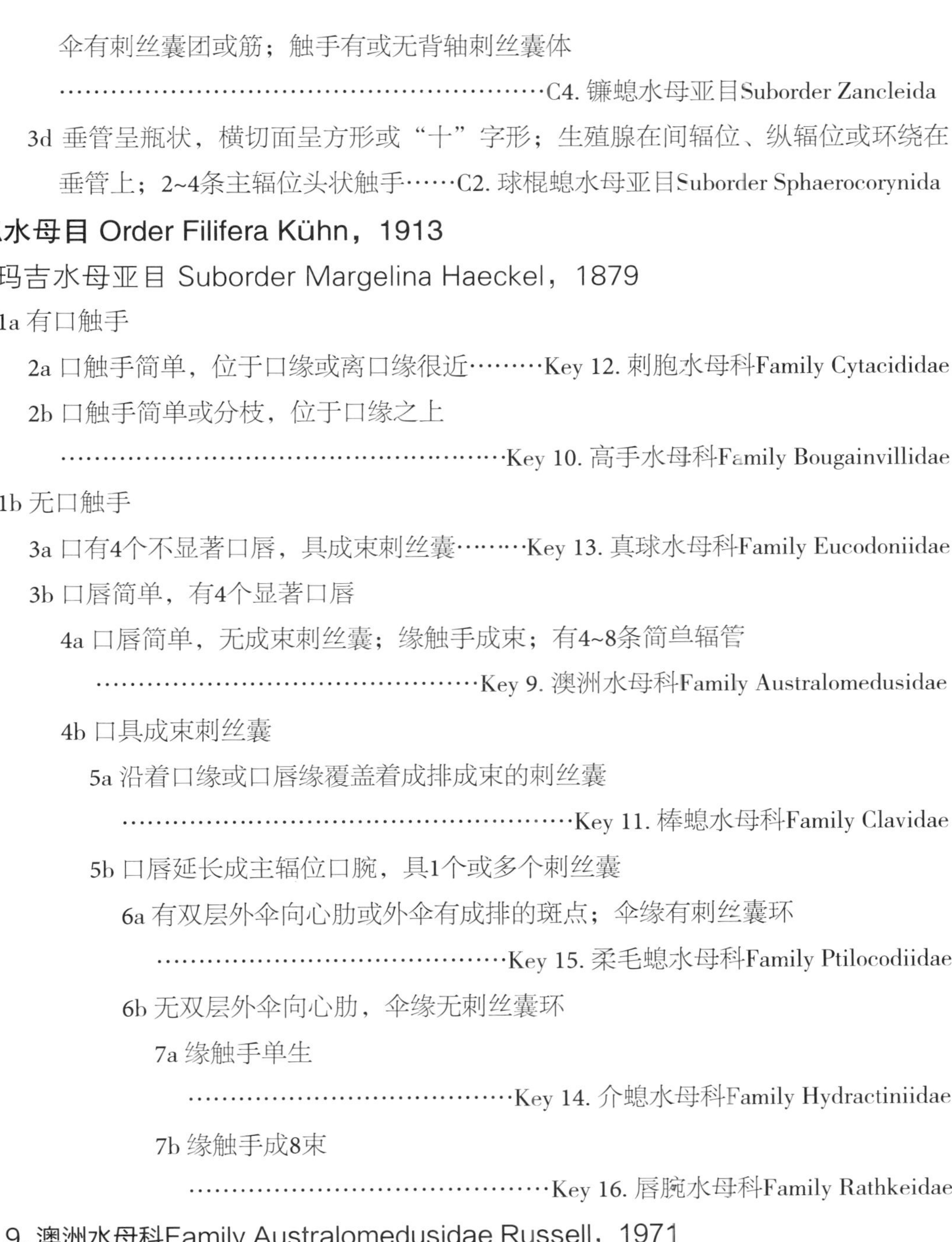

伞有刺丝囊团或筋；触手有或无背轴刺丝囊体

…………………………………………………C4. 镰螅水母亚目Suborder Zancleida

3d 垂管呈瓶状，横切面呈方形或“十”字形；生殖腺在间辐位、纵辐位或环绕在垂管上；2~4条主辐位头状触手……C2. 球棍螅水母亚目Suborder Sphaerocorynida

丝螅水母目 Order Filifera Kühn，1913

F1. 玛吉水母亚目 Suborder Margelina Haeckel，1879

1a 有口触手

2a 口触手简单，位于口缘或离口缘很近………Key 12. 刺胞水母科Family Cytacididae

2b 口触手简单或分枝，位于口缘之上

…………………………………………………Key 10. 高手水母科Family Bougainvillidae

1b 无口触手

3a 口有4个不显著口唇，具成束刺丝囊………Key 13. 真球水母科Family Eucodoniidae

3b 口唇简单，有4个显著口唇

4a 口唇简单，无成束刺丝囊；缘触手成束；有4~8条简单辐管

……………………………………………Key 9. 澳洲水母科Family Australomedusidae

4b 口具成束刺丝囊

5a 沿着口缘或口唇缘覆盖着成排成束的刺丝囊

…………………………………………………Key 11. 棒螅水母科Family Clavidae

5b 口唇延长成主辐位口腕，具1个或多个刺丝囊

6a 有双层外伞向心肋或外伞有成排的斑点；伞缘有刺丝囊环

……………………………………Key 15. 柔毛螅水母科Family Ptilocodiidae

6b 无双层外伞向心肋，伞缘无刺丝囊环

7a 缘触手单生

…………………………………Key 14. 介螅水母科Family Hydractiniidae

7b 缘触手成8束

…………………………………Key 16. 唇腕水母科Family Rathkeidae

Key 9. 澳洲水母科Family Australomedusidae Russell，1971

本科有4个属，中国仅记录1属。

31.张氏水母属*Zhangiella* Bouillon，Gravilis，Pagès，Gili & Boero，2006

本属与其他属的区别是：垂管呈“十”字形，有4个口唇，无口触手；4条辐管；4束主辐位缘触手；生殖腺在垂管上；触手基球有或无眼点。

1a 胃扁平，有短锥状的胃柄；口呈“十”字形；生殖腺围绕着胃壁；伞缘有4束主辐位的缘触手，每束有5~6条空心触手，基部有眼点
……………………南海张氏水母*Zhangiella nanhainense*（Zhang，1982）（图5.47）

1b 无胃柄

2a 在胃壁主辐位有3个并列水母芽；伞缘有4束主辐位触手，每束都有2条空心触手，基球无眼点
…………双手张氏水母*Z. bitentaculata*（Xu，Huang & Chen，1991）（图5.48）

2b 在胃壁上无水母芽；4个触手基球，每个都有5~6条成束触手，基球有眼点

3a 在胃壁的间辐位有4个大球形生殖腺
………………东山张氏水母*Z. dongshanensis*（Xu & Huang，1994）（图5.49）

3b 在胃壁的主辐位有4个梭形生殖腺
……………厚伞张氏水母*Z. condensum* Huang，Zhang et Sun，2020（图5.50）

Key 10. 高手水母科Family Bougainvillidae Lütken，1850

1a 无触手基球，无口………………………………………………36. 粗棒水母属*Pachycordyle*

1b 有触手球，有口

2a 4个触手基球

3a 每个基球都无发达触手…………………………………37. 似单肢水母属*Paranubiella*

3b 每个基球都有发达触手

4a 每个基球都有1条以上的触手

5a 每束触手基球中央都有1对棍棒头状触手………34. 拟线水母属*Nemopsis*

5b 每束触手基球中央都没有1对棍棒头状触手，均同样构造
…………………………………………………………32. 高手水母属*Bougainvillia*

4b 每个触手基球都只有1条触手

6a 触手基球有眼点…………………………………38. 拟单肢水母属*Silhouetta*

6b 触手基球无眼点…………………………………35. 单肢水母属*Nubiella*

2b 有4个或8个或更多的触手基球

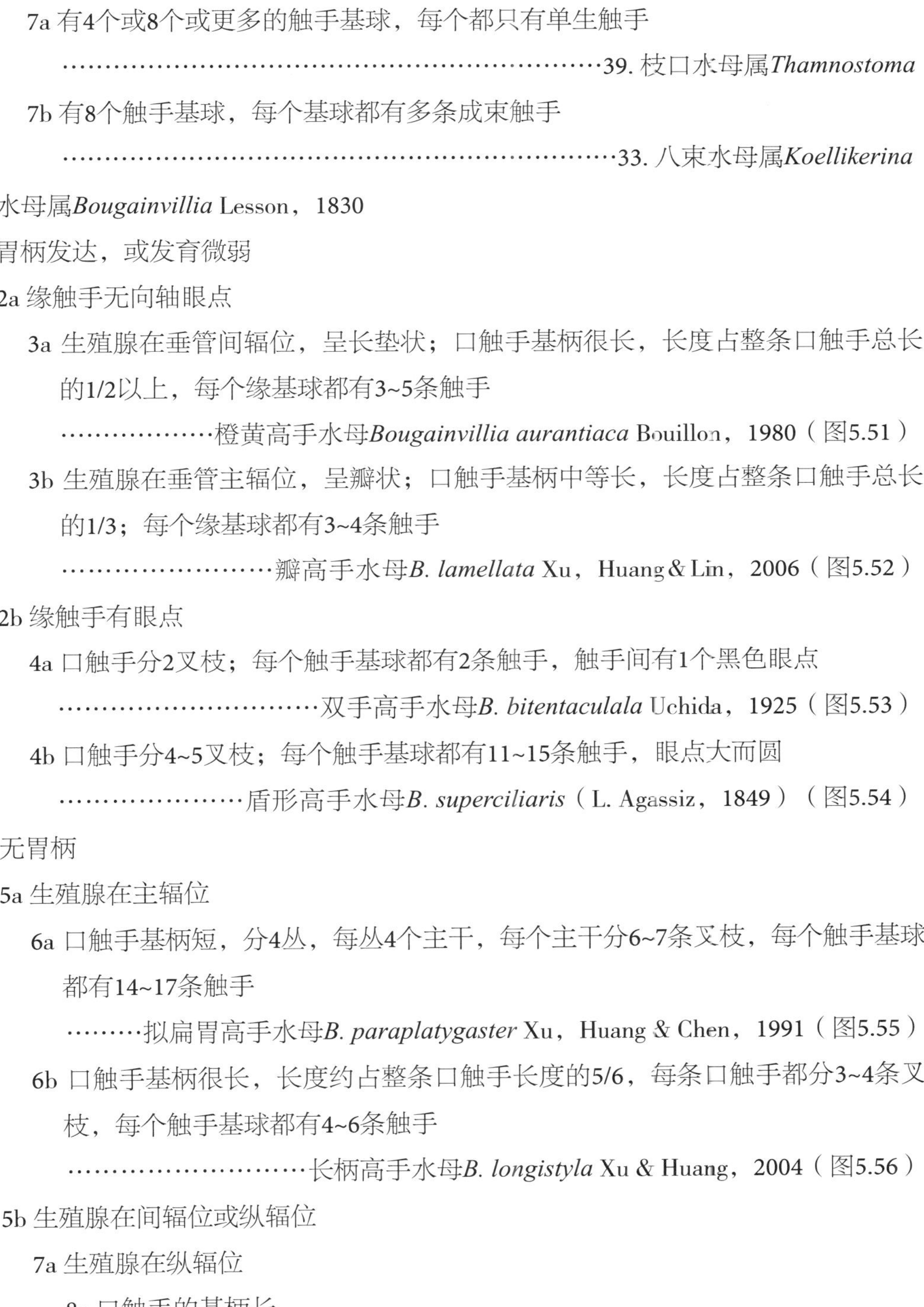

7a 有4个或8个或更多的触手基球，每个都只有单生触手
……………………………………………………………39. 枝口水母属*Thamnostoma*

7b 有8个触手基球，每个基球都有多条成束触手
………………………………………………………………33. 八束水母属*Koellikerina*

32.高手水母属*Bougainvillia* Lesson，1830

1a 胃柄发达，或发育微弱

2a 缘触手无向轴眼点

3a 生殖腺在垂管间辐位，呈长垫状；口触手基柄很长，长度占整条口触手总长的1/2以上，每个缘基球都有3~5条触手
………………橙黄高手水母*Bougainvillia aurantiaca* Bouillon，1980（图5.51）

3b 生殖腺在垂管主辐位，呈瓣状；口触手基柄中等长，长度占整条口触手总长的1/3；每个缘基球都有3~4条触手
……………………瓣高手水母*B. lamellata* Xu，Huang & Lin，2006（图5.52）

2b 缘触手有眼点

4a 口触手分2叉枝；每个触手基球都有2条触手，触手间有1个黑色眼点
…………………………双手高手水母*B. bitentaculala* Uchida，1925（图5.53）

4b 口触手分4~5叉枝；每个触手基球都有11~15条触手，眼点大而圆
…………………盾形高手水母*B. superciliaris*（L. Agassiz，1849）（图5.54）

1b 无胃柄

5a 生殖腺在主辐位

6a 口触手基柄短，分4丛，每丛4个主干，每个主干分6~7条叉枝，每个触手基球都有14~17条触手
………拟扁胃高手水母*B. paraplatygaster* Xu，Huang & Chen，1991（图5.55）

6b 口触手基柄很长，长度约占整条口触手长度的5/6，每条口触手都分3~4条叉枝，每个触手基球都有4~6条触手
………………………长柄高手水母*B. longistyla* Xu & Huang，2004（图5.56）

5b 生殖腺在间辐位或纵辐位

7a 生殖腺在纵辐位

8a 口触手的基柄长

9a 垂管上无水母芽，口触手分4~6条叉枝，每个触手基球都有12~17条触手（有时超过30条），每条触手基部都有1个长圆形眼点
……………不列颠高手水母*B. britannica*（Forbes，1841）（图5.57）

9b 垂管有水母芽

10a 垂管呈圆柱状，口触手的第一根叉枝很长，其长度接近基柄的长度，每个触手基球都有3条触手
……………………羽叶高手水母*B. frondosa* Mayer，1900（图5.58）

10b 垂管呈细颈瓶状，口触手的第一根叉枝比基柄短，每个触手基球都有8条触手…………纵芽高手水母*B. niobe* Mayer，1894（图5.59）

8b 口触手的基柄短

11a 触手基球宽或狭窄；垂管无主辐叶

12a 触手基球狭窄，每个基球都有15~20条触手；口触手有6~8个分叉
……………褐高手水母*B. fulva* A. Agassiz & Mayer，1899（图5.60）

12b 触手基球宽，呈肾形，每个基球都有26~30条触手；口触手有5~6个分叉
…………首要高手水母*B. principis*（Steenstrup，1805）（图5.61）

12c 触手基球宽，呈"U"字形，每个基球都有9~11条触手；口触手有3~4个分叉
…雷州高手水母*B. leizhouensis* Xu，Guo & Wang，2020（图5.62）

11b 触手基球近圆形，垂管有主辐叶

13a 外伞布满网状乳突；口触手的基柄短而粗，分2根叉枝，触手基球呈肾形，每个触手基球都有8~9条触手
……………网状高手水母*B. reticulata* Xu & Huang，2006（图5.63）

13b 外伞光滑；口触手的基柄中等粗，分3根叉枝，触手基球呈"U"字形，每个触手基球都有9~11条触手
…………………十字高手水母*B. vervoorti* Bouillon，1995（图5.64）

7b 生殖腺在间辐位

14a 垂管呈长圆柱状或鳞茎状；口触手的基柄长

15a 垂管呈圆柱状，其长度接近或超出缘膜口外；每条口触手都分2条叉

枝，每个触手基球都有4条很短的触手

…………………玛尼高手水母*B. maniculata* Haeckl，1864（图5.65）

15b 垂管呈鳞茎状，其长度约为内伞腔深度的1/2；每条口触手都分1~2根叉枝（很少分3条叉枝）；每个触手基球都有3~4条触手

…………………鳞茎高手水母*B. muscus*（Allman，1863）（图5.66）

15c 垂管长而狭，其长度约为内伞腔深度的1/2，每条口触手都分2条叉枝，触手基球小，呈鳞茎状，每个基球都有7~9条触手，触手基部有1个向轴眼点

…………加罗高手水母*B. carolinensis*（McCrady，1859）（图5.67）

14b 垂管宽而扁，紧贴内伞；口触手的基柄短

16a 每个触手基球都有10~13条触手，有眼点；垂管有水母芽；每条口触手都分5~6条叉枝

……………扁胃高手水母*B. platygaster*（Haeckel，1879）（图5.68）

16b 每个触手基球都有3条以上触手，无眼点

17a 触手基球呈半月形，基球背面截平，有1个短扁乳突指向辐管，每个基球都有5条触手；4个大的球形生殖腺，无水母芽

……乳突高手水母*B. papillaris* Xu，Hang & Guo，2014（图5.69）

17b 触手基球呈肾形，背面钝圆，无乳突；每个基球都有3条触手；4个大的球形生殖腺，有水母芽

……萍高手水母*B. chenyapingae* Xu，Hang & Guo，2007（图5.70）

33.八束水母属*Koellikerina* Kramp，1939

1a 伞有顶突

2a 生殖腺在胃的主辐位，每个生殖腺都作3~4对侧裂皱褶，无中间皱褶；口触手的基柄长，分6~7个叉；8束缘触手，触手基部呈淡红褐色，有眼点

……………………缢八束水母*Koellierina constricta*（Menon，1932）（图5.71）

2b 生殖腺在胃的纵辐位

3a 8个卵圆形生殖腺，无皱褶；口有4片口唇，每片口唇唇缘有4条棒状触手；4条口触手，分5~6个叉；触手基球呈肾状，每个基球都有5条成束触手

…………异手八束水母*K. heteronemalis* Xu，Huang & Chen，1991（图5.72）

3b 8个生殖腺，每个生殖腺都作3~4个垂直褶叠裂；口简单，唇缘无棒状触手；4丛口触手，每丛有4条主干，每条主干分3条叉枝；触手基球狭长，每个基球都有7~9条触手

……………台湾八束水母*K. taiwanensis* Xu，Huang & Chen，1991（图5.73）

1b 伞无顶突

4a 有胃柄

5a 口触手分双叉；胃宽大；4个生殖腺在主辐位，作3~4对侧裂皱褶；每束触手5条，有背轴眼点

……………………双叉八束水母*K. diforficulata* Xu & Zhang，1978（图5.74）

5b 口触手分2个以上叉

6a 生殖腺在间辐位，每个生殖腺都纵裂为2~3叶；口触手分4~5个叉；8束缘触手，主辐位7~9条，间辐位5~7条

……………………八手八束水母*K. octonemalis*（Maas，1905）（图5.75）

6b 生殖腺在主辐位

7a 每个生殖腺都作6~7对侧裂皱褶；每束缘触手10~23条；触手基球、胃和生殖腺呈红色至褐红色，口触手呈紫色或红色

……………八束水母*K. fasciculata*（Péron & Lesueur，1809）（图5.76）

7b 每个生殖腺都作3对侧裂皱褶；每束缘触手7~15条；生殖腺呈浅黄色，触手基球呈红色、橙黄色或黄色，口触手基部呈橙黄色，触手呈金黄色………博氏八束水母*K. bouilloni* Kawamura & Kubota，2005（图5.77）

4b 无胃柄

8a 胃呈“十”字形，口管短；生殖腺在主辐位，近椭圆形，光滑无皱褶；口触手的基柄短而粗，分3个叉，触手基球近三角形，触手基球之间距离大

……………………十字八束水母*B. staurogaster* Xu & Huang，2004（图5.78）

8b 胃短，无口管；生殖腺在主辐位，呈“V”字形，每个生殖腺都作2~3对侧裂皱褶；口触手的基柄较长，分6~7个叉或更多，缘触手基球呈线状，触手基球之间的距离很小

………………………多手八束水母*K. multicirrata*（Kramp，1928）（图5.79）

34.拟线水母属*Nemopsis* L. Agassiz，1849

1a 6束缘触手，每束具8条；6条辐管；6个胃叶，各向辐管延伸，其长度达辐管长度的3/4；6条口触手，基柄长，分3~4个叉

……………………六辐拟线水母*Nemopsis hexacanalis* Huang & Xu，1994（图5.80）

1b 4束缘触手，每束具12~16条；4条辐管；4个胃叶，各向辐管延伸，其长度可达辐管长度的2/3；4条口触手，基柄短，分3~7个叉

………………………………………贝氏拟线水母*N. bachei* L. Agassiz，1849（图5.81）

35.单肢水母属*Nubiella* Bouillon，1980

1a 垂管有水母芽

2a 水母芽位于垂管的上部；8条不分枝的口触手；触手基球有外伞刺丝囊团

……母芽单肢水母*Nubiella medusifera* Huang，Xu，Lin & Guo，2012（图5.82）

2b 水母芽位于垂管间辐位

3a 12~14条不分枝的口触手；触手基球具内胚层红色素块

………………………阿尔单肢水母*N. alvarinoae*（Segura，1980）（图5.83）

3b 4条不分枝的口触手；伞呈半球形，触手基球不具内胚层红色素块

………………半球单肢水母*N. hemisphaerica* Li，Lin & Chen，2016（图5.84）

1b 垂管无水母芽

4a 有胃柄

5a 生殖腺位于垂管间辐位，呈球形；胃柄长，呈圆锥状，长度约为垂管长度的1/2

………………大腺单肢水母*N. macrogona* Xu，Huang & Guo，2009（图5.85）

5b 生殖腺环绕垂管

6a 伞有顶突；4条不分枝口触手；触手基球呈竖立椭圆形

……………拟帽单肢水母*N. paramitra* Xu，Huang & Guo，2007（图5.86）

6b 伞无顶突；8~16条不分枝口触手

7a 胃柄很长，长度约为垂管长度的1/2；触手基球近球形，无内胚层室，无背轴距；8~16条不分枝口触手

………中华单肢水母*N. sinica* Huang，Xu，Lin & Chen，2009（图5.87）

7b 胃柄短，宽大，长度约为垂管长度的1/3；触手基球有内胚层室，高大，呈梨形；背轴距伸向外伞；16条不分枝口触手

……………距单肢水母*N. spura* Xu，Huang & Zheng，sp. nov.（图5.88）

4b 无胃柄

8a 生殖腺位于垂管间辐位或纵辐位

9a 8个生殖腺位于垂管纵辐位；口缘有许多刺丝囊；具14条不分枝口触手

…………口刺单肢水母 *N. oralospinella* Xu，Huang & Guo，2009（图5.89）

9b 4个生殖腺位于垂管间辐位

10a 垂管有口管；触手基球的中央具1对棍棒状触手

………棍棒单肢水母 *N. claviformis* Xu，Huang & Lin，2009（图5.90）

10b 垂管无口管

11a 伞有顶突

12a 顶突钝圆；有8条不分枝的口触手………………………………
间腺单肢水母*N. intergona* Xu，Huang & Lin，2009（图5.91）

12b 顶突呈锥状；有4条不分枝的口触手

……锥形单肢水母 *N. conica* Li，Huang & Liu，2016（图5.92）

11b 伞无顶突

13a 伞无顶室

14a 伞呈钟形；8条不分枝的口触手；触手基球具背轴刺丝体伸向外伞………………………………………………粗管单肢水母 *N. crassocanalis* Huang，Xu，Lin & Guo，2012（图5.93）

14b 伞呈球形；4条不分枝的口触手；触手基球无背轴刺丝体……球形单肢水母 *N. globosa* Lin，Xu & Huang，2012（图5.94）

13b 伞有顶室

15a 垂管长，呈圆柱状；12条不分枝的口触手；4个小的球状生殖腺位于垂管间辐的中部；缘触手长，其基球有黑色素斑块，无末端膨大刺胞球………………………………球腺单肢水母 *N. globogona* Wang，Guo & Xue，2012（图5.95）

15b 垂管短，呈椭圆形；8条不分枝的口触手；4个大的球状生殖腺约占整个垂管的间辐位；缘触手短而粗，其基球无色素斑块，触手末端膨大，具呈长椭圆形的刺丝囊体……细

单肢水母 *N. gracilis* Xu，Huang & Zheng，sp. nov.（图5.96）

8b 生殖腺环绕垂管

16a 垂管无口管

17a 8条不分枝的口触手；触手基球背轴有1个致密的黑色素内胚层突起伸向辐管

………………乳突单肢水母*N. papillaris* Xu，Huang & Guo，2009（图5.97）

17b 16条不分枝的口触手；触手基球呈新月形，无内胚层突起

……………无乳突单肢水母*N. apapillaris* Xu，Huang & Guo，2018（图5.98）

16b 垂管有口管

18a 伞无顶室；口管很长，长度约为垂管长度的1/2；8条不分枝的口触手

……………………管单肢水母*N. tubularia* Xu，Huang & Guo，2009（图5.99）

18b 伞有顶室；口管短

19a 12条不分枝的口触手；垂管大而粗，呈长椭圆形，约为内伞腔高度的4/5；触手长而粗，末端无膨大刺丝囊球

……大胃单肢水母*N. macrogastera* Xu，Huang & Lin，2009（图5.100）

19b 4条不分枝的口触手；垂管短，呈椭圆形，长度约为内伞腔高度的1/2；触手短而细，末端有膨大刺丝囊球

……端球单肢水母*N. terminaliknoba* Xu，Guo & Wang，2019（图5.101）

36.粗棒水母属*Pachycordyle* Weismann，1883

本属中国只有1种。

锥形粗棒水母*Pachycordyle conica* Kramp，1959（图5.102）：

伞呈锥形，顶突钝圆，顶管细长，几乎到达伞顶；垂管呈瘦长纺锤状，长度约为内伞腔深度；伞开孔很大，缘膜狭；生殖腺环绕着垂管，雌性个体有4个大的卵圆细胞绕着垂管。

37.似单肢水母属 *Paranubiella* Xu，Huang and Lin，2018

1a 4个主辐位缘基球的大小和构造不同；有12条不分枝的口触手；生殖腺位于垂管主辐位……无手似单肢水母*Paranubiella atentaculata*（Xu & Huang，2004）（图5.103）

1b 4个主辐位缘基球的大小和构造相同

2a 伞有顶突；垂管很短，呈球状，4个大的卵圆形生殖腺位于垂管间辐位

………………南海似单肢水母*P. nanhaiensis* Xu，Huang & Guo，2018（图5.104）

2b 伞无顶突

3a 垂管很长，呈角锥状，长度约为内伞深度的3/4；无胃柄，有4条不分枝的口触手；生殖腺环绕着垂管

…………深圳似单肢水母*P. shenzhenensis* Xu，Guo & Wang，2019（图5.105）

3b 垂管短，长度约为内伞腔深度的1/3，有短的胃柄，有20条不分枝的口触手；4个大的卵圆形生殖腺位于垂管间辐位

……………短柄似单肢水母*P. brevistylis* Xu，Yang et Huang，2020（图5.106）

38.拟单肢水母属*Silhouetta* Millard & Bouillon，1973

本属只有1种，中国已有记录。

优拟单肢水母*Silhouetta uvacarpa* Millard & Bouillon，1973，见本属特征（图5.107）。

39.枝口水母属 *Thamnostoma* Haeckel，1879

本属有5种，中国只发现1种。

天诒枝口水母*Thamnostoma zhengtianyii* Xu，Zheng et Huang（in press）（图5.108）。

本种与其他种的区别是伞无顶突；垂管有胃柄；4条短的缘触手，其基球延长呈长锥状，攀贴外伞缘，触手末端无黑色斑块。

Key 11. 棒螅水母科Family Clavidae McCrady，1859

1a 垂管镶嵌一个短的实心锥状胶质胃柄，无内胚层泡状组织

………………………………………………………………40.海洋水母属*Oceania*

1b 垂管镶嵌一个假胃柄，有浓密的内胚层泡状细胞…………41. 灯塔水母属*Turritopsis*

40.海洋水母属 *Oceania* Kölliker，1853

本属有2种，中国已记录1种。

囊海洋水母*Oceania armata* Kölliker，1853（图5.109）

垂管上部有短的胃柄，胃横切面呈“十”字形；4个生殖腺位于垂管间辐位；伞缘有100~200条实心触手，排列拥挤。

41.灯塔水母属 *Turritopsis* McCrady，1857

1a 在垂管主辐位有4个大而紧密的液泡内胚层细胞块；辐管远端外部不覆盖液泡细胞；伞缘触手80~120条，触手基部有向轴眼点

………………………………灯塔水母*Turritopsis nutricula* McCrady，1857（图5.110）

1b 液泡内胚层细胞块仅分布在胃柄的主辐位，在胃柄上的辐管外部被液泡细胞覆盖着，伞缘触手14~32条……多赫灯塔水母*T. dohrnii*（Weismann，1883）（图5.111）

Key 12. 刺胞水母科Family Cytacididae L. Agassiz，1862

本科有2属，中国已记录1属。

42.刺胞水母属 *Cytaeis* Eschscholtz，1829

见本科特征，仅有4条缘触手。本属有16种，中国仅记录1种。

刺胞水母*Cytaeis tetrastyla* Eschscholtz，1829（图5.112）：

胃很大，呈梨形，胃上常有许多水母芽；口触手多达20条；伞缘有4条实心主辐触手，触手基部膨大，呈三角形，向外伞略为攀伸。

Key 13. 真球水母科Family Eucodoniidae Schuchert，1996

本科只有1属，中国有记录。

43.真球水母属 *Eucodonium* Hartlaub，1907

本属特征见F1.玛吉水母亚目分科检索表。

1a 2条相对的主辐触手，很长，长度约为伞高的3倍，每条触手都有许多排列间隔不规则的褐色斑块……………………………………………………………………………
长手真球水母*Eucodonium longitentaculatum* Xu，Huang & Wang，2016（图5.113）

1b 2条相对的主辐触手，长度不及伞高

2a 胃柄呈宽锥状，长度约为垂管长度的1/2；口管长，约与胃等长
……………双手真球水母*E. bitentaculatum* Xu，Huang & Guo，2016（图5.114）

2b 胃柄短而宽，长度比垂管更短

3a 2条相对的主辐触手短而细，呈线状，具环状刺细胞，但无褐色斑块，每条触手末端都具1个小的卵圆形刺丝囊球
………………… 短柄真球水母*E. brevistyle* Xu，Huang & Lin，2016（图5.115）

3b 2条相对的主辐触手短而粗，具环状刺细胞，具4~5个褐色斑块，排列间隔有规律………… 粗手真球水母*E. crassonemalis* Xu，Guo & Lin，2019（图5.116）

Key 14. 介螅水母科Family Hydractiniidae L. Agassiz，1862

1a 水母体有4条辐管……………………………………………44.介螅水母属*Hydractinia*

1b 水母体有8条辐管…………………………………………45.拟介螅水母属*Parahydractinia*

44.介螅水母属*Hydractinia* van Beneden，1841

1a 无口腕

2a 有水母芽；缘触手4条，触手上具螺旋排列的刺丝囊，口具4个有成丛刺胞的口

唇……图尔介螅水母*Hydractinia tournieri*（Picard & Rahm，1954）（图5.117）

2b 无水母芽

3a 缘触手8条，4个简单口唇，上有成丛的刺胞；触手上有呈成串念珠状的刺丝囊……念珠介螅水母*H. moniliformis* Huang，Zhong & Zhang Yanjun，2010（图5.118）

3b 缘触手4条；4个具刺胞的叶片状口唇；触手上具环状刺胞
……………叶状介螅水母*H. phyllosoma* Wang，Huang & Xu，2015（图5.119）

1b 口腕发达，明显

4a 口腕分枝，末端具成丛小单肢

5a 口腕末端具6~8条成丛小单肢；缘触手末端不具刺胞球
………………东山介螅水母*H. dongshanensis* Xu & Huang，2006（图5.120）

5b 口腕末端具4~5条成丛小单肢；缘触手末端具大的刺胞球……………………广西介螅水母*H. guangxiensis* Huang，Li & Zhang Chenxiao，2010（图5.121）

4b 口腕简单，不分枝，末端无成丛小单肢

6a 触手基球有向轴眼点；辐管基部和胃上部有泡状组织；有胃柄；缘触手16~20条……………泡状介螅水母 *H. vacuolata* Xu & Huang，2006（图5.122）

6b 触手基球无向轴眼点

7a 垂管有水母芽

8a 4条缘触手，长短不同，2条长，2条短；垂管膨大，呈椭圆形，基部有1条短胃柄，垂管中部无凹缢
…………………简单介螅水母*H. simplex*（Kramp，1928）（图5.123）

8b 4条缘触手，长短相同；垂管呈长管状，基部无胃柄，垂管中部有一圈凹缢，上半部为泡状组织，下半部为胃部
………缢介螅水母*H. constrictura* Huang，Xu & Guo，2015（图5.124）

7b 垂管无水母芽

9a 有胃柄

10a 口腕向上反曲，其末端具成丛刺丝囊；缘触手16条…………反曲介螅水母*H. recurvatus* Lin，Xu，Huang & Wang，2010（图5.125）

10b 口腕不向上反曲

11a 伞有钝锥状顶突；缘触手4条

…………顶突介螅水母*H. apicata*（Kramp，1959）（图5.126）

11b 伞钝圆；缘触手4条以上

12a 缘触手28~32条；胃柄短，长度约为整个垂管长度的1/4；4个大的卵圆形生殖腺位于垂管间辐位…………………多手介螅水母*H. polytentaculata* Xu & Huang，2006（图5.127）

12b 缘触手8条；胃柄长，呈宽锥状，长度约为垂管长度的1/2；4个长椭圆形生殖腺位于垂管间辐位……雷州介螅水母*H. leizhouensis* Huang，Zhang & Yang，2020（图5.128）

9b 无胃柄

13a 缘触手6条，近端2/3粗壮，远端1/3变细，具螺旋排列的刺丝囊…………………………………………………………………台湾介螅水母*H. taiwanensis*（Lin，Xu，Huang & Wang，2010）（图5.129）

13b 缘触手4~8条，粗细均匀，不具螺旋排列的刺丝囊
……………肉质介螅水母*H. carnea*（M. Sars，1846）（图5.130）

45.拟介螅水母属*Parahydroctinia* Xu & Huang，2006

本属只有1种，中国已有记录。

三沙拟介螅水母*Parahydractinia sanshaensis* Xu & Huang，2006（图5.131）：

垂管基部宽而扁，横切面呈八角形，几乎紧贴内伞表面；口有4个口唇，延长成短而粗的口腕，其末端具许多成堆的刺丝囊；4个球状生殖腺，位于垂管的间辐位；有8条宽的辐管；8条短的触手。

Key 15. 柔毛螅水母科Family Ptilocodiidae Coward，1909

1a 水母体伞缘无基球；4条主辐位口触手，从口缘上伸出，其末端无刺胞球；生殖腺在垂管主辐位………………………………………47.拟特古水母属*Tregoubovilopsis*

1b 退化真水母体伞缘有8个基球；无口触手；生殖腺在垂管间辐位
………………………………………………………………46.鱼螅水母属*Hydrichthella*

46.鱼螅水母属 *Hydrichthella* Stechow，1909

本属有3种，中国已记录2种退化真水母体，其区别特征如下：

1a 外伞有分散刺细胞；有短而宽的胃柄；8个无触手的缘基球，4个主辐位基球比4个间辐位基球大，每个基球顶端均有红色眼点

……………眼鱼螅水母*Hydrichthella ocellata* Xu，Huang & Wang，2017（图5.132）

1b 外伞无分散刺细胞；无胃柄；8个无触手缘基球同样大小，基球顶端无眼点

………………………………珊表鱼螅水母*H. epigorgia* Stechow，1909（图5.133）

47.拟特古水母属 *Tregouboviopsis* Guo，Xu & Huang，2017

本属只有1种，中国已有记录。

主辐拟特古水母*Tregouboviopsis perradialis*（Xu，Huang & Du，2012）（图5.134）：从伞缘环管伸出16条外伞双层向心肋；4条主辐位口触手，其末端无刺胞球；4个生殖腺很大，呈椭圆形，几乎覆盖整个垂管主辐位；伞缘无缘触手和缘基球。

Key 16. 唇腕水母科Family Rathkeidae Russell，1953

1a 8条辐管……………………………………………………48.异唇腕水母属*Allorathkea*

1b 4条辐管

2a 口唇延长成口腕……………………………………………51.唇腕水母属*Rathkea*

2b 口触手垂直地或倾斜地扦入口缘之上

3a 8个缘基球，每个基球都有1条或更多条简单触手………49.棱水母属*Lizzia*

3b 4个缘基球，每个基球只有1条简单触手

……………………………………………50.拟介穗水母属*Podocorynoides*

48.异唇腕水母属*Allorathkea* Schmidt，1972

本属有2种，中国已记录1种。

大胃异唇腕水母*Allorathkea macrogastrica*（Xu & Huang，1990）（图5.135）：胃大近球形，直径约占整个内伞腔深度的2/3；4个口唇延伸成叉状口腕；8条辐管；8束实心触手。

49.棱水母属 *Lizzia* Forbes，1846

1a 4条不分枝的口触手；8个缘基球，其中4个在间辐位，每个只有1条触手，另4个在主辐位，每个有3条触手，所有缘基球都无眼点

………………………………淡黄棱水母*Lizzia blondina* Forbes，1848（图5.136）

1b 8条口触手

2a 8条口触手，其中4条在主辐位，4条在间辐位；8条单生缘触手

………………………………瘦棱水母*L. gracilis*（Mayer，1900）（图5.137）

2b 8条口触手，其中2条成对口触手位于主辐位

……………………………八柱棱水母*L. octostyla*（Haeckel，1879）（图5.138）

50.拟介穗水母属 *Podocorynoides* Schuchert，2007

本属只有1种，中国已有记录。

小拟介穗水母*Podocorynoides minima*（Trinci，1903）（图5.139）：

4条不分枝的口触手垂直扦入口缘之上；垂管有胃柄；4个缘基球，每个都有1条简单触手；水母芽在垂管间辐位。

51.唇腕水母属 *Rathkea* Brandt，1838

本属有6种，中国仅记录1种。

八斑唇腕水母*Rathkea octopunctata*（M. Sars，1835）（图5.140）：

伞有实心顶突；垂管有锥形胃柄；4个口腕，末端分1~2对，具刺胞球；伞缘有8束触手，主辐位有3~5条触手，间辐位只有3条触手，所有触手基球均无黑色色素。

F2. 面具水母亚目Suborder Pandeida Haeckel，1879

1a 缘触手无基球，或者触手基部膨大，触手末端具1个刺丝囊球

……………………………………………………Key 17.深帽水母科Family Bythotiaridae

1b 缘触手有基球，触手末端无刺丝囊球或者头状物

2a 辐管有分枝或分叉

3a 有2条简单辐管和2条双叉辐管；触手基球产生小的水母体

……………………………………………………Key 18.叶手水母科Family Niobiidae

3b 有4~6条分枝辐管，外伞有刺丝囊肋；垂管有辐射的胃囊；通常无环管；无退化基球……………………………Key 20.枝管水母科Family Proboscidactylidae

2b 辐管不分枝

4a 成熟时仅有4条缘触手，无退化基球（拟海帽水母属*Halitiarella*例外）；有4条简单辐管…………………………………Key 21.原帽水母科Family Protiaridae

4b 成熟时有2条或更多条触手，有或无退化基球；有4条不分枝辐管（少数有8条辐管，如八帽水母属*Octotiara*）；垂管通常无辐射胃囊（连帽水母属*Annatiara*例外）……………………………Key 19.面具水母科Family Pandeidae

Key 17. 深帽水母科Family Bythotiaridae Maas，1905

1a 有向心管，末端或与垂管基部相连

2a 所有触手都空心，其末端具1个刺丝囊球……………………54.萼水母属*Calycopsis*

2b 有两种大小不同的触手，大触手空心，具末端刺丝囊球；小触手实心，无末端刺丝囊球······55.真水母属*Eumedusa*

1b 无向心管

3a 辐管简单，不分枝

4a 辐管很宽；有4条长的空心触手，具末端刺丝囊球，4条短的实心触手，无末端刺丝囊球······57.宽管水母属*Laticanna*

4b 辐管狭，所有触手都空心，具末端刺丝囊球

5a 生殖腺无皱褶，在纵辐位······59.伪帽水母属*Pseudotiara*

5b 生殖腺无皱褶，在间辐位

6a 8条辐管；缘触手基球有背轴眼点······52. 深眼水母属*Bythocellata*

6b 4条辐管，无眼点······58. 原拟帽水母属*Protiaropsis*

3b 辐管分枝；生殖腺有皱褶

7a 辐管在不同水平面分枝······60.西坡加水母属*Sibogita*

7b 辐管简单或者有叉枝

8a 4条简单辐管或分枝辐管；生殖腺在间辐位，具横沟；无缘基球······53.深帽水母属*Bythotiara*

8b 2条简单辐管和2条分叉辐管；生殖腺在主辐位，光滑无皱褶；触手基部略为膨大，嵌入外伞中胶层内······56.郑重水母属*Gymnogonium*

52.深眼水母属*Bythocellata* Nair，1951

1a 水母口呈“十”字形；生殖腺在垂管间辐位；8条短而硬的缘触手，无触手基球······十字深眼水母*Bythocellata cruciformis* Nair，1951（图5.141）

1b 水母口呈环状；生殖腺环绕垂管；8条长的空心缘触手，有明显触手基球······基球深眼水母*B. bulbiformis* Xu & Huang，2006（图5.142）

53.深帽水母属 *Bythotiara* Günther，1903

1a 辐管呈叉状；有次级触手······莫氏深帽水母*Bythotiara murrayi* Günther，1903（图5.143）

1b 4条辐管简单，无次级触手

2a 12条触手；有顶室；垂管仅在顶室内······顶胃深帽水母*B. apicigastera* Xu，Huang & Guo，2008（图5.144）

2b 8条触手，无顶室；垂管位于内伞中央

……………………………缩口深帽水母*B. depressa* Naumov，1960（图5.145）

54.萼水母属 *Calycopsis* Fewkes，1882

1a 每2条触手间的缘叶表面都有乳突；伞每1/4都有2条纵辐位向心管；缘触手8~12条，同样构造……………乳状萼水母*Calycopsis papillata* Bigelow，1918（图5.146）

1b 缘叶无外伞乳突；伞每1/4仅有1条间辐位向心管；8条长触手和许多小触手

………………………………多手萼水母*C. bigelowi* Vanhöffen，1911（图5.147）

55.真水母属 *Eumedusa* Bigelow，1920

本属只有1种，中国已记录1种未命名的种，它与该属模式种区别如下：

1a 4条间辐位向心管与垂管基部连接；8条或16条长触手，空心，其末端具刺丝囊球，有许多小的实心触手，无末端刺丝囊球；生殖腺无规则皱褶

……………………………比鲁真水母*Eumedusa birulai*（Linke，1913）（图5.148）

1b 4条间辐位向心管和8条纵辐位向心管，均与垂管基部连接；4条主辐位触手、4条间辐位触手和8条纵辐触手，其基部都紧贴外伞，有红色素斑块，其末端具棍棒状刺丝囊球；生殖腺略为皱褶，位于垂管主辐位，并向主辐管延伸

…………………………………………………真水母*Eumedusa* sp.（图5.149）

56.郑重水母属 *Gymnogonium* Xu et Huang，1994

本属只有1种：

郑重水母*Gymnogonium zhengzhongii* Xu et Huang，1994（图5.150）。

本种特征见深帽水母科分属检索表。

57.宽管水母属*Laticanna* Xu，Huang et Du，2018

本属只有1种：

南海宽管水母*Laticanna nanhaiensis* Xu，Huang et Wang，2018（图5.151）。

本种特征见深帽水母科分属检索表。

58.原拟帽水母属 *Protiaropsis* Stecohw，1919

1a 垂管有胃柄；4个大的块状生殖腺位于垂管间辐位

…………柄原拟帽水母*Protiaropsis pedunculata* Xu，Huang & Guo，2016（图5.152）

1b 垂管无胃柄

2a 有4条触手，具末端刺丝囊球，4个主辐位缘基球有1个短的内胚层突起，从基球

向上延伸，到达外伞高度的1/4处；4个椭圆形垫状生殖腺位于垂管间辐位
………………四手原拟帽水母*P. tetranema* Xu，Huang & Wang，2016（图5.153）

2b 有8条或更多条触手

3a 有8条触手；垂管的间辐位有水母芽
…………………芽原拟帽水母*P. gemmifera* Xu，Huang & Du，2018（图5.154）

3b 有8条以上触手

4a 缘触手8~12条，触手末端无膨大刺丝囊球
……………………………隐原拟帽水母*P. anonyma*（Maas，1905）（图5.155）

4b 缘触手16~24条，触手末端有1个膨大刺丝囊球
…………………………小原拟帽水母*P. minor*（Vanhöffen，1911）（图5.156）

59.伪帽水母属 *Pseudotiara* Bouillon，1980

1a 伞缘有8条触手；8个成对、纵列的生殖腺长在垂管的纵辐位，每对生殖腺的上部都相连，下部彼此分开
……………八手伪帽水母*Pseudotiara octonema* Xu，Huang & Guo，2008（图5.157）

1b 伞缘有4条触手；8个简单、纵列的生殖腺长在垂管的纵辐位，每个生殖腺不成对
…………………………………热带伪帽水母*P. tropica*（Bigelow，1912）（图5.158）

60.西坡加水母属*Sibogita* Maas，1905

本属只1种，中国已有记录。

西坡加水母*Sibogita geometrica* Maas，1905（图5.159）。

本种特征见深帽水母科分属检索表。

61.堪拿水母属 *Kanaka* Uchida，1947

这是深帽水母科未定类的一个属，该属只有1种，中国已有记录。

大洋堪拿水母*Kanaka pelagica* Uchida，1947（图5.160）：

水母有4条辐管，每条辐管的上半部和下半部都有差别，即辐管的下半部向外伞方向弯曲；8条长的空心触手，其末端有膨大刺丝囊球；生殖腺似乎发育在辐管上。如果生殖腺在辐管上，则该种的分类位置应重新考虑。

Key 18. 叶手水母科Family Niobiidae Petersen，1979

本科只有1属，1种，中国已有记录。

62.叶手水母属 *Niobia* Mayer，1900

叶手水母*Niobia dendrotentaculata* Mayer，1900（图5.161）：

4条主辐管，其中相对的2条分叉；生殖腺在垂管间辐位上；缘触手12条，在大触手基部有水母芽。

Key 19. 面具水母科Family Pandeidae Haeckel，1879

1a 有12条以上向心管；有很发达的胃柄……………………………76.帝纹水母属*Timoides*

1b 无向心管

2a 有8条辐管………………………………………………………72.八帽水母属*Octotiara*

2b 有4条辐管

3a 成体仅有2条发达缘触手

4a 有胃柄，口缘简单；8个生殖腺，分开长在垂管的纵辐位，有横皱褶……………………………………………………75.圆口水母属*Stomotoca*

4b 无胃柄

5a 生殖腺呈马蹄形………………………………67.拟双手水母属*Codonorchis*

5b 生殖腺在纵辐位、间辐位或主辐位…………63.双手水母属*Amphinema*

3b 成体有2条以上发达缘触手

6a 所有缘基球一侧都具1条侧丝…………………………66.丝帽水母属*Cirrhitiara*

6b 缘基球无侧丝

7a 无隔膜

8a 有4个主辐垂管叶；生殖腺在间辐位，几次皱褶……………………………………………………64.连帽水母属*Annatiara*

8b 无主辐垂管叶；生殖腺呈马蹄形，皱褶……68.海圆水母属*Halitholus*

7b 有隔膜

9a 生殖腺不成网状或者皱褶，光滑，有竖皱纹；4个简单口唇

10a 垂管呈四角形，短而宽，基部宽大，几乎完全贴在内伞表面；生殖腺大，呈片状，光滑，覆盖着垂管间辐位整个表面，有3~4个暗红色斑块………………………………74. 拟面具水母属*Pandeopsis*

10b 垂管呈“十”字形，呈长细颈瓶状；生殖腺在纵辐位，光滑或具例外微弱皱纹…………………………………………70.潜水母属*Merga*

9b 生殖腺呈网状或皱褶，或二者均有；口唇皱褶或具锯状齿

11a 生殖腺无孤立间辐孔，呈马蹄形，有分歧横向皱褶，以间辐位横桥连接……………………………………69.隔膜水母属*Leuckartiara*

11b 生殖腺有孤立间辐孔，有或无附加皱褶，不呈马蹄形

12a 生殖腺互相联结构成网状，无周围皱褶

……………………………………………73.面具水母属*Pandea*

12b 生殖腺联结成皱褶，但不构成网状

13a 8个纵辐位纵列生殖腺，每个生殖腺都有一系列横褶叠；垂管间辐位有孤立纹孔；无眼点

……………………………………71.尖塔水母属*Neoturris*

13b 生殖腺在纵辐位，在间辐位联结成网状，具有不规则或平行皱褶，竖向或垂直向排列；有眼点

……………………………………65.全水母属*Catablema*

63.双手水母属 *Amphinema* Haeckel，1879

1a 生殖腺皱褶，从垂管纵辐侧面向外延伸到辐管的3/4处；有16条小触手

………………………塔形双手水母*Amphinema turrida*（Mayer，1900）（图5.162）

1b 生殖腺仅在垂管上

2a 2条相对的发达触手之间有缘疣

3a 触手基球和缘疣无眼点；生殖腺在纵辐位；有14~24个缘疣

………………………双手水母*A. dinena*（Péron & Lesueur，1809）（图5.163）

3b 触手基球和缘疣有眼点

4a 生殖腺在间辐位，完全皱褶；有4~6个缘疣

………………………澳洲双手水母*A. australis*（Mayer，1900）（图5.164）

4b 生殖腺在纵辐位，每侧有3~4个皱褶斜向垂管的间辐位；伞缘有16个缘疣

………………………………………………………………………青岛双手水母*A. tsingtauensis*（Kao，Li Fanglu，Chang & Li Hienlun，1958）（图5.165）

2b 2条相对的发达触手之间有实心小触手

5a 生殖腺光滑

6a 生殖腺呈卵圆形，在主辐位

……………球腺双手水母*A. globogonia* Xu，Huang & Guo，2008（图5.166）

6b 生殖腺分散覆盖在垂管间辐位，垂管、生殖腺和口唇均呈深红色

………………………红色双手水母*A. rubrum*（Kramp，1957）（图5.167）

5b 生殖腺皱褶

7a 2条大触手近基部内侧有透明胶质状附属球；生殖腺有横向皱褶；有14条实心小触手……气囊双手水母*A. physophorum*（Uchida，1927）（图5.168）

7b 2条大触手近基部内侧无透明胶质状附属球；生殖腺作3~4个斜向皱褶；有16~24条实心小触手

………………………皱口双手水母*A. rugosum*（Mayer，1900）（图5.169）

64.连帽水母属 *Annatiara* Russell，1940

本属有2种，中国仅有1种。

近缘连帽水母*Annatiara affinis*（Hartlaub，1913）（图5.170）。

本种特征见面具水母科分属检索表。

65.全水母属*Catablema* Haeckel，1879

本属有2种，中国仅有1种。

囊状全水母*Catablema vesicarium*（A. Agassiz，1862）（图5.171）：

生殖腺不规则皱褶，倾斜侧位，每个生殖腺中部都几乎直立，并具有密集的网状表面；缘触手16~32条。

66.丝帽水母属 *Cirrhitiara* Hartlaub，1913

本属有2种，中国仅有1种。

简丝帽水母*Cirrhitiara simplex* Xu，Huang & Chen，1991（图5.172）：

伞无顶突；有8条触手，8个退化触手基球，所有触手基部一侧均有1条侧丝；生殖腺光滑。

67.拟双手水母属 *Codonorchis* Haeckel，1879

1a 纵辐位生殖腺呈卵圆形；2条相对触手的基球很大，呈长锥状，侧扁，有背距，无眼点；2个主辐位缘基球之间有3条棍棒状小触手，无背距，其顶端有黑色素斑块

……南海拟双手水母*Codonorchis nanhainensis* Xu，Huang & Guo，2008（图5.173）

1b 纵辐位生殖腺呈长椭圆形；2条相对触手的基球很小，呈球形，有眼点；2个主辐缘基球之间无棍棒状小触手

2a 4个触手基球均有背距；另2条相对的主辐位短棍棒状触手的末端无膨大刺丝囊球……………距拟双手水母*C. calcariformis* Xu，Huang & Guo，2009（图5.174）

2b 4个触手基球均无背距；另2条相对的主辐位短棍棒状触手的末端有膨大刺丝囊球……无距拟双手水母*C. acalcaratus* Xu，Zheng & Huang，sp. nov.（图5.175）

68.海圆水母属 *Halitholus* Hartlaub，1913

1a 主辐缘基球和间辐缘基球大小相同，呈三角形，有大眼点；内伞垂管顶部有4个囊状顶突；辐管宽而光滑
……………三角海圆水母*Halitholus triangulus* Xu，Huang & Guo，2014（图5.176）

1b 主辐缘基球和间辐缘基球大小不同，呈延长锥状，眼点小；内伞的垂管顶部无囊状顶突；辐管狭，边缘略有锯齿
………………………………………微海圆水母*H. pauper* Hartlaub，1913（图5.177）

69.隔膜水母属 *Leuckartiara* Hartlaub，1913

1a 外伞有4~8条纵列管，只有4条发达的主辐位触手

2a 外伞有8条纵列管；伞有小的顶突；触手基球近长锥状，无背距；2条触手间只有1个间辐位缘疣，其顶端无红色斑决……………………………………………………四疣隔膜水母*Leuckartiara tetraverruca* Xu，Zheng et Huang（in press）（图5.178）

2b 外伞有4条纵列管

3a 伞有锥状顶突；2个纵辐位生殖腺的横桥在中部；每2条触手间都有3条小触手，基部均有眼点…………圆隔膜水母*L. gardineri* Browne，1916（图5.179）

3b 伞无顶突；2个纵辐位生殖腺的横桥在下部；2条触手间无小触手，但有3个缘疣，其顶端有1个红色色素斑块
………………红疣隔膜水母*L. ruberiverruca* Xu，Guo & Du，2020（图5.180）

1b 外伞无纵列管

4a 伞缘无丝状或棒状退化触手；8条发达触手，同样大小，无背距，有眼点，每2条触手间有1个缘疣
…………………东方隔膜水母*L. orientalis* Xu，Huang & Chen，1991（图5.181）

4b 伞缘具丝状或棒状退化触手

5a 退化触手缠绕或贴生于外伞表面

6a 4条短的棒状间辐位退化触手贴生于伞缘外伞表面，末梢有眼点，无纵辐

位棒状退化触手

……………江阴隔膜水母*L. jiangyinensis* Xu & Huang，2004（图5.182）

6b 4条长的间辐位退化触手和8条纵辐位短的退化触手贴生于伞缘外伞表面，没有眼点

……福建隔膜水母*L. fujianensis* Huang，Xu，Lin & Qiu，2008（图5.183）

5b 退化触手无缘疣或贴生于外伞表面

7a 伞缘仅有4条发达触手

8a 无顶突；每2条触手间有1条间辐位棒状触手和2条纵辐位丝状退化触手

……………………漂浮隔膜水母*L. neustona* Xu & Huang，2004（图5.184）

8b 有球形顶突；每2条触手间有4~5条丝状退化触手

……………挺隔膜水母*L. zhangraotingae* Xu & Huang，2006（图5.185）

7b 伞缘有8条以上发达触手

9a 12~32条发达触手，每2条触手间有1~3条棒状退化触手

…………………八瓣隔膜水母*L. octona*（Fleming，1823）（图5.186）

9b 有8条发达触手

10a 发达触手基球背轴有1个棕红色眼点，短棒状退化触手基部无眼点

……八手隔膜水母*L. octonema* Xu，Huang & Guo，2007（图5.187）

10b 发达触手基球背轴无眼点

11a 伞有1个大的球状顶突；每2条触手间只有3条短的丝状触手，其基部背轴有眼点

………………厦门隔膜水母*L. hoepplii* Hsu，1928（图5.188）

11b 伞有1个圆锥状的顶突；每2条触手间有1条间辐位丝状触手和2条纵辐位短棒状触手，所有触手基部均无眼点……………南海隔膜水母*L. nanhaiensis* Huang，Xu & Guo，2019（图5.189）

70.潜水母属 *Merga* Hartlaub，1914

1a 伞无顶突

2a 外伞有纵列脊形肋突

3a 外伞有20条纵列脊形肋突；20条缘触手，同样大小；4条狭的辐管

………南沙潜水母*Merga nanshaensis*（Xu，Huang & Lin，2009）（图5.190）

3b 外伞有16条纵列脊形肋突；16条缘触手，大小不同；4条辐管很宽

……粗管潜水母*M. crassocanalis* Huang J Q，Xu & Huang B B，2019（图5.191）

2b 外伞无纵列脊形肋突

4a 有4条主辐位缘触手

5a 4个主辐位触手基球很大，呈球形，每2条触手间有1个退化缘疣，无眼点

…………大球潜水母*M. macrobulbosa* Xu，Huang & Chen，1991（图5.192）

5b 4个主辐位触手基球大，呈长锥状，在2条触手间有5条丝状触手，有眼点

……………细潜水母*M. minutum*（Xu，Huang & Chen，1991）（图5.193）

4b 有8条缘触手，8个退化缘疣，均无眼点

………………南海潜水母*M. nanhaiensis* Xu，Huang & Guo，2018（图5.194）

1b 伞有顶突

6a 外伞无纵列脊形肋突

7a 4~8条发达触手，基球呈圆柱形，有眼点，每2条触手间有2~6条棒状触手，无眼点………顶实潜水母*M. tergestina*（Neppi & Stiasny，1912）（图5.195）

7b 4条主辐位发达触手，基球大，呈长圆柱形，每2条触手间有2条棒状触手，所有触手基部均无眼点………球潜水母*M. bulbosa* Bouillon，1980（图5.196）

6b 外伞有纵列脊形肋突

8a 外伞有4~8条纵列脊形肋突

9a 外伞有4条纵列脊形肋突；4条主辐位发达触手，基球有背距，4个间辐位退化缘疣，所有基球均无眼点

…………短距潜水母*M. brevispura*（Xu，Huang & Guo，2009）（图5.197）

9b 外伞有8条纵列脊形肋突

10a 4条主辐位发达触手，其基球很大，呈卵圆形，触手间有1~2个退化缘疣，顶端有红色眼点；生殖腺光滑，无皱褶………………………………

…顶红潜水母*M. apicirubellus*（Xu，Huang & Guo，2009）（图5.198）

10b 4条主辐位发达触手，基部小，呈长锥状，背轴有红色眼点，触手间有1个退化缘疣，无眼点；生殖腺呈马蹄形………………………………

…蹄形潜水母*L. unguliformis*（Xu，Huang & Lin，2009）（图5.199）

8b 外伞有12~16条纵列脊形肋突

11a 外伞有12条纵列脊形肋突；伞顶突顶端有1个色素斑点块

………顶斑潜水母*M. apicispottis*（Xu，Huang & Lin，2009）（图5.200）

11b 外伞有16条纵列脊形肋突，其中4条主辐位纵列脊形肋突延伸到伞顶，伞顶端无色斑

…………长肋潜水母*M. longicosta* Xu，Huang & Wang，2020（图5.201）

71.尖塔水母属 *Neoturris* Hartlaub，1913

1a 伞顶有1个小锥状顶突，有顶管；外伞有8~12条狭淡色纵列线；生殖腺在垂管上，以一系列横皱褶在间辐位分离；伞缘有8~12条缘触手

…………………………顶管尖塔水母*Neoturris papua*（Lesson，1843）（图5.202）

1b 伞顶有1个大的球状顶突，无顶管；外伞无纵列线；生殖腺在垂管上，呈无规则横向皱褶，散布许多乳突；伞缘有32条缘触手

………………………海洋尖塔水母*N. pelagica* A. Agassiz & Mayer，1902（图5.203）

72.八帽水母属 *Octotiara* Kramp，1953

本属只有1种，中国有记录。

八帽水母*Octotiara russelli* Kramp，1953（图5.204）：

水母有1个大而宽的胃柄，在垂管上有8条深的纵沟；生殖腺沿着垂管8个主辐位的辐管生长，每个生殖腺有7~10个横沟；通常有8条缘触手，约有64条退化触手。

73.面具水母属 *Pandea* Lesson，1843

本属有4种，中国只有1种。

锥形面具水母*Pandea conica*（Quoy & Gaimand，1827）（图5.205）：

伞顶有1个圆锥状顶突，外伞有16~24条刺丝囊纵肋；口具4个主辐位边缘皱褶和许多细齿状的口唇；生殖腺大，占满垂管间辐位，形成网眼状结构；有16~24条缘触手。

74.拟面具水母属 *Pandeopsis* Kramp，1959

本属仅有1种，中国有记录。

拟面具水母*Pandeopsis ikarii*（Uchida，1927）（图5.206）。

其特征见本科分属检索表。

75.圆口水母属*Stomotoca* L. Agassiz，1862

本属仅有1种，中国有记录。

黑圆口水母*Stomotoca atra* A. Agassiz，1862（图5.207）。

其特征见本科分属检索表。

76.帝纹水母属*Timoides* Bigelow，1904

1a 垂管很长，约有2/3长度伸出缘膜口外；有4个很长的柳叶刀状复杂褶叠口唇；每1/4伞缘有3条盲肠状向心管；32条缘触手，大小一致，每2条触手间有1~2个缘疣，基部有色素斑点……………艾格帝纹水母*Timoides agassizi* Bigelow，1904（图5.208）

1b 垂管粗短，其长度略超出缘膜口外；4个口唇简单；每1/4伞缘有7条盲肠状向心管；32条缘触手，大小不一致，每2条触手间有2~3个缘庞；基部无色素斑点
…………………………宽柄帝纹水母*T. latistyla* Xu，Huang & Guo，2007（图5.209）

Key 20. 枝管水母科Family Proboscidactylidae Hand et Hendrickson，1950

本科只有1属，中国有记录。

77.枝管水母属*Proboscidactyla* Brandt，1835

1a 有水母芽

2a 4条主辐管，每条主辐管两侧都分枝，具有3条末端分枝，均通到缘触手基部；垂管无辐叶；单个生殖茎生于垂管基部与辐管交叉处，水母芽从生殖茎产生
…………具芽枝管水母*Proboscidactyla gemmifera*（Fewkes，1882）（图5.210）

2b 5条主辐管，每条分2~3条枝辐管，均通到触手基部；垂管有5个辐叶，生殖腺位于垂管和辐叶侧面，水母芽从辐管分叉处产生
………………五辐枝管水母*P. pentacanalis* Xu，Chen & Yang，2020（图5.211）

1b 无水母芽

3a 有5条以上主辐管

4a 6条主辐管，具24条末端分枝辐管通到缘触手，其基部向轴位具膨大刺丝囊垫…………………………六枝管水母*P. stellata*（Forbes，1846）（图5.212）

4b 8条主辐管，有24~54条末端分枝辐管通到缘触手，其基部无向轴膨大刺丝囊垫………………………异枝管水母*P. mutabilis*（Browne，1902）（图5.213）

3b 只有4条主辐管

5a 外伞有分散成堆的刺丝囊，垂管短，呈四边形，有4个辐叶；口唇简单，呈锯齿状；每条主辐管都有三叉次级分枝，每条次级辐管都有叉枝，这样每条主辐管共有6条末端分枝辐管通到触手基部；生殖腺位于垂管基部并延伸到辐叶
………………三叉枝管水母*P. trifurcata* Xu，Huang & Guo，2019（图5.214）

5b 外伞无分散刺丝囊；垂管较短，无辐叶；口唇不复杂，具多皱褶；每条主辐管有11~13条末端分枝辐管，通到触手基部；生殖腺仅限于垂管纵辐位
……………………………四枝管水母*P. flavicirrata* Brandt，1835（图5.215）

Key 21. 原帽水母科Family Protiaridae Haeckel，1879

1a 有缘丝

2a 4条主辐缘触手或有4个间辐位触手基球，所有触手基球都有眼点
……………………………………………………………79.拟海帽水母属*Halitiarella*

2b 4条主辐缘触手和数条实心丝状缘触手；无退化缘基球，均无眼点
……………………………………………………………78.海帽水母属*Halitiara*

1b 无缘丝

3a 生殖腺在间辐位，缘触手基部有背距，垂管多少拧扭
……………………………………………………………81.拟帽水母属*Paratiara*

3b 生殖腺完全围绕垂管，缘触手基部无背距，垂管扁而宽
……………………………………………………………80.宽帽水母属*Latitiara*

78.海帽水母属 *Halitiara* Fewkes，1882

1a 伞无顶突

2a 垂管宽而大，高度约占内伞腔深度的3/4；4个盲肠状主辐胃叶，其长度不超过口缘……………………钝海帽水母*Halitiara obtusus* Xu & Huang，2004（图5.216）

2b 垂管短而小，高度约占内伞腔深度的1/6；4个盲肠状主辐胃叶，其长度超过口缘………………台湾海帽水母*H. taiwanensis* Xu，Huang & Guo，2019（图5.217）

1b 伞有顶突

3a 无隔膜；触手间有6~9条丝状触手，其末端无棒状刺丝囊团
……………………………………美丽海帽水母*H. formosa* Fewkes，1882（图5.218）

3b 有隔膜；触手间有5~7条丝状触手，其末端有棒状刺丝囊团
………………………刺胞海帽水母*H. knides* Huang，Xu & Guo，2011（图5.219）

79.拟海帽水母属 *Halitiarella* Bouillon，1980

1a 伞有大的顶突；4条大的主辐触手和4条小的间辐触手，触手基球有背轴眼点；每2条触手间有2~3条实心的丝状触手，无眼点
………………………顶拟海帽水母*Halitiarella apica* Xu & Huang，2004（图5.220）

1b 伞无顶突

2a 垂管无胃叶，宽而短，其长度不超过内伞腔深度的1/2

3a 4条主辐触手，其基球有向轴眼点，每2条触手间有3~4条短的缘丝，其基部也有眼点…………………眼拟海帽水母*H. ocellata* Bouillon，1980（图5.221）

3b 4条大的主辐触手和4个小的间辐缘基球，基球均有背轴眼点；在主辐触手和间辐缘基球间有2~3条短的缘丝

……………裸球拟海帽水母*H. nudibulbus* Xu，Huang & Guo，2010（图5.222）

2b 垂管主辐位有4个近椭圆形胃叶，生殖腺分布于垂管和胃叶上；垂管呈细颈瓶状，其长度约为伞内腔深度的3/4；4条大的主辐触手和4条小的间辐触手，每2条触手间只有1条棒状实心触手，所有触手基部均有背轴眼点

………胃叶拟海帽水母*H. gastrolobus* Xu，Huang & Zheng，sp. nov.（图5.223）

80.宽帽水母属*Latitiara* Xu & Huang，1990

本属仅1种，中国已记录。

东方宽帽水母*Latitiara orientalis* Xu & Huang，1990（图5.224）。

其特征见本科分属检索表。

81.拟帽水母属 *Paratiara* Kramp & Damas，1925

本属仅有1种，中国已记录。

拟帽水母*Paratiara digitalis* Kramp & Damas，1925（图5.225）。

其特征见本科分属检索表。

头螅水母目Order Capitata Kühn，1913

C1. 摩勒水母亚目Suborder Moerisiida Poche，1914

1a 无胃柄；垂管上有4个主辐叶延伸至主辐管基部；生殖腺在垂管和主辐叶上

……………………………………………………Key 23. 摩勒水母科Family Moerisiidae

1b 胃柄短；生殖腺在垂管上或者在垂管主辐叶上

…………………………………………………Key 22. 哈利水母科Family Halimedusidae

Key 22. 哈利水母科Family Halimedusidae Arai & Brinckmann-Voss，1980

本科有3属，中国仅有1属。

82.帽铃水母属 *Tiaricodon* Browne，1902

主要特征是：4条不完全、呈念珠状缘触手，即整条触手上具有不规则成堆或横条成

束刺丝囊，触手基部具背轴眼点。

本属仅有1种，中国已记录。

帽铃水母*Tiaricodon coeruleus* Browne，1902，见本属特征（图5.226）。

Key 23. 摩勒水母科Family Moerisiidae Poche，1914

1a 缘触手呈念珠状；生殖腺从垂管延伸到垂管叶上…………83. 摩勒水母属*Moerisia*

1b 缘触手有不规则成堆或者横条成束的刺丝囊；生殖腺在垂管上，通常与垂管叶分开（成熟个体）………………………………………………………84. 奥德水母属*Odessia*

83.摩勒水母属 *Moerisia* Boulenger，1908

1a 垂管小，呈“十”字形，主辐垂管叶延伸到近伞缘；生殖腺在垂管叶的远端呈囊状，悬垂

…………摩勒水母*Moerisia inkermanica* Paltschikowa–Ostroumova，1925（图5.227）

1b 垂管长，呈圆柱形，主辐垂管叶延伸到辐管长度的2/3处；生殖腺在垂管叶的远端，不呈囊状………………帕尔摩勒水母*M. pallasi*（Derzharin，1912）（图5.228）

84.奥德水母属*Odessia* Paspaleff，1937

本属有2种，中国已记录1种。

小手奥德水母*Odessia microtentaculata* Xu，Huang & Chen 1991（图5.229）。

本种主要特征是：伞缘有40条大触手，其基球有眼点；每2条触手之间有1~2条小触手，其基球无眼点。

C2. 球棍螅水母亚目Suborder Sphaerocorynida Peterson，1990

1a 伞呈圆形或圆柱形：4条缘触手具分散刺丝囊和1个末端刺丝囊球，无背侧分枝

……………………………………………Key 24. 拟棍螅水母科Family Hydrocorynidae

1b 伞呈锥形或圆柱形：2~4条头状触手，有或无背侧分枝

……………………………………………Key 25. 似镰螅水母科Family Zancleopsidae

Key 24. 拟棍螅水母科Family Hydrocorynidae Rees，1957

本科有2个属，中国有1属。

85.拟棍螅水母属*Hydrocoryne* Stechow，1907

1a 垂管上部主辐位有4个橘红色的色素斑块

……………………广口拟棍螅水母*Hydrocoryne miurensis* Stechow，1907（图5.230）

1b 垂管上部主辐位无橘红色色素斑块

2a 生殖腺环绕整个垂管

3a 伞顶胶质和侧壁厚度一样；垂管体积很大，呈梨形，几乎占满整个内伞腔 ………………大胃拟棍螅水母*H. macrogastera* Xu & Huang，2006（图5.231）

3b 伞顶胶质和侧壁厚度不一样；垂管短小，近球形，其长度不超过内伞腔深度的1/2………厚伞拟棍螅水母*H. condensa* Xu，Huang & Du，2013（图5.232）

2b 生殖腺位于垂管间辐位；4条头状触手，很长，末端膨大，呈长棍棒状，具许多环状刺丝囊

…………长手拟棍螅水母*H. longitentaculata* Xu，Huang & Guo，2019（图5.233）

Key 25. 似镰螅水母科Family Zancleopsidae Bouillon，1978

本科有2属，中国仅有1属。

86.似镰螅水母属*Zancleopsis* Hartlaub，1907

本属主要特征是：生殖腺在间辐位，有深的间辐沟将生殖腺分成8个纵辐块；有眼点。

1a 伞顶突矮，呈星形；2条长的头状触手，具2~4条头状侧枝，另外2条相对的退化触手，其基球无触手

…………………双叉似镰螅水母*Zancleopsis dichotoma*（Mayer，1900）（图5.234）

1b 伞顶突高，呈锥状；2条长触手和2条短触手

2a 每条长触手具60~65个纽扣形背轴刺丝囊球，触手末端不膨大，4个触手基球紧扣伞缘，其中2条长触手的基球呈椭圆形，另外2条短触手的基球呈锥形……………椭圆似镰螅水母*Z. oblongus* Xu，Huang & Wang，2016（图5.235）

2b 每条触手具20~25个乳突状背轴刺丝囊球，触手末端膨大，呈长棒状，4个触手基球紧扣伞缘，所有触手基球均呈近球形，2条短触手具末端刺丝囊球……………棒状似镰螅水母*Z. claviformis* Xu，Huang & Zheng，sp. nov.（图5.236）

C3. 筒螅水母亚目Suborder Tubulariida Fleming，1828

1a 水母退化，有4个退化基球……………………Key 30. 笔螅水母科Family Pennariidae

1b 水母不退化，除非没有触手

2a 缘触手分枝；辐管4条以上……………Key 26. 枝手水母科Family Cladonemalidae

2b 缘触手简单，有1~4条触手

3a 缘触手基球有眼点…………………………Key 28. 棍螅水母科Family Corynidae

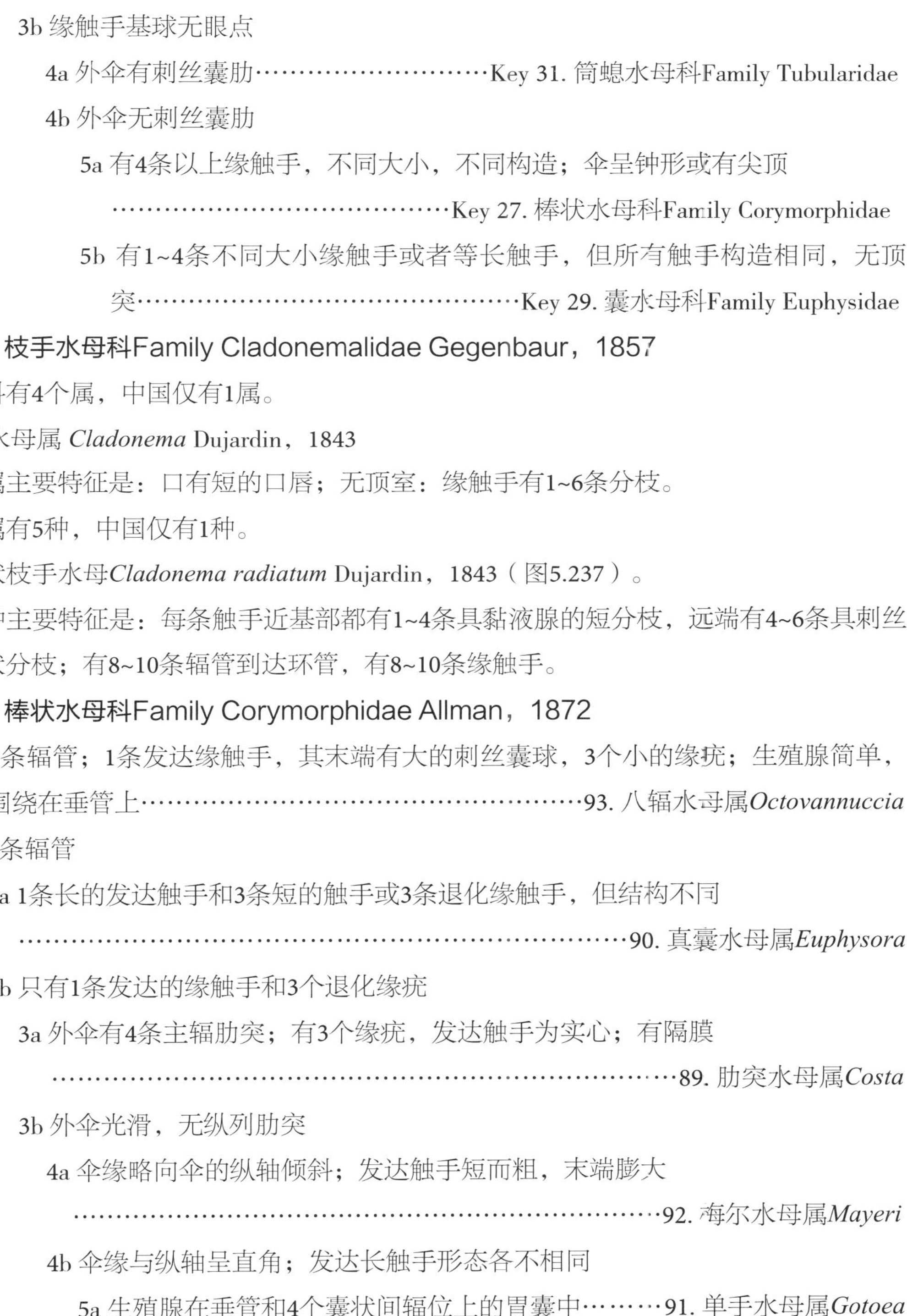

3b 缘触手基球无眼点

4a 外伞有刺丝囊肋…………………………Key 31. 筒螅水母科Family Tubularidae

4b 外伞无刺丝囊肋

5a 有4条以上缘触手，不同大小，不同构造；伞呈钟形或有尖顶
…………………………………Key 27. 棒状水母科Family Corymorphidae

5b 有1~4条不同大小缘触手或者等长触手，但所有触手构造相同，无顶突……………………………………Key 29. 囊水母科Family Euphysidae

Key 26. 枝手水母科Family Cladonemalidae Gegenbaur，1857

本科有4个属，中国仅有1属。

87.枝手水母属 *Cladonema* Dujardin，1843

本属主要特征是：口有短的口唇；无顶室：缘触手有1~6条分枝。

本属有5种，中国仅有1种。

辐状枝手水母*Cladonema radiatum* Dujardin，1843（图5.237）。

本种主要特征是：每条触手近基部都有1~4条具黏液腺的短分枝，远端有4~6条具刺丝体的指状分枝；有8~10条辐管到达环管，有8~10条缘触手。

Key 27. 棒状水母科Family Corymorphidae Allman，1872

1a 8条辐管；1条发达缘触手，其末端有大的刺丝囊球，3个小的缘疣；生殖腺简单，围绕在垂管上…………………………………………………93. 八辐水母属*Octovannuccia*

1b 4条辐管

2a 1条长的发达触手和3条短的触手或3条退化缘触手，但结构不同
…………………………………………………………………90. 真囊水母属*Euphysora*

2b 只有1条发达的缘触手和3个退化缘疣

3a 外伞有4条主辐肋突；有3个缘疣，发达触手为实心；有隔膜
…………………………………………………………………89. 肋突水母属*Costa*

3b 外伞光滑，无纵列肋突

4a 伞缘略向伞的纵轴倾斜；发达触手短而粗，末端膨大
…………………………………………………………………92. 梅尔水母属*Mayeri*

4b 伞缘与纵轴呈直角；发达长触手形态各不相同

5a 生殖腺在垂管和4个囊状间辐位上的胃囊中………91. 单手水母属*Gotoea*

5b 生殖腺简单；垂管无间辐位的胃囊

6a 伞有顶突；发达触手细长，呈念珠状

…………………………………………………88. 棒状水母属*Corymorpha*

6b 伞无顶突；发达触手具末端刺丝囊球

…………………………………………………94. 拟单手水母属*Paragotoea*

88.棒状水母属*Corymorpha* M. Sars，1835

本属有20种，中国有1种。

珠手棒状水母*Corymorpha nutans* M. Sars，1835（图5.238）。

本种主要特征是：伞有顶突和顶室，有1条很长的念珠状触手；生殖腺环绕在垂管上。

89.肋突水母属 *Costa* Huang，Xu & Lin，2012

本属仅有1种，中国已记录。

南海肋突水母*Costa nanhaiensis* Huang，Xu & Lin，2012，见本属特征（图5.239）。

90.真囊水母属 *Euphysora* Maas，1905

1a 伞缘具水母芽

………………………幼芽真囊水母*Euphysora gemmifera* Bouillon，1978（图5.240）

1b 伞缘无水母芽

2a 外伞有疣突或刺丝囊

3a 外伞有疣突和褐色色素；另外3个触手基球退化，有色素

………………………………疣真囊水母*E. verrucosa* Bouillon，1978（图5.241）

3b 外伞无疣突和褐色色素，但有分散的成束刺丝囊；另外3个触手基球退化，无色素……………刺胞真囊水母*E. knides* Huang，1999，stat. rev.（图5.242）

2b 外伞无疣突或刺丝囊

4a 主触手的末端二次分叉

5a 主触手分叉的4个末端具刺丝囊球，与主触手相对的触手长，呈丝状，其他2条侧面的触手短，呈圆锥状，所有触手基球都不向两侧扩大

………………………………叉真囊水母*E. furcata* Kramp，1948（图5.243）

5b 主触手分叉的4个末端无刺丝囊球，另外3条触手短，同样大小，所有触手基球都向两侧扩大

…………………………似叉真囊水母*E. valdiviae* Vanhöffen，1911（图5.244）

4b 主触手的末端不分叉

6a 主触手呈念珠状，有许多环状刺丝囊

7a 念珠状触手上有几个不等距离排列的突出膨大球

…………………………细真囊水母*E. gracilis*（Brooks，1882）（图5.245）

7b 念珠状触手上无不等距离的突出膨大球

8a 念珠状触手近基部有4~5个环状刺丝囊，其他整条触手具16个球状刺丝囊球

…………福建真囊水母*E. fujianensis* Xu & Huang，2006（图5.246）

8b 念珠状触手只有环状刺丝囊或只有单排刺丝囊球

9a 念珠状触手具有16个以上单排刺丝囊球；另3条退化触手的基球和主触手基球大小相同，无丝状触手

……台湾真囊水母*E. taiwanensis* Xu & Huang，2003（图5.247）

9b 念珠状触手的刺丝囊呈环状

10a 伞有顶突和顶管；主触手末端无膨大刺丝囊球，另外3个主辐触手基球呈短锥状，每个基球具1条短丝状触手；垂管宽大，充满内伞腔，其长度和内伞腔深度一样

……………球真囊水母*E. annulata* Kramp，1928（图5.248）

10b 伞无顶突和顶管

11a 伞无顶室；主触手末端有1个大的球状刺丝囊球，相对的触手较退化，另外2条触手呈锥状，所有触手基部都向两侧延伸，导致伞缘较厚，具浓密刺丝囊

……硬手真囊水母*E. solidonema* Huang，1999（图5.249）

11b 伞有1个大的球状顶室；主触手末端无刺丝囊球，其基球呈长锥状，比另外3个呈短棍棒状触手基球大，无丝状触手；所有触手基球都具短背距………大室真囊水母*E. macrochambera* Xu，Huang & Zheng．sp. nov.（图5.250）

6b 主触手具单排的刺丝囊球

12a 主触手上的刺丝囊球背轴排列

13a 垂管长而粗，约有1/2超出缘膜口外，垂管基部很宽，覆盖着致密的泡状内胚层细胞，主触手细长，具20~40个背轴刺丝囊球，无末端刺丝囊球，另外3个退化主辐位触手基球很小，具有背距……泡状真囊水母*E. vacuola* Xu，Huang & Guo，2012（图5.251）

13b 垂管长度不超出缘膜口外，垂管基部无泡状细胞

14a 主触手上有半环刺丝囊及刺丝囊球

15a 伞有顶突和顶室，或无顶突而有顶室

16a 伞有顶突和顶室；垂管很大，充满内伞腔；主触手基部在内侧膨大，呈球形，另外3个缘基球大小不同，其中相对于主触手的基球比另外2个基球大……………………………………………………………………顶室真囊水母*E. apiciloculifera* Xu & Huang，2003（图5.252）

16b 伞无顶突而有顶室；垂管呈帽形，顶室的小管与垂管上部相连，而辐管的上端也直接与顶室相连；4个主辐位基球同样大小，在基球内侧膨大……………………………………………………帽状真囊水母*E. pileiformis* Xu，Huang & Guo，2014（图5.253）

15b 伞无顶突和顶室

17a 主触手细长，具100个以上背轴刺丝囊球，主触手基球延长，呈锥状，具5~6个半环状刺丝囊，另外3个触手基球很小，呈短锥状……………………多刺胞真囊水母*E. multiknoba* Xu，Huang & Guo，2014（图5.254）

17b 主触手短，只有6个背轴半环状刺丝囊和1个大的末端刺丝囊球；主触手基球大，近椭圆形，另外3个退化触手基球小，同样大小………………………………………背轴真囊水母*E. abaxialis* Kramp，1962（图5.255）

14b 主触手上无半环状刺丝囊，只有刺丝囊球

18a 生殖腺在垂管间辐位；主触手很长，有60个以上背轴排列刺丝囊球，另外3个触手基球相当退化，同样大小………

间腺真囊水母*E. interogona* Xu & Huang，2003（图5.256）

18b 生殖腺环绕着垂管；主触手长，具50~60个背轴排列刺丝囊球，另外3个退化触手基球内侧有6~8个成堆的褐色素斑块……………………………………………………………………褐色真囊水母*E. brunnescentis* Huang，1999（图5.257）

12b 主触手上的刺丝囊球向轴或侧生排列

19a 伞无顶突

20a 4条辐管粗而宽，管内有泡状内胚层细胞；另外3个触手基球呈短锥状，同样大小……………………………………………………粗管真囊水母*E. crassocanalis* Xu & Huang，2003（图5.258）

20b 4条辐管狭，管内无泡状内胚层细胞；主触手基球很大，呈卵圆形，触手上具3~6个向轴刺丝囊球，其中主触手末端的刺丝囊球很大，相对于主触手的基球小，呈乳突状，另外2个长锥形触手基球逐渐延长成丝状触手………………………………大球真囊水母*E. macrobulbus* Xu & Huang，2003（图5.259）

19b 伞有顶突，无顶室

21a 主触手长，触手基球小，呈球状，具10个以上向轴刺丝囊球，另外3个主辐位触手基球同样大小，呈长锥状，无丝状触手……………贝氏真囊水母*E. bigelowi* Maas，1905（图5.260）

21b 主触手短而硬，具一系列向轴刺丝囊球

22a 垂管有口管，长度约为垂管长度的1/3；主触手具6~7个向轴刺丝囊球和1个大的末端刺丝囊球，另外3个主辐位触手基球很大，近卵圆形，呈乳突状的触手，均同样大小………………………………………………………罗源真囊水母*E. luoyuanensis* Xu，Huang & Liu，2022（图5.261）

22b 垂管近球形，几乎充满内伞腔，无口管；主触手有4个向轴刺丝囊球和1个球状末端刺丝囊球，与主触手相对的触手基球延长成长锥状触手，末端有1个红色素斑块，另外2个退化触手基球呈乳突状……………………………美济

真囊水母*E. meijiensis* Xu，Huang & Guo，2013（图5.262）

91.单手水母属 *Gotoea* Uchida，1927

本属有2种，中国有1种。

正型单手水母*Gotoea typica* Uchida，1927（图5.263）。

本种主要特征是：垂管间辐位有4个大的腊肠状胃囊；有1条长而细的触手，其基部膨大，有外伞刺丝囊趾，有1个大的末端刺丝囊球。

92.梅尔水母属 *Mayeri* Xu，Huang & Guo，2012

1a 伞无顶室；生殖腺环绕在垂管上；发达触手近端无环状刺丝囊

……………………………粗端梅尔水母*Mayeri forbesi*（Mayer，1984）（图5.264）

1b 伞具顶室；生殖腺呈球形，位于垂管间辐位；发达触手近端有环状刺丝囊

……………………间腺梅尔水母*M. intergona* Huang，Xu & Guo，2012（图5.265）

93.八辐水母属 *Octovannuccia* Xu，Huang & Lin，2010

本属只有1种，中国已记录。

张金标八辐水母*Octovanuccia zhangjinbiaoi* Xu，Huang & Lin，2010，见本属特征（图5.266）。

94.拟单手水母属 *Paragotoea* Kramp，1942

本属有2种，中国仅有1种。

深水拟单手水母*Paragotoea bathybia* Kramp，1942，见本属特征（图5.267）。

Key 28. 棍螅水母科Family Corynidae Johnston，1836

1a 缘触手基球有向轴刺丝囊垫；触手上有具柄刺丝囊球，触手末端有叉枝；

2a 触手基部有眼点；生殖腺围绕着垂管……………………95.枝萨水母属*Cladosarsia*

2b 触手基础无眼点；生殖腺分成3个环环绕着垂管……99.拟长管水母属*Dipurenella*

1b 缘触手基球无向轴刺丝囊垫；触手上有具柄刺丝囊球，触手末端无叉枝；

3a 垂管长度比伞高更长

4a 垂管有细的蛇管状基部，远端有膨大的胃；生殖腺仅围绕着垂管的蛇管，远端的胃区无生殖腺覆盖；触手末端无大的刺丝囊球……100.萨氏水母属*Sarsia*

4b 垂管基部有细长蛇管，远端有膨大的胃；生殖腺分成2个或更多个环，围绕着蛇管，也覆盖着胃部；缘触手末端有大的刺丝囊球

………………………………………………………97.斯拉水母属*Slabberia*

3b 垂管长度比内伞腔高度更短，或常伸出伞缘口外

5a 垂管常伸出伞缘口外；生殖腺分成2个或更多个环环绕着垂管，也扩大到垂管远端胃部……………………………………………98.横萨水母属*Stauridiosarsia*

5b 垂管长度比内伞腔高度更短；生殖腺不分成环，覆盖整个垂管

………………………………………………………………96.棍螅水母属*Coryne*

95.枝萨水母属 *Cladosarsia* Bouillon，1978

1a 触手末端具2对叉枝，触手两侧有8~14个具柄刺丝囊球；垂管细长，伸出伞腔口

………泉州枝萨水母*Cladosarsia quanzhouensis* Huang，Xu & Qiu，2008（图5.268）

1b 触手末端具1对叉枝

2a 垂管短，呈圆柱状，其长度约为内伞腔深度的1/2；触手两侧有7~10个具柄刺丝囊球，触手基球无眼点

…………………………鼓浪枝萨水母*C. gulangensis* Xu & Huang，2006（图5.269）

2b 垂管细长，伸出伞腔口；触手短，两侧无具柄刺丝囊球，触手基球有眼点

…………………简单枝萨水母*C. simplex* Huang，Zhang & Ke，2020（图5.270）

96.棍螅水母属*Coryne* Gaertner，1774

本属在中国仅有2种，其区别如下：

伞呈圆柱形，伞缘近四方形，4条缘触手，其末端的刺丝囊球大，近球形；垂管长度约为内伞腔深度的2/3；无顶管……细棍螅水母*Coryne gracilis*（Browne，1902）（图5.271）

伞呈圆顶形，顶部钝圆；2条相对的短触手和2条退化触手；触手上具许多成束刺丝囊，无膨大刺丝囊球；有1条小的顶管

…………………………………双球棍螅水母*C. jeffersoni*（Mayer，1900）（图5.272）

97.斯拉水母属 *Slabberia* Forbes，1846

本属有3种，在中国仅有1种。

缢斯拉水母 *Slabberia strangulata*（McCrady，1859）（图5.281）。

本种主要特征：水母有顶室，位于垂管顶部，垂管长度略超出缘膜口外；2~3个生殖腺，间隔围绕在垂管上；触手上无成束刺丝囊，但其末端膨大呈球状。

98.横萨水母属 *Stauridiosarsia* Mayer，1910

1a 垂管长度不超过内伞腔深度

2a 水母有顶管或有顶室；生殖腺环绕着垂管；触手上具许多刺丝囊，其末端刺丝

囊球小……延长横萨水母*Stauridiosarsia producta*（Wright，1858）（图5.273）

2b 水母无顶管和顶室

3a 触手长，伸展可达伞高2~3倍，触手上具60~70个成束刺丝囊，末端刺丝囊球不膨大……………………长手横萨水母*St. japonica* Nagao，1962（图5.274）

3b 触手短而硬，其上仅具6个成束刺丝囊，末端刺丝囊球大，呈长椭圆形…………………日本横萨水母*St. nipponica*（Uchida，1927）（图5.275）

1b 垂管长度为伞高的2倍或3倍

4a 生殖腺分成3～9个同样大小的环，环绕着垂管，也覆盖垂管远端胃部………………………长管横萨水母*St. ophigaster*（Haeckel，1879）（图5.276）

4b 生殖腺分成2～4个不同大小的环，环绕着垂管

5a 水母内伞顶部扁平，无顶室，垂管近端生殖节（gonad segment）长而粗，长度约为垂管长度的1/2，由许多生殖组织环组成，垂管远端为纺锤形胃，覆盖生殖腺………顶平横萨水母*St. apiciloflata*（Chen et al.，待刊）（图5.280）

5b 水母内伞顶部钝圆或呈尖锥形，有顶室

6a 垂管长度比内伞腔深度更长；生殖腺分成2个生殖节，垂管近端生殖节由许多生殖组织环组成，垂管远端生殖节较长，长度约为垂管长度的2/3，覆盖生殖腺；4条缘触手，近端增厚，呈圆柱形，无刺丝囊，远端变细，有5～6个无规则排列的刺丝囊
……泉州横萨水母*St. quanzhouensis* Xu，Huang & Guo，2014（图5.277）

6b 垂管长度接近内伞腔深度

7a 触手很长，近端粗大，呈圆柱状，无刺丝囊分布；远端变细，具许多环状刺丝囊………………………………………………………………………
波克横萨水母*St. baukalion*（Pagès，Gili & Bouillon，1992）（图5.279）

7b 触手短而硬，具许多环状刺丝囊，末端膨大，具1个色素斑块，最末端有1个很小的透明球
……厦门横萨水母*St. xiamensis*（Xu，Huang & Guo，2014）（图5.278）

99.拟长管水母属 *Dipurenella* Huang，Xu & Guo，2011

本属有1种，中国有记录。

东山拟长管水母 *Dipurenella dongshanensis* Huang，Xu & Guo，2011，见本属特征（图

5.282）。

100.萨氏水母属 *Sarsia* Lesson，1843

1a 内伞顶部呈尖锥状

2a 垂管上部有1条长而细的分支顶管；辐管壁有锯齿缘；辐管不进入中胶层
…………………………首要萨氏水母*Sarsia princeps*（Haeckel，1879）（图5.285）

2b 垂管上部有1个锥状顶球

3a 伞顶钝圆；垂管近端短而粗，远端胃部膨大，呈纺锤状，长度约为垂管长度的2/3；触手基球小
……………大胃萨氏水母*S. macrogastera* Xu，Chen & Wang，2022（图5.286）

3b 伞顶呈尖锥状；垂管近端长而细，远端胃部膨大，长度约为垂管长度的1/5；触手基球小
…………………短锥萨氏水母*S. apicula*（Murbach & Shearer，1902）（图5.283）

1b 内伞顶部钝圆

4a 内伞顶部有间辐囊；外伞有深的间辐纵列沟和浅的主辐纵列沟
…………………………………条纹萨氏水母*S. striata* Edwards，1983（图5.289）

4b 内伞顶部无间辐囊

5a 垂管近端无生殖腺部的长度大于垂管长度的1/2，生殖腺覆盖垂管，很短，长度约为垂管长度的1/6， 垂管远端为纺锤形的胃区；匚有口管
…………………渤海萨氏水母*S. bohaiensis* Xu，Chen & Wang，2022（图5.284）

5b 垂管近端无生殖腺部的长度小于垂管长度

6a 垂管近端无生殖腺部不明显，很短；伞顶部呈尖锥状，胶质厚，外伞有间辐纵列沟…………梨形萨氏水母*S. piriforma* Edwards，1983（图5.290）

6b 垂管近端无生殖腺部明显

7a 垂管近端无生殖腺部很短，长度约为垂管长度的1/6；外伞有间辐位纵列沟，伞体不透明，呈淡红色
……………………管萨氏水母*S. tubulosa*（M. Sars，1835）（图5.288）

7b 垂管近端无生殖腺部长，长度小于垂管长度的1/2；外伞无间辐位纵列沟；伞体透明，呈深绿色
……………绿色萨氏水母*S. viridis* Brinckmann-Voss，1980（图5.287）

Key 29. 囊水母科Family Euphysidae Haeckel，1879

1a 8条辐管；有胃柄；4条同样发达的触手，每条触手的向轴内侧都具横列刺胞丛，末端呈球状……………………………………………105.似内胞水母属*Paraeuphysilla*

1b 4条辐管；无胃柄

2a 1~4条缘触手，不等发达或同等大小，触手呈念珠状
……………………………………………………………………102.囊水母属*Euphysa*

2b 4条缘触手同等发达，无念珠状触手

3a 缘触手很短，每条触手末端都具一束3~5个短的头状分枝
…………………………………………………………101.刺铃水母属*Cnidocodon*

3b 缘触手延长，有1排刺丝囊群分布在整条触手上，触手有末端球

4a 垂管基部呈方形；生殖腺环绕整个垂管；缘触手有许多向轴（8~11）或背轴（6~9）横列的刺丝囊丛和1个小的端球………103.内胞水母属*Euphysilla*

4b 垂管基部呈环形，生殖腺包围着垂管外壁，除口端之外；垂管顶部有顶室；缘触手有2~4个背轴的具柄刺丝球和1个末端球
……………………………………………………104.拟内胞水母属*Euphysomma*

101.刺铃水母属 *Cnidocodon* Bouillon，1978

1a 缘触手基球的背轴有眼点；触手具环状刺丝囊带；外伞具分散刺丝囊，触手末端具6~9个着长在不同水平面和不同方向的具柄刺丝囊球
…………眼刺铃水母*Cnidocodon ocellata* Huang，Xu，Lin & Qiu，2008（图5.291）

1b 缘触手基球无眼点；触手上无环状刺丝囊带

2a 触手很短，其末端具3~5个具柄的刺丝囊球，它们在同一水平面和同一方向
…………………………………………刺铃水母*C. leopoldi* Bouillon，1978（图5.292）

2b 触手略长，其末端具5~8个具柄的刺丝囊球，它们在不同水平面和不同方向
…………………厦门刺铃水母*C. xiamenensis*（Zhang & Wu，1981）（图5.293）

102.囊水母属*Euphysa* Forbes，1848

本属有12种，中国已记录1种。

耳状囊水母*Euphysa aurata* Forbes，1848（图5.294）。

本种与其他种的区别是伞缘有1条长触手，它具许多环状（或称念珠状）刺丝囊，另有3个向外伞卷曲的缘球。

103.内胞水母属 *Euphysilla* Kramp，1955

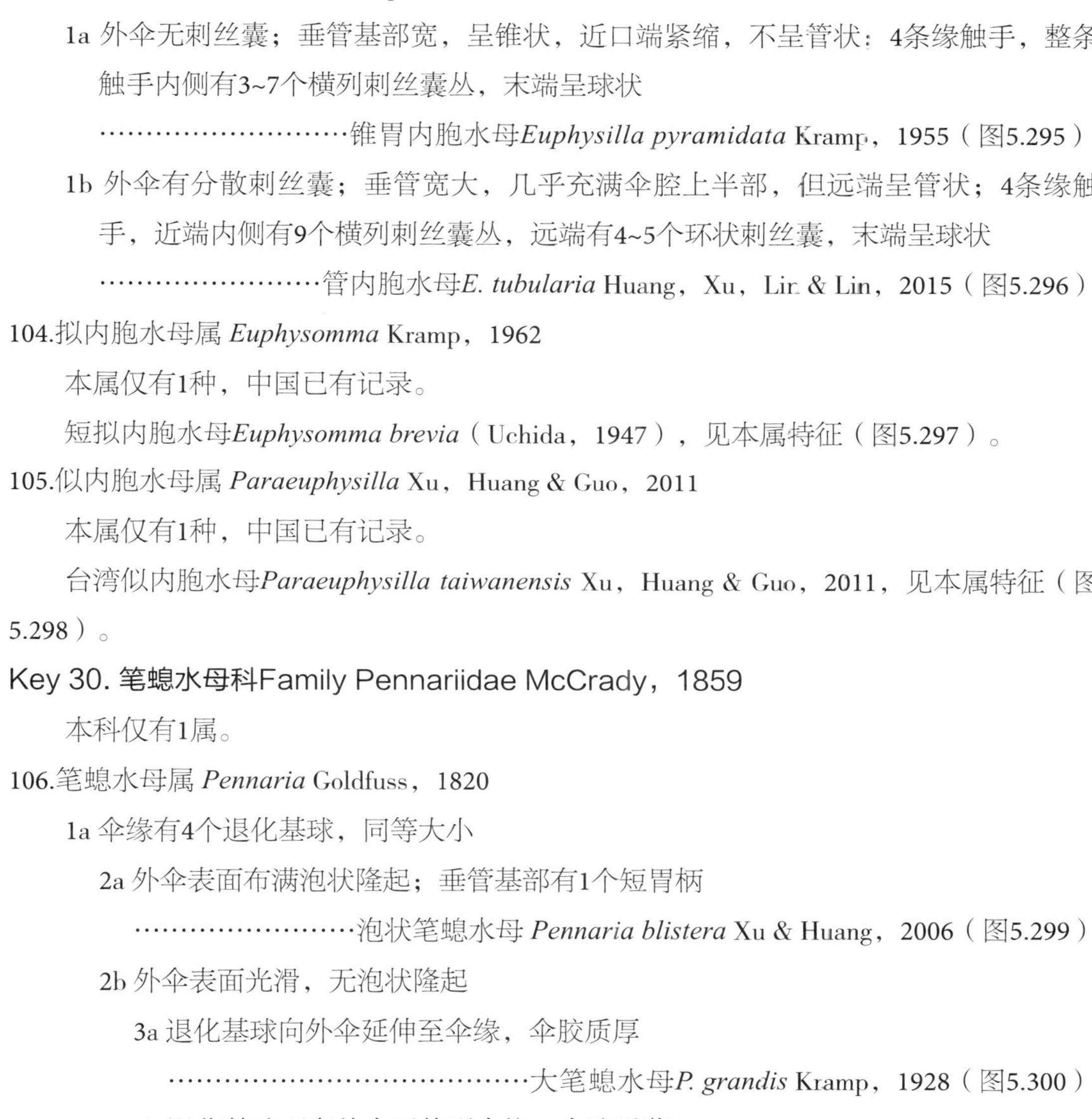

1a 外伞无刺丝囊；垂管基部宽，呈锥状，近口端紧缩，不呈管状；4条缘触手，整条触手内侧有3~7个横列刺丝囊丛，末端呈球状

…………………………锥胃内胞水母*Euphysilla pyramidata* Kramp，1955（图5.295）

1b 外伞有分散刺丝囊；垂管宽大，几乎充满伞腔上半部，但远端呈管状；4条缘触手，近端内侧有9个横列刺丝囊丛，远端有4~5个环状刺丝囊，末端呈球状

……………………管内胞水母*E. tubularia* Huang，Xu，Lin & Lin，2015（图5.296）

104.拟内胞水母属 *Euphysomma* Kramp，1962

本属仅有1种，中国已有记录。

短拟内胞水母*Euphysomma brevia*（Uchida，1947），见本属特征（图5.297）。

105.似内胞水母属 *Paraeuphysilla* Xu，Huang & Guo，2011

本属仅有1种，中国已有记录。

台湾似内胞水母*Paraeuphysilla taiwanensis* Xu，Huang & Guo，2011，见本属特征（图5.298）。

Key 30. 笔螅水母科Family Pennariidae McCrady，1859

本科仅有1属。

106.笔螅水母属 *Pennaria* Goldfuss，1820

1a 伞缘有4个退化基球，同等大小

2a 外伞表面布满泡状隆起；垂管基部有1个短胃柄

……………………泡状笔螅水母 *Pennaria blistera* Xu & Huang，2006（图5.299）

2b 外伞表面光滑，无泡状隆起

3a 退化基球向外伞延伸至伞缘，伞胶质厚

………………………………………大笔螅水母*P. grandis* Kramp，1928（图5.300）

3b 退化基球不向外伞延伸到伞缘，伞胶质薄

………………………………两列笔螅水母*P. disticha* Goldfuss，1820（图5.301）

1b 伞缘有4个退化基球，不同等大小

4a 伞呈钟形，胶质厚而硬；退化基球向外伞延伸至伞缘，其末端无眼点

……………………………玻璃笔螅水母*P. vitrea* A. Agassiz & Mayer，1899（图5.302）

4b 伞呈球形，胶质中等厚；退化基球向外伞延伸至伞缘，其末端有眼点

……………………………武装笔螅水母*P. armata* Vanhöffen，1911（图5.303）

Key 31. 筒螅水母科Family Tubularidae Fleming，1828

1a 无触手基球，有1条空心触手，其末端有1个膨大的复合成束刺丝囊

……………………………………………………………110.无球水母属*Rhabdoon*

1b 有触手基球

2a 伞不对称，伞缘偏斜于伞的垂直轴……………………108.斜球水母属*Hybocodon*

2b 伞正常，对称

3a 外伞有纵列刺丝囊带………………………………107.外肋水母属*Ectopleura*

3b 外伞有分散的或成丛排列的刺丝囊…………………109.刺泳水母属*Plotocnide*

107.外肋水母属 *Ectopleura* L. Agassiz，1862

1a 伞缘有4个缘基球，无发达触手；口缘有1圈环状无柄刺丝囊群；垂管上有许多水母芽……………无手外肋水母*Ectopleura atentaculata* Xu & Huang，2006（图5.304）

1b 伞缘有4个缘基球，有2条或4条发达触手

2a 伞缘有2条发达触手

3a 伞无顶突

4a 外伞无纵列棱突

5a 伞呈圆顶形，顶部钝圆；2条相对的触手长，每条触手有6~12个背轴刺丝囊球，无末端刺丝囊球

……………… 厦门外肋水母*E. xiamenensis* Zhang & Lin，1984（图5.305）

5b 伞几乎呈方形，顶部扁平；2条相对的触手很短，每条触手有1个末端刺丝囊球和1个远端背轴刺丝囊球

……………… 短手外肋水母*E. brevinenma* Chen et al.，待刊（图5.313）

4b 外伞有8条纵列棱突

6a 4个缘基球大小相同，每条长触手有8~10个刺丝囊球，在垂管顶部有1个卵圆形孵化囊

…… 顶囊外肋水母*E. apicisacciformis* Xu，Huang & Guo，2007（图5.306）

6b 4个缘基球大小不同

7a 垂管无囊状生殖腺

8a 垂管呈长圆柱形，在垂管近中部有1圈凹缢，无水母芽；2条相对

的触手，每条有11~12个背轴刺丝囊球

………萱外肋水母*E. xuxuanae* Xu，Huang & Guo，2007（图5.307）

8b 垂管下半部有水母芽，无凹缢；2条相对的触手，每条触手有7~8个刺丝囊球

…… 芽外肋水母*E. gemmifera* Xu，Huang & Guo，2007（图5.308）

7b 垂管有4个间辐位囊状生殖腺

9a 2条相对的缘触手，长而细，呈念珠状，每条触手有20~25个刺丝囊球……………囊外肋水母*E. sacculifera* Kramp，1957（图5.309）

9b 2条相对的缘触手，短而硬，整条触手布满许多环状刺丝囊………南海外肋水母*E. nanhaiensis* Huang，Xu & Guo，2015（图5.310）

3b 伞有顶突

10a 外伞有8条纵列棱突；伞有顶管；垂管有3个水母芽

……东山外肋水母*E. dongshanensis* Xu，Huang & Chen（in press）（图5.311）

10b 外伞无纵列棱突；生殖腺环绕垂管

11a 伞有顶室；辐管宽而粗，内有许多颗粒物质；4个缘基球大小相同

………粗管外肋水母*E. crassocanalis* Huang，Xu & Guo，2011（图5.312）

11b 伞有顶管和顶室；辐管细，4个缘基球大小不同

……………………………顶管外肋水母 *E. minerva* Mayer，1900（图5.314）

2b 伞缘有4条发达触手

12a 伞有顶突

13a 外伞有8条纵列棱突；外伞8条纵列刺丝囊带在触手基球两侧扩大，呈三角形；伞无顶室和顶管；4个缘基球呈球形，整条触手具许多分散的刺丝囊……………………宽外肋水母 *E. latitaeniata* Xu & Zhang，1978（图5.315）

13b 外伞无纵列棱突；外伞8条纵列刺丝囊带在触手基球两侧不扩大；伞有顶室和顶管；4个缘基球呈三角形，触手具环状刺丝囊………………………三角外肋水母*E. triangularis* Lin，Xu，Huang & Wang，2010（图5.316）

12b 伞无顶突

14a 外伞有纵列棱突

15a 垂管呈管状，长度约占伞腔深度的1/2；触手基球近球形，触手一侧具

7~9个成束刺丝囊球；辐管狭，无波状锯齿缘……………………………

广东外肋水母 *E. guangdongensis* Xu，Huang & Chen，1991（图5.317）

15b 垂管很大，呈圆筒状，略超出伞腔口外；4条触手基部延长，呈锥状，触手上无成束刺丝囊球和末端刺丝囊球；辐管宽而粗，有波状锯齿缘

………延长外肋水母*E. elongata* Lin，Huang & Wang，2010（图5.318）

14b 外伞无纵列棱突；口边缘有成圈刺丝囊

16a 垂管很大，呈圆筒状，长度略超出伞腔口外，伞有长的顶管和浅低顶室

…………三沙外肋水母*E. sanshaensis* Xu & Huang，sp. nov.（图5.319）

16b 垂管短，钝圆，长度约占伞腔深度的3/4；伞无顶管和顶室

………杜氏外肋水母*E. dumortieri*（van Beneden，1844）（图5.320）

108.斜球水母属 *Hybocodon* L. Agassiz，1860

1a 外伞刺丝囊带仅1条；无触手

………………………无手斜球水母*Hybocodon atentaculatus* Uchida，1948（图5.321）

1b 外伞刺丝囊带超过4条

2a 外伞有5条纵列刺丝囊带；在较长辐管的末端具1~3条发达触手，触手基部有水母芽，触手上的刺丝囊呈环状

……………………………………芽斜球水母*H. prolifer* L. Agassiz，1862（图5.322）

2b 外伞有8条纵列刺丝囊带

3a 伞缘基球无发达触手；垂管胃柄上有1个近椭圆形顶室；在大触手基球一侧有1个小卵圆形刺丝囊球

…………………顶室斜球水母*H. apiciloculatus* Xu & Huang，2006（图5.323）

3b 伞缘基球只有1条很长的发达触手，其内侧有1个刺丝囊球；无顶室…………

八肋斜球水母*H. octopleurus* Kao，Li Funglu，Chang & Li Hienlun，1958（图5.324）

109.刺泳水母属 *Plotocnide* Wagner，1885

本属有3种，中国已记录1种。

台湾刺泳水母*Plotocnide taiwanensis* Huang，Xu & Guo，2010（图5.325）。

本种主要特征是：垂管很大，呈梨形，几乎占满整个内伞腔，垂管上部有浓密的泡状细胞分布；无胃柄和顶室。

110.无球水母属 *Rhabdoon* Keferstein & Ehlers，1861

1a 水母有1个缘基球，1条触手，其末端呈球状，基球有1个向轴眼点；外伞有4条主辐纵列肋，宽而突出；垂管无顶室，有很宽的胃柄

……………宽肋无球水母*Rhaboon laticosta* Xu，Huang & Zheng，sp. nov.（图5.326）

1b 水母无缘基球

2a 垂管有大而尖的顶室；外伞具16条纵列肋，细而长，几乎均延伸到近伞顶，主辐肋中部无褐色斑块

…………………顶室无球水母 *R. apiciloculus* Xu，Huang & Du，2018（图5.327）

2b 垂管无顶室；外伞有4条长而突出的纵列肋，几乎延伸到伞顶，但在主辐肋的中部具1个长圆形的褐色斑块，另有4条间辐位和8条纵辐位的纵列肋，不同等长，仅延伸到伞的中部

……………………单手无球水母 *R. singulare* Keferstein & Ehlers，1861（图5.328）

C4. 镰螅水母亚目Suborder Zancleida Russell，1953

1a 缘触手无刺体，末端有1个大的刺丝囊球

………………………………………………………Key 32. 银币水母科Family Porpitidae

1b 缘触手有刺体

2a 外伞刺丝囊团顶部有眼点………………Key 33. 拟镰螅水母科Family Teissieridae

2b 外伞刺丝囊团顶部无眼点……………………Key 34. 镰螅水母科Family Zancleidae

Key 32. 银币水母科 Family Porpitidae Goldfuss，1818

1a 水母体具8条辐管；垂管基部呈八角形；2条相对的头状触手；水螅体为盘状漂浮群体，无帆板………………………………………………111.银币水母属 *Porpita*

1b 水母体具4条辐管；垂管基部呈四方形；4条头状触手；水螅体为卵形至椭圆形漂浮群体，有中央帆板………………………………………………112.帆水母属 *Velella*

111.银币水母属 *Porpita* Lamarck，1801

本属有2种，中国仅记录1种。

银币水母 *Porpita porpita*（Linnaeus，1758），见本属特征（图5.329）。

112.帆水母属 *Velella* Lamarck，1801

本属仅有1种，中国已有记录。

帆水母*Velella velella*（Linnaeus，1758），见本属特征（图5.330）。

Key 33. 拟镰螅水母科Family Teissieridae Bouillon，1978

本科只有1个属，中国有记录。

113.拟镰螅水母属 *Teissiera* Bouillon，1974

1a 垂管无水母芽或水螅体，呈细颈瓶状；生殖腺呈块状，在间辐位

……………………………澳洲拟镰螅水母*Teissiera australe* Bouillon，1978（图5.331）

1b 垂管有水母芽或水螅体

2a 垂管狭长，其长度超过缘膜口，基部有1~4个长的水螅体，在水螅体基部产生2个水母芽

……………螅芽拟镰螅水母 *T. polypofera* Xu，Huang & Chen，1991（图5.333）

2b 垂管短，呈筒状，其长度不超过缘膜口，在垂管的间辐位有2~3个纵列的水母芽

……………………………芽体拟镰螅水母 *T. medusifera* Bouillon，1978（图5.332）

Key 34. 镰螅水母科Family Zancleidae Russell，1953

1a 水螅体的营养体有头状触手；水母体的外伞主辐位有4个刺丝囊块或刺丝囊束；触手0条、2条或4条，触手上具许多背轴刺丝体，但如有延长的触手基球，则无刺丝囊体；生殖腺位于垂管间辐位………………………………115.镰螅水母属*Zanclea*

1b 水螅体的营养体退化，无头状触手；水母体类似镰螅水母属，但触手基球延长，呈长锥状，具有短的触手，均具有短而硬直的刺丝体；生殖腺环绕在垂管上

…………………………………………………………114.盐棍螅水母属*Halocoryne*

114.盐棍螅水母属 *Halocoryne* Hadzi，1917

1a 伞近立方体形；在外伞4条脊棱上有刺丝囊团，从伞缘延伸到伞顶；垂管有胃柄，基部呈“十”字形；每条触手上有几个到30个刺丝体

……弗雷盐棍螅水母*Halocoryne frasca* Boero，Bouillon & Gravili，2000（图5.334）

1b 伞呈钟形；外伞无脊棱，4个外伞刺丝囊团小；垂管呈柱状，无胃柄，基部呈圆形；每条触手上有50个以上刺丝囊体

……………………………东方盐棍螅水母*H. orientalis*（Browne，1916）（图5.335）

115.镰螅水母属 *Zanclea* Gegenbaur，1857

1a 幼体具2条触手，成体具4条触手；在触手基部上的外伞刺丝囊团呈椭圆形、棒状或带状，如呈带状，则刺丝囊带从触手基部延伸到伞顶；触手上有丝状具柄的背轴刺丝体……………………嵴状镰螅水母*Zanclea costata* Gegenbaur，1857（图5.336）

1b 成体仅有2条触手

2a 外伞刺丝囊团狭，呈带状，在棱突上，常延伸到伞顶；垂管基部有成束水螅体
………母镰螅水母*Z. medusapolypata* Boero，Bouillon & Grarili，2000（图5.337）

2b 外伞刺丝囊团呈圆形或短棒状

3a 4个外伞刺丝囊团同样大小，近卵圆形；伞的顶突近长圆形，长度约为伞高的1/3；垂管呈细颈瓶状，长度约为内伞深度的3/4
…………………顶突镰螅水母*Z. apicata* Xu，Huang & Guo，2008（图5.338）

3b 4个外伞刺丝囊团不同样大小

4a 外伞刺丝囊团无囊托，2个大的卵圆形刺丝囊团，另有2个小的卵圆形刺丝囊团；生殖腺呈块状，位于垂管间辐位
……大囊镰螅水母*Z. macrocystae*（Xu，Huang & Chen，1991）（图5.339）

4b 外伞刺丝囊团有囊托

5a 伞的顶突呈圆锥状，长度约为伞高的1/3；2个大的外伞刺丝囊团呈卵圆形，在短的囊托上略向下；另外2个小的外伞刺丝囊团呈球形，无囊托；生殖腺在间辐位，长方形，覆盖2/3垂管，生殖腺之间有1条主辐沟
………………………护镰螅水母*Z. protecta* Hastings，1930（图5.340）

5b 伞顶钝圆，2个大的呈乳突状的外伞刺丝囊团在触手基球的囊托上，并凸出外伞表面，另外2个小的卵圆形外伞刺丝囊团无囊托；生殖腺在间辐位，呈块状
…………托镰螅水母*Z. apophysis* Xu，Huang & Guo，2008（图5.341）

II. 兰卡水母亚纲 Subclass Laingiomedusae Bouillon，1978

Key 35. 马加水母科Family Magapiidae Schuchert & Bouillon，2009

1a 外伞有刺丝囊带；缘触手基球与缘环状索分开，类根状管直接与缘环状索相连；触手从类根状管上方向外伞表面伸出………………………117. 康德水母属*Kantiella*

1b 外伞有刺丝囊带；缘触手基球与缘环状索相连，类根状管直接从触手基球背面伸出，向上贴生在外伞表面……………………………116. 金德祥水母属*Jindexiangus*

116.金德祥水母属 *Jindexiangus* Xu & Huang，2006

本属仅有1种，中国已有记录。

金德祥水母*Jindexiangus statocystus* Xu & Huang，2006，见本属特征（图5.342）。

117.康德水母属 *Kantiella* Bouillon，1978

1a 伞呈半球形，有4~8条外伞刺丝囊带；伞缘8个缘叶；垂管有短胃柄；触手末端刺丝囊球无色素斑块；垂管有水母芽
……………………………康德水母*Kantiella enigmatica* Bouillon，1978（图5.343）

1b 伞呈棱形；有4个乳突状外伞刺丝囊带；伞缘有4个缘叶；垂管无胃柄；触手末端刺丝囊球大，有红色素斑块；有4个平衡囊；垂管无水母芽
……………………棱形康德水母*K. prismaticus* Xu，Huang & Guo，2014（图5.344）

III. 软水母亚纲 Subclass Leptomedusae Haeckel，1886

1a 水螅体简单，具有锥形或圆锥形的垂唇，在口下方无“口腔”；水母体表现出各种不同形态，如有感觉棒、开放型平衡囊和关闭型平衡囊、排泄孔、缘丝、侧丝和眼点等…………………………………………………………锥螅水母目Order Conica

1b 水螅体复杂，呈漏斗状到球形，多少具有柄的垂唇，在口下方形成一个“口腔”；水母体为各种各样的水母，具有关闭型平衡囊，从来没有感觉棒、开放型平衡囊、排泄孔、缘丝、侧丝和眼点…………………吻螅水母目Order Proboscoida

锥螅水母目Order Conica Broch，1910

1a 有多达6条垂管，无向心管………………………Key 49. 秀氏水母科Family Sugiuridae

1b 仅有1条垂管

2a 无平衡囊或感觉棒

3a 垂管基部紧贴在下伞表面；辐管简单或分叉
…………………………………………Key 45. 海神水母科Family Melicertidae

3b 垂管基部狭窄；有3条、4条或更多条辐管，有分枝或简单不分枝，但排列不规则…………………………………Key 39. 侧管水母科Family Dipleurosomatidae

2b 有平衡囊或感觉棒

4a 有感觉棒或类似感觉棒的结构

5a 垂管有4个主辐胃囊连接下伞；生殖腺位于垂管间辐位和/或垂管主辐位胃囊上；有类似感觉棒的结构………Key 50. 头巾螅水母科Family Tiarannidae

5b 垂管无主辐位胃囊

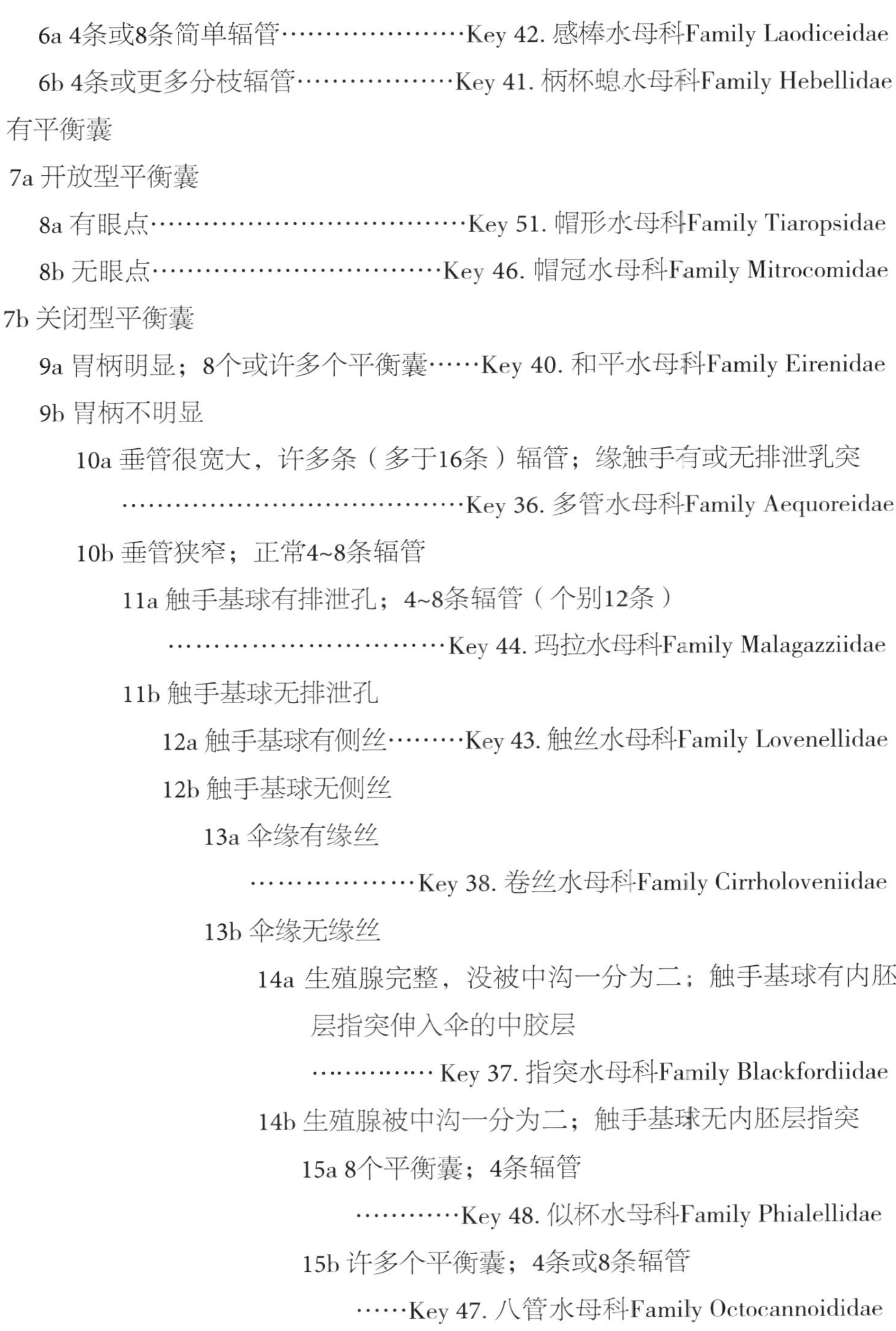
6a 4条或8条简单辐管……………………Key 42. 感棒水母科Family Laodiceidae

6b 4条或更多分枝辐管………………Key 41. 柄杯螅水母科Family Hebellidae

4b 有平衡囊

7a 开放型平衡囊

8a 有眼点…………………………………Key 51. 帽形水母科Family Tiaropsidae

8b 无眼点………………………………Key 46. 帽冠水母科Family Mitrocomidae

7b 关闭型平衡囊

9a 胃柄明显；8个或许多个平衡囊……Key 40. 和平水母科Family Eirenidae

9b 胃柄不明显

10a 垂管很宽大，许多条（多于16条）辐管；缘触手有或无排泄乳突
…………………………………Key 36. 多管水母科Family Aequoreidae

10b 垂管狭窄；正常4~8条辐管

11a 触手基球有排泄孔；4~8条辐管（个别12条）
…………………………Key 44. 玛拉水母科Family Malagazziidae

11b 触手基球无排泄孔

12a 触手基球有侧丝………Key 43. 触丝水母科Family Lovenellidae

12b 触手基球无侧丝

13a 伞缘有缘丝
………………Key 38. 卷丝水母科Family Cirrholoveniidae

13b 伞缘无缘丝

14a 生殖腺完整，没被中沟一分为二；触手基球有内胚层指突伸入伞的中胶层
…………… Key 37. 指突水母科Family Blackfordiidae

14b 生殖腺被中沟一分为二；触手基球无内胚层指突

15a 8个平衡囊；4条辐管
…………Key 48. 似杯水母科Family Phialellidae

15b 许多个平衡囊；4条或8条辐管
……Key 47. 八管水母科Family Octocannoididae

Key 36. 多管水母科Family Aequoreidae Eschschltz，1829

1a 辐管分枝或叉状分枝……………………………………120. 枝多管水母属*Zygocanna*

1b 辐管简单，不分枝

2a 胃壁有成圈的单个瘤状突，位于胃壁外侧，其数目与辐管相同
……………………………………………………………119.胃瘤水母属*Gangliostoma*

2b 胃壁外侧无瘤状突；内伞无一系列胶质乳突……………118. 多管水母属*Aequorea*

118.多管水母属 *Aequorea* Péron & Lesueur，1809

1a 生殖腺长度小于辐管长度的1/2

2a 生殖腺呈带状，长度约为辐管长度的1/2，位于辐管近伞缘
……………………………澳洲多管水母*Aequorea australis* Uchida，1947（图5.345）

2b 生殖腺呈卵圆形或侧扁，位于辐管中部或近胃处

3a 26~30条触手；伞呈锥形；生殖腺位于辐管近胃处
…………………………………锥形多管水母*A. conica* Browne，1905（图5.346）

3b 4条缘触手

4a 8个卵圆形生殖腺，位于辐管中部；辐管16条，均到达环管；缘触手基球呈球状；每2条触手间有3~4个缘疣和4~5个平衡囊，缘疣末端无红棕色斑块…………四手多管水母*A. tetranema* Xu，Huang & Du，2009（图5.347）

4b 16个卵圆形生殖腺，位于辐管近胃处；辐管32条，其中16条短辐管，从胃部伸出，未到达环管；缘触手基球呈锥形，每2条触手间有7个大小不同的缘疣和8个平衡囊，缘疣末端有红棕色斑块
………拟四手多管水母*A. paratetranema* Huang，Xu & Guo，2021（图5.348）

1b 生殖腺长度大于辐管长度的1/2

5a 缘触手基球有龙骨突

6a 口唇数约为辐管数的1/2；14条触手，基部呈宽锥形，在龙骨突上有黑色斑块
………黑背多管水母*A. atrikeelis* Lin，Xu，Huang & Wang，2009（图5.349）

6b 口唇数与辐管数相近；触手基部龙骨突上无黑色斑块

7a 缘触手41条，触手基球呈纺锤形，无排泄乳突
…………南海多管水母*A. nanhainensis* Xu，Huang & Du，2009（图5.350）

7b 缘触手7~29条，基部宽，有排泄乳突

………………大型多管水母*A. macrodactyla*（Brandt，1834）（图5.351）

5b 缘触手基球无龙骨突

8a 缘触手数为辐管数的1~3倍

9a 缘触手为辐管数的2~3倍，触手基部延长，呈侧扁；口唇数为辐管数的1/3~1/2；100条辐管；生殖腺呈线状，几乎充满整条辐管

………………青色多管水母*A. coerulescens*（Brandt，1838）（图5.352）

9b 缘触手数约为辐管数1倍；口唇数为辐管数的2倍，16~32条辐管，生殖腺呈长波状，位于靠近胃的辐管上

……龚氏多管水母*A. gongqiuhongae* Huang，Xu & Guo，2021（图5.353）

8b 缘触手数等于或少于辐管数

10a 缘触手数等于辐管数，触手基部呈锥形，无排泄乳突

……………………球形多管水母*A. globosa* Eschscholtz，1829（图5.354）

10b 缘触手数少于辐管数

11a 缘触手数等于或小于辐管数的1/2；辐管60~80条；触手基部延长呈锥状，每2条触手间有5~10个平衡囊

………福斯多管水母*A. forskalea* Péron & Lesueur，1810（图5.355）

11b 缘触手数少于辐管数的1/3

12a 触手基球不向两侧延伸；缘触手12条，辐管90~102条；有向轴排泄乳突………………………………………………台湾多管水母*A. taiwanensis* Zheng，Lin，Li，Gao，Xu & Huang，2008（图5.356）

12b 触手基球向两侧延伸

13a 缘触手基球和缘疣有排泄乳突；缘触手9~14条，辐管64~81条……乳突多管水母*A. papillata* Huang & Xu，1994（图5.357）

13b 缘触手基球和缘疣无排泄乳突

14a 缘触手基球向两侧延伸，末端钝圆；缘触手4~8条；辐管30~40条

………细小多管水母*A. parva* Browne，1905（图5.358）

14b 缘触手基球向两侧延伸，末端逐渐变细变尖锐；缘触手10~16条；辐管100~150条………………………………镜

形多管水母*A. pensilis*（Eschscholiz，1829）（图5.359）

119.胃瘤水母属 *Gangliostoma* Xu，1983

1a 口唇细长，其数目与辐管数相等；缘触手90~108条，为辐管数的2~3倍，触手基球无排泄乳突和背距，无退化基球

……………………广东胃瘤水母*Gangliostoma guangdongensis* Xu，1983（图5.360）

1b 口唇短，其数目比辐管数少；缘触手数目小于辐管数

2a 缘触手12~14条，触手基球有排泄乳突，无背距，触手间有3个退化基球

…………………大亚湾胃瘤水母*G. dayaensis* Xu，Huang & Du，2010（图5.361）

2b 缘触手8条，触手基球有背距，无排泄乳突；触手间有6个退化基球

……………背距胃瘤水母 *G. abaxialispura* Xu，Huang & Guo，2019（图5.362）

120.枝多管水母属 *Zygocanna* Haeckel，1879

1a 内伞有胶质乳突状辐射带；辐管在胃内围分叉2~4次，在胃外围不分枝

…………………………………枝多管水母*Zygocanna vagans* Bigelow，1912（图5.363）

1b 内伞无胶质乳突状辐射带，辐管在胃外围分枝

2a 缘触手有大小之分；具有排泄乳突；触手间有缘疣

…………………平枝多管水母*Z. planatus* Xu，Huang & Wang，2011（图5.364）

2b 缘触手同样大小，无排泄乳突；触手间无缘疣

………………无突枝多管水母*Z. apapillatus* Xu，Huang & Guo，2014（图5.365）

Key 37. 指突水母科Family Blackfordiidae Bouillon，1984

本科仅有1属，中国已有记录。

121.指突水母属*Blackfordia* Mayer，1910

1a 缘触手多于200条（包括200条）；伞缘无黑色素

……………多手指突水母*Blackfordia polytentaculata* Hsu & Chin，1962（图5.366）

1b 缘触手一般少于100条

2a 生殖腺从近垂管出发，向伞缘延伸，其长度超过辐管长度的1/2；伞缘上常有黑色素；每2条触手间有1个平衡囊

…………………………………弗州指突水母*B. virginica* Mayer，1910（图5.367）

2b 生殖腺位于辐管中部，呈波纹状；伞缘无黑色素；每2条触手间有2个平衡囊

…………………………………指突水母*B. manhattensis* Mayer，1910（图5.368）

Key 38. 卷丝水母科Family Cirrholoveniidae Bouillon，1984

本科仅有1属，中国有记录。

122.卷丝水母属 *Cirrholovenia* Kramp，1959

1a 缘触手16条，每2条触手间有4~8条缘丝；64个平衡囊

……………………多手卷丝水母*Cirrholovenia polynema* Kramp，1959（图5.369）

1b 缘触手4条

2a 伞胶质厚，外伞表面布满网状乳突；触手基球呈圆锥状，触手之间有5条缘丝

…………………………网状卷丝水母*C. reticulata* Xu & Huang，2004（图5.370）

2b 伞胶质薄，外伞表面光滑；触手基球呈三角形，触手之间有7~8条缘丝

………………………………四手卷丝水母*C. tetranema* Kramp，1959（图5.371）

Key 39. 侧管水母科Family Dipleurosomatidae Russell，1953

1a 辐管不规则排列，简单或不规则分枝…………………124.侧管水母属*Dipleurosoma*

1b 辐管规则排列和分枝，4条主辐管，每条主辐管分叉，以后每根叉管又再分侧辐管，每条侧辐管都与环管相连…………………………123.管叉水母属*Dichotomia*

123.管叉水母属*Dichotomia* Brooks，1903

本属仅1种，中国已有记录。

管叉水母*Dichotomia cannoides* Brooks，1903，见本属特征（图5.372）。

124.侧管水母属*Dipleurosoma* Boeck，1861

本属有4种，中国记录2种。

1a 主辐管6条，其中相对的2条分叉，到达环管的辐管8条；生殖腺在辐管中部；伞缘有棒状体

………太平洋侧管水母*Dipleurosoma pacificum* A. Agassiz & Mayer，1902（图5.373）

1b 辐管5~18条，其分枝在胃壁和生殖腺之间；生殖腺近垂管壁，伞缘无棒状体

……………………………………………正型侧管水母*D. typicum* Boeck，1866（图5.374）

Key 40. 和平水母科Family Eirenidae Haeckel，1879

1a 平衡囊多于8个，数目不固定

2a 无侧丝或缘丝；有或无排泄乳突

3a 生殖腺在辐管的内伞部分；一般无缘疣…………………125.和平水母属*Eirene*

3b 生殖腺在整条辐管上；具有缘疣…………………………132.瘤手水母属*Tima*

2b 有侧丝或缘丝

4a 有缘丝；生殖腺在辐管的内伞部分……………………131.杯水母属*Phialopsis*

4b 部分或所有缘触手有侧丝

5a 生殖腺仅限于辐管的内伞部分…………………129.侧丝水母属*Helgicirrha*

5b 生殖腺分布在整条辐管上……………………………130.伊能水母属*Irenium*

1b 平衡囊8个，很少有12个的；无排泄乳突

6a 缩小的水母，无缘触手………………………………126.螅贝水母属*Eugymnanthea*

6b 正常的水母，有缘触手

7a 无侧丝和缘疣；生殖腺限于内伞部分…………………128.强壮水母属*Eutonina*

7b 具有侧丝和缘疣；生殖腺可分布于内伞或胃柄上，或同时分布于内伞和胃柄上………………………………………………………………127.真瘤水母属*Eutima*

125.和平水母属*Eirene* Eschscholtz，1829

1a 胃柄宽

2a 辐管6~8条

3a 6条辐管；6个生殖腺，呈短线状，位于辐管远端，长度短于辐管长度的1/2；伞缘有30~50条触手，触手间有3个或更多个退化基球和4个平衡囊
…………………六辐和平水母*Eirene hexanemalis*（Goette，1886）（图5.375）

3b 8条辐管；8个生殖腺，呈长线状，从胃柄基部延伸到伞缘；伞缘有40~48条触手，触手间有1个退化基球和2个平衡囊
……………八辐和平水母*E. octonemalis* Guo，Xu & Huang，2008（图5.376）

2b 辐管4条

4a 无排泄乳突

5a 生殖腺长，沿着内伞部的辐管分布

6a 胃柄短，其长度约为伞腔深度的1/2；16条缘触手，基球有黑色斑块；生殖腺为带状，呈波浪形，沿着整条辐管分布……………胶州和平水母*E. chiaochowensis*（Kao，Li Funglu，Chang & Li Hienlun，1958）（图5.377）

6b 胃柄长，其长度超出伞缘口外；32~36条缘触手，基球无黑色斑块；生殖腺呈线状，位于辐管远端，其长度小于辐管长度的1/2
………鸡屿和平水母*E. jiyuensis* Xu，Huang & Liu，sp. nov.（图5.378）

5b 生殖腺短，呈卵圆形，位于辐管远端

7a 伞呈半球形，胶质中等厚；内伞腔浅；胃柄短而宽，垂管大；16~32条触手，触手间无退化基球

…………蟹形和平水母*E. kambara* A. Agassiz & Mayer，1899（图5.379）

7b 伞近球形，胶质很厚；内伞腔浅；胃柄长而宽，呈锥形；28~38条触手，触手间有1个小的退化基球

……………锥形和平水母*E. conica* Xu，Huang & Du，2010（图5.380）

4b 有排泄乳突

8a 缘触手约100条；生殖腺呈线状，位于近伞缘；触手间有1个平衡囊，无退化基球………塔形和平水母*E. pyramidalis*（L. Agassiz，1862）（图5.381）

8b 缘触手少于50条

9a 生殖腺呈线状，位于近伞缘；触手间有1~3个退化基球和2~4个平衡囊…………………细腺和平水母*E. tenuis*（Browne，1905）（图5.382）

9b 生殖腺呈长卵圆形，位于内伞辐管中部和胃柄基部之间；触手间无退化基球，有1~3个平衡囊（多数2个）

…………厦门和平水母*E. xiamenensis* Huang，Xu & Lin，2010（图5.383）

1b 胃柄狭窄或基部呈塔形

10a 胃柄有塔形基部

11a 缘触手大小不同，有60条或更多条触手，大小触手常交替排列

……………绿色和平水母*E. viridula*（Péron & Lesueus，1809）（图5.384）

11b 缘触手大小相同

12a 胃柄远端有4个间辐位突出物，45~159条触手，口唇比垂管更长，触手基球有排泄乳突

………拟柄突和平水母*E. lacteoides* Kubota & Horita，1992（图5.385）

12b 胃柄远端无间辐位突出物

13a 生殖腺上有拟螅体子茎芽，生殖腺延长；缘触手14~25条，有排泄乳突；触手间有3~5个缘疣和4~6个平衡囊

……埃利和平水母*E. elliceana* A. Agassiz & Mayer，1902（图5.386）

13b 生殖腺上无拟螅体子茎芽

14a 触手基球具有排泄乳突，触手20~125条，无缘疣，平衡囊数约为触手数的1/2，生殖腺呈带状……………………………湛江和平水母*E. zhanjiangensis* Huang，Zhang et Zhao，2019（图5.387）

14b 触手基球无排泄乳突

15a 口唇约与垂管等长；生殖腺呈棍棒状，位于辐管远端；有32~36条触手，无缘疣………………………………无疣和平水母*E. averuciformis* Du，Xu，Huang & Guo，2010（图5.388）

15b 口唇长于垂管；生殖腺发达，弯曲，从胃柄基部延伸到伞缘；有19~24条触手，5~8个缘疣…………………………大腺和平水母*E. macrogonia* Huang，Sun et Liu，2019（图5.389）

10b 胃柄无塔形基部

16a 无排泄乳突

17a 胃柄很短，绝不伸出伞腔外

18a 胃柄比垂管更长；生殖腺呈线状，位于辐管远端，其长度短于辐管长度的1/2；缘触手24~32条，每个平衡囊有1~3个平衡石…………短柄和平水母*E. brevistylis* Huang & Xu，1994（图5.390）

18b 胃柄比垂管更短或等长

19a 胃柄比垂管更短；生殖腺呈长线状，占整条辐管长度的2/3，两侧略有扭曲；缘触手36条，每个平衡囊有5~6个平衡石……………………………………………………………拟短柄和平水母*E. brevistyloides* Xu，Huang & Du，2010（图5.391）

19b 胃柄约与垂管等长

20a 生殖腺呈卵圆形，两侧扁，悬挂于辐管远端，约占辐管长度的1/3；伞缘有40条触手；每个平衡囊有1个平衡石……………………………………………………………侧扁和平水母*E. compressa* Xu，Huang & Guo，2019（图5.392）

20b 生殖腺呈球形，位于辐管的中部；4个短的口唇，无锯齿缘，在口唇间有黑色斑块；有24条缘触手，每个平衡囊有2个平衡石…………………………………球腺和平水母

E. globogonia Xu，Huang & Chang（in press）（图5.393）

17b 胃柄很长，伸出伞腔外

21a 生殖腺呈卵圆形，位于辐管中部；24条触手，触手间1个平衡囊

………………短腺和平水母*E. brevigona* Kramp，1959（图5.394）

21b 生殖腺呈线状，几乎沿着整条辐管内伞部分分布；48条触手，触手间有1个（有时2~3个）平衡囊

…………………细颈和平水母*E. menoni* Kramp，1953（图5.395）

16b 有排泄乳突

22a 50条缘触手，触手间有3个退化基球和2~4个平衡囊

……………………帕克和平水母*E. palkensis* Browne，1905（图5.396）

22b 100 条缘触手，触手间无退化基球，有1个平衡囊

…………………锡兰和平水母*E. ceylonensis* Browne，1905（图5.397）

126.螅贝水母属 *Eugymnanthea* Palombi，1935

本属有2种，中国已记录1种。

日本螅贝水母*Eugymnanthea japonica* Kubota，1979（图5.398）。

本种主要特征是：垂管短，呈管状，其长度约为内伞腔深度的1/4；生殖腺从辐管基部沿着辐管往下延伸，其末端游离，往内伞腔悬垂；有4个大的主辐位触手基球，另有4个小的间辐位缘球，均无触手。

127.真瘤水母属 *Eutima* McCrady，1859

1a 8个生殖腺，4个在内伞部，4个在胃柄

2a 触手无侧丝，有80~120个缘疣，具有侧丝；内伞生殖腺呈波状，胃柄生殖腺位于胃柄的近端

……………台湾真瘤水母*Eutima taiwanensis* Xu，Huang & Guo，2019（图5.399）

2b 触手有侧丝

3a 4条触手，胃柄细长，有100个缘疣

…………………………………怪真瘤水母*E. mira* McCrady，1859（图5.400）

3b 8~16条触手

4a 触手和缘疣有向轴的排泄乳突

…………………八蕊真瘤水母*E. gegenbauri*（Haeckel，1864）（图5.401）

4b 触手和缘疣无向轴排泄乳突

5a 16条触手，具侧丝，每2条触手间有3个缘疣，8个或12个平衡囊

……………………异手真瘤水母*E. variabilis* McCrady，1859（图5.402）

5b 8条触手

6a 触手基部无背距，缘疣无色素斑块

………真瘤水母*E. levuka*（A. Agassiz & Mayer，1899）（图5.403）

6b 触手基部有背距，缘疣最顶端有1个黑色斑点

………黑疣真瘤水母*E. krampi* Guo，Xu & Huang，2008（图5.404）

1b 4个生殖腺

7a 生殖腺仅长在胃柄上

8a 触手基球和缘疣均有侧丝

9a 32条或8条缘触手

10a 32条触手和96个缘疣均具侧丝

……………青色真瘤水母*E. coerulea*（L. Agassiz，1862）（图5.405）

10b 8条触手具2对侧丝，16个缘疣也具有侧丝

………………情帽真瘤水母*E. gentiana*（Haeckel，1879）（图5.406）

9b 4条触手或2~4条触手

11a 4条触手，触手基球有背龙突；有120~140个缘疣

………………………弯真瘤水母*E. curva*（Browne，1905）（图5.407）

11b 2~4条触手，触手基球无背龙突；有40~80个缘疣

…………细真瘤水母*E. gracilis*（Forbes & Goodsir，1853）（图5.408）

8b 12条触手无侧丝，36~60个缘疣，有侧丝；胃柄短，其基部宽，呈塔形，长度不超出伞缘口外；生殖腺位于胃柄中部的2/3处

…………塔形真瘤水母*E. pyramidalis* Xu，Huang & Zheng，sp. nov.（图5.409）

7b 生殖腺仅长在内伞的辐管上

12a 触手无侧丝，8条触手，主辐位触手比间辐位触手更长，每2条触手间有6~7个缘疣，有侧丝；生殖腺呈线状，侧面有许多隆起

………………………新卡真瘤水母*E. neucaledonia* Uchida，1964（图5.410）

12b 触手有侧丝

13a 胃柄短，长度约为伞径的1/6；12条触手，每2条触手间有2~3个缘疣，均有侧丝

……短柄真瘤水母*E. brevistyla* Xu，Huang & Zheng，sp. nov.（图5.411）

13b 胃柄短，长度约为伞径的1/2

14a 伞扁平，胶质薄；16条触手，每2条触手间有1个缘疣，均有侧丝

……………端庄真瘤水母*E. modesta*（Hartlaub，1909）（图5.412）

14b 伞近半球形，伞顶胶质厚；8条触手，每2条触手间有4个缘疣，均有侧丝…………日本真瘤水母*E. japonica* Uchida，1925（图5.413）

128.强壮水母属 *Eutonina* Hartlaub，1897

1a 生殖腺呈线状或波状，几乎占满辐管内伞部分；触手约200条

………………………印度强壮水母*Eutonina indicans*（Romanes，1876）（图5.414）

1b 生殖腺呈长椭圆形，长度占内伞部分辐管长度的1/4~1/3；触手16条

…………………………………真强壮水母*E. scintillans*（Bigelow，1909）（图5.415）

129.侧丝水母属 *Helgicirrha* Hartlaub，1909

1a 生殖腺有水母芽

2a 生殖腺位于辐管中部，上有成束水母芽；缘触手4条，其基部两侧有4对侧丝

………………………芽侧丝水母*Helgicirrha gemmifera* Bouillon，1984（图5.416）

2b 生殖腺于位近伞缘1/3处；缘触手12~21条，有1~2对侧丝

…………………………母芽侧丝水母*H. medusifera*（Bigelow，1909）（图5.417）

1b 生殖腺无水母芽

3a 生殖腺呈线状，从胃柄基部延伸至伞缘

4a 胃柄短，长度约为伞径的1/3；伞缘有28~54条触手，每2条触手间有0~2个缘疣，缘疣均具有2对侧丝

……………………短柄侧丝水母*H. brevistyla* Xu & Huang，1983（图5.418）

4b 胃柄长于伞径的1/2或略超出缘膜口外

5a 触手基部和缘疣均无排泄乳突，有28条触手，具有1对侧丝，每2条触手间有1个缘疣，无侧丝

……………无突侧丝水母*H. apapillata* Xu，Chen & Wang，2020（图5.419）

5b 触手基部和缘疣均有排泄乳突

6a 伞较厚，口唇长度比垂管短；触手30~40条，有100条或更多条小触手或缘疣……………苏氏侧丝水母*H. schulzei* Hartlaub，1909（图5.420）

6b 伞较薄，口唇长度比垂管长；触手30~100条，无小触手，每2条触手间有1~3个缘疣

………………马来侧丝水母*H. malayensis*（Stiasny，1928）（图5.421）

3b 生殖腺非线状

7a 生殖腺呈卵形，位于内伞辐管中部；8条触手，具3对侧丝，每2条触手间有1~2个缘疣，缘疣末端有黑色素，具1对侧丝

…………………卵形侧丝水母*H. ovalis Huang*，Xu，Lin & Guo，2010（图5.422）

7b 生殖腺非卵形，缘疣上无黑色素

8a 生殖腺呈腊肠状，位于内伞辐管中部或略近伞缘，胃柄短

………………………………柯氏侧丝水母*H. cornelii* Bouillon，1984（图5.423）

8b 生殖腺呈波浪形，位于内伞辐管远端1/3处；胃柄长，超出缘膜口

…………………波腺侧丝水母*H. sinuatus* Xu，Huang & Du，2012（图5.424）

130.伊能水母属 *Irenium* Haeckel，1879

本属有4种，中国仅记录1种。

多手伊能水母*Irenium polynemum* Huang，Xu & Guo，2010（图5.425）。

本种主要特征是：生殖腺呈线状，从伞缘一直延伸到胃的基部，伞缘有88条大小不等的触手，具排泄乳突，具1对侧丝，还有50多个不具侧丝的缘疣。

131.杯水母属 *Phialopsis* Torrey，1909

1a 触手52条，无缘疣；每2条触手间有3~5条缘丝和1~2个平衡囊，每个平衡囊有2~3个平衡石

…………无疣杯水母*Phialopsis averruciformis* Huang，Xu & Lin，2013（图5.426）

1b 触手16~28条，每2条触手间有3~9个缘疣、3~9条缘丝和2~5个平衡囊，每个平衡囊有2~6个平衡石………………迪戈杯水母*P. diegensis* Torrey，1909（图5.427）

132.瘤手水母属*Tima* Escihscholtz，1829

本属有4种，中国已记录1种。

瘤手水母*Tima formosa* L. Agassiz，1862（图5.428）。

主要特征是：胃柄发达，呈圆锥状，其长度超出缘膜口外；口部有4个发达口唇；生

殖腺呈带状，左右曲折分布于整条辐管上，从伞缘一直延伸到胃的基部；伞缘有29~36条发达触手，无侧丝，每2条触手间有2~3个缘疣和2~5个平衡囊，每个平衡囊有6~20个平衡石。

Key 41. 柄杯螅水母科Family Hebellidae Fraser，1912

1a 生殖体为游泳型，具缘膜；4条辐管；4个无触手缘基球；生殖腺位于垂管上
……………………………………………………………133. 花柄杯螅水母属*Anthohebella*

1b 生殖体非游泳型

2a 具有真水母体或不成熟水母体……………………………134. 柄杯螅水母属*Hebella*

2b 具成熟水母体；部分或没有辐管分枝，分枝的辐管与环管连接或不连接
………………………………………………………………135.十盘水母属*Staurodiscus*

133.花柄杯螅水母属 *Anthohebella* Boero，Bouillon & Kubota，1997

本属已知有5种，中国仅记录1种。

匍生花柄杯螅水母*Anthohebella parasitica*（Clamician，1880）（图5.429）。

本种为游动的生殖体，与水母体和固着生殖体相区别；游动生殖体具有4条辐管，4个主辐位触手基球，具皱褶触手；4个间辐位小基球，无触手；生殖腺环绕垂管。

134.柄杯螅水母属 *Hebella* Allman，1888

本属水母已知水螅体约有13种，中国记录有4种，但其中只记1种有释放未成熟水母体。

攀缘柄杯螅水母*Hebella scandens*（Bale，1888）（图5.430）：

4条辐管；2条主辐位触手，触手基球大；6个较小缘基球，无触手，2个主辐位，4个间辐位，每个触手基球具1个向轴眼点。

135.十盘水母属 *Staurodiscus* Haeckel，1879

1a 垂管有12个胃囊；主辐初级辐管分1~2条相对的盲肠状侧枝；8条触手，基部呈扁椭圆形…………………………………………………………………………………………
…宽球十盘水母*Staurodiscus latibulbus* Wang，Xu，Huang & Lin，2010（图5.431）

1b 垂管无胃囊

2a 6条或更多条初级辐管

3a 6条初级辐管，每条辐管1次叉状分枝
…………………………弓状十盘水母*S. arcuatus*（Haeckel，1879）（图5.432）

3b 8条或8条以上初级辐管

4a 12条初级辐管，每3条为1组，每条辐管2~3次叉状分枝；生殖腺乳突密集，呈具柄的皱褶囊；触手40~65条，每2条触手间有1个短棒状退化触手和5~6个感觉棒

…………多管十盘水母*S. multicanalis* Xu，Huang & Guo，2007（图5.433）

4b 8条初级辐管，4条不分枝，另外4条1次叉状分枝；26~32条触手，感觉棒数和触手数相同，基部无眼点

……………漂浮十盘水母*S. neustona* Xu，Huang & Guo，2007（图5.434）

2b 4条初级辐管

5a 分枝辐管不与环管连接

6a 4条辐管粗而硬，触手基部呈长锥形；每条辐管分2对盲肠状侧枝

………粗手十盘水母*S. crassonema* Wang，Xu，Huang & Lin，2010（图5.435）

6b 8~16条触手

7a 辐管侧分枝3~4对；感觉棒88个

………………………………十盘水母*S. gotoi*（Uchida，1927）（图5.436）

7b 辐管侧分枝 1对；感觉棒48个

……………………四十盘水母*S. tetrastaurus* Haeckel，1879（图5.437）

5b 分枝辐管与环管连接

8a 缘触手约有300条；每条初级辐管2次分叉，4条叉枝辐管成1组，所有分枝辐管均与环管连接

……………………多手十盘水母*S. polynema*（Kramp，1959）（图5.438）

8b 缘触手少于50条

9a 4条初级辐管仅分叉1次；缘触手40条；伞缘有缘丝

………有丝十盘水母*S. cirrus* Huang，Xu，Guo & Qiu，2010（图5.439）

9b 多条初级辐管分2对侧枝；缘触手12条，感觉棒48个，无缘丝

…………………越南十盘水母*S. vietnamensis* Kramp，1962（图5.440）

Key 42. 感棒水母科Family Laodiceidae L. Agassiz，1862

1a 辐管开沟，构成1个大的“十”字形口……………………139.十胃水母属*Staurostoma*

1b 辐管关闭，不开沟

2a 8条不分枝的辐管……………………………………138. 梅利水母属*Melicertissa*

2b 4条辐管

3a 垂管有主辐囊；生殖腺位于垂管近端和主辐囊上，性细胞发育在辐管近端的侧瓣鳃（生殖盲突），包括主辐囊……………………136.几利水母属*Guillea*

3b 垂管无主辐囊；生殖腺简单，呈波状，沿着辐管分布
…………………………………………………………137. 感棒水母属 *Laodicea*

136.几利水母属 *Guillea* Bouillon，Pagés，Gili，Palanques，Puig & Heussner，2000

本属有 2 种，中国记录 1 种。

大亚湾几利水母*Guillea dayaensis* Xu，Huang & Guo，2013（图5.441）。

主要特征是：垂管膨大，其长度约为内伞腔高度；4条主辐触手，触手平面有1个间辐缘基球、2个感觉棒和1~2条缘丝。

137.感棒水母属 *Laodicea* Lesson，1843

1a 伞径20~25 mm；缘触手100~800条，其基部无内胚层背距
………………………………印度感棒水母*Laodicea indica* Browne，1905（图5.442）

1b 伞径达37 mm；缘触手多，可达400~600条，其基部有内胚层背距
……………………波状感棒水母*L. undulata*（Forbes & Goodsir，1853）（图5.443）

138.梅利水母属 *Melicertissa* Haeckel，1879

本属有8种，中国仅记录1种。

东方梅利水母*Melicertissa orientalis* Kramp，1961（图5.444）。

主要特征是：有16条触手，每2条触手间有2~3个感觉棒，呈棍棒状，所有触手和感觉棒基部均有向轴眼点。

139.十胃水母属 *Staurostoma* Haeckel，1879

本属水母体的胃延伸4条辐管开沟，仅在辐管远端关闭，因此，该属水母体具有1个大的“十”字形胃；生殖腺位于“十”字形胃的侧壁；无缘丝，有向轴眼点。

本属仅有1种，中国已记录1种，是学名未定的种：

十胃水母*Staurostoma* sp. Wang，Xu，Guo，Huang & Lin（图5.445）。

本未定种名的水母具有十胃水母属的特征，但与本属的默顿十胃水母*Staurostoma mertensii*（Brandt，1834）不同，可能是个新种，因其个体小，伞宽7~8 mm，缘触手仅100条，大小不同，生殖腺不成熟，暂不创立新种，待今后进一步调查研究。

Key 43. 触丝水母科Family Lovenellidae Russell，1953

1a 没有平衡囊……………………………………………………143.拟触丝水母属*Paralovenia*

1b 有平衡囊

2a 有6条辐管；6个生殖腺……………………………………141.六触丝水母属*Hexalovenia*

2b 有4条辐管

3a 平衡囊通常不多于8个……………………………………140.真唇水母属*Eucheilota*

3b 具有数目不定的平衡囊（16~32个）…………………142.触丝水母属*Lovenella*

140.真唇水母属 *Eucheilota* McCrady，1859

1a 平衡囊12个，无缘疣

……………………十二囊真唇水母*Eucheilota duodecimalis* A. Agassiz，1862（图5.446）

1b 平衡囊8个

2a 生殖腺有水母芽……………奇异真唇水母*E. paradoxica* Mayer，1900（图5.447）

2b 生殖腺无水母芽

3a 16条缘触手

4a 有16条触手和16个大缘疣，它们均有1对侧丝；约有24个小缘疣，无侧丝；生殖腺呈带状，位于辐管中部

……………………心形真唇水母*E. ventricularis* McCrady，1859（图5.448）

4b 有16条触手，无缘疣；触手基球有1对侧丝；生殖腺粗大，微扭曲成“S”形的宽带状，位于近伞缘的辐管上

…………………扭真唇水母*E. convoluta* Xu，Huang & Guo，2019（图5.449）

3b 缘触手2~8条

5a 2条主辐触手和2个主辐缘疣，均有3对侧丝，4个间辐缘疣无侧丝，没有缘疣无黑色斑块

………双手真唇水母*E. bitentaculata* Huang，Li & Zhong，2010（图5.450）

5b 4条或8条缘触手

6a 缘触手8条

7a 生殖腺呈长方形，几乎占满整条辐管；8条缘触手，每条触手有2~5对侧丝，每2条触手间有1~2个缘疣，每个缘疣有2~3对侧丝

……………………热带真唇水母*E. tropica* Kramp，1959（图5.451）

7b 生殖腺呈椭圆形

8a 生殖腺位于辐管中部，不从中部分成两部分，每条触手有2~3对侧丝，每2条触手间1个缘疣，无侧丝……………………………… 厦门真唇水母*E. xiamenensis* Xu，Huang & Guo，2014（图5.452）

8b 生殖腺靠近垂管，悬垂，从中部分成两部分；每条触手有2对侧丝，2条触手间有1个缘疣，具1对侧丝
……………贝克真唇水母*E. bakeri*（Torrey，1909）（图5.453）

6b 缘触手4条

9a 触手基球有黑色素黑斑

10a 每条触手有2~3对侧丝，有4个间辐位缘疣和16个更小缘疣；触手基球、间辐位缘疣和胃侧壁均有黑斑
………………黑球真唇水母*E. menoni* Kramp，1959（图5.454）

10b 每条触手有6~7对侧丝，12个缘疣无侧丝，仅有触手基球上有黑色斑……多丝真唇水母 *E. multicirris* Xu & Huang，1990（图5.455）

9b 触手基球无黑色素黑斑

11a 生殖腺肥大，在辐管中部；垂管短，长度约为内伞腔深度的1/5~1/4；触手基球具1~2对侧丝，仅有4个缘疣，无侧丝
………大腺真唇水母*E. macrogona* Zhang & Lin，1984（图5.456）

11b 生殖腺位于辐管的远端

12a 生殖腺呈腊肠状，悬垂于近伞缘的辐管上；每条触手有3对侧丝，12个缘疣无侧丝……………………………………香港真唇水母*E. hongkongensis* Xu，Huang & Guo，2014（图5.457）

12b 生殖腺呈球状，位于辐管远端；每条触手有4~5对侧丝，触手基球呈纺锤形，其背轴具龙骨状突起…………………………
隆脊真唇水母*E. carinata* Xu，Huang & Guo，2018（图5.458）

141.六触丝水母属 *Hexalovenia* Xu，Zheng & Huang（in press）

本属仅有1种，中国有记录。

大亚湾六触丝水母*Hexalovenia dayaensis* Xu，Zheng & Huang（in press）（图5.459）。

本种主要特征是：6条辐管；6个大的卵圆形生殖腺位于辐管的中部；12个平衡囊；6条缘触手。

142.触丝水母属 *Lovenella* Hincks，1868

1a 触手8条或8条以上

2a 触手8条，每条具1~2对侧丝；生殖腺呈线状，长度占辐管长度的2/3；16个平衡囊……………海沧触丝水母*Lovenella haichangensis* Xu & Huang，1983（图5.460）

2b 触手8~24条

3a 触手8~16条，每条具5~7对侧丝；生殖腺呈纺锤形；平衡囊16个…………………………栉形触丝水母*L. cirrata*（Haeckel，1879）（图5.461）

3b 触手16~24条，每条具1~3对侧丝；生殖腺呈卵圆形，纵向分成两瓣，靠近伞缘；平衡囊16~23个……烟管触丝水母*L. clausa*（Lovén，1836）（图5.462）

1b 触手4条

4a 生殖腺呈线状，中线将其纵向分开，两侧有不规则的波状褶皱，几乎占满整条辐管；触手基部背轴隆起突出，有黑色斑块，每条触手具8~10对侧丝…………波状触丝水母*L. sinuosa* Lin，Xu，Huang & Wang，2009（图5.463）

4b 生殖腺呈卵圆形

5a 生殖腺纵裂成两半，位于近伞缘的辐管上；触手基球大，有3~4对侧丝……………………四手触丝水母*L. assimilis*（Browne，1905）（图5.464）

5b 生殖腺大，位于辐管近中部；触手基部呈球状，背部有块黑色斑；有6~8对侧丝……………………………………………………大腺触丝水母*L. macrogona* Lin，Xu Xianzhong，Wang，Xu Zhenzu & Huang，2010（图5.465）

143.拟触丝水母属 *Paralovenia* Bouillon，1984

1a 胃的基部宽大，有胃叶，从胃壁上端1/2处延伸至近伞缘；生殖腺在胃叶上；2个相对于主辐位的无触手基球，每个具有12条以上成排触丝………………宽胃拟触丝水母*Paralovenia latigaster* Xu & Huang，2004（图5.466）

1b 胃小，无胃叶；4个片状生殖腺几乎占满整条辐管；2个相对于主辐位的无触手基球，具6~8对成排触丝…………………………两手拟触丝水母 *L. bitentaculata* Bouillon，1984（图5.467）

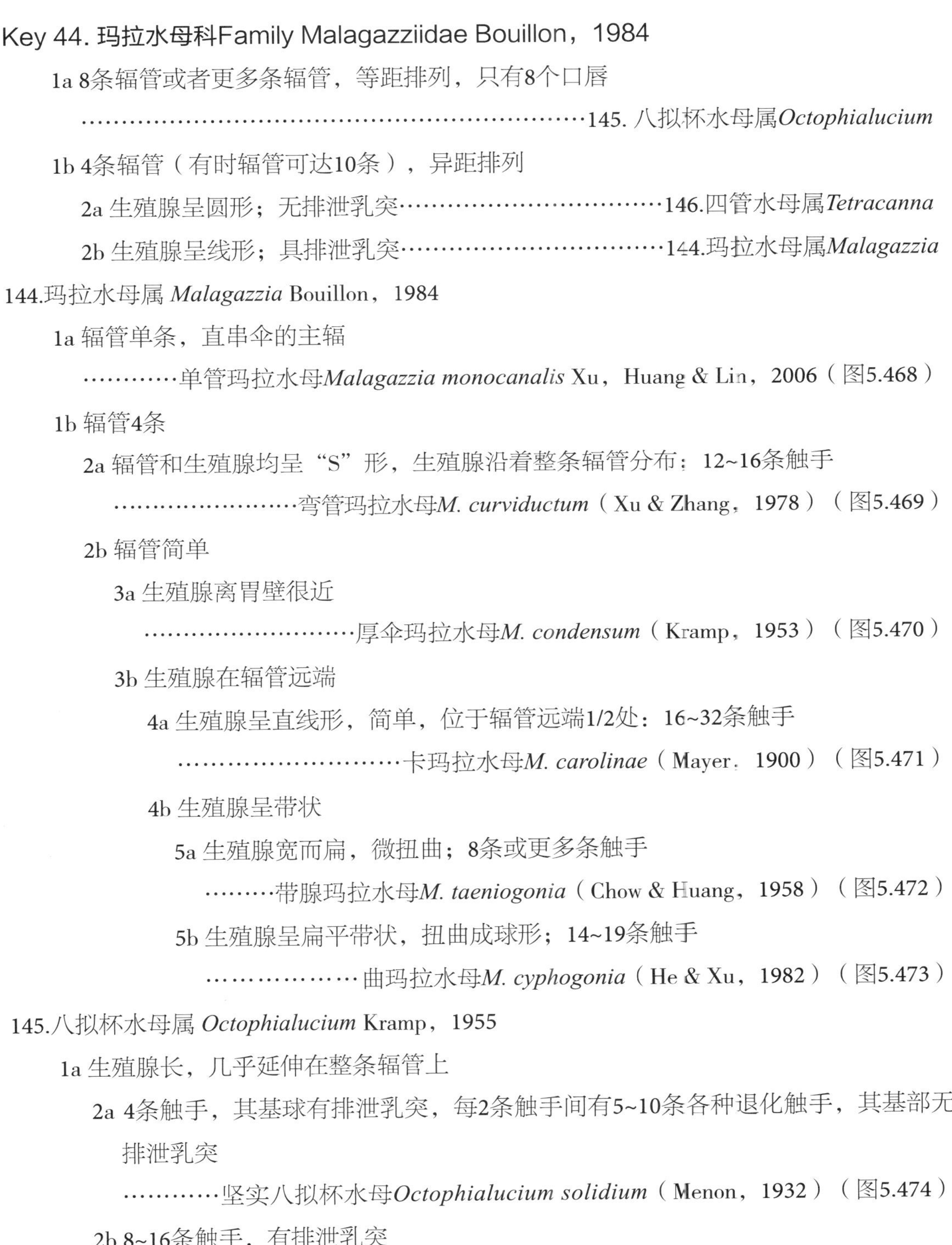

Key 44. 玛拉水母科Family Malagazziidae Bouillon，1984

1a 8条辐管或者更多条辐管，等距排列，只有8个口唇

……………………………………………………145. 八拟杯水母属*Octophialucium*

1b 4条辐管（有时辐管可达10条），异距排列

2a 生殖腺呈圆形；无排泄乳突………………………………146.四管水母属*Tetracanna*

2b 生殖腺呈线形；具排泄乳突………………………………144.玛拉水母属*Malagazzia*

144.玛拉水母属 *Malagazzia* Bouillon，1984

1a 辐管单条，直串伞的主辐

…………单管玛拉水母*Malagazzia monocanalis* Xu，Huang & Lin，2006（图5.468）

1b 辐管4条

2a 辐管和生殖腺均呈“S”形，生殖腺沿着整条辐管分布；12~16条触手

……………………弯管玛拉水母*M. curviductum*（Xu & Zhang，1978）（图5.469）

2b 辐管简单

3a 生殖腺离胃壁很近

………………………厚伞玛拉水母*M. condensum*（Kramp，1953）（图5.470）

3b 生殖腺在辐管远端

4a 生殖腺呈直线形，简单，位于辐管远端1/2处：16~32条触手

…………………………卡玛拉水母*M. carolinae*（Mayer，1900）（图5.471）

4b 生殖腺呈带状

5a 生殖腺宽而扁，微扭曲；8条或更多条触手

………带腺玛拉水母*M. taeniogonia*（Chow & Huang，1958）（图5.472）

5b 生殖腺呈扁平带状，扭曲成球形；14~19条触手

………………曲玛拉水母*M. cyphogonia*（He & Xu，1982）（图5.473）

145.八拟杯水母属 *Octophialucium* Kramp，1955

1a 生殖腺长，几乎延伸在整条辐管上

2a 4条触手，其基球有排泄乳突，每2条触手间有5~10条各种退化触手，其基部无排泄乳突

…………坚实八拟杯水母*Octophialucium solidium*（Menon，1932）（图5.474）

2b 8~16条触手，有排泄乳突

3a 8条触手，每2条触手间有1~3个缘疣

……………………………贝氏八拟杯水母*O. bigelowi* Kramp，1955（图5.475）

3b 16条触手，每2条触手间有3~5个缘疣

……………………………中型八拟杯水母*O. medium* Kramp，1955（图5.476）

1b 生殖腺短，长度不超过辐管长度的1/2

4a 生殖腺位于辐管近端，近垂管；16条触手，16个平衡囊

………………薇八拟杯水母*O. huangweiae* Xu，Huang & Guo，2007（图5.477）

4b 生殖腺位于辐管中部或远端，近伞缘

5a 生殖腺位于辐管中部，呈卵圆形；4条大触手，4条中触手，24条小触手；每2条触手间有1个平衡囊；无退化缘疣

………中华八拟杯水母*O. sinensis* Huang，Xu，Guo & Qiu，2010（图5.478）

5b 生殖腺位于辐管远端

6a 18~30条触手，每2条触手间有3~5个退化缘疣，没有基球，均有排泄乳突；触手间有1~2个平衡囊

…………………………印度八拟杯水母*O. indicum* Kramp，1958（图5.479）

6b 50~128条触手，无退化缘疣

7a 触手基球呈长方形，排泄乳突小，不明显；触手间有2个平衡囊

……宽八拟杯水母*O. funerarium*（Quoy & Gaimard，1827）（图5.480）

7b 触手基球大，呈延长锥状，排泄乳突大，明显；触手间有1个平衡囊

…………阿弗罗八拟杯水母*O. aphrodite*（Bigelow，1919）（图5.481）

146.四管水母属*Tetracanna* Goy，1979

本属仅有1种，中国有记录。

八手四管水母*Tetracanna octonema* Goy，1979，见本属特征（图5.482）。

Key 45. 海神水母科Family Melicertidae L. Agassiz，1862

1a 8条辐管，每条主辐管二分叉……………………………149.拟尖塔水母属*Netocertoides*

1b 8条辐管，不分叉

2a 4条初级辐管，4条次级辐管，其中次级辐管从环管向心发育而产生

…………………………………………………………147.拟海神水母属*Melicertoides*

2b 4条初级辐管，4条次级辐管，没有辐管产生于垂管

……………………………………………………………148.海神水母属*Melicertum*

147.拟海神水母属 *Melicertoides* Kramp，1959

本属仅有2种，中国记录1种。

八唇拟海神水母*Melicertoides octolabiatis* Xu，Huang & Chen，1991（图5.483）。

本种主要特征是胃短而宽，口宽，有8个简单口唇；8条简单辐管，其中4条初生辐管在胃顶部会合，另4条次生向心辐管从环管通主胃的中部；8条发达主辐位触手，触手间有1个退化缘疣。

148.海神水母属 *Melicertum* L. Agassiz，1862

1a 内伞表面无纵列肋，生殖腺呈卵圆形，每个生殖腺纵裂成两半，位于辐管的远端；伞缘有24条大触手，每2条大触手间有1条小触手

………………卵形海神水母*Melicertum ovalis* Huang，Xu & Guo，2019（图5.484）

1b 每1/8内伞表面有3~5条纵列肋；生殖腺呈长线状，几乎占满整条辐管；伞缘有64条以上大触手，每2条大触手间有1~2条小触手

…………………………八棱海神水母*M. octocostatum*（M. Sars，1835）（图5.485）

149.拟尖塔水母属 *Netocertoides* Mayer，1900

本属仅1种，中国有记录。

叉管拟尖塔水母*Netocertoides brachiatum* Mayer，1900，同本属特征（图5.486）。

Key 46. 帽冠水母科Family Mitrocomidae Haeckel，1879

1a 有12~16条辐管；有许多（约80个）开放型平衡囊

…………………………………………………………………150.盐生水母属*Halopsis*

1b 有4条辐管；有8~16个开放型平衡囊…………………151.拟帽冠水母属*Mitrocomella*

150.盐生水母属 *Halopsis* A. Agassiz，1863

本属有2种，中国仅记录1种。

南海盐生水母*Halopsis nanhaiensis* Xu，Huang & Guo，2018（图5.487）。

本种与眼盐生水母*H. ocellata* A. Agassiz，1863的主要区别是：辐管的分枝产生于垂管壁的外围；有46个开放型平衡囊；有46条空心缘触手，触手基球呈宽锥状。

151.拟帽冠水母属 *Mitrocomella* Haeckel，1879

本属中国仅有1种：

大拟帽冠水母*Mitrocomella grandis* Kramp，1965（图5.488）。

本种主要特征是：垂管呈“十”字形，口有4个大而尖的钝齿形口唇；生殖腺呈线形；缘触手平均220条，每2条触手间有5~8条缘丝；16个开放型平衡囊，无眼点。

Key 47. 八管水母科Family Octocannoididae Bouillon，Boero & Seghers，1991，emended Xu，Huang & Guo，2019

1a 垂管有胃柄；口有8个简单口唇；8条辐管；8条缘触手和16~24条短棒状小触手；8个生殖腺，位于近胃柄内伞的辐管上……………………153.柄胃水母属*Stylogastria*

1b 垂管无胃柄

2a 有4条辐管；垂管有4个辐叶；4个生殖腺位于辐叶的两侧；4个口唇，末端凹陷呈短叉状，无刺腔球……………………………154.拟四管水母属*Tetracannoides*

2b 有8条辐管；垂管有8个辐叶或无辐叶；8个生殖腺在辐管上；8个口唇，无短叉状末端……………………………………………………152.八管水母属*Octocannoides*

152.八管水母属 *Octocannoides* Menon，1932

1a 生殖腺呈扁带状，扭曲成“S”形，几乎占满整条辐管；每2条触手间有3个平衡囊……………带腺八管水母*Octocannoides taeniogonia* Xu & Huang，2004（图5.489）

1b 生殖腺呈卵圆形或椭圆形，位于辐管中部

2a 伞比半球形扁，伞顶胶质厚，厚度约为伞高的1/3；垂管短而宽，长度约为内伞腔深度的1/3；垂管辐叶不明显；8条缘触手，16~24条短棒状小触手；有40个平衡囊…………………………眼八管水母 *O. ocellata* Menon，1932（图5.490）

2b 伞近半球形，伞顶胶质很厚，厚度约为伞高的1/2；垂管长而宽，长度约为内伞腔深度的3/4；垂管有8个显著辐叶；4条缘触手，24条短棒状小触手；有24个平衡囊……………四手八管水母 *O. tetranema* Xu，Huang & Guo，2021（图5.491）

153.柄胃水母属 *Stylogastria*（Xu，Huang & Guo，2019）nom. nov.

本属仅有1种，中国有记录。

多囊柄胃水母 *Stylogastria polycystis*（Xu，Huang & Guo，2019）comb. nov.，见本属特征（图5.492）。

154.拟四管水母属 *Tetracannoides* Xu，Huang & Guo，2007

本属仅有1种，中国有记录。

景致拟四管水母*Tetrecannoides jingzhii* Xu，Huang & Guo，2007，见本属特征（图5.493）。

Key 48. 似杯水母科Family Phialellidae Russell，1953

本科仅有1属，中国有记录。

155.似杯水母属 *Phialella* Browne，1902

同本科特征。

1a 生殖腺在辐管中部，呈大球形；触手12~16条

……………大腺似杯水母*Phialella macrogona* Xu，Huang & Wang，1985（图5.494）

1b 生殖腺在辐管的远端

2a 生殖腺呈线状，在辐管远端1/3处

………………………………脆弱似杯水母*P. fragilis*（Uchida，1938）（图5.495）

2b 生殖腺呈球形或椭球形，悬垂于近伞缘的辐管上

…………厦门似杯水母*P. xiamenensis* Huang，Xu，Lin & Guo，2010（图5.496）

Key 49. 秀氏水母科Family Sugiuridae Bouillon，1984

1a 有2~4条垂管，没有垂管位于同一条辐管上

……………………………………………………………………156.单管水母属*Monocanna*

1b 有6条垂管，每条垂管有3~5条辐管连接着

………………………………………………………………………157.秀氏水母属*Sugiura*

156.单管水母属 *Monocanna* Xu，Guo & Wang，2019

本属只有1种，中国已有记录。

卵形单管水母*Monocanna ovale*（Mayer，1900）com. nov.，见本属特征（图5.497）。

157.秀氏水母属 *Sugiura* Bouillon，1984

1a 缘触手数量多，大小相同，具有排泄乳突

……………………嵊山秀氏水母*Sugiura chengshanense*（Ling，1937）（图5.498）

1b 缘触手数量少，大小不同，无排泄乳突

………………………………异手秀氏水母*S. heternema* Xu & Huang，2004（图5.499）

Key 50. 头巾螅水母科Family Tiarannidae Russell，1940

1a 生殖腺在垂管和主辐胃囊上………………………………159.和螅水母属*Modeeria*

1b 生殖腺仅在主辐胃囊上……………………………………158.马尔水母属*Margalefia*

158.马尔水母属 *Margalefia* Pagès，Bouillon & Gili，1991

本属仅有1种，中国已有记录。

中型马尔水母*Margalefia intermedia* Pagès，Bouillon & Gili，1991，见本属特征（图5.500）。

159.和螅水母属 *Modeeria* Forbes，1848

本属仅有1种，中国已有记录。

圆形和螅水母*Modeeria rotunda*（Quoy & Gaimard，1827），见本属特征（图5.501）。

Key 51. 帽形水母科Family Tiaropsidae Boero，Bouillon & Danovaro，1987

1a 8个复合感觉器，只有1种类型触手……………………………161.帽形水母属*Tiaropsis*

1b 8个或16个复合感觉器，有2种类型触手

……………………………………………………………160.拟帽形水母属*Tiaropsidium*

160.拟帽形水母属 *Tiaropsidium* Torrey，1909

本属有6种，中国仅记录1种。

玫瑰拟帽形水母*Tiaropsidium roseum*（Maas，1905）（图5.502）。

本种主要特征是：4条主辐位触手，每2条触手间有7条退化触手；8个复合感觉器，每个约有15个平衡石。

161.帽形水母属 *Tiaropsis* L. Agassiz，1849

本属仅有1种，中国有记录。

多手帽形水母*Tiaropsis multicirrata*（M. Sars，1835）（图5.503）。

主要特征是：4条辐管，伞缘有一种类型的触手26~45条，8个复合感觉器，在平衡囊上方有黑色眼点。

吻螅水母目Order Proboscoida Broch，1910

1a 没有榫头状永久性退化缘疣………………………52.钟螅水母科Family Campanulariidae

1b 有三角形榫头状永久性退化缘疣……………………53.拟杯水母科Family Phialuciidae

Key 52. 钟螅水母科Family Campanulariidae Johnston，1836

1a 辐管多于4条；口唇数与辐管数相同…………………165.假美螅水母属*Pseudoclytia*

1b 辐管仅4条

2a 退化水母；无胃也无触手………………………………164.无垂水母属*Orthopyxis*

2b 正常发育水母；1个垂管，4个口唇；有触手

3a 缘触手空心；有缘膜……………………………………162.美螅水母属*Clytia*

3b 缘触手实心；无缘膜………………………………163.薮枝螅水母属*Obelia*

162.美螅水母属 *Clytia* Lamouroux，1812

1a 生殖腺小，可产生带有水母芽的子茎

……………………………子茎美螅水母*Clytia mccradyi*（Brooks，1888）（图5.504）

1b 生殖腺大，无子茎

2a 垂管很大，呈球状，其底部为方形；口有4个显著口唇；4个卵圆形生殖腺位于辐管远端1/3处；缘触手34~40条

……………………………马来美螅水母*C. malayense*（Kramp，1961）（图5.505）

2b 垂管狭小

3a 伞呈球形，伞顶胶质很厚；生殖腺呈线形波状；每2条触手间有1个缘疣和2个平衡囊…………………球形美螅水母*C. globosa*（Mayer，1900）（图5.506）

3b 伞非球形

4a 生殖腺膨大，呈长椭球形，几乎沿着整条辐管分布；缘触手16~36条，每2条触手间有1个平衡囊

……………………大腺美螅水母*C. macrogonia* Bouillon，1984（图5.507）

4b 生殖腺呈线状、卵圆形或长方形

5a 生殖腺呈线状

6a 生殖腺位于辐管的远端

7a 生殖腺呈线形波状，位于近伞缘1/2的辐管上；缘触手19~44条

………………………………………………………………厦门美螅水母

C. xiamenensis Zhou，Zheng，He，Lin，Cao & Zhang，2013（图5.508）

7b 生殖腺呈线形褶皱状，位于近伞缘3/4的辐管上，缘触手60~80条

………………简美螅水母*C. simplex*（Browne，1902）（图5.509）

6b 生殖腺几乎占满整条辐管

8a生殖腺呈长带状，占满整条辐管长度的4/5；缘触手28~36条

……鼓浪屿美螅水母*C. gulangensis* He & Zheng，2015（图5.510）

8b 生殖腺呈长椭球形，占满辐管长度的1/2~3/4；缘触手16~58条

…半球美螅水母 *C. hemisphaerica*（Linnaeus，1767）（图5.511）

5b 生殖腺呈卵圆形或长方形

9a 生殖腺呈长方形，位于近伞缘处；垂管呈“十”字形；18~28条触手

………………乌氏美螅水母*C. uchidai*（Kramp，1961）（图5.512）

9b 生殖腺呈卵圆形

10a 生殖腺位于近垂管处；16条触手，4条主辐位触手大于其他触手……………………………………………………………………………疑美螅水母 *C. ambigua*（A. Agassiz & Mayer，1899）（图5.513）

10b 生殖腺位于近伞缘处

11a 垂管呈“十”字形

12a 16条触手，每2条触手间有1~2个平衡囊……细美螅水母*C. gracilis*（M. Sars，1850）（图5.514）

12b 29条触手，每2条触手间有1个平衡囊……线美螅水母*C. linearis*（Thorneley，1900）（图5.515）

11b 垂管呈方形或壶状

13a 缘触手16~18条，触手基部呈圆锥状…………兰吉美螅水母 *C. rangiroae*（A. Agassiz & Mayer，1902）（图5.516）

13b 缘触手16~30条，其基部有1个中空的锥形基球…………单囊美螅水母*C. folleata*（McCrady，1859）（图5.517）

163.薮枝螅水母属 *Obelia* Péron & Lesueur，1809

1a 伞缘约有100条实心触手；4个卵圆形生殖腺位于辐管的远端，靠近伞缘………………………长手薮枝螅水母*Obelia longissima*（Pallas，1766）（图5.518）

1b 伞缘触手少于60条；生殖腺位于辐管中部

2a 伞缘有60条实心触手（伞径1.6 mm）；垂管基部宽而短；4个圆形生殖腺位于辐管中部，略偏向胃的一侧……………………曲膝薮枝螅水母*O. geniculata*（Linnaeus，1758）（图5.519）

2b 伞缘触手16条（伞径0.18~0.20 mm）；4个卵圆形生殖腺位于辐管中部，稍偏向伞缘………………………双叉薮枝螅水母*O. dichotoma* Hincke，1868（图5.520）

164.无垂水母属 *Orthopyxis* L. Agassiz，1862

1a 外伞表面无分散的刺丝囊；生殖腺位于辐管的中部，呈不规则舌状突起…………………舌状无垂水母*Orthopyxis integra*（Mac Gillivray，1842）（图5.521）

1b 外伞表面有分散刺丝囊；生殖腺在整条辐管上

2a 生殖腺呈长囊状，表面光滑

……………………………缩无垂水母*O. compressa*（Clark，1876）（图5.522）

2b 生殖腺呈不规则单列瘤状突起

…………………………福建无垂水母*O. fujianensis* Huang & Xu，1994（图5.523）

165.假美螅水母属 *Pseudoclytia* Mayer，1900

1a 6条辐管；口有6个长的口唇；6个卵圆形生殖腺位于近胃端的辐管上；6条主辐位触手，触手间有1个缘疣和2个平衡囊……………………………………………………………六辐假美螅水母*Pseudoclytia hexacanalis*（Xu，Huang & Chen，1991）（图5.524）

1b 5条辐管；口有5个片状口唇；5个卵形生殖腺位于辐管中部；触手20条，触手间无缘疣，有1个平衡囊………………五假美螅水母*P. pentata* Mayer，1900（图5.525）

Key 53. 拟杯水母科Family Phialuciidae Kramp，1955

本科仅有1属，中国有记录。

166.拟杯水母属 *Phialucium* Maas，1905

本属仅有1种，中国有记录。

真拟杯水母*Phialucium mbenga*（A. Agassiz & Mayer，1899）（图5.526）。

本种主要特征是：4条辐管；4个椭圆形生殖腺，位于辐管近伞缘；缘触手10~16条，每2条触手间有3~6个缘疣和2~3个平衡囊，每个平衡囊有5~9个平衡石。

IV. 淡水水母亚纲 Subclass Limnomedusae Kramp，1938

本亚纲有3科，中国只记录1科。

Key 54. 花笠水母科Family Olindiidae Haeckel，1879

本科有11属，中国已记录4属（不包括淡水生活种）：

1a 有向心管，触手无黏垫（adhesive pads），所有触手均分布于伞缘上

……………………………………………………………168. 心管水母属*Maeotias*

1b 无向心管，触手有黏垫

2a 4~12条从伞缘的外伞伸出的空心触手，其末端具1个黏垫；另有许多从伞缘伸出的缘触手，末端无黏垫………………………………170.瓦伦水母属*Vallentinia*

2b 不是所有触手均有黏垫，但在触手外侧按一定距离排列

3a 有许多平衡囊……………………………………167.钩手水母属*Gonionemus*

3b 平衡囊少于16个……………………………………169.似钩手水母属*Scolionema*

167.钩手水母属 *Gonionemus* A. Agassiz，1862

1a 4个大的带状生殖腺，位于整条辐管的两侧，左右曲折3~4次，不悬垂褶叠，复杂褶皱的卵圆形块状生殖腺几乎占满内伞腔空间的1/2；缘触手60~65条……………………浙江钩手水母*Gonionemus chekiangensis* Ling，1937（图5.527）

1b 4个延长的生殖腺，位于整条辐管交互侧，形成曲折悬垂褶叠囊；缘触手60~80条……………………………………………钩手水母*G. vertens* A. Agassiz，1862（图5.528）

168.心管水母属 *Maeotias* Ostroumoff，1896

本属只有1种，中国已有记录。

缘心管水母*Maeotias marginata*（Modeer，1791）（图5.529）。

本种主要特征是：口有4个很长的锯齿状皱边口唇；伞部每1/4有10~15条不同长度的向心管；4个褶皱的绸带状生殖腺位于整条辐管上；伞缘有360条触手，无垫状黏盘。

169.似钩手水母属 *Scolionema* Kishinouye，1910

本属只有1种，中国已有记录。

似钩手水母*Scolionema suvaense*（A. Agassiz & Mayer，1899）（图5.530）。

本种主要特征是：每1/4伞缘有4个平衡囊；生殖腺早期呈卵圆形，后期呈带状，位于辐管远端1/3~1/2处；缘触手40~70条，末端略弯曲，具垫状黏盘。

170.瓦伦水母属 *Vallentinia* Browne，1902

本属有3种，中国只记录1种。

加布瓦伦水母*Vallentinia gabriellae* Vannucci Mendes，1948（图5.531）。

主要特征是：12条从伞缘的外伞伸出的空心触手，分别位于间辐位和纵辐位，其末端有1个黏垫，呈匙状；缘触手有65~80条，末端无黏垫；4个生殖腺，位于辐管中部，每个生殖腺有6~12个指状突，分成2排悬垂。

V. 管水母亚纲 Subclass Siphonophorae Eschscholtz，1829

1a 群体无浮囊体，有泳钟体；有单营养体期………………钟泳目Order Calycophorae

1b 群体顶端有浮囊体；无单营养体期

2a 合体群上有保护叶和泳钟体………………………………胞泳目Order Physonectae

2b 合体群上无保护叶和泳钟体………………………………囊泳目Order Cystonectae

囊泳目Order Cystonectae Haeckel，1887

1a 浮囊体大，呈水平方向……………………………Key 55.僧帽水母科Family Physalliidae

1b 浮囊体小，呈垂直方向…………………………Key 56.根水母科Family Rhizophysidae

Key 55. 僧帽水母科Family Physaliidae Brandt，1834

本科只有1属1种。

171.僧帽水母属 *Physalia* Lamarck，1801

僧帽水母*Physalia physalis* Linnaeus，1758（图5.532）。

主要特征是：顶部为僧帽状的浮囊体，其顶部为一背峰，并有许多横隔在两侧，浮囊体的下方悬垂着合体群，有许多营养体、指状体、生殖体和触手。

Key 56. 根水母科Family Rhizophysidae Péron & Lesueur，1807

本科合体群子茎较长，合体群上有营养体、指状体、触手和生殖体。

本科有3属，中国已记录1属。

172.根水母属 *Rhizophysa* Péron & Lesueur，1807

本属水母的浮囊内有下泡囊绒毛；触手有侧分枝。

本属有2种，中国记录1种。

丝根水母*Rhizophysa filiformis*（Forskål，1775）（图5.533）。

主要特征是：浮囊体呈卵圆形，顶部有1顶孔，周围呈褐红色；囊内下泡囊绒毛发达，浮囊下接细长的共茎，触手有侧分枝，末端有三叉型的刺丝胞。

胞泳目Order Physonectae Haeckel，1888

1a 游泳部退化或缺如，泳钟体变异或缺如……Key 58.花篮水母科Family Athorybiidae

1b 游泳部发达，有泳钟体

2a 泳钟体近轴方向深凹，泳钟间有触手……Key 59.离翼水母科Family Apolemidae

2b 泳钟体近轴方向无深凹，泳钟间无触手

3a 游泳部正常，营养部短缩且向两侧拓展

……………………………………………Key 63.气囊水母科Family Physophoridae

3b 游泳部和营养部都较长，有细长的茎

4a 游泳部泳钟呈螺旋排列，泳钟体不对称

……………………………………………Key 61.歪钟水母科Family Forskalliidae

4b 游泳部泳钟呈双列排列，泳钟体对称

5a 保护叶细长，末端有显著的尖突
……………………………………Key 62.鲕泳水母科Family Nectalidae
5b 保护叶呈扇形，末端突起小
6a 触手丝不卷曲，刺丝带肥大
……………………………………Key 60.埃伦水母科Family Erennidae
6b 触手丝卷曲，刺丝带正常
……………………………………Key 57.盛装水母科Family Agalmatidae

Key 57. 盛装水母科Family Agalmatidae Brandt，1834

1a 触手体的刺丝带裸露
2a 泳囊侧辐管呈“S”形弯曲……………………………176.海冠水母属*Halistemma*
2b 泳囊侧辐管直，不呈环状……………………………………178.马鲁水母属*Marrus*
1b 触手体刺丝带有钟状膜包着
3a 触手体刺丝带末端非单条
4a 触手体刺丝带末端分3个叉………………………………173.盛装水母属*Agalma*
4b 触手体刺丝带末端有8条放射状的触须…………177.里纳水母属*Lychnagalma*
3b 触手体刺丝带末端呈单条
5a 泳钟近方形，泳囊侧辐管呈环状………………………179.小型水母属*Nanomia*
5b 泳钟非方形，泳囊侧辐管较直
6a 泳钟呈心形…………………………………………175.心钟水母属*Cordagalma*
6b 泳钟呈长叶状，长大于宽，翼不突出…………174. 舟形水母属*Bargmannia*

173.盛装水母属 *Agalma* Eschscholtz，1825

1a 泳钟体泳囊顶部凹陷，呈“Y”字形；保护叶胶质厚，呈截砧状
……………………………盛装水母*Agalma okeni* Eschscholtz，1825（图5.534）
1b 泳钟体泳囊顶部平滑，呈“T”字形；保护叶胶质薄，呈叶片状
……………………………华丽盛装水母*A. elegans*（M. Sars，1846）（图5.535）

174.舟形水母属 *Bargmannia* Totton，1954

本属有4种，中国有1种。

舟形水母*Bargmannia elongata* Totton，1954（图5.536）。

本种最主要的特征是泳钟为长叶状，没有向轴的翼。

175.心钟水母属 *Cordagalma* Totton，1932

本属只有1种，中国有记录。

心钟水母*Cordagalma cardiformis* Totton，1933，见本属特征（图5.537）。

176.海冠水母属 *Halistemma* Huxley，1859

1a 有3对完整的垂侧棱，侧棱在顶侧附近分叉

……………………………纹海冠水母*Halistemma striata* Totton，1965（图5.538）

1b 有1对垂侧棱，侧棱不分叉…………海冠水母*H. rubrum*（Vogt，1852）（图5.539）

177.里纳水母属 *Lychnagalma* Haeckel，1888

本属只有1种，中国有记录。

三尖里纳水母*Lychnagalma utricularia*（Claus，1879），见本属特征（图5.540）。

178.马鲁水母属 *Marrus* Totton，1954

1a 泳囊不存在无肌肉组织区；顶侧棱在泳囊口附近分叉

……………………拟直蕉马鲁水母*Marrus orthocannoides* Totton，1954（图5.541）

1b 泳囊存在无肌肉组织区

2a 触手丝的刺丝带缠绕成3圈；指状体细长，位于生殖丛上

………………………………南极马鲁水母*M. antarcticus* Totton，1954（图5.542）

2b 触手丝的刺丝带微卷曲，未发现指状体和生殖丛

…………………………直蕉马鲁水母*M. orthocanna*（Kramp，1942）（图5.543）

179.小型水母属 *Nanomia* A. Agassiz，1865

1a 泳钟体泳囊呈方形，几乎占满整个泳钟体；成熟保护叶呈片状，末端有3个梭状齿

……………………性轭小型水母*Nanomia bijuga*（Delle Chiaje，1841）（图5.544）

1b 泳钟体泳囊呈"Y"字形，长度占泳钟体高度的2/3；保护叶厚，呈叶片状，远端1/3处有2个小缺刻，末端呈三角形……小型水母*N. cara* A. Agassiz，1865（图5.545）

Key 58. 花篮水母科Family Athorybiidae Huxley，1859

1a 浮囊体呈大帽状，无泳钟；保护叶小，呈叶片状…………180.花篮水母属*Athorybia*

1b 浮囊体呈长果状，有一大泳钟；保护叶大，呈鞋状……181.瓜朱水母属*Melophysa*

180.花篮水母属*Athorybia* Eschscholtz，1829

本属有2种，中国记录1种。

玫瑰花篮水母*Athorybia rosacea*（Forskål，1775），见本属特征（图5.546）。

181.瓜果水母属 *Melophysa* Haeckel，1888

本属只有1种，中国有记录。

瓜果水母*Melophysa melo*（Quoy & Gaimard，1824），见本属特征（图5.547）。

Key 59. 离翼水母科Family Apolemidae Huxley，1859

1a 每对泳钟体之间有5~6条触手，侧辐管弯曲呈“S”形
………………………………………………………………182.离翼水母属*Apolemia*

1b 泳钟体间无触手，侧辐管直………………………………183.袋囊水母属*Tottonia*

182.离翼水母属 *Apolemia* Eschscholtz，1829

本属已记录1种，中国有记录。

浆果离翼水母*Apolemia uvaria*（Lesueur，1811），见本属特征（图5.548）。

183.袋囊水母属*Tottonia* Margulis，1976

本属已记录1种，中国有记录。

弯皱袋囊水母*Tottonia contorta* Margulis，1976，见本属特征（图5.549）。

Key 60. 埃伦水母科Family Erennidae Pugh，2001

本科已记录1属，中国有记录。

184.埃伦水母属 *Erenna* Bedot，1904

本属已记录1种，中国有记录。

理查埃伦水母*Erenna richardi* Bedot 1904（图5.550）。

本种主要特征是泳钟大，扁平；顶侧棱在靠近泳囊口附近分叉；戳砧大，其腹面有2个指状突起；辐管呈黑色。

Key 61. 歪钟水母科Family Forskaliidae Haeckel，1888

本科已记录1属，中国有记录。

185.歪钟水母属 *Forskalia* Kölliker，1853

1a 叶状体管中部有1直角弯
…………………………………楔形歪钟水母*Forskalia cuneata* Chun，1888（图5.551）

1b 叶状体管无直角弯

2a 有一个明显的上外侧大翼，另外一个翼非常小，干管上有一个红色的迷网组织；泳钟螺旋状排列于干茎上……………………………………………螺旋歪钟水母*F. contorta*（Milne Edwards，1841）=洛加歪钟水母*F. leuckarti* Bedot，1893（图5.552）

2b 泳钟近轴向有一长翼，另外一个翼相对较小，干管上无迷网组织
……………………………………歪钟水母*F. edwardsi* Kölliker，1853（图5.553）

Key 62. 鲗泳水母科Family Nectalidae Haeckel，1888

本科只有1属、1种，中国有记录。

186.鲗泳水母属 *Nectalia* Haeckel，1888

鲗泳水母*Nectalia loligo* Haeckel，1888（图5.554）。

主要特征是：浮囊体小，呈梭形，顶部有红色素点；保护叶特别长，末端呈三叉形，居中者特别尖、长。

Key 63. 气囊水母科Family Physophoridae Eschscholtz，1829

本科仅记录1属，中国有记录。

187.气囊水母属 *Physophora* Forskål，1775

本属已记录2种，中国记录1种。

气囊水母*Physophora hydrostatica* Forskål，1775（图5.555）

主要特征是泳囊呈“Y”字形，几乎占满整个泳钟；侧辐管多次弯曲，在泳囊背面和腹面都呈“S”形；指状体末端有刺丝囊束。

钟泳目Order Calycophorae Leuckart，1854

1a 群体仅有1个球状泳钟体……………………Key 69.泳球水母科Family Sphaeronectidae

1b 群体有2个或更多的泳钟体

2a 群体有多个泳钟体，没有保护叶…………Key 67.马蹄水母科Family Hippopodiidae

2b 群体仅有2个泳钟体，有保护叶

3a 2个泳钟相对排列，泳钟的体囊相对退化……Key 68.帕腊水母科Family Prayidae

3b 2个泳钟前后排列，泳钟的体囊很发达

4a 前后泳钟都有体囊，前泳钟干室开口在泳钟腹面
……………………………………………Key 65.双体水母科Family Clausophyidae

4b 前泳钟有体囊，后泳钟无体囊，前泳钟干室开口在基底部

5a 前后泳钟大小差别不大或前泳钟比后泳钟略大；前泳钟呈角锥状，干室较浅；保护叶呈圆锥状……………Key 66.双生水母科Family Diphyidae

5b 前后泳钟大小差别很大，后泳钟比前泳钟大得多；前泳钟呈角柱状，干室较深；保护叶呈角锥状…………Key 64. 多面水母科Family Abylidae

Key 64. 多面水母科Family Abylidae L. Agassiz，1862

1a 前后泳钟干室的纵轴一致，前泳钟有顶面，干室开口略呈三角形；后泳钟基部强大明显；叶状体体囊膨大，没有顶枝，有2条细长的顶侧分枝
……………………………………………………………多面水母亚科Subfamily Abylinae

1b 前后泳钟干室的纵轴约成45°角，前泳钟无顶面有顶棱，干室开口略呈正方形；后泳钟基齿为发达的突起；叶状体体囊有顶枝，侧分枝粗而短或无侧分枝
……………………………………………………拟多面水母亚科Subfamily Abylopsinae

多面水母亚科Subfamily Abylinae L. Agassiz，1862

1a 前泳钟有顶横棱；后泳钟右侧棱不明显；保护叶有中背面，无中背棱；生殖泳钟侧棱的顶端相会，呈拱形，形成凹穴，顶侧棱凹下，位于泳囊顶下面
……………………………………………………………………188.多面水母属*Abyla*

1b 前泳钟无顶横棱；后泳钟背棱不明显，右腹面有附加棱；保护叶有中背棱；生殖泳钟的顶侧棱与顶背棱交会，顶背棱和顶侧棱均无凹下且均在泳囊顶之上
……………………………………………………………………189.角舟水母属*Ceratocymba*

188.多面水母属 *Abyla* Quoy & Gaimard，1827

A.前泳钟

1a 顶膜面有1条顶腹横棱与腹面分开

2a 腹面接近五角形，侧棱与水平棱交会处的隆起特别突出
……………横棱多面水母*Abyla haeckeli* Lens & van Riumsdijk，1908（图5.556）

2b 腹面呈长五角形，腹侧棱的基边约比上边长1倍，侧棱与水平棱交会处的隆起较矮……………………………狭腹多面水母*A. ingeborgae* Sears，1953（图5.557）

1b 顶腹面没有顶腹横棱

3a 侧棱向外扩展呈翼状，前泳钟正面观或腹面观接近圆形或卵圆形

4a 前泳钟背面观的宽度略小于高度，所有的棱都界限清晰，水平棱和侧棱的交会处呈明显的角…………小双翼多面水母*A. brownia* Sears，1953（图5.558）

4b 前泳钟背面观的宽度略大于高度，顶侧棱和水平棱钝，侧棱呈圆形，无角
……………………………双翼多面水母*A. bicarinata* Moser，1925（图5.559）

3b 侧棱隆起，不呈翼状，前泳钟的正面观或腹面观均呈长六角形

5a 顶背面较短，腹面较弯，前泳钟侧面观的顶横棱位于干室的正中央

……………………三角多面水母*A. trigona* Quoy & Gaimard，1827（图5.560）

5b 顶背面较长，腹面较平，前泳钟侧面观的顶横棱位于体囊的背侧

………………………………顶大多面水母*A. schmidti* Sears，1953（图5.561）

B.后泳钟

1a 腹棱扩展很大，后泳钟侧面观呈圆形

2a 左腹翼的栉有4~5个齿，右腹翼基部呈三角形，背齿特别大，齿尖向外

………………………………顶大多面水母*Abyla schmidti* Sears，1953（图5.561）

2b 左腹翼的栉一般有7个齿，右腹翼基部呈圆形，背齿小，齿尖内弯

………………………………双翼多面水母*A. bicarinata* Moser，1925（图5.559）

1b 腹棱扩展不显著，后泳钟侧面观呈长棱柱状或长锥状

3a 后泳钟侧面观呈长棱柱状，左腹翼的栉仅有2~3个齿

…………………横棱多面水母*A. haeckeli* Lens & Van Riemsdijk，1908（图5.556）

3b 后泳钟侧面观呈长锥状，左腹翼栉上的齿有4个以上

4a 左腹翼的栉有6个齿

……………………三角多面水母*A. trigona* Quoy & Gaimard，1827（图5.560）

4b 左腹翼的栉有4~5个齿……狭腹多面水母*A. ingeborgae* Sears，1953（图5.557）

189.角舟水母属*Ceratocymba* Chun，1888

A.前泳钟

1a 背面呈四角形……四角舟水母*Ceratocymba leuckarti*（Huxley，1859）（图5.562）

1b 背面呈三角形

2a 顶面凹陷，侧棱扩大呈翼状

………………………………齿角舟水母*C. dentata*（Bigelow，1918）（图5.563）

2b 顶面呈一长锥体，侧棱不扩大

3a 干室深度约为前泳钟体长的1/2

……………………………中型角舟水母*C. intermedia* Sears，1953（图5.564）

3b 干室深度约为前泳钟体长的1/3

………………矢角舟水母*C. sagittata*（Quoy & Gaimard，1827）（图5.565）

B.后泳钟

1a 后泳钟右腹齿特别长，右腹翼顶部的栉上有6~7个小齿

…………矢角舟水母*Ceratocymba sagittata*（Quoy & Gaimard，1827）（图5.565）

1b 后泳钟右腹齿不长

2a 后泳钟侧扁，附属棱短而不明显，左腹翼顶部栉上的小齿不超过5~6个

……………………………………四角舟水母*C. leuckarti*（Huxley，1859）（图5.562）

2b 后泳钟不侧扁，附属棱长，呈显著的全锯齿状，左腹翼顶部栉上约有15个小齿

……………………………………齿角舟水母*C. dentata*（Bigelow，1918）（图5.563）

C.保护叶

1a 顶面呈三角形，有2个显著的前角，左侧棱没与顶背棱连接

…………矢角舟水母*Ceratocymba sagitttata*（Quoy & Gaimard，1827）（图5.565）

1b 顶面呈四角形，无2个前角，左侧棱与顶背棱连接

2a 左侧棱延伸到基缘，棱和缘一般光滑；叶状体囊延伸到叶状体的后缘

……………………………………四角舟水母*C. leuckarti*（Huxley，1859）（图5.562）

2b 左侧棱未延伸到基缘，棱和缘呈锯齿状；叶状体囊局限在叶状体前半部

……………………………………齿角舟水母*C. dentata*（Bigelow，1918）（图5.563）

D.生殖泳钟

1a 背棱长，延伸至生殖泳钟高度的1/2以上

………………………四角舟水母*Ceratocymba leuckarti*（Huxley，1859）（图5.562）

1b 背棱短

2a 背齿显著并弯突……………齿角舟水母*C. dentata*（Bigelow，1918）（图5.563）

2b 背齿不显著………矢角舟水母*C. sagittata*（Quoy & Gaimard，1827）（图5.565）

拟多面水母亚科Subfamily Abylopsinae Totton，1954

A.多营养体期

1a 前泳钟呈角锥状，有9个角突，体囊长，呈梭状………192.九角水母属*Enneagonum*

1b 前泳钟呈角柱状，体囊呈球状或椭球状

2a 前泳钟体囊呈椭球状，有顶育枝；后泳钟有5条棱……190.拟多面水母属*Abylopsis*

2b 前泳钟体囊呈球状，没有顶育枝，后泳钟有4条棱………191.巴斯水母属*Basssia*

B.单营养体期

1a 叶状体有中背棱，叶状体囊没有侧分枝；生殖泳钟腹棱垂直

…………………………………………………………………………191.巴斯水母属*Basssia*

1b 叶状体无中背棱，有顶背面，生殖泳钟腹棱向顶倾斜或腹棱不完整

2a 叶状体呈立方体形，体囊有1条顶育枝和2条粗短的侧腹分枝；生殖泳钟的背棱，1条侧棱和1条腹棱不完整…………………………192.九角水母属*Enneagonum*

2b 叶状体呈棱柱状，叶状体囊有9条，有1条顶育枝和2条粗短侧分枝，还有1条向下的细分枝；生殖泳钟腹棱向顶倾斜……………………190.拟多面水母属*Abylopsis*

190.拟多面水母属 *Abylopsis* Chun，1888

1a 前泳钟背面呈正五角形，侧管从泳囊腹面中下部的水平方向伸入后，下行至环管；后泳钟高度为宽度的1.5倍；保护叶背面呈正五角形，基矢棱长；生殖泳钟较宽胖，背棱相对短，各棱有锯齿

……………………小拟多面水母*Abylopsis eschscholtzi*（Huxley，1859）（图5.566）

1b 前泳钟背面呈长五角形，侧管从泳囊腹面中下部进入，先向顶部成圈形弯曲，后下行至环管；后泳钟高度为宽度的2倍；保护叶背面呈正五角形，基矢棱短；生殖泳钟较长，背棱直而长，各棱无锯齿

……………………………………方拟多面水母*A. tetragona*（Otto，1823）（图5.567）

191.巴斯水母属 *Bassia* L. Agassiz，1862

本属只有1种，中国有记录。

巴斯水母*Bassia bassensis*（Quoy & Gaimard，1833），见本属特征（图5.568）。

192.九角水母属 *Enneagonum* Quoy & Gaimard，1827

1a 多营养体的前泳钟呈锥晶体状，有9个角突；干室开口呈方形；单营养体的保护叶几乎为正方形，叶状体囊有一顶枝和一对粗短侧枝；生殖泳钟为四角柱状，有5条棱，背棱、1条侧枝和1条腹棱不完整

……………晶莹九角水母*Enneagonum hyalinum* Quoy & Gaimard，1827（图5.569）

1b 多营养体的前泳钟尚未记录；单营养体的保护叶呈截顶梯形锥体，叶状体囊由2个膨大的卵圆形侧囊和1个顶育枝构成；生殖泳钟有5条棱，腹棱呈翼状，棱间的凹穴更深……………………………长棱九角水母*E. searsae* Alvariño，1968（图5.570）

Key 65. 双体水母科Family Clausophyidae Totton，1965

1a 前泳钟表面光滑无棱………………………………………194.双体水母属*Clausophyes*

1b 前泳钟表面有纵棱

2a 前泳钟有8条纵棱，但到泳钟顶的仅有4条……………193.角锥水母属*Chuniphyes*

2b 前泳钟有5条完整的棱，均达到泳钟顶

3a 泳囊长度占泳钟高度的3/4，干室占泳钟腹面全长，体囊基部2/3膨大，顶部呈管状，有短枝……………………………………195.晶体水母属*Cystallophyes*

3b 泳囊长度占泳体高度的1/2，干室局限在泳钟腹面中间一半，体囊基部呈椭圆形，顶部呈细管状………………………………196.异塔水母属*Heteropyramis*

193.角锥水母属 *Chuniphyes* Lens & van Riemsdijk，1908

1a 前泳钟体囊中部膨大呈翼状，上部呈线状，不分枝，泳囊口齿显著；后泳钟的2个基腹齿明显不对称

………多齿角锥水母*Chuniphyes multidentata* Lens & van Riemsdijk，1908（图5.571）

1b 前泳钟体囊中部膨大呈梭形，上部细，有5条分枝，泳囊口齿钝；后泳钟的2个基腹齿稍不对称……………………钝齿角锥水母*C. moserae* Totton，1954（图5.572）

194.双体水母属 *Clausophyes* Lens & van Riemsdigk，1908

1a 前泳钟呈圆锥状，体囊上部膨大；后泳钟口板下端有2个大侧齿

…………盔形双体水母*Clausophyes galeata* Lens & van Riemsdijk，1908（图5.573）

1b 前泳钟呈尖锥状，体囊中部膨大；后泳钟口板呈片状，不分叶，无侧齿

2a 泳囊侧辐管呈圆锥状

…………………卵形双体水母*C. ovala*（Kelerstain & Ehlers，1860）（图5.574）

2b 泳囊侧辐管迂回了2个半圈

…………………………………中粗双体水母*C. moserae* Margulis，1988（图5.575）

195.晶体水母属 *Crystallophyes* Moser，1925

本属有1种，中国已记录。

晶体水母*Crystallophyes amygdalina* Maser，1925，见本属特征（图5.576）。

196.异塔水母属 *Heteropyramis* Moser，1925

本属有3种，中国记录1种。

色斑异塔水母*Heteropyramis maculata* Moser，1925（图5.577）。

主要特征：前泳钟呈角锥状，有5条脊状纵棱在泳钟顶点和2条侧棱上，共有9~11个不透明的白斑，体囊位于泳囊顶，其基部约2/3膨大呈腊肠状；单营养体期叶状体呈金字塔形，体囊在干室腔上顶，呈香蕉状，其基部伸出2条细长管弯曲向下缘。

Key 66. 双生水母科Family Diphyidae Quoy & Gaimard，1827

1a 前后泳钟体表面无棱……………………………无棱水母亚科Subfamily Sulculeolariinae

1b 前后泳钟体表面有棱

2a 前后泳钟体表面的棱呈圆钱状，保护叶无叶状体管

……………………………………………………双生水母亚科Subfamily Diphyinae

2b 前后泳钟体表面的棱呈网状，保护叶有2条叶状体管

……………………………………………………网棱水母亚科Subfamily Giliinae

双生水母亚科Subfamily Diphyinae Moser，1925

1a 前泳钟泳囊口板成片，不分瓣，后泳钟较退化…………198.单板水母属*Dimophyes*

1b 前泳钟泳囊口板分成2瓣，后泳钟发达

2a 前泳钟体囊紧靠干室背壁，没有后泳钟…………………202.五角水母属*Muggiaea*

2b 前泳钟体囊不紧靠干室背壁，有后泳钟

3a 前泳钟泳囊口缘有齿状突…………………………………199.双生水母属*Diphyes*

3b 前泳钟泳囊口缘无齿或仅有背棱延伸的小突

4a 前泳钟干室很浅，与泳囊口几乎在同一水平面………201.浅室水母属*Lensia*

4b 前泳钟干室深，其顶端大大超过泳囊口水平面，干室顶向泳钟腹面倾斜

5a 前泳钟背棱没有达到泳钟顶端，基侧角不呈尖突状

…………………………………………………197.爪室水母属*Chelophyes*

5b 前泳钟背棱完整，基侧角特别尖突…………200.尖角水母属*Eudoxoides*

197.爪室水母属*Chelophyes* Totton，1932

1a 到达前泳钟顶点的是2条腹棱和右侧棱，左侧棱仅到达泳钟顶稍下；体囊细长，长度约为泳囊高度的2/3；后泳钟腹棱直，但在泳囊口水平处有1缺刻，干室腹翼褶长度约为泳囊高度的3/4

………………爪室水母*Chelophyes appendiculata*（Eschscholtz，1829）（图5.578）

1b 到达前泳钟顶点是2条侧枝和左腹棱，右腹棱仅到达泳钟顶稍下；体囊呈粗棒状，长度约为泳钟高度的1/2；后泳钟腹棱呈弧形，无缺刻，干室腹翼褶长度约为泳囊高度的1/2……扭歪爪室水母*C. contorta*（Lens & van Riemsdigk，1908）（图5.579）

198.单板水母属 *Dimophyes* Moser，1925

本属已记录1种，中国有记录。

北极单板水母*Dimophyes arctica* Chun，1897，见本属特征（图5.580）。

199.双生水母属 *Diphyes* Cuvier，1817

A.多营养体期

1a 前泳钟泳囊顶圆钝…………双生水母*Diphyes chamissonis* Huxley，1859（图5.581）

1b 前泳钟泳囊顶缩细

2a 前泳钟泳囊呈典型槌状，变细部分占泳囊高度的1/3，背齿比侧齿大；后泳钟较宽，背齿突出，干室基侧缘光滑无锯齿
……………………异双生水母*D. dispar* Chamisso & Eysenhardt，1821（图5.582）

2b 前泳钟泳囊顶逐渐变细，变细部分占泳囊高度的1/6~1/4，背齿常比侧齿小；后泳钟较细长，背齿不突出，干室基侧缘有锯齿
…………………………拟双生水母*D. bojani*（Eschscholtz，1829）（图5.583）

B.单营养体期

1a 保护叶呈盾状，它与生殖泳钟的接合面几乎与体轴平行，体囊为不对称的块状
…………………………拟双生水母*Diptyes bojani*（Eschscholtz，1829）（图5.583）

1b 保护叶呈桃状，与生殖泳钟的接合面同体轴形成的角小于45°，体囊呈棒状

2a 保护叶背面弯曲，顶角侧面观呈90°角；生殖泳钟泳囊顶部宽，干管短，口板下缘稍凸出………………………双生水母*D. chamissoni* Huxley，1859（图5.581）

2b 保护叶背面较直，顶角侧面观呈60°角；生殖泳钟体囊顶部窄，干管长，口板下缘凹入……………异双生水母*D. dispar* Chamisso & Eysentardt，1821（图5.582）

200.尖角水母属 *Eudoxoides* Huxley，1859

1a 前泳钟的5条纵棱均到达泳钟顶，棱直不扭转
………………………………尖角水母*Eudoxoides mitra*（Huxley，1859）（图5.584）

1b 前泳钟的5条纵棱仅左腹棱未到达泳钟顶，所有的棱都呈螺旋扭转
………………………………螺旋尖角水母*E. spiralis*（Bigelow，1911）（图5.585）

201.浅室水母属 *Lensia* Totton，1932

1a 泳钟无典型的体囊，干管膨大变形
…………………………粗管浅室水母*Lensia canopusi* Stepanjants，1977（图5.586）

1b 泳钟有体囊，干管均匀

2a 泳钟表面没有明显的棱，仅有脊状的隆起或皱褶

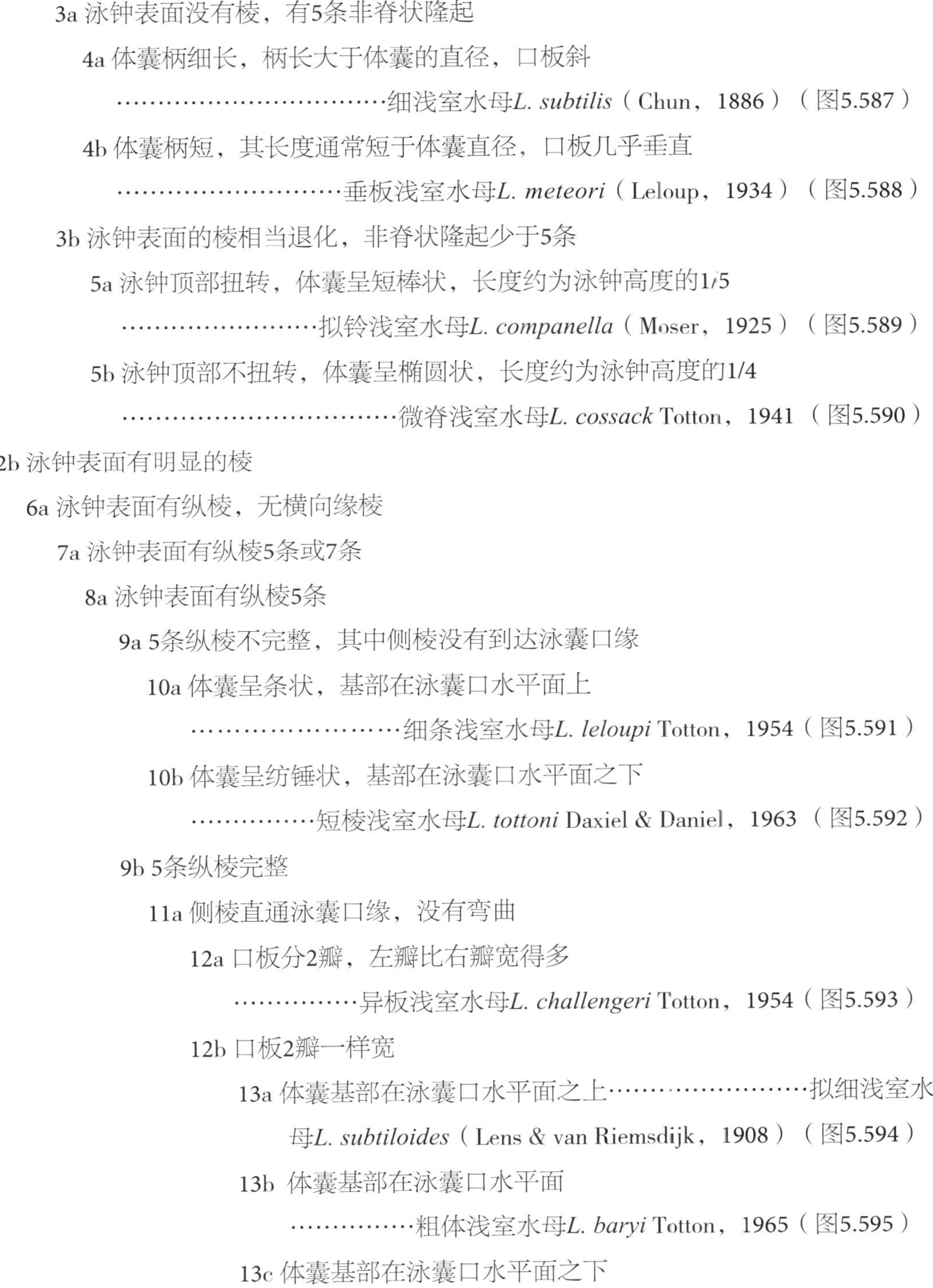

3a 泳钟表面没有棱，有5条非脊状隆起

4a 体囊柄细长，柄长大于体囊的直径，口板斜

……………………………细浅室水母*L. subtilis*（Chun，1886）（图5.587）

4b 体囊柄短，其长度通常短于体囊直径，口板几乎垂直

………………………垂板浅室水母*L. meteori*（Leloup，1934）（图5.588）

3b 泳钟表面的棱相当退化，非脊状隆起少于5条

5a 泳钟顶部扭转，体囊呈短棒状，长度约为泳钟高度的1/5

……………………拟铃浅室水母*L. companella*（Moser，1925）（图5.589）

5b 泳钟顶部不扭转，体囊呈椭圆状，长度约为泳钟高度的1/4

……………………………微脊浅室水母*L. cossack* Totton，1941（图5.590）

2b 泳钟表面有明显的棱

6a 泳钟表面有纵棱，无横向缘棱

7a 泳钟表面有纵棱5条或7条

8a 泳钟表面有纵棱5条

9a 5条纵棱不完整，其中侧棱没有到达泳囊口缘

10a 体囊呈条状，基部在泳囊口水平面上

……………………细条浅室水母*L. leloupi* Totton，1954（图5.591）

10b 体囊呈纺锤状，基部在泳囊口水平面之下

……………短棱浅室水母*L. tottoni* Daxiel & Daniel，1963（图5.592）

9b 5条纵棱完整

11a 侧棱直通泳囊口缘，没有弯曲

12a 口板分2瓣，左瓣比右瓣宽得多

……………异板浅室水母*L. challengeri* Totton，1954（图5.593）

12b 口板2瓣一样宽

13a 体囊基部在泳囊口水平面之上……………………拟细浅室水母*L. subtiloides*（Lens & van Riemsdijk，1908）（图5.594）

13b 体囊基部在泳囊口水平面

……………粗体浅室水母*L. baryi* Totton，1965（图5.595）

13c 体囊基部在泳囊口水平面之下

14a 体囊细长，长度为泳钟高度的2/5~1/2………锥体浅室水母*L. conoidea*（Keferslein & Ehlers，1860）（图5.596）

14b 体囊小，呈纺锤状，长度约为泳钟高度的1/10 ……小体浅室水母*L. hotspur* Totton，1941（图5.597）

14c 体囊大而圆，长度约为泳钟高度的1/7

15a 几乎没有干室，有时基底面还向底凸出…………低体浅室水母*L. fowleri*（Bigelow，1911）（图5.598）

15b 干室低于泳囊口 ……哈迪浅室水母*L. hardy* Totton，1941（图5.599）

11b 侧棱在近泳囊口缘弯曲

16a 体囊短，呈心形，有短柄 ………………心形浅室水母*L. cordata* Totton，1965（图5.600）

16b 体囊细长，形状不固定，长度为泳钟高度的1/4~1/2 ………………阿奇浅室水母*L. achilles* Totton，1941（图5.601）

8b 泳钟体表面有纵棱7条

17a 体囊细长呈条状，长度约为泳钟高度的1/2 ……………七棱浅室水母*L. multicristata*（Moser，1925）（图5.602）

17b 体囊稍短，呈纺锤状，高度约为泳钟高度的1/3 ……拟七棱浅室水母*L. multicristatoides* Zhang & Lin，1987（图5.603）

7b 泳钟表面纵棱超过7条

18a 泳钟有15条或者更多条纵棱，有一些侧棱完整 ……………………………奥斯浅室水母*L. hostile* Totton，1941（图5.604）

18b 泳钟表面有5组纵棱，每组2~4条，纵棱多不完整，所有的棱都未到达泳囊口水平面上………………阿贾浅室水母*L. ajax* Totton，1941（图5.605）

6b 泳钟表面有纵棱和1条横向缘棱

19a 横向缘棱下沿有纵棱 …………………………多棱浅室水母*L. lelouveteau* Totton，1941（图5.606）

19b 横向缘棱下沿无纵棱

20a 有数条纵棱，其中只有5条到达泳钟顶点

……………………………埃克浅室水母*L. exeter* Totton，1941（图5.607）

20b 10条纵棱，8条到达泳钟顶点

…………………………十棱浅室水母*L. grimaldi* Leloup，1933（图5.608）

202.五角水母属 *Muggiaea* Busch，1851

1a 前泳钟呈圆锥状，钟顶钝圆，有5条不明显的纵褶

…………………………柔弱五角水母*Muggiaea bargmannae* Totton，1954（图5.609）

1b 前泳钟呈角锥状，有5条或7条纵棱

2a 前泳钟有7条纵棱……………全七棱五角水母*M. havock* Totton，1941（图5.610）

2b 前泳钟有5条纵棱

3a 侧棱呈"S"形弯曲………高知五角水母*M. kochi*（Will，1844）（图5.611）

3b 侧棱不弯曲

4a 体囊呈长棒状，与泳囊顶齐高，干室深，高度约为泳针高度的1/3

……………………大西洋五角水母*M. atlantica* Cunningham，1892（图5.612）

4b 体囊呈短棒状，高达泳囊的1/2，干室浅，高度约为泳钟高度的1/5

……………………………短体五角水母*M. delsmani* Totton，1954（图5.613）

双生水母亚科未定类Subfamily Diphyinae incertae sedis

203.真光水母属 *Eudoxia* Totton，1954

多营养体期未知，单营养体期保护叶呈圆锥状，头片小，叶状体囊呈纺缍状，很小；生殖泳钟呈圆柱状，特别长，长度约为保护叶长度的3倍。

本属仅有1种，中国有记录。

大真光水母*Eudoxia macra* Totton，1954，见本属特征（图5.614）。

网棱水母亚科Subfamily Giliinae Pugh et Pagès，1995

本亚科仅有1属，中国有记录。

204.网棱水母属 *Gilia* Pugh et Pagès，1995

本属仅1种，中国有记录。

网棱水母*Gilia reticulata*（Totton，1954）（图5.615）。

主要特征：前后泳钟表面棱呈网纹状，背面有缘棱；保护叶表面棱呈网状，叶状体囊中央膨大。

无棱水母亚科Subfamily Sulculeolariinae Totton，1954

本亚科仅有1属，中国有记录。

205.无棱水母属 *Sulculeolaria* Blainville，1834

前后泳钟体表面光滑无棱，泳囊口有发达的口板（或称基板），前泳钟呈圆锥状或长圆锥状，有体囊，没有干室或干室退化；后泳钟近圆柱状，泳囊口有齿或无齿，泳囊侧辐管呈“N”字形，没有体囊。

A.前泳钟

1a 泳囊口缘有齿

2a 泳囊口有2个背齿，无侧齿

……………………手套无棱水母*Sulculeolaria brintoni* Alvariño，1968（图5.616）

2b 泳囊口有背齿和侧齿

3a 泳囊口有1个背齿、2个背侧齿和2个侧齿；体囊小

………………………………五齿无棱水母*S. monoica*（Chun，1888）（图5.617）

3b 泳囊口通常有2个背齿和2个侧齿；体囊长

…………………………四齿无棱水母*S. quadrivalvis* Blainville，1834（图5.618）

1b 泳囊口缘无齿

4a 体囊特别长，长度为泳钟高度的2/5 ~ 3/5

………………长囊无棱水母*S. chuni*（Lens & van Riemsdijk，1908）（图5.619）

4b 体囊小，常呈卵圆形或椭圆形

5a 口板特别宽，比泳囊口宽得多

…………………………宽板无棱水母 *S. bigelowi*（Sears，1950）（图5.620）

5b 口板与泳囊口同宽

6a 泳囊有接合管，管上有1条小育枝

………………………双叶无棱水母 *S. biloba*（M. Sars，1846）（图5.621）

6b 泳囊有或无接合管，若有，则管上无育枝

7a 泳钟呈圆锥状，高与宽之比小于2，泳囊无接合管

…………………………狭无棱水母*S. angusta* Totton，1954（图5.622）

7b 泳钟呈长圆锥状，高与宽之比大于2，泳囊有或无接合管

………………膨大无棱水母*S. turgida*（Gegenbaur，1853）（图5.623）

B. 后泳钟

1a 泳囊口缘有齿

2a 泳囊口缘有2个背齿和2个侧齿

……………………………四齿无棱水母*S. quadrivalvis* Blainville，1834（图5.618）

2b 泳囊口缘有1个背齿、2个背侧齿和2个侧齿

…………………………………五齿无棱水母*S. monoica*（Chun，1888）（图5.617）

1b 泳囊口缘无齿

3a 口板完整不分瓣，下缘无凹入

……………………………膨大无棱水母*S. turgida*（Gegenbaur，1853）（图5.623）

3b 口板分瓣或下缘凹入

4a 口板中央有1个小尖突…………狭无棱水母*S. angusta* Totton，1954（图5.622）

4b 口板中央无尖突

5a 口板分2侧瓣，侧瓣间有1个中尖突

……………………………双叶无棱水母 *S. biloba*（M. Sars，1846）（图5.621）

5b 口板下缘凹入，中间无中尖突

6a 泳钟顶部宽大，口板比例略短，长度约占泳钟高度的1/5

……长囊无棱水母*S. chuni*（Lens & van Riemsdijk，1908）（图5.619）

6b 泳钟顶部狭小，口板比例略长，长度约占泳钟高度的1/4

………………………宽板无棱水母*S. bigelowi*（Sears，1950）（图5.620）

Key 67. 马蹄水母科Family Hippopodiidae Kölliker，1853

1a 泳钟呈马蹄状，基部有2个齿突…………………………206.马蹄水母属*Hippopodius*

1b 泳钟呈棱镜状或类似马蹄状，有5个角突或钝圆隆起…………207.拟蹄水母属*Vogtia*

206.马蹄水母属 *Hippopodius* Quoy et Gaimard，1827

本属已记录l种，中国有记录。

马蹄水母*Hippopodius hippopus*（Forskål，1776），见本属特征（图5.624）。

207.拟蹄水母属 *Vogtia* Kölliker，1853

1a 泳钟似蹄状，无明显的棱

2a 泳钟基部的2个角突较尖锐且较分离

…………………………………光滑拟蹄水母*Vogtia glabra* Bigelow，1918（图5.625）

2b 泳钟基部的2个角突圆钝且很靠近

…………………………小口拟蹄水母*V. microsticella* Zhang & Lin，1990（图5.626）

1b 泳钟呈棱镜状，有5个角突

3a 泳钟背面和顶侧棱均有锥状胶质突

…………………………疣拟蹄水母*V. spinosa* Kefferstein & Ehlers，1861（图5.627）

3b 泳钟背面光滑，棱有棘状突起或锯齿

4a 棱有棘状突起………五棘拟蹄水母*V. pentacantha* Kölliker，1853（图5.628）

4b 棱有锯齿…………………齿棱拟蹄水母*V. serrata*（Moser，1925）（图5.629）

Key 68. 帕腊水母科Family Prayidae Kölliker，1853

1a 2个泳钟大小、形状相似，均为卵圆形或豆状；叶状体管有5~6根分枝

…………………………………………………………帕腊水母亚科Subfamily Prayinae

1b 2个泳钟大小、形状都不同，大泳钟呈卵圆形或圆柱形，小泳钟呈盘状；叶状体管仅有2根分枝………………………………双钟水母亚科Subfamily Amphicaryoninae

双钟水母亚科Subfamily Amphicaryoninae Chun，1888

本亚科有2属，中国已记录1属。

208.双钟水母属 *Amphicaryon* Chun，1888

1a 永久性幼泳钟侧辐管的基部有分枝，退化泳钟的泳囊退化成网状组织，只余背辐管………………………支管双钟水母*Amphicaryon ernesti* Totton，1954（图5.630）

1b 永久性幼泳钟的4条辐管正常

2a 退化泳钟的泳囊留有4条退化辐管

………………………………………尖囊双钟水母*A. acaule* Chun，1888（图5.631）

2b 退化泳钟的泳囊留有3条退化辐管

……………………………盾状双钟水母*A. peltifera*（Haeckel，1888）（图5.632）

帕腊水母亚科Subfamily Prayinae Chun，1897

1a 多营养体期有4个大的泳钟，呈星座排列；体囊多次分枝，分枝末端具色素；茎群包括营养个虫、泳钟体、叶状体、生殖体、退化指状体等，还有许多异形触手，这些在茎群上的成员是钟泳目中独一无二的特征……213.花冠水母属*Stephanophyes*

1b 多营养体期只有2个，腹面并生

2a 泳钟的体囊分枝，保护叶无中央器

3a 泳囊辐管多次分枝，构成网状……………………………211.帕腊水母属*Praya*

3b 泳囊的侧辐管仅曲折弯曲，不构成网状………………210.百合水母属*Lilyopsis*

2b 泳钟的体囊简单，泳囊的辐管也简单，保护叶有中央器

4a 泳钟的体囊无上分枝，只有下分枝，泳囊的侧辐管多次弯曲；保护叶分叶

……………………………………………………………212. 玫瑰水母属*Rosacea*

4b 泳钟的体囊只有上分枝，无下分枝，泳囊的侧辐管直；保护叶不分叶

………………………………………………………209. 链钟水母属*Desmophyes*

209.链钟水母属 *Desmophyes* Haeckel，1888

本属仅有2种，中国已记录1种。

链钟水母*Desmophyes annectens* Haeckel，1888，见本属特征（图5.633）。

210.百合水母属 *Lilyopsis* Chun，1885

本属只有1种。中国有记录。

粉红百合水母*Lilyopsis rosea* Chun，1885，见本属特征（图5.634）。

211.帕腊水母属 *Praya* Blainville，1834

1a 背叶状体管长而弯，左干室管末端弯

……………………………网管帕腊水母*Praya reticulata*（Bigelow，1911）（图5.635）

1b 背叶状体管较短而直，左干室管末端直

……………………………不定帕腊水母*P. dubia*（Quoy & Gaimard，1833）（图5.636）

212.玫瑰水母属 *Rosacea* Quoy et Gaimard，1827

1a 泳钟开口在基背面，泳囊占泳钟的2/5，侧辐管呈“W”形

………………………船形玫瑰水母*Rosacea cymbiformis*（Chiaje，1822）（图5.637）

1b 泳钟开口在基底部，泳囊约占泳钟的1/4，侧辐管呈“N”字形

…………………………………褶玫瑰水母*R. plicata* Quoy & Gaimard，1827（图5.638）

213.花冠水母属 *Stephanophyes* Chun，1888

本属只有1种，中国有记录。

华美花冠水母*Stephanophyes superba* Chun，1888，见本属特征（图5.639）。

Key 69. 泳球水母科Family Sphaeronectidae Huxley，1859

本科已记录1属，中国有记录。

214.泳球水母属 *Sphaeronectes* Huxley，1859

本属的特征同本科，本属有9种，中国有2种。

1a 多营养体期泳钟呈球形，胶质柔软；4条辐管的交叉点不在泳囊顶上，连接干管；干室呈管状，横卧于泳囊顶，开口于泳钟的中下部；体囊呈棒状，干管长……………………………细球水母*Sphaeronectes gracilis*（Claus，1873）（图5.640）

1b 多营养体期泳钟近球形，胶质薄且易碎；侧辐管和胶辐管呈环形，交叉点均位于泳囊腹面的背辐管，后连接干管；干室呈锥状，很浅，开口于泳钟的下部；体囊近卵形，干管长……………………………弱球水母*S. fragilis* Carré，1968（图5.641）

参考文献

［1］王春光，许振祖，黄加祺，等. 台湾海峡十盘水母属二新种记述（软水母亚纲锥螅水母目）［J］.厦门大学学报（自然科学版），2010，49（1）：91–94.

［2］王春光，黄加祺，许振祖，等. 中国南海单肢水母属二新种（丝螅水母目高手水母科）［J］. 动物分类学报，2012，37（3）：525–528.

［3］王春光，黄加祺，许振祖，等. 台湾海峡和平水母科一新种和一新记录种记述［J］. 动物分类学报，2013，38（4）：762–764.

［4］王春光，黄加祺，许振祖，等. 南海介螅水母属二新种（刺胞动物门花水母亚纲介螅水母科）［J］.水产学报，2015，39（8）：1199–1202.

［5］许振祖，张金标. 粤东—闽南近海的浮游水螅水母类、管水母类和钵水母类［J］. 厦门大学学报（自然科学版），1978，17（4）：19–63.

［6］许振祖，黄加祺，王文樵. 厦门港水母类昼夜垂直移动的初步研究［J］. 厦门大学学报（自然科学版），1985，24（4）：501–507.

［7］许振祖，黄加祺，王文樵. 福建九龙江口水螅水母新种和新记录［J］. 厦门大学学报（自然科学版），1985，24（1）：102–110.

［8］许振祖，黄加祺，刘光兴. 长江口及其邻近海域水螅水母纲新种和新记录记述［J］. 海洋学报（中文版），2006，28（6）：112–118.

［9］许振祖，黄加祺，陈栩. 闽南—台湾浅滩渔场上升流区水螅水母新种新记录［M］//洪华生，丘书院，阮五崎，等. 闽南—台湾浅滩渔场上升流区生态系统研究.北京：科学出版社，1991：469–486.

［10］许振祖，黄加祺，林茂，等. 中国近海水螅虫总纲生态动物地理学研究［C］//林茂，王春光，第一届海峡两岸海洋生物多样性研讨会文集. 北京：海洋出版社，2012：273–294.

［11］许振祖，黄加祺，林茂，等. 台湾海峡及其邻近海区单肢水母属的研究（丝螅水母目高手水母科）［J］. 动物分类学报，2009，34（1）：111–118.

［12］许振祖，黄加祺，林茂，等. 台湾海峡及其邻近海区珍妮水母属的研究（丝螅水母目面具水母科）［J］. 动物分类学报，2009，34（4）：847–853.

［13］许振祖，黄加祺，林茂，等.中国刺胞动物门水螅虫总纲［M］. 北京：海洋出版社，2014.

［14］许振祖，黄加祺，郑连明. 中国东南沿海水母类（刺胞动物门水螅水母纲）新种、新记录记述（本书发表）

［15］许振祖，黄加祺，郭东晖. 中国海域水母类（刺胞动物门水螅虫总纲）新属、新种和新记录记述［M］//许振祖.海洋动物资源开发及可持续利用研究. 沈阳：辽宁教育出版社，2019：99，133 ~ 162，图1.43 ~ 图1.50.

［16］许振祖，黄加祺，郭东晖. 北部湾花水母亚纲六新种记述［M］//胡建宇，杨圣云. 北部湾海洋科学研究论文集（第1辑）. 北京：海洋出版社，2008：209–221.

［17］许振祖，黄加祺，郭东晖. 台湾海峡南部上升流区水螅水母纲Ⅱ：软水母亚纲新属新种记述［J］.厦门大学学报（自然科学版），2007，46（5）：684–689.

［18］许振祖，黄加祺. 九龙江口的水螅水母类、管水母类、钵水母类和栉水母类［J］. 台湾海峡，1983，2（2）：99–110.

［19］许振祖，黄加祺. 中国水螅水母类一新属二新种（水螅水母纲：原帽水母科，真唇水母科）［J］.动物分类学报，1990，15（4）：401–405.

［20］许振祖，黄加祺. 台湾海峡及其邻近海区真囊水母属新种和新记录［J］. 台湾海峡，2003，22（2）：136–144.

［21］许振祖，黄加祺. 台湾海峡兰卡水母亚纲和软水母亚纲新种新记录记述（刺胞动物门水螅虫总纲水螅水母纲）［J］. 厦门大学学报（自然科学版），2004，43（1）：

107–114.

［22］许振祖，黄加祺. 罗源湾水螅水母纲一新属二新种［J］. 动物分类学报，1990，15（3）：262–266.

［23］许振祖，黄加祺. 福建沿海兰卡水母亚纲和花水母亚纲新属新种新记录记述（刺胞动物门水螅水母纲）［J］. 厦门大学学报（自然科学版），2006，45（增刊2）：233–249.

［24］许振祖. 南海北部软水母一新属新种［J］. 动物分类学报，1983，8（1）：4–6.

［25］许振祖，金德祥. 福建沿海水母类的调查研究（一）［J］. 厦门大学学报（自然科学版），1962，9（3）：206–224.

［26］许振祖，黄加祺. 台湾海峡水螅水母亚纲一新属二新种［J］. 厦门大学学报（自然科学版），1994，33（增刊）：149–153.

［27］杜飞雁，许振祖，黄加祺，等. 南海北部近海水螅虫总纲四新种和两种新记录研究（刺胞动物门：自育水母纲、水螅水母纲）［J］. 动物分类学报，2009，34（4）：854–861.

［28］杜飞雁，林昭进，许振祖，等. 中国南海美济礁和大亚湾水螅水母纲（刺胞动物门）三新种记述［J］.动物分类学报，2013，38（4）：749–755.

［29］李尚平，钟秋平，张晨晓，等. 广西沿海介螅水母属二新种（刺胞动物门花水母亚纲介螅水母科）［J］. 动物分类学报，2010，35（4）：835–856.

［30］李羚，黄加祺，陈洪举，等. 中国南海中西部水域单肢水母属二新种（花水母亚纲丝螅水母目高手水母科）［J］. 中国海洋大学学报，2016，46（9）：45–49.

［31］张才学，黄加祺，孙省利，等. 湛江湾和平水母属2新种（软水母亚纲，锥螅水母目，和平水母科）［J］. 海洋学报，2019，41（12）：172–176.

［32］张金标，许振祖. 中国海管水母类的地理分布［J］. 厦门大学学报（自然科学版），1980，19（3）：100–109.

［33］张金标，吴玉清. 厦门港水螅水母类一新属一新种［J］. 海洋学报，1981，3（1）：184–187.

［34］张金标，林茂. 东海、南海管水母一新种［J］. 海洋学报，1990，12（3）：352–354.

［35］张金标，林茂. 南海中部深水浅室水母一新种［J］. 海洋学报，1987，9

（5）：603–606.

［36］张金标，林茂. 厦门港及邻近海域水螅水母类二新科［J］. 动物分类学报，1984，9（4）：343–346.

［37］张金标. 中国海洋浮游管水母类［M］. 北京：海洋出版社，2005：1–151.

［38］张金标. 中国海域水螅水母类区系的初步分析［J］. 海洋学报，1979，1（1）：127–137.

［39］张金标. 南海北部花水母目一新科新属新种［J］. 海洋学报，1982，4（2）：209–214.

［40］林茂，许振祖，黄加祺，等. 中国介螅水母属二新种（丝螅水母目介螅水母科）［J］.水产学报，2010，34（1）：67–71.

［41］林茂，许振祖，黄加祺，等. 台湾海峡软水母亚纲二新种［J］. 水产学报，2009，33（3）：452–455.

［42］林茂，徐宪忠，王春光，等. 粤东—闽南沿岸海域上升流区软水母亚纲一新种和一新记录的记述［J］. 台湾海峡，2010，29（4）：443–445.

［43］和振武，许人和. 烟台沿海的水螅水母及软水母一新种［J］. 新乡师范学院学报，1982，4：38–44.

［44］和振武. 烟台硬水母一新属新种［J］. 动物分类学报，1980，5（4）：327–329.

［45］金德祥. 福建省海产生物采集调查报告［R］. 厦大海产生物研究场报告，1936，1：1–102.

［46］周太玄，黄明显. 烟台水螅水母类的研究［J］. 动物学报，1958，10（2）：173–191，图版1–5.

［47］郑连明，林元烧，李少菁，等. 台湾海峡多管水母属：新种及基于线粒体COI序列分析鉴定多管水母［J］. 海洋学报，2008，30（4）：139–146.

［48］高哲生，李凤鲁，张云美，等. 山东沿海水螅水母的研究（一）［J］. 山东大学学报，1958，（1）：75–118.

［49］黄加祺，许振祖，刘光兴，等. 中国海域水螅水母纲一新种和一新记录记述［J］. 厦门大学学报（自然科学版），2009，48（2）：278–280.

［50］黄加祺，许振祖，林君卓，等. 福建海域花水母亚纲三新种［J］. 厦门大学学报（自然科学版），2008，47（3）：408–412.

[51] 黄加祺，许振祖，林茂，等. 中国南海棒状水母科一新属二新种和一新记录记述（头螅水母目，筒螅水母亚目）[J]. 动物分类学报，2012，37（3）：520–524.

[52] 黄加祺，许振祖，林茂，等. 台湾海峡及其邻近海域软水母亚纲二新种记述[J]. 厦门大学学报（自然科学版），2010，49（1）：87–90.

[53] 黄加祺，许振祖，林茂，等. 台湾海峡单肢水母属二新种（丝螅水母目高手水母科）[J]. 厦门大学学报（自然科学版），2012，51（1）：130–133.

[54] 黄加祺，许振祖，林茂，等. 南海筒螅水母亚目二新种（花水母亚纲头螅水母目）[J]. 厦门大学学报（自然科学版），2015，54（6）：825–828.

[55] 黄加祺，许振祖，林茂. 厦门和平水母属一新种（刺胞动物门软水母亚纲和平水母科）[J]. 动物分类学报，2010，35（2）：372–375.

[56] 黄加祺，许振祖，郭东晖，等. 南海海域花水母亚纲面具水母科二新种[J]. 厦门大学学报（自然科学版），2019，58（1）：139 ~ 143.

[57] 黄加祺，许振祖，郭东晖，等. 台湾海峡南部软水母亚纲二新种（柄杯螅水母科和玛拉水母科）[J]. 厦门大学学报（自然科学版），2010，49（6）：871–873.

[58] 黄加祺，许振祖，郭东晖. 中国东南沿海裸鞘花水母一新属及三新种记述[J]. 动物分类学报，2011，36（1）：151--155.

[59] 黄加祺，许振祖，郭东晖. 台湾海峡南部水螅水母纲两新种形态特征[J].台湾海峡，2010，29（1）：1–4.

[60] 黄加祺，许振祖，郭东晖. 南海北部多管水母属2新种[J].厦门大学学报（自然科学版），（待刊）

[61] 黄加祺，许振祖. 福建沿海水螅水母四新种记述（裸鞘花水母亚纲、被勒软水母亚纲）[J]. 动物分类学报，1994，19（2）：132–138.

[62] 黄加祺，李尚平，钟秋平，等. 广西沿海真唇水母属一新种[J]. 厦门大学学报（自然科学版），2010，49（3）：428–430.

[63] 黄加祺. 中国真囊水母属三个新种记述（水螅虫纲花水母目棒状水母科）[J]. 海洋学报（中文版），1999，21（4）：92–95.

[64] 魏崇德. 舟山水螅虫类和水螅水母类的初步调查报告[J]. 杭州大学学报，1959，（2）：187–212.

[65] AGASSIZ A，MAYER A G. *Acaleph from the Fiji Islands* [*J*]. *Bulletin of the*

Museum of Comparative Zoology at Harvard College，1899，32（9）：157–189，pls. 1–17.

［66］ARAI M N，BRINCKMANN-VOSS A. *Hydromedusae of British Columbia and Puget Sound*［J］. *Canadian Bulletin Fisheries and Aquatic Sciences*，1980，204：1–192.

［67］BIGELOW H B. *Hydromedusae*，*siphonophores*，*and ctenophores of the "Albatross" Philippine Expedition*［J］. *Bulletin of the United States National Museum*，1919，（100）1（5）：279–362，pls. 39–43.

［68］BIGELOW H B. *Medusae and Siphonophorae collected by the U.S. Fisheries steamer "Albatross" in the northwestern Pacific*，*1906*［J］. *Proceedings of the United States National Museum*，1913，44（1946）：1–119，pls. 1–6.

［69］BIGELOW H B.*Some medusae and siphonohorae from the Western Atlantic*［J］. *Bulletin of the Museum of Comparative Zoology at Harvard University*，1918，62（8）：365–442，pls. 1–8.

［70］BOERO F，BOUILLON J，GRAVILI C.*A survey of Zanclea*，*Halocoryne and Zanclella*（*Cnidaria*，*Hydrozoa*，*Anthomedusae*，*Zancleidae*）*with description of new species*［J］. *Italian Journal of Zoology*，2000，67（1）：93–124.

［71］BOERO F，BOUILLON J，KUBOTA S.*The medusae of some species of Hebella Allman*，*1888*，*and Anthohebella gen. nov.*（*Cnidaria*，*Hydrozoa*，*Lafoeidae*），*with a world synopsis of species*［J］. *Zoologische Verhandelingen*，*Leiden*，1997，310：1–53.

［72］BOERO F，BOUILLON J，PIRAINO S. *Heterochrony*，*generic distinction and phylogeny in the family Hydractiniidae*（*Hydrozoa*：*Cnidaria*）［J］. *Zoologische Verhandelingen*，*Leiden*，1998，323：25–36.

［73］BOERO F. *Life cycles of Phialella zappai n. sp.*，*Phialella fragilis and Phialella sp.*（*Cnidaria*，*Leptomedusae*，*Phinlellidae*）*from central California*［J］. *Journal of Natural History*，1987，21（2）：465–480.

［74］BONE Q，TRUEMAN E R. *Jet propulsion of the calycophoran siphonophores Chelophyes and Abylopsis*［J］. *Journal of the Marine Biological Association of the United Kingdom*，1982，62（2）：263–276.

［75］BOUILLON J，BOERO F. *Phylogeny and classification of Hydroidomedusae*［J］. *Thalassia Salentina*，2000，24：1–296.

［76］BOUILLON J，GRAVILI C，PAGÉS F，GILI J–M，BOERO F. *An introduction to Hydrozoa*［J］. *Mémoires du Muséurn national d' Histoire naturelle*，2006，194：1–591.

［77］BOUILLON J.*Hydromedusae of the New Zealand Oceanographic Institute*（*Hydrozoa*，*Cnidaria*）［J］. *New Zealand Journal of Zoology*，1995，22（2）：223–238.

［78］BOUILLON J. *Hydroméduses de la mer de Bismarck*（*Papouasie*，*Nouveile Guine*）. *Partie IV*：*Leptomedusae*（*Hydrozoa Cnidaria*）［J］. *Indo Malayan Zoology*，1984，1（1）：25–112.

［79］BOUILLON J. *Hydroméduses de la mer de Bismarck*（*Papouasie*，*Nouvelle-Guinée*）. *Partie I*：*Anthomedusae Capitata*（*Hydrozoa Cnidaria*）［J］. *Cahiers de Biologie Marine*，1978，19（4）：249–297.

［80］BOUILLON J. *Hydroméduses de la mer de Bismarck*（*Papouasie*，*Nouvelle-Guinée*）. *Partie II*：*Limnomedusa*，*Narcomedusa*，*Trachymedusa et Laingiomedusa*（*sous-classe nov.*）［J］. *Cahiers de Biologie Marine*，1978，19（6）：473–483，pl. 1.

［81］BOUILLON J. *Hydroméduses de la mer de Bismarck*（*Papouasie*，*Nouvelle-Guinée*）. *Partie III*：*Anthomedusae Filifera*（*Hydrozoa Cnidaria*）［J］. *Cahiers de Biologie Marine*，1980，21（3）：307–344.

［82］BOUILLON J. *Notes additionelles sur les Hydroméduses de la mer de Bismarck*（*Hydrozoa Cnidaria*）［J］.*Indo Malayan Zoology*，1985，2：245–266.

［83］BOUILLON J. *Sur le cycle biologique de Eirene hexanemalis*（*Goette*，*1886*）（*Eirenidae*，*Leptomédusae*，*Hydrozoa*，*Cnidaria*）［J］. *Cahiers de Biologie Marine*，1983，24（4）：421–427.

［84］BRINCKMANN A.*Observations on the structure and development of the medusa of Velella velella*（*Linné 1758*）［J］. *Videnskabelige Meddelelser fra dansk Naturhistorisk Forening*，1964. 126：327–336.

［85］BRINCKMANN A.*The life cycle of the medusa Cirrholovenia tetranema Kramp*，*1959*（*Leptomedusae*，*Lovenellidae*）*with a hydroid of the genus Cuspidella Hincks*［J］. *Canadian Journal of Zoology*，1965. 43：13–15.

［86］BRINCKMANN A，VANNUCCI M. *On the life cycle of Proboscidactyla ornata*（*Hydromedusae*，*Proboscidactylidae*）［J］. *Pubblicazioni della Stazione Zoologica di*

Napoli, 1965, 34（4）: 357–365.

［87］BRINCKMANN–VOSS A.*The hydroid of Vannuccia forbesii*（*Anthomedusae*, *Tubulariidae*）［J］. *Breviora*, 1967, （263）: 1–10.

［88］BROWNE E T, KRAMP P L. *Hydromedusae from the Falkland Islands*［J］. *Discovery Reports*, 1939, 18: 265–322.

［89］CARRÉ C & CARRÉ D. *Ordre des Siphonophores*.In: DOUMENC D（ed）. *Traité de Zoologie*: *Anatomie. Systèmatique Biologie*, *tome III. fac. 2*: *Cnidaires. Ctèraires.* Masson, Paris: 1995, 523 ~ 596.

［90］CARRÉ C. *Description d'un siphonophore Agalmidae*, *Cordagalma cordiformis Totton*, *1932*［J］. *Beaufortia*, 1968. 16: 79–86.

［91］CHEN X Y, YANG J. CHANG L. el al. *Three new species and a revised status of Hydroidomedusa*（*Cnidaria*, *Hydrozoa*）*from the coast of China*（in press）.

［92］CHEN X Y, XU Z Z, & WANG X. *Taxonomic note on Family Corynidae*（*Cnidaria*, *Antnomedusae*）*from the China seas*（in press）.

［93］DU F, WANG L, XU Z, HUANG J, GUO D. *Taxonomical notes on Anthomedusae*（*Cnidaria*, *Hydrozoa*, *Hydroidomedusa*）*from the south-central South China Sea*, *with a new genus and four new species*［J］. *Acta Oceanologica Sinica*, 2018, 37（10）: 112–118.

［94］DU F, XU Z, HUANG J, GUO D. *New records of medusae*（*Cnidaria*）*from Daya Bay*, *northern South China Sea*, *with descriptions of four new species*［J］. *Proceedings of the Biological Society of Washington*, 2010, 123（1）: 72–86.

［95］DU F, XU Z, HUANG J, GUO D.*Studies on the medusae*（*Cnidaria*）*from the Beibu Gulf in the northern South China Sea*, *with description of three new species*［J］. *Acta Zootaxonomica Sinica*, 2012, 37（3）: 506–519.

［96］EDWARDS C. *The hydroids and medusae Sarsia occulta sp. nov.*, *Sarsia tubulosa and Sarsia loveni*［J］. *Journal of the Marine Biological Association of the United Kingdom*, 1978, 58（2）: 291–311.

［97］EDWARDS C.*The hydroids and medusae Sarsia pirifoma sp. nov. and Sarsia striata sp. nov. From the west coast of Scotland*, *with observations on other species*［J］. *Journal of the Marine Biological Association of the United Kingdom*, 1983, 63（1）: 49–60.

[98] GUO D, XU Z, HUANG J, LIN M, WANG C.*Taxonomic notes on Hydroidomedusae (Cnidaria) from the South China Sea IV: Family Bougainvillidae (Anthomedusae)* [J]. *Acta Oceanologica Sinica*, 2018.

[99] GUO D, XU Z, HUANG J. *Two new species of Eirenidae from the coast of southeast China* [J]. *Acta Oceanologica Sinica*, 2008, 27 (1): 61–66.

[100] GUO D H, XU Z Z, HUANG J Q, WANG C G, LIN M. *Two new hydrozoan species from the Taiwan Strait, China (Cnidaria: Hydrozoa: Leptothecata)* [J] .*Zoological Systematies*, 2019, 44 (3): 185–190.

[101] HAECKEL E. *Das System der Medusen: Erster Theil einer Monographie der Medusen* [J]. *Denkschriften der Medicinisch-Naturwissenschaftlichen Gesellschaft zu Jena*, 1879, 1: 1–360, pls. 1–20.

[102] HAECKEL E. *Report on the Siphonophorae collected by H.M.S.Challenger during the years 1873–1876* [J] .*Zoology*, 1888, 28: 1–380, pls. 1–50.

[103] HARTLAUB C. *Anthomedusen des nordischen Planktons. Craspedoten Medusen, Teil. I, Lief. 1, Codoniden und Cladonemiden* [J]. *Nordisches Plankton*, 1907, 12 (6): 1–135.

[104] HARTLAUB C. *Craspedote Medusen. Teil. I, Lief 3, Familie IV Tiaridae* [J]. *Nordisches Plankton*, 1913, 12 (17): 237–363.

[105] HE J, ZHENG L, ZHANG W, LIN Y, CAO W. *Morphology and molecular analyse of a new Clytia species (Cnidaria: Hydrozoa: Campanulariidae) from the East China Sea* [J]. *Journal of the Marine Biological Association of the United Kingdom*, 2015, 95 (2): 289–300.

[106] HINCKS T.*A History of the British Hydroid Zoophytes* [M]. *London: John Van Voorst*, 1868, vol.1: 1–338; vol.2: pls.1–67.

[107] HSU H F. *On a new species of Hydromedusae* [J]. *Contributions from the Biological Laboratory of the Science Society of China*, 1928, 4 (3): 1–7.

[108] HUXLEY T H. *The oceanic Hydrozoa: a description of the Calycophoridae and Physophoridae observed during the voyage of H.M.S. "Rattlesnake", in the years 1846–1850, with a general introduction* [M]. London: Ray Society, 1859: 1–143, pls. 1–12.

［109］KAWAMURA M，KUBOTA S. *First occurrence of Euphysora gemmifera*（*Cnidaria*，*Hydrozoa*，*Corymorphidae*）*in Japan*［J］. *Biogeography*，2005b，7：31–33.

［110］KAWAMURA M，KUBOTA S. *Two species of Koellikerina medusae*（*Cnidaria*，*Hydrozoa*，*Anthomedusae*）*from Japan*［J］. *Publications of the Seto Marine Biological Laboratory*，2005a. 40：121–130.

［111］KRAMP P L.*Medusae of Vietnam*［J］. *Videnskabelige Meddelelser fra dansk Naturhistorisk Forening*，1962，124：305–366.

［112］KRAMP P L.*Papers from Dr. Mortensen's Pacific Expeditions 1914–1916 XL III. Hydromedusae 1 Anthomedusae*［J］. *Videnskabelige Meddelelser fra dansk Naturhistorisk Forening*，1928. 85：27–64.

［113］KRAMP P L. *Synopsis of the medusae of the world*［J］. *Journal of the Marine Biological Association of the United Kingdom*，1961，40：1–469.

［114］KRAMP P L. *The Hydromedusae of the Atlantic Ocean and adjacent waters*［J］. *Dana Report*，1959，46：1–283，pls.1–2.

［115］KRAMP P L. *The Hydromedusae of the Pacific and Indian Oceans*［J］. *Dana Report*，1965，63：1–162.

［116］KRAMP P L. *The Hydromedusae of the Pacific and Indian Oceans*：*Sect.II and III*［J］. *Dana Report*，1968，72：1–200.

［117］KUBOTA S.*Distinction of two morphotypes of Turritopsis nutricula medusae*（*Cnidaria*，*Hydrozoa*，*Anthomedusae*）*in Japan*，*with reference to their different abilities to revert to the hydroid stage and their distinct geographical distributions*［J］. *Biogeography*，2005，7：41–50.

［118］LIN M，XU Z，HUANG J，GUO D，WANG C. *Taxonomic notes on Hydroidomedusae*（*Cnidaria*）*from South China Sea I*：*Family Eucodoniidae*（*Anthomedusae*）［J］. *Zoological Systematics*，2016，41（1）：48–53.

［119］LIN M，XU Z，HUANG J，WANG C. *Two new species of Ectopleura from the Taiwan Strait*，*China*（*Cnidaria*，*Hydroidomedusae*）［J］. *Acta Oceanologica Sinica*，2010，29（2）：58–61.

［120］LING S W. *Studies on Chinese Hydrozoa I. On some Hydromedusae from the*

Chekiang coast [J]. *Peking National History Bulletin*, 1937, 11 (4): 351–365.

[121] LIU Z Y, YANG Y Y, XU Z Z, HUANG J Q. *Two new medusae of Luoyuan Bay and Jiyu Island, Fujian, China.* (in press).

[122] MAYER A G.*Some medusae from the Tortugas, Florida* [J]. *Bulletin of the Museum of Comparative Zoology at Harvard College*, 1990, 37 (2): 13–82, pls. 1–44.

[123] MAYER A G. *Medusae of the world* [M]. Washington: Carmegie Institution, 1910, Vols.1, Ⅱ: *The Hydromedusae*: 1–498, pls.1–55; Vol.Ⅲ: *The Scyphomedusae*: 499–735, pls. 56–76.

[124] MURBACH L & SHEARER C.*Preliminary report on a collection of medusae from the coast of British Columbia and Alaska* [J]. *Annals and Magazine of Natural History*, 1902, (7) 9: 71–73.

[125] NAIR K K.*Medusae of the Trivandrum Coast, Pt. 1 Systematics* [J]. *Bulletin of the Central Research Institute, University of Travancore*, 1951, 2 (1): 47–75.

[126] PAGÈS F, GILI J M. *Siphonophores (Cnidaria, Hydrozoa) of the Benguela Current (southeastern Atlantic)* [J]. *Scientia Marina*, 1992, 56 (Supl. 1): 65–112.

[127] PUGH P R.*A review of the genus Erenna Bedot, 1904 (Siphonophora, Physonectae)* [J]. *Bulletin of the British Museum (Natural History, Zoology)*, 2001. 67: 169–182.

[128] PUGH P R.*Siphonophorae.* In: BOLTOVSKY D. *South Atlantic Zooplankton* [M]. Leiden: Backhuys Pubilshers, 1999: 467–511.

[129] RUSSELL F S.*The medusae of the British Isles. Anothomedusae, Leptomedusae, Limnomedusae, Trachymedusae and Narcomedusae* [M]. London: Cambridge University Press, 1953: 1–530, pls.1–35.

[130] SCHUCHERT P. *The marine fauna of New Zealand: Athecate hydroids and their medusae (Cnidaria: Hydrozoa)* [J]. *New Zealand Oceanographic Institute Memoir*, 1996, 106: 1–159.

[131] SCHUCHERT P. *Revision of the European athecate hydroids and their medusae (Hydrozoa, Cnidaria): Families Oceanidae and Pachycordylidae* [J]. *Revue Suisse de Zoologie*, 2004, 111 (2): 315–369.

[132] SCHUCHERT P. *The European athecate hydroids and their mecdusae* (*Hydrozoa*, *Cnidaria*): *Filifera Part 3* [J]. *Revue Suisse de Zoologie*, 2008, 115 (2): 221–302.

[133] SCHUCHERT P. *The European athecate hydroids and their medusae* (*Hydrozoa*, *Cnidaria*): *Capitata Part 1* [J]. *Revue Suisse de Zoologie*, 2006, 113: 325–410.

[134] SCHUCHERT P. *The European athecate hydroids and their medusae* (*Hydrozoa*, *Cnidaria*): *Filifera Part 2* [J]. *Revue Suisse de Zoologie*, 2007, 114: 195–396.

[135] SCHUCHERT P. *The European athecate hydroids and their meduss* (*Hydrozoa*, *Cnidaria*): *Capitata Pt.2* [J]. *Revue Suisse de Zoologie*, 2010, 117 (3): 337–555.

[136] SCHUCHERT P: *The European athacate hydroids and their medusse* (*Hydrozoa*, *Cnidaria*): *Filifera Part 4* [J]. *Revue Suisse de Zoologie*, 2008, 115 (4): 677–757.

[137] SCHUCHERT P. *The European athacate hydroids and their medusae* (*Hydrozoa*, *Cnidaria*): *Filifera Part 5* [J]. *Revue Suisse de Zoologie*, 2009, 116: 441–507.

[138] TOTTON A K. *A synopsis of the Siphonophora* [M]. London: British Museum of Natural History, 1965: 1–230.

[139] TOTTON A K. *Siphonophora of the Indian Ocean together with systematic and biological notes on related speciemens from other oceans* [J]. *Discovery Reports*, 1954, 27: 1–162, pls.1–12.

[140] UCHIDA T. *Medusae in the vicinity of Shimoda* [J]. *Journal of the Faculty of Science Hokkaido University*, *Ser. 6 Zoology*, 1948. 9 (4): 331–343.

[141] UCHIDA T. *Studies on Japanese Hydromedusae 1.Anthomedusae* [J]. *Journal of the Faculty of Science Imperial University of Tokyo*, *Sec.4 Zoology*, 1927, 1 (3): 145–241, pls.10–11.

[142] VANHÖFFEN E. *Die Anthomedusen und Leptomedusen der Deutschen Tiefsee Expedition 1898-1899* [J]. *Wissen-schaftliche Ergebnisse der Deutschen Tiefsee-Expedition auf dem Dampfer "Valdivia" 1898-1899*, 1911, 19 (5): 193–233.

[143] VANNUCCI M, SOARES, MOREIRA M G B. *Some Hydromedusae from the Gulf of Naples*, *with description of a new genus and species* [J]. *Pubblicazioni della Stazione Zoologica di Napoli*, 1966, 35 (1): 7–12.

[144] WANG C, XU Z, GUO D, HUANG J, LIN M. *Taxonomic notes on*

Hydroidomedusae (*Cnidaria*) *from the South China Sea V*: *Family Laodiceidae*, *Lovenellidae*, *Malagazziidae*, *and Mitrocomidae* (*Leptomedusae*) [J]. *Acta Oceanologica Sinica*, 2018.

[145] WANG C, XU Z, HUANG J, GUO D, LIN M, XIA Z. *Taxonomic notes on Hydroidomedusae* (*Cnidaria*) *from the South China Sea III*: *Family Rathkeidae and Zancleopsidae* [J]. *Zoological Systematics*, 2016, 41 (4): 392–403.

[146] WANG C, XU Z, HUANG J, GUO D. *Descriptions of one new genus and two new species of Hydroidomedusae from the Taiwan Strait* [J]. *Acta Zootaxonomica Sinica*, 2011, 36 (4): 844–848.

[147] WANG L, DU F, XU Z, HUANG J, GUO D. *Taxonomica notes on the family Ptilocodiidae* (*Anthomedusae*) *from the central and southern of South China Sea*, *with a new genus and a new species* [J]. *Zoological Systematics*, 2017, 42 (1): 236–241.

[148] WANG L G, DU F Y, XU Z Z, HUANG J Q, GUO D H. *Taxonomic notes on Anthomedusae* (*Cnidaria*) *from the south-central South China Sea III. Family Pandeidae* [J]. *Zoological Systematics*, 2020, 45 (1): 15–23.

[149] WANG X, CHEN X Y, XU Z Z. *Two new species and four new record of Sarsia tubulosa group of the Sarsia Lesson* (*Anthomedusae*, *Corynidae*) *from Bohai Sea of China* [J]. *Zootaxa*, 2022, 5189 (1): 243–254.

[150] WANG X F, LIN K, XU Z Z, GUO D H, HUANG J Q. *Some new Hydroidomedusa* (*Cnidaria*) *from the northern South China Sea* [J]. *Zoological Systematics*, 2019, 44 (3): 191–205.

[151] WANG X F, LU L Y, ZHANG S Z, LIN K, XU Z Z, GUO D H, HUANG J Q. *Two new species of Hydroidomedusa* (*Cnidaria*) *from the Leizhou Bay*, *the northern South China Sea* [J]. *Zoological Systematics*, 2021, 46 (3): 193–199.

[152] XU Z, HUANG J, GUO D. *A survey on Hydroidomedusae from the upwelling region of southern part of the Taiwan Strait of China I. On new species and records of Anthomedusae* [J]. *Acta Oceanologica Sinica*, 2007, 26 (5): 66–75.

[153] XU Z, HUANG J, LIN M, GUO D, WANG C. *Taxonomic notes on Hydroidomedusae* (*Cnidaria*) *from the South China Sea II*: *Family Bythotiaridae*

（*Anthomedusae*）［J］. *Zoological Systematics*，2016，41（2）：149–157.

［154］XU Z，HUANG J，LIN M，GUO D. *Description of one new genus and two new species of Anthomedusae from Minnan–Yuedong inshore upwelling area，China （Filifera，Protiaridae；Capitata，Corymorphidae）*［J］. *Acta Zootaxonomica Sinica*，2010，35（1）：11–15.

［155］XU Z，HUANG J. *A survey on Anthomedusa（Hydrozoa：Hydroidomedusae）from the Taiwan Strait with description of new species and new combinations*［J］. *Acta Oceanologica Sinica*，2004，23（3）：549–562.

［156］YANG Y Y，CHEN X Y，XU Z Z，HUANG J Q，WANG C G. *Taxonomic notes on Medusae（Hydrozoa，Scyphozoa，Ctenophora）from the eastern Indian Ocean，with description of two new species.*（in press）.

［157］ZHANG C X，HUANG J Q，SUN S L，KE S ，SONG Z G，LIU Y Q. *Three new species of Anthomedusae（Hydrozoa：Hydroidomedusa） from the Guangdong coastal water，China*［J］. *Acta Oceanol. Sin.*，2020，39（4）：84–88.

［158］ZHENG L M，XU Z Z，HUANG J Q. *Three new species and two new records of Anthomedusae（Cnidaria，Hydrozoa）from the north-east of South China Sea.*（in press）.

［159］ZHENG L M，XU Z Z，HUANG J Q，FANG L P. *On a new genus and species of Family Lovenllidae（Cnidaria，Leptomedusae）from Mouth of Daya Bay，Northern South China Sea.*（in press）.

［160］ZHOU K，ZHENG L，HE J，LIN Y，CAO W，ZHANG W. *Detection of a new Clytia species（Cnidaria：Hydrozoa：Campanulariidae）with DNA barcoding and life cycle analyses*［J］. *Journal of the Marine Biological Association of the United Kingdom*，2013，93（8）：2075–2088